*Peter Reineker, Michael Schulz und
Beatrix M. Schulz*

Theoretische Physik III

200 Jahre Wiley – Wissen für Generationen

John Wiley & Sons feiert 2007 ein außergewöhnliches Jubiläum: Der Verlag wird 200 Jahre alt. Zugleich blicken wir auf das erste Jahrzehnt des erfolgreichen Zusammenschlusses von John Wiley & Sons mit der VCH Verlagsgesellschaft in Deutschland zurück. Seit Generationen vermitteln beide Verlage die Ergebnisse wissenschaftlicher Forschung und technischer Errungenschaften in der jeweils zeitgemäßen medialen Form.

Jede Generation hat besondere Bedürfnisse und Ziele. Als Charles Wiley 1807 eine kleine Druckerei in Manhattan gründete, hatte seine Generation Aufbruchsmöglichkeiten wie keine zuvor. Wiley half, die neue amerikanische Literatur zu etablieren. Etwa ein halbes Jahrhundert später, während der „zweiten industriellen Revolution" in den Vereinigten Staaten, konzentrierte sich die nächste Generation auf den Aufbau dieser industriellen Zukunft. Wiley bot die notwendigen Fachinformationen für Techniker, Ingenieure und Wissenschaftler. Das ganze 20. Jahrhundert wurde durch die Internationalisierung vieler Beziehungen geprägt – auch Wiley verstärkte seine verlegerischen Aktivitäten und schuf ein internationales Netzwerk, um den Austausch von Ideen, Informationen und Wissen rund um den Globus zu unterstützen.

Wiley begleitete während der vergangenen 200 Jahre jede Generation auf ihrer Reise und fördert heute den weltweit vernetzten Informationsfluss, damit auch die Ansprüche unserer global wirkenden Generation erfüllt werden und sie ihr Ziel erreicht. Immer rascher verändert sich unsere Welt, und es entstehen neue Technologien, die unser Leben und Lernen zum Teil tiefgreifend verändern. Beständig nimmt Wiley diese Herausforderungen an und stellt für Sie das notwendige Wissen bereit, das Sie neue Welten, neue Möglichkeiten und neue Gelegenheiten erschließen lässt.

Generationen kommen und gehen: Aber Sie können sich darauf verlassen, dass Wiley Sie als beständiger und zuverlässiger Partner mit dem notwendigen Wissen versorgt.

William J. Pesce
President and Chief Executive Officer

Peter Booth Wiley
Chairman of the Board

Peter Reineker, Michael Schulz und Beatrix M. Schulz

Theoretische Physik III

Quantenmechanik 1

mit Aufgaben in Maple

WILEY-VCH Verlag GmbH & Co. KGaA

Autoren

Prof. Peter Reineker
Universität Ulm
Theoretische Physik
Albert-Einstein-Allee 11
89069 Ulm

Prof. Michael Schulz
Theoretische Physik
Universität Ulm
Albert-Einstein-Allee 11
89069 Ulm

Dr. Beatrix M. Schulz
Martin-Luther-Universität Halle-Wittenberg
Fachbereich Physik
Friedemann-Bach-Platz
06108 Halle/Saale

Bibliografische Information
Der Deutschen Bibliothek
Die Deutsche Bibliothek verzeichnet diese Publikation in der Deutschen Nationalbibliografie; detaillierte bibliografische Daten sind im Internet über <http://dnb.ddb.de> abrufbar.

Printed in the Federal Republic of Germany

Gedruckt auf säurefreiem Papier.

Satz Steingraeber Satztechnik GmbH, Ladenburg
Druck Strauss GmbH, Mörlenbach
Bindung Litges & Dopf Buchbinderei GmbH, Heppenheim
Wiley Bicentennial Logo Richard J. Pacifico
ISBN: 978-3-527-40639-5

Gewidmet der nächsten Generation

Katja Reineker

Martina Reineker

Stephan Schulz

Peter Reineker, geboren 1940 in Freudenstadt, studierte Physik in Stuttgart und Berlin. Er promovierte 1971 an der Universität Stuttgart und arbeitet seit 1975 als Wissenschaftlicher Rat und Professor und seit 1978 als Professor an der Universität Ulm, unterbrochen durch mehrer längere Auslandaufenthalte in den USA und Frankreich. Von 1993–1997 war er im Vorstand der Deutschen Physikalischen Gesellschaft tätig und zuständig für den Bereich Bildung und Ausbildung. Außerdem war er in den Jahren 1999–2004 Mitglied des Executive Committee und Treasurer der Europäischen Physikalischen Gesellschaft. Das Forschungsgebiet von Professor Reineker ist die Statistische Physik und die Theorie kondensierter Materie, insbesondere von organischen Materialien.

Michael Schulz, geboren 1959 in Staßfurt, studierte Physik an der Technischen Hochschule Merseburg, wo er 1987 promovierte. Von 1987 bis 1989 arbeitete er zunächst als Wissenschaftler an der TH Merseburg, später an der SUNY in Albany. Nach einigen Jahren als Privatdozent an der Martin-Luther-Universität Halle-Wittenberg war er ab 1996 als Heisenberg-Stipendiat an mehreren Forschungsinstituten tätig und ist momentan Hochschuldozent an der Universität Ulm. Im Jahr 2007 wurde er an der Universität Ulm zum apl. Professor ernannt. Sein Forschungsgebiet ist die Statistische Physik kondensierter Materie und die Dynamik komplexer Systeme im Nichtgleichgewicht.

Beatrix M. Schulz, geboren 1961 in Merseburg, studierte Physik an der Technischen Hochschule Leuna-Merseburg. Mehrere Jahre arbeitete sie in Forschungsbereichen in der Industrie (Carl-Zeiss Jena, Leuna-Werke AG), bevor sie im Jahr 2000 an der Martin-Luther-Universität Halle-Wittenberg promovierte. Nach einem Forschungsaufenthalt an der Universität in Ulm ist sie seit 2003 als Wissenschaftlerin an der Martin-Luther-Universität Halle-Wittenberg tätig. Ihr Arbeitsgebiet ist die Statistische Physik ungeordneter mesoskopischer und makroskopischer dynamischer Systeme.

Inhaltsverzeichnis

*   Mit einem Stern sind Themen und Kapitel gekennzeichnet, die eher zusätzlich für die Masterausbildung vorgesehen sind

Theoretische Physik III: Quantenmechanik 1. Peter Reineker, Michael Schulz, Beatrix M. Schulz
Copyright © 2007 WILEY-VCH Verlag GmbH & Co. KGaA, Weinheim
ISBN: 978-3-527-40639-5

Vorwort

Die Theoretische Physik hat sich im letzten Jahrhundert zu einem unentbehrlichen Bestandteil der Ausbildung junger Studenten zum Diplomphysiker entwickelt. An dieser Situation wird sich auch mit den an den meisten deutschen Universitäten inzwischen eingeführten oder kurz vor der Eröffnung stehenden Bachelor- und Master-Studiengängen nichts ändern. Es ist für den Studierenden nicht immer einfach, sich systematisch Kenntnisse über das theoretische Grundwissen so anzueignen, dass ein zusammenhängender Komplex an Ideen, Konzepten und Methoden entsteht, der im späteren akademischen oder Berufsleben Anwendung finden kann. An der Universität Ulm wird schon schon seit langem ein fünfsemestriger Theoriekurs – bestehend aus den Kursen Theoretische Mechanik, Elektrodynamik, Quantenmechanik (1 und 2) und Statistische Physik – gehalten. Auf der Grundlage dieses Vorlesungsangebots ist eine fünfbändige Lehrbuchreihe Theoretische Physik entstanden. Mit dem vorliegenden Buch zur Quantenmechanik 1 liegt nun der dritte Band dieser Reihe vor.

Diese Reihe wendet sich zuerst an alle Studenten der Physik, unabhängig davon, ob sie sich später auf Experimentalphysik, Theoretische Physik oder Computerphysik spezialisieren wollen. In zweiter Linie richtet sich die Lehrbuchreihe an Wissenschaftler, Lehrer und Studenten anderer Naturwissenschaften und der Mathematik. Natürlich kann die Lehrbuchreihe nicht alle Teilgebiete der Theoretischen Physik enthalten. So werden alle Bestandteile von Spezialisierungskursen für Theoretische Physiker (z. B. Hydrodynamik, Allgemeine Relativitätstheorie, Quantenchromodynamik, Theorie der schwachen Wechselwirkung oder Stringtheorie) nicht behandelt. Hier verweisen wir auf entsprechende Monographien, die praktisch zu jedem dieser Teilgebiete der Theoretischen Physik erhältlich sind.

Um der Trennung in Bachelor- und Masterstudiengang gerecht zu werden, sind Themen und Kapitel, die zusätzlich für die Masterausbildung vorgesehen sind, mit einem Stern gekennzeichnet. Natürlich wird die Zuordnung von Universität zu Universität schwanken, aber im Großen und Ganzen kann man diese Einteilung als eine allgemeingültige Empfehlung ansehen.

Theoretische Physik III: Quantenmechanik 1. Peter Reineker, Michael Schulz, Beatrix M. Schulz
Copyright © 2007 WILEY-VCH Verlag GmbH & Co. KGaA, Weinheim
ISBN: 978-3-527-40639-5

Jedes Lehrbuch der Reihe enthält außerdem Aufgaben zur Überprüfung des erworbenen Wissens. Mit arabischen Ziffern sind solche Aufgaben gekennzeichnet, deren Lösung auf klassische Weise – also mit Papier und Bleistift – gefunden werden soll und kann. Demgegenüber sind Aufgaben mit römischen Ziffern für die Behandlung unter Verwendung eines computeralgebraischen Programmpakets vorgesehen. Die CD, die jedem Buch dieser Serie beiliegt, enthält Lösungsempfehlungen in Maple. Zum Verständnis der Lösungen benötigt man nur geringe Vorkenntnisse in dieser Programmiersprache. Es ist aber geplant, ein Forum einzurichten, in dem besonders schöne oder technisch interessante Lösungswege von den Lesern zur elektronischen Publikation eingereicht werden können.

Wir möchten uns an dieser Stelle bei den Herren Th. Pletl, M. Schirra, Ch. Supritz und besonders Ch. Warns für die große Hilfe bei der Umsetzung des Manuskripts in die LATEX-Version bedanken. Auch einer Reihe von Studierenden sei für die Mitteilung von Fehlern in früheren Versionen des Manuskriptes gedankt. Desweiteren möchten wir uns bei Herrn Th. Filk bedanken, dessen interessante Vortragsreihe im Rahmen der mitteldeutschen Physik-Combo 2005/2006 besonders motivierend für die Gestaltung des 11. Kapitels war. Wie bei den früheren Bänden danken wir den Mitarbeitern des Verlags Wiley-VCH für die gute Kooperation.

Peter Reineker, Michael Schulz, Beatrix M. Schulz

Ulm und Halle, Mai 2007

1
Einleitung

1.1
Klassische Mechanik und Quantenmechanik

Die Entwicklung der Grundzüge der Quantenmechanik in den ersten drei Jahrzehnten des 20. Jahrhunderts markiert den Beginn der modernen theoretischen Physik. Im Gegensatz zur streng deterministischen klassischen Mechanik ist die Quantenmechanik eine probabilistische Theorie mikroskopischer Objekte, die die maximal mögliche Information über das betrachtete physikalische System liefert.

Sind die Elemente der Newton'schen Bewegungsgleichungen[1] bekannt und ist der Anfangszustand des jeweiligen mechanischen Systems vollständig präpariert, dann ist auch die weitere Entwicklung des klassischen Systems vollständig bestimmt. Die klassische Mechanik erlaubt aufgrund der Newton'schen Axiome (1687) eine auf makroskopischen Skalen konsistente Konstruktion der Bewegungsgleichungen. Es gibt aber im Rahmen dieser Theorie kein Konzept, das in schlüssiger Weise die Wechselwirkungen zwischen den einzelnen Massepunkten erklärt, die Wechselwirkung wird also als gegeben hingenommen. Im Prinzip ist im Rahmen der klassischen Mechanik jede Kraft, die nicht gegen die Newton'schen Axiome verstößt, zulässig.

Erst die Entwicklung der klassischen Feldtheorien, insbesondere die von J.C. Maxwell 1864 axiomatisch begründete Elektrodynamik und die auf A. Einstein zurückgehende allgemeine Relativitätstheorie (1915), erlaubten es, zwei fundamentale Formen der Wechselwirkung – die elektromagnetische und die Gravitationswechselwirkung – durch eigenständige, außerhalb der klassischen Mechanik stehende Theorien zu begründen und die Mechanik mit anderen, nicht-mechanischen Phänomenen[2] zu verbinden.

Physikalische Felder sind nicht nur Träger der Wechselwirkungen zwischen Partikeln, sondern haben eine eigene, experimentell überprüfbare Dynamik. Sie sind damit Elemente der physikalischen Realität[3] und als solche im Rah-

---

1) Bei hohen Geschwindigkeiten sind diese durch relativistische, also lorentz-invariante, Bewegungsgleichungen zu ersetzen.
2) z. B. die Ausbreitung elektromagnetischer Wellen
3) und nicht nur geeignete Hilfsmittel, wie das Kraftfeld der klassischen Mechanik

Theoretische Physik III: Quantenmechanik 1. Peter Reineker, Michael Schulz, Beatrix M. Schulz
Copyright © 2007 WILEY-VCH Verlag GmbH & Co. KGaA, Weinheim
ISBN: 978-3-527-40639-5

men einer vollständigen Theorie auch beschreibbar. Mit dem Vorliegen einer solchen Theorie schien das physikalische Weltbild an sich abgeschlossen. Neue Entwicklungen konnten höchstens noch von einer Verfeinerung des theoretischen Apparats und von der Entdeckung neuer fundamentaler Wechselwirkungen[4] kommen. Aufgrund dieser Einstellung war Ende des 19. Jahrhunderts die vorherrschende Meinung, dass alle irgendwie beobachtbaren Größen von dieser vollständigen Theorie zu beschreiben und in ihrer raumzeitlichen Entwicklung vorherzusagen sein müssten.

Zu Beginn des 20. Jahrhunderts war man zuversichtlich, auch die mikroskopischen Prozesse im Rahmen der klassischen Theorie verstehen zu können. Dazu zählte vor allem die Erklärung bereits bekannter, aus klassischer Sicht bisher aber noch nicht verstandener Phänomene, z. B. die Intensitätsverteilung der Strahlung schwarzer Körper, die Existenz scharfer Linien in den Emissions- und Adsorbtionsspektren von atomaren oder molekularen Gasen oder die rätselhafte Stabilität der Atome. Von letzteren war nach den Rutherford'schen Streuexperimenten (1911) ja bekannt, dass sie aus einem schweren Atomkern und Elektronen bestehen. Da zwischen den Atomkernen im Vergleich zu ihren Abmessung riesige Abstände bestehen, wurde dieser Zwischenraum den Elektronen zugewiesen. Die Coulomb-Wechselwirkung zwischen Kern und Elektronen forderte daher eine Art Planetenmodell für die Atome, mit der Konsequenz, dass es sich bei den Atomen letztendlich um strahlende Dipole handeln musste, die permanent Energie abgeben und deshalb instabil sein müssten.

Je genauer man jedoch die mikroskopischen Phänomene experimentell studierte, um so mehr gerieten die Erkenntnisse in Widerspruch zu den Erklärungen der klassischen Theorie. Wir werden im nachfolgenden Kapitel auf einige dieser grundlegenden Experimente eingehen und den daraus folgenden radikalen Wandel im physikalischen Denken weg von der klassisch deterministischen und hin zu einer dem Wesen nach probabilistischen Theorie verfolgen.

Die Aussagen der Quantenmechanik setzen auf mikroskopischen Skalen die klassische Mechanik außer Kraft. Weder der Begriff der Trajektorie noch der eindeutige Zusammenhang zwischen der Präparation eines Systems und den Resultaten anschließender Messungen an diesem System lässt sich aufrechterhalten. So ist es unmöglich, an einem quantenmechanischen Objekt gleichzeitig Messungen des Impulses und des Orts mit beliebiger Genauigkeit durchzuführen. Man kann je nach Experiment entweder Ort oder Impuls eines Teilchens mit einer vorgegebenen Genauigkeit messen und muss da-

---

4) Tatsächlich wurden in der ersten Hälfte des 20. Jahrhunderts zwei weitere fundamentale Wechselwirkungen entdeckt, die schwache und die starke Wechselwirkung. Sie waren aber aber nicht mehr sinnvoll durch klassische Felder zu beschreiben.

für Ungenauigkeiten bei der jeweils anderen Größe in Kauf nehmen. Dieses Phänomen ist im Rahmen der klassischen Mechanik weder vorgesehen noch kann es in diese Theorie eingebaut werden, ohne sie grundlegend zu ändern. Man könnte natürlich aus klassischer Sicht einwenden, dass (i) das Gesamtsystem aus mikroskopischem Objekt und Messinstrument nie beliebig genau präpariert werden kann, so dass Unschärfen prinzipiell nicht vermieden werden können, und dass (ii) jede Messung auch einen Einfluss auf das mikroskopische Objekt ausübt, sodass prinzipiell eine unkontrollierbare, zufällige Einflussnahme auf das mikroskopische Objekt besteht. Doch beide Argumente lassen sich durch geeignete Experimente recht eindrucksvoll widerlegen. So gibt es quantenmechanische Messgrößen mit diskretem Charakter, z. B. die Spinorientierung von Elektronen, die eindeutig eingestellt werden können. Andererseits kann man an mikroskopischen Objekten auch Messungen vornehmen, ohne die Einstellung der gemessenen Größen zu stören.

Ein typisches Beispiel sind die in Kapitel 9 beschriebenen Stern-Gerlach-Versuche. Diese Experimente wurden zunächst mit Strahlen aus Silberatomen durchgeführt, die in ihrer äußersten Elektronenschale ein s-Elektron besitzen, während alle inneren Schalen vollständig besetzt sind. Das Silberatom hat also einen Spindrehimpuls $\hbar/2$ und keinen Bahndrehimpuls. Für das mit dem Spin gekoppelte magnetische Moment ergeben sich in einem Magnetfeld zwei Einstellmöglichkeiten. In einem inhomogenen magnetischen Feld erfahren die Atome des Strahls eine Kraft, die für die beiden entgegengesetzt orientierten magnetischen Spinmomente entgegengesetzt ist. In diesem inhomogenen magnetischen Feld spaltet der Atomstrahl in zwei Teilstrahlen auf, von denen jeder genau einer der beiden Spinorientierungen entspricht. Bezüglich dieser Orientierungen sind die Atome der beiden Teilstrahlen also vollständig präpariert. Man kann kann jetzt mit einem niederenergetischen Strahlungsfeld die Atome in jedem der Teilstrahlen registieren. Bei dieser Messung ändern sich zwar Energie und Impuls der Atome geringfügig, die Spineinstellung bleibt aber erhalten. Damit lässt sich in einem einfachen Experiment der quantenmechanische Spinzustand jedes Atoms genau vermessen, ohne dabei die Spineinstellung zu ändern. Man kann sich leicht davon überzeugen, wenn man nach der Messung die Atome jedes Teilstrahls in eine zweite Stern-Gerlach-Apperatur derselben Orientierung leitet. Es wird dann keine weitere Aufspaltung beobachtet, d. h. alle Atome eines Teilstrahls haben auch nach der Messung ihre Spineinstellung behalten. Verdünnen wir den einfallenden Strahl soweit, dass die Atome einzeln durch die Apperatur treten, dann sind wir in der Lage, die Spineinstellung jedes einzelnen Atoms zu messen, ohne dass diese von der Messung beeinflusst wird.

Es bleibt damit die Tatsache, dass mikroskopische Objekte nicht mehr wie klassische Objekte zu behandeln sind. Damit ändert sich aber auch die physikalische Problemstellung. Es kann jetzt nicht mehr darauf ankommen, ein

Messergebnis exakt vorherzusagen, sondern die Möglichkeiten der Resultate und die Wahrscheinlichkeit ihres Auftretens festzulegen. Gleichzeitig werden wir aber auch feststellen, dass für verschiedene Messgrößen nicht mehr alle klassisch erlaubten Messwerte auch quantenmechanisch zulässig sind. So kann beispielsweise ein klassischer harmonischer Oszillator jede beliebige Energie oberhalb der Ruheenergie[5] annehmen. Ein quantenmechanischer Oszillator kann dagegen nur ganz bestimmte, diskrete Energiewerte annehmen. Eine quantenmechanische Theorie muss es erlauben, diese potentiellen Messwerte vorherzusagen.

Diese wenigen Beispiele mögen genügen. um auf die Probleme aufmerksam zu machen, die in der Quantenmechanik auftreten und sie von der klassischen Mechanik abheben. Auf der mikroskopischen Skala wird die Quantenmechanik die klassische Mechanik als Theorie ablösen. Wir erwarten natürlich, dass die klassische Mechanik gewissermaßen als Grenzfall der Quantentheorie auf makroskopischen Skalen bestehen bleibt.

Aus heutiger Sicht erfüllt die Quantenmechanik alle von einer guten physikalischen Theorie geforderten Bedingungen. Sie ist widerspruchsfrei zu allen bekannten Experimenten und Beobachtungen, und es existiert eine eindeutige Zuordnungsvorschrift der in den Experimenten qualitativ und quantitativ beobachteten physikalischen Realität zu den in der Theorie verwendeten Größen. Für die Anwendung der Theorie sind keine aus ihr selbst hervorgehenden Grenzen[6] ersichtlich, und schließlich ist der verwendete mathematische Apparat wohlverstanden und geschlossen.

Sicher ist die Quantentheorie im Gegensatz zur klassischen Mechanik weitaus weniger anschaulich. Aber eine fundamentale Theorie mikroskopischer Prozesse muss auch sich nicht mit den alltäglichen, aus der makroskopischen Welt gewonnenen Erfahrungen veranschaulichen und erklären lassen.

1.2
Aufbau des Bands „Quantenmechanik 1"

Das erste Ziel dieses Buchs wird es sein, auf der Basis historischer Experimente die Notwendigkeit einer grundlegend von der klassischen Mechanik abweichenden Beschreibung mikroskopischer Phänomene zu begründen. Dazu werden wir in Kapitel 2 zuerst solche Experimente diskutieren, aus denen zwangsläufig folgt, dass elektromagnetische Strahlungsfelder quantisiert sind, d. h. Energie nur in einzelnen, wohldefinierten Portionen abgeben oder aufnehmen können, und dass diesen Quanten Teilchen, die sogenannten Photonen, zugeordnet werden können.

5) Die Ruheenergie wird gewöhnlich auf den Wert 0 geeicht.
6) siehe dazu auch Abschnitt 1.3

Anschließend werden wir Ergebnisse von Experimenten vorstellen, die in einer Art Umkehrung dieser Aussagen zeigen, dass die physikalischen Eigenschaften scheinbar klassisch mechanischer Systeme ebenfalls eine Quantenstruktur besitzen und dass punktförmige Partikel, z. B. Elektronen, in bestimmten Experimenten ausgeprägte Welleneigenschaften besitzen. Beide Gruppen von Experimenten legen nahe, dass Wellen- und Korpuskulareigenschaften duale Erscheinungsformen sind, von denen je nach Art der Beobachtung der eine oder andere Aspekt sichtbar wird. Anschließend werden wir diese Erkenntnisse benutzen, um den Begriff der Wellenfunktion einzuführen und einige erste Elemente einer quantenmechanischen Beschreibung zu formulieren. Mit der Born'schen Wahrscheinlichkeitsinterpretation werden wir schließlich auch den Schlüssel zur Deutung der Wellenfunktion und ihrer Verbindung zur physikalischen Realität einführen.

Im nachfolgenden Kapitel 3 werden wir uns mit der Dynamik der Wellenfunktion befassen und dabei die Schrödinger-Gleichung einführen. Diese Gleichung spielt in der Quantenmechanik eine ähnliche Rolle wie die Maxwell'schen Feldgleichungen in der Elektrodynamik. Sie bestimmt die Zeitentwicklung sich selbst überlassener quantenmechanischer Systeme. Aus mathematischer Sicht ist die Schrödinger-Gleichung eine komplexe partielle Differentialgleichung erster Ordnung in der Zeit und zweiter Ordnung im Ort. Ihre Lösung führt – speziell für autonome Systeme, d. h. Systeme, deren Wechselwirkungsterme nicht explizit von der Zeit abhängen – auf ein Eigenwertproblem. Wir werden uns im zweiten Teil dieses Kapitels mit der Lösung solcher, vornehmlich eindimensionaler, Eigenwertprobleme befassen.

In Kapitel 4 werden wir den notwendigen mathematischen Apparat zum Verständnis der Quantenmechanik bereitstellen. Eine zentrale Rolle spielt hierbei die Formulierung quantenmechanischer Zusammenhänge im Hilbert-Raum auf der Basis von Zustandsvektoren und Operatoren. Im Rahmen dieses Kalküls werden wir hier die axiomatische Darstellung der Quantenmechanik im Sinne der Kopenhagener Interpretation formulieren und, davon ausgehend, die Verbindung zwischen der abstrakten Beschreibung im Hilbert-Raum und der physikalischen Realität herstellen. Dazu werden quantenmechanische Zustände als Träger der vollständigen Information und Operatoren als Repräsentanten von Observablen, d. h. von physikalisch messbaren Größen, als Grundbegriffe der Quantentheorie eingeführt. Insbesondere wollen wir in diesem Kapitel auf die physikalische Äquivalenz der verschiedenen Darstellungen quantenmechanischer Systeme und die Transformationen zwischen diesen Darstellungen eingehen und wichtige fundamentale Relationen besprechen, z. B. die verallgemeinerte Unschärferelation oder den Zusammenhang zwischen dem quantenmechanischen Zustand einerseits und der Realisierung von Messergebnissen andererseits.

In den Kapiteln 5 und 6 werden wir zwei exakt lösbare quantenmechanische Probleme untersuchen, den harmonischen Oszillator und das Zentralkraftproblem. Dabei wollen wir, ausgehend von fundamentalen Kommutatorrelationen, zwei für die Quantenmechanik typische Techniken in den Vordergrund stellen, nämlich die Verwendung von Erzeugungs- und Vernichtungsoperatoren und die Benutzung von Symmetrieargumenten. Im ersten Fall werden wir zwangsläufig auf die Eigenfunktionen des harmonischen Oszillators geführt, im zweiten Fall können wir den Winkelanteil der Eigenzustände jedes Zentralkraftproblems allgemeingültig ableiten.

Exakte Lösungen quantenmechanischer Probleme sind relativ selten. Für die meisten realen Systeme muss man mit geeigneten Näherungslösungen arbeiten. Wir werden in Kapitel 7 einige dieser Techniken – insbesondere störungstheoretische Methoden und Variationsverfahren – kennenlernen und an ausgewählten Beispielen untersuchen. Von besonderer Bedeutung ist in diesem Zusammenhang die zeitabhängige Störungstheorie, mit deren Hilfe wir unter anderem die Auswahlregeln für die erlaubten optischen Übergänge zwischen verschiedenen Energieniveaus der Atomspektren charakterisieren können.

In Kapitel 8 werden wir auf das quantenmechanische Verhalten eines geladenen quantenmechanischen Teilchens in einem klassischen elektromagnetischen Feld eingehen. Insbesondere spielt hierbei die aus der Elektrodynamik bekannte Eichinvarianz der Felder eine wesentliche Rolle. Wir werden zeigen, dass sich bei einer konsistenten Formulierung der Schrödinger-Gleichung die Eichinvarianz auch auf alle quantenmechanischen Observablen übertragen lässt. Mit der quantitativen Berechnung einiger wichtiger quantenmechanischer Phänomene in magnetischen Feldern, z. B. dem normalen Zeeman-Effekt oder dem Auftreten von Landau-Niveaus, werden wir dieses Kapitel abschließen.

Eine wichtige Eigenschaft vieler quantenmechanischer Partikel ist der Spin. Diese aus der klassischen Mechanik nicht bekannte Eigenschaft wollen wir in Kapitel 9 untersuchen. Neben der Erweiterung der Schrödinger-Gleichung zur Pauli-Gleichung wollen wir vor allem drei aus der Atomspektroskopie bekannte Erscheinungen theoretisch untersuchen, deren Ursache der Spin der Elektronen ist – den anomalen Zeeman-Effekt, die Feinstrukturaufspaltung und den Paschen-Back-Effekt.

Kapitel 10 bietet einige einführende Aspekte der Theorie quantenmechanischer Vielteilchensysteme. Hier geht es uns einerseits darum, ein tieferes Verständnis für den wichtigen Begriff der quantenmechanischen Ununterscheidbarkeit identischer Teilchen und die hieraus folgenden Konsequenzen für die Wellenfunktion von Vielteilchensystemen zu vermitteln, andererseits wollen wir einige Näherungsverfahren vorstellen, mit deren Hilfe man die sehr komplizierten Vielteilchenprobleme näherungsweise auf effektive Einteilchenprobleme zurückfuhren kann.

In Kapitel 11 werden wir uns mit einigen grundlegenden Problemen der Quantenmechanik befassen, die hauptsächlich mit dem probabilistischen Charakter der Quantenmechanik und ihrem Verhältnis zu einer deterministischen Theorie zusammenhängen. Eine wichtige Rolle spielt dabei eine detaillierte Analyse des Messprozesses, d. h. der Vorschriften, die eine Übertragung der mikroskopischen quantenmechanischen Information in eine makroskopische, objektiv erkennbare Realisierung der Messapparatur gewährleisten. Außerdem befassen wir uns relativ ausführlich mit dem Kollaps der Wellenfunktion als Folge der Beobachtung eines Quantenobjekts und einigen hieraus folgenden, aus klassischer Sicht überraschend erscheinenden Konsequenzen, z. B. dem Einstein-Rosen-Podolski-Paradoxon. Am Ende dieses Kapitels geben wir mit der Skizzierung der Grundideen der Quantenkryptographie, der Quantenteleportation und des Quantencomputers einen Ausblick auf moderne Forschungsrichtungen der Quantenmechanik.

1.3
Grenzen der Quantenmechanik

Die in diesem Band behandelte Schrödinger-Gleichung als Evolutionsgleichung quantenmechanischer Systeme ist eine nicht-relativistische Theorie. Sie ist deshalb invariant gegenüber der Galilei-Transformation, nicht aber gegenüber Lorentz-Transformationen zwischen Inertialsystemen.

Abgesehen von diesem Problem, das wir in Band IV mit der Einführung der Dirac-Gleichung beheben werden, zeigt die Quantenmechanik bis heute keine grundsätzlichen Unstimmigkeiten zwischen Experiment und Theorie.

Grenzen findet man eher in dem für ein konkretes Problem vorliegenden Modell. Wollen wir beispielsweise die Wechselwirkung zwischen elektromagnetischer Strahlung und einem Elektron beschreiben, dann wird man gewöhnlich das Strahlungsfeld im Sinne der klassischen Elektrodynamik verstehen, obwohl es sich eigentlich um ein Quantenfeld handelt. Berücksichtigt man den Quantencharakter[7], dann entstehen gewisse Korrekturen zu dem halbklassischen Modell, das wir in diesem Band behandeln werden. Aber auch die quantenfeldtheoretischen Korrekturen können Schritt für Schritt durch Beachtung weiterer Effekte, z. B. der Spineigenschaften von Elektronen und Photonen, immer mehr verbessert werden. Hier liegt das eigentliche Problem quantenmechanischer Theorien: Je mehr Details wir berücksichtigen, d. h. je höher die experimentelle Auflösung der energetischen, räumlichen oder zeitlichen Skalen wird, desto komplizierter wird die theoretische

---

7) Wir werden darauf in Band IV zurückkommen.

Beschreibung des jeweiligen Phänomens und desto mehr unterschiedliche Wechselwirkungsterme müssen berücksichtigt werden.

Während dieses Problem sich aber mit einer Verfeinerung der Theorie sukzessive eliminieren lässt und höchstens zu immer schwierigeren mathematischen Problemen führt, ist das zweite große Problem der Quantenmechanik mit der Theorie des Messprozesses verbunden. Wie wir in Kapitel 11 zeigen werden, ist dieser im Rahmen der Quantenmechanik tatsächlich noch nicht voll verstanden. Es gibt, auch im Rahmen der Kopenhagener Deutung, sogar die Vermutung, dass gewisse Aspekte wie der Kollaps der Wellenfunktion bei der Messung eines Quantensystems innerhalb der Quantenmechanik nicht befriedigend erklärt werden können.

In ihrem Kern ist die Quantenmechanik aber bis heute eine zur physikalischen Realität widerspruchsfreie Theorie, die zwar ständig Erweiterungen durch neue und detailliertere Modelle erfährt, in ihren Grundaussagen bisher aber keiner Korrektur bedarf.

2
Historisch-heuristische Einführung in die Quantenmechanik

2.1
Quanteneigenschaften des Strahlungsfelds

2.1.1
Strahlung eines schwarzen Körpers

2.1.1.1 Experimenteller Befund

Ein schwarzer Körper absorbiert definitionsgemäß die gesamte auf ihn einfallende elektromagnetische Strahlung, d.h. es wird kein Anteil der auf seine Oberfläche auftreffenden Strahlung reflektiert. Ein solcher Körper ist eine Idealisierung. Er lässt sich näherungsweise realisieren, indem man in einen Hohlkörper eine Öffnung bohrt. Ist diese Öffnung klein genug, dann wird praktisch alle durch sie eindringende Strahlung im Inneren des Körpers absorbiert. Die Öffnung hat damit also die Eigenschaften eines schwarzen Strahlers. Bringt man den Körper auf eine Temperatur T, so wird durch atomare Stoßprozesse und die Wechselwirkung der Wandatome mit dem elektromagnetischen Feld im Hohlraum schließlich ein Zustand mit einer bis auf thermodynamische Fluktuationen[1] stationären elektromagnetischen Energiedichte erreicht.

Abb. 2.1 Schema eines schwarzen Strahlers: Die Glühwendel (W) dient zur Einstellung der Temperatur, ist aber nicht in direktem Kontakt zur Öffnung des eigentlichen Hohlkörpers (H).

1) siehe hierzu Band V (Statistische Physik und Thermodynamik) dieser Lehrbuchreihe

Wir bezeichnen mit $w(\omega, T)$ die *Energiedichte* des elektromagnetischen Felds[2] im Hohlraum bzgl. der Frequenz ω. Dann ist $w(\omega, T)\,d\omega dV$ die Feldenergie aller elektromagnetischer Wellen mit Frequenzen im Intervall $\omega \ldots \omega + d\omega$ im Hohlraumvolumen dV bei der Temperatur T.

Ein Teil der im Hohlraum vorliegenden Energie wird über die kleine Öffnung in den freien Raum abgestrahlt. Die hiermit verbundene *Strahlungsleistungsdichte* $S(\omega, T)$ ist einer physikalischen Messung direkt zugänglich. Die Größe $S(\omega, T)$ ist die bei der Temperatur T im Frequenzintervall $\omega \ldots \omega + d\omega$ pro Flächen- und Zeiteinheit abgestrahlte Energie. Der Zusammenhang zwischen Energiedichte $w(\omega, T)$ und der Strahlungsleistungsdichte $S(\omega, T)$ folgt aus dem für monochromatische elektromagnetische Wellen bekannten Zusammenhang zwischen der Feldenergiedichte und dem Poynting-Vektor (siehe Band II, Abschnitt 9.5.5.4), sowie aus einfachen geometrischen Überlegungen:

$$S(\omega, T) = \frac{c}{4}w(\omega, T) \qquad (2.1)$$

Dabei ist c die Lichtgeschwindigkeit. Kirchhoff konnte experimentell zeigen, dass $w(\omega, T)$ nur von der Frequenz und der Temperatur abhängt, aber nicht von den Eigenschaften der Wände des Hohlraums. Weiter folgt aus thermodynamischen Überlegungen, dass die Strahlungsdichte im Inneren des Hohlkörpers homogen und isotrop sein muss. Andernfalls könnte man eine zum zweiten Hauptsatz der Thermodynamik widersprüchliche Situation konstruieren[3].

Experimentell findet man für $w(\omega, T)$ die in Abb. 2.2 für zwei verschiedene Temperaturen schematisch dargestellte Frequenzabhängigkeit. Das eigentliche Problem bei der Interpretation dieser Messungen war, dass sich ein solcher Kurvenverlauf der Energiedichte im Inneren eines Hohlraums im Rahmen der klassischen Elektrodynamik nicht erklären ließ. Tatsächlich gelangt man auf der Basis der Maxwell-Gleichungen und statistischer Überlegungen zu dem Rayleigh-Jeans-Gesetz (J.W. Rayleigh, J.H. Jeans, 1900):

$$w(\omega, T) = \frac{\omega^2}{\pi^2 c^3} kT \qquad (2.2)$$

Offenbar nimmt nach dieser Beziehung die Energiedichte im Hohlraum mit wachsender Frequenz monoton zu und würde mit $\omega \to \infty$ divergieren. Diese sogenannte Ultraviolettkatastrophe steht aber eindeutig im Widerspruch zum Experiment. Allerdings nähert sich der Rayleigh-Jeans'sche Ausdruck

---

2) siehe hierzu Band II (Elektrodynamik), Abschnitt 5.7, Abschnitt 9.3.1 und Abschnitt 9.5.5.4

3) So würde ein im Hohlraum geeignet platzierter schwarzer Körper bei einer anisotropen Hohlraumstrahlung auf einer Seite stärker erhitzt, sodass man wegen der hieraus resultierenden Temperaturdifferenz zwischen gegenüberliegenden Seiten dieses Körpers mechanische Arbeit gewinnen könnte.

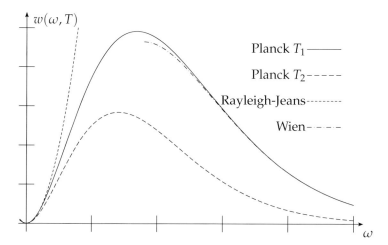

Abb. 2.2 Schematische Darstellung der Energiedichte des schwarzen Strahlers für zwei verschiedene Temperaturen $T_1 > T_2$ zusammen mit den Gesetzen von Rayleigh-Jeans und Wien

bei kleineren Frequenzen der physikalischen Realität immer besser an. Wesentlich geeigneter zur Beschreibung der Energiedichte bei hohen Frequenzen erwies sich das empirisch gefundene Wien'sche Gesetz (W. Wien, 1895):

$$w(\omega, T) = c_1 e^{-c_2 \frac{\omega}{kT}} \tag{2.3}$$

mit den experimentell zu bestimmenden Konstanten c_1 und c_2. Von M. Planck wurde 1900 der folgende Ausdruck – zunächst als Interpolationsformel – angegeben

$$w(\omega, T) = \frac{\omega^2}{\pi^2 c^3} \frac{\hbar\omega}{e^{\frac{\hbar\omega}{kT}} - 1} \tag{2.4}$$

Zwei Monate später gelang dann Planck auch die Herleitung dieses Ausdrucks, allerdings unter einer Voraussetzung, welche überhaupt nicht in das damalige Konzept der klassischen Physik passte, nämlich unter Einführung der sogenannten Quantenhypothese. Diesen Schritt, der allgemein als Geburtsstunde der Quantenmechanik angesehen wird, wollen wir im Folgenden nachvollziehen.

2.1.1.2 Herleitung der Strahlungsformel für den schwarzen Körper
Wir wollen hier die im vorangegangenen Abschnitt angegebenen Strahlungsformeln auf eine recht einfache Weise begründen. Dabei beschränken wir uns auf einen quaderförmigen Hohlraum mit makroskopischen Ausmaßen, d. h. die Wellenlänge der sich im Hohlkörper bildenden elektromagnetischen Strahlung soll klein gegenüber den geometrischen Abmessungen sein. Un-

ter diesen Umständen spielen die konkrete geometrische Struktur des Hohlraums und die Art der Randbedingungen an den inneren Flächen des Hohlkörpers keine wesentliche Rolle mehr, sodass die folgenden Aussagen auch für andere makroskopische experimentelle Geometrien und für verschiedene Materialien gültig sind.

Aus der Elektrodynamik ist bekannt, dass sich in einem Hohlkörper stehende Wellen als Eigenschwingungen des elektromagnetischen Felds ausbilden. Daher müssen wir bei einer genaueren Untersuchung das Frequenzspektrum des Hohlkörpers bestimmen. Tatsächlich besteht der Interpolationsausdruck (2.4) aus zwei Faktoren,

$$w(\omega, T) = n(\omega)\varepsilon(\omega, T) \tag{2.5}$$

wobei $n(\omega)$ die auf ein Frequenzintervall bezogene Dichte der Eigenschwingungen im Hohlraum und $\varepsilon(\omega, T)$ die mittlere Energie der Eigenschwingung mit Frequenz ω bei der Temperatur T ist.

Die Dichte der Eigenschwingungen hängt nur von der Geometrie ab und kann vollständig berechnet werden. Für die mittlere Energie pro Schwingung ergeben sich dagegen verschiedene Resultate, je nachdem ob wir den klassischen Weg oder den von Planck vorgeschlagenen quantenmechanischen Zugang wählen.

Dichte der Eigenschwingungen im Hohlraum

Die elektrische Feldstärke im Hohlraum genügt der freien Wellengleichung[4]

$$\Delta E - \frac{1}{c^2}\frac{\partial^2 E}{\partial t^2} = 0 \tag{2.6}$$

wobei wir davon ausgehen, dass im Hohlkörper Vakuum herrscht. Um die Eigenschwingungen der Hohlraumstrahlung zu bestimmen, benutzen wir den Ansatz $E(x, t) = E(x)\exp\{i\omega t\}$. Damit erhalten wir für den raumabhängigen Anteil die Differentialgleichung

$$\Delta E(x) + \frac{\omega^2}{c^2}E(x) = 0 \tag{2.7}$$

Wir orientieren das räumliche Koordinatensystem so, dass der Ursprung mit einer Ecke des quaderförmigen Hohlraums zusammenfällt und die Achsen parallel zu den Quaderkanten ausgerichtet sind. Als Lösung der partiellen Differentialgleichung (2.7) erhalten wir dann ebene Wellen der Form

$$E(x) = E_0 \exp\left\{i(k_x x + k_y y + k_z z)\right\} \tag{2.8}$$

---

4) Wir beschränken uns hier auf die Analyse des elektrischen Felds. Die Behandlung des zugehörigen magnetischen Felds erfolgt analog, siehe Band II, Kapitel 9

Dabei müssen der Wellenvektor $\boldsymbol{k} = (k_x, k_y, k_z)$ und die Frequenz ω die Dispersionsrelation

$$\omega^2 = c^2(k_x^2 + k_y^2 + k_z^2) \tag{2.9}$$

erfüllen. Wir fordern jetzt, dass das elektrische Feld an den Grenzflächen des Hohlraums verschwindet[5]. Sind die Kantenlängen des quaderförmigen Hohlraums durch L_x, L_y und L_z gegeben, dann ergibt sich aus den eben eingeführten Randbedingungen, dass nur noch die als Linearkombinationen aus den Funktionen (2.8) gebildeten Ausdrücke

$$\boldsymbol{E}(\boldsymbol{x}) = \boldsymbol{E}_0 \sin k_x x \, \sin k_y y \, \sin k_z z \tag{2.10}$$

mit den Komponenten des Wellenvektors

$$k_\alpha = n_\alpha \frac{\pi}{L_\alpha} \qquad \text{mit} \qquad n_\alpha = 1, \, 2, \, \ldots \tag{2.11}$$

($\alpha = x, y, z$) als Eigenlösungen von (2.7) in Frage kommen. Im Hohlraum sind damit nur noch diskrete Wellenvektoren mit den positiven Komponenten (2.11) zulässig. Negative diskrete Werte k_α würden nicht auf neue Eigenfunktionen führen, die linear unabhängig von den alten Eigenlösungen mit positiven k_α sind. Wegen der Dispersionsrelation (2.9) haben dann auch die erlaubten Frequenzen ω diskrete Werte.

Aufgrund der im Hohlraum herrschenden Ladungsfreiheit muss die elektrische Feldstärke dort die Maxwell-Gleichung $\mathrm{div}\,\boldsymbol{E} = 0$ erfüllen, die auf die notwendige Forderung $\boldsymbol{k}\boldsymbol{E}_0 = 0$ führt[6]. Das elektrische Feld ist also transversal, und damit gehören zu jedem Wellenvektor k noch zwei linear unabhängige Polarisationsrichtungen des elektrischen Felds[7]. Die dadurch entstandene Multiplizität müssen wir später bei der Bestimmung der Zahl der Eigenfunktionen berücksichtigen.

Um die Lösungsmenge der Eigenlösungen des Hohlraums zu bestimmen, führt man jetzt einen Gitterraum, den sogenannten k-Raum, ein. Jede Eigenlösung beansprucht in diesem Raum ein Gebiet von der Größe einer Einheitszelle

$$\Delta k_x \Delta k_y \Delta k_z = \frac{\pi}{L_x} \frac{\pi}{L_y} \frac{\pi}{L_z} = \frac{\pi^3}{V} \tag{2.12}$$

5) Diese Bedingung ist zwar keinesfalls für alle Materialien realisiert, aber die Verwendung anderer Randbedingungen führt letztendlich zu dem gleichen Endresultat. Ausserdem hatten wir bereits angenommen, dass das Volumen des Hohlkörpers groß gegenüber der typischen Wellenlänge der Hohlraumstrahlung ist, sodass die konkreten Randbedingungen praktisch irrelevant werden. Einzig die Existenz elektromagnetischer Randbedingungen ist entscheidend.

6) siehe Band II, Abschnitt 9.5.2.1

7) und damit auch des magnetischen Felds, siehe Band II, Abschnitt 9.5.2.2

($V = L_x L_y L_z$ ist das Volumen des Hohlraums). Deshalb ist die Zahl der Eigenlösungen N mit einer Frequenz kleiner oder gleich ω und damit einem Wellenvektor kleiner oder gleich $|\boldsymbol{k}| = \omega/c$ durch

$$N_{\leq \omega} = \frac{1}{8} \frac{\int\limits_0^k \int\limits_0^\pi \int\limits_0^{2\pi} k'^2 \, dk' \, \sin\vartheta \, d\vartheta \, d\varphi}{\left(\frac{\pi^3}{V}\right)} \tag{2.13}$$

gegeben[8]. Der Vorfaktor 1/8 berücksichtigt, dass nur positive Werte k_x, k_y und k_z zulässig sind. Nach Ausführung der Winkelintegrationen und der Variablentransformation $\omega = ck$ erhalten wir

$$N_{\leq \omega} = \frac{V}{6\pi^2 c^3} \omega^3 \tag{2.14}$$

Unter Berücksichtigung der beiden Polarisationsrichtungen und bezogen auf das Einheitsvolumen erhalten wir schließlich folgenden Ausdruck für die Dichte $n = dN/d\omega$ der Eigenschwingungen:

$$n(\omega) = \frac{\omega^2}{\pi^2 c^3} \tag{2.15}$$

Diese Formel gilt, wenn die Gesamtzahl der Schwingungen genügend groß ist, auch für beliebig geformte Hohlräume[9]. Eine genauere Rechnung ergibt allerdings noch Oberflächenterme, die erst im asymptotischen Limes großer Hohlräume vernachlässigt werden können.

Klassische mittlere Energie pro Eigenschwingung
Wir hatten bereits gezeigt, dass das elektrische Feld im Hohlraum aus Eigenfunktionen aufgebaut ist, den sogenannten Schwingungsmoden. Im thermischen Gleichgewicht bei der Temperatur T ist die Wahrscheinlichkeit, dass eine Schwingungsmode mit der Energie E angeregt ist, durch die Boltzmann-Verteilung gegeben

$$p(E) = \frac{e^{-\beta E}}{\int\limits_0^\infty e^{-\beta E'} dE'} \qquad \text{mit} \qquad \beta = \frac{1}{kT} \tag{2.16}$$

---

8) Man beachte, dass wegen der Gitterstruktur dieses Resultat nur im Limes einer hinreichend großen Zahl von Eigenfunktionen, also für $N \to \infty$, exakt ist. Für kleine N sind dagegen Korrekturen zu erwarten, welche die Diskretheit des k-Raums berücksichtigen.

9) vgl. z. B. Courant-Hilbert, Methoden der Mathematischen Physik

Dabei ist $k = 1{,}38 \cdot 10^{-23}\,\text{Ws/K} = 1{,}38 \cdot 10^{-16}\,\text{erg/K}$ die Boltzmann-Konstante[10]. Der Mittelwert der Energie einer Mode wird dann

$$\varepsilon_{\text{klass}}(\omega, T) = \int\limits_0^\infty E p(E)\, dE = \frac{\int\limits_0^\infty E e^{-\beta E} dE}{\int\limits_0^\infty e^{-\beta E'} dE'} = -\frac{\partial}{\partial \beta} \ln \int\limits_0^\infty e^{-\beta E} dE$$

$$= -\frac{\partial}{\partial \beta} \ln \frac{1}{\beta} = \frac{\partial}{\partial \beta} \ln \beta = \frac{1}{\beta} = kT \qquad (2.17)$$

Mit diesem Resultat erhalten wir aus (2.5) die klassische Strahlungsformel von Rayleigh und Jeans:

$$w(\omega, T) = \frac{\omega^2}{\pi^2 c^3} kT \qquad (2.18)$$

Dieses Resultat stimmt bei hohen Frequenzen nicht mehr mit dem Experiment überein. Wir erhalten einen quadratischen Anstieg der Strahlungsdichte, während diese experimentell zu hohen Frequenzen hin abfällt. Aber auch aus einer anderen Sicht ist dieses als Ultraviolettkatastrophe bekannte Ergebnis wenig erfreulich, da die Gesamtenergie im Hohlraum divergiert:

$$W(T) = V \int\limits_0^\infty d\omega\, w(\omega, T) = \frac{VkT}{\pi^2 c^3} \int\limits_0^\infty \omega^2\, d\omega \to \infty \qquad (2.19)$$

Nach diesem Ergebnis muss jedem Hohlraum mit einem endlichen Volumen V eine unendlich große Energie zugeführt werden, um seine Temperatur um einen endlichen Wert (z. B. 1 K) zu erhöhen.

Planck'sche Quantenhypothese

Planck konnte seinen Interpolationsausdruck theoretisch begründen, indem er abweichend von den damaligen physikalischen Vorstellungen von der Annahme ausging, dass die Energie einer Eigenschwingung im Hohlraum nur diskrete Werte annehmen kann. Die erlaubten Energieniveaus einer Eigenschwingung sollten durch folgenden Ausdruck gegeben sein:

$$\varepsilon_n = nh\nu = n\hbar\omega \qquad \text{mit} \qquad \hbar = \frac{h}{2\pi} \qquad (2.20)$$

Die Energiewerte einer Eigenschwingung sind also ganzzahlige Vielfache von $h\nu$ bzw. $\hbar\omega$ und ändern sich bei gegebener Frequenz nicht kontinuierlich. Die in diesen Formeln auftretende Proportionalitätskonstante h ist das Planck'sche Wirkungsquantum, eine universelle Naturkonstante, im physikalischen Sprachgebrauch bezeichnet man aber auch $\hbar = h/2\pi$ (sprich: h-quer)

10) siehe auch hierzu Band V dieser Lehrbuchreihe

als Wirkungsquantum. In verschiedenen Maßsystemen[11] ist

$$h = 6{,}63 \cdot 10^{-27} \text{ erg s} = 4{,}13 \cdot 10^{-15} \text{ eV s} = 6{,}63 \cdot 10^{-34} \text{ W s}^2 \qquad (2.21)$$

Die Wahrscheinlichkeit, dass im Hohlraum der Temperatur T eine Schwingungsmode mit der Frequenz ω die Energie $\varepsilon_n = n\hbar\omega$ hat, ist entsprechend der Boltzmann-Verteilung gegeben durch

$$p(\varepsilon_n) = \frac{e^{-\beta\varepsilon_n}}{\sum\limits_{n=0}^{\infty} e^{-\beta\varepsilon_n}} \qquad \beta = \frac{1}{kT} \qquad (2.22)$$

Die mittlere Energie dieser Mode ist dann durch

$$\varepsilon_{\text{Planck}}(\omega, T) = \frac{\sum\limits_{n=0}^{\infty} \varepsilon_n e^{-\beta\varepsilon_n}}{\sum\limits_{n=0}^{\infty} e^{-\beta\varepsilon_n}} = -\frac{\partial}{\partial\beta} \ln\left(\sum\limits_{n=0}^{\infty} e^{-\beta\hbar\omega n}\right)$$

$$= -\frac{\partial}{\partial\beta} \ln \frac{1}{1 - e^{-\beta\hbar\omega}}$$

$$= \frac{\hbar\omega}{e^{\beta\hbar\omega} - 1} \qquad (2.23)$$

gegeben. Damit erhalten wir für die Strahlungsformel:

$$w(\omega, T) = \frac{\omega^2}{\pi^2 c^3} \frac{\hbar\omega}{e^{\frac{\hbar\omega}{kT}} - 1} \qquad (2.24)$$

Aus der Übereinstimmung dieses Resultats mit dem Experiment folgerte Planck, dass aus einem in der damaligen Zeit unbekannten Grund die Atome in der Hohlraumwand Strahlung in Quanten der Energie $n h\nu = n\hbar\omega$ mit $n = 1, 2, 3, \ldots$ emittieren. Diese Schlussfolgerung ist aus heutiger Sicht nicht ganz richtig. Deshalb haben wir, abweichend von der Planck'schen Argumentation, von vornherein die Einstein'sche Interpretation des obigen Resultats dargestellt: Elektromagnetische Strahlung verhält sich so, als bestünde sie aus Quanten der Energie $\hbar\omega$. Bei gegebener Frequenz kann die Energie nur die diskreten Werte $n\hbar\omega$ annehmen.

Diskussion der Planck'schen Strahlungsformel
Der Ausdruck (2.24) lässt sich für kleine und große Frequenzen durch einfachere Ausdrücke asymptotisch annähern. Wir erhalten für kleine Frequenzen ($\hbar\omega \ll kT$) das Strahlungsgesetz von Rayleigh und Jeans

$$w(\omega, T) = \frac{\omega^2}{\pi^2 c^3} kT \qquad (2.25)$$

---

11) siehe hierzu Band II, Elektrodynamik, Abschnitt 2.1

und für große Frequenzen ($\hbar\omega \gg kT$) das Wien'sche Gesetz

$$w(\omega, T) = \frac{\omega^2}{\pi^2 c^3} \hbar\omega e^{-\frac{\hbar\omega}{kT}} \tag{2.26}$$

Damit haben wir gleichzeitig die in (2.3) auftretenden empirischen Konstanten festgelegt. Die gesamte elektromagnetische Feldenergie im Hohlraum ist:

$$U(T) = V \int_0^\infty w(\omega, T)d\omega = \frac{V\hbar}{\pi^2 c^3} \int_0^\infty d\omega \frac{\omega^3}{e^{\frac{\hbar\omega}{kT}} - 1}$$

$$= \frac{V\hbar}{\pi^2 c^3} \left(\frac{kT}{\hbar}\right)^4 \underbrace{\int_0^\infty dx \frac{x^3}{e^x - 1}}_{=\pi^4/15} \tag{2.27}$$

Fasst man die hier auftretenden Naturkonstanten zu der Größe σ zusammen, dann erhält man für die Gesamtenergiedichte das Stefan-Boltzmann-Gesetz

$$\frac{U(T)}{V} = \sigma T^4 \tag{2.28}$$

Der Wert von ω, bei dem die frequenzbezogene Energiedichte $w(\omega, T)$ extremal wird, ergibt sich folgendermaßen:

$$\frac{dw(\omega, T)}{d\omega} = \frac{\hbar}{\pi^2 c^3} \frac{\omega^2}{e^{\frac{\hbar\omega}{kT}} - 1} \left(3 - \frac{\frac{\hbar\omega}{kT}}{1 - e^{-\frac{\hbar\omega}{kT}}}\right) = 0 \tag{2.29}$$

Hieraus ergibt sich das Wien'sche Verschiebungsgesetz

$$\omega_{\text{max}} = \gamma \frac{kT}{\hbar} \tag{2.30}$$

Die hier auftretende numerische Konstante γ ist wegen (2.29) durch

$$\frac{\gamma}{1 - e^{-\gamma}} = 3 \tag{2.31}$$

eindeutig bestimmt. Aus dem Wien'schen Verschiebungsgesetz lässt sich bei Kenntnis der Boltzmann-Konstanten k das Planck'sche Wirkungsquantum h berechnen.

Klassische Optik und Strahlungsformel
Wir wollen mit einer einfachen Rechnung die zu erwartenden Quanteneffekte in einem typischen optischen Experiment abschätzen. Die Quanten, die von einer gelben Lichtquelle (600 nm) emittiert werden, haben eine Energie von $\hbar\omega \approx 2\,\text{eV}$. Dann wird eine solche Quelle von 100 W etwa $3 \cdot 10^{20}$ Lichtquanten

je Sekunde produzieren. In Anbetracht einer so hohen Zahl an Quanten wird der diskrete Charakter der elektromagnetischen Strahlung in einem typischen makroskopischen Experiment praktisch nicht ins Gewicht fallen. Man wird also bei vielen Experimenten kaum Abweichungen von der klassischen Optik erwarten können.

Trotzdem hat der physikalische Inhalt der Planck'schen Formel unsere Vorstellung über die mikroskopische Struktur elektromagnetischer Strahlung grundlegend verändert. Die Vorstellung, dass ein Strahlungsfeld aus Quanten bestehen könnte, führte zu einer Vielzahl neuer Experimente, in deren Folge schließlich ein völlig neues Verständnis der mikrosopischen Naturbeschreibung entstand.

2.1.2
Der äußere lichtelektrische Effekt

Die Quantenhypothese von Planck erklärt zunächst nur das Spektrum eines schwarzen Strahlers. Im wissenschaftshistorischen Kontext handelt es sich hierbei eher um ein sinnvolles – wenn auch für die damalige Zeit außerhalb des bekannten Gebäudes der theoretischen Physik stehendes – Modell als um einen direkten Nachweis der Quantenstruktur des elektromagnetischen Felds.

Einen solchen experimentellen Beweis lieferten Untersuchungen des äußeren lichtelektrischen Effekts oder Fotoeffekts (H. Hertz, 1887, W.L.F. Hallwachs, 1888). Bestrahlt man z. B. eine Metallplatte (siehe Abb. 2.3) mit UV-Strahlung einer bestimmten Frequenz, so werden unter gewissen Bedingungen Elektronen emittiert, deren kinetische Energie mit der sogenannten Gegenfeldmethode bestimmt werden kann. Die Experimente lieferten die folgenden Resultate:

1. Es werden nur dann Elektronen emittiert, wenn die Frequenz des Lichts eine gewisse Schwellfrequenz ω_0 überschreitet. Die Frequenz ω_0 hängt nicht von der Lichtintensität ab, ist aber eine spezifische Materialkonstante des jeweiligen Metalls.

2. Wird diese Schwellfrequenz überschritten, so ist die Anzahl der pro Zeitintervall vom Metall emittierten Elektronen proportional zur Intensität des einfallenden Lichts.

3. Die maximale kinetische Energie der emittierten Elektronen hängt nicht von der Intensität der Lichtquelle ab, zeigt aber einen linearen Zusammenhang mit der Frequenz des Lichts.

Im Rahmen der klassischen Elektrodynamik würde man erwarten, dass die kinetische Energie der emittierten Elektronen mit der Intensität des Lichtfelds zunimmt. Um den vorliegenden Sachverhalt zu interpretieren, führte A. Einstein 1905 die *Lichtquantenhypothese* ein, für die er 1921 den Nobelpreis erhielt.

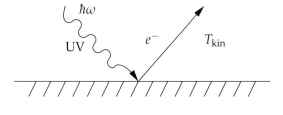

Metall

Abb. 2.3 Schema der experimentellen Situation beim äußeren lichtelektrischen Effekt: Zur Emission eines Elektrons von der Metalloberflä-
che wird ein Lichtquant genügend hoher Energie benötigt.

Danach besteht jedes elektromagnetische Strahlungsfeld der (Kreis-) Frequenz ω aus einer Menge von Lichtquanten der Energie $\hbar\omega$. Die Absorption eines Lichtquants erhöht die Energie der Metallelektronen um $\hbar\omega$. Ein Teil der absorbierten Energie wird dazu verwendet, um die Elektronen vom Metall abzulösen, der Rest wird im günstigsten Fall vollständig in die kinetische Energie der Elektronen umgewandelt. Allerdings kann ein Teil dieser Energie auch durch sekundäre Prozesse an das Kristallgitter des Metalls abgegeben werden. Die Ablösearbeit W variiert von Metall zu Metall, hängt aber nicht von der Frequenz oder der Intensität des einfallenden Lichts ab.

Aufgrund dieser Vorstellungen erwartet man folgenden Zusammenhang zwischen der maximalen kinetischen Energie $T_{\max}$ der Elektronen und der Frequenz des Lichts

$$T_{\max} = \hbar\omega - W \qquad (2.32)$$

Diese Formel erklärt sowohl die Frequenzschwelle, die sich für $T_{\max} = 0$ sofort aus (2.32) mit $\hbar\omega_0 = W$ bestimmen lässt, als auch den linearen Zusammenhang zwischen Frequenz und kinetischer Energie. Die quantitative Abhängigkeit der maximalen kinetischen Energie der Elektronen von der Frequenz des elektromagnetischen Strahlungsfelds wurde von R.A. Millikan (1916) mit der Gegenpotentialmethode (vgl. Abb. 2.4) bestimmt. Hierbei wird durch eine Gegenspannung verhindert, dass die aus einer mit UV-Licht bestrahlten Kathode austretenden Elektronen die gegenüberliegende Anode erreichen. Verschwindet ab einem bestimmten Gegenpotential, der sogenannten Kompensationsspannung $U_{\max}$, der Stromfluss, dann werden auch die energiereichsten Elektronen am Erreichen der Anode gehindert. In diesem Fall ist

$$eU_{\max} = T_{\max} = \hbar\omega - W \qquad (2.33)$$

wobei e die Ladung eines Elektrons ist[12]. Man erhält aus der Steigung der Geraden das Verhältnis $e/\hbar$ und damit bei Kenntnis der Elementarladung auch

---

12) In diesem Band und in Band IV wird die Ladung des Elektrons mit
$e = -|e|$ mit bezeichnet, eine beliebige Ladung wird wie in Band II
mit q bezeichnet. Protonen haben deshalb die Ladung $-e = |e|$.

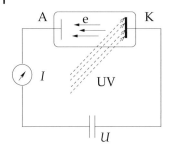
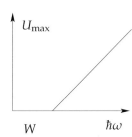

Abb. 2.4 Bestätigung von (2.32) mit der Gegenpotentialmethode: Die angelegte Gegenspannung U wirkt der Bewegung der aus der Kathode (K) herausgelösten Elektronen (e) zur Anode (A) entgegen und reduziert damit den experimentell messbaren Stromfluss I. Verschwindet der Strom, dann ist die zugehörige Kompensationsspannung U_{max} durch die Beziehung $eU_{max} = T_{max}$ festgelegt.

$\hbar$. Somit hat man neben dem Wien'schen Verschiebungsgesetz ein alternatives Experiment zur Bestimmung des Planck'schen Wirkungsquantums $h = 2\pi\hbar$.

Außerdem versteht man auf der Basis der Lichtquantenhypothese den ebenfalls experimentell mit dem in Abb. 2.4 skizzierten Versuchsaufbau überprüfbaren Zusammenhang zwischen der Stromstärke I und der Intensität des einfallenden Lichts. Eine höhere Intensität des Lichts bedeutet eine größere Anzahl von Lichtquanten und damit eine größere Zahl an herausgelösten Elektronen. Obwohl mit einer Zunahme der Lichtintensität die Feldenergiedichte der einfallenden elektromagnetischen Strahlung zunimmt, bleibt bei fester Frequenz die Kompensationsspannung U_{max} konstant, lediglich die für $U < U_{max}$ beobachtbare Stromstärke nimmt zu.

Der äußere lichtelektrische Effekt bestätigt die Quantenstruktur der elektromagnetischen Strahlung. Offenbar tauscht ein monochromatisches Strahlungsfeld der Frequenz ω nur Energiequanten der Größe $\hbar\omega$ mit der Umgebung aus.

2.1.3
Compton-Effekt

Sowohl das Spektrum des schwarzen Strahlers als auch der äußere lichtelektrische Effekt sind Indizien für die Quantenstruktur des Lichts. Sie stellen aber den Wellencharakter der elektromagnetischen Strahlung an sich nicht in Frage. Obwohl Einstein in der 1905 erschienenen Originalarbeit zum äußeren lichtelektrischen Effekt [11] vom Korpuskularcharakter des Lichts ausging, kann man das im vorangegangenen Abschnitt diskutierte Millikan-Experiment – so wie wir das getan haben – auch dann erklären, wenn die elektromagnetische Strahlung in Wellenform vorliegt und sich nur die Feldenergie einer monochromatischen Welle in diskreten Portionen ändert. Es bleibt also an dieser Stelle noch offen, ob entsprechend der Einstein'schen Hypothese Licht wirklich als Partikelstrahlung vorliegt und wie dann die vielen optischen Experimente zu werten sind, in denen der Wellencharakter der elektromagnetischen Strahlung eindeutig nachgewiesen wurde.

Die Analyse des Compton-Effekts (A.H. Compton, 1922) lieferte 1922 einen direkten Nachweis der Teilchennatur elektromagnetischer Strahlung. Bestrahlt man Metallfolien mit weicher Röntgenstrahlung, so findet man ein Streuspektrum, das mit der klassischen Strahlungstheorie nicht erklärt werden kann. Nach dieser Theorie versetzt die elektromagnetische Strahlung die Elektronen in erzwungene Schwingungen mit der Frequenz der einfallenden Strahlung. Die gestreute Strahlung müsste dann dieselbe Frequenz haben wie die einfallende und außerdem eine bestimmte, vom Streuwinkel abhängige Intensität aufweisen[13]. Compton aber fand im Streuspektrum neben einer in ihrer Frequenz unverschobenen noch eine verschobene Komponente, deren Verschiebung zusätzlich vom Streuwinkel abhängt. Diese scheinbar anomale Streuung kann im Rahmen der klassischen Elektrodynamik nicht bestimmt werden, ist aber unter der Annahme einer Partikelstruktur der einfallenden Strahlung zwanglos zu erklären.

Zur physikalischen Beschreibung des Compton-Effekts setzen wir deshalb die Existenz von Lichtpartikeln (Photonen) voraus und kombinieren diese mit der Planck'schen bzw. Einstein'schen Quantenhypothese. Dann können wir die auf das Metall auftreffende Röntgenstrahlung als einen Partikelstrahl von Photonen der Energie $\hbar\omega$ auffassen. Die Wechselwirkung mit den (freien und gebundenen) Elektronen des Metalls erfolgt dann durch elastische Stöße.

Beim elastischen Stoß gelten Impuls- und Energieerhaltung. Die Energie der Photonen kennen wir aus der Lichtquantenhypothese: $E = \hbar\omega$. Um den Impuls eines Photons zu bestimmen, benötigen wir zuerst den Zusammenhang zwischen der Energie eines Massenpunkts, seiner Masse und seiner Geschwindigkeit. Dieser lautet[14]:

$$E = \frac{mc^2}{\sqrt{1 - \frac{v^2}{c^2}}} \tag{2.34}$$

Damit ist dann

$$mc^2 = E\sqrt{1 - \frac{v^2}{c^2}} \tag{2.35}$$

Da sich Photonen mit Lichtgeschwindigkeit bewegen und gleichzeitig eine endliche Energie besitzen, muss nach dieser Gleichung die Photonenmasse verschwinden, d. h. wir erhalten $m = 0$. Andererseits ergibt der Zusammen-

---

13) siehe Band II, Abschnitt 10.9
14) siehe Gl. (4.35) in Band II

hang zwischen Energie und Impuls eines Teichens[15]

$$E = \sqrt{m^2c^4 + p^2c^2} \tag{2.36}$$

Damit erhalten wir für $m = 0$ die für Photonen gültige Beziehung zwischen dem Impulsbetrag und der Energie:

$$p = \frac{E}{c} \tag{2.37}$$

Beachtet man noch die aus der Elektrodynamik bekannte Dispersionsrelation für monochromatische Wellen im Vakuum $\omega = ck$, dann erhalten wir aus (2.37) einen Zusammenhang zwischen dem Impuls und dem Betrag des Wellenvektors

$$p = \frac{\hbar\omega}{c} = \hbar k \tag{2.38}$$

Aus der geometrischen Optik ist bekannt, dass die Strahlrichtung mit der Richtung des Wellenvektors zusammenfällt. Dann erhalten wir endgültig für den Photonenimpuls

$$\boldsymbol{p} = \hbar\boldsymbol{k} \tag{2.39}$$

Um den Compton-Effekt quantitativ beschreiben zu können, untersuchen wir jetzt den Stoß eines Photons vom Impuls $\boldsymbol{p}$ mit einem ruhenden Elektron[16]. Die Impulse des Photons und des Elektrons nach dem Stoß seien $\boldsymbol{p}'$ und $\boldsymbol{P}'$ (vgl. Abb. 2.5). Dann gilt nach dem Impulserhaltungssatz

$$\boldsymbol{p} = \boldsymbol{p}' + \boldsymbol{P}' \tag{2.40}$$

Wir lösen diese Gleichung nach dem Elektronenimpuls $\boldsymbol{P}'$ auf und quadrieren das Resultat. Dann erhalten wir

$$\boldsymbol{P}'^2 = (\boldsymbol{p} - \boldsymbol{p}')^2 = \hbar^2 k^2 + \hbar^2 k'^2 - 2\hbar^2 kk' \tag{2.41}$$

Berücksichtigt man den Streuwinkel ϑ des Photons entsprechend Abb. 2.5 und die Dispersionsrelation $\omega = ck$, dann gelangt man zu der Beziehung:

$$\frac{c^2}{\hbar^2}P'^2 = (\omega - \omega')^2 + 2\omega\omega'(1 - \cos\vartheta) \tag{2.42}$$

---

15) siehe Gl. (4.42) in Band II

16) Die Annahme eines ruhenden Elektrons ist experimentell von sekundärer Bedeutung. Da sich die Elektronen im Metall gewöhnlich mit nichtrelativistischen Geschwindigkeiten bewegen, nach dem Stoß mit einem energiereichen Photon aber Geschwindigkeiten in der Größenordnung der Lichtgeschwindigkeit erreichen, ist der Unterschied in den Stoßformeln zwischen einem ruhenden und einem langsam gleichförmig bewegten Elektron vernachlässigbar klein. Die hier vorgestellten Rechnungen sind völlig exakt, wenn man sich auf das Inertialsystem bezieht, in dem das Elektron vor dem Stoß ruht, und das Ergebnis dann mithilfe der Lorentz-Transformation auf das Laborsystem zurückführt.

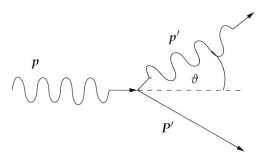

Abb. 2.5 Schema der Impulse von Photon (Wellenlinie) und Elektron vor und nach dem Stoß

Neben dem Impuls bleibt auch die Energie erhalten. Bezeichnen wir mit m_e die Masse des Elektrons, dann lautet der relativistisch korrekte Energieerhaltungssatz

$$\hbar\omega + m_e c^2 = \hbar\omega' + \sqrt{m_e^2 c^4 + P'^2 c^2} \tag{2.43}$$

Nach Quadrieren der Wurzel erhalten wir

$$(\hbar\omega - \hbar\omega' + m_e c^2)^2 = m_e^2 c^4 + P'^2 c^2 \tag{2.44}$$

oder

$$(\hbar\omega - \hbar\omega')^2 + 2(\hbar\omega - \hbar\omega')m_e c^2 = P'^2 c^2 \tag{2.45}$$

Durch Einsetzen von (2.42) in (2.45) können wir den Elektronenimpuls P' eliminieren und erhalten so eine direkte Beziehung zwischen dem Streuwinkel ϑ und den Frequenzen des Photons vor und nach dem Stoß

$$\hbar\omega\omega'(1 - \cos\vartheta) = m_e c^2(\omega - \omega') \tag{2.46}$$

oder

$$\frac{\hbar}{m_e c}(1 - \cos\vartheta) = \frac{c}{\omega'} - \frac{c}{\omega} = \frac{1}{k'} - \frac{1}{k} \tag{2.47}$$

Wegen $k = 2\pi/\lambda$ erhalten wir für die Verschiebung der Wellenlänge λ eines Photons beim Stoß mit einem Elektron[17]

$$\Delta\lambda = \lambda' - \lambda = \frac{h}{m_e c}(1 - \cos\vartheta) \tag{2.48}$$

Die Größe $h/(m_e c)$ hat die Dimension einer Länge. Sie heißt Compton-Wellenlänge des Elektrons

$$\frac{h}{m_e c} \approx 2{,}4 \cdot 10^{-10} \text{ cm} \tag{2.49}$$

17) Man beachte $h = 2\pi\hbar$

und ist eine universelle Konstante.

Die experimentell gefundene Änderung der Wellenlänge eines Photons bei der Streuung an einem freien Elektron stimmt sehr gut mit (2.48) überein. Das Elektron verlässt nach dem Stoß mit dem Photon das Metall und kann ebenso wie das gestreute Photon mit geeigneten Detektoren nachgewiesen werden. Durch Koinzidenzmessungen von Elektron und Lichtquant wurde festgestellt, dass beide gleichzeitig auftreten, d. h. gestreutes Photon und Elektron stammen tatsächlich vom gleichen Stoßprozess.

Von der beim Compton-Experiment ebenfalls beobachteten, in ihrer Frequenz unverschobenen Komponente der Streustrahlung kann man annehmen, dass sie von der Streuung am ganzen Atom verursacht wird. Wegen der erheblich größeren Masse der Atome verglichen mit der Elektronenmasse ist die Wellenlängenverschiebung nur sehr klein.

Der Compton-Effekt lässt sich nur mit dem Teilchencharakter der einfallenden Strahlung schlüssig erklären. Gleichzeitig gibt es aber genügend Experimente, die den Wellencharakter elektromagnetischer Strahlung bestätigen. Die Erkenntnis, dass eine experimentell beobachtbare materielle Erscheinung zwei sich innerhalb der klassischen Physik gegenseitig ausschließende Eigenschaften besitzt, ist eine der bemerkenswerten Schlussfolgerungen der Quantenmechanik. Für die von uns hier diskutierte elektromagnetische Strahlung bedeutet dieser *Dualismus*, dass Licht sowohl Wellen- als auch Teilcheneigenschaften besitzt. Offenbar wird die Frage, welche dieser Eigenschaften beobachtet wird, von der Art des jeweils vorliegenden Experiments entschieden.

2.2
Quanteneigenschaften der Materie

Im vorhergehenden Abschnitt haben wir gesehen, dass das elektromagnetische Feld sich einerseits als räumlich kontinuierliche Überlagerung klassischer monochromatischer Wellen darstellen lässt und andererseits in bestimmten Experimenten als eine Menge räumlich lokalisierter Teilchen auftreten kann. Diese Photonen haben eine nur von der Frequenz abhängige Energie, sodass die Gesamtenergie des elektromagnetischen Felds einfach die Summe der Einzelenergien dieser Lichtquanten ist.

Natürlich erhebt sich jetzt die Frage, ob auch die Dynamik mikroskopischer Massenpunktsysteme einen diskreten Charakter aufweist und ob – in Umkehr der beobachteten Teilcheneigenschaften von Wellenfeldern – Massenpunkte oder Systeme von Massenpunkten Welleneigenschaften besitzen können.

Im Folgenden werden wir kurz einige grundlegende experimentelle Ergebnisse vorstellen, die nahelegen, dass auch scheinbar klassische Materie Welleneigenschaften zeigen und in diskreten, d. h. gequantelten Zuständen vorliegen kann.

2.2.1

Die spezifische Wärme fester Körper

Misst man die Temperaturabhängigkeit der spezifischen Wärme eines festen Körpers, so findet man das in Abb. 2.6 skizzierte Verhalten. Bei hohen Temperaturen ist die spezifische Wärme konstant und nimmt zu tiefen Temperaturen hin ab. Wir wollen hier nur eine kurze Erklärung dieses Phänomens auf der Basis eines von Einstein 1907 formulierten Modells geben. Eine genauere Analyse unter Berücksichtigung der konkreten Kristallstruktur des Festkörpers findet man in Band V dieser Lehrbuchreihe.

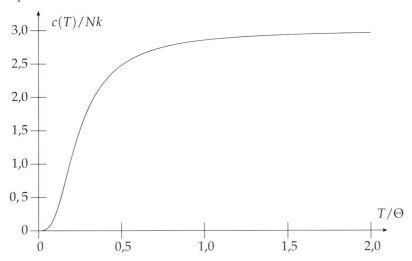

Abb. 2.6 Debye-Gesetz für die spezifische Wärme fester Körper

Klassische Interpretation

Aus der klassischen Mechanik wissen wir[18], dass die Bewegung eines Systems aus N Massenpunkten bei kleinen Auslenkungen aus seiner Ruhelage durch die Superposition von Oszillatoren dargestellt werden kann. Mit zunehmender Temperatur wird die Amplitude dieser Schwingungen und damit ihre Energie kontinuierlich größer. Nehmen wir wieder eine Boltzmann-Verteilung für die Energien der einzelnen Oszillatoren an, so erhalten wir für

18) siehe Band I, Abschnitt 5.5

die mittlere Energie eines Oszillators

$$\bar{\varepsilon} = \frac{\int\limits_0^\infty dE\, E\, \mathrm{e}^{-E/kT}}{\int\limits_0^\infty dE\, \mathrm{e}^{-E/kT}} = kT \tag{2.50}$$

Der gesamte Energieinhalt des Festkörpers ist dann die innere Energie

$$U = 3NkT \tag{2.51}$$

Wir erhalten also gerade wieder den Gleichverteilungssatz. Die spezifische Wärme ist definiert als die Ableitung

$$C = \frac{dU}{dT} = 3Nk \tag{2.52}$$

d. h. sie ist unabhängig von der Temperatur. Dieses Gesetz wird als Dulong-Petit'sche Regel bezeichnet und ist für hinreichend hohe Temperaturen näherungsweise gültig. Bei tiefen Temperaturen zeigt dieses Gesetz aber nicht einmal mehr eine qualitative Übereinstimmung mit dem Experiment.

Quantentheoretische Interpretation
Einstein hat 1907 die Planck'sche Quantenhypothese zur Berechnung der spezifischen Wärme verwendet. Auch hier war – wie im klassischen Modell – der Ausgangspunkt, dass die $3N$ Schwingungsfreiheitsgrade der Atome durch $3N$ Oszillatoren dargestellt werden können. Der Einfachheit halber wird aber angenommen, dass alle Oszillatoren die gleiche Frequenz haben. Im Gegensatz zu unseren vorausgegangenen Überlegungen liegen die Oszillatoren aber in diskreten Energiezuständen vor, d. h. die Oszillatorenergie kann nur die Werte

$$E_n = n\hbar\omega \tag{2.53}$$

annehmen. Damit erhalten wir für die innere Energie des Festkörpers

$$U(T) = 3N\frac{\sum\limits_{n=0}^\infty E_n \mathrm{e}^{-E_n/kT}}{\sum\limits_{n=0}^\infty \mathrm{e}^{-E_n/kT}} = 3N\frac{\hbar\omega}{\mathrm{e}^{\frac{\hbar\omega}{kT}} - 1} \tag{2.54}$$

Die Summe berechnet man dabei analog zum Vorgehen beim schwarzen Strahler in Abschnitt 2.1.1.2.

Diskussion
Die innere Energie (2.54) kann jetzt für hohe und tiefe Temperaturen näherungsweise ausgewertet werden. Für $kT \gg \hbar\omega$ erhalten wir

$$U(T) \approx 3NkT \qquad \text{also} \qquad C \approx 3Nk \tag{2.55}$$

d. h. die Dulong-Petit'sche Regel wird auch im Quantenfall wieder reproduziert. Für tiefe Temperaturen $kT \ll \hbar\omega$ bekommen wir dagegen

$$U(T) \approx 3N\hbar\omega e^{-\frac{\hbar\omega}{kT}} \quad \text{also} \quad C \approx 3N\frac{(\hbar\omega)^2}{kT^2}e^{-\frac{\hbar\omega}{kT}} \tag{2.56}$$

Wir erhalten also mit dem quantenmechanischen Modell bei tiefen Temperaturen tatsächlich eine Abnahme der spezifischen Wärme. P. Debye konnte 1912 ein quantitativ verbessertes Ergebnis vorstellen, indem er Oszillatoren mit verschiedenen Frequenzen entsprechend der Zerlegung der Dynamik des Festkörpers in Eigenschwingungen im Rahmen einer harmonischen Näherung zuließ. Im Debye-Modell ist die spezifische Wärme gegeben durch

$$C = 9Nk\left(\frac{T}{\Theta}\right)^3 \int_0^{\frac{\Theta}{T}} dx \frac{x^4 e^x}{(e^x - 1)^2} \tag{2.57}$$

Dabei ist Θ die sogenannte Debye-Temperatur, die als eine spezifische Materialkonstante interpretiert werden kann.

Die Untersuchung der Temperaturabhängigkeit der Wärmekapazität liefert einen ersten Hinweis für die Existenz quantisierter Zustände in Materie. Ähnlich wie im Fall der Planck'schen Quantenhypothese für das elektromagnetische Wellenfeld kommen wir auch hier zu der Erkenntnis, dass erst die diskrete Struktur der möglichen Energiezustände zu einer einleuchtenden Erklärung eines im Rahmen der klassischen Physik nicht verstandenen Phänomens führt.

2.2.2
Diskrete Atomzustände

2.2.2.1 Das Kombinationsprinzip der Frequenzen

Die von Atomen emittierte Strahlung zeigt im Spektrometer eine für jedes Element charakteristische Folge von Spektrallinien. Man kann diese Linien formal in Serien anordnen (Balmer-Serie, Paschen-Serie, ...). Die den einzelnen Spektrallinien entsprechenden Frequenzen sind nicht unabhängig voneinander, sondern durch das 1908 von W. Ritz formulierte Kombinationsprinzip verbunden. Dieses Prinzip besagt, dass sich jede Spektrallinie durch Addition oder Subtraktion anderer Spektrallinien bestimmen lässt.

Die Existenz fester Spektrallinien lässt sich am einfachsten erklären, wenn man annimmt, dass ein Atom nur für diskrete Energiezustände E_n ($n = 1, 2, \ldots$) stabil ist. Ein spontaner Übergang zwischen zwei Energieniveaus E_n und E_m mit $E_m < E_n$ ist dann mit der Emission eines Lichtquants der Frequenz ω_{nm} entsprechend

$$\hbar\omega_{nm} = E_n - E_m \tag{2.58}$$

verbunden. Jede auf diese Weise berechnete Frequenz entspricht einer Spektrallinie. Kombiniert man jetzt die beiden Frequenzen ω_{nm} und ω_{mk} additiv miteinander, dann erhält man

$$\hbar(\omega_{nm} + \omega_{mk}) = E_n - E_m + E_m - E_k = E_n - E_k = \hbar\omega_{nk} \qquad (2.59)$$

Damit ergibt sich eine neue Spektrallinie, die den Übergang zwischen den diskreten Energieniveaus E_n und E_k beschreibt. Das Ritz'sche Kombinationsprinzip kann wegen des hier dargestellten einfachen Zusammenhangs als ein wichtiges Indiz für die Existenz diskreter Energieniveaus in Atomen angesehen werden.

2.2.2.2 Franck-Hertz'scher Stoßversuch

Ein weiteres wichtiges Experiment, das die Quantelung der Energie atomarer Zustände nahelegt, ist der 1920 von J. Franck und G. Hertz beschriebene Stoßversuch.

Beschleunigt man Elektronen in einer mit Quecksilberdampf gefüllten Röhre (vgl. Abb. 2.7), so findet man den in Abb. 2.8 dargestellten Zusammenhang zwischen Strom und angelegter Spannung, der erstmals 1920 von Franck und Hertz in der Zeitschrift für Physik[19] publiziert wurde. Mit zunehmender Spannung steigt der Strom zunächst an, fällt dann aber bei einer Spannung von 4,9 V ab; anschließend wächst er wieder an, um dann bei dem doppelten Spannungswert von 9,8 V erneut abzufallen.

Zur Deutung der erhaltenen Strom-Spannungs-Kennlinie nimmt man auch hier wieder an, dass die Energiezustände der Quecksilberatome nicht kontinuierlich, sondern gequantelt sind, d. h. die Atome können nur Zustände mit bestimmten diskreten Energiewerten annehmen.

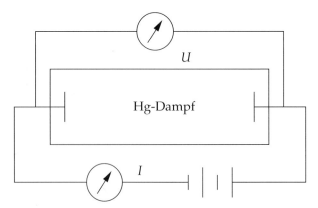

Abb. 2.7 Franck-Hertz'scher Stoßversuch: Schema des experimentellen Aufbaus

---

19) Die Originalkurve findet man in Z. Physik **2** (1920) 18.

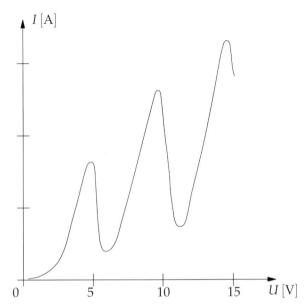

Abb. 2.8 Franck-Hertz'scher Stoßversuch: experimentell ermittelte Strom-Spannungs-Kennlinie

Bei einer kontinuierlichen Vergrößerung der angelegten Spannung wächst zunächst der Strom durch die mit Quecksilberdampf gefüllte Röhre monoton an. Mögliche Stöße zwischen Atomen und Elektronen können dabei als elastisch angesehen werden. Wegen ihrer gegenüber den Quecksilberatomen wesentlich geringeren Masse durchqueren die Elektronen die Röhre praktisch ohne Energieverlust. Mit wachsender Spannung wird die vom Feld auf die Elektronen übertragene Energie immer weiter anwachsen. Erreichen die Elektronen schließlich eine Energie von $\Delta E = 4{,}9$ eV, beginnt der Stromfluss durch die Röhre abzunehmen. Hat die kinetische Energie eines Elektrons nämlich diesen Schwellwert überschritten, dann kann dieses Elektron beim nächsten Stoß genau diese Energiemenge an das Quecksilberatom abgeben und damit das energetische Niveau des Atoms vom Grundzustand E_0 auf das Energieniveau $E' = E_0 + \Delta E$ heben. Natürlich verharrt das Quecksilberatom nicht sehr lange in diesem Zustand, sondern gibt die Energie in Form eines Lichtquants $\hbar\omega = \Delta E$ mit der zugehörigen Wellenlänge $\lambda = 253{,}7$ nm an die Umgebung ab. Da die Elektronen nach einem solchen inelastischen Stoß praktisch keine kinetische Energie mehr besitzen, reduziert sich die Zahl der Elektronen, die pro Zeiteinheit die Anode erreichen. Mit weiter wachsender Spannung wird die Anzahl der Elektronen, die nach dem Erreichen der Energieschwelle einen geeigneten Stoßpartner finden, erheblich zunehmen, sodass die Stromstärke weiter abfällt. Erst wenn ab einer bestimmten Spannung die überwiegende Zahl der Elektronen einen inelastischen Stoß realisiert hat, wird die beschleunigende Wirkung der angelegten Spannung wieder dominant, und die elektrische Stromstärke nimmt erneut zu.

Mit dem Erreichen der zweiten Schwellspannung $2 \cdot 4{,}9 \text{ V} = 9{,}8 \text{ V}$ treten die ersten Elektronen auf, die beim Durchqueren der Röhre zwei inelastische Stöße erleiden. Als Folge davon nimmt die Stromstärke wieder ab, und das nach dem Überschreiten der ersten Schwellspannung durchlaufene Szenario wiederholt sich. Offenbar lässt sich eine gewisse Periodizität im Verhalten der Strom-Spannungs-Charakteristik beobachten, siehe Abb. 2.8. Die Stromstärke bricht jeweils partiell zusammen, sobald die Spannung ein ganzzahliges Vielfaches von 4,9 V erreicht.

Wegen der im Rahmen einer quantenmechanischen Theorie leicht erklärbaren Resultate des Franck-Hertz-Experiments gilt dieses als einer der ersten zwingenden direkten Nachweise diskreter Energieniveaus in Atomen.

2.2.3
Bohr'sches Atommodell

In seinen Streuversuchen beschoss E. Rutherford (1911) dünne Materieschichten (Goldfolie, wenige μm dick) mit α-Strahlen. Aus den Resultaten konnte er schließen, dass das Thomson'sche Atommodell[20], nach dem die Elektronen in eine kontinuierliche Verteilung positiver Ladung eingebettet sein sollten, nicht zu halten war. Rutherford schlug folgendes Modell vor:

1. Fast die gesamte Masse und die gesamte positive Ladung des Atoms sind in einem sehr kleinen Raumbereich mit einem Radius $\leq 10^{-15}$ m, dem sogenannten Kern, konzentriert.

2. Die Elektronen werden durch die Coulomb-Kraft an den Kern gebunden; die Elektronen laufen nach dieser Vorstellung auf Kreis- bzw. Ellipsenbahnen um den Kern.

Gegen dieses Modell lassen sich sofort zwei Einwände erheben:

1. Je nach Energie der Elektronen können ihre Bahnradien kontinuierlich variieren. Damit erhalten wir aber auch eine kontinuierliche Variation der Umlauffrequenzen. Das diskrete Linienspektrum, das die Atome emittieren, wird damit nicht verständlich.

2. Die Bewegung der Elektronen auf Kreisbahnen stellt eine beschleunigte Bewegung dar. Nach der klassischen Elektrodynamik ist aber mit der Beschleunigung eine Energieabstrahlung verbunden[21]. Die Atome wären nach dem Rutherford'schen Modell überhaupt nicht stabil. Eine einfache Abschätzung ergibt, dass die Elektronen nach etwa 10^{-8} s in den Kern stürzen müssten.

20) siehe Abschnitt 9.2.2 in Band II dieser Lehrbuchreihe
21) siehe Band II, Abschnitt 10.8

2.2.3.1 Qualitative Formulierung der Bohr'schen Postulate

Um diesem Dilemma zu entgehen, erhob N. Bohr 1913 die beiden folgenden Postulate:

1. Die Atome liegen in bestimmten stationären Zuständen mit diskreten Energien E_0, E_1, E_2, ... vor.

2. Beim Übergang von einem solchen stationären Zustand mit der Energie E_a in einen anderen stationären Zustand mit der Energie E_e wird der Energieunterschied in Form eines Photons emittiert ($E_a > E_e$) oder absorbiert ($E_a < E_e$).

Auf der Basis dieser Postulate lässt sich sowohl die Stabilität der Atome als auch ihr Linienspektrum erklären.

2.2.3.2 Quantitative Formulierung der Bohr'schen Postulate

Es bleibt jetzt noch offen, eine geeignete, von der speziellen Struktur der Atome möglichst unabhängige Vorschrift zu finden, mit deren Hilfe die diskreten stationären Zustände eines Atoms zu bestimmen sind.

Zu diesem Zweck gehen wir zurück zum harmonischen Oszillator, für den ja Planck (1900) und Einstein (1907) bereits eine Quantisierungsvorschrift aufgestellt hatten. Diese Quantisierungvorschrift wollen wir jetzt so verallgemeinern, dass sie auch auf andere Systeme, z. B. das Wasserstoffatom, übertragbar wird.

Die Hamilton-Funktion[22] des eindimensionalen harmonischen Oszillators ist gegeben durch

$$H = \frac{p^2}{2m} + \frac{m}{2}\omega^2 x^2 \tag{2.60}$$

Dabei ist p der Impuls des Oszillators und x seine Ortskoordinate. Der harmonische Oszillator ist ein konservatives System, seine Energie bleibt also erhalten. Deshalb hat die Hamilton-Funktion jedes harmonischen Oszillators entlang einer beliebigen Trajektorie einen festen Wert, der die gesamte Energie E des Oszillators repräsentiert. Aus der Forderung $H(p, x) = E$ erhalten wir dann die implizite Darstellung der Bahnkurve im Phasenraum[23]

$$\frac{p^2}{2mE} + \frac{m\omega^2 x^2}{2E} = 1 \tag{2.61}$$

Ein Oszillator mit der Gesamtenergie E durchläuft also in der Phasenebene eine Ellipse (vgl. Abb. 2.9) mit den Halbachsen

$$a = \sqrt{2mE} \quad \text{und} \quad b = \sqrt{\frac{2E}{m\omega^2}} \tag{2.62}$$

---

[22]) siehe Kapitel 7, Band I dieser Lehrbuchreihe
[23]) Der Phasenraum ist im vorliegenden Fall eines eindimensionalen Oszillators gerade die p, x-Ebene, siehe Band I, Kapitel 7.

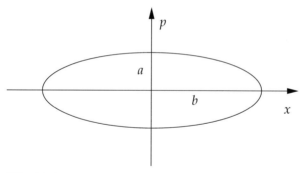

Abb. 2.9 Bahnkurve des harmonischen Oszillators im Phasenraum:
Die Halbachsen a bzw. b definieren den maximalen Betrag des Impulses bzw. die Amplitude der Auslenkung des Oszillators bei einer festen
Energie.

Die Fläche einer solchen Ellipse ist durch das Phasenintegral[24]

$$\oint p\,dx = \pi ab = \pi\sqrt{2mE}\sqrt{\frac{2E}{m\omega^2}} = 2\pi\frac{E}{\omega} \tag{2.63}$$

bestimmt. Nach Planck und Einstein sind die Energien eines harmonischen
Oszillators aber gequantelt, d. h. die Energie E in (2.63) ist durch

$$E_n = n\hbar\omega = 2\pi nh\omega \qquad \text{mit} \qquad n = 1, 2, \ldots \tag{2.64}$$

gegeben. Damit sind aber im Phasenraum des Oszillators nur noch solche
Bahnen zugelassen, deren Phasenintegral die folgende Bedingung erfüllt:

$$\oint p\,dx = 2\pi n\hbar = nh \tag{2.65}$$

In dieser Bedingung stehen aber überhaupt keine Parameter des harmonischen Oszillators. Deshalb hoffte man in den frühen Anfangsjahren der Quantenmechanik, diese Vorschrift auch auf das Wasserstoffatom übertragen zu
können.

Die quantitative Formulierung des ersten Bohr'schen Postulats ist damit
durch die Phasenintegralbedingung (2.65) bestimmt. Die hier auftretende
ganzzahlige Größe n wird auch als Quantenzahl bezeichnet.

Das zweite Bohr'sche Postulat betrifft die Emission bzw. Absorbtion eines
Photons als Folge des Übergangs zwischen zwei Energieniveaus. Nach unseren bisherigen Überlegungen kann dieses als Frequenzbedingung bezeichnete
Postulat in der Form

$$\hbar\omega_{nm} = E_n - E_m \tag{2.66}$$

geschrieben werden.

24) siehe Band I, Abschnitt 7.10.1

2.2.3.3 Bohr'sches Wasserstoffatommodell

Wir wollen jetzt die Bohr'schen Postulate auf das Wasserstoffatom anwenden und daraus die zugelassenen Energieniveaus E_n bestimmen. Für die folgenden Überlegungen genügt es, sich auf den Spezialfall kreisförmiger Elektronenbahnen zu beschränken. Da sich das Elektron wegen des Flächensatzes[25] in einer Ebene bewegt, führt man sinnvollerweise die folgenden Berechnungen in Polarkoordinaten (r, φ) aus. Die kinetische Energie des Elektrons ist in diesen Koordinaten gegeben durch

$$E_{kin} = \frac{m_e}{2} a^2 \dot{\varphi}^2 \tag{2.67}$$

Dabei ist a der Radius der Bahnkurve. Die potentielle Energie des Elektrons auf der Kreisbahn lautet

$$V = -\frac{e^2}{a} \tag{2.68}$$

Dabei ist e die Ladung des Elektrons und damit im vorliegenden Fall des Wasserstoffatoms auch die umgekehrte Ladung des Atomkerns. Der zu der generalisierten Koordinate φ gehörige, kanonisch konjugierte Impuls ist eine zyklische Koordinate der Elektronenbewegung und deshalb eine Invariante der Bewegung

$$p_\varphi = \frac{\partial L}{\partial \dot{\varphi}} = \frac{\partial E_{kin}}{\partial \dot{\varphi}} = m_e a^2 \dot{\varphi} = m_e a^2 \omega = \text{const.} \tag{2.69}$$

Wegen der hieraus folgenden Konstanz der Winkelgeschwindigkeit $\omega = \dot{\varphi}$ erhalten wir für das Phasenintegral

$$\oint p dq = \int_0^{2\pi} m_e a^2 \omega d\varphi = 2\pi m_e a^2 \omega = 2\pi n\hbar \tag{2.70}$$

Damit haben wir eine Bestimmungsgleichung für den zulässigen Radius a_n und die entsprechende Winkelgeschwindigkeit ω_n des n-ten Energieniveaus:

$$m_e a_n^2 \omega_n = n\hbar \tag{2.71}$$

Die zweite Gleichung zur Bestimmung der Bahnparameter a_n und ω_n erhalten wir aus der für eine stabile Kreisbahn notwendigen Gleichheit von Zentrifugalkraft und Coulomb-Kraft:

$$m_e a_n \omega_n^2 = \frac{e^2}{a_n^2} \tag{2.72}$$

Die Elimination der Winkelgeschwindigkeit liefert dann den Bahnradius a_n

$$a_n = \frac{n^2 \hbar^2}{m_e e^2} \tag{2.73}$$

25) siehe Band I, Abschnitt 4.3.1

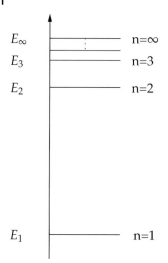

E_∞ $n=\infty$

E_3 $n=3$

E_2 $n=2$

E_1 $n=1$

Abb. 2.10 Energieniveauschema des Wasserstoffatoms entsprechend dem Bohr'schen Atommodell

Aus (2.71) erhalten wir für die Umlauffrequenz

$$\omega_n = \frac{n\hbar}{m_e a_n^2} = \frac{1}{n^3} \frac{m_e e^4}{\hbar^3} \tag{2.74}$$

Die Energieniveaus des Wasserstoffatoms sind dann gegeben durch

$$E_n = E_{kin} + V = \frac{1}{2} m_e a_n^2 \omega_n^2 - \frac{e^2}{a_n} = -\frac{e^2}{2a_n} \tag{2.75}$$

und mit (2.73)

$$E_n = -\frac{1}{n^2} \frac{m_e e^4}{2\hbar^2} \tag{2.76}$$

Aus (2.73) und (2.74) folgt außerdem, dass physikalisch vernünftige Werte für die Bahnparameter nur dann erwartet werden können, wenn $n \geq 1$ erfüllt ist.

Die Energiewerte des Wasserstoffatoms sind in Abb. 2.10 dargestellt. Der energetisch tiefste Zustand, der sogenannte Grundzustand, ergibt sich für $n = 1$, der höchste für $n \to \infty$. Bei noch höheren Energien ist das Elektron nicht mehr an den Atomkern gebunden.

Aus diesen Ergebnissen lassen sich einige wichtige Daten des Wasserstoffatoms relativ gut abschätzen. So ist die als Bohr'scher Radius bezeichnete Ausdehnung des Atoms im Grundzustand gegeben durch

$$a_{\text{Bohr}} = \frac{\hbar^2}{m_e e^2} = 0.529 \cdot 10^{-10} \text{m} \tag{2.77}$$

Aus der zugehörigen Energie des Grundzustands kann man die sogenannte Ionisierungsenergie

$$E_{\text{Ion}} = |E_1| = \frac{m_e e^4}{2\hbar^2} = 13{,}6\,\text{eV} \tag{2.78}$$

bestimmen, die notwendig ist, um das Elektron auf eine unendlich ferne Bahn zu bringen und damit vom Atomkern zu trennen.

2.2.3.4 Strahlungsspektrum des Wasserstoffatoms

Die Frequenz des bei einem Übergang zwischen zwei Energieniveaus des Wasserstoffatoms emittierten Lichtquants ist

$$\omega_{nk} = \frac{E_n - E_k}{\hbar} = \frac{m_e e^4}{2\hbar^3} \left(\frac{1}{k^2} - \frac{1}{n^2} \right) \tag{2.79}$$

Damit ist die reziproke Wellenlänge des emittierten Lichts wegen $\omega = 2\pi c / \lambda$ durch

$$\frac{1}{\lambda_{nk}} = \frac{1}{2\pi c} \frac{m_e e^4}{2\hbar^3} \left(\frac{1}{k^2} - \frac{1}{n^2} \right) = R_{\text{H}} \left(\frac{1}{k^2} - \frac{1}{n^2} \right) \tag{2.80}$$

gegeben. R_{H} wird als Rydberg-Konstante des Wasserstoffatoms bezeichnet und hat den Wert

$$R_{\text{H}} = 1{,}097 \cdot 10^7\,\text{m} \tag{2.81}$$

Bei festgehaltenem Wert von k erhält man bei laufendem n jeweils eine Serie von Spektrallinien, die entsprechend ihren Entdeckern bezeichnet werden:

$k = 1$	Lyman-Serie (ultraviolettes Licht)	$n = 2, 3, \ldots$
$k = 2$	Balmer-Serie (sichtbares Licht)	$n = 3, 4, \ldots$
$k = 3$	Paschen-Serie (infrarotes Licht)	$n = 4, 5, \ldots$

Da es sich hierbei um Emissionspektren handelt, muss für jede Serie $n > k$ gelten.

2.2.3.5 Kritik am Bohr'schen Atommodell

Trotz seiner anfänglichen Erfolge zeigt das Bohr'sche Atommodell eine Reihe von Unzulänglichkeiten, die historisch gesehen zum Aufbau des Kopenhagener Konzepts der modernen Quantenmechanik führten. Besonders gravierend erwiesen sich die folgenden Mängel:

a) Die Berechnung der diskreten Eigenwerte funktioniert im wesentlichen nur für den harmonischen Oszillator und das Wasserstoffatom. Für kompliziertere Probleme, z. B. das Heliumatom, ist die Theorie nicht mehr befriedigend durchführbar.

b) Die Bohr'sche Theorie wird durch nur eine Quantenzahl n charakterisiert. Tatsächlich gibt es aber Experimente, die eine Abhängigkeit der atomaren Charakteristika von mehreren Quantenzahlen nahelegen. A. Sommerfeld versuchte diese Diskrepanz durch die Verwendung der für das vorliegende Zentralkraftproblem allgemeineren Ellipsenbahnen[26] zu beseitigen. Auf diese Weise konnte eine weitere Quantenzahl l bestimmt werden, mit der sich der Drehimpuls quantisieren ließ. Allerdings geben die hiermit gewonnenen theoretischen Resultate die spektroskopischen Untersuchungsergebnisse nur qualitativ wieder[27].

c) Ein weiterer wichtiger Punkt, der zur Ablehnung des Bohr'schen Atommodells führte, ist die in der historischen Entwicklung etwas später gewonnene Erkenntnis, dass sich die Vorstellung des klassischen Bahnbegriffs für das den Atomkern umkreisende Elektron nicht durchhalten lässt.

d) Schließlich sind die ad hoc eingeführten Bohr'schen Postulate vom theoretischen Standpunkt nur wenig befriedigend.

Trotz dieser grundlegenden Kritikpunkte hat das Bohr'sche Atommodell eine bleibende Bedeutung für die Entwicklung der Quantenmechanik. Mit diesem Modell wurden zum ersten Mal Gesetze der klassischen Mechanik einer konsequenten – wenn auch nicht ganz erfolgreichen – Quantisierung unterworfen.

2.2.4
Das Korrespondenzprinzip

Bohr setzte mit seinen Postulaten für mikroskopische Skalen bestimmte klassische Gesetze außer Kraft. Für große Energien und große räumliche Skalen[28] stehen die klassischen Gesetze aber in Übereinstimmung mit dem Experiment.

Bohr versuchte deshalb, seine Postulate an die klassische Mechanik anzuschließen. Damit forderte er im Wesentlichen, dass die Gesetze der klassischen Physik sich als Grenzfall der nach den beiden Bohr'schen Postulaten entwickelten mikroskopischen Atommechanik für große Quantenzahlen n und große Bahndimensionen ergeben sollten. Dieses sogenannte Korrespondenzprinzip erweist sich als ein grundlegendes Konzept der Quantenmechanik:

26) siehe Band I, Abschnitt 4.3
27) Die Sommerfeld'sche Theorie liefert für das Quadrat des Drehimpulses den Wert $\hbar^2 l^2$, während man $\hbar^2 l(l+1)$ verwenden muss, um Übereinstimmung mit der experimentellen Erfahrung zu erhalten.
28) also Atomradien im Fall des Bohr'schen Atommodells

Mit der Annäherung an makroskopische Skalen sollte ein auf mikroskopischen Skalen formuliertes quantenmechanisches Problem in ein korrespondierendes klassisches Problem übergehen.

Im Bohr'schen Atommodell liegt der dem Korrespondenzprinzip entsprechende Grenzfall für $n \gg 1$ vor. Um ein konkretes Beispiel vor Augen zu haben, betrachten wir die Strahlung eines Wasserstoffatoms. Klassisch würden wir erwarten, dass das um den positiven Kern umlaufende Elektron mit seiner Umlauffrequenz abstrahlt[29]. Diese haben wir aber in (2.74) berechnet:

$$\omega_n = \frac{n\hbar}{m_e a_n^2} = \frac{1}{n^3} \frac{m_e e^4}{\hbar^3} \tag{2.82}$$

Nach der Bohr'schen Frequenzbedingung erhalten wir bei einem Übergang zwischen zwei benachbarten Bahnen der Quantenzahlen n und $n+1$:

$$\begin{aligned} \omega_{n,n+1} &= \frac{m_e e^4}{2\hbar^3} \left(\frac{1}{n^2} - \frac{1}{(n+1)^2} \right) \\ &= \frac{m_e e^4}{2\hbar^3} \left\{ \frac{1}{n^2} - \frac{1}{n^2} \left(1 - \frac{2}{n} + \cdots \right) \right\} \end{aligned} \tag{2.83}$$

und deshalb für $n \gg 1$

$$\omega_{n,n+1} \approx \frac{m_e e^4}{\hbar^3} \frac{1}{n^3} \tag{2.84}$$

Wir sehen, dass man entsprechend dem Korrespondenzprinzip das klassische Ergebnis für große Quantenzahlen n erhält[30]. Historisch war das Korrespondenzprinzip der Ausgangspunkt für die Heisenberg'sche Matrizenmechanik.

2.3
Welleneigenschaften der Materie

2.3.1
De Broglie's Materiewellen

Eine ebene, monochromatische elektromagnetische Welle mit der Frequenz ω und dem Wellenvektor $\boldsymbol{k}$ kann beispielsweise durch den folgenden analytischen Ausdruck dargestellt werden:

$$\boldsymbol{E}(\boldsymbol{x}, t) = \left(\boldsymbol{E}_0 e^{+i(\boldsymbol{k}\cdot\boldsymbol{x}-\omega t)} + \boldsymbol{E}_0^* e^{-i(\boldsymbol{k}\cdot\boldsymbol{x}-\omega t)} \right) \tag{2.85}$$

[29]) siehe Band II, Kap 10.7.
[30]) Allerdings gilt dieses Ergebnis nur für Übergänge zwischen benachbarten Bahnen. Übergänge von $n+2 \rightarrow n$ usw. haben kein klassisches Analogon.

Dabei gilt wegen der Transversalität der Welle $E_0 \cdot k = 0$. Der Betrag des Wellenvektors ist die Wellenzahl $k = |k|$ mit $k = 2\pi/\lambda$. Nach der Lichtquantenhypothese besteht eine solche Welle aus Photonen, also aus *Teilchen* mit der Energie $E = \hbar\omega$ und dem Impuls $\hbar k$. Damit ließ sich zwanglos erklären, warum klassische elektromagnetische Wellen (2.85) in bestimmten Experimenten besser als ein Strom von Photonen interpretiert werden müssen. Formal könnte man die elektromagnetische Welle (2.85) durch die entsprechenden Teilcheneigenschaften Energie und Impuls anstelle der typischen Wellencharakteristika Frequenz und Wellenvektor ausdrücken:

$$E(x,t) = \left(E_0 e^{+\frac{i}{\hbar}(p \cdot x - Et)} + E_0^* e^{-\frac{i}{\hbar}(p \cdot x - Et)} \right) \tag{2.86}$$

Es liegt daher nahe, in Umkehrung der für das elektromagnetische Wellenfeld formulierten Teilchenhypothese auch Partikeln einen Wellencharakter zuzuordnen. Diese Idee wurde zuerst von L. de Broglie (1925) vertreten. Er schrieb den Teilchen neben den der klassischen Mechanik entsprechenden Korpuskulareigenschaften auch Welleneigenschaften zu und übertrug so den für Lichtwellen bereits bekannten *Welle-Teilchen-Dualismus* auf beliebige Bestandteile der Materie.

Die von de Broglie formulierte Vorstellung geht davon aus, dass jedem Teilchen der Energie E, das sich mit dem Impuls p bewegt, eine Welle mit der Frequenz ω und dem Wellenvektor k entsprechend der Vorschrift

$$\omega = \frac{E}{\hbar} \qquad \text{und} \qquad k = \frac{p}{\hbar} \tag{2.87}$$

zugeordnet werden kann. Nach dieser Idee müssten also Teilchen unter Umständen auch experimentell mit typischen Welleneigenschaften beobachtbar sein und sich durch eine Wellenfunktion der Form $A \exp\left[i/\hbar(p \cdot x - Et)\right]$ beschreiben lassen. Tatsächlich kann man das von M. v. Laue entwickelte Verfahren für die Beugung von Röntgenstrahlen an Kristalloberflächen auch auf Partikelstrahlen erweitern. 1927 gelang es C.J. Davisson und L.H. Germer erstmalig, Beugungsbilder von Elektronenstrahlen an Kristallen zu erzeugen und damit den Wellencharakter der Elektronen zu bestätigen. Inzwischen wurden Beugungsversuche auch mit Protonen, Neutronen, α-Teilchen und sogar Molekülen von der Größenordnung der Fullerene erfolgreich durchgeführt.

Werden Teilchen der Masse m und der Ladung q in einem elektrischen Feld über eine Potentialdifferenz $\Delta\varphi$ beschleunigt, dann erhalten wir aus dem mechanischen Energieerhaltungssatz die Partikelgeschwindigkeit

$$v = \sqrt{\frac{2|q\Delta\varphi|}{m}} \tag{2.88}$$

wenn die Teilchenbewegung nicht durch relativistische Gleichungen beschrieben werden muss. Mit dem zugehörigen Impuls $p = mv$ erhalten wir dann für die Wellenlänge

$$\lambda = \frac{2\pi}{k} = \frac{2\pi\hbar}{p} = \frac{h}{\sqrt{2mq\Delta\varphi}} \tag{2.89}$$

So findet man speziell für Elektronen

$$\lambda = \sqrt{\frac{150\,V}{\Delta\varphi}}\,\text{Å} \tag{2.90}$$

Wenn also Elektronen eine Spannung von 150 V durchlaufen, haben sie eine Wellenlänge von 1 Ångström (1 Å = 10^{-10} m = 0,1 nm). Für ein Wassertröpfchen von 0,1 mm Durchmesser und der Geschwindigkeit 10 cm s^{-1} erhält man aus (2.89) $\lambda = 1{,}6 \cdot 10^{-24}$ m. Für Teilchen dieser Größe ergibt sich eine Wellenlänge, bei der Beugungseffekte nicht mehr zu beobachten sind.

2.3.2
Wellenpakete, Wahrscheinlichkeiten, Erwartungswerte

2.3.2.1 Wellen und Wellenpakete

Mit der Zuordnung von Welleneigenschaften zu im mechanischen Sinne punktförmigen Teilchen sind zwei wesentliche Fragen verbunden:

1. Welche geometrische Struktur[31] und welche physikalische Bedeutung hat die in Raum und Zeit kontinuierliche Wellenfunktion von Teilchen?

2. Nach welchen, möglichst allgemeinen, Prinzipien konstruiert man die Feldgleichungen, deren Lösung die gesuchte Wellenfunktion ist?

Die Beantwortung dieser Fragen wird letztendlich auf das eigentliche Gebäude der Quantenmechanik führen. Interessanterweise werden beide Fragen, die sich in dieser Form noch an dem Konzept der klassischen Feldtheorie orientieren, eine ganz andere Antwort erfahren, als sich zunächst vermuten lässt[32].

Wir wollen uns im Rahmen dieses Einführungsabschnitts zunächst auf quantenmechanische Wellenfunktionen in eindimensionalen Räumen beschränken und erst am Ende die Verallgemeinerung auf den dreidimensionalen Raum und dann auf hochdimensionale Konfigurationsräume[33] angeben.

Nach den Überlegungen des vorangegangenen Abschnitts ist einem Teilchen der Energie E und des Impulses p eine ebene Welle mit der durch (2.87) festgelegten Frequenz und Wellenzahl zuzuordnen. Bis auf die vorerst noch

---

[31]) Die Wellenfunktion könnte ein Skalar, ein Vektor oder auch ein Tensor höherer Stufe sein.
[32]) siehe Kapitel 4
[33]) siehe Band I, Abschnitt 6.2

nicht näher bestimmte Amplitude A ist die ebene, eindimensionale Partikelwelle durch

$$\psi(x,t) = A\,e^{\frac{i}{\hbar}(px-Et)} \qquad (2.91)$$

gegeben. Die geometrische Struktur der Wellenfunktion bleibt bei dieser Darstellung vorerst noch offen. Tatsächlich könnte ψ auch ein aus mehreren Komponenten bestehender Vektor oder Tensor sein[34]. Wir wollen hier nur den für die folgende Diskussion ausreichenden Fall betrachten, dass die Wellenfunktion ψ eine komplexe Funktion von Ort und Zeit ist. Dann ist die Amplitude A der ebenen Welle eine einfache komplexe Zahl.

Wie in der klassischen Elektrodynamik ist die Intensität der Wellenfunktion durch das Betragsquadrat des Wellenfelds ψ definiert:

$$I(x,t) = \psi^*(x,t)\psi(x,t) \qquad (2.92)$$

Für eine ebene Welle der Form (2.91) ist $I(x,t) = |A|^2$ aber unabhängig vom Ort, d. h. im ganzen Raum konstant. Bei einer solchen Welle ist es ziemlich schwierig, eine Assoziation zu einem Teilchen herzustellen, das sich ja gerade dadurch auszeichnet, dass es eine im Raum lokalisierte Ansammlung von Materie darstellt.

Um der Vorstellung einer räumlichen Lokalisierung entgegen zu kommen, können wir die Überlagerung ebener Wellen (2.91) zu einem Wellenpaket betrachten. Dieses Wellenpaket können wir dann in der Form

$$\psi(x,t) = \frac{1}{\sqrt{2\pi\hbar}} \int_{-\infty}^{\infty} \phi(p)e^{\frac{i}{\hbar}(px-Et)}dp \qquad (2.93)$$

oder

$$\psi(x,t) = \frac{1}{\sqrt{2\pi\hbar}} \int_{-\infty}^{\infty} \phi(p,t)e^{\frac{i}{\hbar}px}dp \qquad (2.94)$$

mit

$$\phi(p,t) = \phi(p)\,e^{-\frac{i}{\hbar}Et} \qquad (2.95)$$

darstellen. Der hier eingeführte Normierungsfaktor $(2\pi\hbar)^{-1/2}$ erweist sich später als nützlich. Offensichtlich kann $\phi(p)$ als Amplitudenfunktion für die in der Superposition (2.93) auftretenden ebenen Wellen mit dem Impuls p interpretiert werden. Andererseits ist wegen (2.94) die Funktion $\phi(p,t)$ die

---

34) Die Bedeutung der einzelnen Komponenten würde sowieso erst durch die von uns vorerst als Feldgleichungen bezeichneten dynamischen Gleichungen für die Wellenfunktion entschieden.

Fourier-Transformierte der Wellenfunktion $\psi(x,t)$. Zum Beweis dieser Aussage multiplizieren wir (2.94) mit $(2\pi\hbar)^{-1/2}\exp\{-ip'x/\hbar\}$ und integrieren anschließend den erhaltenen Ausdruck über x. Wir erhalten

$$\frac{1}{\sqrt{2\pi\hbar}}\int_{-\infty}^{\infty}e^{-\frac{i}{\hbar}p'x}\psi(x,t)dx = \frac{1}{2\pi\hbar}\int_{-\infty}^{\infty}dx\int_{-\infty}^{\infty}dp\,\phi(p,t)e^{-\frac{i}{\hbar}(p'-p)x}$$

$$= \int_{-\infty}^{\infty}dp\,\phi(p,t)\underbrace{\frac{1}{2\pi}\int_{-\infty}^{\infty}\frac{dx}{\hbar}\,e^{-i(p'-p)\frac{x}{\hbar}}}_{\delta(p'-p)} \qquad (2.96)$$

und deshalb

$$\phi(p',t) = \frac{1}{\sqrt{2\pi\hbar}}\int_{-\infty}^{\infty}dx\,e^{-\frac{i}{\hbar}p'x}\psi(x,t) \qquad (2.97)$$

Man bezeichnet $\phi(p,t)$ auch als Darstellung der Wellenfunktion im Impulsraum, der von allen Impulsen $-\infty < p < \infty$ gebildet wird, $\psi(x,t)$ ist die entsprechende Darstellung im Ortsraum.

Die Wellenfunktion einer ebenen Welle (2.91) entspricht einer vollständigen Delokalisierung im eindimensionalen Raum. Es gibt keine durch diese Wellenfunktion ausgezeichneten Orte x. Andererseits hat die ebene Welle $\psi(x,t)$ zum Teilchenimpuls p_0 die Fourier-Transformierte $\phi(p) \sim \delta(p - p_0)$, d. h. die zugehörige Wellenfunktion im Impulsraum ist vollständig im Punkt p_0 lokalisiert.

Wir betrachten jetzt ein Wellenpaket, welches im p-Raum zwar nicht mehr vollständig, aber immer noch signifikant stark um den Wert p_0 lokalisiert ist. Diese Forderung ist notwendig, um die Verbindung zwischen dem experimentell bestimmbaren mechanischen Teilchenimpuls p_0 und den Wellenzahlen $k = p/\hbar$ der am Aufbau des Wellenpakets relevant beteiligten ebenen Wellen wenigstens näherungsweise durch $k \approx p_0/\hbar$ beizubehalten. Ein geeigneter Kandidat für die Amplitudenfunktion ist die Gauß-Funktion

$$\phi(p) = \sqrt[4]{\frac{2\alpha}{\pi}}e^{-\alpha(p-p_0)^2} \qquad (2.98)$$

Bei hinreichend großen Werten α entstehen nur aus der unmittelbaren Umgebung von p_0 relevante Beiträge zum Integral (2.93). Wegen der durch (2.98) garantierten Lokalisierung der Impulse um den Wert p_0 können wir die Energie im Exponenten von (2.93) in eine Taylor-Reihe bis zu Termen zweiter Ordnung nach $p - p_0$ entwickeln:

$$E = E(p_0) + E'(p_0)(p - p_0) + \frac{1}{2}E''(p_0)(p - p_0)^2 \qquad (2.99)$$

Wir setzen diese Entwicklung in die allgemeine Darstellung (2.93) für das Wellenpaket ein und verwenden $px = (p - p_0)x + p_0x$ und die Abkürzung $p' = p - p_0$:

$$\psi(x,t) = \frac{1}{\sqrt{2\pi\hbar}} \int_{-\infty}^{\infty} dp \sqrt[4]{\frac{2\alpha}{\pi}} e^{-\alpha(p-p_0)^2}$$

$$\cdot e^{\frac{i}{\hbar}[(p-p_0)x + p_0x - E(p_0)t - E'(p_0)(p-p_0)t - E''(p_0)(p-p_0)^2 t/2]}$$

$$= \frac{1}{\sqrt{2\pi\hbar}} \sqrt[4]{\frac{2\alpha}{\pi}} e^{\frac{i}{\hbar}(p_0x - E(p_0)t)}$$

$$\cdot \int_{-\infty}^{\infty} dp' e^{-\left(\alpha + \frac{i}{2\hbar}E''(p_0)t\right)p'^2 + \frac{i}{\hbar}\left(x - E'(p_0)t\right)p'} \tag{2.100}$$

Zur Auswertung des Integrals in der zweiten Zeile von (2.100) führen wir folgende Abkürzungen ein:

$$D = \alpha + \frac{i}{2\hbar}E''(p_0)t \qquad \text{und} \qquad B = \frac{1}{\hbar}\left(x - E'(p_0)t\right) \tag{2.101}$$

Damit ist offensichtlich

$$\int_{-\infty}^{\infty} dp' e^{-Dp'^2 + iBp'} = \int_{-\infty}^{\infty} dp' e^{-D\left(p'^2 - i\frac{B}{D}p' - \frac{B^2}{4D^2}\right) - \frac{B^2}{4D}}$$

$$= \int_{-\infty}^{\infty} dp' e^{-D\left(p' - i\frac{B}{2D}\right)^2} e^{-\frac{B^2}{4D}}$$

$$= \sqrt{\frac{\pi}{D}} e^{-\frac{B^2}{4D}} \tag{2.102}$$

Mit diesem Ergebnis und (2.101) erhalten wir dann für die Wellenfunktion des Wellenpakets (2.100) den folgenden Ausdruck

$$\psi(x,t) = \sqrt[4]{\frac{\alpha}{2\pi\hbar^2}} \sqrt{\frac{1}{\alpha + \frac{i}{2\hbar}E''(p_0)t}} e^{\frac{i}{\hbar}(p_0x - E(p_0)t)}$$

$$\cdot \exp\left[-\frac{(x - E'(p_0)t)^2}{4\hbar^2\left(\alpha + \frac{i}{2\hbar}E''(p_0)t\right)}\right] \tag{2.103}$$

Es handelt sich hierbei um eine ebene Welle für ein Teilchen mit dem Impuls p_0 und einem zeit- und ortsabhängigen Amplitudenfaktor. Die Intensität der Welle erhält man aus (2.92). Setzt man (2.103) in diese Formel ein, dann gelangt man nach einigen algebraischen Umformungen zu

$$I(x,t) = \frac{\sqrt{\frac{\alpha}{2\pi\hbar^2}}}{\sqrt{\alpha^2 + \left(\frac{1}{2\hbar}E''(p_0)t\right)^2}} \exp\left[-\frac{\left(x - E'(p_0)t\right)^2}{2\hbar^2\left(\alpha + \frac{1}{\alpha}\left(\frac{1}{2\hbar}E''(p_0)t\right)^2\right)}\right] \qquad (2.104)$$

Die Intensität des von uns untersuchten Wellenpakets ist also ebenfalls eine Gauß-Funktion. Das Maximum des Pakets verschiebt sich mit der Geschwindigkeit

$$v_g = E'(p_0) = \frac{d\hbar\omega}{d\hbar k}\Big|_{k=k_0} = \frac{d\omega}{dk}\Big|_{k=k_0} \qquad (2.105)$$

Dabei gilt $p_0 = \hbar k_0$. Die Geschwindigkeit, mit der sich das Zentrum des Wellenpakets bewegt, ist gerade die Gruppengeschwindigkeit $v_g(k_0)$ der Welle zur Wellenzahl k_0. Für ein freies, nichtrelativistisches Teilchen ist die Energie durch $E = E_0 + p^2/2m$ gegeben, sodass deshalb $v_g = E'(p_0) = p_0/m$ ist. Die Gruppengeschwindigkeit der Welle stimmt also mit der Teilchengeschwindigkeit überein.

Hierin sah man in den Anfangsjahren der Quantenmechanik einen Ansatzpunkt zum Verständnis der Materiewellenfunktion ψ. Zur Erinnerung kehren wir nochmals an den Anfang unserer Überlegungen zurück: Wir wollten versuchen, die de Broglie'sche Hypothese – also die Forderung, dass den Teilchen der klassischen Physik Wellen mit der Frequenz $\omega = E/\hbar$ und der Wellenzahl $k = p/\hbar$ zuzuordnen seien – in eine quantitative Form zu bringen. Eine sinnvolle Möglichkeit hierfür bot sich in der Konstruktion von Wellenpaketen, deren Zentrum sich mit der Teilchengeschwindigkeit bewegt.

Um den experimentell gesicherten Welle-Teilchen-Dualismus in eine theoretisch konsistente Form zu bringen, könnte man die Intensität $I(x,t)$ als eine Art Materiedichte interpretieren. Jedes Teilchen wäre dann ein Wellenpaket. Während auf mikroskopischen Skalen seine endliche Ausdehnung und der Wellencharakter zum Tragen kommt, würde das Zentrum des Wellenpakets auf makroskopischen Skalen praktisch als punktförmiges Objekt erscheinen. Auf diese Weise würden sich Welleneigenschaften und Korpuskulareigenschaften miteinander verbinden lassen.

Eine genauere Analyse zeigt aber, dass diese zunächst doch naheliegende Interpretation der Wellenfunktion sich nicht weiter zu verfolgen lohnt. Der Nenner in der Exponentialfunktion von (2.104) beschreibt die Breite des Wellenpakets

$$\Delta x = \sqrt{\frac{1}{2\alpha}\left(4\hbar^2\alpha^2 + E''(p_0)^2t^2\right)} \qquad (2.106)$$

Diese Größe wächst mit wachsender Zeit monoton an. Das Wellenpaket zerfließt also im Laufe der Zeit. Ist zur Zeit $t = 0$ die Ausdehnung des Wellenpakets Δx_0 bekannt, dann erhält man für die charakteristische Abmessung zu einer späteren Zeit unter Beachtung von $E''(p_0) = 1/m$

$$\frac{\Delta x(t)}{\Delta x(0)} = \sqrt{1 + \left(\frac{\hbar t}{2m\Delta x_0^2}\right)^2} \tag{2.107}$$

Für ein makroskopisches Objekt ($m = 1$ kg, $\Delta x_0 = 10$ cm) tritt eine Verdoppelung der Abmessungen nach etwa 10^{33} s ein. Dieses Zeitintervall ist groß genug, um eine stabile Struktur des Objekts zu erwarten. Für typische mikroskopische Objekte hingegen, z. B. auf atomaren Längenskalen lokalisierte Elektronen ($m = 9{,}11 \cdot 10^{-31}$ kg, $\Delta x_0 \approx 10^{-8}$ cm), kommt es schon nach etwa $3 \cdot 10^{-8}$ s zu einer Verdoppelung der Abmessung. Damit stößt aber unser ursprüngliches Anliegen – nämlich Elementarteilchen durch Wellenpakete darzustellen und damit Wellen- und Korpuskulareigenschaften miteinander zu vereinen – auf einen offensichtlichen Widerspruch, der um so größer wird, je leichter das Teilchen ist.

2.3.2.2 Born'sche Wahrscheinlichkeitsinterpretation

Die im vorangegangenen Abschnitt geführte Diskussion lässt offenbar nur eine Schlussfolgerung zu:

> Ein Wellenpaket repräsentiert *kein* kontinuierliches Massen- oder Ladungsdichtefeld eines mikroskopischen Partikels.

Aus dieser schwierigen Situation fand M. Born 1925 einen Ausweg. Er interpretierte die Funktion (2.92) nicht mehr als Intensität oder Dichte des Teilchens, sondern als Wahrscheinlichkeitsdichte, das Teilchen zur Zeit t an der Stelle x zu finden. Die Wellenfunktion ψ ist in dieser Interpretation eng mit dem Begriff des *Führungsfelds* verbunden. Nach der Born'schen Vorstellung ist die Bewegung eines Teilchens nur durch vom Experiment vorgegebene Randbedingungen und gewisse Erhaltungssätze beschränkt, nicht aber durch lokal gültige Bewegungsgleichungen[35]. Die Bewegungen der Partikel sind deshalb nur soweit festgelegt, wie sie durch die eben aufgeführten Restriktionen eingeschänkt werden. Ansonsten kann für das Erreichen einer Position x zur Zeit t nur eine Wahrscheinlichkeit angegeben werden, die durch die Werteverteilung der Wellenfunktion ψ, d.h. durch das räumlich und zeitlich kontinuierliche Führungsfeld bestimmt ist.

In der Born'schen Interpretation wird die infinitesimal kleine Wahrscheinlichkeit $dW(x, t)$, ein Teilchen aufgrund der Wirkung des Führungsfelds zur Zeit t in dem infinitesimal kleinen Intervall $[x, x + dx]$ zu finden, durch

$$dW(x, t) = \psi^*(x, t)\psi(x, t)dx = |\psi(x, t)|^2 dx = w(x, t)dx \tag{2.108}$$

---

35) also durch die Newton'schen Bewegungsgleichungen

bestimmt. Wegen dieser Interpretation bezeichnet man $\psi(x,t)$ auch als Wahrscheinlichkeitsamplitude und

$$w(x,t) = \psi^*(x,t)\psi(x,t) \tag{2.109}$$

als Wahrscheinlichkeitsdichte. Die Wahrscheinlichkeit, das Teilchen irgendwo
im Raum zu finden, ist natürlich 1. Deshalb erhalten wir die folgende Normierungsbedingung:

$$\int dW(x,t) = \int\limits_{-\infty}^{\infty} dx\,\psi^*(x,t)\psi(x,t) = \int\limits_{-\infty}^{\infty} dx\,|\psi(x,t)|^2 = 1 \tag{2.110}$$

Setzen wir in die Normierungsbedingung die allgemeine Darstellung (2.94)
einer Wellenfunktion als Superposition ebener Wellen ein, dann erhalten wir

$$1 = \int\limits_{-\infty}^{\infty} dx \int\limits_{-\infty}^{\infty} dp \int\limits_{-\infty}^{\infty} dp' \frac{\phi^*(p,t)}{\sqrt{2\pi\hbar}} e^{-\frac{i}{\hbar}px} \frac{\phi(p',t)}{\sqrt{2\pi\hbar}} e^{\frac{i}{\hbar}p'x}$$

$$= \int\limits_{-\infty}^{\infty} dp \int\limits_{-\infty}^{\infty} dp'\,\phi^*(p,t)\phi(p',t) \underbrace{\frac{1}{2\pi} \int\limits_{-\infty}^{\infty} \frac{dx}{\hbar} e^{-i(p-p')\frac{x}{\hbar}}}_{\delta(p-p')}$$

$$= \int dp\,\phi^*(p,t)\phi(p,t) \tag{2.111}$$

Dieses Ergebnis hat dieselbe Struktur wie das Normierungsintegral (2.110).
Da $\phi(p,t)$ in (2.94) die Amplitude der ebenen Welle mit dem Impuls p war,
liegt die später noch zu untermauernde Interpretation nahe, dass

$$d\tilde{W}(p,t) = \phi^*(p,t)\phi(p,t)dp \tag{2.112}$$

die infinitesimale Wahrscheinlichkeit ist, bei einer Messung das Teilchen im
Impulsintervall $[p, p+dp]$ zu finden.

2.3.3
Erwartungswerte

2.3.3.1 **Ortsdarstellung**
Die Wahrscheinlichkeitsinterpretation der Wellenfunktion führt dazu, dass
über den Ausgang eines konkreten Experiments keine detaillierten Angaben
mehr möglich sind. Man kann zwar die Häufigkeit angeben, mit der das Teilchen in einer bestimmten Position erwartet wird, aber die tatsächliche Realisierung bleibt dem Zufall überlassen.

Die Situation ändert sich aber, wenn man den Ausgang vieler gleichartiger
Experimente beurteilen will. Dann interessiert vor allem der aus Einzelmessungen gebildete Mittelwert. Im Idealfall unendlich vieler Versuche strebt dieser empirisch aus den experimentellen Daten gebildete Mittelwert gegen den

mithilfe der Wahrscheinlichkeitsamplitude berechneten Erwartungswert. So bekommen wir bei Kenntnis der Wellenfunktion $\psi(x,t)$ für den (zeitabhängigen) Erwartungswert des Orts x eines Teilchens

$$\overline{x} = \int\limits_{-\infty}^{\infty} x|\psi(x,t)|^2 dx = \int\limits_{-\infty}^{\infty} dx\,\psi^*(x,t)\,x\,\psi(x,t) \qquad (2.113)$$

oder allgemeiner für den Erwartungswert einer beliebigen ortsabhängigen Funktion $f(x)$:

$$\overline{f} = \int\limits_{-\infty}^{\infty} f(x)|\psi(x,t)|^2 dx = \int\limits_{-\infty}^{\infty} dx\,\psi^*(x,t)\,f(x)\,\psi(x,t) \qquad (2.114)$$

Anhand dieser Formeln wird noch einmal der Inhalt der Born'schen Interpretation der Wellenfunktion klar. Obwohl die einzelne Messung der Position eines Teilchens zur Zeit t im Sinne der Wahrscheinlichkeitsinterpretation die Realisierung eines zufälligen Ereignisses ist, enthält die Wellenfunktion dieses Teilchens die Information über alle erlaubten Realisierungen. Nur deshalb können wir aus der Kenntnis der einem Teilchen zugeordneten Wellenfunktion die im Erwartungswert vereinigten Ergebnisse einer Vielzahl gleicher Experimente voraussagen. Solange aber nicht durch den experimentellen Eingriff beim Messprozess eine Partikelposition zur Gewissheit wird, ist in der Wellenfunktion der physikalische Zustand des Teilchens in Form einer Aussage über die Menge von Möglichkeiten gespeichert. Wir werden dieser bemerkenswerten Konsequenz der Born'schen Interpretation bei der Diskussion des Messprozesses noch einmal begegnen und sie dann auch eingehender analysieren.

Da der Erwartungswert $\overline{x}$ des Orts zeitabhängig ist, können wir auch dessen zeitliche Änderung $\dot{\overline{x}}$ bestimmen. Wir erhalten zunächst den formalen Ausdruck

$$\dot{\overline{x}} = \int dx\dot{\psi}^*(x,t)x\psi(x,t) + \int dx\psi^*(x,t)x\dot{\psi}(x,t) \qquad (2.115)$$

in den die Zeitableitung der Wellenfunktion einzusetzen ist. Um diesen Differentialquotienten bestimmen zu können, benötigen wir noch Informationen über die zugrunde liegende Dispersionsrelation, die wir ab jetzt als Zusammenhang zwischen der Teilchenenergie und dem Teilchenimpuls[36] verstehen wollen. Wir beziehen uns hier auf ein freies, nichtrelativistisches Teilchen. Die Energie hängt dann entsprechend $E = p^2/2m$ mit dem Teilchenimpuls zusammen[37]. Deshalb erhalten wir mit (2.93) für die Änderung der Wellen-

---

36) anstelle des aus der Wellentheorie bekannten Zusammenhangs zwischen der Frequenz ω und der Wellenzahl k

37) Die Energie eines Teilchens ist in der klassischen Mechanik nur bis auf eine Konstante festgelegt. Es wird sich zeigen, dass diese Konstante keinen Einfluss auf messbare Größen hat und deshalb auch null gesetzt werden kann.

funktion

$$
\dot{\psi}(x,t) = \frac{1}{\sqrt{2\pi\hbar}} \int\limits_{-\infty}^{\infty} dp\,\phi(p)\left(-\frac{i}{\hbar}E(p)\right)e^{\frac{i}{\hbar}(px-E(p)t)}
$$

$$
= \frac{1}{\sqrt{2\pi\hbar}} \int\limits_{-\infty}^{\infty} dp\,\phi(p)\left(-\frac{i}{\hbar}\frac{p^2}{2m}\right)e^{\frac{i}{\hbar}(px-E(p)t)}
$$

$$
= \frac{1}{\sqrt{2\pi\hbar}}\frac{i\hbar}{2m}\frac{d^2}{dx^2} \int\limits_{-\infty}^{\infty} dp\,\phi(p)e^{\frac{i}{\hbar}(px-E(p)t)} \tag{2.116}
$$

und somit ist

$$
\dot{\psi}(x,t) = \frac{i\hbar}{2m}\frac{d^2}{dx^2}\psi(x,t) \tag{2.117}
$$

Nach Multiplikation mit m erhalten wir mit (2.117) aus (2.115)

$$
m\dot{\bar{x}} = -\frac{i\hbar}{2} \int\limits_{-\infty}^{\infty} dx\left(\frac{d^2}{dx^2}\psi^*(x,t)\right)x\psi(x,t)
$$

$$
+ \frac{i\hbar}{2} \int\limits_{-\infty}^{\infty} dx\,\psi^*(x,t)x\left(\frac{d^2}{dx^2}\psi(x,t)\right) \tag{2.118}
$$

Wir formen das erste Integral durch zwei aufeinanderfolgende partielle Integrationen um[38]:

$$
\int\limits_{-\infty}^{\infty} dx\left(\frac{d^2}{dx^2}\psi^*\right)x\psi = \left(\frac{d}{dx}\psi^*\right)x\psi\Big|_{-\infty}^{\infty} - \int\limits_{-\infty}^{\infty} dx\left(\frac{d}{dx}\psi^*\right)\left(\frac{d}{dx}x\psi\right)
$$

$$
= -\int\limits_{-\infty}^{\infty} dx\left(\frac{d}{dx}\psi^*\right)\left(\frac{d}{dx}x\psi\right)
$$

$$
= -\psi^*\left(\frac{d}{dx}x\psi\right)\Big|_{-\infty}^{\infty} + \int\limits_{-\infty}^{\infty} dx\,\psi^*\left(\frac{d^2}{dx^2}x\psi\right)
$$

$$
= \int\limits_{-\infty}^{\infty} dx\,\psi^*\left(\frac{d^2}{dx^2}x\psi\right) \tag{2.119}
$$

Die im Unendlichen liegenden Randterme müssen verschwinden, weil sich sonst die Normierbarkeit der Wellenfunktion nicht sichern lässt. Die explizite

---

38) In Zukunft verzichten wir häufig darauf, die Argumente der Wellenfunktionen explizit aufzuführen.

Ausführung des verbleibenden Differentialquotienten liefert:

$$\int\limits_{-\infty}^{\infty} dx \left(\frac{d^2}{dx^2}\psi^*\right)x\psi = \int_{-\infty}^{\infty} dx\psi^* \frac{d}{dx}\left(\psi + x\frac{d\psi}{dx}\right)$$

$$= \int\limits_{-\infty}^{\infty} dx \left(2\psi^* \frac{d\psi}{dx} + \psi^* x\frac{d^2\psi}{dx^2}\right) \tag{2.120}$$

Setzen wir dieses Ergebnis in (2.118) ein, dann heben sich Terme, die zweite Ableitungen enthalten, gegenseitig auf. Es bleibt:

$$m\dot{\overline{x}} = -i\hbar \int\limits_{-\infty}^{\infty} dx\,\psi^*(x,t)\frac{d}{dx}\psi(x,t) \tag{2.121}$$

Die linke Seite ist einfach die zeitliche Änderung des Erwartungswertes von $m\overline{x}$ und kann als Erwartungswert des Impulses $p = m\dot{x}$ interpretiert werden. Wir schreiben (2.121) noch in einer etwas anderen Form

$$\overline{p} \equiv m\dot{\overline{x}} = \int\limits_{-\infty}^{\infty} dx\,\psi^*(x,t)\frac{\hbar}{i}\frac{d}{dx}\psi(x,t) \tag{2.122}$$

Ein Vergleich von (2.122) mit dem Erwartungswert einer beliebigen Funktion (2.114) legt nahe, dass der Erwartungswert des Impulses als Erwartungswert des Operators

$$\hat{p} = \frac{\hbar}{i}\frac{d}{dx} \tag{2.123}$$

verstanden werden kann. Diese Interpretation umfasst zwei für den weiteren Aufbau des quantenmechanischen Apparats wesentliche Gedanken: Einerseits können wir den in der klassischen Mechanik bekannten Größen Operatoren zuordnen. In unserem Fall kann man dem mechanischen Impuls p den Impulsoperator $\hat{p}$ entsprechend

$$p \rightarrow \hat{p} = \frac{\hbar}{i}\frac{d}{dx} \tag{2.124}$$

zuordnen. In diesem Sinne ist natürlich auch die Ortsvariable x ein Operator mit einer allerdings sehr einfachen Struktur

$$x \rightarrow \hat{x} = x \tag{2.125}$$

Neben diesen beiden Basisoperatoren werden wir noch einer ganzen Reihe weiterer Operatoren begegnen, deren Untersuchung wir aber auf spätere Kapitel verschieben wollen.

Der zweite wichtige Gedanke betrifft die generelle Strukur des quantenmechanischen Erwartungswerts. Es wird sich als sinnvoll erweisen, Erwartungswerte einer physikalischen Größe A in der Form

$$\overline{A} = \int\limits_{-\infty}^{\infty} dx\, \psi^*(x,t)\hat{A}\psi(x,t) \tag{2.126}$$

zu schreiben, wobei $\hat{A}$ ein der Größe A zugeordneter Operator ist. Die Frage, welcher Operator einer bestimmten Größe zugeordnet wird, werden wir sukzessive in den nächsten Kapiteln beantworten. Gegenüber der üblichen wahrscheinlichkeitstheoretischen Formulierung des Erwartungswerts[39] tritt die Wahrscheinlichkeitsdichte $|\psi(x,t)|^2$ nicht mehr explizit auf. Die tiefere Ursache hierfür liegt darin, dass die komplexe Wellenfunktion Informationen über die quantenmechanische Dynamik enthält, die in der Wahrscheinlichkeitsdichte $|\psi(x,t)|^2$ nicht mehr vollständig vorhanden sind[40].

An dieser Stelle wollen wir zunächst in Erweiterung unserer bisherigen Überlegungen den Mittelwert einer beliebigen Funktion $g(p)$ des Impulses bestimmen. Dazu berechnet man zunächst nach dem gleichen Schema wie bei der Bestimmung von $\overline{p}$ den Erwartungswert von p^n. Man findet

$$\overline{p^n} = \int\limits_{-\infty}^{\infty} dx\, \psi^*(x,t)\hat{p}^n\psi(x,t) \tag{2.127}$$

Beachtet man nun, dass sich jede analytische Funktion $g(p)$ in eine Taylor-Reihe entsprechend

$$g(p) = \sum_{n=0}^{\infty} g_n p^n \tag{2.128}$$

entwickeln lässt, dann ergibt sich mit (2.127) die folgende Darstellung des Erwartungswerts von $g(p)$:

$$\overline{g} = \int\limits_{-\infty}^{\infty} dx\, \psi^*(x,t)g(\hat{p})\psi(x,t) \tag{2.129}$$

---

39) Dieser ist bekanntlich ein lineares Funktional der Wahrscheinlichkeit, das in unserem Fall

$$\overline{A} = \int dx\, A(x)p(x)$$

lauten müsste. Natürlich kann für bestimmte Operatoren $\hat{A}$ der Ausdruck (2.126) in diese im Rahmen der Statistik übliche Darstellung umgewandelt werden (das ist z. B. für (2.114) der Fall), das ist aber nicht für Größen möglich, die mit dem Impuls verbunden sind.

40) Demnach können bestimmte Größen, z. B. der Erwartungswert des Impulses, nicht mehr allein aus der Vorgabe Wahrscheinlichkeitsdichte $|\psi(x,t)|^2$ berechnet werden.

Die formale Operatorfunktion $g(\hat{p})$ ist dabei einerseits als Potenzreihe entsprechend (2.128) zu verstehen, in der die Variable p durch den Operator $\hat{p}$ zu ersetzen ist, andererseits aber auch einfach nur als Operator $\hat{g}$ zu interpretieren. Damit haben wir aber auch gezeigt, dass der Erwartungswert einer Funktion $g(p)$ des Impulses p identisch zum Erwartungswert des zugehörigen Operators $\hat{g} = g(\hat{p})$ entsprechend (2.129) ist.

Wir werden in Kapitel 4 sehen, dass alle physikalischen Observablen in der Quantenmechanik durch hermitesche Operatoren beschrieben werden.

2.3.3.2 Impulsdarstellung

Wir können den Impulserwartungswert noch auf eine andere Weise darstellen. Dazu gehen wir von (2.122) aus und setzen die Darstellung (2.94) der Wellenfunktion ein:

$$
\begin{aligned}
\bar{p} &= \int_{-\infty}^{\infty} dx\, \psi^*(x,t) \frac{\hbar}{i} \frac{d}{dx} \psi(x,t) \\
&= \frac{1}{2\pi\hbar} \int_{-\infty}^{\infty} dx \int_{-\infty}^{\infty} dp \int_{-\infty}^{\infty} dp'\, \phi^*(p,t)\, e^{-\frac{i}{\hbar}px} \frac{\hbar}{i}\frac{d}{dx} \phi(p',t)\, e^{\frac{i}{\hbar}p'x} \\
&= \frac{1}{2\pi\hbar} \int_{-\infty}^{\infty} dx \int_{-\infty}^{\infty} dp \int_{-\infty}^{\infty} dp'\, \phi^*(p,t)\, e^{-\frac{i}{\hbar}px}\, p'\, \phi(p',t)\, e^{\frac{i}{\hbar}p'x} \\
&= \int_{-\infty}^{\infty} dp \int_{-\infty}^{\infty} dp'\, \phi^*(p,t)\, p'\, \phi(p',t)\, \underbrace{\frac{1}{2\pi} \int_{-\infty}^{\infty} \frac{dx}{\hbar} e^{-\frac{i}{\hbar}(p'-p)x}}_{\delta(p-p')}
\end{aligned}
\tag{2.130}
$$

Nach Ausführen der Integration erhalten wir für den Impulserwartungswert

$$
\bar{p} = \int_{-\infty}^{\infty} dp\, \phi^*(p,t)\, p\, \phi(p,t) = \int_{-\infty}^{\infty} dp\, |\phi(p,t)|^2 p
\tag{2.131}
$$

Dieses Resultat bestätigt die bereits in Verbindung mit (2.112) geäußerte Vermutung, dass $|\phi(p,t)|^2 dp$ die Wahrscheinlichkeit dafür ist, ein Teilchen im infinitesimalen Impulsintervall $[p, p+dp]$ zu finden. Die Wahrscheinlichkeitsamplitude $\phi(p,t)$ nennt man auch Zustandsfunktion des Teilchens in der *Impulsdarstellung*, während die Wellenfunktion $\psi(x,t)$ als Zustandsfunktion in der *Ortsdarstellung* bezeichnet wird. Der Ausdruck (2.131) hat die gleiche mathematische Struktur wie der Erwartungswert der Ortsvariablen (2.113), nur dass x durch p und $\psi(x,t)$ durch $\phi(p,t)$ zu ersetzen ist. Damit ist auch die Verallgemeinerung auf den Erwartungswert einer beliebigen Funktion des Impulses offensichtlich:

$$\overline{g} = \int\limits_{-\infty}^{\infty} dp \, \phi^*(p,t) g(p) \phi(p,t) \tag{2.132}$$

Genauso wie wir den Impulserwartungswert $\overline{p}$ sowohl mit den Zustandsfunktionen des Teilchens $\psi(x,t)$ in der Ortsdarstellung als auch mit den Zustandsfunktionen $\phi(p,t)$ in der Impulsdarstellung bestimmen können, sollte auch der Ortserwartungswert (2.113) in die Impulsdarstellung übertragbar sein. Tatsächlich erhalten wir nach einigen Umformungen

$$\overline{x} = \int\limits_{-\infty}^{\infty} dx \, \psi^*(x,t) \, x \, \psi(x,t)$$

$$= \frac{1}{2\pi\hbar} \int\limits_{-\infty}^{\infty} dx \int\limits_{-\infty}^{\infty} dp \int\limits_{-\infty}^{\infty} dp' \phi^*(p,t) \, e^{-\frac{i}{\hbar}px} x \, \phi(p',t) \, e^{\frac{i}{\hbar}p'x}$$

$$= \frac{1}{2\pi\hbar} \int\limits_{-\infty}^{\infty} dx \int\limits_{-\infty}^{\infty} dp \int\limits_{-\infty}^{\infty} dp' \phi^*(p,t) \, \phi(p',t) \frac{\hbar}{i} \frac{d}{dp'} \, e^{\frac{i}{\hbar}(p'-p)x}$$

$$= \int\limits_{-\infty}^{\infty} dp \int\limits_{-\infty}^{\infty} dp' \phi^*(p,t) \left[\left(-\frac{\hbar}{i} \frac{d}{dp'} \right) \phi(p',t) \right] \delta(p'-p)$$

$$= \int\limits_{-\infty}^{\infty} dp \phi^*(p,t) \left(-\frac{\hbar}{i} \frac{d}{dp} \right) \phi(p,t) \tag{2.133}$$

Beim Übergang von der dritten zur vierten Zeile wurde wieder partiell integriert und berücksichtigt, dass die auftretenden Randterme wegen der Normierbarkeit der Zustandsfunktion $\phi(p,t)$ verschwinden müssen. (2.133) führt zu der Folgerung, dass der Ortsoperator $\hat{x}$ in der Impulsdarstellung gegeben ist durch

$$x \to \hat{x} = -\frac{\hbar}{i} \frac{d}{dp} \tag{2.134}$$

während der Impulsoperator in der Impulsdarstellung sehr einfach wird

$$p \to \hat{p} = p \tag{2.135}$$

2.3.4
Unschärferelation, Operatoren und Vertauschungsrelationen

2.3.4.1 Unschärferelation
In Abschnitt 2.3.2.1 hatten wir mit (2.95) die Zustandsfunktion in der Form $\phi(p,t) = \phi(p) \exp\{(i/\hbar)\mathcal{E}t\}$ untersucht, wobei wir für die zeitunabhängige

Zustandsfunktion $\phi(p)$ die Gauß-Funktion (2.98) gewählt hatten. Damit ist die Wahrscheinlichkeitsdichte, ein Teilchen mit dem Impuls p zu finden, gegeben durch

$$\phi^*(p,t)\phi(p,t) = \sqrt{\frac{2\alpha}{\pi}}e^{-2\alpha(p-p_0)^2} \tag{2.136}$$

Diese Wahrscheinlichkeitsverteilung ist symmetrisch um den Erwartungswert $\overline{p} = p_0$ zentriert und hat die Varianz

$$(\Delta p)^2 = \overline{(p-p_0)^2} = \frac{1}{4\alpha} \tag{2.137}$$

Die mittlere quadratische Abweichung der bei einer Serie gleichartiger Experimente ermittelten Impulswerte von ihrem Mittelwert ist also um so kleiner, je größer α wird.

Mit der Wahrscheinlichkeitsamplitude $\phi(p,t)$ haben wir anschließend die Zustandsfunktion $\psi(x,t)$ im Ortsraum als Wellenpaket konstruiert. Die Wahrscheinlichkeitsdichte, ein Teilchen zur Zeit t am Ort x zu finden, ist dann gegeben durch (2.104). Speziell für $t=0$ spielt die Dispersionsrelation $E=E(p)$ keine Rolle, und wir erhalten für die Wahrscheinlichkeitsdichte

$$\psi^*(x,0)\psi(x,0) = \sqrt{\frac{1}{2\pi\hbar^2\alpha}}e^{-\frac{x^2}{2\hbar^2\alpha}} \tag{2.138}$$

Auch hier handelt es sich um eine Gauß-Verteilung, jetzt aber mit dem Mittelwert $\overline{x} = 0$ und der Varianz

$$(\Delta x)^2 = \overline{(x-\overline{x})^2} = \hbar^2\alpha \tag{2.139}$$

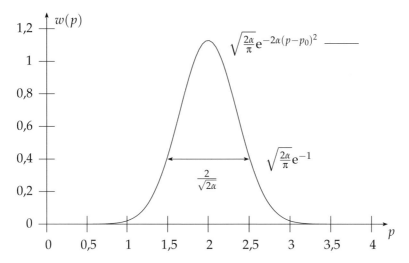

Abb. 2.11 Wahrscheinlichkeitsdichte $w(p)$ eines Gauß'schen Wellenpakets und Varianz der Verteilung als Maß für die Unschärfe einer Messung

Diese Ausdrücke zeigen, dass eine Zunahme der Breite im Ortsraum mit einer Abnahme der Breite im Impulsraum verknüpft ist und zwar so, dass

$$\Delta p \Delta x = \frac{\hbar}{2} \tag{2.140}$$

gilt. Es ist für diesen Zustand also unmöglich, gleichzeitig mit beliebiger Genauigkeit Ort und Impuls zu messen. Diese Situation wird sich für das in Abschnitt 2.3.2.1 konstruierte Wellenpaket für $t > 0$ sogar noch verstärken, da bei gleichbleibender Breite der Impulsverteilung die durch $|\psi(x,t)|^2$ bestimmte Ortsverteilung immer weiter auseinanderfließt. Diese Aussagen sind konform mit der Heisenberg'schen Unschärferelation

$$\Delta p \Delta x \geq \frac{\hbar}{2} \tag{2.141}$$

Die Heisenberg'sche Unschärferelation ist eine Konsequenz des Wellencharakters der Materie. Um nämlich ein räumlich lokalisiertes Wellenpaket aus ebenen Wellen zu konstruieren, benötigt man Wellen aus einem endlichen Impulsbereich. Je schmaler man diesen Bereich wählt, um so breiter ist die Ausdehnung des Wellenpakets im Ortsraum.

Wir werden später sehen, dass Unschärferelationen vom Typ (2.141) ein Charakteristikum der Quantenmechanik sind und mit den Vertauschungrelationen (Kommutatoren) zusammenhängen, die wir im nächsten Abschnitt einführen wollen. In der klassischen Mechanik konnten wir für ein Teilchen zu jedem Zeitpunkt den Ort und den Impuls und damit die Bahn des Teilchens mit einer beliebigen Genauigkeit angeben. Das ist offensichtlich in der Quantenmechanik nicht mehr möglich. Eine genaue Ortsangabe impliziert eine große Unschärfe bei dem Impuls und umgekehrt. Der klassische Bahnbegriff verliert in der Quantenmechanik seinen Sinn.

2.3.4.2 **Vertauschungsrelationen**

In der Ortsdarstellung sind der Orts- und der Impulsoperator gegeben durch

$$\hat{x} = x \qquad \text{und} \qquad \hat{p} = \frac{\hbar}{i} \frac{d}{dx} \tag{2.142}$$

Wir bilden jetzt den *Kommutator*

$$[\hat{p}, \hat{x}] = \hat{p}\hat{x} - \hat{x}\hat{p} \tag{2.143}$$

und wenden ihn auf eine beliebige Funktion $h(x)$ an:

$$\begin{aligned}
[\hat{p}, \hat{x}]h(x) &= \frac{\hbar}{i} \frac{d}{dx} x h(x) - x \frac{\hbar}{i} \frac{d}{dx} h(x) \\
&= \frac{\hbar}{i} h(x) + \frac{\hbar}{i} x \frac{dh(x)}{dx} - \frac{\hbar}{i} x \frac{dh(x)}{dx} \\
&= \frac{\hbar}{i} h(x) \tag{2.144}
\end{aligned}$$

Da die Funktion $h(x)$ vollkommen beliebig ist, muss zwangsläufig gelten:

$$[\hat{p}, \hat{x}] = \frac{\hbar}{i} \tag{2.145}$$

Wir kommen damit zu der Schlussfolgerung, dass die der Impuls- und der Ortsvariablen zugeordneten Operatoren – im Gegensatz zu den klassischen Größen – nicht miteinander vertauschbar sind.

2.3.4.3 Operatoren

Wir hatten bereits festgestellt, dass es sinnvoll ist, den aus der klassischen Mechanik bekannten Grundgrößen Ort und Impuls Operatoren zuzuordnen. Die aus diesen Operatoren mithilfe der Vorschrift (2.126) gebildeten Erwartungswerte sind als Mittelwerte der Messungen von Teilchenort und -impuls experimentell zu verifizieren.

Notwendig dazu ist die Kenntnis der den jeweiligen quantenmechanischen Zustand charakterisierenden Funktion in der Ortsdarstellung $\psi(x, t)$ bzw. in der Impulsdarstellung $\phi(p, t)$. In ähnlicher Weise konnten wir zur Bestimmung der Erwartungswerte der physikalischen Größen $f(x)$ und $g(p)$ die Operatoren $f(\hat{x})$ und $g(\hat{p})$ einführen.

Wir wollen uns jetzt überlegen, ob diese Übersetzungsvorschrift auch auf andere physikalische Größen erweitert werden kann. Am einfachsten ist die Situation für additive Strukturen vom Typ $f(x) + g(p)$. Wegen dieser Additivität sind die Erwartungswerte einer solchen Kombination gleich der Summe der Erwartungswerte der einzelnen Summanden. Zu dieser Gruppe physikalisch messbarer Größen, den *Observablen*, gehört der Hamilton-Operator oder Hamiltonian, der sich direkt aus der Hamilton-Funktion

$$H = \frac{p^2}{2m} + V(x) \tag{2.146}$$

durch die Substitutionen $x \to \hat{x}$ und $p \to \hat{p}$ ergibt:

$$\hat{H} = \frac{\hat{p}^2}{2m} + V(\hat{x}) \tag{2.147}$$

Wir erhalten insbesondere in der Ortsdarstellung

$$\hat{H} = -\frac{\hbar^2}{2m} \frac{d^2}{dx^2} + V(x) \tag{2.148}$$

und in der Impulsdarstellung

$$\hat{H} = \frac{p^2}{2m} + V\left(-\frac{\hbar}{i} \frac{d}{dp}\right) \tag{2.149}$$

Man könnte deshalb argumentieren, dass jeder beliebigen messbaren physikalischen Größe $A(x, p, t)$ ein Operator $\hat{A}$ zugeordnet werden kann, indem einfach die unabhängigen Variablen x und p durch die entsprechenden Operatoren $\hat{x}$ bzw. $\hat{p}$ ersetzt werden. Tatsächlich ist dieses empirische Verfahren aber nicht von allgemeiner Gültigkeit. Bereits bei Produkten der Form $g(p)f(x)$ gibt es keine eindeutige Zuordnung mehr. Als einfaches Beispiel betrachten wir die observable Größe xp. Die entsprechende Größe der Quantenmechanik sollten wir nach unserer einfachen Vorschrift erhalten, wenn wir p und x durch die zugeordneten Operatoren ersetzen. Bei diesem Vorgehen besteht das Problem, dass aus der für klassische Orte und Impulse geltenden Identität $xp \equiv \lambda xp + (1-\lambda)px$ eine ganze Schar unterschiedlicher Operatoren $\lambda \hat{x}\hat{p} + (1-\lambda)\hat{p}\hat{x}$ abzuleiten ist, da der freie Parameter λ beliebig fixiert werden kann und die Operatoren $\hat{x}$ und $\hat{p}$ nicht vertauschbar sind.

Die richtige Übertragungsvorschrift hängt davon ab, welche mathematischen Eigenschaften ein Operator noch erfüllen muss, damit er eine observable Größe repräsentiert. Wir kommen auf diese Problematik in Kapitel 4 zurück. Im vorliegenden Fall erweist sich die symmetrische Form $(\hat{x}\hat{p} + \hat{p}\hat{x})/2$ als korrekte Übertragung der klassischen Größe xp auf einen Operator.

2.3.5
Verallgemeinerung auf drei Dimensionen

In den vorangegangenen Kapiteln hatten wir uns einige Argumente erarbeitet, die eine Substitution der klassischen Größen Ort und Impuls durch die entsprechenden Operatoren sinnvoll erscheinen lassen. Speziell der erwähnte, allerdings noch nicht bewiesene Zusammenhang[41] zwischen der Vertauschungsrelation (2.145) und der Heisenberg'schen Unschärfenrelation (2.141) zeigt, dass es sich bei dieser Zuordnung nicht nur um einen reinen Formalismus handelt, der etwa bei der Berechnung von Erwartungswerten eine übersichtliche und bequeme mathematische Behandlung erlaubt, sondern dass der Operatorcharakter mikroskopischer Observabler ein tiefgreifendes Phänomen der Quantenmechanik ist, das den Welle-Teilchen-Dualismus der Materie reflektiert.

Die Verallgemeinerung der Übertragungsregeln auf dreidimensionale Räume ist offensichtlich und liefert die *Jordan'schen Regeln*. In der Ortsdarstellung lauten diese

$$x = x_1 \rightarrow \hat{x}_1 = x_1 \qquad\qquad p_x = p_1 \rightarrow \hat{p}_1 = \frac{\hbar}{i}\frac{\partial}{\partial x_1}$$

$$y = x_2 \rightarrow \hat{x}_2 = x_2 \qquad\qquad p_y = p_2 \rightarrow \hat{p}_2 = \frac{\hbar}{i}\frac{\partial}{\partial x_2}$$

$$z = x_3 \rightarrow \hat{x}_3 = x_3 \qquad\qquad p_z = p_3 \rightarrow \hat{p}_3 = \frac{\hbar}{i}\frac{\partial}{\partial x_3} \qquad (2.150)$$

---

41) siehe hierzu Abschnitt 4.9.1

oder in der kompakteren Vektorschreibweise

$$x \rightarrow \hat{x} = x \qquad\qquad p \rightarrow \hat{p} = \frac{\hbar}{\mathrm{i}} \nabla_x \qquad (2.151)$$

Die zugehörige Zustandsfunktion $\psi(x, t)$ ist in der Ortsdarstellung eine Funktion der Zeit t und des dreidimensionalen Ortsvektors x. In der Impulsdarstellung benutzt man dagegen die Übertragungsregeln

$$x \rightarrow \hat{x} = -\frac{\hbar}{\mathrm{i}} \nabla_p \qquad\qquad p \rightarrow \hat{p} = p \qquad (2.152)$$

Die Zustandsfunktion $\phi(p, t)$ ist in der Impulsdarstellung abhängig von der Zeit t und dem dreidimensionalen Impuls p. Der Zusammenhang zwischen der Orts- und der Impulsdarstellung wird wieder durch die Fourier-Transformation hergestellt, die jetzt aber eine dreidimensionale Transformation ist:

$$\psi(x, t) = \frac{1}{(2\pi\hbar)^{3/2}} \iiint\limits_{-\infty}^{\infty} d^3p \; \mathrm{e}^{\frac{\mathrm{i}}{\hbar} p \cdot x} \phi(p, t) \qquad (2.153)$$

$$\phi(p, t) = \frac{1}{(2\pi\hbar)^{3/2}} \iiint\limits_{-\infty}^{\infty} d^3x \; \mathrm{e}^{-\frac{\mathrm{i}}{\hbar} p \cdot x} \psi(x, t) \qquad (2.154)$$

Die Berechnung von Erwartungswerten läuft jetzt ebenfalls auf die Auswertung von Dreifachintegralen hinaus. So findet man bei Kenntnis der Zustandsfunktion für den Mittelwert einer beliebigen Funktion des Orts

$$\overline{f} = \iiint\limits_{-\infty}^{\infty} d^3x \, \psi^*(x, t) f(x) \psi(x, t)$$

$$= \iiint\limits_{-\infty}^{\infty} d^3p \, \phi^*(p, t) f(\hat{x}) \phi(p, t) \qquad (2.155)$$

Hier gilt die obere Formel für die Ortsdarstellung, die untere für die Impulsdarstellung. Analog erhält man für den Mittelwert einer beliebigen Funktion des Impulses

$$\overline{g} = \iiint\limits_{-\infty}^{\infty} d^3x \, \psi^*(x, t) g(\hat{p}) \psi(x, t)$$

$$= \iiint\limits_{-\infty}^{\infty} d^3p \, \phi^*(p, t) g(p) \phi(p, t) \qquad (2.156)$$

Schließlich findet man für die Vertauschungsrelationen

$$[\hat{p}_\alpha, \hat{x}_\beta] = \frac{\hbar}{i}\delta_{\alpha\beta} \qquad \text{mit} \qquad \alpha, \beta = 1, \ldots, 3 \qquad (2.157)$$

Offenbar sind nur die jeweils kanonisch konjugierten Impulse mit ihren Koordinaten nicht vertauschbar.

2.3.6
Vielteilchensysteme

Wir hatten im Rahmen der klassischen Mechanik[42] erkannt, dass es egal ist, ob man die Positionierung eines System aus N Massenpunkten durch jeweils N dreidimensionale Ortsvektoren oder durch einen Vektor des $3N$ dimensionalen Konfigurationsraums beschreibt. Das vorangegangene Kapitel legt nahe, dass dieser Gedanke auch auf die Quantenmechanik übertragen werden kann. Demnach ist die Wellenfunktion $\psi(\vec{X}, t)$ in der Ortsdarstellung jetzt eine Funktion der Zeit und des Konfigurationsvektors[43]

$$\vec{X} = \{x_1, x_2, \ldots, x_{3N}\} \qquad (2.158)$$

wobei die x_i ($i = 1, \ldots, 3N$) die kartesischen Koordinaten des Vielteilchensystems sind. In der Impulsdarstellung wird der quantenmechanische Zustand dann durch die Funktion $\phi(\vec{P}, t)$ beschrieben. Die Komponenten des $3N$-dimensionalen Impulsvektors $\vec{P}$ sind die zu den Ortskoordinaten x_i ($i = 1, \ldots, 3N$) kanonisch konjugierten Impulse p_i.

Wir können jetzt wie beim Übergang zum dreidimensionalen Fall Orts- und Impulsoperatoren entsprechend

$$\vec{X} \to \hat{\vec{X}} = \vec{X} \qquad\qquad \vec{P} \to \hat{\vec{P}} = \frac{\hbar}{i}\nabla_{\vec{X}} \qquad (2.159)$$

ersetzen. Der Differentialoperator $\nabla_{\vec{X}}$ ist jetzt der im $3N$-dimensionalen Konfigurationsraum gebildete Gradient. Auf die gleiche Weise erhalten wir in der Impulsdarstellung

$$\vec{P} \to \hat{\vec{P}} = \vec{P} \qquad\qquad \vec{X} \to \hat{\vec{X}} = -\frac{\hbar}{i}\nabla_{\vec{P}} \qquad (2.160)$$

---

[42] siehe Band I, Abschnitt 6.2

[43] Wir verwenden hier und in den weiteren Kapiteln die Konvention, dass die Koordinaten eines Vielteilchensystems mit x_k bezeichnet (siehe auch Band I, Kapitel 6) und von 1 bis $3N$ durchgehend nummeriert werden. Für ein einzelnes Teilchen verwenden wir dagegen die traditionellen Bezeichnungen $x_1 = x$, $x_2 = y$ und $x_3 = z$. Impulskoordinaten werden in beiden Fällen mit p_k bezeichnet und nur die Zahl der Freiheitsgrade entscheidet über die Zahl der Impulskomponenten.

Die Vertauschungsrelationen lauten dementsprechend

$$[\hat{p}_k, \hat{x}_j] = \frac{\hbar}{i}\delta_{kj} \quad \text{mit} \quad k,j = 1,\ldots,3N \tag{2.161}$$

Die Transformation zwischen Orts- und Impulsdarstellung wird durch die verallgemeinerten Fourier-Transformationen

$$\psi(\vec{X},t) = \frac{1}{(2\pi\hbar)^{N/2}} \int d^{3N}P \; e^{\frac{i}{\hbar}\vec{P}\cdot\vec{X}} \phi(\vec{P},t) \tag{2.162}$$

und

$$\phi(\vec{P},t) = \frac{1}{(2\pi\hbar)^{N/2}} \int d^{3N}X \; e^{-\frac{i}{\hbar}\vec{P}\cdot\vec{X}} \psi(\vec{X},t) \tag{2.163}$$

vermittelt. Die Integration erstreckt sich jeweils über den gesamten $3N$-dimensionalen Raum der Integrationsvariablen.

2.4
Grundzüge der Wellenmechanik

Die Diskussion der verschiedenen Experimente, die sich einerseits nur durch die Annahme von Quanten- bzw. Korpuskulareigenschaften des elektromagnetischen Felds (Strahlung schwarzer Körper, äußerer lichtelektrischer Effekt, Compton-Effekt) vernünftig erklären lassen und andererseits die Quanten- und Welleneigenschaften von Teilchen (spezifische Wärme fester Körper, Stoßversuch von Franck und Hertz, Partikelstreuung an Kristallen) nahelegten, zeigen, dass mikroskopische Systeme im Rahmen der klassischen Physik nur noch sehr beschränkt und mit zusätzlichen Annahmen[44] zu verstehen sind.

Der Widerspruch zwischen diesen Experimenten und der klassischen Theorie zeigt, dass die Formulierung einer Theorie für mikroskopische Phänomene eine tiefgreifende Änderung der fundamentalen klassischen Vorstellungen und Gesetze erfordert. Um einen Zugang zu einer solchen Theorie zu bekommen, wurde de Broglie's Idee von Materiewellen mithilfe der Born'schen Wahrscheinlichkeitsinterpretation zu einer ersten Vorstellung des Aufbaus einer quantenmechanischen Theorie erweitert, die mit den experimentellen Ergebnissen prinzipiell vereinbar ist.

Wie groß der Unterschied zwischen der klassischen Mechanik und der Quantenmechanik ist, zeigt die Heisenberg'sche Unschärferelation. Das mit dieser Relation verbundene quantenmechanische Unschärfeprinzip verbietet den Begriff der Trajektorie in seiner klassischen Bedeutung für die Quantenmechanik. Man kann zwar in Form eines Gedankenexperiments durch eine

44) z. B. den Bohr'schen Postulaten

Serie unmittelbar aufeinanderfolgender Beobachtungen der Partikelposition eines freien Elektrons eine stetige Bahnkurve konstruieren. Da sich aber bei einer genauen Bestimmung des Orts wegen der Unschärferelation die gleichzeitige Messung des Partikelimpulses als ein vollständig zufälliger Prozess mit einer unendlich großen Varianz erweist, ist diese „Bahn"an keiner Stelle differenzierbar[45]. Wegen dieser Nichtdifferenzierbarkeit kann aus dieser Bahn zwar der Ort des Teilchens, nicht aber seine Geschwindigkeit bestimmt werden. Damit kann – im Gegensatz zum Newton'schen Verständnis einer Trajektorie als Lösung der Newton'schen Gleichungen mit zu jeder Zeit bekanntem Ort und bekannter Geschwindigkeit – aus dem bekannten historischen Verlauf der aufgezeichneten Partikel*positionen* nicht mehr auf die zukünftige Entwicklung der Bahn geschlossen werden.

Das Unschärfeprinzip erweist sich nur auf den ersten Blick als ein destruktives Argument, das gegen den Aufbau einer Quantentheorie mit klassischen Grundbegriffen[46] gerichtet ist. Wir werden aber in den nächsten Kapiteln sehen, dass dieses Prinzip von entscheidender Bedeutung für den Aufbau einer mikroskopischen Teilchenmechanik sein wird.

Wegen der Bedeutung der Unterschiede zwischen klassischer und Quantenmechanik wollen wir die Unterschiede noch aus einer zweiten Perspektive beleuchten. Die Born'sche Wahrscheinlichkeitsinterpretation setzt an die Stelle des mechanischen Determinismus ein probabilistisches Prinzip. Während die klassische Beschreibung eines mechanischen Systems uns in die Lage versetzt, die zukünftige Bewegung des Systems exakt vorherzusagen, kann die Quantenmechanik nur noch Wahrscheinlichkeitsaussagen treffen. Selbst wenn wir ein Teilchen so präparieren, das sein momentaner quantenmechanischer Zustand so vollständig wie möglich bekannt ist, werden doch die Werte zukünftiger Messungen nicht eindeutig voraussagbar sein. Zu einem quantenmechanisch vollständig definierten Zustand kann eine spätere Messung verschiedene Ergebnisse liefern.

Die Wahrscheinlichkeitsdichte, aus welcher der zufällige Ausgang der Messung abgeleitet werden kann, wird durch die jedem quantenmechanischen System zugeordnete Wellen- oder Zustandsfunktion ψ bestimmt. Mit der Born'schen Wahrscheinlichkeitsinterpretation kann man die erste der beiden in Abschnitt 2.3.2.1 gestellten Fragen wenigstens vorläufig beantworten. Aus der Zustandsfunktion, dargestellt durch die skalare Funktion ψ der Zeit und aller Koordinaten der das jeweilige quantenmechanische System bildenden Partikel, lässt sich die Wahrscheinlichkeitsverteilung, der die quantenmechanische Bewegung des Systems unterliegt, bestimmen.

---

45) Bei einer so konstruierten Bahn und dem aus der Theorie stochastischer Bewegungsgleichungen bekannten Wiener-Prozess [18, 37] gibt es eine ganze Reihe mathematischer und physikalischer Gemeinsamkeiten.

46) z. B. auf der Grundlage der Bohr'schen Postulate

Der zweiten Frage, nämlich wie man die Zustandsfunktion ψ als Funktion der Koordinaten und der Zeit bestimmt, wollen wir im folgenden Kapitel nachgehen. Einen Hinweis auf die hierzu erforderliche Vorgehensweise haben wir bereits mit der Gleichung (2.117). Deshalb erwarten wir, dass die Wellenfunktion ψ einer dieser partiellen Differentialgleichung ähnlichen Gleichung unter Beachtung entsprechender Randbedingungen genügt.

Abschließend wollen wir noch eine dritte Sichtweise diskutieren. Auch in dem Zusammenspiel zwischen der Bestimmung der Wellenfunktion und ihrer Interpretation als Wahrscheinlichkeitsamplitude spiegelt sich der quantenmechanische Zusammenhang zwischen den Wellen- und Korpuskulareigenschaften wider. Die Born'sche Interpretation betont den Teilchencharakter im Rahmen einer probabilistischen Theorie. Im folgenden Kapitel werden wir feststellen, dass sich die hierzu benötigte Wahrscheinlichkeitsverteilung als Lösung einer partiellen Differentialgleichung ergibt, die wir bisher als Feldgleichung gedeutet haben und die den Wellencharakter der Materie widerspiegelt.

Mit der Akzeptanz der Born'schen Interpretation besteht allerdings ein wesentlicher Unterschied zwischen der Quantenmechanik und einer klassischen Feldtheorie. In der letzteren ist ein Feld, z. B. das elektrische Feld, als eine in jedem Raumpunkt existierende physikalische Größe erklärt, die sich jederzeit direkt experimentell bestimmen lässt. Eine Wahrscheinlichkeitsverteilung ist zwar ebenfalls in jedem Raumpunkt definiert, kann aber experimentell nur über ein Ensemble gleichartiger Systeme, nicht aber an einem Einzelsystem bestimmt werden[47]. Die Wellenfunktion hat somit im Rahmen der Born'schen Deutung keinerlei Relevanz als direkte physikalische Messgröße. Deshalb ist auch der Vergleich der Wellenfunktion mit einem klassischen Feld nur aus mathematischer Sicht, nicht aber von einem physikalischen Standpunkt aus zulässig. Diese Besonderheit versucht Born mit dem Begriff des Führungsfelds hervorzuheben. Wir werden aber sehen, dass der Feldbegriff sich für eine konsistente Formulierung der Quantenmechanik generell mehr störend als nützlich erweist, da er in gewisser Weise die Ortsdarstellung auszeichnet[48].

47) Die Wellenfunktion $\psi(x, t)$ kann man, abgesehen von einem komplexen Phasenfaktor, experimentell nur dadurch bestimmen, dass man durch Messungen an unendlich vielen Systemen feststellt, wie häufig das Teilchen zur Zeit t in einem infinitesimal kleinen Bereich um den Punkt x beobachtet wird. Für ein Einzelsystem ist dagegen die Messung der zu diesem System gehörigen Wahrscheinlichkeitsverteilung nicht nur unmöglich, sondern auch eine physikalisch sinnlose Fragestellung.

48) Wir bemerken aber, dass diese Sichtweise keinesfalls im Widerspruch zur Born'sche Definition des Führungsfelds steht. Es ist einfach praktischer und verhindert unnötige Missverständnisse, wenn man auf den sowieso im Rahmen der Quantenmechanik nur noch abstrakten Feldbegriff ganz verzichtet (vgl. dazu Kapitel 4).

Wir kommen damit zu der richtigen – wenn auch zu Borns Zeit als paradox erscheinenden – Konsequenz, dass die Bewegung eines quantenmechanischen Systems Wahrscheinlichkeitsgesetzen genügt, die Wahrscheinlichkeitsverteilung selbst aber als ein deterministisches Element in den Bewegungsgleichungen dieses Systems enthalten ist. Wir werden sehen, dass die Wellenfunktion ψ die quantenmechanisch maximal mögliche Information über das physikalische System enthält. Wir werden auf die mit dieser Interpretation verbundenen Probleme und die sich daraus ergebenden Konsequenzen in Kapitel 11 zurückkommen.

Aufgaben

2.1 Zeigen Sie, dass für einen schwarzen Strahler das Wien'sche Verschiebungsgesetz $\lambda_{max} T = $ const. gilt; dabei ist λ_{max} die Wellenlänge des Strahlungsanteils mit der höchsten Intensität und T die Temperatur. Zeigen Sie ferner, dass die über alle Frequenzen integrierte Energiedichte des Strahlungsfelds proportional zu T^4 ist.

2.2 Zeigen Sie, dass die spezifische Wärme eines Festkörpers nach dem Debye-Modell für tiefe Temperaturen proportional zu T^3 ist und für hohe Temperaturen die Dulong-Petit'sche Regel erfüllt.

2.3 Die in (2.80) eingeführte Rydberg-Konstante entspricht eigentlich dem Fall eines unendlich schweren Atomkerns. Zeigen Sie, dass in einer verbesserten Version R_H durch

$$R_H' = R_H \frac{1}{1 + \frac{m}{M}}$$

ersetzt werden muss; dabei ist M die Masse des Atomkerns, m die des Elektrons.

2.4 Zeigen Sie anhand des Bohr'schen Atommodells, dass entsprechend dem Korrespondenzprinzip für große Quantenzahlen n das Verhältnis $\Delta E/\Delta J$ gegen die aus der klassischen Mechanik bekannte Umlauffrequenz $\omega = \partial E/\partial J$ (siehe Band I, Abschnitt 7.10.1) strebt; dabei ist ΔJ die Differenz des Phasenintegrals und ΔE die Differenz der Energien benachbarter Zustände.

2.5 Zeigen Sie, dass die Erwartungswerte von x^n einer in der Impulsdarstellung gegebenen Wellenfunktion

$$\phi(p) = \frac{1}{\sqrt{\pi^{1/2} a}} \exp\left(-\frac{(p - p_0)^2}{2a^2}\right)$$

gegeben sind durch

$$\overline{x^n} = \frac{1 + (-1)^n}{2\sqrt{\pi}} \left(\frac{h}{a}\right)^n \Gamma\left(\frac{n+1}{2}\right)$$

● **Maple-Aufgaben**

2.I Das Bohr-Sommerfeld'sche Atommodell basiert auf der Quantisierung des radialen Impulses p_r und des Drehimpulses J eines Teilchens im

Zentralkraftfeld unter Beachtung der Bohr'schen Quantisierungsbedingung. Bestimmen Sie die Form der zulässigen Bahnen der Elektronen in diesem Modell sowie die zugehörigen Werte des Drehimpulses und der Energie als Funktion der durch die Quantisierungsbedingungen vorgegebenen Quantenzahlen.

Hinweis: Benutzen Sie Polarkoordinaten.

2.II Bestimmen Sie für die folgenden Impulsdarstellungen der Wellenfunktion:

a)
$$\phi(p) = \frac{\Theta(a-p)\Theta(p+a)}{\sqrt{2a}}$$

b)
$$\phi(p) = \frac{1}{(\pi a^2)^{1/4}} \exp\left\{-\frac{p^2}{2a^2}\right\}$$

c)
$$\phi(p) = \sqrt{\frac{30}{a^5}}\,\Theta(a-p)\Theta(p)p(a-p)$$

die Ortsdarstellungen $\psi(x)$ der Wellenfunktion und die zugehörigen Wahrscheinlichkeitsverteilungen. Bestimmen Sie die Streuungen von Orts- und Impulsmessungen als Funktion des Parameters a und zeigen Sie, dass die Heisenberg'sche Unschärferelation in allen Fällen erfüllt ist.

Hinweis: Θ ist die Stufenfunktion mit $\Theta(x) = 0$ für $x \leq 0$ und $\Theta(x) = 1$ für $x > 0$.

2.III Bestimmen Sie für die folgenden Impulsdarstellungen der Wellenfunktion:

a)
$$\phi(p) = \frac{\Theta(a-p+p_0)\Theta(p-p_0+a)}{\sqrt{2a}}$$

b)
$$\phi(p) = \frac{1}{(\pi a^2)^{1/4}} \exp\left\{-\frac{(p-p_0)^2}{2a^2}\right\}$$

die Zeitentwicklung $\psi(x,t)$ der Wellenfunktion in der Ortsdarstellung und stellen Sie diese mit einer geeigneten Animation grafisch dar.

2.IV Leiten Sie die Rutherford'sche Streuformel für die Ablenkung eines geladenen Massenpunkts der Masse m der Ladung q an einer punktförmigen Ladung Zq ab.

2.V Bestimmen Sie den Streuquerschnitt für die Streuung leichter Teilchen der Masse m an harten Kugeln der Masse M vom Radius R sowohl im Schwerpunktsystem als auch im Laborsystem.

3
Die Schrödinger-Gleichung

3.1
Heuristische Formulierung der Schrödinger-Gleichung

Wir hatten am Ende des vorherigen Kapitels festgestellt, dass zur Bestimmung der Wellenfunktion ψ eine geeignete dynamische Gleichung benötigt wird. Eine solche Differentialgleichung lässt sich aus den bisher erarbeiteten Vorstellungen über den Aufbau einer quantenmechanischen Theorie nicht exakt abgeleitet werden. Sie ist vielmehr ein Postulat, ihre Gültigkeit muss durch den Vergleich mit dem Experiment bestätigt werden. Man kann trotzdem versuchen, eine solche Gleichung auf der Basis plausibler Argumente empirisch zu gewinnen. Dazu gibt es auch ein erstes Indiz, in welcher Richtung wir suchen müssen. Uns liegt nämlich mit (2.117) bereits eine mögliche Gleichung vor, allerdings nur für ein freies Teilchen in einer Dimension:

$$\frac{\partial}{\partial t}\psi(x,t) = \mathrm{i}\frac{\hbar}{2m}\frac{\partial^2}{\partial x^2}\psi(x,t) \tag{3.1}$$

Mit der Definition des Impulsoperators (2.124) lautet sie

$$\mathrm{i}\hbar\frac{\partial}{\partial t}\psi(x,t) = \frac{\hat{p}^2}{2m}\psi(x,t) \tag{3.2}$$

Die Hamilton-Funktion der klassischen Mechanik für ein freies Teilchen ist gegeben durch

$$H = \frac{p^2}{2m} \tag{3.3}$$

Nach den in Abschnitt 2.3.4.3 dargestellten Übersetzungsregeln lautet der Hamilton-Operator dann folgendermaßen:

$$\hat{H} = \frac{\hat{p}^2}{2m} \tag{3.4}$$

Damit lässt sich die Evolutionsgleichung für die Wellenfunktion des freien Teilchens auch in der Form

$$\mathrm{i}\hbar\frac{\partial}{\partial t}\psi(x,t) = \hat{H}\psi(x,t) \tag{3.5}$$

Theoretische Physik III: Quantenmechanik 1. Peter Reineker, Michael Schulz, Beatrix M. Schulz
Copyright © 2007 WILEY-VCH Verlag GmbH & Co. KGaA, Weinheim
ISBN: 978-3-527-40639-5

schreiben. Es liegt also nahe, diese Gleichung auf den Fall eines Teilchens in einem beliebigen Potential $V(x)$ zu erweitern, indem man den Hamiltonian des freien Teilchens durch den Hamilton-Operator

$$\hat{H} = \frac{\hat{p}^2}{2m} + V(\hat{x}) \tag{3.6}$$

ersetzt. Wir können diese Überlegungen sofort auf ein Teilchen im dreidimensionalen Raum mit dem Hamilton-Operator

$$\hat{H} = \frac{\hat{\boldsymbol{p}}^2}{2m} + V(\hat{\boldsymbol{x}}) \tag{3.7}$$

und auch auf ein beliebiges Vielteilchensystem mit dem $3N$-dimensionalen Koordinatenvektor $\vec{X}$ erweitern, indem man die zu einem solchen System gehörige Hamilton-Funktion $H(\vec{P}, \vec{X})$ durch den Operator

$$\hat{H} = H(\hat{\vec{P}}, \hat{\vec{X}}) = \sum_{i=1}^{N} \frac{\hat{\boldsymbol{p}}_i^2}{2m_i} + V(\hat{\vec{X}}) \tag{3.8}$$

mit $\hat{\vec{P}} = (\hat{\boldsymbol{p}}_1, \ldots, \hat{\boldsymbol{p}}_N)$ und $\hat{\vec{X}} = (\hat{\boldsymbol{x}}_1, \ldots, \hat{\boldsymbol{x}}_N)$ ersetzt. Die zugehörige Wellenfunktion in der Ortsdarstellung hängt dann von der Zeit t und vom Ortsvektor im Konfigurationsraum $\vec{X}$ ab, sodass wir jetzt die Evolutionsgleichung

$$i\hbar\frac{\partial}{\partial t}\psi(\vec{X}, t) = H(\hat{\vec{P}}, \hat{\vec{X}})\psi(\vec{X}, t) = \hat{H}\psi(\vec{X}, t) \tag{3.9}$$

erhalten. Diese Gleichung wird als *Schrödinger-Gleichung* bezeichnet. Wie man sofort erkennt, ist die Schrödinger-Gleichung eine partielle Differentialgleichung erster Ordnung in der Zeit. Das hat zur Folge, dass die zeitliche Entwicklung der Wellenfunktion $\psi(\boldsymbol{x}, t)$ bei einem gegebenen Hamilton-Operator vollständig bestimmt ist, sobald ψ zu einer beliebigen Zeit t_0 bekannt ist.

Man kann aber auch einen mehr konstruktiven, aber letztendlich ebenfalls heuristischen Weg zu dieser Evolutionsgleichung finden. Dazu bedient man sich der aus der Relativitätstheorie bekannten Vierervektordarstellung von Raum- und Zeitkoordinaten. Zu den kontravarianten Koordinatendifferentialen[1] $dx^i = (cdt, dx)$ gehören die kovarianten Differentialoperatoren[2]

$$(\partial_i) = \left(\frac{\partial}{\partial x^i}\right) = \left(\frac{1}{c}\frac{\partial}{\partial t}, \nabla\right) \tag{3.10}$$

Durch Multiplikation mit $i\hbar$ erhalten wir unter Beachtung der Regel (2.151)

$$i\hbar(\partial_i) = \left(\frac{i\hbar}{c}\frac{\partial}{\partial t}, -\hat{\boldsymbol{p}}\right) \tag{3.11}$$

---

1) siehe Band II, Abschnitt 3.6.1
2) siehe Band II, Abschnitt 3.6.2.4

Andererseits lautet der kovariante Viererimpuls[3]

$$(p_i) = \left(\frac{E}{c}, -\boldsymbol{p} \right) \tag{3.12}$$

Der Vergleich von (3.11) und (3.12) legt nahe,

$$\hat{E} = i\hbar \frac{\partial}{\partial t} \tag{3.13}$$

als Operator der Energie zu bezeichnen. Da der Energieoperator ebenso wie der Hamilton-Operator für die Gesamtenergie des Systems steht, können wir ein heuristisches Konstruktionsprinzip formulieren. Die innerhalb der klassischen Mechanik geltenden Gleichheit $E = H$ übertragen wir auf die Differentialgleichung

$$\hat{E}\psi(\boldsymbol{x}, t) = \hat{H}\psi(\boldsymbol{x}, t) \tag{3.14}$$

und erhalten wieder die Schrödinger-Gleichung. Die Schrödinger-Gleichung mit dem aus der klassischen Mechanik abgeleiteten Hamiltonian (3.7) ist nichtrelativistisch. Man kann aber auch eine relativistisch korrekte Gleichung formulieren, indem man beispielsweise die für ein freies Teilchen gültige Hamilton-Funktion $H = (m^2c^4 + \boldsymbol{p}^2c^2)^{1/2}$ verwendet und diese entsprechend den Übertragungsregeln in einen Operator überführt. Die sich ergebende Gleichung wird als *Dirac-Gleichung*[4] bezeichnet. Das Problem besteht hier in der Auflösung der im Hamilton-Operator auftretenden Wurzel. Alternativ sollte es nach unserem Konstruktionsprinzip aber auch möglich sein, aus $E^2 = H^2$ eine dynamische Gleichung zu erhalten. Tatsächlich bekommen wir

$$\hat{E}^2\psi = \hat{H}^2\psi = (m^2c^4 + \hat{\boldsymbol{p}}^2c^2)\psi \tag{3.15}$$

Mit (3.13) und (2.151) erhalten wir hieraus die *Klein-Gordon-Gleichung*[5]

$$\left[\frac{1}{c^2}\frac{\partial^2}{\partial t^2} - \Delta \right] \psi + \frac{m^2c^2}{\hbar^2}\psi = 0 \tag{3.16}$$

Auch sie ist eine relativistische Evolutionsgleichung, die sich aber sowohl in ihrer mathematischen Struktur als auch ihrer physikalischen Bedeutung von der Dirac-Gleichung unterscheidet.

Obwohl wir mit dem vorgestellten Konstruktionsprinzip einige wichtige quantenmechanische Grundgleichungen ableiten konnten, bleibt aber letztendlich auch dieses Verfahren empirisch.

Wir werden uns in diesem Band hauptsächlich mit der nichtrelativistischen Schrödinger-Gleichung (3.9) und einigen Modifikationen befassen. Anhand

3) siehe Band II, Abschnitt 4.2
4) siehe Band IV dieser Lehrbuchreihe
5) siehe Band IV dieser Lehrbuchreihe

der dabei erhaltenen Erkenntnisse und dem Vergleich mit experimentellen Ergebnissen können wir dann rückwirkend dieser ad hoc postulierten Gleichung ihren Platz im Gebäude der Quantenmechanik zuweisen.

3.2
Stationäre Lösung der Schrödinger-Gleichung

In den nachfolgenden Kapiteln stehen hauptsächlich Einteilchenprobleme im Vordergrund. Deshalb werden wir uns im Folgenden auf den Hamilton-Operator (3.7) beziehen. Es ist aber kein grundsätzliches Problem, die nachfolgenden Rechnungen auf den Hamilton-Operator (3.8) für ein beliebiges Vielteilchensystem zu erweitern. Zur Lösung der Schrödinger-Gleichung

$$i\hbar\dot{\psi}(\boldsymbol{x},t) = \hat{H}\psi(\boldsymbol{x},t) = \left(-\frac{\hbar^2}{2m}\Delta + V(\boldsymbol{x})\right)\psi(\boldsymbol{x},t) \tag{3.17}$$

kann man wegen der expliziten Zeitunabhängigkeit des Hamilton-Operators einen Separationsansatz verwenden:

$$\psi(\boldsymbol{x},t) = f(t)\varphi(\boldsymbol{x}) \tag{3.18}$$

Wir setzen diesen Ansatz in die Schrödinger-Gleichung ein und erhalten nach Division durch $f(t)\varphi(\boldsymbol{x})$

$$i\hbar\frac{\dot{f}(t)}{f(t)} = \frac{H(\hat{\boldsymbol{p}},\hat{\boldsymbol{x}})\varphi(\boldsymbol{x})}{\varphi(\boldsymbol{x})} = E \tag{3.19}$$

Weil die linke Seite nur von t, die rechte nur von x abhängt, müssen zwangsläufig beide Seiten konstant sein. Wir bezeichnen diese Konstante von der Dimension einer Energie mit E. Für die zeitabhängige Funktion $f(t)$ erhalten wir die gewöhnliche Differentialgleichung

$$i\hbar\dot{f}(t) = Ef(t) \tag{3.20}$$

mit der Lösung

$$f(t) = Ce^{-\frac{i}{\hbar}Et} \tag{3.21}$$

Die Zeitabhängigkeit einer separablen Lösung $\psi(\boldsymbol{x},t)$ ist dann gegeben durch

$$\psi(\boldsymbol{x},t) = e^{-\frac{i}{\hbar}Et}\varphi(\boldsymbol{x}) \tag{3.22}$$

Dabei haben wir die Integrationskonstante C in der noch nicht bestimmten Funktion $\varphi(\boldsymbol{x})$ absorbiert. Wellenfunktionen, deren Zeitabhängigkeit in dieser

Form gegeben ist, bezeichnet man als stationär[6]. Der Grund dafür ist, dass die in (2.109) definierte Wahrscheinlichkeitsdichte $|\psi(x,t)|^2$, das Teilchen zur Zeit t an der Stelle x zu finden, unabhängig von der Zeit ist:

$$|\psi(x,t)|^2 = \psi^*(x,t)\psi(x,t) = \varphi^*(x)\varphi(x) = |\varphi(x)|^2 \qquad (3.23)$$

Dasselbe gilt für die Erwartungswerte irgendwelcher Operatoren:

$$\overline{F(\hat{p},\hat{x})} = \int d^3x\,\psi^*(x,t)F(\hat{p},\hat{x})\psi(x,t) = \int d^3x\,\varphi^*(x)F(\hat{p},\hat{x})\varphi(x) \qquad (3.24)$$

Die Ortsabhängigkeit der Wellenfunktion ist aus der zweiten Gleichung von (3.19) zu bestimmen:

$$\hat{H}\varphi(x) = E\varphi(x) \qquad (3.25)$$

oder expliziter

$$\left(-\frac{\hbar^2}{2m}\Delta + V(x)\right)\varphi(x) = E\varphi(x) \qquad (3.26)$$

Diese Gleichung heißt *zeitunabhängige Schrödinger-Gleichung*. Vom mathematischen Standpunkt ist (3.25) nichts anderes als die Eigenwertgleichung des Hamilton-Operators $\hat{H}$ mit der Energie E als *Eigenwert*. Jede Funktion $\varphi(x)$, die (3.25) befriedigt, ist eine *Eigenfunktion* des Hamilton-Operators.

Wir werden im Weiteren sehen, dass es bei manchen physikalischen Problemen nur diskrete Eigenwerte E_0, E_1, E_2,... und zugehörige Eigenfunktionen $\varphi_0(x)$, $\varphi_1(x)$, $\varphi_2(x)$, ... gibt (z.B. beim harmonischen Oszillator in Kapitel 5). Bei anderen Problemen gibt es ein Kontinuum von Eigenwerten E mit Eigenfunktionen $\varphi_E(x)$ (z.B. beim freien Teilchen), und schließlich werden wir Probleme untersuchen, bei denen diskrete und kontinuierliche Eigenlösungen auftreten (z.B. beim ebenfalls noch zu besprechenden Wasserstoffproblem).

3.3
Die Kontinuitätsgleichung für die Wahrscheinlichkeit

Wir hatten bereits gezeigt, dass $\psi^*(x,t)\psi(x,t)$ die Wahrscheinlichkeitsdichte angibt, das Teilchen zur Zeit t an der Stelle x zu finden. Dann ist

$$W_G(t) = \int_G d^3x\,\psi^*(x,t)\psi(x,t) \qquad (3.27)$$

---

6) Die Lösung (3.22) ist aber immer noch eine spezielle Lösung der vollständigen Schrödinger-Gleichung. Erst die Überlagerung aller separablen Lösungen bildet die allgemeine Lösung der zeitabhängigen Schrödinger-Gleichung.

die Wahrscheinlichkeit, das Teilchen zur Zeit t im Gebiet G zu finden. Weil sich das Teilchen mit Sicherheit irgendwo im Raum befinden muss, bekommen wir die Normierungsbedingung:

$$\int d^3x\, \psi^*(\boldsymbol{x}, t)\psi(\boldsymbol{x}, t) = 1 \tag{3.28}$$

Ist zu einer bestimmten Zeit t_0 eine normierte Wellenfunktion $\psi_0(\boldsymbol{x}) = \psi(\boldsymbol{x}, t_0)$ gegeben, dann sollten auch alle späteren (und früheren) Entwicklungsstufen $\psi(\boldsymbol{x}, t)$, die als Resultat der Schrödinger-Gleichung aus dieser Anfangsbedingung hervorgehen, normiert sein. Andernfalls hätten wir es mit einem Widerspruch zu tun, der letztendlich entweder die Born'sche Wahrscheinlichkeitsinterpretation der Wellenfunktion oder die Schrödinger-Gleichung in Frage stellen würde. Dieser Abschnitt soll zeigen, dass aus der Schrödinger-Gleichung die Erhaltung der Norm folgt. Zu diesem Zweck bezeichnen wir die Wahrscheinlichkeitsdichte mit $w(\boldsymbol{x}, t) = \psi^*(\boldsymbol{x}, t)\psi(\boldsymbol{x}, t)$ und differenzieren diese nach der Zeit. Unter Verwendung der Schrödinger-Gleichung (3.17) erhalten wir dann

$$
\begin{aligned}
\frac{\partial w}{\partial t} &= \frac{\partial}{\partial t}\left(\psi^*(\boldsymbol{x}, t)\psi(\boldsymbol{x}, t)\right) = \dot{\psi}^*\psi + \psi^*\dot{\psi} \\
&= \left[\frac{1}{-i\hbar}\left(-\frac{\hbar^2}{2m}\Delta + V(x)\right)\psi^*\right]\psi + \psi^*\left[\frac{1}{i\hbar}\left(-\frac{\hbar^2}{2m}\Delta + V(x)\right)\psi\right] \\
&= \frac{\hbar}{2mi}\left[(\Delta\psi^*)\psi - \psi^*(\Delta\psi)\right] \\
&= \frac{\hbar}{2mi}\nabla\left[(\nabla\psi^*)\psi - \psi^*(\nabla\psi)\right]
\end{aligned}
\tag{3.29}
$$

Dieser Ausdruck hat die Form einer Kontinuitätsgleichung, wie sie z. B. aus der Elektrodynamik[7] als Folge der Ladungserhaltung bekannt ist:

$$\frac{\partial w}{\partial t} + \operatorname{div} \boldsymbol{j} = 0 \tag{3.30}$$

Analog zum Ladungsstrom definieren wir einen Wahrscheinlichkeitsstrom

$$\boldsymbol{S} = \frac{\hbar}{2mi}\left[\psi^*(\nabla\psi) - (\nabla\psi^*)\psi\right] \tag{3.31}$$

Die Kontinuitätsgleichung für die Wahrscheinlichkeit lautet dann:

$$\frac{\partial w(\boldsymbol{x}, t)}{\partial t} + \operatorname{div} \boldsymbol{S}(\boldsymbol{x}, t) = 0 \tag{3.32}$$

Integrieren wir diese Gleichung über ein Gebiet G und verwenden den aus den vorangegangenen Bänden bekannten Gauß'schen Satz, dann erhalten wir

$$\frac{\partial}{\partial t}\int_G d^3x\, w(\boldsymbol{x}, t) + \oint_{\partial G} \boldsymbol{S} \cdot d\boldsymbol{f} = 0 \tag{3.33}$$

---

7) siehe Band II, Abschnitt 5.6

Damit kann die Wahrscheinlichkeit, dass sich das Teilchen in dem Gebiet G aufhält, nur dadurch verändert werden, dass Wahrscheinlichkeit in dieses Gebiet hinein- oder aus diesem Gebiet herausströmt, aber nicht dadurch, dass sich die Wahrscheinlichkeit aufgrund irgendwelcher Quellen oder Senken in dem Gebiet ändert. Da die Wellenfunktion im Unendlichen verschwinden muss[8], ist dort auch der Wahrscheinlichkeitsstrom Null, und wir erhalten aus (3.33) bei einer Integration über den gesamten dreidimensionalen Raum

$$\frac{\partial}{\partial t} \int d^3x \, w(\boldsymbol{x}, t) = 0 \tag{3.34}$$

Die Gesamtwahrscheinlichkeit bleibt also erhalten und hat wegen der einmal getroffenen Normierung immer den Wert 1.

3.4
Impulsdarstellung der Schrödinger-Gleichung

Die Zustandsfunktion eines Teilchens können wir in der Orts- und in der Impulsdarstellung angeben. Der Zusammenhang zwischen beiden Darstellungen wird durch die Fourier-Transformationen

$$\psi(\boldsymbol{x}, t) = \frac{1}{(2\pi\hbar)^{3/2}} \int d^3p \, \phi(p, t) e^{\frac{i}{\hbar}px} \tag{3.35}$$

und

$$\phi(\boldsymbol{p}, t) = \frac{1}{(2\pi\hbar)^{3/2}} \int d^3x \, \psi(\boldsymbol{x}, t) e^{-\frac{i}{\hbar}px} \tag{3.36}$$

vermittelt (vgl. Abschnitt 2.3.2.1). Es sollte deshalb auch möglich sein, aus der Schrödinger-Gleichung für $\psi(\boldsymbol{x}, t)$ eine entsprechende Gleichung für $\phi(\boldsymbol{p}, t)$ abzuleiten. Dazu multiplizieren wir die Schrödinger-Gleichung (3.17) mit

$(2\pi\hbar)^{-3/2} \exp\{-i/\hbar \, \boldsymbol{px}\}$ und integrieren über den gesamten Raum:

$$\frac{i\hbar}{(2\pi\hbar)^{3/2}} \int d^3x \, e^{-\frac{i}{\hbar}px} \dot{\psi}(\boldsymbol{x}, t) = \frac{1}{2m} \frac{1}{(2\pi\hbar)^{3/2}} \int d^3x \, e^{-\frac{i}{\hbar}px} \left(\frac{\hbar}{i}\nabla\right)^2 \psi(\boldsymbol{x}, t)$$
$$+ \frac{1}{(2\pi\hbar)^{3/2}} \int d^3x \, e^{-\frac{i}{\hbar}px} V(\boldsymbol{x}) \psi(\boldsymbol{x}, t) \tag{3.37}$$

Die linke Seite ist gerade $i\hbar\dot{\phi}(\boldsymbol{p}, t)$. Durch zweimaliges partielles Integrieren beim ersten Term auf der rechten Seite ergibt sich ein Faktor $\boldsymbol{p}^2$. Damit erhal-

---

8) Im Prinzip trifft auf die Wahrscheinlichkeitsdichte w die in Band II, Abschnitt 2.1.1.2 geführte Diskussion über zulässige Dichtefunktionen unverändert zu.

ten wir aus (3.37) das Zwischenresultat

$$\mathrm{i}\hbar\dot{\phi}(\boldsymbol{p},t) = \frac{\boldsymbol{p}^2}{2m}\phi(\boldsymbol{p},t) + \frac{1}{(2\pi\hbar)^{3/2}}\int d^3x\,\mathrm{e}^{-\frac{\mathrm{i}}{\hbar}\boldsymbol{p}\boldsymbol{x}}V(\boldsymbol{x})\psi(\boldsymbol{x},t) \qquad (3.38)$$

Zur Umformung des zweiten Terms auf der rechten Seite nehmen wir an, dass das Potential $V(\boldsymbol{x})$ in eine Potenzreihe entwickelt werden kann. Dann können wir die derselben Reihenentwicklung genügende Operatorfunktion $V(\hat{\boldsymbol{x}})$ einführen. Weil für jedes beliebige, in der Reihenentwicklung auftretende Multinom $\hat{x}_1^k\hat{x}_2^l\hat{x}_3^n$ der drei Ortsoperatorkomponenten $\hat{x}_1$, $\hat{x}_2$ und $\hat{x}_3$ in der Impulsdarstellung (2.152) gilt

$$\hat{x}_1^k\hat{x}_2^l\hat{x}_3^n\mathrm{e}^{-\frac{\mathrm{i}}{\hbar}\boldsymbol{p}\boldsymbol{x}} = \left(-\frac{\hbar}{\mathrm{i}}\frac{\partial}{\partial p_1}\right)^k\left(-\frac{\hbar}{\mathrm{i}}\frac{\partial}{\partial p_2}\right)^l\left(-\frac{\hbar}{\mathrm{i}}\frac{\partial}{\partial p_3}\right)^n\mathrm{e}^{-\frac{\mathrm{i}}{\hbar}\boldsymbol{p}\boldsymbol{x}}$$

$$= x_1^k x_2^l x_3^n\mathrm{e}^{-\frac{\mathrm{i}}{\hbar}\boldsymbol{p}\boldsymbol{x}} = \mathrm{e}^{-\frac{\mathrm{i}}{\hbar}\boldsymbol{p}\boldsymbol{x}}x_1^k x_2^l x_3^n \qquad (3.39)$$

muss auch

$$V(\hat{\boldsymbol{x}})\mathrm{e}^{-\frac{\mathrm{i}}{\hbar}\boldsymbol{p}\boldsymbol{x}} = V(\boldsymbol{x})\mathrm{e}^{-\frac{\mathrm{i}}{\hbar}\boldsymbol{p}\boldsymbol{x}} = \mathrm{e}^{-\frac{\mathrm{i}}{\hbar}\boldsymbol{p}\boldsymbol{x}}V(\boldsymbol{x}) \qquad (3.40)$$

gelten. Wir können dann den Operator $V(\hat{\boldsymbol{x}})$ vor das Integral ziehen und erhalten anstelle von (3.38)

$$\mathrm{i}\hbar\dot{\phi}(\boldsymbol{p},t) = \frac{\boldsymbol{p}^2}{2m}\phi(\boldsymbol{p},t) + V(\hat{\boldsymbol{x}})\phi(\boldsymbol{p},t) \qquad (3.41)$$

oder

$$\mathrm{i}\hbar\dot{\phi}(\boldsymbol{p},t) = H(\boldsymbol{p},\hat{\boldsymbol{x}})\phi(\boldsymbol{p},t) \qquad (3.42)$$

(3.41) bzw. (3.42) sind die Impulsdarstellungen der Schrödinger-Gleichung. Die bei komplizierten Potentialen relativ schwierig zu handhabende Operatorfunktion $V(\hat{\boldsymbol{x}})$ wird relativ selten benutzt. Rein mathematisch sind aber Orts- und Impulsdarstellung der Schrödinger-Gleichung äquivalent.

Ob man die Schrödinger-Gleichung in der Orts- oder der Impulsdarstellung verwendet, ist lediglich eine Frage der Zweckmäßigkeit. Beide Darstellungen der Zustandsfunktion können zumindest im Prinzip ineinander umgerechnet werden, und es ist in beiden Fällen möglich, Erwartungswerte beliebiger beobachtbarer Größen zu berechnen. Welche der beiden Darstellungen letztendlich benutzt wird, wird hauptsächlich durch die Problemstellung und den Wunsch bestimmt, einen möglichst einfachen und übersichtlichen Lösungsweg zu finden.

Mit dem gleichen Vorgehen wie in Abschnitt 3.2 erhalten wir die stationäre Schrödinger-Gleichung in der Impulsdarstellung:

$$\left[\frac{\boldsymbol{p}^2}{2m} + V\left(-\frac{\hbar}{\mathrm{i}}\nabla_p\right)\right]\varphi(\boldsymbol{p}) = E\varphi(\boldsymbol{p}) \qquad (3.43)$$

wobei auch hier die zeitabhängige und die stationäre Wellenfunktion durch

$$\phi(\boldsymbol{p}, t) = e^{-\frac{i}{\hbar}Et}\varphi(\boldsymbol{p}) \tag{3.44}$$

verbunden sind.

3.5
Lösung der Schrödinger-Gleichung für einfache Potentiale

3.5.1
Schrödinger-Gleichung im eindimensionalen Raum

In diesem Abschnitt wollen wir uns mit Lösungen der Schrödinger-Gleichung in eindimensionalen Räumen beschäftigen. Obwohl der natürliche Raum eines mikroskopischen Teilchens gewöhnlich dreidimensional ist, kann man eine Reihe mikrophysikalischer Probleme wenigstens näherungsweise eindimensional behandeln. Außerdem erlaubt es das Studium der Schrödinger-Gleichung im eindimensionalen Raum, die mit der Lösungssuche verbundenen Probleme am praktischen Beispiel kennenzulernen und zu erwartende Schwierigkeiten abzuschätzen.

Als Ausgangspunkt dienen die Schrödinger-Gleichung für ein Teilchen im eindimensionalen Raum in der Ortsdarstellung

$$i\hbar\dot{\psi}(x, t) = \left(-\frac{\hbar^2}{2m}\frac{\partial^2}{\partial x^2} + V(x)\right)\psi(x, t) \tag{3.45}$$

oder die zugehörige stationäre Schrödinger-Gleichung

$$\left[-\frac{\hbar^2}{2m}\frac{d^2}{dx^2} + V(x)\right]\varphi(x) = E\varphi(x) \tag{3.46}$$

Mathematisch gesehen ist φ die Eigenfunktion des in den eckigen Klammern stehenden Sturm-Liouville-Operators[9] zu dem Eigenwert E. Obwohl die Differentialgleichung (3.46) für jeden Wert E lösbar ist, ist nicht jede Lösung φ auch eine quantenmechanisch zulässige Lösung. Es kann durchaus sein, dass nur bestimmte Energiewerte auf eine Wellenfunktion führen, die normierbar ist und der also auch aus physikalischer Sicht eine Bedeutung im Sinne der Born'schen Wahrscheinlichkeitsinterpretation zukommt. Die hiermit verbundenen Forderungen führen dazu, dass die Lösung der Gleichung (3.46) gleichbedeutend mit einem echten Eigenwertproblem wird, bei dem gleichzeitig Eigenwerte und Eigenfunktionen bestimmt werden müssen.

---

9) Der hier zugrunde liegende Hamilton-Operator des eindimensionalen Problems wird insbesondere in der mathematischen Literatur oft als Sturm-Liouville-Operator bezeichnet.

3.5.2
Übersicht über das Energie-Eigenwertproblem

Wir wollen zuerst auf der Basis genereller Überlegungen das Eigenwertproblem (3.46) für einige typische Potentialverläufe charakterisieren. In den nachfolgenden Abschnitten werden wir dann einige konkrete Beispiele betrachten. Die Eigenwertgleichung (3.46) kann in der Form

$$\varphi''(x) = -\frac{2m}{\hbar^2}[E - V(x)]\varphi(x) \tag{3.47}$$

aufgeschrieben werden. Damit können wir direkt das Vorzeichen der Krümmung der Kurve φ aus den Werten von Energie und Potential, sowie aus dem Vorzeichen von φ bestimmen und damit den Verlauf von $\varphi(x)$ abschätzen.

3.5.2.1 Gebundene Partikel
Zuerst wollen wir das quantenmechanische Verhalten in einem überall stetigen, nur im Unendlichen divergierenden Potential mit $V \rightarrow \infty$ für $|x| \rightarrow \infty$ mit nur einem lokalen Minimum untersuchen. Ein klassisches Teilchen würde in einem derartigen Potential unabhängig von seiner Gesamtenergie eine periodische Bewegung ausführen[10]. Ein solches Potential ist in Abb. 3.1 dargestellt.

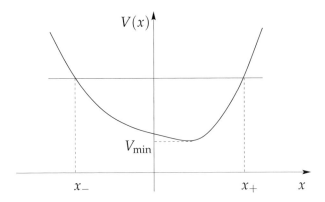

Abb. 3.1 Potential mit stückweise stetigem Verlauf

Eine zu diesem Potential gehörende, zulässige Wellenfunktion muss normierbar sein. Deshalb können wir folgendes Verfahren wählen: wir erhöhen stetig den Wert der Energie E und überprüfen, ob zu diesem Wert eine normierbare Wellenfunktion existiert oder nicht.

Solange $E < V_{\min}$ gilt, ist das sicher nicht der Fall, weil (3.47) dann zu einer Gleichung vom Typ $\varphi'' = \alpha(x)\varphi$ mit einer überall positiven Funktion $\alpha(x)$ wird. Ist das Vorzeichen der Wellenfunktion in einem Punkt positiv, dann ist

[10] siehe Band I, Kapitel 3

auch die zugehörige Krümmung positiv. Deshalb bleibt auch die Funktion φ in den benachbarten Punkten positiv. Die Fortsetzung dieser Überlegungen führt dazu, dass die Funktion φ ihr Vorzeichen nicht wechseln kann. Ein analoges Verhalten liegt vor, wenn die Funktion φ ein negatives Vorzeichen besitzt. Wenn aber die Funktion $\varphi(x)$ und damit auch ihre Krümmung für alle x das gleiche Vorzeichen besitzt, dann kann die Funktion wegen $\alpha(x) \to \infty$ für $|x| \to \infty$ nicht gleichzeitig für $x \to -\infty$ und $x \to \infty$ beschränkt bleiben. Folglich ist die Wellenfunktion nicht normierbar und damit physikalisch unzulässig.

Ist dagegen $E > V_{\min}$, dann können wir die drei Intervalle $[-\infty, x_-]$, $[x_-, x_+]$ und $[x_+, \infty]$ unterscheiden. Entscheidend für die quadratische Integrierbarkeit der Wellenfunktion ist ihr Verhalten in den beiden äußeren Bereichen. Wir nehmen jetzt an, dass die Wellenfunktion im ersten Intervall $[-\infty, x_-]$ die für eine Normierbarkeit erforderliche Konvergenz bereits zeigt, sich also genügend stark an die x-Achse für $x \to -\infty$ anschmiegt. Eine analoge Diskussion wie für $E < V_{\min}$ zeigt, dass das Vorzeichen von φ in diesem Bereich erhalten bleiben muss. Wir wählen jetzt[11] $\varphi(x) > 0$. Dann ist im ersten Intervall ebenfalls $\varphi'' > 0$. Im zweiten Intervall ist dagegen $\varphi'' < 0$, d. h. die Krümmung verläuft jetzt entgegengesetzt (Abb. 3.2). Solange das mittlere Intervall zu schmal, d. h. die Energie zu niedrig ist, wird die Funktion im dritten Intervall wieder anwachsen und für $x \to \infty$ divergieren. Bei einem bestimm-

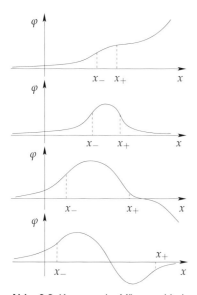

Abb. 3.2 Kurvenverlauf für verschiedene Energieniveaus. Je breiter das Intervall $[x_-, x_+]$ ist, desto größer ist die Energie E.

11) Die Diskussion des negativen Vorzeichens verläuft analog.

ten Energiewert $E = E_0$ wird die Änderung des Krümmungsvorzeichens aber gerade so erfolgen, das die Funktion sich auch für $x \to \infty$ an die x-Achse anschmiegt. Diese Funktion ist jetzt quadratisch integrierbar und kann deshalb normiert werden. Die Energie E_0 ist deshalb der niedrigste Eigenwert des vorliegenden Problems, die zugehörige quadratintegrable Wellenfunktion $\varphi_0(x)$ die Eigenfunktion dieses Grundzustands.

Mit weiter wachsender Energie kommt es zu einem Vorzeichenwechsel der Funktion φ, und die Kurve schlägt jetzt nach unten aus. Findet der Vorzeichenwechsel zunächst im dritten Intervall statt, so verschiebt er sich mit wachsender Energie und damit Breite des Intervalls $[x_-, x_+]$ in das mittlere Intervall. In diesem Intervall ist aber das Vorzeichen der Krümmung immer entgegengesetzt zum Vorzeichen der Funktion. Deshalb wird mit weiter wachsender Energie ein Wert E_1 erreicht, bei dem die jetzt negative Krümmung im dritten Intervall die Kurve von unten asymptotisch gegen die x-Achse konvergieren lässt. Die zugehörige Wellenfunktion φ_1 ist wieder normierbar und repräsentiert den ersten angeregten Zustand des quantenmechanischen Systems.

Die Fortsetzung dieser Überlegungen führt dazu, dass sukzessive eine Reihe von Eigenfunktionen $\varphi_0, \varphi_1, \varphi_2, \ldots$ mit den Eigenwerten $E_0, E_1, E_2, \ldots$ identifiziert werden kann. Offenbar entspricht die Nummerierung gerade der Anzahl der Nullstellen (Knoten), die eine Eigenfunktion aufweist. Die Nullstellen der Eigenfunktion φ_n sind dabei ausschließlich auf das Intervall beschränkt, für das $E_n > V(x)$ gilt. Diese Eigenschaften sind der Inhalt des sogenannten *Knotensatzes*.

Im Gegensatz zum klassischen Problem, das einem Teilchen den Aufenthalt in Regionen mit $E < V(x)$ strikt verbietet, ist die quantenmechanische Wahrscheinlichkeitsdichte $|\varphi(x)|^2$ dort von Null verschieden, d. h. man kann ein mikroskopisches Teilchen auch außerhalb des durch den Energiesatz begrenzten Gebiets beobachten.

Im Prinzip gelten die gleichen Überlegungen, wenn das Potential nicht erst für $x \to \pm\infty$ divergiert, sondern bereits auf der linken Seite bei einem endlichen Wert $x_l > -\infty$ und bzw. oder auf der rechten Seite bei $x_r < \infty$ gegen unendlich strebt. In diesem Fall wird aber die Wellenfunktion bei der Annäherung an diese Punkte verschwinden.

3.5.2.2 Einseitig und zweiseitig ungebundene Partikel

Wir betrachten jetzt einen Potentialverlauf $V(x)$ mit $V(-\infty) = V_{-\infty}$ und $V(\infty) = V_\infty$ und endlichen Werten $V_{\pm\infty}$ wenigstens für eine der beiden Seiten.

Sollte der Potentialverlauf ein Minimum haben, dann wird das Teilchen im klassischen Fall für $V_{\min} < E < V_{\pm\infty}$ in der Umgebung des Minimums mehr oder weniger stark lokalisiert. In diesem Fall gelten die gleichen Überlegungen wie oben und es können im quantenmechanischen Fall möglicherweise ein oder mehrere diskrete Energien E_n mit normierbaren Wellenfunktionen ϕ_n gefunden werden.

Ist dagegen die Energie höher als wenigstens einer der Randwerte $V_{\pm\infty}$, dann kann im klassischen Fall das Teilchen – vorausgesetzt es ist nicht zwischen entsprechend hohen Potentialwällen gefangen – unbegrenzt in Richtung des Rands ausweichen und wird nicht mehr zurückkehren. Im quantenmechanischen Fall ist die Sache jedoch komplizierter. Wir können ohne Einschränkung der Allgemeinheit annehmen, dass $V_{-\infty} < V_{\infty}$ gilt. Dann liegt von $-\infty$ bis zum ersten Punkt x_0 mit $E = V(x_0)$ oder, falls ein solcher Punkt nicht existiert, bis $x = \infty$ ein unendlich großes Intervall vor, für das $E > V(x)$ gilt. Die Gleichung (3.47) hat damit in diesem Intervall die Gestalt $\varphi'' = -\alpha(x)\varphi$ mit $\alpha(x) > 0$. Hat die Funktion irgendwo in diesem Intervall einen positiven Wert, dann wird die Krümmung negativ und die Funktion wird irgendwann die x-Achse schneiden. Jetzt hat die Wellenfunktion ein negatives Vorzeichen, d. h. die Krümmung ist positiv und die Funktion wird sich allmählich wieder in Richtung der x-Achse wenden und diese wieder schneiden. Auf diese Weise entsteht eine oszillierende Funktion, die man als eine über das gesamte, durch $E > V(x)$ bestimmte, Intervall sich erstreckende verallgemeinerte Welle betrachten kann.

Da $|\varphi(x)|^2 > 0$ ist, divergiert das Integral

$$\int\limits_{-\infty}^{x_0} dx\, |\varphi(x)|^2 \tag{3.48}$$

sobald die Wellenfunktion in diesem Bereich nicht identisch verschwindet. Ist die Wellenfunktion aber in einem stetigen Potential über ein endliches Intervall gleich Null, dann bleibt sie das auch für den gesamten Bereich $-\infty < x < \infty$ und ist damit ebenfalls nicht normierbar. Wir kommen also zu dem Schluss, dass alle diese Wellenfunktionen im herkömmlichen Sinne nicht normiert werden können.

Es gibt zwei Möglichkeiten, diese Problematik zu umgehen. Einerseits kann man weit außerhalb des physikalisch interessanten Gebiets unendlich hohe Wände errichten und somit die Wellenfunktion doch noch normierbar machen. Als Konsequenz findet man auch für Energien $E > \min(V_{-\infty}, V_{\infty})$ ein diskretes Spektrum. Die Differenz aufeinanderfolgender Energieeigenwerte wird immer geringer, je weiter die künstlich eingeführten Wände auseinanderrücken. Gleichzeitig wird die Wahrscheinlichkeitsdichte $|\varphi(x)|^2$ mit wachsendem Abstand der Wände immer kleiner. Der Grenzfall im Unendlichen liegender Wände liefert dann ein kontinuierliches Spektrum der Eigenwerte für $E > V_{-\infty}$, und die Wahrscheinlichkeit, das Teilchen in einem endlichen Intervall zu finden, wird infinitesimal klein gegenüber der Wahrscheinlichkeit, dass sich das Teilchen im restlichen, bis ins Unendliche reichenden Gebiet aufhält. Solange man aber mit Wänden in einem endlichen, wenn auch gegenüber den physikalisch relevanten Längenskalen hinreichend großen Abstand rechnet, ist das Problem der Normierbarkeit der Wellenfunktionen stets eindeutig zu beantworten. Allerdings wird durch die Wände die praktische mathematische Behandlung oft sehr erschwert.

Andererseits kann man aber auch folgendermaßen argumentieren: Angenommen, in dem zugrunde liegenden Experiment wird ein System gleichartiger, nicht miteinander wechselwirkender Partikel untersucht. Wieder werden die künstlichen Wände eingeführt. Jedes dieser Partikel hat dann die gleiche endliche, wenn auch sehr kleine Wahrscheinlichkeitsdichte $|\varphi(x)|^2$. Ist N die Anzahl der Partikel, dann kann $N|\varphi(x)|^2$ als Teilchendichte der Partikel im Punkt x verstanden werden. Umgekehrt kann man aber auch die Wellenfunktion auf N anstatt auf 1 normieren. Dann ist $|\varphi(x)|^2$ die Partikeldichte.

Dehnt man den Abstand der Wände bis ins Unendliche aus und erhöht im selben Maße die Teilchenzahl $N \rightarrow \infty$, dann kann man erreichen, dass die Partikeldichte in dem physikalisch relevanten Raumgebiet nicht von der Position der künstlichen Wände abhängt. Die Wellenfunktion kann deshalb auch so geeicht werden, dass $|\varphi(x)|^2$ mit der durch das Experiment eingestellten Teilchendichte übereinstimmt. Diese Interpretation erweist sich als besonders sinnvoll, wenn man das kontinuierliche Eigenwertspektrum eines quantenmechanischen Problems untersuchen will.

Eine weitere Möglichkeit, die zur Festlegung von Wellenfunktionen ungebundener Zustände verwendet werden kann, ist die Dirac'sche Normierung. Wir werden auf diese Version in Kapitel 4 näher eingehen.

3.5.3
Stetigkeitseigenschaften der Wellenfunktion

3.5.3.1 Anschlussbedingungen bei endlichem Potentialsprung

Wir nehmen an, dass das Potential einen stückweise stetigen Verlauf hat. Ein typisches Beispiel für ein solches Potential zeigt Abb. 3.3. Es erweist sich in diesem Fall oft als hilfreich, die stationäre Schrödinger-Gleichung für jedes stetige Intervall zwischen zwei Potentialsprüngen einzeln zu lösen und anschließend die so erhaltenen Teillösungen an den durch die Potentialsprünge definierten Rändern aneinander anzupassen. Dazu benötigt man aber Informationen über die Anschlussbedingungen an diesen Sprungstellen.

Um diese zu bestimmen, betrachten wir einen Potentialsprung an der Stelle $x = a$. Wir integrieren die Schrödinger-Gleichung über ein kleines Intervall $[a - \varepsilon, a + \varepsilon]$ um die Unstetigkeitsstelle des Potentials und bezeichnen mit φ' die erste Ableitung von φ bezüglich x. Wir bekommen:

$$\varphi'(a + \varepsilon) - \varphi'(a - \varepsilon) = \frac{2m}{\hbar^2} \int_{a-\varepsilon}^{a+\varepsilon} [V(x) - E]\varphi(x) \qquad (3.49)$$

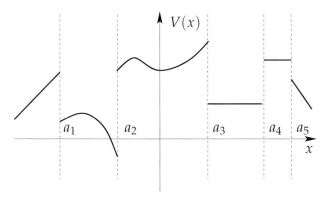

Abb. 3.3 Potential mit stückweise stetigem Verlauf

Daraus erhalten wir folgende Abschätzung:

$$\left|\varphi'(a+\varepsilon) - \varphi'(a-\varepsilon)\right| \leq \frac{2m}{\hbar^2}\big|[V(x) - E]\big|_{\max}\big|\varphi(x)\big|_{\max} \cdot 2\varepsilon \tag{3.50}$$

Dabei sind $\big|[V(x) - E]\big|_{\max}$ und $\big|\varphi(x)\big|_{\max}$ die Maxima von $V(x) - E$ und $\varphi(x)$ im Intervall $[a - \varepsilon, a + \varepsilon]$. Sind die Maxima endlich, so verschwindet mit $\varepsilon \to 0$ die rechte Seite. Dann muss aber bei einem endlichen Potentialsprung die erste Ableitung der Wellenfunktion stetig sein, vorausgesetzt die Wellenfunktion divergiert an dieser Stelle nicht. Wenn die Ableitung der Wellenfunktion stetig ist, ist natürlich auch die Wellenfunktion selbst stetig.

Somit lauten die Übergangsbedingungen für die Wellenfunktion an einer beliebigen Sprungstelle $x = a$ des Potentials

$$\varphi(a+\varepsilon) = \varphi(a-\varepsilon) \qquad \text{und} \qquad \varphi'(a+\varepsilon) = \varphi'(a-\varepsilon) \tag{3.51}$$

3.5.3.2 Anschlussbedingungen bei δ-förmigem Potential

Wir nehmen an, dass das eindimensionale Potential $V(x)$ an der Stelle $x = a$ eine δ-förmige Singularität besitzt. Dann kann in der unmittelbaren Umgebung dieser Singularität das Potential in der Form

$$V(x) = A\delta(x - a) + V_0 \tag{3.52}$$

geschrieben werden. Integrieren wir wieder die zugehörige Schrödinger-Gleichung über das Intervall $[a - \varepsilon, a + \varepsilon]$, so erhalten wir

$$\begin{aligned}
\varphi'(a+\varepsilon) - \varphi'(a-\varepsilon) &= \frac{2m}{\hbar^2}\int_{a-\varepsilon}^{a+\varepsilon}[A\delta(x - a) + V_0 - E]\varphi(x) \\
&= \frac{2m}{\hbar^2}A\varphi(a) + \frac{2m}{\hbar^2}\int_{a-\varepsilon}^{a+\varepsilon}[V_0 - E]\varphi(x)
\end{aligned} \tag{3.53}$$

Führen wir jetzt den Grenzübergang $\varepsilon \to 0$ aus, dann kommen wir zu dem Resultat, dass die erste Ableitung der Wellenfunktion um einen endlichen Betrag springt, während die Wellenfunktion an der singulären Stelle selbst noch stetig bleibt. Die Übergangsbedingungen lauten also im Fall einer δ-förmigen Singularität des Potentials:

$$\varphi(a+\varepsilon) = \varphi(a-\varepsilon) \qquad \text{und} \qquad \varphi'(a+\varepsilon) = \varphi'(a-\varepsilon) + \frac{2m}{\hbar^2} A\varphi(a) \qquad (3.54)$$

3.5.4
Die Potentialstufe

3.5.4.1 Problemstellung
Wir wollen jetzt die eindimensionale Schrödinger-Gleichung (3.46) für das in Abb. 3.4 dargestellte Potential lösen. Das stückweise konstante Potential $V(x)$ ist dabei gegeben durch:

$$V(x) = \left\{ \begin{array}{ll} 0 & \text{für} \quad x < 0 \\ V_0 & \text{für} \quad x > 0 \end{array} \right. \qquad (3.55)$$

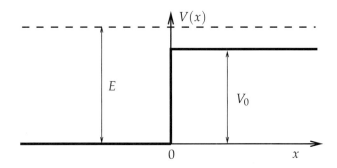

Abb. 3.4 Potentialstufe

Wir schreiben die Schrödinger-Gleichung

$$-\frac{\hbar^2}{2m}\frac{d^2\varphi(x)}{dx^2} + V(x)\varphi(x) = E\varphi(x) \qquad (3.56)$$

zunächst in der Form

$$\frac{d^2\varphi(x)}{dx^2} + \frac{2m}{\hbar^2}[E - V(x)]\varphi(x) = 0 \qquad (3.57)$$

Mit den Abkürzungen

$$k^2 = \frac{2mE}{\hbar^2} \qquad (3.58)$$

und

$$q^2 = \frac{2m}{\hbar^2}[E - V_0] \tag{3.59}$$

erhalten wir dann aus (3.57)

$$\frac{d^2\varphi(x)}{dx^2} + k^2\varphi(x) = 0 \quad \text{für} \quad x < 0 \tag{3.60}$$

und

$$\frac{d^2\varphi(x)}{dx^2} + q^2\varphi(x) = 0 \quad \text{für} \quad x > 0 \tag{3.61}$$

Nach den Überlegungen in Abschnitt 3.5.2 sind physikalische Lösungen der Schrödinger-Gleichung nur für $E > V_{min} = 0$ zu erwarten. Andererseits beschreibt das Potential (3.55) ein zweiseitig ungebundenes Teilchen. Da der minimale Wert V_{min} des Potentials mit dem Potentialwert für $x \to -\infty$ übereinstimmt, gibt es keine gebundenen Zustände, und wir haben ein kontinuierliches Spektrum für $E > 0$ vorliegen.

Wir können jetzt die beiden Differentialgleichungen lösen und müssen anschließend die beiden Lösungen an der Stelle $x = 0$ zusammenfügen.

3.5.4.2 **Lösungen für** $x < 0$

Die allgemeine Lösung in diesem Bereich lautet

$$\varphi_<(x) = Ae^{ikx} + Be^{-ikx} \tag{3.62}$$

mit zwei noch nicht festgelegten komplexen Konstanten A und B. Die zugehörige zeitabhängige Lösung kann somit als Überlagerung zweier Wellen der Amplituden A und B interpretiert werden.

Wir wollen den eindimensionalen Wahrscheinlichkeitsstrom[12] bestimmen, der sich sofort unter Verwendung von (3.31) in der Form

$$S = \frac{\hbar}{2im}\left(\varphi^*\frac{d\varphi}{dx} - \frac{d\varphi^*}{dx}\varphi\right) \tag{3.63}$$

schreiben lässt. Für die weitere Diskussion berechnen wir zunächst nur den Strom S_A, der ausschließlich durch den Beitrag Ae^{ikx} also dem auf die Potentialstufe zulaufenden Anteil der Wellenfunktion, gebildet wird:

$$S_A = \frac{\hbar}{2im}A^*A\left(e^{-ikx}(ik)e^{ikx} - (-ik)e^{-ikx}e^{ikx}\right) \tag{3.64}$$

Hieraus folgt:

$$S_A = \frac{\hbar}{2im}A^*A2ik = \frac{\hbar k}{m}A^*A \tag{3.65}$$

Die Wahrscheinlichkeitsdichte des Anteils Ae^{ikx} ist $w_A = A^*A$. Der Zusammenhang zwischen Strom und Dichte[13] wird über die Geschwindigkeit ent-

---

12) Wir können hier wegen (3.22) die stationäre Wellenfunktion $\varphi(x)$
   anstelle der zeitabhängigen Funktion ψ verwenden.
13) siehe Band II, Abschnitt 5.3

sprechend $S_A = w_A v$ hergestellt. Für die so eingeführte Geschwindigkeit v erhalten wir

$$v = \frac{\hbar k}{m} \qquad \text{oder} \qquad p = mv = \hbar k \tag{3.66}$$

und gelangen somit zu der Definition des Impulses in Übereinstimmung mit der Wellenhypothese von de Broglie. Der erste Anteil der Wellenfunktion liefert also auf die Potentialstufe zulaufenden Wahrscheinlichkeitsstrom. Nun führen wir dieselbe Rechnung für den zweiten Anteil Be^{-ikx} durch. Dieser Anteil entspricht einem von der Potentialstufe weglaufenden Wahrscheinlichkeitsstrom

$$S_B = -\frac{\hbar k}{m} B^* B \tag{3.67}$$

der mit einer durch $w_B = B^* B$ definierten Wahrscheinlichkeitsdichte verbunden ist. Der gesamte durch die Wellenfunktion φ gebildete Strom ist dann

$$
\begin{aligned}
S =& \frac{\hbar}{2im} \Big((A^* e^{-ikx} + B^* e^{ikx})(Aike^{ikx} - Bike^{-ikx}) \\
& - (-ikA^* e^{-ikx} + ikB^* e^{ikx})(Ae^{ikx} + Be^{-ikx}) \Big) \\
=& \frac{\hbar ik}{2im} \Big(A^* A - A^* Be^{-i2kx} + B^* Ae^{i2kx} - B^* B \\
& + A^* A + A^* Be^{-i2kx} - B^* Ae^{i2kx} - B^* B \Big)
\end{aligned}
\tag{3.68}
$$

Somit erhalten wir

$$S = \frac{\hbar k}{m} \{ A^* A - B^* B \} \tag{3.69}$$

Der gesamte Strom ist also gleich der Summe der beiden Teilströme.

3.5.4.3 Lösungen für $x > 0$

Die allgemeine Lösung in diesem Bereich lautet für den Fall $q^2 > 0$

$$\varphi_> (x) = Ce^{iqx} + De^{-iqx} \tag{3.70}$$

Der Fall $q^2 < 0$ liefert dagegen:

$$\varphi_> (x) = Ce^{-|q|x} + De^{|q|x} \tag{3.71}$$

Dieser Fall wird in Abschnitt 3.5.4.5 genauer diskutiert. Wir wollen uns vorerst auf die Lösung (3.70) beschränken. Nach den Überlegungen des vorangegangenen Abschnitts entsprechen die Anteile Ce^{ikx} bzw. De^{-ikx} im Bereich positiver x-Werte einer nach rechts bzw. links laufenden Welle.

3.5.4.4 Stetigkeitsbedingungen

Offenbar können wir die Wellenfunktionen in beiden Gebieten der Potentialstufe als Überlagerung von jeweils zwei in entgegengesetzten Richtungen

laufenden Wellen auffassen. Da die zu dem kontinuierlichen Spektrum gehörenden Wellenfunktionen nicht im üblichen Sinne normierbar sind, nutzen
wir die in Abschnitt 3.5.2 eingeführte Interpretation als Partikeldichte. Dazu
stellen wir uns jetzt folgendes Experiment vor: Von links laufe ein Teilchenstrom auf die Potentialstufe zu. Wenn es die Stufe nicht gäbe, würde der Teilchenstrom einfach weiter in den Bereich positiver x-Werte laufen. Wir hätten
also auch in diesem Bereich eine nach rechts laufende Welle. Durch die Potentialstufe wird möglicherweise ein Teil der einlaufenden Welle reflektiert. Wir
müssen also im Bereich negativer x-Werte zusätzlich mit einer nach links laufenden Welle rechnen. Im Bereich positiver x-Werte tritt aber eine solche Welle
nicht auf, weil ja gemäß unseren experimentellen Bedingungen von rechts her
keine Teilchen kommen sollen.

Wir dürfen nun ohne Beschränkung der Allgemeinheit die Amplitude der
einfallenden Welle $A = 1$ setzen. Alle anderen Amplituden können dann als
relative Werte in Bezug auf die einfallende Welle interpretiert werden. Damit
erhalten wir

$$\varphi_<(x) = e^{ikx} + Be^{-ikx} \tag{3.72}$$

$$\varphi_>(x) = Ce^{iqx} \tag{3.73}$$

Wir müssen jetzt noch die Stetigkeit der Wellenfunktion und ihrer Ableitung
an der Potentialstufe garantieren. Die hierzu notwendigen Bedingungen lauten

$$\varphi_<(0) = \varphi_>(0) \qquad \text{und} \qquad \varphi_<'(0) = \varphi_>'(0) \tag{3.74}$$

Sie liefern die beiden Gleichungen

$$1 + B = C \qquad \text{und} \qquad ik(1 - B) = iqC \tag{3.75}$$

Hieraus erhält man die bisher noch freien Amplituden B und C

$$C = \frac{2k}{k+q} \qquad \text{und} \qquad B = \frac{k-q}{k+q} \tag{3.76}$$

Mit diesen Ergebnissen können wir jetzt auch die (relativen) Stromstärken angeben. Wir erhalten für den einfallenden Strom

$$S_e = \frac{\hbar k}{m} A^* A = \frac{\hbar k}{m} \tag{3.77}$$

für den reflektierten Strom

$$S_r = -\frac{\hbar k}{m} B^* B = -\frac{\hbar k}{m} \left(\frac{k-q}{k+q}\right)^2 \tag{3.78}$$

und für den transmittierten Strom

$$S_t = \frac{\hbar q}{m} C^* C = \frac{\hbar q}{m} \left(\frac{2k}{k+q}\right)^2 = \frac{\hbar k}{m} \frac{4kq}{(k+q)^2} \tag{3.79}$$

3.5.4.5 **Diskussion**

Kontinuitätsgleichung

Im Abschnitt 3.3 hatten wir gesehen, dass die Wellenfunktion der Schrödinger-Gleichung der Kontinuitätsgleichung (3.32) genügen muss. Die hierin auftretende Dichte[14] ist wegen

$$w = |\psi(x,t)|^2 = |\varphi(x)|^2 \tag{3.80}$$

zeitunabhängig. Deshalb reduziert sich die Kontinuitätsgleichung auf die Forderung

$$\frac{dS}{dx} = 0 \tag{3.81}$$

Die Integration dieser Gleichung über die Sprungstelle des Potentials liefert

$$\int\limits_{0-\varepsilon}^{0+\varepsilon} \frac{dS}{dx}\, dx = S(0+\varepsilon) - S(0-\varepsilon) = S_> - S_< = 0 \tag{3.82}$$

Die relativen Stromdichten links und rechts der Potentialstufe können wir mithilfe von (3.77) bis (3.79) sofort bestimmen. Im linken Teil finden wir den Gesamtstrom:

$$S_< = \frac{\hbar k}{m}(A^*A - B^*B) = \frac{\hbar k}{m}\left[1 - \left(\frac{k-q}{k+q}\right)^2\right]$$
$$= \frac{\hbar k}{m}\frac{4kq}{(k+q)^2} \tag{3.83}$$

Im rechten Bereich ist:

$$S_> = \frac{\hbar q}{m}C^*C = \frac{\hbar k}{m}\frac{4kq}{(k+q)^2} \tag{3.84}$$

Die Ströme in beiden Gebieten sind ortsunabhängig. Damit ist die Kontinuitätsgleichung links und rechts der Sprungsstelle erfüllt. Da die Ströme zudem noch gleich groß sind, ist auch (3.82) erfüllt. Daher gibt es beim Passieren der Potentialstufe keinen Sprung in der Stromdichte und die Kontinuitätsgleichung ist insgesamt erfüllt.

Verhalten für $E \gg V_0$

Ist die Energie der einfallenden Partikel wesentlich höher als die Potentialstufe ($E \gg V_0$), dann erhalten wir mit (3.58) und (3.59)

$$\left(\frac{q}{k}\right)^2 = \frac{E - V_0}{E} = 1 - \frac{V_0}{E} \to 1 \tag{3.85}$$

---

14) oder genauer Partikeldichte wegen der in diesem Beispiel benutzten Interpretation

d. h. q nähert sich von unten an k an. Damit geht aber der reflektierte Teilchenstrom gegen null

$$S_r = -\frac{\hbar k}{m}\left(\frac{k-q}{k+q}\right)^2 \rightarrow 0 \tag{3.86}$$

und demzufolge wird der transmittierte Teilchenstrom gegen den einfallenden Strom streben:

$$S_t = \frac{\hbar k}{m}\frac{4kq}{(k+q)^2} \approx \frac{\hbar k}{m}\frac{4kk}{(k+k)^2} \approx \frac{\hbar k}{m} \tag{3.87}$$

Damit nähert sich das quantenmechanische Verhalten der einfallenden Teilchen mit wachsender Energie immer mehr den Voraussagen der klassischen Mechanik an, die einen reflexionsfreien Durchgang der Partikel durch die Potentialstufe für alle Energien $E > V_0$ voraussagt.

Verhalten für $E < V_0$

Wenn die Energie des einfallenden Teilchenstroms kleiner ist als V_0, wird q imaginär. Im Gebiet $x > 0$ erhalten wir dann exponentiell ansteigende und abfallende Lösungen. Die exponentiell ansteigende Lösung ist physikalisch nicht sinnvoll, da die Teilchendichte für $x \rightarrow \infty$ divergieren würde. Die abklingende Lösung erhalten wir, wenn wir

$$q = i\kappa \tag{3.88}$$

setzen. Damit ist

$$\kappa^2 = \frac{2m}{\hbar^2}(V_0 - E) \tag{3.89}$$

Für die Amplituden der reflektierten und der transmittierten Wellen erhalten wir

$$B = \frac{k - i\kappa}{k + i\kappa} \quad \text{und} \quad C = \frac{2k}{k + i\kappa} \tag{3.90}$$

und somit

$$B^*B = \left(\frac{k - i\kappa}{k + i\kappa}\right)\left(\frac{k + i\kappa}{k - i\kappa}\right) = 1 \tag{3.91}$$

Damit wird aber der reflektierte Strom gleich dem einfallenden Strom, d. h. der gesamte Strom im Bereich links der Potentialstufe verschwindet. Wegen der Kontinuitätsgleichung muss dann aber auch der Strom im rechten Bereich verschwinden. Dies lässt sich natürlich auch direkt zeigen. Mit $\varphi_>(x) = Ce^{-\kappa x}$ und (3.63) erhalten wir sofort:

$$\begin{aligned} S_> &= \frac{\hbar}{2mi}\left(\varphi^*\frac{\partial\varphi}{\partial x} - \frac{\partial\varphi^*}{\partial x}\varphi\right) \\ &= \frac{\hbar}{2mi}C^*C\left(e^{-\kappa x}\left(\frac{\partial}{\partial x}e^{-\kappa x}\right) - \left(\frac{\partial}{\partial x}e^{-\kappa x}\right)e^{-\kappa x}\right) \\ &= 0 \end{aligned} \tag{3.92}$$

Für $E < V_0$ haben wir also keinen Teilchenstrom zum rechten Teilbereich. Dies entspricht den klassischen Vorstellungen. Andererseits ist trotz des verschwindenden Stroms die Amplitude der Wellenfunktion $C \neq 0$. Damit ist die Wahrscheinlichkeit, ein Teilchen im Bereich $x > 0$ zu finden, von Null verschieden. Allerdings klingt die Partikeldichte mit zunehmender Entfernung von der Potentialstufe exponentiell ab. Dieses Verhalten ist natürlich im Rahmen der klassischen Mechanik nicht verständlich und beruht wesentlich auf den Welleneigenschaften der Materie. Ein analoges Phänomen wird übrigens in der Optik unter dem Begriff „quergedämpfte Welle"[15] diskutiert.

Klassisches und quantenmechanisches Verhalten

Das Ergebnis der quantenmechanischen Rechnung weicht in einigen Punkten wesentlich von dem klassischen Verhalten eines Newton'schen Massenpunkts im in Abb. 3.4 dargestellten Potential (3.55) ab. Läuft ein klassisches Teilchen mit einer kinetischen Energie, welche größer als die Höhe der Potentialstufe ist, gegen diese Barriere, so wird das Teilchen zwar abgebremst, aber nicht reflektiert. Ist seine Energie jedoch kleiner, so wird das Teilchen auf jeden Fall an der Stufe reflektiert.

Dass im quantenmechanischen Fall stets ein reflektierter Strom auftritt, ist eine Folge der Welleneigenschaften der Materie. Im Prinzip ist daher die Situation viel eher vergleichbar mit der Reflexion elektromagnetischer Wellen an der Grenzfläche transparenter Medien. Auch hier wird ein Teil der einfallenden Strahlung reflektiert, während der Rest in das andere Medium eindringt und sich mit einer veränderten Wellenlänge fortpflanzt.

Je höher die Energie der einfallenden Teilchen wird, um so weniger Einfluss besitzt die Potentialstufe. Damit wird die Wellenfunktion immer mehr durch eine einzige durchgehende Welle beschrieben. Folglich wird im Regime sehr hoher Energien das quantenmechanische Verhalten beim Durchgang durch eine Potentialstufe wieder besser durch die klassische Newton'sche Mechanik beschreibbar, und das mechanische Massenpunktmodell bietet eine brauchbare Erklärung des Phänomens.

Obwohl die für kleine Energien $E < V_0$ beobachtete Totalreflexion ebenfalls gut mit den Erwartungen der klassischen Mechanik übereinstimmt, ist gerade bei niedrigen Energien der Wellencharakter der Teilchen von entscheidender Bedeutung. Im Rahmen der klassischen Mechanik ist das Eindringen der Partikel in den Bereich des höheren Potentialwerts der Stufe ausgeschlossen.

---

15) siehe Band II, Abschnitt 9.5.5.3

3.5.5
Der Potentialwall

Für das Potential

$$V(x) = \begin{cases} 0 & \text{für} & x < -a \\ V_0 & \text{für} & -a < x < +a \\ 0 & \text{für} & x > a \end{cases} \qquad (3.93)$$

erwarten wir, dass entsprechend unseren Überlegungen in Abschnitt 3.5.2 nur ein kontinuierliches Energiespektrum existiert. Wir wollen uns hier auf die Behandlung des physikalisch besonders interessanten Falls $0 < E < V_0$ konzentrieren. Der andere Fall, $E > V_0$, ist vom physikalischen Standpunkt der soeben behandelten Potentialstufe nahestehend und wird in Aufgabe 3.I behandelt. Da das Potential stückweise konstant ist, erhalten wir aus der Schrödinger-Gleichung (3.46) für die drei Bereiche, siehe Abb. 3.5, drei Differentialgleichungen 2. Ordnung mit konstanten Koeffizienten, deren Lösungen gegeben sind durch

$$\varphi_1(x) = A\mathrm{e}^{ikx} + B\mathrm{e}^{-ikx} \qquad (3.94)$$

$$\varphi_2(x) = C\mathrm{e}^{\kappa x} + D\mathrm{e}^{-\kappa x} \qquad (3.95)$$

$$\varphi_3(x) = G\mathrm{e}^{ikx} + J\mathrm{e}^{-ikx} \qquad (3.96)$$

mit den Abkürzungen

$$k^2 = \frac{2mE}{\hbar^2} \quad \text{und} \quad \kappa^2 = \frac{2m(V_0 - E)}{\hbar^2} \qquad (3.97)$$

Um die noch offenen Amplituden zu bestimmen, müssen wir wieder die Stetigkeitsbedingungen anwenden. So verlangt die Stetigkeit der Wellenfunktion

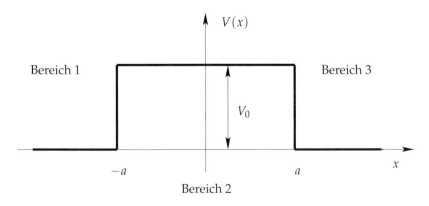

Abb. 3.5 Potentialwall

und ihrer Ableitung bei $x = -a$

$$Ae^{-ika} + Be^{ika} = Ce^{-\kappa a} + De^{\kappa a} \tag{3.98}$$

$$ik(Ae^{-ika} - Be^{ika}) = \kappa(Ce^{-\kappa a} - De^{\kappa a}) \tag{3.99}$$

und bei $x = a$

$$Ce^{\kappa a} + De^{-\kappa a} = Ge^{ika} + Je^{-ika} \tag{3.100}$$

$$\kappa(Ce^{\kappa a} - De^{-\kappa a}) = ik(Ge^{ika} - Je^{-ika}) \tag{3.101}$$

Wir untersuchen jetzt die gleiche experimentelle Situation wie im Fall der Potentialstufe. Von links fällt ein Strom von Teilchen auf den Wall. Die Amplitude der zugehörigen Wellenfunktion ist A. Wir setzen für diese wieder $A = 1$. Im Bereich 3 erwarten wir nur einen nach rechts gerichteten Teilchenstrom, also ist $J = 0$. Dann können die verbleibenden vier Amplituden aus den vier Gleichungen (3.98–3.101) eindeutig bestimmt werden. Für die weitere Diskussion benötigen wir insbesondere die Werte von $|B|$ und $|G|$. Nach einigen algebraischen Umformungen (siehe Aufgabe 3.I) erhalten wir

$$|B|^2 = \frac{\left(\frac{k}{\kappa} + \frac{\kappa}{k}\right)^2 \sinh^2 2\kappa a}{4 + \left(\frac{k}{\kappa} + \frac{\kappa}{k}\right)^2 \sinh^2 2\kappa a} \tag{3.102}$$

und

$$|G|^2 = \frac{4}{4 + \left(\frac{k}{\kappa} + \frac{\kappa}{k}\right)^2 \sinh^2 2\kappa a} \tag{3.103}$$

Hieraus folgt sofort die Beziehung $|B|^2 + |G|^2 = 1$. Die Stromdichten in den drei Bereichen lassen sich ebenfalls relativ einfach bestimmen. Wie bei der Potentialstufe finden wir im Bereich 1:

$$S_1 = \frac{\hbar k}{m}(1 - |B|^2) \tag{3.104}$$

Dagegen ist der Strom im Bereich des Walls (Bereich 2)

$$S_2 = \frac{\hbar \kappa}{im}(CD^* - DC^*) \tag{3.105}$$

und im Bereich 3

$$S_3 = \frac{\hbar k}{m}|G|^2 \tag{3.106}$$

Wie erwartet, sind die Ströme ortsunabhängig. Da außerdem an den Übergangsstellen $x = -a$ und $x = a$ die Wellenfunktionen und deren Ableitungen übereinstimmen, folgt automatisch

$$S_1 = S_2 = S_3 \tag{3.107}$$

Wir bezeichnen wieder mit S_t den durch den Wall transmittierten Strom, für den wir sofort $S_t = S_3$ erhalten. Die Diskussion des Stroms im Bereich 1 ist völlig analog zu der Situation an der Potentialstufe. Der Gesamtstrom ist hier die Überlagerung aus dem einfallenden Strom S_e und dem reflektierten Strom S_r mit

$$S_e = \frac{\hbar k}{m} \qquad \text{und} \qquad S_r = \frac{\hbar k}{m}|B|^2 \tag{3.108}$$

entsprechend $S_1 = S_e - S_r$. Deshalb folgt wegen (3.107) sofort $S_t + S_r = S_e$. Der Reflexionskoeffizient ist dann[16] einfach das Verhältnis der Ströme S_r/S_e, also

$$R = \frac{S_r}{S_r} = |B|^2 = \frac{\left(\frac{k}{\kappa} + \frac{\kappa}{k}\right)^2 \sinh^2 2\kappa a}{4 + \left(\frac{k}{\kappa} + \frac{\kappa}{k}\right)^2 \sinh^2 2\kappa a} \tag{3.109}$$

Der Transmissionskoeffizient ist gegeben durch

$$T = \frac{S_t}{S_e} = |G|^2 = \frac{4}{4 + \left(\frac{k}{\kappa} + \frac{\kappa}{k}\right)^2 \sinh^2 2\kappa a} \tag{3.110}$$

Da der Transmissionskoeffizient nicht verschwindet, gelangt ein Teil der auf den Wall auftreffenden Partikel durch die Potentialbarriere auf die andere Seite. Da wir vorausgesetzt hatten, dass die Energie kleiner als die Potentialhöhe ist, lässt sich dieses Ergebnis im Rahmen der klassischen Mechanik nicht verstehen. Von Standpunkt der Newton'schen Mechanik würde man für $E < V_0$ immer $T = 0$ und deshalb $R = 1$ erhalten, d. h. jedes auf die Barriere auftreffende Teilchen würde reflektiert werden. Im Rahmen der Quantenmechanik kann dagegen ein Teilchen die klassisch nicht überwindbare Barriere „durchtunneln".

   Diese einfache Modellrechnung zum quantenmechanischen Tunneleffekt erklärt eine ganze Reihe von Effekten, unter anderem die Emission von Nukleonen und α-Teilchens aus einem Atomkern beim radioaktiven Zerfall, den Durchtritt von Elektronen durch nichtleitende Oxidschichten auf Metallkontakten oder die kalte Elektronenemission von Metallen in starken elektrischen Feldern.

   Die tiefere Ursache für den Tunneleffekt liegt in der Wellennatur der Teilchen. Deshalb lassen sich auch Ähnlichkeiten zu dem in Band II behandelten klassischen Tunneleffekt der Wellenoptik[17] herstellen.

16) siehe auch Band II, Abschnitt 9.5.6
17) siehe Band II, Abschnitt 9.5.7

3.5.6

Der Potentialgraben

Wir betrachten jetzt das in Abb. 3.6 dargestellte Potential, bei dem wir ebenfalls wieder drei Bereiche unterscheiden können.

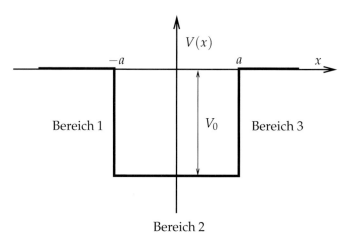

Abb. 3.6 Potentialgraben

$$V(x) = \begin{cases} 0 & \text{für} & x < -a \\ -V_0 & \text{für} & -a < x < +a \\ 0 & \text{für} & x > a \end{cases} \tag{3.111}$$

Nach unseren Überlegungen in Abschnitt 3.5.2 sollte für $0 > E > -V_0$ ein
diskretes Eigenwertspektrum vorliegen, während für $E > 0$ wieder ein kontinuierliches Spektrum erwartet wird. Die Schrödinger-Gleichung (3.46) lautet
in den Bereichen 1 und 3:

$$\varphi''(x) + \frac{2mE}{\hbar^2}\varphi(x) = 0 \tag{3.112}$$

und im Bereich 2:

$$\varphi''(x) + \frac{2m}{\hbar^2}(E + V_0)\varphi(x) = 0 \tag{3.113}$$

3.5.6.1 Das kontinuierliche Spektrum

Das kontinuierliche Spektrum wird durch alle Energiewerte $E > 0$ gebildet.
Wir verwenden wieder das bereits in den vorangegangenen beiden Abschnit-
ten diskutierte Szenario einer von linke einfallenden Welle und wollen erneut
Reflexions- und Transmissionskoeffizienten bestimmen.

Bestimmung der Wellenfunktionen

Wir führen die folgende Abkürzungen ein:

$$k^2 = \frac{2mE}{\hbar^2} \quad \text{und} \quad q^2 = \frac{2m}{\hbar^2}(E + V_0) \tag{3.114}$$

Damit erhalten wir die Lösungen der Schrödinger-Gleichung in den drei Bereichen:

$$\varphi_1 = e^{ikx} + De^{-ikx} \tag{3.115}$$

$$\varphi_2 = Ae^{iqx} + Be^{-iqx} \tag{3.116}$$

$$\varphi_3 = Ge^{ikx} \tag{3.117}$$

Dabei haben wir berücksichtigt, dass der von links einfallende Strom mikroskopischer Partikel als Bezugsgröße dient und deshalb auf die Teilchendichte 1 normiert ist. An der linken Potentialstufe wird ein Teil des Stroms reflektiert und der Rest in den Bereich 2 ($-a < x < a$) transmittiert. Von diesem Anteil wird an der rechten Stufe wiederum ein Teil reflektiert, sodass auch im mittleren Bereich ebenfalls nach rechts und nach links laufende Wellen auftreten. Schließlich wird der andere Teil des im Bereich 2 nach rechts laufenden Stroms in den Bereich 3 ($x > a$) transmittiert. Für diesen dritten Bereich können wir es bei einer nach rechts laufenden Welle belassen, da aus dem dritten Bereich kein Partikelstrom auf die Barriere zulaufen soll.

Die Stromdichten in den drei Bereichen sind ortsunabhängig und können mit den Gleichungen (3.115) bis (3.117) leicht bestimmt werden:

$$S_1 = \frac{\hbar k}{m}(1 - |D|^2) \tag{3.118}$$

$$S_2 = \frac{\hbar q}{m}(|A|^2 - |B|^2) \tag{3.119}$$

$$S_3 = \frac{\hbar k}{m}|G|^2 \tag{3.120}$$

Wegen der Kontinuitätsgleichung muss wieder $S_1 = S_2 = S_3$ gelten. Daraus erhalten wir die folgenden Gleichungen:

$$\frac{\hbar k}{m}(1 - |D|^2) = \frac{\hbar q}{m}(|A|^2 - |B|^2) = \frac{\hbar k}{m}|G|^2 \tag{3.121}$$

Aus den Stetigkeitsbedingungen für die Wellenfunktion und deren Ableitung folgt an der Stelle $x = -a$:

$$e^{-ika} + De^{ika} = Ae^{-iqa} + Be^{iqa} \tag{3.122}$$

$$k(e^{-ika} - De^{ika}) = q(Ae^{-iqa} - Be^{iqa}) \tag{3.123}$$

und an der Stelle $x = a$

$$Ae^{iqa} + Be^{-iqa} = Ge^{ika} \qquad (3.124)$$

$$q(Ae^{iqa} - Be^{-iqa}) = kGe^{ika} \qquad (3.125)$$

Die vier Gleichungen (3.122) bis (3.125) bilden ein inhomogenes, lineares Gleichungssystem zur Bestimmung der noch offenen Koeffizienten A, B, D und G. Durch Addition bzw. Subtraktion der ersten beiden bzw. der letzten beiden Gleichungen und Multiplikation mit $e^{\pm iqa}$ ergibt sich:

$$\left(e^{-ika} \left(1 + \frac{k}{q} \right) + De^{ika} \left(1 - \frac{k}{q} \right) \right) e^{iqa} = 2A \qquad (3.126)$$

$$\left(e^{-ika} \left(1 - \frac{k}{q} \right) + De^{ika} \left(1 + \frac{k}{q} \right) \right) e^{-iqa} = 2B \qquad (3.127)$$

und

$$Ge^{ika} \left(1 + \frac{k}{q} \right) e^{-iqa} = 2A \qquad (3.128)$$

$$Ge^{ika} \left(1 - \frac{k}{q} \right) e^{ika} = 2B \qquad (3.129)$$

Wir können jetzt aus (3.126) und (3.128) die Größe A und aus (3.127) und (3.129) die Amplitude B eliminieren. Damit erhalten wir zwei Gleichungen zur Bestimmung von D und G, nämlich

$$e^{i(q-k)a} \left(1 + \frac{k}{q} \right) + De^{i(q+k)a} \left(1 - \frac{k}{q} \right) = Ge^{i(k-q)a} \left(1 + \frac{k}{q} \right) \qquad (3.130)$$

und

$$e^{-i(k+q)a} \left(1 - \frac{k}{q} \right) + De^{-i(q-k)a} \left(1 + \frac{k}{q} \right) = Ge^{i(q+k)a} \left(1 - \frac{k}{q} \right) \qquad (3.131)$$

Aus diesen beiden Gleichungen können wir jetzt D und G bestimmen. Nach einigen einfachen algebraischen Umformungen erhalten wir schließlich:

$$G = e^{-i2ka} \frac{2kq}{2kq \cos 2qa - i(k^2 + q^2) \sin 2qa} \qquad (3.132)$$

und

$$D = ie^{-i2ka} \frac{(q^2 - k^2) \sin 2qa}{2kq \cos 2qa - i(q^2 + k^2) \sin 2qa} \qquad (3.133)$$

Die Kenntnis von G erlaubt uns auch, die noch fehlenden Amplituden A und B mithilfe der Gleichungen (3.128) und (3.129) zu bestimmen. Wir bekommen wiederum nach einigen Umformungen:

$$A = e^{-i(k+q)a} \frac{kq + k^2}{2kq \cos 2qa - i(k^2 + q^2) \sin 2qa} \qquad (3.134)$$

sowie

$$B = e^{-i(k-q)a} \frac{kq - k^2}{2kq \cos 2qa - i(k^2 + q^2) \sin 2qa} \tag{3.135}$$

Wir wollen am Ende dieser mathematisch zwar recht einfachen, aber dennoch aufwendigen Rechnungen überprüfen, ob die aus der Kontinuitätsgleichung folgenden Bedingungen (3.121) erfüllt sind. Tatsächlich finden wir

$$|G|^2 = \frac{4k^2q^2}{4k^2q^2 \cos^2 2qa + (k^2 + q^2)^2 \sin^2 2qa} \tag{3.136}$$

und

$$|D|^2 = \frac{(q^2 - k^2)^2 \sin^2 2qa}{4k^2q^2 \cos^2 2qa + (k^2 + q^2)^2 \sin^2 2qa} \tag{3.137}$$

Daraus folgt sofort

$$1 - |D|^2 = \frac{4k^2q^2}{4k^2q^2 \cos^2 2qa + (k^2 + q^2)^2 \sin^2 2qa} \tag{3.138}$$

Damit ist die Gleichheit zwischen dem ersten und dem dritten Ausdruck in (3.121) bestätigt. Um auch noch die zweite in (3.121) enthaltene Gleichung zu bestätigen, bilden wir

$$|A|^2 = \frac{(kq + k^2)}{4k^2q^2 \cos^2 2qa + (k^2 + q^2)^2 \sin^2 2qa} \tag{3.139}$$

und

$$|B|^2 = \frac{(kq - k^2)}{4k^2q^2 \cos^2 2qa + (k^2 + q^2)^2 \sin^2 2qa} \tag{3.140}$$

Daraus erhalten wir dann

$$|A|^2 - |B|^2 = \frac{4k^3q}{4k^2q^2 \cos^2 2qa + (k^2 + q^2)^2 \sin 2qa} \tag{3.141}$$

und deshalb

$$\frac{\hbar q}{m}(|A|^2 - |B|^2) = \frac{\hbar k}{m}|G|^2 \tag{3.142}$$

Damit ist auch die zweite Gleichheit in (3.121) erfüllt. Aus diesen Ergebnissen erhalten wir mit den gleichen Überlegungen wie bei der Potentialstufe und dem Potentialwall für den Reflexionskoeffizienten $R = |D|^2$ und den Transmissionskoeffizienten $T = |G|^2$, für die natürlich die Bedingung $R + T = 1$ gilt.

Bewegung ungebundener Partikel im Potentialgraben

Im Rahmen einer klassischen Theorie wird jedes Teilchen mit $E > 0$ den Potentialgraben passieren. Deshalb liefert eine solche Theorie den Reflexionskoeffizienten $R = 0$ und den Transmissionskoeffizienten $T = 1$. Im quantenmechanischen Fall finden wir dagegen, im Gegensatz zum klassischen Verhalten, für nahezu alle Werte $E > 0$ einen nichtverschwindenden Reflexionskoeffizienten.

Ist die Energie sehr groß gegenüber der energetischen Dimension des Potentialgrabens, $E \gg V_0$, dann ist $q \approx k$ und der reflektierte Anteil des einfallenden Teilchenstroms wird klein. Für solche hochenergetischen Partikel wirkt der Potentialgraben nur noch als sehr schwache Störung.

Wenn die Teilchenenergie fast Null ist, dann wird wegen $E = \hbar^2 k^2 / 2m$ auch k sehr klein. In diesem Fall verschwindet der Transmissionskoeffizient und der ganze Strom wird reflektiert. Das ist umso überraschender, als diese Situation das klassische Verhalten vollständig umkehrt. Während ein klassisches Teilchen auch bei einer noch so kleinen, aber positiven Energie den Graben stets überwindet, wird das quantenmechanische Teilchen vollständig zurückgelenkt. Damit wird der Graben für niederenergetische mikroskopische Teilchen zu einer nahezu unüberwindbaren Barriere.

Andererseits verschwindet der Reflexionskoeffizient $R = |D|^2$ für spezielle Werte von q. Diese Nullstellen bezeichnen wir mit q_n. Sie sind gegeben durch

$$q_n = \frac{n\pi}{2a} \tag{3.143}$$

mit einer ganzen Zahl n. Teilchen, welche die Bedingung $q = q_n$ erfüllen, werden nicht reflektiert. Wegen (3.114) sind die mit den q_n verbundenen Energiewerte durch

$$E_n = \frac{\hbar^2 q_n^2}{2m} - V_0 = -V_0 + \frac{\hbar^2 n^2 \pi^2}{8ma^2} \tag{3.144}$$

bestimmt. Nach unserer Voraussetzung muss aber $E > 0$ sein. Daher tritt die Totaltransmission am Potentialgraben erstmalig bei der Energie E_{n^*} auf, wobei sich die ganze Zahl n^* aus

$$n^* = \left[\sqrt{8mV_0} \frac{a}{\hbar\pi} \right]_+ + 1 \tag{3.145}$$

bestimmt. Dabei verstehen wir unter $[x]_+$ die größte ganze Zahl, die kleiner als x ist. Es ist interessant ist, dass ein solcher Effekt tatsächlich gefunden wurde. Bei der Streuung langsamer Elektronen mit einer Energie von ca. 0,1 eV an Edelgasatomen, z. B. Neon oder Argon, beobachteten C.W. Ramsauer und J. Townsend, dass bei gewissen Elektronenenergien eine abnormal große Transmissionrate auftritt. Anschaulich lässt sich dieser Effekt als auslöschende Interferenz der an der vorderen und hinteren Wand des Potentialgrabens reflektierten Wellen verstehen, wenn die halbe Wellenlänge der Wellenfunktion oder ein Vielfaches davon mit der Breite $2a$ des Potentialgrabens übereinstimmt.

3.5.6.2 Das diskrete Energiespektrum

Zusätzlich zu den Wellenfunktionen mit positiven Teilchenenergien gibt es für ein Potential der Form (3.111) auch noch zulässige Quantenzustände mit negativen Energien.

Wellenfunktionen gebundener Zustände

Um die erlaubten Wellenfunktionen für $-V_0 < E < 0$ bestimmen zu können, führen wir jetzt folgende neue, sinnvolle Abkürzungen ein:

$$\kappa^2 = -\frac{2mE}{\hbar^2} \quad \text{und} \quad q^2 = \frac{2m}{\hbar^2}(V_0 + E) \tag{3.146}$$

Da zulässige Wellenfunktionen bei negativen Energien nur für $0 > E > -V_0$ existieren können, ist sowohl $\kappa^2 > 0$, als auch $q^2 > 0$. In den drei Bereichen des Potentialgrabens nimmt dann die Schrödinger-Gleichung die folgende Gestalt an:

$$\varphi''(x) - \kappa^2\varphi(x) = 0 \quad \text{für} \quad x < -a \tag{3.147}$$

$$\varphi''(x) + q^2\varphi(x) = 0 \quad \text{für} \quad -a < x < a \tag{3.148}$$

$$\varphi''(x) - \kappa^2\varphi(x) = 0 \quad \text{für} \quad x > a \tag{3.149}$$

Hieraus erhalten wir die Lösungen:

$$\varphi_1 = C_1 e^{\kappa x} \qquad \text{für} \quad x < -a \tag{3.150}$$

$$\varphi_2 = A\cos qx + B\sin qx \quad \text{für} \; -a < x < a \tag{3.151}$$

$$\varphi_3 = C_2 e^{-\kappa x} \qquad \text{für} \quad x > a \tag{3.152}$$

Dabei wurde bereits berücksichtigt, dass eine zulässige Wellenfunktion für $x \to \pm\infty$ verschwinden muss, um die Normierungsbedingung erfüllen zu können. Die Stetigkeitsbedingungen für die Wellenfunktion und ihre erste Ableitung an den beiden Unstetigkeitsstellen des Potentials bei $x = \pm a$ liefert die folgenden vier Gleichungen:

$$C_1 e^{-\kappa a} = A\cos qa - B\sin qa \tag{3.153}$$

$$\kappa C_1 e^{-\kappa a} = q(A\sin qa + B\cos qa) \tag{3.154}$$

$$C_2 e^{-\kappa a} = A\cos qa + B\sin qa \tag{3.155}$$

$$-\kappa C_2 e^{-\kappa a} = q(-A\sin qa + B\cos qa) \tag{3.156}$$

Die Gleichungen (3.153) bis (3.156) bilden ein homogenes, lineares Gleichungssystem für die Koeffizienten C_1, C_2, A und B. Damit nichttriviale Lösungen existieren, muss die Determinante des Gleichungssystems verschwinden. Dies ist eine Bedingungsgleichung für qa. Mit den Werten für qa können dann aus (3.153) bis (3.156) drei der vier Koeffizienten durch den vierten ausgedrückt werden. Der vierte Koeffizient wird durch die Normierung der Wellenfunktion festgelegt.

Wir werden hier einen etwas anderen Lösungsweg einschlagen, der uns noch zusätzlich Informationen über die Symmetrie der Lösung liefert. Durch Division von (3.154) durch (3.153) bzw. von (3.156) durch (3.155) entstehen die beiden Gleichungen:

$$\kappa = q \frac{A \sin qa + B \cos qa}{A \cos qa - B \sin qa} \tag{3.157}$$

$$\kappa = q \frac{A \sin qa - B \cos qa}{A \cos qa + B \sin qa} \tag{3.158}$$

Da die linken Seiten der beiden Gleichungen übereinstimmen, müssen auch die rechten Seiten gleich sein. Damit erhalten wir

$$(A \sin qa + B \cos qa)(A \cos qa + B \sin qa)$$
$$= (A \sin qa - B \cos qa)(A \cos qa - B \sin qa) \tag{3.159}$$

und nach dem Ausmultiplizieren

$$AB(\sin^2 qa + \cos^2 qa) = -AB(\sin^2 qa + \cos^2 qa) \tag{3.160}$$

Wegen $\sin^2 qa + \cos^2 qa = 1$ bleibt dann nur noch die Gleichung:

$$AB = 0 \tag{3.161}$$

Das heißt aber, dass entweder $A = 0$ oder $B = 0$ sein muss. Wir müssen deshalb eine Fallunterscheidung durchführen. Für $A = 0$ erhalten wir aus (3.153) und (3.155)

$$C_1 e^{-\kappa a} = -B \sin qa \quad \text{und} \quad C_2 e^{-\kappa a} = B \sin qa \tag{3.162}$$

und deshalb

$$C_1 = -C_2 \tag{3.163}$$

Der Potentialgraben ist symmetrisch bzgl. einer Spiegelung um den Punkt $x = 0$. Deshalb ist es sinnvoll, die Lösungen der zugehörigen Schrödinger-Gleichung in Relation zu dieser Symmetrie zu stellen. Da sich wegen $A = 0$ und $C_1 = -C_2$ die Lösungsstücke (3.150) bis (3.152) zu einer ungeraden Funktion zusammenfügen, spricht man von *ungeraden Lösungen* oder *antisymmetrischen Wellenfunktionen*, deren Gesamtverlauf durch die Eigenschaft $\varphi(-x) = -\varphi(x)$ charakterisiert ist. Aus (3.153) und (3.154) bzw. (3.155) und (3.156) erhalten wir die für eine zulässige antisymmetrische Wellenfunktion notwendige Bedingungsgleichung:

$$\frac{\kappa}{q} = -\cot qa \tag{3.164}$$

Im zweiten Fall setzen wir $B = 0$ und erhalten damit aus (3.153) und (3.155)

$$C_1 e^{-\kappa a} = A \cos qa \quad \text{und} \quad C_2 e^{-\kappa a} = A \cos qa \qquad (3.165)$$

und deshalb

$$C_1 = C_2 \qquad (3.166)$$

Lösungen mit $B = 0$ liefern somit *gerade* oder *symmetrische* Wellenfunktionen. Der Vergleich mit (3.150) bis (3.152) zeigt, dass die symmetrische Wellenfunktion der Bedingung $\varphi(-x) = \varphi(x)$ genügt. Aus (3.153) und (3.154) bzw. (3.155) und (3.156) erhalten wir die Bedingung für eine zulässige Wellenfunktion

$$\frac{\kappa}{q} = \tan(qa) \qquad (3.167)$$

Die Lösungen der Schrödinger-Gleichung des Potentialgrabens zerfallen also in gerade und ungerade Wellenfunktionen. Das liegt daran, dass das Potential und damit auch der Hamilton-Operator der zugehörigen Schrödinger-Gleichung invariant gegenüber einer Spiegelung[18] $x \to -x$ sind. Tatsächlich folgt aus der Schrödinger-Gleichung (3.46) durch die Operation $x \to -x$:

$$\left[-\frac{\hbar^2}{2m} \frac{d^2}{dx^2} + V(-x) \right] \varphi(-x) = E\varphi(-x) \qquad (3.168)$$

Beachtet man $V(x) = V(-x)$, dann erhält man für symmetrische und antisymmetrische Wellenfunktionen

$$\pm \left[-\frac{\hbar^2}{2m} \frac{d^2}{dx^2} + V(x) \right] \varphi(x) = \pm E\varphi(x) \qquad (3.169)$$

Hier gilt das obere Vorzeichen für gerade, das untere für ungerade Wellenfunktionen. Offenbar ist (3.169) wieder vollständig äquivalent zur ursprünglichen Schrödinger-Gleichung (3.46), sodass tatsächlich sowohl symmetrische als auch antisymmetrische Wellenfunktionen als Lösung des vorliegenden Problems in Frage kommen. Hätten wir diese Symmetrie schon zu Beginn unserer Rechnungen ausgenutzt, dann wäre uns einige Rechenarbeit erspart geblieben. Wir hätten unter diesen Umständen nur die Stetigkeitsbedingungen bei $x = +a$ oder $x = -a$ auswerten müssen.

Symmetrische Lösungen

Wir diskutieren zunächst die mit dem Fall $B = 0$ zusammenhängenden geraden Lösungen der Schrödinger-Gleichung des Potentialgrabens:

$$\varphi_1 = C_1 e^{\kappa x} \quad \text{für} \quad x < -a \qquad (3.170)$$

$$\varphi_2 = A \cos qx \quad \text{für} \quad -a < x < a \qquad (3.171)$$

$$\varphi_3 = C_1 e^{-\kappa x} \quad \text{für} \quad x > a \qquad (3.172)$$

---

18) Die Spiegelung wird oft auch als Paritätsoperation bezeichnet.

Dabei ist nach Voraussetzung $\kappa > 0$. Der Koeffizient C_1 der Wellenfunktion ist nicht unabhängig, denn wegen (3.165) gilt:

$$C_1 e^{-\kappa a} = A \cos qa \tag{3.173}$$

Damit ist die Wellenfunktion bis auf die Amplitude A bestimmt. Diese kann durch die Normierung festgelegt werden. Wegen der als *Eigenwertgleichung* bezeichneten Bedingung (3.167) und den Gleichungen (3.146) findet man aber nur zu bestimmten Energiewerten E eine normierbare Wellenfunktion[19]. Um die Eigenwertgleichung auszuwerten, führen wir als nützliche Abkürzung die Größe

$$k_0^2 = \frac{2m}{\hbar^2} V_0 \tag{3.174}$$

ein. Damit erhalten wir mit (3.146) den Zusammenhang:

$$q^2 = k_0^2 - \kappa^2 \tag{3.175}$$

Die Eigenwertgleichung (3.167) lässt sich jetzt in die folgende Form bringen:

$$\sqrt{(k_0 a)^2 - (qa)^2} = qa \tan qa \tag{3.176}$$

Diese Gleichung können wir numerisch lösen. Um die Lösungen abzuschätzen, benutzen wir hier eine grafischen Lösung der Eigenwertgleichung (3.176). Dazu führen wir die Größe

$$y = qa \tan qa \tag{3.177}$$

ein und erhalten damit für (3.176)

$$y = \sqrt{(k_0 a)^2 - (qa)^2}, \quad \text{also} \quad (qa)^2 + y^2 = (k_0 a)^2 \tag{3.178}$$

Die Kurven (3.177) und die Kreise (3.178) sind in Abb. 3.7 in Abhängigkeit von qa aufgetragen. Die Lösungen für qa ergeben sich als Schnittpunkte der Kurven (3.177) mit dem positiven Zweig des Kreises zum Radius $k_0 a$. Wir sehen in Abb. 3.7, dass die Anzahl der Eigenlösungen offenbar vom Radius des Kreises und damit der Tiefe des Potentialgrabens abhängt. Wir können aber auch feststellen, dass unabhängig vom Wert von V_0 wenigstens eine gerade Wellenfunktion existiert, d. h. selbst in einem sehr flachen Potentialgraben muss mindestens ein gebundener Zustand existiert.

19) Die allgemeinen Lösungen (3.150) bis (3.152) berücksichtigen bereits die Normierbarkeit der Wellenfunktion. Andernfalls würden noch zusätzlich die Basislösungen $\exp(-\kappa x)$ für $x < -a$ und $\exp(\kappa x)$ für $x > a$ auftreten. Würden wir auch diese Funktionen in den Lösungen berücksichtigen, dann könnten wir zwar zu jeder Energie eine Lösung des Problems finden, diese würde aber für $|x| \to \infty$ divergieren und wäre damit physikalisch unzulässig.

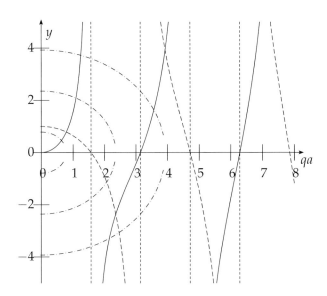

Abb. 3.7 Grafische Lösung der Eigenwertgleichung: die durchge-
zogenen Kurven stellen die Funktion $y = qa \tan qa$ dar, die Kreise
entsprechen der Gleichung $y^2 + (qa)^2 = (k_0a)^2$ mit den Radien
$k_0a = 0{,}8$, 2,5 und 4. Die langgestrichelten Kurven sind $y = qa \cot qa$

Antisymmetrische Lösungen

Die Untersuchung der *ungeraden* Lösungen, d. h. der Fall $A = 0$, lässt sich
analog durchführen. Die Wellenfunktion hat in den drei Bereichen des Potentialgrabens die Gestalt

$$\varphi_1 = C_1 \exp\left(\kappa x\right) \qquad \text{für} \quad x < -a \tag{3.179}$$

$$\varphi_2 = B \sin qx \qquad \text{für} \quad -a < x < a \tag{3.180}$$

$$\varphi_3 = -C_1 \exp\left(-\kappa x\right) \quad \text{für} \quad x > a \tag{3.181}$$

Natürlich gilt auch hier $\kappa > 0$. Für die Koeffizienten der Wellenfunktion erhalten wir aus (3.162) und (3.163):

$$C_1 \exp\left(-\kappa a\right) = -B \sin qa \tag{3.182}$$

woraus wir C_1 als Funktion von B bestimmen können. Die Amplitude B wird
wieder durch die Normierung festgelegt. Aus der zu den antisymmetrischen
Wellenfunktionen gehörigen Eigenwertgleichung (3.164) bekommen wir mit
der eingeführten Abkürzung (3.174) und den Gleichungen (3.146)

$$\sqrt{(k_0a)^2 - (qa)^2} = -qa \cot qa \tag{3.183}$$

Zur grafischen Lösung führen wir wieder eine Variable y entsprechend

$$y = qa \cot qa \tag{3.184}$$

ein und bekommen aus der Eigenwertgleichung (3.183) dann wieder die Kreisgleichung

$$y = -\sqrt{(k_0 a)^2 - (qa)^2} \tag{3.185}$$

Die Lösungen ergeben sich also als Schnittpunkte von (3.184) und dem Kreisbogen im vierten Quadranten. Anders als bei der geraden Lösungen findet man allerdings bei sehr kleinen Radien[20] keinen Schnittpunkt von (3.184) mit dem Zweig des Kreises im vierten Quandranten. Eine antisymmetrische Lösung entsteht also erst ab einer bestimmten Potentialtiefe.

Wie wir bereits gezeigt hatten, existiert selbst für sehr flache Potentialgräben eine symmetrische Eigenfunktion der zugehörigen Schrödinger-Gleichung. Wenn k_0 größer, der Potentialgraben also tiefer wird, erhalten wir ab einer bestimmten Tiefe eine zusätzliche ungerade Lösung. Bei einer weiteren Absenkung des Grabens entsteht dann wieder eine gerade Lösung. Dieses alternierende Auftreten von neuen Eigenfunktionen setzt sich mit wachsender Potentialtiefe immer weiter fort.

3.5.6.3 Unendlich tiefer Potentialtopf

Im Grenzfall $V_0 \to \infty$ wird aus dem Potentialgraben ein unendlich tiefer Potentialtopf. In diesem Fall wird der Radius der Kreise $y^2 + (qa)^2 = (k_0 a)^2$ unendlich groß. Bei der Ausführung des Grenzübergangs verschieben sich deshalb die Schnittpunkte zwischen dem expandierenden Kreis und den Funktionen $y = qa \tan qa$ bzw. $y = qa \cot qa$ immer mehr in Richtung der Unstetigkeitsstellen dieser Funktionen. Deshalb erhalten wir zulässige symmetrische Wellenfunktionen für die q-Werte

$$q_n a = (2n - 1)\frac{\pi}{2} \quad \text{mit} \quad n = 1, 2, \cdots \tag{3.186}$$

Die antisymmetrischen Wellenfunktionen sind mit

$$q_n a = n\pi \quad \text{mit} \quad n = 1, 2, \cdots \tag{3.187}$$

verbunden. Wir können diese beiden Lösungen zu

$$q_n a = \frac{\pi n}{2} \tag{3.188}$$

vereinigen, wobei jetzt die ungeraden natürlichen Zahlen n den symmetrischen Wellenfunktionen und die geraden Zahlen den antisymmetrischen Wellenfunktionen entsprechen. Die Energieeigenwerte ergeben sich deshalb aus (3.146) zu

$$E_n = -V_0 + \frac{\hbar^2 q_n^2}{2m} = -V_0 + \frac{\hbar^2}{2ma^2}\left(\frac{\pi}{2}\right)^2 n^2 \tag{3.189}$$

---

20) und damit einem flachen Potentialgraben

Die Eigenfunktionen innerhalb des Kastens sind dann abwechselnd cos- und sin-Funktionen, je nachdem, ob die Wellenfunktion symmetrisch oder anti-symmetrisch ist. Die Eindringtiefe in die außerhalb des Topfs liegenden Bereiche 1 und 3 wird durch die Längenskala κ^{-1} bestimmt. Mit (3.146) erhalten wir

$$\kappa_n^2 = -\frac{2mE_n}{\hbar^2} = -\frac{2m}{\hbar^2}\left(-V_0 + \frac{\hbar^2}{2ma^2}\left(\frac{\pi}{2}\right)^2 n^2\right)$$
$$= \frac{2m}{\hbar^2}V_0 - \frac{1}{a^2}\left(\frac{\pi}{2}\right)^2 n^2 \tag{3.190}$$

Im Fall tiefer Potentialgräben, also großer V_0-Werte, wird für kleine und moderate n auch κ sehr groß. Im Grenzfall eines unendlich tiefen Potentialtopfs erhalten wir dann $\kappa_n^{-1} \to 0$ für alle Wellenfunktionen φ_n, d.h. die Wellenfunktionen dringen nicht mehr in die Wände des Potentialtopfs ein, und das Teilchen wird im Bereich des Topfs lokalisiert.

Aufgaben

3.1 Zeigen Sie, dass die Schrödinger-Gleichung auch über das feldtheoretische Variationsprinzip (siehe Band II, Kapitel 5) aus der Wirkung

$$
S = \int_{t_0}^{t} d^3x\, dt \left[\frac{i\hbar}{2} \left(\psi^* \frac{\partial \psi}{\partial t} - \psi \frac{\partial \psi^*}{\partial t} \right) - \frac{\hbar^2}{2m} \nabla \psi^* \nabla \psi - V \psi^* \psi \right]
$$

abgeleitet werden kann.

3.2 Zeigen Sie, dass auch für einen explizit zeitunabhängigen Hamilton-Operator Lösungen der zeitabhängigen Schrödinger-Gleichung existieren, die nicht stationär sind.
Hinweis: Überlegen Sie, wie die eine vollständige Lösung der zeitabhängigen Schrödinger-Gleichung aufgebaut ist.

3.3 Zeigen Sie, dass der Wahrscheinlichkeitsstrom einer kugelsymmetrischen Wellenfunktion

$$
\psi = \sqrt{\frac{\varepsilon}{2\pi}}\, \frac{\exp\left(\pm ikr - \varepsilon r \right)}{r}
$$

durch

$$
S = \pm \frac{\varepsilon v}{4\pi}\, \frac{\exp(-2\varepsilon r)}{r^2}
$$

gegeben ist. Dabei ist k der de Broglie'sche Wellenzahlvektor und v die zugehörige Geschwindigkeit in Radialrichtung.

3.4 Zeigen Sie, dass in einem dreidimensionalen, quaderförmigen, unendlich tiefen Potentialtopf der Ausdehnung $a_x \times a_y \times a_z$ die Energieeigenwerte durch

$$
E_{knm} = \frac{\hbar^2 \pi^2}{2m} \left[\left(\frac{k}{a_x} \right)^2 + \left(\frac{m}{a_y} \right)^2 + \left(\frac{n}{a_z} \right)^2 \right]
$$

und die Eigenfunktionen durch

$$
\psi(x, y, z) = \sqrt{\frac{8}{a_x a_y a_z}}\, \sin \frac{k\pi x}{a_x} \sin \frac{m\pi y}{a_y} \sin \frac{n\pi z}{a_z}
$$

mit den natürlichen Zahlen k, m und n gegeben sind.

3.5 Zeigen Sie, dass die aus der klassischen Mechanik bekannte Eichfreiheit des Potentials auch in der Quantenmechanik garantiert ist.
Hinweis: In der klassischen Mechanik sind zwei Systeme physikalisch

äquivalent, wenn sich ihr Potential lediglich um eine additive Konstante unterscheidet. Zeigen Sie, dass in diesem Fall für jedes quantenmechanische Problem auch die Wahrscheinlichkeitsdichte $w = |\psi|^2$ und der Wahrscheinlichkeitsstrom S und damit alle hieraus berechenbaren, experimentell zugänglichen Größen von der Eichung des Potentials unberührt bleiben.

● Maple-Aufgaben

3.I Bestimmen Sie die Reflexions- und Transmissionskoeffizienten für ein quantenmechanisches Teilchen der Energie E, das auf eine Potentialschwelle der Höhe V_0 und der Breite $2a$ trifft.
Hinweis: Diese Aufgabe richtet sich nach dem in Abschnitt 3.5.5 beschriebenen Schema. Unterscheiden Sie aber die Fälle $E < V_0$ und $E > V_0$.

3.II Ein quantenmechanischer Partikelstrom fällt von links auf ein Potential der Form:

$$V = V_0 \cosh^{-2} ax$$

Bestimmen Sie den Reflexions- und Transmissionskoeffizienten als Funktion der Partikelenergie und der Potentialhöhe.

3.III Bestimmen Sie den Reflexionskoeffizienten für ein quantenmechanisches Teilchen, dass von links auf ein eindimensionales Potential $V(x)$ mit $V(x) = 0$ für $|x| > a$ und $V(x) = -V_0$ für $-a \le x < 0$ bzw. $V(x) = V_0$ für $0 \le x < a$ trifft.

3.IV Bestimmen Sie das Energiespektrum der gebundenen Zustände und die zugehörigen Eigenfunktionen eines quantenmechanischen Partikels in einem „eindimensionalen Molekül" mit dem Potential $V = -V_0[\delta(x - a) + \delta(x + a)]$ mit $V_0 > 0$.

3.V Ein Teilchen ist in einem Potentialkasten mit unendlich hohen Wänden bei $x = -a$ und $x = a$ lokalisiert. Im Zentrum dieses Kastens befindet sich ein über das Intervall $[-b, b]$ (mit $b < a$) reichender Potentialwall der Höhe V_0 über dem Basisniveau. Bestimmen Sie die Energieeigenwerte dieses Problems für $0 < E < V_0$ als Funktion der geometrischen Abmessungen und der Potentialhöhe V_0.

4
Grundlagen der Quantenmechanik

4.1
Der quantenmechanische Zustand

Mit den bisher gewonnenen Kenntnissen können wir jetzt versuchen, das physikalische und mathematische Gebäude einer tragfähigen Theorie quantenmechanischer Phänomene aufzubauen. Wir hatten bereits festgestellt, dass die Wellenfunktion und die mit ihr verbundene Born'sche Wahrscheinlichkeitsinterpretation von entscheidender Bedeutung für die Erklärung des Welle-Teilchen-Dualismus quantenmechanischer Systeme ist. Wir werden diese Erkenntnis jetzt verallgemeinern und postulieren, dass sich jedes physikalische System zu jeder Zeit in einem definierten Zustand befindet. Ein solcher Zustand kann durch eine geeignete Präparation des Systems oder einfach nur im Rahmen eines Gedankenexperiments festgelegt werden. Es erhebt sich jetzt die Frage, wie man diesen Zustand mathematisch so beschreiben kann, dass die notwendigen Informationen in Bezug auf alle denkbaren Messungen vollständig erfasst werden.

Einen ersten Hinweis zur Beantwortung dieser Frage gibt die bereits gewonnene Erkenntnis, dass die Wellenfunktion eines quantenmechanischen Systems sowohl in der Ortsdarstellung $\psi(x)$, als auch in der Impulsdarstellung $\phi(p)$ den Anforderungen zur Beschreibung des quantenmechanischen Zustands genügt. Beide Darstellungen sind völlig äquivalent, d. h. sie beschreiben ein und denselben physikalischen Zustand.

Wir gehen jetzt noch einen Schritt weiter und führen einen zunächst abstrakt bleibenden *Zustandsvektor* $|\psi\rangle$ im Hilbert-Raum ein, den man durch geeignete, später noch konkret zu formulierende lineare Abbildungen in die Wellenfunktionen $\psi(x)$ bzw. $\phi(p)$ überführen kann. Damit lassen sich gewisse Eigenschaften, die wir den Wellenfunktionen zuschreiben können, auch auf den Zustandsvektor $|\psi\rangle$ übertragen.

Eine wichtige Eigenschaft ist das quantenmechanische Superpositionsprinzip der Zustände. Sind beispielsweise $\psi_1(x)$ und $\psi_2(x)$ Lösungen der Schrödinger-Gleichung, dann ist wegen der Linearität dieser Gleichung auch die

Theoretische Physik III: Quantenmechanik 1. Peter Reineker, Michael Schulz, Beatrix M. Schulz
Copyright © 2007 WILEY-VCH Verlag GmbH & Co. KGaA, Weinheim
ISBN: 978-3-527-40639-5

Funktion $\alpha_1 \psi_1(x) + \alpha_2 \psi_2(x)$ mit den beliebigen komplexen Koeffizienten α_1 und α_2 eine Lösung der Schrödinger-Gleichung und damit bis auf die Normierung ebenfalls eine Wellenfunktion.

Die Normierung der Wellenfunktion benötigen wir hauptsächlich für eine konsistente Behandlung im Rahmen der Born'schen Wahrscheinlichkeitsinterpretation. Verzichten wir auf die Normierungsforderung, dann können wir jeder normierten Wellenfunktion $\psi(x)$ eine Schar weiterer Funktionen $\psi'(x) = \alpha \psi(x)$ mit beliebigen komplexen Zahlen α zuordnen, die den gleichen physikalischen Zustand beschreiben. Diese Unbestimmtheit ist insofern unbedenklich, als sich der Faktor α relativ einfach wieder eliminieren lässt. So wird man z. B. die Wahrscheinlichkeitsdichte eines Partikels $\rho = |\psi|^2$ durch den allgemeineren Ausdruck

$$\rho = \frac{|\psi'|^2}{\int d^3x \, |\psi'|^2} \tag{4.1}$$

ersetzen müssen. Wir können jetzt diese Überlegungen in Form der folgenden, zunächst noch vorläufigen Postulate[1] auf den Zustandsvektor $|\psi\rangle$ im Hilbert-Raum übertragen. Zunächst fordern wir:

1. Postulat
Der Zustandsvektor $|\psi\rangle$ beschreibt das physikalische System vollständig, d. h. er enthält alle notwendigen Informationen in Bezug auf jede mögliche Messung am System.

Das Superpositionsprinzip für quantenmechanische Zustände übertragen wir in Form des folgenden Postulats auf die Zustandsvektoren:

2. Postulat
Sind $|\psi_1\rangle$ und $|\psi_2\rangle$ zwei Zustandsvektoren eines quantenmechanischen Systems, dann beschreibt auch $\alpha_1 |\psi_1\rangle + \alpha_2 |\psi_2\rangle$ mit beliebigen komplexen Koeffizienten α_1 und α_2 einen quantenmechanischen Zustand des Systems.

Schließlich wird die Eindeutigkeit des Zusammenhangs zwischen physikalischen Zuständen und Zustandsvektoren definiert durch das

3. Postulat
Ist $|\psi\rangle$ ein Zustandsvektor eines quantenmechanischen Systems, dann wird derselbe physikalische Zustand auch durch alle Zustandsvektoren $\alpha |\psi\rangle$ beschrieben, die durch Multiplikation mit einer beliebigen komplexen Zahl α mit $|\alpha| \neq 0$ aus $|\psi\rangle$ hervorgehen.

1) Diese Postulate werden später in die Axiome der Quantenmechanik eingehen, siehe Abschnitt 4.11.

In den nachfolgenden Abschnitten dieses Kapitels wollen wir die mathematischen Grundlagen bereitstellen, mit deren Hilfe sich die Ergebnisse von Messungen an quantenmechanischen Systemen konsistent erklären lassen. Nachdem wir die aus den oben postulierten Eigenschaften des Zustandsvektors folgenden Konsequenzen näher untersucht haben, werden wir uns mit der theoretischen Beschreibung physikalisch beobachtbarer Größen, den sogenannten Observablen, beschäftigen.

4.2
Zustandsvektoren im Hilbert-Raum

4.2.1
Elemente des Hilbert-Raums

Die algebraisch-topologische Struktur jedes Raums wird durch die Beziehung zwischen seinen Elementen[2] bestimmt. Auch die Menge aller Zustandsvektoren eines physikalischen Systems lässt sich als ein abstrakter Raum verstehen. Dazu identifizieren wir jeden Zustandsvektor dieses Raums mit einem physikalischen Zustand. Es wird sich zeigen, dass der Raum der Zustandsvektoren ein sogenannter Hilbert-Raum $\mathcal{H}$ ist. Damit sind aber bestimmte Eigenschaften verbunden. So muss man für den Hilbert-Raum die *Linearität*, die Existenz eines *Skalarprodukts*, die *Separabilität* und die *Vollständigkeit* garantieren.

4.2.2
Linearität des Hilbert-Raums

Der Hilbert-Raum $\mathcal{H}$ ist ein linearer, komplexer Vektorraum. Werden seine Elemente addiert oder mit einer komplexen Zahl multipliziert, dann entsteht wieder ein Element der Hilbert-Raums. Diese Eigenschaft ist bereits durch die im vorigen Abschnitt formulierten Postulate gewährleistet. Sind also $|\psi_1\rangle$ und $|\psi_2\rangle$ zwei beliebige Elemente aus $\mathcal{H}$, dann ist als erste Eigenschaft eines linearen Raums die Forderung

$$|\psi_1\rangle + |\psi_2\rangle \in \mathcal{H} \tag{4.2}$$

zu erfüllen. Für die Additionsoperation gelten natürlich die Kommutativität

$$|\psi_1\rangle + |\psi_2\rangle = |\psi_2\rangle + |\psi_1\rangle \tag{4.3}$$

---

2) Die Elemente des Hilbert-Raums werden auch als Vektoren bzw. Punkte bezeichnet. Um aber während der nächsten, relativ abstrakten Abschnitte den Bezug zur Quantenmechanik nicht zu verlieren, werden wir diese Elemente häufig auch als Zustandsvektoren bezeichen.

und Assoziativität

$$|\psi_1\rangle + (|\psi_2\rangle + |\psi_3\rangle) = (|\psi_1\rangle + |\psi_2\rangle) + |\psi_3\rangle \tag{4.4}$$

der Elemente. Die zweite Eigenschaft, die alle Elemente eines linearen Raums erfüllen müssen, betrifft die Multiplikation mit einer beliebigen komplexen Zahl a. Ist $|\psi\rangle$ ein Element des Hilbert-Raums $\mathcal{H}$, dann gilt auch

$$a\,|\psi\rangle \in \mathcal{H} \tag{4.5}$$

Bezüglich der Multiplikation mit komplexen Zahlen gelten natürlich für alle Elemente des linearen Raums das Assoziativgesetz

$$a\,(b\,|\psi\rangle) = (ab)\,|\psi\rangle \tag{4.6}$$

und das Distributivgesetz

$$a\,(|\psi_1\rangle + |\psi_2\rangle) = a\,|\psi_1\rangle + a\,|\psi_2\rangle \tag{4.7}$$

Zustandsvektoren, die sich nur durch die Multiplikation mit einer komplexen Zahl unterscheiden, werden als parallel bezeichnet. Wegen des zweiten Postulats in Abschnitt 4.1 beschreiben parallele Zustandsvektoren den gleichen physikalischen Zustand.

Wir können nun bereits einige wichtige Aussagen treffen. Falls nämlich $|\psi\rangle \in \mathcal{H}$ gilt, dann ist auch $-|\psi\rangle \in \mathcal{H}$. Die Summe dieser beiden Zustandsvektoren liefert das *Nullelement* $|0\rangle$, das ebenfalls ein Vektor des Hilbert-Raums $\mathcal{H}$ ist. Für das Nullelement[3] gilt

$$|\psi\rangle + |0\rangle = |\psi\rangle \qquad \text{und} \qquad 0\,|\psi\rangle = |0\rangle \qquad \text{für alle} \qquad |\psi\rangle \in \mathcal{H} \tag{4.8}$$

Mithilfe dieser Eigenschaften kann man die Dimension des Hilbert-Raums bestimmen. Dazu betrachtet man die Gleichung

$$\sum_{i=1}^{d} a_i\,|\psi_i\rangle = |0\rangle \tag{4.9}$$

Ist diese Gleichung nur für $a_1 = \cdots = a_d = 0$ erfüllt, dann sind die Zustandsvektoren $|\psi_1\rangle, \ldots, |\psi_d\rangle$ linear unabhängig. Unendlich viele Zustandsvektoren sind unabhängig, wenn jede aus ihnen gebildete endliche Untermenge linear unabhängig ist. Findet man für einen Hilbert-Raum $\mathcal{H}$ mindestens einen Satz von d, aber keinen Satz von $d + 1$ linear unabhängigen Elementen, dann hat der Hilbert-Raum die Dimension d. Im Rahmen der Quantenmechanik haben wir es oft mit unendlich dimensionalen Hilbert-Räumen zu tun. In solchen Räumen existieren unendlich viele linear unabhängige Zustandsvektoren.

---

3) nicht zu verwechseln mit dem Begriff des Grundzustands

4.2.3
Skalarprodukt von Zustandsvektoren

4.2.3.1 Definition und Eigenschaften

Die zweite wichtige Eigenschaft, die einen Hilbert-Raum ausmacht und diesen gegenüber dem allgemeinen linearen Raum auszeichnet, ist die Existenz eines Skalarprodukts. Als ein solches Produkt wird eine Abbildung bezeichnet, die den zwei Elementen $|\psi\rangle$ und $|\varphi\rangle$ des Hilbert-Raums eine komplexe Zahl $\langle\varphi|\psi\rangle$ zuordnet. Für das Skalarprodukt gilt die Konjugationsregel

$$\langle\varphi|\psi\rangle = \langle\psi|\varphi\rangle^* \tag{4.10}$$

aus der hervorgeht, dass die Reihenfolge der Elemente im Skalarprodukt wichtig ist[4]. Für eine beliebige komplexe Zahl a gilt außerdem

$$\langle\varphi|a\psi\rangle = a\langle\varphi|\psi\rangle \tag{4.11}$$

Die hierzu komplementäre Regel für $\langle a\varphi|\psi\rangle$ erhält man durch Anwendung von (4.10) und (4.11)

$$\langle a\varphi|\psi\rangle \stackrel{(4.10)}{=} (\langle\psi|a\varphi\rangle)^* \stackrel{(4.11)}{=} (a\langle\psi|\varphi\rangle)^*$$
$$= a^*\langle\psi|\varphi\rangle^* \stackrel{(4.10)}{=} a^*\langle\varphi|\psi\rangle \tag{4.12}$$

Schließlich ist das Skalarprodukt linear in seinen beiden Elementen. Es genügt, in der Definition der Eigenschaften des Skalarprodukts die Forderung

$$\langle\varphi|\psi_1 + \psi_2\rangle = \langle\varphi|\psi_1\rangle + \langle\varphi|\psi_2\rangle \tag{4.13}$$

zu berücksichtigen, da hieraus unter Beachtung von (4.10) sofort

$$\langle\varphi_1 + \varphi_2|\psi\rangle = (\langle\psi|\varphi_1 + \varphi_2\rangle)^* = (\langle\psi|\varphi_1\rangle + \langle\psi|\varphi_2\rangle)^*$$
$$= \langle\varphi_1|\psi\rangle + \langle\varphi_2|\psi\rangle \tag{4.14}$$

folgt. Die letzte wichtige Eigenschaft betrifft das Skalarprodukt eines Elements mit sich selbst. Wegen (4.10) muss $\langle\psi|\psi\rangle$ eine reelle Zahl sein. Für ein Skalarprodukt wird aber nun noch gefordert, dass

$$0 \leq \langle\psi|\psi\rangle < \infty \tag{4.15}$$

gilt, wobei das Gleichheitszeichen nur dann auftritt, wenn der Zustandsvektor $|\psi\rangle$ das Nullelement ist.

---

4) Das Skalarprodukt im Hilbert-Raum ist gegenüber dem Skalarprodukt in reellen Vektorräumen von einer allgemeineren Struktur. In einem reellen Raum gilt das Kommutationsgesetz $ab = ba$. Dieses Gesetz ist in einem beliebigen Hilbert-Raum nur dann erfüllt, wenn das Skalarprodukt $\langle\varphi|\psi\rangle$ für alle Elemente des Hilbert-Raums nur auf reelle Zahlen führt.

4.2.3.2 **Norm eines Vektors**

Die *Norm* $\|\psi\|$ eines Elements $|\psi\rangle$ des Hilbert-Raums ist durch das Skalarprodukt auszudrücken:

$$\|\psi\|^2 = \langle\psi|\psi\rangle \tag{4.16}$$

Wegen der Eigenschaft (4.15) des Skalarprodukts ist $\|\psi\|^2$ stets positiv und endlich. Deshalb können wir auch für die Norm selbst fordern

$$0 \leq \|\psi\| < \infty \tag{4.17}$$

Die Norm eines Zustandsvektors verschwindet nur dann, wenn er das Nullelement des Hilbert-Raums ist. Ein Zustandsvektor $|\psi\rangle$ heißt *normiert*, wenn gilt

$$\|\psi\| = \sqrt{\langle\psi|\psi\rangle} = 1 \tag{4.18}$$

Ist ein Zustandsvektor $|\varphi\rangle$ nicht normiert, so wird er zu einem normierten Zustandsvektor $|\psi\rangle$ durch

$$|\psi\rangle = \frac{|\varphi\rangle}{\sqrt{\langle\varphi|\varphi\rangle}} = \frac{|\varphi\rangle}{\|\varphi\|} \tag{4.19}$$

Alle Zustandsvektoren eines Hilbert-Raums mit Ausnahme des Nullelements sind normierbar.

4.2.3.3 **Orthogonalität von Vektoren**

Verschwindet das Skalarprodukt von zwei normierbaren (d. h. vom Nullelement verschiedenen) Zustandsvektoren $|\varphi\rangle$ und $|\psi\rangle$

$$\langle\varphi|\psi\rangle = 0 \tag{4.20}$$

dann gelten die beiden Vektoren als orthogonal. Ein Satz normierter Zustandsvektoren $|\psi_1\rangle, \ldots, |\psi_N\rangle$ heißt orthonormal, wenn alle Paare von Elementen dieses Satzes zueinander orthogonal sind. In diesem Fall gilt für zwei beliebige Elemente $|\psi_i\rangle$ und $|\psi_j\rangle$ dieses Satzes die Relation

$$\langle\psi_i|\psi_j\rangle = \delta_{ij} \tag{4.21}$$

4.2.3.4 **Die Schwarz'sche Ungleichung**

Für Skalarprodukte gilt eine wichtige Beziehung, die sogenannte Schwarz'sche Ungleichung, die wir jetzt beweisen wollen. Dazu betrachten wir zwei beliebige, vom Nullelement verschiedene Elemente $|\varphi\rangle$ und $|\psi\rangle$ des Hilbert-Raums. Wir wollen zunächst $|\varphi\rangle$ als Superposition der beiden, vorerst noch unbekannten Zustandsvektoren $|\xi\rangle$ und $|\eta\rangle$ darstellen; dabei fordern wir, dass $|\xi\rangle$ parallel zu dem Element $|\psi\rangle$ und $|\eta\rangle$ orthogonal zu $|\psi\rangle$

ist. Offensichtlich gilt

$$|\varphi\rangle = \underbrace{|\psi\rangle \frac{\langle\psi|\varphi\rangle}{\langle\psi|\psi\rangle}}_{|\xi\rangle} + \underbrace{\left\{|\varphi\rangle - |\psi\rangle \frac{\langle\psi|\varphi\rangle}{\langle\psi|\psi\rangle}\right\}}_{|\eta\rangle} \qquad (4.22)$$

Nach der Definition der Parallelität ist der erste Summand parallel zu $|\psi\rangle$ und kann deshalb mit $|\xi\rangle$ identifiziert werden. Wir müssen nur noch zeigen, dass der restliche, als $|\eta\rangle$ bezeichnete Beitrag wirklich orthogonal zu $|\psi\rangle$ ist. Dazu bilden wir das Skalarprodukt dieser beiden Zustandsvektoren

$$\langle\psi|\eta\rangle = \langle\psi|\varphi\rangle - \langle\psi|\psi\rangle \frac{\langle\psi|\varphi\rangle}{\langle\psi|\psi\rangle} = 0 \qquad (4.23)$$

und finden tatsächlich die gewünschte Orthogonalität. Eine anschauliche Deutung der Zerlegung ist in Abb. 4.1 zu sehen. Wir bilden jetzt die Norm des Zustandsvektors $|\varphi\rangle$ unter Beachtung der Zerlegung $|\varphi\rangle = |\xi\rangle + |\eta\rangle$. Als Resultat bekommen wir zunächst unter Beachtung der Eigenschaften des Skalarprodukts

$$\langle\varphi|\varphi\rangle = \langle\xi|\xi\rangle + \underbrace{\langle\xi|\eta\rangle}_{=0} + \underbrace{\langle\eta|\xi\rangle}_{=0} + \langle\eta|\eta\rangle \qquad (4.24)$$

Die beiden mittleren Ausdrücke verschwinden, weil wegen der Parallelität zwischen $|\xi\rangle$ und $|\psi\rangle$ einerseits und der Orthogonalität zwischen $|\eta\rangle$ und $|\psi\rangle$ andererseits sofort auch die Orthogonalität zwischen $|\eta\rangle$ und $|\xi\rangle$ folgt. Damit erhalten wir dann

$$\langle\varphi|\varphi\rangle = \langle\xi|\xi\rangle + \underbrace{\langle\eta|\eta\rangle}_{\geq 0} \geq \langle\xi|\xi\rangle \qquad (4.25)$$

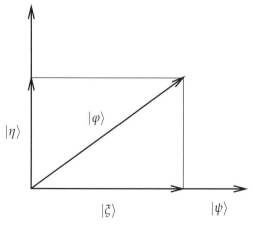

Abb. 4.1 Veranschaulichung der Zerlegung eines Zustandsvektors $|\varphi\rangle$ in einen zum Zustandsvektor $|\psi\rangle$ parallelen Anteil $|\xi\rangle$ und einen dazu senkrechten Beitrag $|\eta\rangle$

Dabei wurde diesmal von der Eigenschaft (4.15) des Skalarprodukts Gebrauch gemacht. Wir setzen jetzt in diese Beziehung die aus (4.22) folgende explizite Darstellung des Vektors $|\xi\rangle$ ein

$$
\begin{aligned}
\langle\varphi|\varphi\rangle \geq \langle\xi|\xi\rangle &= \left\langle \frac{\langle\psi|\varphi\rangle}{\langle\psi|\psi\rangle}\psi \,\middle|\, \frac{\langle\psi|\varphi\rangle}{\langle\psi|\psi\rangle}\psi \right\rangle \\
&= \frac{\langle\psi|\varphi\rangle^{*}}{\langle\psi|\psi\rangle}\frac{\langle\psi|\varphi\rangle}{\langle\psi|\psi\rangle}\langle\psi|\psi\rangle
\end{aligned}
\tag{4.26}
$$

Hieraus folgt dann wegen $\langle\psi|\psi\rangle > 0$ die Schwarz'sche Ungleichung

$$
|\langle\varphi|\psi\rangle|^{2} \leq \langle\varphi|\varphi\rangle\,\langle\psi|\psi\rangle
\tag{4.27}
$$

Das Gleichheitszeichen in der Schwarz'schen Ungleichung gilt wegen (4.25) nur dann, wenn $|\eta\rangle = |0\rangle$ ist. Dann aber folgt aus der Struktur von $|\eta\rangle$ (siehe (4.22)), dass die Zustandsvektoren $|\varphi\rangle$ und $|\psi\rangle$ parallel zueinander sind.

4.2.4
Separabilität und Vollständigkeit des Hilbert-Raums

4.2.4.1 Separabilität
Mithilfe der in Abschnitt 4.2.2 formulierten Eigenschaften eines linearen Raumes kann man zeigen, dass in der Umgebung eines beliebigen Elements unendlich viele andere Elemente liegen. Dazu braucht man nur zu einem Element $|\psi\rangle \in \mathcal{H}$ ein Element $\alpha\,|\phi\rangle$ addieren, wobei $|\phi\rangle$ ein normiertes Element aus $\mathcal{H}$ und α eine beliebige komplexe Zahl ist. Dann ist nach Voraussetzung auch das neue Element $|\psi'\rangle = |\psi\rangle + \alpha\,|\phi\rangle$ ein Element des Hilbert-Raums $\mathcal{H}$. Der Abstand zwischen diesem neuen Element und $|\psi\rangle$ ist einfach die Norm der Differenz $|\psi'\rangle - |\psi\rangle$, also wegen der Normierung von $|\phi\rangle$ gerade $|\alpha|$. Wählt man einerseits $|\alpha| < \varepsilon$ (mit einer beliebig kleinen Zahl ε), ansonsten aber beliebig und wiederholt die Prozedur mit anderen normierten Elementen $|\phi\rangle$, dann kann man zeigen, dass die Elemente des Hilbert-Raums dicht liegen.

Von einem Hilbert-Raum wird verlangt, dass er ein separabler Raum ist. Ein Raum heißt separabel, wenn in ihm eine abzählbar dichte Teilmenge existiert[5]. Eine Konsequenz der Separabilität ist, dass man zu jedem Element $|\psi\rangle$ aus $\mathcal{H}$ eine Folge $|\psi_1\rangle, |\psi_2\rangle, \ldots$ konstruieren kann, die sich sukzessiv dem Element annähert, sodass $|\psi\rangle$ zwar das Grenzelement dieser Folge ist, aber der Folge selbst nicht angehören muss.

4.2.4.2 Basis im Hilbert-Raum
Aus der Separabilität des Hilbert-Raums kann man die Schlussfolgerung ziehen, dass in diesem Raum ein System abzählbarer, linear unabhängiger Ba-

---

5) Ein sehr einfaches Beispiel für einen separablen Raum ist der d-dimensionale Raum. Hier bildet die Menge aller Punkte mit rationalen Koordinaten eine abzählbare dichte Teilmenge des Raums.

siselemente $|\alpha_1\rangle$, $|\alpha_2\rangle$, … existiert, das den ganzen Hilbert-Raum aufspannt. Die durch die Elemente

$$|\psi_n\rangle = \sum_{k=1}^{n} a_k |\alpha_k\rangle \tag{4.28}$$

gebildete Folge konvergiert bei einer geeigneten Wahl der komplexen Koeffizienten a_k mit wachsendem n nach jedem beliebigen Element $|\psi\rangle$ des Hilbert-Raums.

Wir nennen die abzählbare Grundmenge $\{|\alpha_1\rangle, |\alpha_2\rangle, |\alpha_3\rangle …\}$ von Elementen des Hilbert-Raums eine *Basis* des Hilbert-Raums. Jeder Vektor $|\psi\rangle \in \mathcal{H}$ ist dann als Überlagerung der Basiselemente darstellbar[6]

$$|\psi\rangle = \sum_{k=1}^{\infty} a_k |\alpha_k\rangle \tag{4.29}$$

Wir werden es fast immer mit Basissystemen zu tun haben, die *orthogonal* und *normiert* sind, d. h. in denen zwischen den Basiselementen die Relationen

$$\langle\alpha_k|\alpha_l\rangle = \delta_{kl} \tag{4.30}$$

bestehen. Ein solches normiertes und orthogonales Basissystem bezeichnen wir als *Orthonormalsystem*. Die Koeffizienten a_k in (4.29) heißen Komponenten von $|\psi\rangle$ bezüglich des Basissystems. Man bezeichnet die geordnete Menge der Koeffizienten auch als Darstellung des Zustandsvektors $|\psi\rangle$ in der Basis $\{|\alpha_k\rangle\}$[7] Die einzelnen Komponenten gewinnt man durch Bildung des Skalarprodukts von (4.29) mit $|\alpha_l\rangle$. Wir erhalten[8]

$$\langle\alpha_l|\psi\rangle = \sum_k a_k \underbrace{\langle\alpha_l|\alpha_k\rangle}_{\delta_{kl}} = a_l \tag{4.31}$$

Wir bilden jetzt das Skalarprodukt von (4.29) mit sich selbst und berücksichtigen dabei die Orthonormalität (4.30) der Basisvektoren. Damit erhalten wir[9]

$$\langle\psi|\psi\rangle = \sum_k a_k^* a_k \tag{4.32}$$

6) Hat der Hilbert-Raum die endliche Dimension d, dann gibt es auch nur d Basislelemente.
7) In einem endlich dimensionalen Vektorraum der linearen Algebra entsprechen die $|\alpha_k\rangle$ den Einheitsvektoren und die a_k den Vektorkomponenten, die üblicherweise zu einem Spaltenvektor zusammengefasst werden.
8) Wir lassen in Zukunft die Summationsgrenzen an den Summenzeichen weg. Damit werden wir der Tatsache gerecht, dass alle Aussagen für Hilbert-Räume beliebiger Dimension gelten und andererseits aus Konventionsgründen die Indizierung der Basiselemente nicht immer bei 1 beginnen muss.
9) vgl. die Analogie zum Vektorraum der linearen Algebra

oder mit (4.31)

$$\langle\psi|\psi\rangle = \sum_k |\langle\alpha_k|\psi\rangle|^2 \tag{4.33}$$

Man kann jetzt zeigen, dass die Summe (4.29) nur dann konvergiert, wenn auch die Summe (4.33) konvergiert. Umgekehrt aber kann man mit den bisher erläuterten Eigenschaften nicht zeigen, dass die Konvergenz der Summe in (4.33) auch die Konvergenz der Summe (4.29) nach sich zieht. Mit anderen Worten: Für jedes Element $|\psi\rangle \in \mathcal{H}$, das sich als eine Summe (4.29) darstellen lässt, kann man zwar zeigen, dass als notwendige Folgerung die Norm in Form der Summe (4.33) existieren muss, aber man kann nicht beweisen, das jedes Element, für das die Summe in (4.33) existiert, eine Reihenentwicklung der Form (4.29) mit Koeffizienten entsprechend (4.31) besitzen muss. Um diese hinreichende Bedingung zu erhalten, müssen wir noch eine weitere Eigenschaft des Hilbert-Raums berücksichtigen, die Vollständigkeit.

4.2.4.3 Vollständigkeit und Darstellung eines Zustandsvektors

Der Hilbert-Raum $\mathcal{H}$ ist vollständig, d. h. für jede Folge $|\psi_1\rangle, |\psi_2\rangle, \dots$ existiert genau dann ein Grenzelement $|\psi\rangle \in \mathcal{H}$, wenn das Cauchy'sche Konvergenzkriterium zutrifft, d. h. wenn zu jedem ε ein N existiert, sodass gilt:

$$\|\psi_m - \psi_n\| < \varepsilon \qquad \text{fr alle} \qquad m, n > N \tag{4.34}$$

Mit der Vollständigkeit ist garantiert, dass jeder Zustandsvektor mit einer endlichen Norm eine eindeutige Entwicklung nach einem Basissystem des Hilbert-Raums besitzt.

Wir können die Vollständigkeit auch als eine direkte Eigenschaft der zugrunde liegenden Basis formal ausdrücken. Dazu benutzen wir (4.29) und setzen hier die Koeffizienten (4.31) ein. Dann folgt, dass die Beziehung

$$|\psi\rangle = \sum_k \langle\alpha_k|\psi\rangle |\alpha_k\rangle \tag{4.35}$$

für jeden Zustandsvektor $|\psi\rangle \in \mathcal{H}$ gelten muss. Wir können diese Beziehung formal umstellen und erhalten

$$|\psi\rangle = \sum_k \underbrace{|\alpha_k\rangle \langle\alpha_k|}_{1} \psi\rangle \tag{4.36}$$

Der unterklammerte Ausdruck muss demnach als 1 interpretiert werden. Wir werden in Abschnitt 4.4 feststellen, dass diese formale 1 als eine Darstellung des in Abschnitt 4.3 definierten Identitätsoperators verstanden werden kann.

Mit der Vollständigkeit des Hilbert-Raums kann man einen beliebigen Zustandsvektor nach verschiedenen, vollständigen Basissystemen eindeutig entwickeln und in den Komponenten erfassen. Damit enthält der Satz der Entwicklungskoeffizienten unabhängig vom Basissystem immer die vollständige

Information des Zustands. Man spricht deshalb statt von Entwicklungskoeffizienten eines Zustandsvektors $|\psi\rangle$ auch von einer *Darstellung* des Zustandsvektors in der jeweiligen Basis.

An dieser Stelle wird die eigentliche Verbindung zwischen der abstrakten Formlierung der Zustandsvektoren im Hilbert-Raum und der Quantenmechanik hergestellt. Jeder vollständige Satz von Entwicklungskoeffizienten $\langle \alpha_k|\psi\rangle$ eines Zustandsvektors $|\psi\rangle$ beschreibt einen quantenmechanischen Zustand vollständig. Wir werden in den nächsten Abschnitten zeigen, dass je nach Basis diese Entwicklungskoeffizienten z. B. mit der Orts- oder Impulsdarstellung einer Wellenfunktion identifiziert werden können. Wie in dem Zustandsvektor $|\psi\rangle$ ist die gesamte physikalische Information in den Entwicklungskoeffizienten bezüglich der jeweiligen Basis enthalten. In den nachfolgenden Abschnitten dieses Kapitels werden wir uns damit befassen, geeignete Basissysteme zur Präsentation dieser Information zu finden.

4.2.4.4 Skalarprodukt in Komponentendarstellung

Die Entwicklung eines Zustands nach einer bestimmten Basis (4.29) erlaubt es uns, das formale Skalarprodukt zwischen zwei Zustandsvektoren durch die zugehörigen Entwicklungskoeffizienten auszudrücken. Mit den beiden Vektoren $|\varphi\rangle$ und $|\psi\rangle$ und der Basis $\{|\alpha_k\rangle\}$ erhalten wir

$$|\varphi\rangle = \sum_k a_k \, |\alpha_k\rangle \qquad \text{und} \qquad |\psi\rangle = \sum_l b_l \, |\alpha_l\rangle \tag{4.37}$$

und damit dann

$$\langle\varphi|\psi\rangle = \sum_k \sum_l a_k^* b_l \underbrace{\langle\alpha_k|\alpha_l\rangle}_{\delta_{kl}}$$

$$= \sum_k a_k^* b_k \tag{4.38}$$

Da das Skalarprodukt $\langle\varphi|\psi\rangle$ nur von den Eigenschaften der beiden Zustände $|\varphi\rangle$ und $|\psi\rangle$ abhängig ist, muss auch die rechte Seite unabhängig von dem verwendeten Basissystem sein.

4.2.4.5 Schmidt'sches Orthogonalisierungsverfahren

Bei den letzten Überlegungen hatten wir vorausgesetzt, dass die Basisvektoren ein vollständiges Orthonormalsystem bilden. Es ist aber durchaus möglich, dass zwar ein vollständiges Basissystem bekannt ist, die Basisvektoren aber nicht orthogonal sind. Mithilfe des Schmidt'schen Orthogonalisierungsverfahrens[10] lässt sich daraus aber immer ein orthogonales Basissystem herstellen.

Es handelt sich hierbei um ein typisches induktives Konstruktionsverfahren. Wir nehmen dazu an, dass $\{|\varphi_1\rangle, |\varphi_2\rangle, \ldots\}$ ein vollständiges System linear unabhängiger, nicht notwendig orthogonaler Vektoren des Hilbert-Raums ist. Weiter sei $\{|\alpha_1\rangle, |\alpha_2\rangle, \ldots\}$ das gesuchte Orthonormalsystem.

Im ersten Schritt dieses Verfahrens setzen wir einfach $|\alpha_1\rangle = C_1^{(1)}|\varphi_1\rangle$ und bestimmen die noch offene Konstante $C_1^{(1)}$ so, dass das Basiselement $|\alpha_1\rangle$ der neuen Basis normiert ist. Daraus erhalten wir

$$C_1^{(1)*}C_1^{(1)} \langle\varphi_1|\varphi_1\rangle = 1 \quad \text{oder} \quad \left|C_1^{(1)}\right|^2 = \frac{1}{\|\varphi_1\|^2} \tag{4.39}$$

und deshalb

$$|\alpha_1\rangle = \frac{|\varphi_1\rangle}{\|\varphi_1\|} \tag{4.40}$$

Im zweiten Schritt verwenden wir den Ansatz

$$|\alpha_2\rangle = C_1^{(2)}|\varphi_1\rangle + C_2^{(2)}|\varphi_2\rangle \tag{4.41}$$

und bestimmen die noch unbekannten Koeffizienten $C_1^{(2)}$ und $C_2^{(2)}$ aus den für die gewünschte Orthonormalität notwendigen Forderungen $\langle\alpha_2|\alpha_1\rangle = 0$ und $\langle\alpha_2|\alpha_2\rangle = 1$. Mit (4.41) erhalten wir

$$\langle\alpha_2|\alpha_1\rangle = C_1^{(2)*}\langle\varphi_1|\varphi_1\rangle + C_2^{(2)*}\langle\varphi_2|\varphi_1\rangle$$
$$= C_1^{(2)*}\|\varphi_1\| + C_2^{(2)*}\frac{\langle\varphi_2|\varphi_1\rangle}{\|\varphi_1\|}$$
$$= 0 \tag{4.42}$$

Damit können wir das Verhältnis der beiden unbekannten Koeffizienten bestimmen

$$\frac{C_1^{(2)*}}{C_2^{(2)*}} = -\frac{\langle\varphi_2|\varphi_1\rangle}{\|\varphi_1\|^2} \quad \text{also}: \quad \frac{C_1^{(2)}}{C_2^{(2)}} = -\frac{\langle\varphi_1|\varphi_2\rangle}{\|\varphi_1\|^2} \tag{4.43}$$

Dabei entsteht der rechte Ausdruck durch komplexe Konjugation aus dem linken. Setzen wir diese Lösung in (4.41) ein, dann gelangen wir zu

$$|\alpha_2\rangle = C_2^{(2)}\left\{|\varphi_2\rangle - \frac{\langle\varphi_1|\varphi_2\rangle}{\|\varphi_1\|^2}|\varphi_1\rangle\right\} \tag{4.44}$$

---

10) Das Verfahren wird in der mathematischen Literatur auch als Gram-Schmidt'sches Orthogonalisierungsverfahren bezeichnet (nach J.P. Gram (1850–1916) und E. Schmidt (1878–1959)). Es wurde jedoch schon früher in den Werken von Laplace und Cauchy verwendet.

oder unter Verwendung von (4.40)

$$|\alpha_2\rangle = C_2^{(2)} \left\{ |\varphi_2\rangle - \langle\alpha_1|\varphi_2\rangle |\alpha_1\rangle \right\} \tag{4.45}$$

Die noch fehlende Konstante $C_2^{(2)}$ erhält man aus der Normierungsbedingung $\langle\alpha_2|\alpha_2\rangle = 1$. Anschaulich kann man sich den zweiten Schritt des Orthogonalisierungsverfahrens so vorstellen, dass man zur Bestimmung des zweiten Basisvektors $|\alpha_2\rangle$ von $|\varphi_2\rangle$ einfach den Anteil abzieht, der parallel zu $|\alpha_1\rangle$ ist, und den erhaltenen Vektor anschließend normiert.

Dieses Verfahren kann man schrittweise fortsetzen. Den k-ten Basisvektor des Orthonormalsystems erhält man, indem man von $|\varphi_k\rangle$ alle Anteile parallel zu den schon berechneten $k-1$ Basisvektoren $|\alpha_i\rangle$ ($i = 1,..,k-1$ subtrahiert und den verbleibenden Vektor normiert. Deshalb ist

$$|\alpha_k\rangle = C_k^{(k)} \left\{ |\varphi_k\rangle - \sum_{\nu=1}^{k-1} \langle\alpha_\nu|\varphi_k\rangle |\alpha_\nu\rangle \right\} \tag{4.46}$$

wobei $C_k^{(k)}$ aus $\langle\alpha_k|\alpha_k\rangle = 1$ zu bestimmen ist.

Im folgenden werden wir davon ausgehen, dass wir ein vollständiges Orthonormalsystem vorliegen haben.

4.3
Operatoren im Hilbert-Raum

4.3.1
Definition eines Operators

Mit der Einführung der Zustandsvektoren im Hilbert-Raum haben wir geeignete Objekte als Träger der Eigenschaften eines quantenmechanischen Systems[11]. Wir benötigen jetzt noch Größen, die eine Abbildung zwischen verschiedenen Zuständen vermitteln, die also einen Zustandsvektor in einen anderen überführen. Solche Größen werden als Operatoren bezeichnet. Formal ist ein Operator $\hat{A}$ eine Größe, die einem Element des Hilbert-Raums ein anderes Element zuordnet:

$$|\varphi\rangle = \hat{A} |\psi\rangle \equiv |\hat{A}\psi\rangle \ ; \quad |\varphi\rangle , |\psi\rangle \in \mathcal{H} \tag{4.47}$$

[11] Man kann beweisen, dass alle unendlich-dimensionalen Hilbert-Räume zueinander isomorph sind. Deshalb unterscheiden sich physikalische Systeme nicht in ihrem Hilbert-Raum. Erst die in diesen Räumen agierenden Operatoren legen das jeweilige physikalische System fest.

Man sagt auch, dass durch den Operator $\hat{A}$ das Element $|\psi\rangle$ des Hilbert-Raums in das Element $|\varphi\rangle$ abgebildet wird[12].

In der Quantenmechanik werden Operatoren mit dem Begriff der *dynamischen Variablen* oder der *Observablen* verbunden. Um diesen Gedanken aber weiterverfolgen zu können, müssen wir erst einige Eigenschaften von Operatoren kennenlernen, die für die weitere Diskussion von Bedeutung sind.

4.3.2
Eigenschaften von Operatoren

4.3.2.1 Lineare Operatoren

Ein Operator $\hat{A}$ heißt linear, falls für beliebige Elemente $|\psi_1\rangle$ und $|\psi_2\rangle$ des Hilbert-Raums $\mathcal{H}$ und beliebige komplexe Zahlen a und b gilt

$$\hat{A}\left(a\,|\psi_1\rangle + b\,|\psi_2\rangle\right) = a\hat{A}\,|\psi_1\rangle + b\hat{A}\,|\psi_2\rangle \tag{4.48}$$

Wegen des Superpositionsprinzips der Zustände sind in der Quantenmechanik nur lineare Operatoren von Bedeutung.

4.3.2.2 Beschränkte Operatoren

Ein Operator $\hat{A}$ heißt beschränkt, wenn für alle Elemente $|\psi\rangle$ des Hilbert-Raums gilt

$$\left\|\hat{A}\,|\psi\rangle\right\| \leq C\,\||\psi\rangle\| \tag{4.49}$$

Dabei ist $C < \infty$ eine beliebige reelle Konstante.

4.3.2.3 Operatorsummen

Die Wirkung der Summe zweier linearer Operatoren auf ein Element des Hilbert-Raums ist gleich der Summe der Wirkungen der Operatorsummanden auf dasselbe Element:

$$(\hat{A} + \hat{B})\,|\psi\rangle = \hat{A}\,|\psi\rangle + \hat{B}\,|\psi\rangle \tag{4.50}$$

Wegen der Kommutativität der Elemente des Hilbert-Raums bezüglich der Summation (siehe (4.3)) folgt

$$(\hat{A} + \hat{B})\,|\psi\rangle = |\hat{A}\psi\rangle + |\hat{B}\psi\rangle = |\hat{B}\psi\rangle + |\hat{A}\psi\rangle = (\hat{B} + \hat{A})\,|\psi\rangle \tag{4.51}$$

d. h. die Summenbildung zweier Operatoren ist kommutativ. Analog kann man zeigen, dass die Addition linearer Operatoren auch dem Assoziativitätsgesetz genügt.

---

12) Im endlich dimensionalen Vektorraum der linearen Algebra würden entsprechende Abbildungen durch Drehstreckungen und Spiegelungen realisiert

4.3.2.4 **Produkte von Operatoren**

Die Wirkung eines Produkts linearer Operatoren auf einen Zustand des Hilbert-Raums entspricht der durch die Reihenfolge der Operatoren vorgegebenen, nacheinander erfolgenden Anwendung der mit den Operatoren verbundenen Abbildungsvorschriften

$$(\hat{A}\hat{B})\,|\psi\rangle = \hat{A}(\hat{B}\,|\psi\rangle) \tag{4.52}$$

Die Reihenfolge der Operatoren in einem Produkt ist gewöhnlich nicht vertauschbar, d. h. die Produktbildung ist nicht kommutativ, $AB \neq BA$. Die Anwendung von $\hat{A}\hat{B}$ bzw. $\hat{B}\hat{A}$ auf einen beliebigen Zustand $|\psi\rangle \in \mathcal{H}$ liefert also zwei unterschiedliche Ergebnisse. Zur Charakterisierung der Abweichung verwendet man den sogenannten *Kommutator*, der gegeben ist durch

$$[\hat{A}, \hat{B}] = \hat{A}\hat{B} - \hat{B}\hat{A} \tag{4.53}$$

Verschwindet der Kommutator, dann sind die Operatoren vertauschbar. Man spricht in diesem Fall auch von Abel'schen Operatoren.

4.3.2.5 **Adjungierte Operatoren**

Der zum Operator $\hat{A}$ gehörige adjungierter Operator $\hat{A}^\dagger$ muss für alle Zustandsvektoren $|\psi\rangle, |\varphi\rangle \in \mathcal{H}$ die Eigenschaft

$$\langle\varphi|\hat{A}\psi\rangle = \langle\hat{A}^\dagger\varphi|\psi\rangle \tag{4.54}$$

erfüllen. Für die Operation der Adjungation eines Operators gelten folgende Eigenschaften

a) $(\hat{A} + \hat{B})^\dagger = \hat{A}^\dagger + B^\dagger$

   Diese Regel erhält man sofort unter Anwendung des Summationsgesetzes (4.50) für lineare Operatoren.

b) $(\hat{A}^\dagger)^\dagger = \hat{A}$

   Zum Beweis dieser Regel verwenden wir am einfachsten die Definition (4.54) und die Konjugationsregeln des Skalarprodukts (4.10)

$$\langle\varphi|\hat{A}\psi\rangle = \langle\hat{A}^\dagger\varphi|\psi\rangle = (\langle\psi|\hat{A}^\dagger\varphi\rangle)^*$$
$$= ((\langle(\hat{A}^\dagger)^\dagger\psi|\varphi\rangle)^* = \langle\varphi|(\hat{A}^\dagger)^\dagger\psi\rangle \tag{4.55}$$

   Diese Beziehung gilt für alle Zustandsvektoren $|\psi\rangle$ und $|\varphi\rangle$ des Hilbert-Raums. Deshalb liefert ein Vergleich der linken und der rechten Seite dieser Gleichungskette sofort die gesuchte Adjungationsregel.

c) $(a\hat{A})^\dagger = a^*\hat{A}^\dagger$

   Diese Beziehung lässt sich unter Verwendung der Definition (4.54) und der Regel (4.11) beweisen:

$$\langle (a\hat{A})^{\dagger}\varphi|\psi\rangle = \langle \varphi|a\hat{A}\psi\rangle = a\langle \varphi|\hat{A}\psi\rangle$$
$$= a\langle \hat{A}^{\dagger}\varphi|\psi\rangle = \langle a^{*}\hat{A}^{\dagger}\varphi|\psi\rangle \tag{4.56}$$

Da auch hier diese Gleichungen für alle $|\psi\rangle, |\varphi\rangle \in \mathcal{H}$ gelten müssen, erhalten wir aus dem Vergleich der linken und rechten Seite die obige Relation.

d) $(AB)^{\dagger} = B^{\dagger}A^{\dagger}$

Um diese Relation zu beweisen, benutzen wir einfach die Definition (4.54) und vergleichen am Ende wieder die rechte und linke Seite der erhaltenen Gleichungskette

$$\langle (\hat{A}\hat{B})^{\dagger}\varphi|\psi\rangle = \langle \varphi|\hat{A}\hat{B}\psi\rangle = \langle \hat{A}^{\dagger}\varphi|\hat{B}\psi\rangle = \langle \hat{B}^{\dagger}\hat{A}^{\dagger}\varphi|\psi\rangle \tag{4.57}$$

4.3.2.6 Hermitesche und antihermitesche Operatoren

Ein Operator heißt selbstadjungiert oder hermitesch, wenn er die Bedingung

$$\hat{A}^{\dagger} = \hat{A} \tag{4.58}$$

erfüllt. Für antihermitesche Operatoren gilt

$$\hat{A}^{\dagger} = -\hat{A} \tag{4.59}$$

Jeder Operator lässt sich in einen hermiteschen und einen antihermiteschen Anteil zerlegen. Um diese Aussage zu beweisen, schreiben wir den Operator $\hat{A}$ in der Form

$$\hat{A} = \underbrace{\frac{\hat{A} + \hat{A}^{\dagger}}{2}}_{\hat{A}_{\text{herm}}} + \underbrace{\frac{\hat{A} - \hat{A}^{\dagger}}{2}}_{\hat{A}_{\text{anti}}} \tag{4.60}$$

Der erste Operator ist wegen

$$\hat{A}_{\text{herm}}^{\dagger} = \frac{(\hat{A} + \hat{A}^{\dagger})^{\dagger}}{2} = \frac{\hat{A}^{\dagger} + \hat{A}}{2} = \hat{A}_{\text{herm}} \tag{4.61}$$

hermitesch, der zweite wegen

$$\hat{A}_{\text{anti}}^{\dagger} = \frac{(\hat{A} - \hat{A}^{\dagger})^{\dagger}}{2} = \frac{\hat{A}^{\dagger} - \hat{A}}{2} = -\hat{A}_{\text{anti}} \tag{4.62}$$

antihermitesch.

4.3.2.7 Einheitsoperator und Projektionsoperatoren

Die Anwendung des Einheits- oder Identitätsoperators $\hat{1}$ auf ein beliebiges Element $|\psi\rangle$ des Hilbert-Raums $\mathcal{H}$ ändert dieses Element nicht, d. h. es gilt

$$\hat{1}|\psi\rangle = |\psi\rangle \qquad \text{für alle} \qquad |\psi\rangle \in \mathcal{H} \tag{4.63}$$

Projektionsoperatoren beziehen sich auf einen bestimmten N-dimensionalen Unterraum $\mathcal{S}$ des Hilbert-Raums $\mathcal{H}$. Wir wählen jetzt eine orthonormierte Basis $\{|\alpha_i\rangle\}$, deren erste N Basisvektoren den Raum $\mathcal{S}$ aufspannen. Dann ist der Projektionsoperator $\hat{P}_{\mathcal{S}}$ so definiert, dass

$$
\begin{aligned}
\hat{P}_{\mathcal{S}}\,|\alpha_i\rangle &= |\alpha_i\rangle &\text{für}\quad i &= 1,\dots,N \\
\hat{P}_{\mathcal{S}}\,|\alpha_i\rangle &= |0\rangle &\text{für}\quad i &= N+1,\dots,\infty
\end{aligned}
\tag{4.64}
$$

gilt. Damit wird jeder beliebige Zustandsvektor

$$
|\varphi\rangle = \sum_{i=1}^{\infty} c_i\,|\alpha_i\rangle
\tag{4.65}
$$

wegen

$$
\hat{P}_{\mathcal{S}}\,|\varphi\rangle = \hat{P}_{\mathcal{S}} \sum_{i=1}^{\infty} c_i\,|\alpha_i\rangle = \sum_{i=1}^{\infty} c_i \hat{P}_{\mathcal{S}}\,|\alpha_i\rangle = \sum_{i=1}^{N} c_i\,|\alpha_i\rangle
\tag{4.66}
$$

auf einen Zustandsvektor projiziert, der in $\mathcal{S}$ liegt. Gilt für ein Element $|\varphi\rangle$ des Hilbert-Raums $\hat{P}_{\mathcal{S}}\,|\varphi\rangle = |\varphi\rangle$, dann ist $|\varphi\rangle \in \mathcal{S}$, gilt dagegen $\hat{P}_{\mathcal{S}}\,|\varphi\rangle = |0\rangle$, dann ist $|\varphi\rangle \in \mathcal{T}$, wobei der Unterraum $\mathcal{T}$ von allen Basisvektoren aufgespannt wird, die nicht den Raum $\mathcal{S}$ bilden. Man sagt deshalb auch, $\mathcal{S}$ und $\mathcal{T}$ sind zueinander orthogonale Unterräume des Hilbert-Raums $\mathcal{H}$.

Die nochmalige Anwendung des Projektionsoperators auf einen bereits projizierten Zustand ändert diesen nicht mehr. Deshalb besitzt ein Projektionsoperator die Eigenschaft der Idempotenz

$$
\hat{P}_{\mathcal{S}}^{2} = P_{\mathcal{S}}
\tag{4.67}
$$

4.3.2.8 **Unitäre Operatoren**

Wir beziehen uns wieder auf zwei beliebige Elemente $|\varphi\rangle$ und $|\psi\rangle$ des Hilbert-Raums und das in diesem Raum erklärte Skalarprodukt zwischen diesen Zustandsvektoren. Ein Operator $\hat{U}$ heißt unitär, wenn die simultane Anwendung von $\hat{U}$ auf $|\varphi\rangle$ und $|\psi\rangle$ das Skalarprodukt invariant lässt. Aus dieser Forderung kann bereits eine wichtige Eigenschaft unitärer Operatoren abgeleitet werden. Wegen

$$
\langle\varphi|\psi\rangle = \langle\hat{U}\varphi|\hat{U}\psi\rangle = \langle\hat{U}^{\dagger}\hat{U}\varphi|\psi\rangle = \langle\varphi|U^{\dagger}U\psi\rangle
\tag{4.68}
$$

muss für einen unitären Operator gelten:

$$
\hat{U}^{\dagger}\hat{U} = 1 \qquad \text{umd damit} \qquad \hat{U}^{\dagger} = \hat{U}^{-1}
\tag{4.69}
$$

4.3.3
Darstellung eines Operators in einem vollständigen Orthonormalsystem

Bei der Diskussion der Eigenschaften des Hilbert-Raums hatten wir bemerkt, dass die abstrakten Zustandsvektoren $|\psi\rangle$ die gesamte physikalische Information enthalten. Es stellt sich jetzt die Frage, wie diese Information zugänglich gemacht werden kann. Wir erwarten, dass die Entwicklung eines Zustandsvektors in einer bestimmten Basis eine durch geeignete physikalische Messungen überprüfbare Darstellung des quantenmechanischen Zustands bildet. Es ist deshalb und aus rechentechnischen Gründen sinnvoll, die abstrakten Operatoren $\hat{A}$ in derselben Basis darzustellen.

Dazu betrachten wir den beliebigen Operator $\hat{A}$, der den den Vektor $|\psi\rangle$ auf den Vektor $|\varphi\rangle$ abbildet:

$$|\varphi\rangle = \hat{A}\,|\psi\rangle \tag{4.70}$$

Wir entwickeln beide Zustandsvektoren in einem vollständigen Orthonormalsystem $\{|\alpha_n\rangle\}$

$$|\psi\rangle = \sum_n c_n\,|\alpha_n\rangle \qquad \text{und} \qquad |\varphi\rangle = \sum_n d_n\,|\alpha_n\rangle \tag{4.71}$$

Setzt man jetzt diese Zerlegungen in (4.70) ein und bildet das Skalarprodukt mit $|\alpha_m\rangle$, dann gelangt man zu

$$\sum_n d_n \underbrace{\langle\alpha_m\,|\alpha_n\rangle}_{\delta_{mn}} = \sum_n c_n \,\langle\alpha_m|\,\hat{A}\,|\alpha_n\rangle \tag{4.72}$$

Mit der Abkürzung

$$A_{mn} = \langle\alpha_m|\,\hat{A}\,|\alpha_n\rangle \tag{4.73}$$

folgt deshalb

$$d_m = \sum_n A_{mn} c_n \tag{4.74}$$

oder mit (4.31)

$$\langle\alpha_m\,|\varphi\rangle = \sum_n \langle\alpha_m|\,\hat{A}\,|\alpha_n\rangle\,\langle\alpha_n\,|\psi\rangle \tag{4.75}$$

Wir können diese Gleichung als Matrizengleichung schreiben

$$\begin{pmatrix} d_1 \\ d_2 \\ d_3 \\ \vdots \end{pmatrix} = \begin{pmatrix} A_{11} & A_{12} & A_{13} & \cdots \\ A_{21} & A_{22} & A_{23} & \cdots \\ A_{31} & A_{32} & A_{33} & \cdots \\ \vdots & \vdots & \vdots & \vdots \end{pmatrix} \begin{pmatrix} c_1 \\ c_2 \\ c_3 \\ \vdots \end{pmatrix} \tag{4.76}$$

Dies ist die auf das vollständige Orthonormalsystem $\{|\alpha_n\rangle\}$ bezogene Matrizendarstellung der abstrakten Gleichung (4.70)[13]. In einer solchen Matrizendarstellung wurde die Quantenmechanik von Heisenberg entwickelt.

Die Komponenten A_{mn} werden auch als Matrixelemente des Operators $\hat{A}$ oder als Darstellung des Operators $\hat{A}$ in der Basis $\{|\alpha_n\rangle\}$ bezeichnet. Um die

---

13) vgl. die Analogie zum endlichdimensionalen Vektorraum der linearen Algebra

Matrixelemente des adjungierten Operators zu bestimmen, gehen wir folgendermaßen vor

$$(A^\dagger)_{mn} = \langle \alpha_m | \hat{A}^\dagger | \alpha_n \rangle = \langle \hat{A}\alpha_m | \alpha_n \rangle = \left(\langle \alpha_n | \hat{A} | \alpha_m \rangle \right)^* \qquad (4.77)$$

Hieraus erhalten wir sofort

$$(A^\dagger)_{mn} = A^*_{nm} \qquad (4.78)$$

Die Matrix von $\hat{A}^\dagger$ ergibt sich aus der von $\hat{A}$, indem man die letztere an der Diagonalen spiegelt und komplex konjugiert. Ist der Operator hermitesch, d. h. gilt $\hat{A}^\dagger = \hat{A}$, so gilt insbesondere

$$(A^\dagger)_{mn} = A_{mn} = A^*_{nm} \qquad (4.79)$$

Hieraus folgt sofort, dass die Diagonalelemente einer hermiteschen Matrix reell und die durch Spiegelung an der Diagonalen miteinander verknüpften Matrixelemente zueinander konjugiert komplex sein müssen.

4.3.4
Eigenwerte und Eigenvektoren hermitescher Operatoren

4.3.4.1 Eigenwertgleichung, Eigenwerte und Eigenvektoren
Durch einen linearen Operator $\hat{A}$ wird ein Zustandsvektor $|\psi\rangle$ auf einen anderen Zustandsvektor $|\varphi\rangle$ abgebildet. Im Rahmen der Quantenmechanik spielen die Vektoren $|\psi\rangle$ eine besondere Rolle, für die $\hat{A}|\psi\rangle$ parallel zu $|\psi\rangle$ ist. Diese Vektoren erfüllen damit die Gleichung

$$\hat{A}|\psi\rangle = a|\psi\rangle \qquad (4.80)$$

mit einer komplexen Zahl a. Man nennt jeden *normierbaren* Zustandsvektor[14] $|\psi\rangle$, der (4.80) erfüllt, einen *Eigenvektor* oder *Eigenzustand* des Operators $\hat{A}$ zum *Eigenwert* a. Gleichung (4.80) nennt man die *Eigenwertgleichung* des Operators $\hat{A}$. Die Gesamtheit aller Eigenwerte, für die der Eigenvektor $|\psi\rangle$ entsprechend $||\psi|| = 1$ normiert ist, nennt man das diskrete Spektrum des Operators $\hat{A}$. Neben diesem Spektrum kann ein hermitescher Operator auch noch ein kontinuierliches Spektrum und ein sogenanntes Restspektrum besitzen[15].

---

14) damit ist das Nullelement als Eigenvektor ausgeschlossen

15) Die Menge aller komplexen Zahlen λ, für welche die sogenannte Resolvente $(\hat{A} - \lambda\hat{1})^{-1}$ existiert, nennt man die Resolventenmenge des Operators $\hat{A}$. Die Komplementärmenge, also alle λ, für welche die Resolvente nicht existiert, bilden das Spektrum des Operators $\hat{A}$. Im allgemeinen Fall setzt sich das Spektrum aus dem diskreten Spektrum, dem kontinuierlichen Spektrum und dem Restspektrum zusammen. Das kontinuierliche Spektrum beschreibt insbesondere alle Abbildungen $(\hat{A} - \lambda\hat{1})|\psi\rangle = |\varphi\rangle$, die nicht umkehrbar sind.

Im mathematischen Sinn sind die Werte a, die (4.80) erfüllen, aber zum kontinuierlichen Spektrum gehören, wegen der fehlenden Normierbarkeit keine eigentlichen Eigenwerte. Trotzdem werden wir uns der in physikalischen Lehrbüchern üblichen Konvention anschließen und die Menge dieser Lösungen der Eigenwertgleichung (4.80) als kontinuierliches Eigenwertspektrum bezeichnen. *Das Eigenwertspektrum eines Operators kann somit diskret, kontinuierlich oder auch gemischt sein.*

4.3.4.2 Eigenwerte hermitescher Operatoren

Ist $\hat{A}$ ein hermitescher Operator, dann ist wegen $\hat{A}^\dagger = \hat{A}$ die Gleichung

$$\hat{A}^\dagger \left| \psi \right\rangle = a \left| \psi \right\rangle \tag{4.81}$$

äquivalent zu (4.80). Wegen der Eigenschaften des adjungierten Operators erhalten wir durch Bildung des Skalarprodukts mit $\left| \psi \right\rangle$

$$a \left\langle \psi \, | \, \psi \right\rangle = \left\langle \psi \right| \hat{A}^\dagger \left| \psi \right\rangle = \left\langle \hat{A}\psi \, | \, \psi \right\rangle = (\left\langle \psi \right| \hat{A} \left| \psi \right\rangle)^* = a^* \left\langle \psi \, | \, \psi \right\rangle \tag{4.82}$$

Da der Eigenvektor $\left| \psi \right\rangle$ nach Voraussetzung eine endliche Norm hat, folgt hieraus $a = a*$. Die *Eigenwerte eines hermiteschen Operators* sind deshalb *immer reell*.

4.3.4.3 Diskretes Eigenwertspektrum, Entartung

Wir betrachten zuerst den Fall, dass das Eigenwertspektrum eines hermiteschen Operators $\hat{A}$ aus diskreten Eigenwerten besteht. Dabei kann die Anzahl der Eigenwerte endlich oder unendlich sein. In jeden Fall ist es sinnvoll, jedem der diskreten Eigenwerte eine Nummer zuzuordnen, um so ein Ordnungsschema zu erzeugen. Diese Nummer wird später auch als Quantenzahl bezeichnet. Wir können dann die Eigenwertgleichung (4.80) in der Form

$$\hat{A} \left| \psi_n \right\rangle = a_n \left| \psi_n \right\rangle \tag{4.83}$$

schreiben; dabei ist a_n der n-te Eigenwert und $\left| \psi_n \right\rangle$ der n-te Eigenzustand des Operators $\hat{A}$.

Es ist allerdings auch möglich, dass *Entartung* vorliegt. In diesem Fall gehören zu einem Eigenwert mehrere linear unabhängige Eigenvektoren. Gibt es M_n linear unabhängige Eigenvektoren zu einem Eigenwert a_n, so spricht man von einer M_n-fachen Entartung. Bei dieser Nomenklatur bedeutet 1-fache Entartung, dass nur ein einziger Eigenvektor zu einem Eigenwert gehört. In diesem Fall liegt eigentlich keine Entartung vor.

Zur Unterscheidung der verschiedenen entarteten Eigenvektoren führt man am besten eine Doppelindizierung ein:

$$\hat{A} \left| \psi_{n\alpha} \right\rangle = a_n \left| \psi_{n\alpha} \right\rangle \quad ; \quad \alpha = 1, 2, \dots, M_n \tag{4.84}$$

Dabei ist jetzt $|\psi_{n\alpha}\rangle$ der α-te Eigenzustand zum n-ten Eigenwert a_n. Man nennt α den Entartungsindex; er läuft von 1 bis M_n. Offenbar ist jede Linearkombination von entarteten Eigenvektoren wieder ein Eigenvektor zum gleichen Eigenwert. Um diese Aussage zu prüfen, bilden wir die Linearkombination aus den M_n Eigenzuständen des n-ten Eigenwerts

$$|\varphi_n\rangle = \sum_{\alpha=1}^{M_n} c_{n\alpha} |\psi_{n\alpha}\rangle \tag{4.85}$$

mit beliebigen komplexen Koeffizienten $c_{n\alpha}$. Wir wenden jetzt den Operator $\hat{A}$ auf diesen Eigenzustand an und erhalten

$$\hat{A}|\varphi_n\rangle = \sum_{\alpha=1}^{M_n} c_{n\alpha} \hat{A}|\psi_{n\alpha}\rangle = a_n \sum_{\alpha=1}^{M_n} c_{n\alpha} |\psi_{n\alpha}\rangle = a_n |\varphi_n\rangle \tag{4.86}$$

d. h. auch die Linearkombination (4.85) ist ein Eigenzustand zum n-ten Eigenwert.

4.3.4.4 Orthogonalität und Vollständigkeit von Eigenvektoren

Wir wollen in diesem Abschnitt voraussetzen, dass der hermitesche Operator $\hat{A}$ ein diskretes Eigenwertspektrum besitzt. Die Erweiterung der hiermit verbundenen Aussagen auf kontinuierliche oder gemischte Eigenwertspektren kann dann mit den Erkenntnissen der folgenden Abschnitte leicht nachvollzogen werden.

Eigenvektoren von hermiteschen Operatoren, die zu verschiedenen Eigenwerten gehören, sind zueinander orthogonal. Diese zentrale Eigenschaft hermitescher Operatoren lässt sich folgendermaßen beweisen: Es seien $|\psi_1\rangle$ und $|\psi_2\rangle$ zwei Eigenfunktionen des hermiteschen Operators $\hat{A}$ zu den Eigenwerten $a_1 \neq a_2$

$$\hat{A}|\psi_1\rangle = a_1 |\psi_1\rangle \qquad \text{und} \qquad \hat{A}|\psi_2\rangle = a_2 |\psi_2\rangle \tag{4.87}$$

Wegen der Hermitizität von $\hat{A}$ sind a_1 und a_2 reelle Größen. Aus der ersten Gleichung folgt durch Bildung des Skalarprodukts mit $|\psi_2\rangle$

$$\langle\psi_2|\hat{A}|\psi_1\rangle = a_1 \langle\psi_2|\psi_1\rangle \tag{4.88}$$

Andererseits erhalten wir unter Beachtung der Eigenschaften hermitescher Operatoren und des Skalarprodukts

$$\langle\psi_2|\hat{A}|\psi_1\rangle = \langle\hat{A}^\dagger\psi_2 \,|\, \psi_1\rangle = \left(\langle\psi_1|\,\hat{A}\psi_2\rangle\right)^* \tag{4.89}$$

woraus dann mit der zweiten Gleichung von (4.87) folgt

$$\langle\psi_2|\hat{A}|\psi_1\rangle = \left(a_2 \langle\psi_1|\psi_2\rangle\right)^* = a_2 \langle\psi_2|\psi_1\rangle \tag{4.90}$$

Die Subtraktion von (4.88) und (4.90) liefert

$$0 = (a_1 - a_2) \langle \psi_2 | \psi_1 \rangle \tag{4.91}$$

Weil $a_1 \neq a_2$ gilt, muss $\langle \psi_2 | \psi_1 \rangle = 0$, also die Orthogonalität folgen. Die zu den diskreten, nicht entarteten Eigenwerten $a_1, a_2, a_3, \ldots$ gehörenden Eigenzustände lassen sich schließlich noch normieren und bilden so ein Orthonormalsystem im Hilbert-Raum $\mathcal{H}$

$$\langle \psi_n | \psi_m \rangle = \delta_{nm} \tag{4.92}$$

Entartete Eigenwerte besitzen zwei oder mehrere linear unabhängige Eigenzustände. Zwar sind diese Eigenvektoren zu den Eigenzuständen anderer Eigenwerte nach wie vor orthogonal[16], sie müssen aber untereinander nicht mehr orthogonal sein. Mithilfe des Schmidt'schen Orthogonalisierungsverfahrens können wir aber auch diese entarteten Eigenvektoren orthogonalisieren, sodass wir davon ausgehen können, dass die Eigenvektoren eines hermiteschen Operators mit einem diskreten Spektrum immer ein Orthonormalsystem bilden[17].

Die Orthonormalität oder allgemeiner die lineare Unabhängigkeit ist die *notwendige* Voraussetzung dafür, dass die Eigenfunktionen eines hermiteschen Operators eine Basis des Hilbert-Raums $\mathcal{H}$ bilden. Als *hinreichende* Bedingung fehlt aber noch der Nachweis der Vollständigkeit.

Der konkrete Beweis der Vollständigkeit des Systems der Eigenvektoren eines hermiteschen Operators ist in den meisten Fällen mathematisch recht kompliziert. *Für alle vollstetigen[18], selbstadjungierten Operatoren* gilt ein von D. Hilbert bewiesener Satz, nach dem die Eigenvektoren dieser Operatoren eine vollständige Basis des Hilbert-Raums bilden. Die Eigenschaft der Vollstetigkeit wird von allen physikalisch relevanten Operatoren mit diskretem Eigenwertspektrum erfüllt. Deshalb besitzen diese Operatoren auch einen vollständigen Satz von Eigenzuständen[19].

Da wir uns in diesem Abschnitt nur mit solchen physikalisch zulässigen hermiteschen Operatoren befassen, die ein diskretes Spektrum besitzen, können wir[20] davon ausgehen, dass die Eigenzustände dieser Operatoren ein vollständiges Orthonormalsystem bilden. Wir können deshalb jeden Vektor

---

16) Der obige Beweis behält in diesem Fall seine Gültigkeit.

17) Wir nummerieren, wenn nicht anders vermerkt, die Eigenzustände $|\psi_n\rangle$ mit dem laufenden Index n (Quantenzahl). Bei Entartung treten dann mehrere Quantenzahlen mit gleichem Eigenwert auf.

18) Ein Operator heißt vollstetig oder kompakt, wenn er ein endliches Gebiet von $\mathcal{H}$ wieder auf ein endliches Gebiet in $\mathcal{H}$ abbildet. Vollstetige hermitesche Operatoren haben nur ein diskretes Spektrum von Eigenwerten.

19) Ist das Eigenwertspektrum kontinuierlich oder gemischt, dann ist die Vollständigkeit nicht notwendig gesichert. Wir werden auf dieses Problem im nächsten Abschnitt zurückkommen.

20) wegen der gleichzeitig gegebenen Orthonormalität

$|\psi\rangle$ des Hilbert-Raums nach diesem vollständigen Satz von Eigenzuständen entwickeln

$$|\psi\rangle = \sum_n c_n |\psi_n\rangle \qquad (4.93)$$

Die Entwicklungskoeffizienten bestimmen sich nach (4.31) zu $c_n = \langle\psi_n|\psi\rangle$. Deshalb verlangt die Vollständigkeit des von den Eigenzuständen gebildeten Orthonormalsystems in Übereinstimmung mit (4.35)

$$|\psi\rangle = \sum_n \langle\psi_n|\psi\rangle |\psi_n\rangle \qquad (4.94)$$

Eine weitere wichtige Eigenschaft betrifft die Darstellung des Operators $\hat{A}$ in dem Basissystem seiner Eigenvektoren, der sogenannten *Eigenbasis*. Mit der Eigenwertgleichung (4.83), der Orthogonalitätsrelation (4.92) und (4.73) erhalten wir

$$A_{nm} = \langle\psi_n|\hat{A}|\psi_m\rangle = a_m \langle\psi_n|\psi_m\rangle = a_m \delta_{nm} \qquad (4.95)$$

Offenbar ist ein hermitescher Operator in der Eigendarstellung diagonal. Für die Matrizendarstellung von $\hat{A}$ erhalten wir deshalb

$$A = \begin{pmatrix} a_1 & 0 & 0 & 0 & \cdots \\ 0 & a_2 & 0 & 0 & \cdots \\ 0 & 0 & a_3 & 0 & \cdots \\ 0 & 0 & 0 & a_4 & \cdots \\ \vdots & \vdots & \vdots & \vdots & \vdots \end{pmatrix} \qquad (4.96)$$

Die Matrix A_{nm} enthält in der Eigendarstellung auf der Diagonalen die Eigenwerte a_n des Operators $\hat{A}$, während die außerdiagonalen Elemente verschwinden. Die Darstellung des Operators $\hat{A}$ mit einer anderen Basis besitzt im Allgemeinen auch Nichtdiagonalelemente. Daher läuft die Bestimmung der Eigenwerte eines Operators auf die Diagonalisierung seiner Matrizendarstellung hinaus.

4.3.4.5 Kontinuierliche Eigenwerte

Nehmen die Eigenwerte eines hermiteschen Operators nicht mehr wie im vorhergehenden Fall diskrete Werte an, sondern bilden einen zusammenhängenden Bereich, dann spricht man von einem kontinuierlichen Spektrum. Da eine durchgehende Nummerierung der Eigenwerte und damit auch der Eigenfunktionen jetzt nicht mehr möglich ist, indizieren wir in diesem Fall die Eigenfunktionen einfach mit dem Eigenwert

$$A|\psi_a\rangle = a|\psi_a\rangle \qquad (4.97)$$

Für verschiedene Eigenwerte sind die Eigenvektoren sicher wieder orthogonal[21]

$$\langle \psi_a | \psi_{a'} \rangle = 0 \quad \text{für } a \neq a' \tag{4.98}$$

Eine aus den Eigenzuständen des kontinuierlichen Eigenwertspektrums gebildete Basis besteht aus einer überabzählbar mächtigen Menge von Basiselementen. Sie ist deshalb nicht mit der Separabilität des Hilbert-Raums verträglich und birgt daher mathematische Probleme bei der Festlegung einer vollständigen Basis. Tatsächlich muss man, um die Vollständigkeit des Satzes der Eigenfunktionen zu sichern, den Hilbert-Raum um sogenannte uneigentliche Elemente erweitern. Um diese Forderung zu verstehen, nehmen wir für einen Moment an, dass die Vollständigkeit der Basis gewährleistet ist. Dann sollten wir, ähnlich wie im diskreten Fall, jedes Element des Hilbert-Raums in dieser Basis darstellen können. Allerdings legt die kontinuierliche Struktur des Spektrums nahe, die Summation in (4.94) durch eine Integration zu ersetzen. Damit erhalten wir die Forderung, dass jedes Element $|\psi\rangle \in \mathcal{H}$ durch

$$|\psi\rangle = \int da\, c(a)\, |\psi_a\rangle \tag{4.99}$$

dargestellt werden kann. Um die Koeffizienten $c(a)$ ebenfalls als Skalarprodukt der Form (4.31) darstellen zu können, muss man wegen

$$\langle \psi_{a'} | \psi \rangle = \int da\, c(a)\, \underbrace{\langle \psi_{a'} | \psi_a \rangle}_{\delta(a-a')} = c\left(a'\right) \tag{4.100}$$

die Eigenzustände im kontinuierlichen Fall auf die δ-Funktion normieren

$$\langle \psi_a | \psi_{a'} \rangle = \delta(a - a') \tag{4.101}$$

Damit sind die Basiselemente aber keine eigentlichen Elemente des Hilbert-Raums[22] mehr. Erweitert man den Hilbert-Raum um diese uneigentlichen Elemente $|\psi_a\rangle$, dann kann man auch die Vollständigkeit der Eigenvektoren eines Operators mit kontinuierlicher Basis garantieren[23].

21) Der Beweis läuft wie im Fall des diskreten Eigenwertspektrums.

22) Jedes Element des Hilbert-Raums hat per Definition eine endliche Norm, siehe (4.15).

23) Nach Dirac kann man die uneigentlichen Elemente des Hilbert-Raums als Folge eines Grenzübergangs aus eigentlichen Elementen verstehen. Ein typisches Beispiel ist die Laplace-Gleichung in einem quaderförmigen Raum (siehe Band II, Abschnitt 7.3.3). Bei definierten Randbedingungen findet man einen Satz von diskreten Eigenwerten mit orthogonalen Eigenfunktionen. Vergrößert man schrittweise das Volumen V des Quaders, dann liegen die Eigenwerte immer dichter und gehen für $V \to \infty$ in ein kontinuierliches Spektrum über. Die zugehörigen Eigenfunktionen werden als Folge des Grenzübergangs zu uneigentlichen (d. h. nicht mehr auf 1 normierbaren) Elementen im Hilbert-Raum der quadratintegrablen Funktionen.

Manchmal ist es zweckmäßig, die Eigenfunktionen nicht mit dem Eigenwert a, sondern einer Funktion $f(a)$ des Eigenwerts zu indizieren. Dann erhalten wir für die Eigenwertgleichung

$$\hat{A}|\psi_f\rangle = a|\psi_f\rangle \tag{4.102}$$

Die Vollständigkeit verlangt jetzt die Darstellung jedes Elements des Hilbert-Raums durch die Basisvektoren $|\psi_f\rangle$ entsprechend

$$|\psi\rangle = \int c(f)|\psi_f\rangle df \tag{4.103}$$

sodass die Normierung jetzt durch

$$\langle\psi_f|\psi_{f'}\rangle = \delta(f - f') = \frac{\delta(a - a')}{\left|\dfrac{df(a)}{da}\right|} \tag{4.104}$$

hergestellt wird. Der Vergleich von (4.104) und (4.101) zeigt, dass zwischen den Eigenfunktionen $|\psi_f\rangle$ und $|\psi_a\rangle$ die Beziehung

$$|\psi_f\rangle = \frac{1}{\sqrt{\left|\dfrac{df(a)}{da}\right|}}|\psi_a\rangle \tag{4.105}$$

bestehen muss.

4.3.4.6 Gemischtes Spektrum

Wir nehmen zum Abschluss dieses Kapitels an, dass der Operator $\hat{A}$ sowohl diskrete als auch kontinuierlich verteilte Eigenwerte besitzt. Das können wir folgendermaßen formulieren:

$$\hat{A}|\psi_n\rangle = a_n|\psi_n\rangle \qquad \text{und} \qquad \hat{A}|\psi_a\rangle = a|\psi_a\rangle \tag{4.106}$$

Dabei entspricht die erste Gleichung dem diskreten, die zweite dem kontinuierlichen Teil des Spektrums mit den jeweils angebrachten Indizierungen. Zwischen den Eigenfunktionen gelten dann die Orthogonalitätsrelationen

$$\langle\psi_m|\psi_n\rangle = \delta_{nm} \qquad \langle\psi_n|\psi_a\rangle = 0 \qquad \langle\psi_a|\psi_{a'}\rangle = \delta(a - a') \tag{4.107}$$

Ein vollständiges Orthonormalsystem wird erst durch alle zum diskreten und zum kontinuierlichen Eigenwertspektrum gehörenden Eigenvektoren gebildet. Als hinreichendes Kriterium für die Vollständigkeit muss wieder jedes Element $|\psi\rangle$ des Hilbert-Raums durch die Entwicklung

$$|\psi\rangle = \sum_n c_n|\psi_n\rangle + \int da\, c(a)|\psi_a\rangle \tag{4.108}$$

darstellbar sein. Die Koeffizienten sind dabei durch die Skalarprodukte

$$c_n = \langle \psi_n | \psi \rangle \qquad \text{und} \qquad c(a) = \langle \psi_a | \psi \rangle \tag{4.109}$$

bestimmt.

4.4
Dirac-Schreibweise

4.4.1
Duale Vektoren

Die Dirac-Schreibweise erlaubt eine sehr kompakte Formulierung vieler technischer Schritte quantenmechanischer Überlegungen und damit eine deutliche Vereinfachung des mathematischen Apparats.

Bevor wir diese Schreibweise jedoch verwenden können, müssen wir zusätzliche Größen einführen, so genannte duale Vektoren. Den bisherigen Zustandsvektor bezeichnet man als *ket*-Vektor $|\psi\rangle$, den dazu dualen Vektor nennt man *bra*-Vektor $\langle\psi|$. In gewisser Hinsicht sind ket-Vektor und bra-Vektor[24] mit den Spalten- und Zeilenvektoren der linearen Algebra vergleichbar. Insbesondere können wir beide Vektoren als zueinander adjungiert

$$\langle \psi | = | \psi \rangle^{\dagger} \tag{4.110}$$

betrachten. Diese Operation ist in der Sprache der linearen Algebra eine Transposition bei gleichzeitiger komplexer Konjugation.

4.4.2
Produkte von Dirac-Vektoren

4.4.2.1 Skalares Produkt
Trifft ein bra-Vektor $\langle\varphi|$ auf einen ket-Vektor $|\psi\rangle$ in dieser Reihenfolge, so erhält man das Skalarprodukt $\langle\varphi|\psi\rangle$. Da ein Skalarprodukt eine komplexe Zahl ist, sind für diese Größe Adjungation und komplexe Konjugation äquivalent. Deshalb erhält man sofort

$$(\langle \varphi | \psi \rangle)^* = (\langle \varphi | | \psi \rangle)^{\dagger} = |\psi\rangle^{\dagger} \langle\varphi|^{\dagger} = \langle\psi| |\varphi\rangle = \langle\psi|\varphi\rangle \tag{4.111}$$

in Übereinstimmung mit (4.10).

---

24) Die Bezeichnung als bra- und ket-Vektor kommt von dem englischen Wort bracket (Klammer) und nimmt damit Bezug auf die übliche, auch von uns benutzte Schreibweise des Skalarprodukts als $\langle bra|ket \rangle$.

4.4.2.2 **Dyadisches Produkt**

Treffen die beiden Vektoren in umgekehrter Reihenfolge aufeinander, so ist das Ergebnis dieses dyadischen Produkts ein Operator

$$\hat{\Omega} = |\psi\rangle \langle\varphi| \tag{4.112}$$

Der zu $\hat{\Omega}$ adjungierte Operator ist

$$\hat{\Omega}^\dagger = |\varphi\rangle \langle\psi| \tag{4.113}$$

Der Operator $\hat{\Omega}$ wirkt auf einen ket-Vektor $|\chi\rangle$ bzw. bra-Vektor $\langle\chi|$ in der folgenden Weise:

$$\hat{\Omega} |\chi\rangle = |\psi\rangle \underbrace{\langle\varphi |\chi\rangle}_{\text{Skalarprodukt}} \qquad \text{und} \qquad \langle\chi| \hat{\Omega} = \underbrace{\langle\chi |\psi\rangle}_{\text{Skalarprodukt}} \langle\varphi| \tag{4.114}$$

Als Ergebnis dieser Anwendung entstehen wieder ein ket- bzw. ein bra-Vektor. Wir können hier bereits die generelle Regel vorwegnehmen, dass Operatoren auf bra-Vektoren immer von rechts nach links, auf ket-Vektoren immer von links nach rechts wirken.

In dem Skalarprodukt $\langle\phi| \hat{\Omega} |\chi\rangle$ wirkt der Operator Ω sowohl nach links als auch nach rechts. Als Ergebnis erhalten wir

$$\langle\phi| \hat{\Omega} |\chi\rangle = \langle\phi| (|\psi\rangle \langle\varphi|) |\chi\rangle = ((\langle\phi| |\psi\rangle)(\langle\varphi| |\chi\rangle) = \langle\phi |\psi\rangle \langle\varphi |\chi\rangle \tag{4.115}$$

4.4.3
Projektionsoperatoren und Vollständigkeitsrelation

4.4.3.1 **Projektionsoperatoren**

Wir betrachten zuerst den Projektionsoperator $\hat{P}_\varphi$, der einen beliebigen Zustand $|\psi\rangle$ des Hilbert-Raums auf den normierten Zustand $|\varphi\rangle$ projiziert. Dieser Operator ist das dyadische Produkt des ket-Vektors $|\varphi\rangle$ mit seinem bra-Vektor $\langle\varphi|$

$$\hat{P}_\varphi = |\varphi\rangle \langle\varphi| \tag{4.116}$$

Wegen (4.113) ist der Projektionsoperator selbstadjungiert

$$\hat{P}_\varphi^\dagger = \hat{P}_\varphi \tag{4.117}$$

Außerdem zeigt die folgende Rechnung, dass $\hat{P}_\varphi$ idempotent ist

$$\hat{P}_\varphi^2 = |\varphi\rangle \underbrace{\langle\varphi |\varphi\rangle}_{1} \langle\varphi| = |\varphi\rangle \langle\varphi| = \hat{P}_\varphi \tag{4.118}$$

Abb. 4.2 gibt eine Veranschaulichung der Wirkung des Projektionsoperators $\hat{P}_\varphi$.

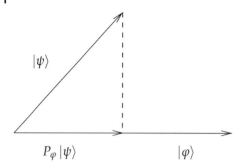

Abb. 4.2 Veranschaulichung des Projektionsoperators

Der allgemeinere Projektionsoperator $\hat{P}_S$, der einen beliebigen Zustands-vektor des Hilbert-Raums auf den durch die ersten N Basisvektoren der Basis $\{|\alpha_i\rangle\}$ aufgespannten Unterraum S projiziert, wurde bereits in Abschnitt 4.3.2.7 behandelt. Mithilfe der Dirac-Schreibweise kann dieser Operator jetzt durch

$$\hat{P}_S = \sum_{k=1}^{N} |\alpha_k\rangle \langle \alpha_k| \tag{4.119}$$

dargestellt werden. Mithilfe von (4.119) kann man sofort die Eigenschaften (4.64) des Projektionsoperators $\hat{P}_S$ bestätigen:

$$\hat{P}_S |\alpha_i\rangle = \sum_{k=1}^{N} |\alpha_k\rangle \langle \alpha_k |\alpha_i\rangle = \sum_{k=1}^{N} |\alpha_k\rangle \delta_{ki} \tag{4.120}$$

Damit erhalten wir für $i \leq N$ die Relation $\hat{P}_S |\alpha_i\rangle = |\alpha_i\rangle$ und für $i > N$ die Beziehung $\hat{P}_S |\alpha_i\rangle = |0\rangle$. Wie wir in Abschnitt 4.3.2.7 bewiesen hatten, wird aufgrund dieser Eigenschaften jeder beliebige Zustandsvektor des Hilbert-Raums auf einen Zustandsvektor projiziert, der vollständig in S liegt.

4.4.3.2 Vollständigkeitsrelation
Wir werden gleich sehen, dass sich die Vollständigkeitsrelation unter Verwendung der Projektionsoperatoren in sehr einfacher und nützlicher Weise schreiben lässt. Wir wollen zuerst eine orthonormierte Basis $\{|\psi_n\rangle\}$ voraussetzen, die aus den Eigenvektoren eines hermiteschen Operators mit diskretem Eigenwertspektrum aufgebaut ist. Wegen der Vollständigkeit der Basis muss sich jeder beliebigen Zustandsvektor $|\psi\rangle$ des Hilbert-Raums nach dieser Basis entwickeln lassen. In der Dirac-Schreibweise erhalten wir

$$|\psi\rangle = \sum_{n} \langle \psi_n| \psi\rangle |\psi_n\rangle = \left(\sum_{n} |\psi_n\rangle \langle \psi_n| \right) |\psi\rangle \tag{4.121}$$

Da diese Relation für alle Zustandsvektoren $|\psi\rangle$ gelten muss, bedeutet Vollständigkeit die Erfüllung der Gleichung

$$\sum_n |\psi_n\rangle \langle\psi_n| = \hat{1} \tag{4.122}$$

Dabei ist $\hat{1}$ der in Abschnitt 4.3.2.7 definierte Einheitsoperator.

Im allgemeinen Fall eines gemischten Spektrums wird die Vollständigkeit durch (4.108) und (4.109) definiert. Daraus erhalten wir

$$|\psi\rangle = \sum_n |\psi_n\rangle \langle\psi_n |\psi\rangle + \int |\psi_a\rangle \langle\psi_a |\psi\rangle \, da \tag{4.123}$$

und deshalb

$$\sum_n |\psi_n\rangle \langle\psi_n| + \int |\psi_a\rangle \langle\psi_a| \, da = \hat{1} \tag{4.124}$$

Mit den Projektionsoperatoren

$$\hat{P}_n = |\psi_n\rangle \langle\psi_n| \qquad \text{und} \qquad \hat{P}_a = |\psi_a\rangle \langle\psi_a| \tag{4.125}$$

kann die Vollständigkeitsrelation auch in der Form

$$\sum_n \hat{P}_n + \int \hat{P}_a da = \hat{1} \tag{4.126}$$

geschrieben werden.

4.4.4
Darstellung von Operatoren

Wir hatten in Abschnitt 4.3.3 die Darstellung eines Operators $\hat{A}$ in einer Basis $\{|\psi_n\rangle\}$ untersucht. Wie wir in den nächsten Abschnitten zeigen werden, kann man auf diese Weise dem abstrakten Objekt $\hat{A}$ physikalisch messbare Größen in Form der Matrixelemente A_{mn} zuordnen. Es ist aber für manche Fragestellungen interessant, wie man aus diesen Matrixelementen und der Kenntnis der Basis wieder den abstrakten Operator $\hat{A}$ konstruieren kann. Dazu multiplizieren wir den Operator $\hat{A}$ von links und rechts mit der Vollständigkeitsrelation[25]

$$\hat{A} = \hat{1} \, \hat{A} \, \hat{1} = \sum_m |\psi_m\rangle \langle\psi_m| \, A \sum_n |\psi_n\rangle \langle\psi_n|$$

$$= \sum_m \sum_n |\psi_m\rangle \langle\psi_m| \, A \, |\psi_n\rangle \langle\psi_n| \tag{4.127}$$

25) Wir beschränken uns zunächst auf den Fall einer vollständigen, abzählbar unendlichen Basis, die z. B. aus den Eigenvektoren eines diskreten Spektrums besteht.

Hieraus erhalten wir mit (4.73)

$$\hat{A} = \sum_{m,n} |\psi_m\rangle \, A_{mn} \, \langle\psi_n| \tag{4.128}$$

Sind die Vektoren $|\psi_n\rangle$ die Eigenvektoren des Operators $\hat{A}$ entsprechend

$$\hat{A} \, |\psi_n\rangle = a_n \, |\psi_n\rangle \tag{4.129}$$

so kann man den Operator $\hat{A}$ durch seine Eigenwerte und seine Eigenzustände ausdrücken. Wegen (4.95) ist dann

$$\hat{A} = \sum_{m,n} |\psi_m\rangle \, A_{mn} \, \langle\psi_n| = \sum_{m,n} |\psi_m\rangle \, a_m \, \langle\psi_n| \, \delta_{mn} = \sum_{n} |\psi_n\rangle \, a_n \, \langle\psi_n| \tag{4.130}$$

Damit erhält man die sogenannte *Spektraldarstellung* oder *Eigendarstellung* des Operators $\hat{A}$

$$\hat{A} = \sum_{n} a_n \, |\psi_n\rangle \, \langle\psi_n| = \sum_{n} a_n \hat{P}_n \tag{4.131}$$

Wegen der letzten Beziehung spricht man auch von einer Entwicklung des Operators $\hat{A}$ nach Projektionsoperatoren. Im allgemeinen Fall eines diskreten und kontinuierlichen Spektrums erhält man für die Spektraldarstellung eines Operators

$$\hat{A} = \sum_{n} a_n \hat{P}_n + \int da \, a \, \hat{P}_a \tag{4.132}$$

Mithilfe dieser Darstellung kann man die mathematischen Schwierigkeiten bei der Erweiterung des Hilbert-Raums umgehen, da die Projektionsoperatoren $\hat{P}_a$ einerseits auch unter Verzicht auf die uneigentlichen Basiselemente[26] $|\psi_a\rangle$ des Hilbert-Raums konstruierbar sind und andererseits die $\hat{P}_a$ selbst nur im Hilbert-Raum agieren. Die als allgemeiner Spektralsatz in Hilbert-Räumen bezeichnete Zerlegung (4.132) wurde zuerst von J. von Neumann bewiesen[27].

Wir wollen den Spektralsatz noch in einer etwas anderen Form aufschreiben. Dazu benötigen wir zunächst die Spektraldarstellung einer beliebigen Funktion $f(\hat{A})$ des Operators $\hat{A}$ und berechnen aus (4.131) zuerst $\hat{A}^2$. Man erhält

$$\hat{A}^2 = \sum_{n} a_n \, |\psi_n\rangle \, \langle\psi_n| \sum_{m} a_m \, |\psi_m\rangle \, \langle\psi_m|$$

$$= \sum_{n,m} a_n a_m \, |\psi_n\rangle \, \langle\psi_n | \psi_m\rangle \, \langle\psi_m| \tag{4.133}$$

---

26) also die zu dem kontinuierlichen Spektrum gehörigen Eigenvektoren

27) Der allgemeine Spektralsatz besagt, dass für jeden hermiteschen Operator $\hat{A}$ eine eindeutige, durch $\hat{A}$ festgelegte Spektralschar (gebildet aus den Projektionsoperatoren $\hat{P}_n$ und $\hat{P}_a$) existiert.

und deshalb

$$\hat{A}^2 = \sum_{n,m} a_n a_m \, |\psi_n\rangle \, \delta_{nm} \, \langle\psi_m| = \sum_n a_n^2 \, |\psi_n\rangle \, \langle\psi_n| \qquad (4.134)$$

Analog findet man für jede beliebige ganzzahlige Potenz des Operators $\hat{A}$

$$\hat{A}^k = \sum_n a_n^k \, |\psi_n\rangle \, \langle\psi_n| \qquad (4.135)$$

und deshalb für jede Funktion[28] $f(\hat{A})$ des Operators $\hat{A}$

$$f\left(\hat{A}\right) = \sum_n f\left(a_n\right) |\psi_n\rangle \, \langle\psi_n| \qquad (4.136)$$

Liegen diskrete und kontinuierliche Eigenwerte vor, so erhalten wir

$$f\left(\hat{A}\right) = \sum_n f\left(a_n\right) |\psi_n\rangle \, \langle\psi_n| + \int da \, f(a) \, |\psi_a\rangle \, \langle\psi_a| \qquad (4.137)$$

Wir können jetzt dieses Ergebnis nutzen, um die Darstellung der δ-Funktion eines Operators $\hat{A}$ zu gewinnen. Als Basis wählen wir das durch die Eigenzustände des Operators $\hat{A}$ gebildete Orthonormalsystem. Damit ist dann

$$\delta(\hat{A} - \xi) = \sum_n \delta(a_n - \xi) \, |\psi_n\rangle \, \langle\psi_n| + \int da \, \delta(a - \xi) \, |\psi_a\rangle \, \langle\psi_a| \qquad (4.138)$$

Die Integration im zweiten Summanden wird nun ausgeführt, außerdem werden die Projektionsoperatoren (4.125) eingesetzt. Damit erhalten wir

$$\delta(\hat{A} - \xi) = \sum_n \hat{P}_n \delta(a_n - \xi) + \hat{P}_\xi \qquad (4.139)$$

Ist das Spektrum des Operators $\hat{A}$ rein kontinuierlich, dann wirkt die δ-Funktion des Operators wie ein Projektionsoperator:

$$\delta(\hat{A} - \xi) = \hat{P}_\xi \qquad (4.140)$$

Im Fall eines diskreten Spektrums wirkt das Integral über ein schmales Intervall um den Eigenwert a_n

$$\int_{a_n-\varepsilon}^{a_n+\varepsilon} da \, \delta(\hat{A} - \xi) = \hat{P}_n = |\psi_n\rangle \, \langle\psi_n| \qquad (4.141)$$

---

28) Dabei wird vorausgesetzt, dass die Funktion $f(\hat{A})$ in eine Taylor-Reihe $f(\hat{A}) = f(0) + f'(0)\hat{A} + \dots$ entwickelt werden kann. Jeder einzelne Summand kann dann entsprechend (4.135) behandelt werden.

wie der Projektionsoperator $\hat{P}_n$. Wir können jetzt die sogenannte Spektralschar bilden

$$\Theta(\lambda) = \int\limits_{-\infty}^{\lambda} d\xi \delta(\hat{A} - \xi) \tag{4.142}$$

und erhalten dann für die Spektraldarstellung des hermiteschen Operators $\hat{A}$

$$\hat{A} = \int\limits_{-\infty}^{\infty} \lambda d\Theta(\lambda) \tag{4.143}$$

Man kann die rechte Seite als ein Stieltjes-Integral verstehen, das von der Spektralschar von $\hat{A}$ generiert wird. Beiträge zu diesem Integral entstehen an den Sprungstellen von $\Theta(\lambda)$, also für die Eigenwerte a_n, sowie im Bereich des kontinuierlichen Spektrums, wo die Spektralschar monoton wächst.

4.5
Anschluss an die physikalische Realität

4.5.1
Observable

4.5.1.1 Observable und Operatoren

In den letzten beiden Abschnitten 4.3 und 4.4 haben wir uns nahezu ausschließlich mit den mathematischen Eigenschaften der Elemente des Hilbert-Raums und der in diesem Raum agierenden Operatoren befasst. Dabei haben wir uns aufgrund der heuristischen Ergebnissen der Kapitel 2 und 3 sowie der in Abschnitt 4.1 formulierten Postulate von der Hoffnung leiten lassen, dass die Elemente des Hilbert-Raums, also die abstrakten Zustandsvektoren $|\psi\rangle$, die Träger der vollständigen quantenmechanischen Information über einen Zustand sind. Wir wollen jetzt versuchen, diese Vermutung zu bestätigen, indem wir mithilfe des in den vorangegangenen Abschnitten erarbeiteten mathematischen Formalismus ein tragfähiges Gebäude der Quantentheorie schaffen, das in sich konsistent ist und in Übereinstimmung mit den bis heute bekannten experimentellen Erkenntnissen steht.

Das zentrale Problem besteht darin, physikalisch messbaren Größen, den Observablen, adäquate mathematische Objekte zuzuordnen. Bei Messungen einer Observablen eines *quantenmechanischen* Systems stammen die Messwerte immer aus derselben Menge zulässiger Werte. Das Auftreten eines Messwerts bei einem Experiment unterliegt dem Zufallsprinzip entsprechend der Born'schen Wahrscheinlichkeitsinterpretation [29].

---

[29] So werden beim Wasserstoffatom unabhängig von der Art des Experiments immer die gleichen Energieniveaus bestimmt, nur die Häufigkeit des Auftretens variiert von Experiment zu Experiment.

Andererseits wissen wir aus den vorangegangenen Abschnitten, dass das Eigenwertspekrums ein Charakteristikum jedes Operators ist. Da physikalisch messbare Größen reell sein müssen, ist es naheliegend, die Menge der experimentell erlaubten, gewöhnlich gequantelt auftretenden Messwerte mit dem Eigenwertspektrum hermitescher Operatoren zu identifizieren.

Von Neumann entwickelte diesen Gedanken weiter und fasste ihn in dem folgenden *Postulat* zusammen

> Jeder physikalischen Observablen ist ein hermitescher Operator des Hilbert-Raums zugeordnet.

Dabei verstehen wir unter einer Observablen eine Größe, die in einem physikalischen Experiment messbar ist. Während die Hermitizität des Operators die Orthogonalität der Eigenzustände nach sich zieht[30], ist der mathematische Nachweis der Vollständigkeit zumindest bei Operatoren mit einem kontinuierlichen oder gemischten Spektrum an die Erweiterung des Hilbert-Raums uneigentliche Elemente[31] gebunden und erfordert deshalb besondere Sorgfalt bei der expliziten Überprüfung einer konkreten Vollständigkeitsrelation.

Wir können allen irgendwie messbaren Größen, z. B. solchen klassisch-mechanischen Größen wie dem Ort eines Teilchens, dem Impuls, der Energie oder dem Drehimpuls, aber auch feldtheoretischen Größen wie der elektrischen Feldstärke oder der magnetischen Induktion, Operatoren zuordnen. Es gibt aber auch quantenmechanische Observable, die kein klassisches Analogon haben. Trotz dieser zunächst positiven Aussage des obigen Postulats stellt sich aber sofort die Frage, *wie* man eigentlich die Operatoren zu den jeweiligen Observablen finden kann.

4.5.1.2 Basisobservable und zusammengesetzte Observable

Wie in der klassischen Mechanik kommt auch in der Quantenmechanik den Koordinaten und den zugehörigen Impulsen eines Massenpunktsystems eine besondere Bedeutung zu. Wir bezeichnen deshalb diese in kartesischen Koordinaten gegebenen Größen auch als Basisobservable und ordnen ihnen die Operatoren $\hat{x}_i$ und $\hat{p}_i$ ($i = 1, \ldots, 3N$) zu[32].

Alle anderen dynamischen Variablen der klassischen Mechanik sind Funktionen dieser Koordinaten und Impulse:

$$A = A(x_1, x_2, \ldots, x_{3N}, p_1, p_2, \ldots, p_{3N}) = A(\vec{X}, \vec{P}) \tag{4.144}$$

Wichtige Beispiele solcher Größen sind z. B. die Energie oder der Drehimpuls eines klassischen Massenpunktsystems. Klassische dynamische Variable sind

---

30) oder, wie im Fall der Entartung, wenigstens nicht im Wege steht

31) Siehe Abschnitt 4.3.4.5; für hermitesche Operatoren mit einem rein diskreten Spektrum gilt der in Abschnitt 4.3.4.4 erwähnte Satz von Hilbert.

32) siehe Kapitel 2, Fußnote 43

entweder direkt messbar und damit notwendigerweise reelle Größen, oder sie lassen sich, wie z. B. komplexe Amplituden, auf reelle Größen zurückführen.

Wir wollen jetzt die am Ende des letzten Abschnitts gestellte Frage klären, wie diesen klassischen Größen quantenmechanische Operatoren zugeordnet werden können. Für alle klassischen Größen von der Gestalt $A(\vec{X}, \vec{P}) = A_1(\vec{X}) + A_2(\vec{P})$ hat sich die Übersetzungsvorschrift

$$A = A_1(\vec{X}) + A_2(\vec{P}) \quad \rightarrow \quad \hat{A} = A_1(\hat{\vec{X}}) + A_2(\hat{\vec{P}}) \tag{4.145}$$

mit den in kartesischen Koordinaten gebildeten Operatoren $\hat{\vec{X}} = (\hat{x}_1, \hat{x}_2, \ldots, \hat{x}_{3N})$ und $\hat{\vec{P}} = (\hat{p}_1, \hat{p}_2, \ldots, \hat{p}_{3N})$ als widerspruchsfrei zur experimentellen Erfahrung erwiesen. Man muss aber beachten, dass diese Übersetzung für beliebige dynamische Variablen $A(\vec{X}, \vec{P})$, d. h. Variable, die nicht als Summe eines nur von $\vec{X}$ und eines nur von $\vec{P}$ abhängigen Terms geschrieben werden können, mit Problemen behaftet sein kann.

Als einfaches Beispiel betrachten wir das Produkt xp. In Abschnitt 2.3.4.3 hatten wir bereits festgestellt, dass die richtige Übersetzung des Produkts in die Operatordarstellung $(\hat{x}\hat{p} + \hat{p}\hat{x})/2$ ist. Man könnte in diesem Fall immerhin noch so argumentieren, dass der so erzeugte Operator der hermitesche Anteil des Produkts $\hat{x}\hat{p}$ ist. Nehmen wir aber das Produkt $x^2 p^2$, dann ist die Forderung nach Hermitizität nicht mehr ausreichend, denn sowohl $(\hat{x}^2\hat{p}^2 + \hat{p}^2\hat{x}^2)/2$ als auch $\hat{x}\hat{p}^2\hat{x}$ sind hermitesche Operatoren, aber sie sind nicht äquivalent[33]. Letztendlich gilt für alle quantenmechanischen Observablen, dass erst die Übereinstimmung mit den empirischen Befunden die Übertragung aus der klassischen dynamischen Variablen endgültig rechtfertigt.

Es gibt aber auch Operatoren für quantenmechanische Observable, die kein klassisches Analogon haben, z. B. der später noch zu behandelnde Spin. In solchen Fällen kann man das aus dem Experiment bestimmbare Eigenwertspektrum nutzen, um den der Observablen zugeordneten Operator entsprechend (4.131) zu definieren.

4.5.2
Vertauschungsrelationen

4.5.2.1 Vertauschungsrelationen für Basisobservable
In den Abschnitten 2.3.4 bis 2.3.6 haben wir gesehen, dass die den Observablen $\{x_i\}$ und $\{p_j\}$ zugeordneten Operatoren $\{\hat{x}_i\}$ und $\{\hat{p}_j\}$ in der Orts- und Impulsdarstellung die Vertauschungsrelationen $[\hat{p}_j, \hat{x}_k] = i\hbar\delta_{jk}$ erfüllen[34].

---

33) So können beide Operatoren durch Anwendung der im nächsten Abschnitt diskutierten Vertauschungsrelationen nicht ineinander überführt werden.

34) Mit der quantenmechanischen Zuordnung von Operatoren zu Observablen liegt zu jedem dieser Operatoren ein vollständiges System

Die zwischen den Operatoren der Basisobservablen $\hat{x}_i$ und $\hat{p}_i$ ($i = 1, \ldots, 3N$) eines Systems von N Massepunkten geltenden Vertauschungsregeln lassen sich – einer Idee von Dirac folgend – als Axiom an den Anfang eines deduktiven Aufbaus der Quantentheorie stellen. Mithilfe der Kommutatordefinition (4.53) lauten diese Vertauschungsregeln unabhängig von der Darstellung[35]

$$[\hat{x}_j, \hat{p}_k] = i\hbar\hat{1}\delta_{jk} \qquad [\hat{p}_j, \hat{p}_k] = 0 \qquad [\hat{x}_j, \hat{x}_k] = 0 \qquad (4.146)$$

Im Gegensatz zu dem in Kapitel 2 verfolgten Weg, der im wesentlichen auf der systematischen Erweiterung einer an sich noch unvollständigen Theorie durch Berücksichtigung experimenteller Ergebnisse beruhte, wollen wir in diesem Kapitel die Quantenmechanik auf der Basis weniger Postulate deduktiv aufbauen. Nach den sehr allgemeinen Aussagen über die grundlegenden Eigenschaften des quantenmechanischen Zustands und der Zuordnung von Observablen und Operatoren haben wir mit (4.146) erstmals echte physikalische Relationen ins Spiel gebracht. Diese Beziehungen lassen sich im Rahmen unseres deduktiven Zugangs nicht beweisen, ihre Gültigkeit beruht ausschließlich auf der Widerspruchsfreiheit zu den experimentellen Erfahrungen.

Zwischen den Vertauschungsrelationen (4.146) und den aus der klassischen Mechanik bekannten Poisson-Klammern[36] besteht ein bemerkenswerter Zusammenhang, der die fundamentale Bedeutung von (4.146) erkennen lässt. Ersetzt man nämlich in den für ein System klassischer Massenpunkte gültigen Poisson-Klammern der Basisvariablen

$$\{x_j, p_k\} = \delta_{jk} \qquad \{p_j, p_k\} = 0 \qquad \{x_j, x_k\} = 0 \qquad (4.147)$$

die Klammersymbole formal durch die Kommutatorklammern und multipliziert gleichzeitig die rechten Seiten mit $i\hbar$, dann reproduziert man gerade die Kommutatorrelationen.

4.5.2.2 Vertauschungsrelationen für zusammengesetzte Operatoren

Aus den Vertauschungsrelationen der Basisoperatoren lassen sich die Vertauschungsrelationen zusammengesetzer Operatoren ableiten. Dazu benötigt man einige, leicht aus der Definition (4.53) herleitbare Rechenregeln für Kom-

---

von Eigenvektoren vor. Wir können aber keine Relation zwischen den zu verschiedenen Operatoren gehörigen Sätzen von Eigenzuständen herstellen, solange wir keinen Beziehungen zwischen den Operatoren kennen. Diese Beziehungen werden durch die Vertauschungsrelationen (4.146) definiert.

35) Wir werden uns in diesem Kapitel ausschließlich auf Vertauschungsregeln beziehen, die auf Kommutatoren beruhen. In Band IV dieser Lehrbuchreihe werden wir auch auf Antikommutatoren beruhende Vertauschungsregeln untersuchen.

36) siehe Band I, Kapitel 7

mutatoren. Hierzu gehören die Antisymmetrie

$$[\hat{A}, \hat{B}] = -[\hat{B}, \hat{A}] \tag{4.148}$$

das Distributivgesetz

$$[\hat{A}, \hat{B} + \hat{C}] = [\hat{A}, \hat{B}] + [\hat{A}, \hat{C}] \tag{4.149}$$

das Skalengesetz

$$[\hat{A}, \alpha\hat{B}] = \alpha[\hat{A}, \hat{B}] \tag{4.150}$$

(mit einer beliebigen komplexen Zahl α) und die Produktregel

$$[\hat{A}, \hat{B}\hat{C}] = \hat{B}[\hat{A}, \hat{C}] + [\hat{A}, \hat{B}]\hat{C} \tag{4.151}$$

Mit diesen Regeln können aus den Basisrelationen (4.146) sämtliche Vertauschungsrelationen für zusammengesetzte Operatoren abgeleitet werden. Als ein Beispiel betrachten wir den Drehimpuls eines Teilchens. Der Drehimpulsoperator $\hat{L} = \hat{x} \times \hat{p}$ entsteht durch die in Abschnitt 4.5.1.2 besprochene Übersetzung aus dem klassischen Analogon $L = x \times p$. Die einzelnen Komponenten lauten dann $\hat{L}_i = \varepsilon_{ijk}\hat{x}_j\hat{p}_k$. Man kann leicht nachrechnen[37], dass gilt

$$[\hat{L}_x, \hat{L}_y] = i\hbar\hat{L}_z \tag{4.152}$$

Die weiteren Relationen erhält man durch zyklisches Vertauschen, sodass man die drei Kommutatorrelationen kompakt als

$$[\hat{L}_j, \hat{L}_k] = i\hbar\varepsilon_{jkl}\hat{L}_l \tag{4.153}$$

schreiben kann. Als zweites Beispiel wollen wir den Kommutator $[\hat{x}, g(\hat{p})]$ zwischen dem Ortsoperator $\hat{x}$ und einer analytischen Funktion g des Impulsoperators $\hat{p}$ bestimmen. Dazu entwickeln wir die Funktion $g(\hat{p})$ in eine Potenzreihe:

$$g(\hat{p}) = g(0) + g'(0)\hat{p} + \frac{1}{2}g''(0)\hat{p}^2 + \dots. \tag{4.154}$$

$$= \sum_{n=0}^{\infty} \frac{g^{(n)}(0)}{n!}p^n$$

Dabei ist $g^{(n)}(0)$ die n-te Ableitung an der Stelle 0. Nun spalten wir den Kommutator $[\hat{x}, g(\hat{p})]$ in eine Summe von Kommutatoren vom Typ $[\hat{x}, \hat{p}^n]$ auf. Wir werden gleich zeigen, dass für jeden dieser Summanden gilt

$$[\hat{x}, \hat{p}^n] = i\hbar n\hat{p}^{n-1} = i\hbar\frac{d\hat{p}^n}{d\hat{p}} \tag{4.155}$$

37) siehe Abschnitt 6.5.1

Dazu benutzen wir den klassischen Induktionsbeweis. Für $n = 0$ und $n = 1$ ist (4.155) sicher erfüllt. Für jedes andere $n > 1$ folgt mit (4.151)

$$[\hat{x}, \hat{p}^{n+1}] = [\hat{x}, \hat{p}^n \hat{p}] = [\hat{x}, \hat{p}^n]\hat{p} + \hat{p}^n[\hat{x}, \hat{p}] \tag{4.156}$$

und deshalb mit (4.155)

$$[\hat{x}, \hat{p}^{n+1}] = i\hbar n\hat{p}^n + i\hbar\hat{p}^n = i\hbar(n+1)\hat{p}^n = i\hbar\frac{d\hat{p}^{n+1}}{d\hat{p}} \tag{4.157}$$

Fassen wir jetzt alle Kommutatoren zusammen, dann erhalten wir

$$[\hat{x}, g(\hat{p})] = \sum_{n=0}^{\infty} \frac{g^{(n)}}{n!}[\hat{x}, \hat{p}^n] = i\hbar \sum_{n=0}^{\infty} \frac{g^{(n)}}{n!}\frac{d\hat{p}^n}{d\hat{p}} \tag{4.158}$$

und deshalb

$$[\hat{x}, g(\hat{p})] = i\hbar\frac{dg(\hat{p})}{d\hat{p}} \tag{4.159}$$

In analoger Weise beweist man die zu (4.159) komplementäre Formel

$$[\hat{p}, g(\hat{x})] = -i\hbar\frac{dg(\hat{x})}{d\hat{x}} \tag{4.160}$$

Auf der Basis experimenteller Ergebnisse und unter Wahrung der Widerspruchsfreiheit zu bereits bekannten Resultaten können Observable samt den entsprechenden Vertauschungsrelationen postuliert werden. Dieses Vorgehen ist vor allem für Observable ohne klassisches Analogon üblich. Ein typisches Beispiel ist der von Pauli eingeführte Spinoperator[38] $\hat{s}$, dessen Komponenten die Kommutationsrelationen

$$[\hat{s}_j, \hat{s}_k] = i\hbar\varepsilon_{jkl}\hat{s}_l \tag{4.161}$$

analog zu den Drehimpulsvertauschungsrelationen (4.153) erfüllen.

4.5.3
Eigenwertproblem der Basisobservablen

Mit der Kenntnis der Kommutationsrelationen sind wir in der Lage, die funktionale Struktur von Zustandsvektoren in verschiedenen Darstellungen explizit zu formulieren. Wir beginnen zunächst mit den Basisvariablen und beschränken uns hier auf den eindimensionalen Fall des Ortsoperators $\hat{x}$ und des zugehörigen Impulses $\hat{p}$. Die Erweiterung auf den mehrdimensionalen Fall ist dann problemlos möglich.

Für beide Operatoren gelten die Eigenwertgleichungen

$$\hat{x}|x\rangle = x|x\rangle \qquad \text{und} \qquad \hat{p}|p\rangle = p|p\rangle \tag{4.162}$$

---

38) siehe Abschnitt 9.2

wobei wir die Eigenwerte mit x bzw. p und die zugehörigen Eigenvektoren mit $|x\rangle$ und $|p\rangle$ bezeichnet haben. Wir führen jetzt den sogenannten Translationsoperator

$$\hat{T}(\xi) = \exp\left(-\frac{i}{\hbar}\xi\hat{p}\right) \tag{4.163}$$

als eine Operatorfunktion des Impulsoperators $\hat{p}$ ein. Dabei ist ξ eine reelle Größe. Der Translationsoperator ist ein unitärer Operator. Wegen der in Abschnitt 4.3.2.6 aufgeführten Regeln und der Hermitizität des Impulsoperators folgt

$$\hat{T}^{\dagger}(\xi) = \left(\sum_{n=0}^{\infty} \frac{(-\frac{i}{\hbar}\xi\hat{p})^n}{n!}\right)^{\dagger} = \sum_{n=0}^{\infty} \frac{(\frac{i}{\hbar}\xi)^n(\hat{p}^{\dagger})^n}{n!} = \sum_{n=0}^{\infty} \frac{(\frac{i}{\hbar}\xi\hat{p})^n}{n!} = \hat{T}(-\xi) \tag{4.164}$$

Weil außerdem $\hat{T}^{-1}(\xi) = \hat{T}(-\xi)$ gilt, erhalten wir schließlich die Gleichung $\hat{T}^{\dagger}(\xi) = \hat{T}^{-1}(\xi)$, womit die Unitarität bewiesen ist. Mit (4.159) folgt die Vertauschungsrelation

$$[\hat{x}, \hat{T}(\xi)] = i\hbar\frac{d\hat{T}(\xi)}{d\hat{p}} = \xi\hat{T}(\xi) \tag{4.165}$$

Wenden wir den Kommutator auf den Zustand $|x\rangle$ an, dann erhalten wir

$$\hat{x}\hat{T}(\xi)|x\rangle - \hat{T}(\xi)\hat{x}|x\rangle = \xi\hat{T}(\xi)|x\rangle \tag{4.166}$$

oder unter Beachtung von (4.162)

$$\hat{x}\hat{T}(\xi)|x\rangle = (x + \xi)\hat{T}(\xi)|x\rangle \tag{4.167}$$

Damit ist auch der durch die Anwendung des Translationsoperators auf den Zustandsvektor $|x\rangle$ folgende Vektor $\hat{T}(\xi)|x\rangle$ ein Eigenvektor des Ortsoperators, und zwar zum Eigenwert $x + \xi$. Damit können wir schreiben

$$|x + \xi\rangle = \hat{T}(\xi)|x\rangle \tag{4.168}$$

Da offenbar für jeden beliebigen Wert des Parameters ξ ein neuer Eigenzustand zu einem anderen Eigenwert erzeugt wird, muss der Ortsvektor $\hat{x}$ ein kontinuierliches Eigenwertspektrum haben. Wegen (4.168) können wir jeden Eigenvektor $|x\rangle$ durch Anwendung des Translationsoperators $\hat{T}(x)$ auf den Eigenzustand $|x = 0\rangle$ zum Eigenwert $x = 0$ entsprechend

$$|x\rangle = \hat{T}(x)|x = 0\rangle \tag{4.169}$$

erzeugen. Wegen der Unitarität des Translationsoperators erhalten wir sofort unter Beachtung der Eigenschaft (4.111)

$$\langle x|x\rangle = \langle x = 0|\, T^{\dagger}(x)T(x)\,|x = 0\rangle$$
$$= \langle x = 0|\, T^{-1}(x)T(x)\,|x = 0\rangle = \langle x = 0|x = 0\rangle \tag{4.170}$$

d. h. wenn der Eigenzustand $|x = 0\rangle$ normiert ist, dann ist auch der entsprechend (4.169) erzeugte Eigenzustand $|x\rangle$ normiert. In ganz ähnlicher Weise kann man den Translationsoperator

$$\hat{G}(\eta) = \exp\left(\frac{i}{\hbar}\eta\hat{x}\right) \tag{4.171}$$

einführen und mit analogen Schritten beweisen, dass auch der Impulsoperator ein kontinuierliches Spektrum besitzt und dass jeder Eigenvektor $|p\rangle$ zum Eigenwert p aus dem Eigenvektor $|p = 0\rangle$ zum Eigenwert $p = 0$ entsprechend

$$|p\rangle = \hat{G}(p)\,|p = 0\rangle \tag{4.172}$$

erzeugt werden kann. Auch hier kann man zeigen, dass die Normierung des Zustandsvektors $|p = 0\rangle$ automatisch die Normierung aller anderen aus (4.172) folgenden Eigenzustände $|p\rangle$ bedingt. Wegen der in Abschnitt 4.5.1.1 definierten Eigenschaften von Observablen bilden alle nach (4.169) bzw. (4.172) erzeugten Zustandsvektoren jeweils eine vollständige orthonormierte Basis. Da die Eigenwertspektren kontinuierlich sind, genügen die Basisvektoren wegen (4.101) den Orthonormalitätsbedingungen

$$\langle x\,|x'\rangle = \delta(x - x') \qquad \text{und} \qquad \langle p\,|p'\rangle = \delta(p - p') \tag{4.173}$$

Wir wollen die beiden Operatoren $\hat{T}$ und $\hat{G}$ noch in eine andere Form bringen. Weil $\hat{T}$ eine Operatorfunktion von $\hat{p}$ ist, können wir den Translationsoperator wegen (4.137) auch in der Form

$$\hat{T}(x) = \int dp\,|p\rangle \exp\left(-\frac{i}{\hbar}xp\right)\langle p| \tag{4.174}$$

schreiben[39]. Mit der gleichen Begründung finden wir

$$\hat{G}(p) = \int dx\,|x\rangle \exp\left(\frac{i}{\hbar}xp\right)\langle x| \tag{4.175}$$

Wir bilden jetzt das Skalarprodukt $\langle x\,|p\rangle$ und erhalten unter Beachtung von (4.169) und (4.172)

$$\langle x\,|p\rangle = \langle x = 0|\,\hat{T}^\dagger(x)\,|p\rangle = \langle x = 0|\,\hat{T}(-x)\,|p\rangle \tag{4.176}$$

und deshalb mit (4.174) und (4.173)

$$\langle x\,|p\rangle = \int dp'\,\langle x = 0\,|p'\rangle \exp\left(\frac{i}{\hbar}xp'\right)\langle p'\,|p\rangle$$

$$= \int dp'\,\langle x = 0\,|p'\rangle \exp\left(\frac{i}{\hbar}xp'\right)\delta(p - p')$$

$$= \exp\left(\frac{i}{\hbar}xp\right)\langle x = 0\,|p\rangle \tag{4.177}$$

---

39) Man beachte, dass nach den soeben erhaltenen Aussagen der Impulsoperator ein rein kontinuierliches Spektrum besitzt.

Wegen den (4.126) entsprechenden Darstellungen der Vollständigkeitsrelation

$$\int dx\, |x\rangle\, \langle x| = \hat{1} \quad \text{und} \quad \int dp\, |p\rangle\, \langle p| = \hat{1} \tag{4.178}$$

bekommen wir aus den Orthonormalitätsbedingungen (4.173) und mit (4.177)

$$\begin{aligned}
\delta(p - p') = \langle p\,|p'\rangle &= \int dx\, \langle p\,|x\rangle\, \langle x\,|p'\rangle \\
&= \int dx\, e^{-\frac{i}{\hbar}xp}\, e^{\frac{i}{\hbar}xp'}\, \langle p\,|x = 0\rangle\, \langle x = 0\,|p'\rangle \\
&= 2\pi\hbar\delta(p - p')\, \langle p\,|x = 0\rangle\, \langle x = 0\,|p\rangle \\
&= 2\pi\hbar\delta(p - p')|\, \langle p\,|x = 0\rangle\,|^2
\end{aligned} \tag{4.179}$$

Hieraus erhalten wir sofort durch Vergleich der linken Seite der ersten Zeile von (4.179) mit der rechten Seite der letzten Zeile dieser Gleichung[40]

$$\langle x = 0\,|p\rangle = \frac{1}{\sqrt{2\pi\hbar}} \tag{4.180}$$

Damit haben wir die explizite Darstellung der Eigenzustände $|p\rangle$ des Impulsoperators in der Basis des Ortsoperators, also die Ortsdarstellung der Impulseigenvektoren, gewonnen

$$\langle x\,|p\rangle = \frac{1}{\sqrt{2\pi\hbar}} \exp\left(\frac{i}{\hbar}xp\right) \tag{4.181}$$

Die komplexe Konjugation ergibt dann die Impulsdarstellung der Eigenzustände $|x\rangle$ des Ortsoperators

$$\langle p\,|x\rangle = \frac{1}{\sqrt{2\pi\hbar}} \exp\left(-\frac{i}{\hbar}xp\right) \tag{4.182}$$

Mit diesen Darstellungen haben wir nun die Möglichkeit, den bereitgestellten Formalismus der Quantenmechanik an physikalisch messbare Befunde anzuschließen.

4.5.4
Orts- und Impulsdarstellung eines Zustands

Wir wollen uns zunächst mit der Ortsdarstellung bzw. der Impulsdarstellung eines quantenmechanischen Zustands $|\psi\rangle$ befassen[41]. Da beide Darstellungen auf einer vollständigen Basis beruhen, ist nach unseren bisherigen Überlegungen der physikalische Inhalt beider Darstellungen völlig äquivalent. Die explizite Transformation zwischen den beiden Darstellungen ist aber noch offen.

---

40) bis auf einen unwesentlichen Faktor der Gestalt $e^{i\alpha}$ mit reellem α
41) Wenn nicht anders vermerkt, gehen wir davon aus, dass der Zustand $|\psi\rangle$ normiert ist, d. h. es gilt $\langle \psi\,|\psi\rangle = 1$.

Die Ortsdarstellung $\langle x\,|\psi\rangle$ des Zustands $|\psi\rangle$ hängt formal mit der Darstellung in der Basis der Eigenzustände des Impulsoperators über

$$\langle x\,|\psi\rangle = \int dp\,\langle x\,|p\rangle\,\langle p\,|\psi\rangle \tag{4.183}$$

zusammen. Dabei geht der rechte Ausdruck einfach durch Anwendung der Vollständigkeitsrelation (4.178) aus der linken Seite hervor. Umgekehrt erhalten wir für die Impulsdarstellung des Zustands $|\psi\rangle$

$$\langle p\,|\psi\rangle = \int dx\,\langle p\,|x\rangle\,\langle x\,|\psi\rangle \tag{4.184}$$

Benutzen wir jetzt die Bezeichnungen

$$\psi(x) = \langle x\,|\psi\rangle \qquad \text{und} \qquad \phi(p) = \langle p\,|\psi\rangle \tag{4.185}$$

dann erhalten wir mit (4.181) und (4.182) die Transformationsformeln

$$\psi(x) = \frac{1}{\sqrt{2\pi\hbar}} \int dp\,\exp\left(\frac{\mathrm{i}}{\hbar}xp\right)\phi(p) \tag{4.186}$$

und

$$\phi(p) = \frac{1}{\sqrt{2\pi\hbar}} \int dx\,\exp\left(-\frac{\mathrm{i}}{\hbar}xp\right)\psi(x) \tag{4.187}$$

Mit der Normierung des abstrakten Zustands $|\psi\rangle$ sind auch die Orts- und Impulsdarstellungen normiert. Wir erhalten nämlich

$$\int dx\,\psi^*(x)\psi(x) = \int dx\,\langle \psi\,|x\rangle\,\langle x\,|\psi\rangle = \langle \psi\,|\psi\rangle = 1 \tag{4.188}$$

und

$$\int dp\,\phi^*(p)\phi(p) = \int dp\,\langle \psi\,|p\rangle\,\langle p\,|\psi\rangle = \langle \psi\,|\psi\rangle = 1 \tag{4.189}$$

Die beiden Formeln (4.186) und (4.187) stimmen vollständig mit den Beziehungen (2.94) und (2.97) überein, die die heuristisch abgeleiteten (eindimensionalen) Wellenfunktionen in der Ortsdarstellung und der Impulsdarstellung ineinander transformieren. Wir können deshalb die Darstellung des Zustandsvektors $|\psi\rangle$ in der vollständigen Basis der Eigenvektoren des Orts- bzw. Impulsoperators, also $\langle x\,|\psi\rangle$ und $\langle p\,|\psi\rangle$, mit der Wellenfunktion $\psi(x)$ und $\phi(p)$ in der Orts- bzw. Impulsdarstellung identifizieren.

Damit ist aber wegen der in Kapitel 2 diskutierten Born'schen Wahrscheinlichkeitsinterpretation die Größe $|\psi(x)|^2 = |\langle x\,|\psi\rangle|^2$ die Wahrscheinlichkeitsdichte, bei einem System im Zustand $|\psi\rangle$ die Ortskoordinate x zu messen.

Somit ist $|\langle x\,|\psi\rangle|^2$ auch die Wahrscheinlichkeitsdichte, bei einer Ortsmessung an einem Quantensystem im Zustand $|\psi\rangle$ den Eigenwert x des Ortsoperators $\hat{x}$ zu messen. Analog identifiziert man $|\langle p\,|\psi\rangle|^2$ als die Wahrscheinlichkeit, bei einer Messung den Eigenwert p des Impulsoperators $\hat{p}$ zu erhalten.

Diese Aussage garantiert einerseits die richtige Widergabe der experimentellen Befunde in Bezug auf die Born'sche Wahrscheinlichkeitsinterpretation, andererseits aber auch die innere Widerspruchsfreiheit zu den bisher aufgestellten Postulaten. So ist insbesondere der in der Wahrscheinlichkeitsdichte gespeicherte quantenmechanische Informationsgehalt des Zustands $|\psi\rangle$ in beiden Darstellungen gleich, was durch den umkehrbar eindeutigen Zusammenhang der (Fourier-) Transformationen (4.186) und (4.187) bestätigt wird.

4.5.5
Orts- und Impulsdarstellung der Basisoperatoren $\hat{x}$ und $\hat{p}$

Mit der Kenntnis des Skalarprodukts $\langle x\,|p\rangle$ können wir auch die abstrakten Operatoren $\hat{x}$ und $\hat{p}$ des Hilbert-Raums in der Basis $|x\rangle$ der Eigenvektoren zum Ortsoperator bzw. in der Basis $|p\rangle$ der Eigenvektoren des Impulsoperators darstellen, also $\hat{x}$ und $\hat{p}$ in die Orts- bzw. Impulsdarstellung überführen. Wir beginnen mit dem *Ortsoperator in der Ortsdarstellung*. Hier erhalten wir mithilfe der allgemeinen Form der Darstellung eines Operators in einer vollständigen Basis (4.73)

$$\langle x|\,\hat{x}\,|x'\rangle = x'\,\langle x\,|x'\rangle = x\delta(x - x') \tag{4.190}$$

Tatsächlich ist diese korrekte Darstellung nur wenig gebräuchlich. Das liegt daran, dass Operatoren gewöhnlich im Zusammenhang mit Zustandsvektoren aufgeschrieben werden. Deshalb betrachten wir die Abbildung des Zustands $|\psi\rangle$ auf den Zustand $|\varphi\rangle$ mithilfe des Ortsoperators

$$|\varphi\rangle = \hat{x}\,|\psi\rangle \tag{4.191}$$

Hieraus folgt durch skalare Multiplikation mit $|x\rangle$ und unter Anwendung der Vollständigkeitsrelation (4.178)

$$\varphi(x) = \langle x\,|\varphi\rangle = \int dx'\,\langle x|\,\hat{x}\,|x'\rangle\,\langle x'\,|\psi\rangle = \int dx'\,\langle x|\,\hat{x}\,|x'\rangle\,\psi(x') \tag{4.192}$$

Der Ortsoperator tritt hier als unmittelbare Folge der Vollständigkeitsrelation in einer linearen Integralgleichung auf. Solche Gleichungen sind die allgemeinsten Strukturen, die man für die Darstellung einer Operatorgleichung der Form (4.191) in einer beliebigen kontinuierlichen Basis erwarten kann. Für den Ortsoperator in der Eigendarstellung (4.190) vereinfacht sich (4.192) zu einer lokalen Gleichung

$$\varphi(x) = x\psi(x) \tag{4.193}$$

Um den *Impulsoperator in der Ortsdarstellung* zu erhalten, starten wir von

$$|\varphi\rangle = \hat{p}\,|\psi\rangle \qquad (4.194)$$

und erhalten daraus

$$\langle x\,|\varphi\rangle = \int dx'\,\langle x|\,\hat{p}\,|x'\rangle\,\langle x'\,|\psi\rangle$$
$$= \int dx'\int dp'\,\langle x|\,\hat{p}\,|p'\rangle\,\langle p'\,|x'\rangle\,\langle x'\,|\psi\rangle \qquad (4.195)$$

Die erste Gleichung ist dabei wieder die allgemeine Integralform, in der zweiten Zeile wurde die Vollständigkeitsrelation (4.178) verwendet. Um die Ortsdarstellung des Impulsoperators $\langle x|\,\hat{p}\,|x'\rangle$ explizit bestimmen zu können, müssen wir die Gleichung etwas umformen. Mit (4.181) und (4.182) erhalten wir

$$\langle x\,|\varphi\rangle = \frac{1}{2\pi\hbar}\int dx'\int dp'p'\exp\left(\frac{\mathrm{i}}{\hbar}(x - x')p'\right)\langle x'\,|\psi\rangle$$
$$= \frac{\hbar}{\mathrm{i}}\frac{d}{dx}\int dx'\delta(x - x')\,\langle x'\,|\psi\rangle \qquad (4.196)$$

Hieraus findet man durch Vergleich mit der ersten Gleichung in (4.195) die Ortsdarstellung des Impulsoperators

$$\langle x|\,\hat{p}\,|x'\rangle = \frac{\hbar}{\mathrm{i}}\frac{d}{dx}\delta(x - x') \qquad (4.197)$$

Auch hier gilt, dass diese Darstellung des Impulsoperators nur in Zusammenhang mit der Integralform verstanden werden darf. Die Ausführung der Integration in (4.196) führt auf die zugehörige lokale Beziehung und zeigt, dass die Wirkung des Impulsoperators in der Ortsdarstellung durch einen Differentialoperator

$$\varphi(x) = \frac{\hbar}{\mathrm{i}}\frac{d}{dx}\psi(x) \qquad (4.198)$$

gegeben ist. Es ist deshalb üblich[42], in der Ortsdarstellung die lokalen Operatoren

$$\hat{x} = x \qquad \text{und} \qquad \hat{p} = \frac{\hbar}{\mathrm{i}}\frac{d}{dx} \qquad (4.199)$$

anstelle der umständlicheren Ausdrücke (4.190) bzw. (4.197) in den Integralausdrücken (4.192) bzw. (4.195) zu verwenden. Wir machen aber darauf aufmerksam, dass diese Operatoren nicht mit den abstrakten, völlig darstellungsfreien Operatoren $\hat{x}$ und $\hat{p}$ verwechselt werden dürfen. Das ist besonders deshalb wichtig, weil traditionell die gleichen Bezeichnungen verwendet werden.

42) siehe Abschnitt 2.3.3.1

Aus mathematischer Sicht handelt es sich bei (4.199) um eine spezielle Darstellung der Basisobservablen in der Basis der Ortseigenvektoren.

Auf die gleiche Weise kann man den Orts- und den Impulsoperator in der Impulsdarstellung bestimmen. In diesem Fall erhalten wir

$$\langle p|\,\hat{x}\,|p'\rangle = -\frac{\hbar}{i}\frac{d}{dp}\delta(p-p') \qquad \text{und} \qquad \langle p|\,\hat{p}\,|p'\rangle = p\delta(p-p') \qquad (4.200)$$

und damit die in der Impulsdarstellung gebräuchlichen lokalen Operatoren

$$\hat{x} = -\frac{\hbar}{i}\frac{d}{dp} \qquad \text{und} \qquad \hat{p} = p \qquad (4.201)$$

Auch hier gelten die gleichen Bemerkungen wie im Zusammenhang mit der Ortsdarstellung der Observablen $\hat{x}$ und $\hat{p}$.

4.5.6
Orts- und Impulsdarstellung zusammengesetzter Operatoren

Mit den jetzigen Kenntnissen können wir Ortsdarstellung bzw. Impulsdarstellung eines beliebigen, aus Orts- und Impulsoperatoren gebildeten Operators $\hat{A} = A(\hat{x}, \hat{p})$ bestimmen. Wir werden in diesem Kapitel nur die Ortsdarstellung ableiten, für die Herleitung der Impulsdarstellung geht man ganz analog vor.

Um die Ortsdarstellung des Operators $\hat{A}$ zu erhalten, entwickeln wir die zugehörige Operatorfunktion $A(\hat{x}, \hat{p})$ zunächst in eine Summe von Multinomen $\hat{x}^n \hat{p}^m$ der Basisoperatoren $\hat{x}$ und $\hat{p}$. Mithilfe der Vertauschungsrelationen können wir die Entwicklung des Operators $\hat{A}$ ausschließlich aus solchen Multinomen aufbauen, bei denen die Ortsoperator links von den Impulsoperatoren stehen. Wir gehen deshalb davon aus, dass wir als Operatorfunktion $A(\hat{x}, \hat{p})$ eine derartige Entwicklung vorliegen haben. Dann erhalten wir unter Verwendung der Vollständigkeitsrelationen (4.178)

$$\langle x|\,\hat{x}^n \hat{p}^m\,|x'\rangle = \iiint dx''dp'dp\,\langle x|\,\hat{x}^n\,|x''\rangle\,\langle x''\,|p'\rangle\,\langle p'|\,\hat{p}^m\,|p\rangle\,\langle p\,|x'\rangle \qquad (4.202)$$

Die sukzessive Anwendung der beiden Eigenwertgleichungen $\hat{x}\,|x\rangle = x\,|x\rangle$ und $\hat{p}\,|p\rangle = p\,|p\rangle$ liefert hieraus

$$\langle x|\,\hat{x}^n \hat{p}^m\,|x'\rangle = \iiint dx''dp'dp\,x^n p^m\,\langle x\,|x''\rangle\,\langle x''\,|p'\rangle\,\langle p'\,|p\rangle\,\langle p\,|x'\rangle$$

$$= x^n \int dp\,p^m\,\langle x\,|p\rangle\,\langle p\,|x'\rangle \qquad (4.203)$$

wobei wir im letzten Schritt die Orthogonalitätsrelationen (4.173) verwendet haben. Mit (4.181) und (4.182) erhalten wir dann schließlich

$$\langle x | \hat{x}^n \hat{p}^m | x' \rangle = \frac{1}{2\pi\hbar} x^n \int dp \; p^m \exp\left(\frac{\mathrm{i}}{\hbar} p(x - x')\right)$$

$$= x^n \left(\frac{\hbar}{\mathrm{i}} \frac{d}{dx}\right)^m \delta(x - x') \qquad (4.204)$$

Nachdem wir die einzelnen Multinome in die Ortsdarstellung überführt haben, können wir jetzt diese wieder zu der ursprünglichen Operatorfunktion zusammenfassen. Wir erhalten so die Ortsdarstellung des Operators $\hat{A}$

$$\langle x | \hat{A} | x' \rangle = A\left(x, \frac{\hbar}{\mathrm{i}} \frac{d}{dx}\right) \delta(x - x') \qquad (4.205)$$

Insbesondere können wir hieraus, analog zum vorangegangenen Abschnitt, den auf die Ortsdarstellung eines Zustands wirkenden Operator

$$\hat{A} = A\left(x, \frac{\hbar}{\mathrm{i}} \frac{d}{dx}\right) \qquad (4.206)$$

ableiten.

4.5.7
Quantenmechanik in einer beliebigen Basis

4.5.7.1 Bestimmung neuer Basen

Orts- und Impulsdarstellung von Operatoren und Zuständen sind nur zwei Möglichkeiten, quantenmechanische Probleme in einer expliziten Form zu formulieren. Wir können aber auch jederzeit eine andere Basis wählen. Dazu müssen wir zwei Probleme lösen. Zunächst ist es notwendig, eine weitere Basis zu definieren und diese durch eine schon bekannte Basis auszudrücken. Anschließend müssen wir die uns interessierenden Operatoren und Zustände in der neuen Basis darstellen.

Wir definieren die neue Basis als orthonormierten Satz von Eigenzuständen $\{|\varphi_n\rangle\} \equiv \{|n\rangle\}$ eines Operators $\hat{A}$, wobei wir hier der Einfachheit halber ein diskretes Eigenwertspektrum voraussetzen[43]. Weiterhin gehen wir davon aus, dass der Operator $\hat{A}$ bereits in der Ortsdarstellung bekannt ist[44]. Dann können wir die darstellungsfreie Eigenwertgleichung

$$\hat{A} |n\rangle = a_n |n\rangle \qquad (4.207)$$

[43) Im Fall eines kontinuierlichen oder gemischten Spektrums sind die Überlegungen ganz ähnlich.

[44) Das können wir aufgrund der Überlegungen des vorangegangenen Abschnitts voraussetzen. Natürlich könnte man alternativ auch die Impulsdarstellung als bekannt annehmen.

zunächst in die Integralgleichung

$$\int dx' \, \langle x| \, \hat{A} \, |x'\rangle \, \langle x' \, |n\rangle = a_n \, \langle x \, |n\rangle \tag{4.208}$$

übertragen. Bezeichnen wir mit $\varphi_n(x) = \langle x \, |n\rangle$ die Ortsdarstellung der Eigenfunktionen, dann genügen diese der (mit (4.205) und (4.206) aus (4.208) folgenden) Differentialgleichung

$$A\left(x, \frac{\hbar}{i} \frac{d}{dx} \right) \varphi_n(x) = a_n \varphi_n(x) \tag{4.209}$$

Die Lösung dieser Gleichung liefert uns bereits die gesuchten Eigenfunktionen in der Ortsdarstellung. Die Normierungsbedingung $\langle n \, |m\rangle = \delta_{nm}$ lautet dann

$$\langle n \, |m\rangle = \int dx \, \langle n \, |x\rangle \, \langle x \, |m\rangle = \int dx \, \varphi_n^*(x)\varphi_m(x) = \delta_{nm} \tag{4.210}$$

Die Vollständigkeitsrelation

$$\sum_n |n\rangle \, \langle n| = \hat{1} \tag{4.211}$$

führt auf

$$\sum_n \langle x \, |n\rangle \, \langle n \, |x'\rangle = \langle x| \, \hat{1} \, |x'\rangle = \langle x \, |x'\rangle = \delta(x - x') \tag{4.212}$$

und damit auf die Bedingung

$$\sum_n \varphi_n(x)\varphi_n^*(x') = \delta(x - x') \tag{4.213}$$

Die eigentliche mathematische Schwierigkeit besteht in der Lösung der Eigenwertgleichung (4.209). Für den Fall, dass der Operator $\hat{A}$ mit dem Hamilton-Operator übereinstimmt, erhalten wir für (4.209) die stationäre Schrödinger-Gleichung. Einige mit der Lösung solcher Gleichungen verbundene Probleme haben wir bereits in Kapitel 3 kennengelernt.

4.5.7.2 Transformation der Zustände, Erhaltung der Information

Ein quantenmechanischer Zustand $|\psi\rangle$ wird in der Ortsdarstellung durch die Wellenfunktion $\psi(x)$ repräsentiert. Mit der Vollständigkeitsrelation (4.211) lässt sich dieser Zustand in der Ortsdarstellung

$$\psi(x) = \langle x \, |\psi\rangle \tag{4.214}$$

in der vollständigen Basis $\{|n\rangle\}$ ausdrücken. Wir nehmen dazu wieder an, dass die Basis aus den Eigenzuständen eines Operators $\hat{A}$ aufgebaut ist und dass diese Eigenzustände den Eigenfunktionen $\varphi_n(x) = \langle x \, |n\rangle$ entsprechen, die aus (4.208) bzw. (4.209) zu bestimmen sind.

Dann ist die Darstellung des Zustands $|\psi\rangle$ in der neuen Basis gegeben durch

$$\langle n\,|\psi\rangle = \int dx\,\langle n\,|x\rangle\,\langle x\,|\psi\rangle = \int dx\,\varphi_n^*(x)\psi(x) \qquad (4.215)$$

Da $|\psi\rangle$ laut Voraussetzung normiert ist[45], ist auch die Darstellung dieses Zustands in der Basis $\{|n\rangle\}$ normiert:

$$\sum_n |\langle n\,|\psi\rangle|^2 = \sum_n \langle\psi\,|n\rangle\,\langle n\,|\psi\rangle = \langle\psi\,|\psi\rangle = 1 \qquad (4.216)$$

Die hieraus folgende Gleichung

$$\sum_n |\langle n\,|\psi\rangle|^2 = 1 \qquad (4.217)$$

wird als *Parseval'sche Gleichung* bezeichnet. Ist diese Gleichung für alle normierten Zustände $|\psi\rangle$ erfüllt, dann ist die Basis $\{|n\rangle\}$ vollständig. Ist die Basis dagegen unvollständig, dann fehlen auf der linken Seite von (4.217) Summanden; die Darstellung eines normierten Zustands in dieser Basis ist dann durch die *Bessel'sche Ungleichung*

$$\sum_n |\langle n\,|\psi\rangle|^2 \leq 1 \qquad (4.218)$$

charakterisiert. Ist der Zustand $|\psi\rangle$ nicht normiert, dann erhalten wir anstelle von (4.218) die Relation

$$\sum_n |\langle n\,|\psi\rangle|^2 \leq \langle\psi\,|\psi\rangle = \|\psi\|^2 \qquad (4.219)$$

Die Darstellung (4.215) enthält wieder die vollständige Information über den quantenmechanischen Zustand. Wegen der Vollständigkeitsrelation (4.211) ist nämlich

$$\psi(x) = \sum_n \langle x\,|n\rangle\,\langle n\,|\psi\rangle = \sum_n \langle n\,|\psi\rangle\,\varphi_n(x) \qquad (4.220)$$

d. h. die als Ausgangsdarstellung dienende Ortsdarstellung des quantenmechanischen Zustands kann aus der neuen Darstellung komplett rekonstruiert werden. Dies legt nahe[46], die Born'sche Wahrscheinlichkeitsinterpretation auf diese und – da $\hat{A}$ ein beliebiger Operator ist – auf jede Basis ausdehnen. Im Fall eines diskreten Spektrums von $\hat{A}$ erhalten wir dann die folgende, verallgemeinerte Version der Born'schen Wahrscheinlichkeitinterpretation:

---

45) siehe Fußnote 41
46) Diese Interpretation wird in den Abschnitten 4.6 und 4.10 untermauert.

Ist $\{|\varphi_n\rangle\}$ eine vollständige Basis, die aus den Eigenfunktionen einer Observablen A besteht, sodass $\hat{A}|\varphi_n\rangle = a_n|\varphi_n\rangle$ gilt, dann ist das Betragsquadrat $|\langle\varphi_n|\psi\rangle|^2$ die Wahrscheinlichkeit, dass im quantenmechanischen Zustand $|\psi\rangle$ bei einem Experiment der Eigenwert a_n gemessen wird.

Entsprechend modifizierte Aussagen bekommt man für Observablen mit einem kontinuierlichen Eigenwertspektrum[47] oder mit einem gemischten Spektrum.

4.5.7.3 Transformation der Operatoren in die neue Darstellung
Es sei jetzt $\hat{B}$ ein weiterer Operator, dessen Ortsdarstellung $\langle x|\hat{B}|x'\rangle$ bereits bekannt ist. Dann kann man die Darstellung von $\hat{B}$ in der Eigenbasis des Operators $\hat{A}$ wegen

$$B_{nm} = \langle n|\hat{B}|m\rangle = \iint dx\,dx'\,\langle n|x\rangle\,\langle x|\hat{B}|x'\rangle\,\langle x'|m\rangle \tag{4.221}$$

auch als Integral über die Eigenfunktionen $\varphi_n(x)$ des Operators $\hat{A}$ ausdrücken

$$B_{nm} = \iint dx\,dx'\,\varphi_n^*(x)\,\langle x|\hat{B}|x'\rangle\,\varphi_m(x') \tag{4.222}$$

Nutzt man wieder (4.205), dann erhalten wir schließlich

$$B_{nm} = \int dx\,\varphi_n^*(x)B\left(x,\frac{\hbar}{\mathrm{i}}\frac{d}{dx}\right)\varphi_m(x) \tag{4.223}$$

Ist der vollständige Satz der Eigenfunktionen $\varphi_n(x)$ eines Operators $\hat{A}$ bekannt, dann kann jeder andere Operator $\hat{B}$ in die Darstellung mit dieser Basis überführt werden.

4.6
Erwartungswert, Streuung, Messwert

Im Abschnitt 2.3.3.1 hatten wir aufgrund heuristischer Überlegungen die Erwartungswerte beliebiger Funktionen des Orts $f(x)$ und des Impulses $g(p)$ mithilfe der Wellenfunktion $\psi(x)$ bestimmt[48]. Wir können mit dem jetzigen Stand unserer Erkenntnisse diese Ergebnisse auf einen beliebigen Operator in der Ortsdarstellung (4.206) erweitern. Wir erhalten somit den Erwartungswert $\overline{A}$ einer Observablen A in der Ortsdarstellung

$$\overline{A} = \int dx\,\psi^*(x)A\left(x,\frac{\hbar}{\mathrm{i}}\frac{d}{dx}\right)\psi(x) \tag{4.224}$$

---

47) also z. B. Ort und Impuls
48) Die Zeitabhängigkeit der Wellenfunktion $\psi(x,t)$, die in Abschnitt 2.3.3.1 explizit berücksichtigt wurde, spielt bei der jetzigen Diskussion keine Rolle und wird deshalb nicht mehr erwähnt.

Wir können diesen Ausdruck mit (4.205) und (4.185) umformen und gelangen
zu

$$\overline{A} = \int dx \int dx' \, \langle \psi \, | x \rangle \, \langle x | \, \hat{A} \, | x' \rangle \, \langle x' \, | \psi \rangle \tag{4.225}$$

und deshalb unter Beachtung der Vollständigkeitsrelation zu

$$\overline{A} = \langle \psi | \, \hat{A} \, | \psi \rangle \tag{4.226}$$

Wir haben damit einen darstellungsfreien Ausdruck für den quantenmechanischen Erwartungswert gewonnen. Diese Größe wird ausschließlich durch den hermiteschen Operator $\hat{A}$ der jeweiligen Observablen und den quantenmechanischen Zustand des Systems bestimmt. Aus (4.226) folgt übrigens sofort, dass der Erwartungswert eine reelle Größe sein muss. Wegen der Hermitizität von $\hat{A}$ erhalten wir nämlich

$$\overline{A} = \langle \psi | \, \hat{A} \, | \psi \rangle = \langle \psi \, | \hat{A} \psi \rangle = \langle \hat{A} \psi \, | \psi \rangle = (\langle \psi \, | \hat{A} \psi \rangle)^* = \overline{A}^* \tag{4.227}$$

sodass wegen $\overline{A} = \overline{A}^*$ der Erwartungswert reell sein muss. Wie bereits erwähnt, ist der Erwartungswert nicht das Ergebnis einer einzelnen Messung, sondern entsteht erst durch eine Vielzahl gleicher Experimente an Systemen, deren Zustand $|\psi\rangle$ in derselben Weise präpariert wurde. Wir können jetzt die Frage stellen, wie der Zustand $|\psi\rangle$ beschaffen sein muss, damit der Erwartungswert $\overline{A}$ bei jeder einzelnen Messung immer mit dem Messwert übereinstimmt.

Das ist sicher dann der Fall, wenn die Varianz oder Streuung

$$\Delta A = \sqrt{\overline{(A - \overline{A})^2}} \tag{4.228}$$

verschwindet. Dann muss sich bei jeder Messung gerade der Erwartungswert $\overline{A}$ ergeben, denn jede Abweichung des Messwerts ergäbe einen positiven Beitrag zur Varianz. Die dem quantenmechanischen Zustand $|\psi\rangle$ entsprechende Varianz einer Observablen A lässt sich mit (4.228) in der Form

$$(\Delta A)^2 = \langle \psi | \left(\hat{A} - \overline{A} \right)^2 | \psi \rangle \tag{4.229}$$

schreiben. Beachten wir, dass der Operator $\hat{A}$ hermitesch ist und dass die Varianz verschwinden muss, erhalten wir

$$(\Delta A)^2 = \overline{\left(\hat{A} - \overline{A} \right)^2} = \langle \left(\hat{A} - \overline{A} \right) \psi \, | \left(\hat{A} - \overline{A} \right) \psi \rangle = 0 \tag{4.230}$$

Auf der rechten Seite haben wir die Norm des Vektors $|\varphi\rangle = \left(\hat{A} - \overline{A} \right) |\psi\rangle$ vorliegen. Verschwindet die Norm von $|\varphi\rangle$, dann muss $|\varphi\rangle$ der Nullvektor sein. Die Varianz verschwindet also nur dann, wenn gilt:

$$\hat{A} \, |\psi\rangle = \overline{A} \, |\psi\rangle \tag{4.231}$$

Stimmt also bei der quantenmechanischen Messung einer Observablen der Erwartungswert mit den Einzelmessungen überein, dann muss der quantenmechanische Zustand $|\psi\rangle$ ein Eigenzustand des der Observablen A zugeordneten hermiteschen Operator $\hat{A}$ sein. Gemessen wird dann der diesem Zustand entsprechende Eigenwert von $\hat{A}$.

Wir stellen uns jetzt im Rahmen eines Gedankenexperiments vor, dass wir bei einem Teilchen die Observable A gemessen und dabei den Wert a gefunden haben. Soll die Messung überhaupt einen Sinn haben, dann muss dieser Messwert bei einer sofortigen Wiederholung der Messung auf jeden Fall verifiziert werden[49]. Wenn wir aber unmittelbar nach der Realisierung der ersten Messung mit einem Messwert a in der zweiten Messung genau diesen Messwert a wiederfinden, dann muss sich das Quantensystem bei der zweiten Messung im Eigenzustand $|\varphi_a\rangle$ des der Observablen zugeordneten Operators $\hat{A}$ mit dem Eigenwert a befunden haben. Bei der Messung der Observablen A muss das System von der Messapparatur offensichtlich so beeinflusst worden sein, dass es nach der Messung in einem definierten Eigenzustand des Operators $\hat{A}$ vorliegt, unabhängig davon, in welchem Quantenzustand $|\psi\rangle$ sich das System vor der Messung befand. Wir werden uns mit diesem sogenannten Kollaps der Wellenfunktion während des Messprozesses ausführlich in Kapitel 11 befassen.

Eine zweite wichtige Konsequenz aus diesem Experiment betrifft die bei einer Messung der Observablen A an einem Quantensystem im Zustand $|\psi\rangle$ überhaupt verfügbaren Messwerte. Da der jeweils zweite Messwert in unserem Gedankenexperiment ein Eigenwert des Operators $\hat{A}$ sein muss, kann der vorangegangene Messwert am gleichen System im Zustand $|\psi\rangle$ auch nur ein Eigenwert von $\hat{A}$ sein. Wir kommen damit zu der Schlussfolgerung:

> Die Eigenwerte des einer Observablen zugeordneten hermiteschen Operators sind die möglichen Messwerte einer Einzelmessung. Der Erwartungswert ergibt sich als Mittelwert über viele Einzelmessungen.

Entwickeln wir jetzt den Zustand $|\psi\rangle$ nach den Eigenfunktionen $|\varphi_n\rangle = |n\rangle$ des Operators $\hat{A}$

$$|\psi\rangle = \sum_n \langle n\,|\psi\rangle\,|n\rangle \tag{4.232}$$

dann erhalten wir für den Erwartungswert (4.226)

$$\overline{A} = \sum_{n,m} \langle\psi\,|n\rangle\,\langle n|\,\hat{A}\,|m\rangle\,\langle m\,|\psi\rangle = \sum_n |\,\langle n\,|\psi\rangle\,|^2 a_n \tag{4.233}$$

---

49) Zu einem späteren Zeitpunkt könnte sich das untersuchte quantenmechanische System bereits in einen anderen Zustand weiterentwickelt haben, und wir finden bei einer nachfolgenden Messung nicht mehr notwendigerweise den Wert a.

Hiermit können wir die bereits in Abschnitt 4.5.7.2 gefundene Aussage bestätigen, dass $|\langle n\,|\psi\rangle|^2$ die Wahrscheinlichkeit ist, bei einer Messung der Observablen A an einem mikroskopischen System im Zustand $|\psi\rangle$ den Eigenwert a_n zu erhalten.

4.7
Zeitentwicklung quantenmechanischer Systeme

4.7.1
Zeitentwicklungsoperatoren

Quantenmechanische Zustände sind gewöhnlich zeitlich veränderlich, d. h. der Zustandsvektor ist eine zeitabhängige Größe $|\psi(t)\rangle$. Für die bisherigen Überlegungen innerhalb dieses Kapitels spielte die Zeitabhängigkeit keine Rolle, sodass wir bisher auf deren explizite Erwähnung verzichten konnten. Die zeitliche Änderung der Zustände eines gegebenen quantenmechanischen Systems wird durch die zugehörige Schrödinger-Gleichung beschrieben. Wir hatten diese Gleichung bereits in Kapitel 3 empirisch motiviert und einige Anwendungen diskutiert. Die Schrödinger-Gleichung kann mit unseren jetzigen Kenntnissen als Abbildungsvorschrift im Hilbert-Raum formuliert werden. Jeder Zustand $|\psi(t_0)\rangle$ wird unter der Wirkung der Schrödinger-Gleichung

$$i\hbar\frac{d}{dt}|\psi\rangle = \hat{H}|\psi\rangle = H(\hat{x},\hat{p})|\psi\rangle \qquad (4.234)$$

auf den Zustand $|\psi(t)\rangle$ abgebildet. Bei der Untersuchung der Schrödinger-Gleichung in Kapitel 3.3 hatten wir gefunden, dass sie auf eine Kontinuitätsgleichung für die Wahrscheinlichkeit führt, d. h. dass die Norm der Wellenfunktion erhalten bleibt. Deshalb erwarten wir, dass die Transformation, welche den Zustandsvektor zur Zeit t mit dem Anfangszustand zur Zeit t_0 verknüpft, unitär sein muss:

$$|\psi(t)\rangle = \hat{U}(t,t_0)|\psi(t_0)\rangle \qquad (4.235)$$

Der Operator $\hat{U}(t,t_0)$ wird auch *Zeitentwicklungsoperator* genannt. Durch Einsetzen in die Schrödinger-Gleichung (4.234) erhalten wir die Evolutionsgleichung

$$i\hbar\frac{\partial}{\partial t}\hat{U}(t,t_0) = \hat{H}\hat{U}(t,t_0) \qquad (4.236)$$

Wenn der Hamilton-Operator $\hat{H}$ autonom, d. h. explizit von der Zeit unabhängig ist, dann können wir (4.236) formal integrieren und gelangen zu

$$\hat{U}(t,t_0) = \exp\left\{-\frac{i}{\hbar}\hat{H}(t-t_0)\right\} \qquad (4.237)$$

Wir bilden jetzt den adjungierten Zeitentwicklungsoperator. Dazu entwickeln wir $\hat{U}(t, t_0)$ nach Potenzen des Hamilton-Operators

$$\hat{U}(t, t_0) = \sum_{n=0}^{\infty} \frac{[-\mathrm{i}(t - t_0)]^n}{\hbar^n n!} \hat{H}^n \tag{4.238}$$

und adjungieren diesen Ausdruck. Wegen der Hermitizität des Hamilton-Operators, also $\hat{H}^\dagger = \hat{H}$, erhalten wir

$$\hat{U}(t, t_0)^\dagger = \left(\sum_{n=0}^{\infty} \frac{[-\mathrm{i}(t - t_0)]^n}{\hbar^n n!} \hat{H}^n \right)^\dagger = \sum_{n=0}^{\infty} \frac{[\mathrm{i}(t - t_0)]^n}{\hbar^n n!} \hat{H}^n \tag{4.239}$$

und deshalb

$$\hat{U}^\dagger(t, t_0) = \exp\left\{ \frac{\mathrm{i}}{\hbar} \hat{H}(t - t_0) \right\} \tag{4.240}$$

Damit ist offensichtlich

$$\hat{U}^\dagger \hat{U} = \exp\left\{ \frac{\mathrm{i}}{\hbar} \hat{H}(t - t_0) \right\} \exp\left\{ -\frac{\mathrm{i}}{\hbar} \hat{H}(t - t_0) \right\} = 1 \tag{4.241}$$

d.h. der Zeitevolutionsoperator ist wie vermutet unitär. Sehr häufig wählt man für den Zeitentwicklungsoperator die Energiedarstellung. Hier wird die Basis von den Eigenvektoren $|\varphi_n\rangle$ des Hamilton-Operators gebildet. Die Eigenzustände genügen der Eigenwertgleichung

$$\hat{H}|\varphi_n\rangle = E_n|\varphi_n\rangle \tag{4.242}$$

Dabei haben wir hier ein diskretes Energiespektrum angenommen. Damit bekommen wir

$$U_{mn} = \langle\varphi_m| \exp\left\{ -\frac{\mathrm{i}}{\hbar} \hat{H}(t - t_0) \right\} |\varphi_n\rangle = \exp\left\{ -\frac{\mathrm{i}}{\hbar} E_n(t - t_0) \right\} \delta_{mn} \tag{4.243}$$

und erhalten daraus mit (4.235) die zeitliche Änderung des quantenmechanischen Zustands in der Energiedarstellung

$$\langle\varphi_m|\psi(t)\rangle = \sum_n U_{mn}(t, t_0) \langle\varphi_n|\psi(t_0)\rangle$$

$$= \exp\left\{ -\frac{\mathrm{i}}{\hbar} E_m(t - t_0) \right\} \langle\varphi_m|\psi(t_0)\rangle \tag{4.244}$$

Alle Koeffizienten $\langle\varphi_m|\psi(t)\rangle$ der Energiedarstellung eines quantenmechanischen Zustands oszillieren daher mit der durch den zugehörigen Energieeigenwert bestimmten Frequenz $\omega_n = E_n/\hbar$.

4.7.2
Schrödinger-Bild

Bei der obigen Darstellung der Zeitentwicklung sind wir von der Schrödinger-Gleichung (4.234)

$$i\hbar \frac{d}{dt} |\psi_S(t)\rangle = \hat{H}_S |\psi_S(t)\rangle \qquad (4.245)$$

ausgegangen. Man spricht hier auch von der Schrödinger-Gleichung im Schrödinger-Bild und kennzeichnet Zustände und Operatoren mit dem Index S. Die zeitliche Änderung eines Zustands unter der Wirkung der Schrödinger-Gleichung wird durch die Anwendung des unitären Zeitentwicklungsoperators $\hat{U}(t,t_0)$ auf einen Anfangszustand $|\psi_S(t_0)\rangle$ beschrieben

$$|\psi_S(t)\rangle = \hat{U}(t,t_0) |\psi_S(t_0)\rangle \qquad (4.246)$$

Dabei ist der Zeitentwicklungsoperator gegeben durch (4.237)

$$\hat{U}(t,t_0) = e^{-\frac{i}{\hbar}\hat{H}(t-t_0)} \qquad (4.247)$$

Die Zeitabhängigkeit von Zuständen und Operatoren kann in verschiedener Darstellungen, den sogenannten Bildern, beschrieben werden. Wir werden hier die drei wichtigsten dieser Bilder näher analysieren, nämlich das Schrödinger-, das Heisenberg- und das Wechselwirkungsbild.

Im Schrödinger-Bild wird die zeitliche Evolution eines quantenmechanischen Systems durch die Zeitabhängigkeit der Zustandsvektoren beschrieben. Ein beliebiger Operator $\hat{A}_S$ ist im Schrödinger-Bild entweder zeitunabhängig oder besitzt eine explizite Zeitabhängigkeit, die wir aber nicht extra kennzeichnen wollen. Zur Zeit t ist die Wirkung des Operators $\hat{A}_S$ auf den Zustand $|\psi_S(t)\rangle$ gegeben durch

$$|\chi_S(t)\rangle = \hat{A}_S |\psi_S(t)\rangle \qquad (4.248)$$

Für die zeitliche Änderung eines Operators im Schrödinger-Bild gilt

$$\dot{\hat{A}} = \frac{d\hat{A}_S}{dt} = \frac{\partial \hat{A}_S}{\partial t} \qquad (4.249)$$

Wir können alternativ aber auch die Zeitableitung beliebiger Matrixelemente $\langle \psi_S(t)| \hat{A}_S |\phi_S(t)\rangle$ im Schrödinger-Bild bestimmen

$$\begin{aligned}
\frac{d}{dt} \langle \psi_S(t)| \hat{A}_S |\phi_S(t)\rangle &= \langle -\frac{i}{\hbar}\hat{H}\psi_S(t)|\hat{A}_S|\phi_S(t)\rangle + \langle \psi_S(t)| \frac{\partial \hat{A}_S}{\partial t} |\phi_S(t)\rangle \\
&\quad + \langle \psi_S(t)|\hat{A}_S| -\frac{i}{\hbar}\hat{H}\phi_S(t)\rangle \\
&= \langle \psi_S(t)| \frac{i}{\hbar}\hat{H}\hat{A}_S + \frac{\partial \hat{A}_S}{\partial t} - \frac{i}{\hbar}\hat{A}_S H_S |\phi_S(t)\rangle \\
&= \langle \psi_S(t)| \frac{i}{\hbar}[\hat{H}, \hat{A}_S] + \frac{\partial \hat{A}_S}{\partial t} |\phi_S(t)\rangle \qquad (4.250)
\end{aligned}$$

Die zeitliche Änderung des Matrixelements $\langle \psi_S(t)| \hat{A}_S |\phi_S(t)\rangle$ lässt sich durch das Matrixelement eines neuen Operators $\hat{A}_S$ entsprechend

$$\frac{d}{dt}\langle \psi_S(t)| \hat{A}_S |\phi_S(t)\rangle = \langle \psi_S(t)| \dot{\hat{A}}_S |\phi_S(t)\rangle \tag{4.251}$$

definieren. Der Operator $\dot{\hat{A}}_S$ ist, wenn man noch $\hat{H}_S = \hat{H}$ beachtet, gegeben durch

$$\dot{\hat{A}}_S = \frac{i}{\hbar}[\hat{H}_S, \hat{A}_S] + \frac{\partial \hat{A}_S}{\partial t} \tag{4.252}$$

und kann als der Operator der zeitlichen Änderung einer Observablen A im Schrödinger-Bild verstanden werden. Die zeitliche Änderung $\dot{A}$ des Operators einer Observablen A und der Operator $\dot{\hat{A}}$ der zeitlichen Änderung $\dot{A}$ dieser Observablen sind also im Schrödinger-Bild gewöhnlich voneinander verschieden[50].

4.7.3
Heisenberg-Bild

Im Gegensatz zum Schrödinger-Bild sind im Heisenberg-Bild die Zustände zeitunabhängig, die volle Zeitabhängigkeit ist in den Operatoren enthalten. Wir formen dazu ein beliebiges Matrixelement des Operators $\hat{A}$ im Schrödinger-Bild unter Verwendung von (4.246) und (4.247) um und erhalten so

$$\langle \psi_S(t)| \hat{A}_S |\phi_S(t)\rangle = \langle \psi_S(t_0)| \hat{U}^\dagger(t, t_0)\hat{A}_S\hat{U}(t, t_0) |\phi_S(t_0)\rangle$$
$$= \langle \psi_S(t_0)|e^{\frac{i}{\hbar}H(t-t_0)}\hat{A}_S e^{-\frac{i}{\hbar}H(t-t_0)}|\phi_S(t_0)\rangle \tag{4.253}$$

Das Matrixelement wird jetzt von den Anfangszuständen $|\phi_S(t_0)\rangle$ und $|\psi_S(t_0)\rangle$ und dem zeitabhängigen Operator

$$\hat{A}_H(t) = e^{\frac{i}{\hbar}H(t-t_0)}\hat{A}_S e^{-\frac{i}{\hbar}H(t-t_0)} = \hat{U}^\dagger(t, t_0)\hat{A}_S\hat{U}(t, t_0) \tag{4.254}$$

gebildet. Wir bezeichnen mit $\hat{A}_H(t)$ die Darstellung des Operators $\hat{A}$ und mit $|\phi_H\rangle = |\phi_S(t_0)\rangle$ bzw. $|\psi_H =\rangle|\psi_S(t_0)\rangle$ die zeitunabhängigen Zustände im Heisenberg-Bild. Aus (4.254) ist unmittelbar ersichtlich, dass $\hat{H} = \hat{H}_H$ gilt. Für die zeitunabhängigen Zustandsvektoren erhalten wir

$$|\psi_H\rangle = |\psi_S(t_0)\rangle = \hat{U}(t, t_0)^\dagger |\psi_S(t)\rangle \tag{4.255}$$

Aus (4.254) können wir die zeitliche Änderung von $\hat{A}_H(t)$ berechnen:

$$\frac{d\hat{A}_H(t)}{dt} = \frac{i}{\hbar}e^{\frac{i}{\hbar}H(t-t_0)}H\hat{A}_S e^{-\frac{i}{\hbar}H(t-t_0)} + e^{\frac{i}{\hbar}H(t-t_0)}\frac{\partial \hat{A}_S}{\partial t}e^{-\frac{i}{\hbar}H(t-t_0)}$$
$$- \frac{i}{\hbar}e^{\frac{i}{\hbar}H(t-t_0)}\hat{A}_S H e^{-\frac{i}{\hbar}H(t-t_0)} \tag{4.256}$$

---

50) Eine Ausnahme bilden Operatoren, die mit dem Hamilton-Operator kommutieren.

Im ersten und dritten Term können wir den Hamilton-Operator mit dem Exponentialoperator vertauschen. Dann erhalten wir

$$\frac{d\hat{A}_H(t)}{dt} = \frac{i}{\hbar}[\hat{H}_H, \hat{A}_H(t)] + e^{\frac{i}{\hbar}H(t-t_0)}\frac{\partial\hat{A}_S}{\partial t}e^{-\frac{i}{\hbar}H(t-t_0)} \tag{4.257}$$

Benutzen wir noch die Definition

$$\frac{\partial\hat{A}_H}{\partial t} = e^{\frac{i}{\hbar}H(t-t_0)}\frac{\partial\hat{A}_S}{\partial t}e^{-\frac{i}{\hbar}H(t-t_0)} \tag{4.258}$$

So ergibt sich die Bewegungsgleichung des Operators $\hat{A}_H$ im Heisenberg-Bild

$$\dot{\hat{A}}_H(t) = \frac{i}{\hbar}[\hat{H}_H, \hat{A}_H(t)] + \frac{\partial\hat{A}_H}{\partial t} \tag{4.259}$$

In Analogie zu unserem Vorgehen im vorangegangenen Kapitel können wir die zeitliche Änderung des Matrixelements (4.253) berechnen und damit den Operator der Zeitableitung der Observablen A im Heisenberg-Bild bestimmen. Da die Zustände des Matrixelements im Heisenberg-Bild zeitunabhängig sind, erhalten wir jetzt

$$\dot{\hat{A}}_H = \hat{\dot{A}}_H \tag{4.260}$$

Im Heisenberg-Bild stimmen damit die zeitliche Ableitung eines Operators einer Observablen A und der Operator der zeitlichen Änderung dieser Observablen überein. Im Gegensatz zu (4.252) ist (4.259) eine dynamische Gleichung, aus der sich die zeitliche Evolution des Operators direkt bestimmen lässt. (4.252) definiert dagegen nur einen neuen Operator $\hat{A}_S$, der wie jeder andere Operator des Schrödinger-Bilds mit (4.252) in den entsprechenden Operator des Heisenberg-Bilds transformiert werden kann. Beachtet man $\hat{H} = \hat{H}_S = \hat{H}_H$ und die Definition (4.258), dann erhalten wir tatächlich aus (4.252) die Gleichung (4.259).

4.7.4
Wechselwirkungsbild

Im Schrödinger-Bild ist die Zeitabhängigkeit eines quantenmechanischen Systems vollständig in den Zustandsvektoren enthalten. Die Operatoren besitzen hier allenfalls eine explizite Zeitabhängigkeit. Im Heisenberg-Bild sind dagegen die Zustandsvektoren zeitunabhängig, und die zeitliche Entwicklung des Systems ist in den Operatoren enthalten. Im jetzt zu besprechenden Wechselwirkungsbild (auch Dirac-Bild genannt) sind sowohl die Zustandsvektoren als auch die Operatoren zeitabhängig. In der Formulierung dieses Bilds wird vorausgesetzt, dass der Hamilton-Operator $\hat{H}$ in einen explizit zeitunabhängigen Operator $\hat{H}_0$ und eine eventuell auch zeitabhängige Störung $\hat{H}_1$ zerlegt werden kann:

$$\hat{H} = \hat{H}_0 + \hat{H}_1 \tag{4.261}$$

Bei verschwindender Störung $\hat{H}_1$ würde die Zeitentwicklung von der Anfangszeit t_0 zur Zeit t der unitären Transformation

$$\hat{U}_0(t, t_0) = \mathrm{e}^{-\frac{\mathrm{i}}{\hbar}\hat{H}_0(t-t_0)} \tag{4.262}$$

unterliegen und die Zustände

$$|\psi_\mathrm{S}(t)\rangle = \hat{U}_0(t, t_0) |\psi(t_0)\rangle \tag{4.263}$$

liefern. Wenn wir den Einfluss der Störung $\hat{H}_1$ berücksichtigen, dann ist die Zeitabhängigkeit nicht mehr durch (4.263) gegeben. Wir müssen zulassen, dass der Zustandsvektor auf der rechten Seite ebenfalls von der Zeit abhängt. Wir wählen deshalb den Ansatz

$$|\psi_\mathrm{S}(t)\rangle = \hat{U}_0(t, t_0) |\psi_\mathrm{W}(t)\rangle \tag{4.264}$$

Dabei wird $|\psi_\mathrm{W}(t)\rangle$ als Zustandsvektor im Wechselwirkungsbild bezeichnet. Wir setzen diesen Ausdruck in die Schrödinger-Gleichung (4.245) ein, die jetzt die Gestalt

$$\mathrm{i}\hbar\frac{d}{dt}|\psi_\mathrm{S}(t)\rangle = (\hat{H}_0 + \hat{H}_1)|\psi_\mathrm{S}(t)\rangle \tag{4.265}$$

bekommt, und erhalten

$$\mathrm{i}\hbar\left(-\frac{\mathrm{i}}{\hbar}\right)\hat{H}_0|\psi_\mathrm{S}(t)\rangle + \mathrm{i}\hbar\hat{U}_0(t, t_0)\frac{d}{dt}|\psi_\mathrm{W}(t)\rangle = (\hat{H}_0 + \hat{H}_1)|\psi_\mathrm{S}(t)\rangle \tag{4.266}$$

Die beiden ersten Terme auf der linken und rechten Seite kompensieren sich. Nach Multiplikation mit $\hat{U}_0^\dagger(t, t_0)$ von links gelangen wir unter Beachtung von (4.264) zu

$$\mathrm{i}\hbar\frac{d}{dt}|\psi_\mathrm{W}(t)\rangle = \hat{U}_0^\dagger(t, t_0)\hat{H}_1\hat{U}_0(t, t_0)|\psi_\mathrm{W}(t)\rangle \tag{4.267}$$

Wenn wir noch $\hat{H}_{1\mathrm{W}}(t) = \hat{U}_0^\dagger(t, t_0)\hat{H}_1\hat{U}_0(t, t_0)$ einführen, erhalten wir für die *Bewegungsgleichung* des Zustandsvektors *im Wechselwirkungsbild*

$$\mathrm{i}\hbar\frac{d}{dt}|\psi_\mathrm{W}(t)\rangle = \hat{H}_{1\mathrm{W}}(t)|\psi_\mathrm{W}(t)\rangle \tag{4.268}$$

Um die Bewegungsgleichung der Operatoren im Wechselwirkungbild zu erhalten, gehen wir wieder von dem Matrixelement $\langle\psi_\mathrm{S}(t)|\hat{A}_\mathrm{S}|\phi_\mathrm{S}(t)\rangle$ auf der linken Seite von (4.253) aus. Wenn wir (4.264) einsetzen und die Zeitentwicklungsoperatoren an den Operator $\hat{A}_\mathrm{S}$ ziehen, dann gelangen wir zu

$$\langle\psi_\mathrm{S}(t)|\hat{A}_\mathrm{S}|\phi_\mathrm{S}(t)\rangle = \langle\psi_\mathrm{W}(t)|\hat{U}_0^\dagger(t, t_0)\hat{A}_\mathrm{S}\hat{U}_0(t, t_0)|\phi_\mathrm{W}(t)\rangle$$
$$= \langle\psi_\mathrm{W}(t)|\hat{A}_\mathrm{W}(t)|\phi_\mathrm{W}(t)\rangle \tag{4.269}$$

Dabei ist der Operator im Wechselwirkungsbild $\hat{A}_W(t)$ definiert durch

$$\hat{A}_W(t) = \hat{U}_0^\dagger(t, t_0) \hat{A}_S \hat{U}_0(t, t_0) = e^{\frac{i}{\hbar}\hat{H}_0(t-t_0)} \hat{A}_S e^{-\frac{i}{\hbar}\hat{H}_0(t-t_0)} \tag{4.270}$$

Die Bewegungsgleichung des Operators im Wechselwirkungsbild erhalten wir durch zeitliche Ableitung von (4.270):

$$
\begin{aligned}
\frac{d}{dt}\hat{A}_W(t) &= \frac{d}{dt}\hat{U}_0^\dagger(t, t_0) \hat{A}_S \hat{U}_0(t, t_0) \\
&= \frac{i}{\hbar}\hat{H}_0\hat{U}_0^\dagger(t, t_0) \hat{A}_S \hat{U}_0(t, t_0) + \hat{U}_0^\dagger(t, t_0) \frac{\partial \hat{A}_S}{\partial t} \hat{U}_0(t, t_0) \\
&\quad - \frac{i}{\hbar}\hat{U}_0^\dagger(t, t_0) \hat{A}_S \hat{U}_0(t, t_0)\hat{H}_0 \\
&= \frac{i}{\hbar}[\hat{H}_0, \hat{A}_W(t)] + \frac{\partial}{\partial t}\hat{A}_W(t) \tag{4.271}
\end{aligned}
$$

Dabei haben wir den zweiten Term der letzten Zeile von (4.245) definiert durch

$$\frac{\partial}{\partial t}\hat{A}_W(t) = \hat{U}_0^\dagger(t, t_0) \frac{\partial \hat{A}_S}{\partial t} \hat{U}_0(t, t_0) \tag{4.272}$$

Abschließend sei noch bemerkt, dass aus (4.270) unmittelbar $H_{0W} = H_0$ folgt. Der Operator der Zeitableitung der Observablen A im Wechselwirkungsbild, also $\hat{A}_W$, ergibt sich am einfachsten durch Anwendung der Transformation (4.270) auf $\hat{A}_S$. Offensichtlich finden wir, ähnlich wie im Schrödinger-Bild, dass die Zeitableitung des Operators und der Operator der Zeitableitung einer Observablen verschieden sind:

$$\dot{\hat{A}}_W(t) \neq \hat{\dot{A}}_W \tag{4.273}$$

4.7.5
Ehrenfest'sche Theoreme

Bei der Diskussion der verschiedenen Bilder für die Zeitentwicklung quantenmechanischer Systeme haben wir gezeigt, dass die mit verschiedenen Zuständen gebildeten Matrixelemente unabhängig vom jeweils verwendeten Bild sind. Wir können für diese Matrixelemente auch gleiche Zustände als bra- und ket-Vektoren wählen und gelangen somit zu Bewegungsgleichungen für die Erwartungswerte. Verwenden wir beispielsweise das Schrödinger-Bild, dann erhalten wir mit (4.251) und (4.252) für die Zeitableitung des Erwartungswerts einer Observablen A

$$\frac{d}{dt}\langle\psi_S(t)|\,\hat{A}_S\,|\psi_S(t)\rangle = \langle\psi_S(t)|\,\frac{i}{\hbar}[\hat{H}, \hat{A}_S] + \frac{\partial \hat{A}_S}{\partial t}\,|\psi_S(t)\rangle \tag{4.274}$$

Wählen wir für $\hat{A}$ die explizit zeitunabhängigen Orts- bzw. Impulsoperatoren[51], dann erhalten wir[52] mit (4.159)

$$\frac{d\overline{x}}{dt} = \frac{i}{\hbar} \langle\psi| [H, x] |\psi\rangle = \frac{i}{2m\hbar} \langle\psi| [p^2, x] |\psi\rangle = \frac{1}{m} \langle\psi| p |\psi\rangle \qquad (4.275)$$

und mit (4.160)

$$\frac{d\overline{p}}{dt} = \frac{i}{\hbar} \langle\psi| [H, p] |\psi\rangle = \frac{i}{\hbar} \langle\psi| [V(\hat{x}), p] |\psi\rangle = -\langle\psi| \nabla V(\hat{x}) |\psi\rangle \qquad (4.276)$$

Hieraus lassen sich die Ehrenfest'schen Theoreme

$$\frac{d\overline{x}}{dt} = \frac{\overline{p}}{m} \quad \text{und} \quad \frac{d\overline{p}}{dt} = -\overline{\nabla V(\hat{x})} \qquad (4.277)$$

ableiten. Offenbar erfüllen die zeitabhängigen Mittelwerte quantenmechanischer Observabler Gleichungen, die in den Gesetzen der klassischen Mechanik ihr Analogon finden.

Bei der rechten Gleichung von (4.277) muss man allerdings beachten, dass $\overline{F(\hat{x})} = -\overline{\nabla V(\hat{x})}$ zwar als Mittelwert der Kraft interpretiert werden kann, eine Übereinstimmung mit der klassischen Bewegungsgleichung aber nur erreicht wird, wenn die Kraft eine lineare, das Potential also eine quadratische Funktion der Ortsvariablen ist. Nur in diesem Fall ist $\overline{F(\hat{x})} = F(\overline{x})$, und das Gleichungssystem (4.277) entspricht den klassischen Bewegungsgleichungen, bei denen die kanonischen Variablen durch quantenmechanische Erwartungswerte ersetzt wurden. Alle anderen Fälle zeigen nur eine näherungsweise Übereinstimmung zwischen dem zeitlichen Verhalten der Erwartungswerte und der klassischen Trajektorie.

4.7.6
Erhaltungsgrößen

Verschwindet in (4.252) der Operator $\hat{A}$ der Zeitableitung einer Observablen A, dann ist wegen (4.274) der Erwartungswert dieser Observablen eine Invariante der Dynamik. Ist eine Observable explizit zeitunabhängig, dann ist die notwendige Voraussetzung für eine derart definierte quantenmechanische Erhaltungsgröße

$$[\hat{A}, \hat{H}] = 0 \qquad (4.278)$$

Auch hier gibt es Äquivalenzen zum Poisson-Klammer-Kalkül[53] der klassischen Mechanik. Ist insbesondere der Hamilton-Operator explizit zeitunabhängig, dann gilt wegen $[\hat{H}, \hat{H}] = 0$ der quantenmechanische Energieerhaltungssatz.

---

51) den Index S lassen wir jetzt wieder weg
52) Dabei setzen wir voraus, dass der Hamilton-Operator die übliche
    Struktur $\hat{H} = \hat{p}^2/2m + V(\hat{x})$ hat.
53) siehe Band I, Abschnitt 7.5

Im Gegensatz zur klassischen Mechanik bedeutet die Erhaltung einer quantenmechanischen Größe nicht, dass für einen definiert präparierten quantenmechanischen Zustand nur ein Messwert möglich ist. Es wird nur noch verlangt, dass der Erwartungswert der Observablen zeitlich invariant ist. Nur wenn das System in einem Eigenzustand zum Operator $\hat{A}$ vorliegt, der gleichzeitig auch ein Eigenzustand des Hamilton-Operators $\hat{H}$ ist, wird bei allen späteren Messungen der Observablen A stets nur ein Messwert gefunden.

4.8
Vertauschbare Operatoren

4.8.1
Eigenvektoren bei vertauschbaren Operatoren

Hermitesche Operatoren sind im Gegensatz zu den zugehörigen klassischen Variablen im Allgemeinen nicht vertauschbar. Allerdings gibt es in der Menge aller Operatoren stets auch vertauschbare Operatoren. Wir wollen uns jetzt überlegen, welche Konsequenzen die Vertauschbarkeit von Operatoren nach sich zieht.

Dazu nehmen wir an, dass $\hat{A}$ und $\hat{B}$ vertauschbare, hermitesche Operatoren sind. Dann gilt offenbar

$$\hat{A}\hat{B} = \hat{B}\hat{A} \qquad \text{also:} \qquad [\hat{A}, \hat{B}] = 0 \tag{4.279}$$

Für solche vertauschbare Operatoren gilt der folgende Satz

> Sind $\hat{A}$ und $\hat{B}$ vertauschbare, hermitesche Operatoren, so lassen sich immer solche Eigenzustände $|\varphi\rangle$ finden, die gleichzeitig die Eigenwertgleichungen $\hat{A}|\varphi\rangle = a|\varphi\rangle$ und $\hat{B}|\varphi\rangle = b|\varphi\rangle$ erfüllen.

Beim Beweis dieser Aussage werden wir unterscheiden müssen, ob die Eigenwerte der Operatoren $\hat{A}$ und $\hat{B}$ entartet bzw. nicht entartet sind. Wir wollen zuerst den Fall eines nicht entarteten Eigenwertspektrums untersuchen. Die normierten Eigenzustände $|\psi_n\rangle$ von $\hat{A}$ erfüllen dann die Eigenwertgleichung

$$\hat{A}|\psi_n\rangle = a_n|\psi_n\rangle \tag{4.280}$$

Die Anwendung des Operators $\hat{B}$ auf diese Gleichung gibt

$$\hat{B}\hat{A}|\psi_n\rangle = \hat{A}\hat{B}|\psi_n\rangle = a_n\hat{B}|\psi_n\rangle \tag{4.281}$$

Deshalb ist der Vektor $\hat{B}|\psi_n\rangle$ ebenfalls ein Eigenzustand des Operators $\hat{A}$ zum selben Eigenwert a_n. Weil keine Entartung vorliegt, gibt es aber nur einen unabhängigen Eigenzustand zu jedem Eigenwert, d. h. $\hat{B}|\psi_n\rangle$ muss parallel zu

$|\psi_n\rangle$ sein. Damit ist aber $|\psi_n\rangle$ auch ein normierter Eigenzustand des Operators $\hat{B}$ und erfüllt die Eigenwertgleichung

$$\hat{B}|\psi_n\rangle = b_n|\psi_n\rangle \tag{4.282}$$

Ist dagegen das Spektrum von $\hat{A}$ entartet, dann gehören zu einem Eigenwert a_n jetzt mehrere, beispielsweise N_n linear unabhängige Eigenzustände $|\psi_{n,\alpha}\rangle$ mit $\alpha = 1, \dots, N_n$. Wir setzen hier voraus, dass diese Eigenvektoren, gewöhnlich durch Anwendung des Schmidt'schen Orthogonalisierungsverfahrens, orthonormiert sind. Die Eigenzustände erfüllen wieder die Eigenwertgleichung

$$\hat{A}|\psi_{n,\alpha}\rangle = a_n|\psi_{n,\alpha}\rangle \qquad \alpha = 1, \dots, N_n \tag{4.283}$$

Für jeden Eigenzustand finden wir wegen der Vertauschbarkeit von $\hat{A}$ und $\hat{B}$ wieder die Gleichung

$$\hat{B}\hat{A}|\psi_{n,\alpha}\rangle = \hat{A}\hat{B}|\psi_{n,\alpha}\rangle = a_n\hat{B}|\psi_{n,\alpha}\rangle \tag{4.284}$$

Damit ist $\hat{B}|\psi_{n,\alpha}\rangle$ ebenfalls ein Eigenzustand zu $\hat{A}$ mit demselben Eigenwert a_n. Da im Gegensatz zum vorhergehenden Fall jetzt Entartung vorliegt, muss $\hat{B}|\psi_{n,\alpha}\rangle$ als eine Linearkombination der Eigenvektoren zum Eigenwert a_n darstellbar sein:

$$\hat{B}|\psi_{n,\alpha}\rangle = \sum_{\beta=1}^{N_n} b_{\alpha\beta}|\psi_{n,\beta}\rangle \tag{4.285}$$

Wegen der vorausgesetzten Orthogonalität der Eigenvektoren sind die Koeffizienten $b_{\alpha\beta}$ durch skalare Multiplikation von (4.285) mit $\langle\psi_{n,\beta}|$ bestimmt

$$b_{\alpha\beta} = \langle\psi_{n,\beta}|\hat{B}|\psi_{n,\alpha}\rangle \tag{4.286}$$

Die einzelnen Eigenvektoren $|\psi_{n,\alpha}\rangle$ sind im Allgemeinen keine Eigenvektoren des Operators $\hat{B}$. Wir können aber versuchen, die N_n Eigenvektoren $|\psi_{n,\alpha}\rangle$ so zu kombinieren, dass ihre gewichtete Superposition

$$|\phi_n\rangle = \sum_{\alpha=1}^{N_n} c_\alpha|\psi_{n,\alpha}\rangle \tag{4.287}$$

ein Eigenvektor von $\hat{B}$ ist, also die Eigenwertgleichung

$$\hat{B}|\phi_n\rangle = b|\phi_n\rangle \tag{4.288}$$

erfüllt. Wir setzen dazu den Ansatz (4.287) in die linke Seite von (4.288) ein und erhalten mit (4.285)

$$\hat{B}|\phi_n\rangle = \hat{B}\sum_{\alpha=1}^{N_n} c_\alpha|\psi_{n,\alpha}\rangle = \sum_{\alpha=1}^{N_n} c_\alpha\hat{B}|\psi_{n,\alpha}\rangle = \sum_{\alpha=1}^{N_n}\sum_{\beta=1}^{N_n} c_\alpha b_{\alpha\beta}|\psi_{n,\beta}\rangle \tag{4.289}$$

Für die rechte Seite von (4.288) ergibt sich

$$b\,|\phi_n\rangle = \sum_{\alpha=1}^{N_n} b c_\alpha\,|\psi_{n,\alpha}\rangle = \sum_{\alpha=1}^{N_n}\sum_{\beta=1}^{N_n} b c_\alpha \delta_{\alpha\beta}\,|\psi_{n,\beta}\rangle \qquad (4.290)$$

Fügen wir diese beiden Ausdrücke entsprechend (4.288) wieder zusammen, dann erhalten wir durch Vergleich der Koeffizienten von $|\psi_{n,\beta}\rangle$ das Gleichungssystem

$$\sum_{\alpha=1}^{N_n} c_\alpha\left(b_{\alpha\beta} - b\delta_{\alpha\beta}\right) = 0 \qquad \text{für} \qquad \beta = 1,\dots,N_n \qquad (4.291)$$

Es handelt sich hierbei um ein lineares homogenes Gleichungssystem für die Koeffizienten c_α. Nichttriviale Lösungen existieren, wenn seine Determinante verschwindet. Diese Forderung liefert dann eine Bestimmungsgleichung für die N_n reellen Eigenwerte[54] b. Mit den Eigenwerten können dann aus dem Gleichungssystem die Koeffizienten und damit die Eigenvektoren $|\phi_{n,\alpha}\rangle$ zum Operator $\hat{B}$ bestimmt werden. Diese Eigenzustände sind wegen (4.287) auch Eigenvektoren des Operators $\hat{A}$ und können anstelle der alten Eigenvektoren $|\psi_{n,\alpha}\rangle$ verwendet werden. Es können jetzt zwei Fälle auftreten:

1. Alle Eigenwerte b_α ($\alpha = 1,\dots,N_n$) sind verschieden. Dann ist die Entartung der N_n Eigenwerte völlig aufgehoben[55].

2. Nicht alle Eigenwerte b_α sind verschieden. Dann kann man noch einen weiteren Operator $\hat{C}$ suchen, welcher mit $\hat{A}$ und mit $\hat{B}$ kommutiert. Die drei Operatoren $\hat{A}$, $\hat{B}$ und $\hat{C}$ haben dann gemeinsame Eigenvektoren. Die Entartung ist aufgehoben, wenn jetzt alle Eigenvektoren eindeutig durch die Vorgabe der Eigenwerte identifizierbar sind. Andernfalls kann man die Prozedur solange fortsetzen, bis die Entartung aufgehoben ist.

4.8.2
Vollständiger Satz vertauschbarer Operatoren

Ein System von vertauschbaren Operatoren, dessen Eigenwerte die Eigenvektoren eindeutig festlegen, nennt man einen vollständigen Satz von vertauschbaren Operatoren.

Beim Wasserstoffatom beispielsweise sind die Eigenvektoren durch die Angabe der Hauptquantenzahl n, der Bahndrehimpulsquantenzahl (Nebenquantenzahl) l und der magnetischen Quantenzahl m eindeutig festgelegt.

---

54) Da der Operator $\hat{B}$ hermitesch ist, müssen seine Eigenwerte natürlich reell sein.

55) Natürlich gehören zu jedem Eigenwert a_n nach wie vor N_n Eigenfunktionen, aber diese besitzen in Bezug auf den Operator $\hat{B}$ unterschiedliche Eigenwerte. Damit sind alle Eigenvektoren anhand des Eigenwertspektrums beider Operatoren eindeutig zu identifizieren.

Das zugehörige vollständige System vertauschbarer Operatoren lautet

$$\hat{H} \qquad \hat{J}^2 \qquad \hat{J}_z \qquad\qquad (4.292)$$

Im Einzelnen sind dies der Reihe nach der Hamilton-Operator, das Quadrat des Drehimpulsoperators und die z-Komponente des Drehimpulses (vgl. Fußnote 58). Wir bemerken, dass man für bestimmte Probleme alternativ mehrere, voneinander linear unabhängige, vollständige Systeme vertauschbarer Operatoren finden kann.

4.9
Verallgemeinerte Unschärferelation

4.9.1
Die Unschärferelation

Wir haben im letzten Abschnitt gesehen, dass vertauschbare Operatoren einen gemeinsamen Satz von Eigenzuständen haben. Das bedeutet aber, dass die Varianz dieser Operatoren gleichzeitig zum Verschwinden gebracht werden kann. Falls also gilt

$$[\hat{A}, \hat{B}] = 0 \qquad\qquad (4.293)$$

und der quantenmechanische Zustand $|\psi\rangle$ des Systems durch einen gemeinsamen Eigenzustand der beiden Operatoren $\hat{A}$ und $\hat{B}$ beschrieben wird, dann folgt sofort aus (4.229)

$$(\Delta A)^2 = 0 \qquad \text{und} \qquad (\Delta B)^2 = 0 \qquad\qquad (4.294)$$

Demnach können bei einer gleichzeitigen Messung der Observablen A und B eines mikroskopischen Systems die Messwerte beider Größen beliebig genau angegeben werden. Natürlich hängt der Ausgang der Messungen und damit die Größe der Varianzen vom Zustand des Systems $|\psi\rangle$ zur Zeit der Messung ab. Aber man kann in jedem Fall ein quantenmechanisches System so präparieren, dass sich die Unschärfe bei der gleichzeitigen Messung von Observablen mit vertauschbaren Operatoren beliebig reduzieren lässt.

Sind die Operatoren dagegen nicht vertauschbar, dann kann man zumindest die Varianz eines dieser Operatoren nicht mehr zum Verschwinden bringen. Wir wollen deshalb nach einer Relation suchen, mit deren Hilfe sich das Verhältnis der Varianzen zweier Observablen bei einer gleichzeitigen Messung abschätzen lässt.

Wir können wegen (4.230) die Streuung der beiden Operatoren $\hat{A}$ und $\hat{B}$ in der Form

$$(\Delta A)^2 = \langle u \,|u\rangle \qquad \text{und} \qquad (\Delta B)^2 = \langle v \,|v\rangle \qquad\qquad (4.295)$$

mit

$$|u\rangle = (\hat{A} - \overline{A})\,|\psi\rangle \qquad \text{und} \qquad |v\rangle = (\hat{B} - \overline{B})\,|\psi\rangle \tag{4.296}$$

schreiben. Dabei ist $|\psi\rangle$ der Systemzustand. Wegen der Schwarz'schen Ungleichung (4.27) gilt

$$\langle u\,|u\rangle\,\langle v\,|v\rangle \geq |\langle u\,|v\rangle|^2 \tag{4.297}$$

und deshalb mit (4.295)

$$(\Delta A)(\Delta B) \geq |\langle u\,|v\rangle| \tag{4.298}$$

Wir können jetzt die rechte Seite dieser Gleichung folgendermaßen umformen

$$(\Delta A)(\Delta B) \geq \left| \underbrace{\frac{\langle u\,|v\rangle + \langle v\,|u\rangle}{2}}_{\alpha\ \text{(rein reell)}} + \underbrace{\frac{\langle u\,|v\rangle - \langle v\,|u\rangle}{2}}_{\mathrm{i}\beta\ \text{(rein imaginär)}} \right| \tag{4.299}$$

Wegen der Eigenschaften des Skalarprodukts[56] ist die hier auftretende Summe α eine reelle Größe, die Differenz β dagegen rein imaginär. Wir können deshalb die Ungleichung (4.299) weiter behandeln

$$(\Delta A)(\Delta B) \geq |\alpha + \mathrm{i}\beta| = \sqrt{\alpha^2 + \beta^2} \geq |\beta| \tag{4.300}$$

und erhalten schließlich

$$(\Delta A)(\Delta B) \geq \frac{1}{2}\,|\langle u\,|v\rangle - \langle v\,|u\rangle| \tag{4.301}$$

Wir müssen jetzt noch die rechte Seite dieser Gleichung unter Beachtung von (4.296) auswerten. Mit den folgenden algebraischen Umformungen bekommen wir

$$\begin{aligned}
\langle u|v\rangle - \langle v|u\rangle &= \big\langle (\hat{A} - \overline{A})\psi\,\big|(\hat{B} - \overline{B})\psi \big\rangle - \big\langle (\hat{B} - \overline{B})\psi\,\big|(\hat{A} - \overline{A})\psi \big\rangle \\
&= \langle\psi|\,(\hat{A} - \overline{A})(\hat{B} - \overline{B}) - (\hat{B} - \overline{B})(\hat{A} - \overline{A})\,|\psi\rangle \\
&= \langle\psi|\,\hat{A}\hat{B} - \hat{A}\overline{B} - \overline{A}\hat{B} + \overline{A}\,\overline{B} - \hat{B}\hat{A} + \hat{B}\overline{A} + \overline{B}\hat{A} - \overline{B}\,\overline{A}\,|\psi\rangle \\
&= \langle\psi|\,\hat{A}\hat{B} - \hat{B}\hat{A}\,|\psi\rangle \\
&= \langle\psi|\,[\hat{A},\hat{B}]\,|\psi\rangle
\end{aligned} \tag{4.302}$$

Die rechte Seite der Ungleichung (4.301) ist demnach der Erwartungswert des Kommutators der beiden Operatoren $\hat{A}$ und $\hat{B}$. Wir erhalten also

$$\langle u|v\rangle - \langle v|u\rangle = \overline{[A,B]} \tag{4.303}$$

[56] siehe Abschnitt 4.2.3.1, insbesondere Gleichung (4.10)

und nach dem Einsetzen in (4.301)

$$(\Delta A)(\Delta B) \geq \frac{1}{2}\left|\overline{[A, B]}\right| \qquad (4.304)$$

Das ist die sogenannte *verallgemeinerte Unschärferelation*. Sie stellt eine generelle Verbindung zwischen den Streuungen ΔA und ΔB zweier Observabler und dem Erwartungswert des Kommutators beider Größen her. Die Streuungen und der Erwartungswert des Kommutators beziehen sich auf den gleichen quantenmechanischen Zustand, sie müssen also experimentell gleichzeitig bestimmt werden.

Wenn die rechte Seite der Unschärferelation – d. h. der Erwartungswert des Kommutators von A und B – nicht verschwindet, dann können (ΔA) und (ΔB) nicht gleichzeitig Null werden. Es gibt damit aber auch zu den Operatoren $\hat{A}$ und $\hat{B}$ keine gemeinsamen Eigenfunktionen. Wird durch eine geeignete Präperation des Quantenzustands erreicht, dass sich das System in einem Eigenzustand eines der beiden Observablen befindet, dann verschwindet zwar die zugehörige Streuung, aber dafür divergiert die Streuung der anderen Observablen.

4.9.2
Beispiele für die Unschärferelation

4.9.2.1 Heisenberg'sche Unschärferelation
Als Observable wird ein Paar kanonisch konjugierter Observabler, also z. B. die x-Koordinate und der zugehörige Impuls betrachtet. Die entsprechenden Operatoren genügen dann wegen (4.146) der Vertauschungsrelation

$$[\hat{p}, \hat{x}] = \frac{\hbar}{i}\hat{1} \qquad (4.305)$$

Hieraus erhalten wir sofort

$$(\Delta p)(\Delta x) \geq \frac{\hbar}{2} \qquad (4.306)$$

Das ist die berühmte, bereits in Abschnitt 2.3.4.2 erwähnte Heisenberg'sche Unschärferelation. Da der Kommutator proportional zum Identitätsoperator ist, wird sein Erwartungswert, also die rechte Seite von (4.304), unabhängig vom Zustand des Quantensystems sein.

4.9.2.2 Kinetische und potentielle Energie
Wir identifizieren jetzt die Operatoren in (4.304) mit der kinetischen und der potentiellen Energie eines Partikels[57]

---

57) Wir betrachten hier nur ein eindimensionales Problem. Die Erweiterung auf den dreidimensionalen Raum ist aber ohne Weiteres möglich.

$$\hat{A} \to \frac{\hat{p}^2}{2m} \qquad \text{und} \qquad \hat{B} \to V(\hat{x}) \tag{4.307}$$

Der Kommutator zwischen diesen beiden Operatoren ist dann

$$[\hat{A}, \hat{B}] = \frac{1}{2m} \left(\hat{p} \left[\hat{p}, V(\hat{x}) \right] + \left[\hat{p}, V(\hat{x}) \right] \hat{p} \right) \tag{4.308}$$

Mit (4.160) erhalten wir außerdem

$$[\hat{p}, V(\hat{x})] = -i\hbar \frac{dV(\hat{x})}{d\hat{x}} = -i\hbar V'(\hat{x}) \tag{4.309}$$

Damit können wir den Erwartungswert des Kommutators in der Ortsdarstellung bestimmen. Wir erhalten:

$$\overline{\left[\frac{\hat{p}^2}{2m}, V(\hat{x}) \right]} = -\int_{-\infty}^{\infty} dx\, \psi^*(x) \frac{\hbar^2}{2m} \left(\frac{d}{dx} V'(x) + V'(x) \frac{d}{dx} \right) \psi(x)$$

$$= -\int_{-\infty}^{\infty} dx\, \psi^*(x) \frac{\hbar^2}{2m} \left(V''(x) + 2V'(x) \frac{d}{dx} \right) \psi(x) \tag{4.310}$$

Die Unschärfe bei einer gleichzeitigen Bestimmung der kinetischen und der potentiellen Energie ist dann also durch die Relation

$$(\Delta E_{\text{kin}}) (\Delta E_{\text{pot}}) \geq \frac{\hbar^2}{4m} \left| \int_{-\infty}^{\infty} \psi^*(x) \left(V'' + 2V' \frac{d}{dx} \right) \psi(x) dx \right| \tag{4.311}$$

festgelegt. In diesem Fall hängt die Unschärfe vom jeweiligen Zustand $|\psi\rangle$ des Systems ab.

4.9.2.3 **Komponenten des Drehimpulses**
Wir wählen als Observablen die x- und y-Komponente des Drehimpulsoperators $\hat{J}$[58]. Dann erhalten wir wegen (4.153)

$$[\hat{J}_x, \hat{J}_y] = i\hbar \hat{J}_z \tag{4.312}$$

und deshalb die Unschärferelation

$$(\Delta J_x) (\Delta J_y) \geq \frac{\hbar}{2} |\overline{J}_z| \tag{4.313}$$

Auch hier hängt die Unschärferelation vom Zustand des Systems ab, an dem die Messungen ausgeführt werden.

---

58) Mit $\hat{L}$ wird üblicherweise der Operator des Bahndrehimpulses und mit $\hat{J}$ der Operator des Gesamtdrehimpulses bezeichnet. Beide Drehimpulsoperatoren erfüllen, ebenso wie der in Abschnitt 9.2 eingeführte Operator des Spins $\hat{s}$, Vertauschungsrelationen der Struktur (4.153).

4.9.2.4 Energie-Zeitunschärfe

Nach (4.274) wird die zeitliche Änderung des Erwartungswerts der Observablen A durch die Gleichung

$$\frac{d}{dt}\overline{A} = \frac{i}{\hbar} \langle \psi(t)| [\hat{H}, \hat{A}] |\psi(t)\rangle + \langle \psi(t)| \frac{\partial \hat{A}}{\partial t} |\psi(t)\rangle \tag{4.314}$$

bestimmt. Wir werden im Folgenden annehmen, dass die Operatoren $\hat{H}$ und $\hat{A}$ nicht explizit von der Zeit abhängen. Dann ist die allgemeine Unschärferelation für die Observable A und die Energie $E = H$ des jeweiligen quantenmechanischen Systems nach (4.304) gegeben durch

$$(\Delta A)(\Delta E) \geq \frac{1}{2} \left| \overline{[\hat{A}, \hat{H}]} \right| \tag{4.315}$$

Aus (4.314) erhalten wir wegen der vorausgesetzten expliziten Zeitunabhängigkeit des Operators $\hat{A}$

$$\overline{[\hat{H}, \hat{A}]} = -i\hbar \frac{d}{dt}\overline{A} \tag{4.316}$$

Wir setzen diesen Ausdruck in (4.315) ein

$$(\Delta A)(\Delta E) \geq \frac{\hbar}{2} \left| \frac{d\overline{A}}{dt} \right| \tag{4.317}$$

und dividieren durch $|d\overline{A}/dt|$. Damit bekommen wir

$$\frac{\Delta A}{\left| \frac{d}{dt}\overline{A} \right|} \Delta E \geq \frac{\hbar}{2} \tag{4.318}$$

Mit der Zeitskala

$$\Delta t_A = \frac{\Delta A}{\left| \frac{d}{dt}\overline{A} \right|} \tag{4.319}$$

erhalten wir dann die *Energie-Zeit-Unschärferelation*

$$\Delta t_A \Delta E \geq \frac{\hbar}{2} \tag{4.320}$$

Die physikalische Interpretation dieser Unschärferelation wird durch die Bedeutung der Zeitskala Δt_A bestimmt. Es handelt sich hierbei um eine charakteristische Evolutionszeit für die Veränderung des Erwartungswerts der Observablen A um die Größenordnung der Schwankung ΔA bezogen auf den jeweiligen Zustand $|\psi(t)\rangle$. Die Energie-Zeit-Unschärferelation hat damit einen ganz anderen Charakter als die bisher betrachteten Unschärferelationen: In (4.304) entsprechen die beiden Operatoren $\hat{A}$ und $\hat{B}$ dynamischen Variablen im Sinne von Observablen. Bei der Energie-Zeit-Unschärferelation hingegen ist der Hamilton-Operator $\hat{H}$ zwar ebenfalls eine solche dynamische Variable, aber die Zeit hat keine Operatoreigenschaft und muss als Parameter verstanden werden.

Zur Illustration wollen wir die freie, eindimensionale Bewegung eines Wellenpakets betrachten. Das Wellenpaket besteht aus einer Überlagerung von ebenen Wellen mit Wellenvektoren aus einem Wertebereich Δk. Diese Ausdehnung entspricht einer Breite Δp im Impulsraum und diese wiederum der Energieunschärfe ΔE. Im Ortsraum hat das Wellenpaket eine Breite Δx und breitet sich mit der Gruppengeschwindigkeit v aus. Die Zeitunschärfe Δt_A ist dann die Zeitspanne, die das Wellenpakt im Ortsraum benötigt, um an einer Apparatur zur Messung seiner Breite Δx vorbeizulaufen.

Als weiteres Beispiel betrachten wir die sog. Lebensdauerverbreiterung der Emissionlinie eines Atoms. Liegt das Atom in einem Eigenzustand vor und wird es nicht durch eine Störung beeinflusst, so bleibt es unendlich lange in diesem Zustand. Der Operator $\hat{A}$, der die Wahrscheinlichkeit beschreibt, das Atom in einem bestimmten Eigenzustand zu finden, ist der Projektionsoperator auf diesen Zustand. In der geschilderten Situation ist sein Erwartungswert 1 unabhängig von der Zeit, das System bleibt unendlich lange in diesem Zustand. Die Zeitunschärfe ist unendlich und die Energieunschärfe null, d. h. die beobachtete Spektrallinie ist unendlich scharf. Stören wir das Atom beispielsweise durch ein zeitabhängiges elektrisches Feld, dann ist sein Zustand eine Überlagerung aus dem angeregten Zustand und dem Grundzustand des Atoms. Liegt das Atom anfänglich in seinem angeregten Zustand vor, dann wird im Laufe der Zeit der Anteil des Grundzustands in der Wellenfunktion größer und der Anteil des angeregten Zustands kleiner. Man kann als Lebensdauer Δt_A diejenige Zeit definieren, nach der die Auenthaltswahrscheinlichkeit im angeregten Zustand auf den Faktor e^{-1} abgefallen ist. Die entsprechende Energieunschärfe zeigt sich als sog. Lebensdauerverbreiterung der Spektrallinie. Für die Berechnung dieses Zerfalls verwendet man Methoden der Störungstheorie[59].

4.9.3
*Zustände minimaler Unschärfe

Die Unschärferelation wird wesentlich von dem quantenmechanischen Zustand bestimmt, in dem sich das jeweils untersuchte System befindet. Insbesondere wollen wir fragen, wie das System präpariert sein muss, damit die Unschärfe bei der gleichzeitigen Messung zweier Observablen minimal wird. Das bedeutet, dass wir jetzt nach den Bedingungen fragen, unter welchen in der Unschärferelation das Gleichheitszeichen gilt.

---

59) vgl. Kapitel 7

Zunächst muss bei der Ableitung der Unschärferelation in der Schwarz'-schen Ungleichung (4.27) das Gleichheitszeichen stehen. Das ist dann und nur dann der Fall, wenn die beiden Vektoren $|u\rangle$ und $|v\rangle$ in (4.297) parallel sind. Wegen (4.296) erhalten wir daraus die Forderung

$$|u\rangle = c\,|v\rangle \qquad \text{also} \qquad (\hat{A} - \overline{A})\,|\psi\rangle = c(\hat{B} - \overline{B})\,|\psi\rangle \tag{4.321}$$

mit einer beliebigen komplexen Zahl c. Doch nicht nur diese Bedingung muss erfüllt sein, es muss auch noch die reelle Zahl α verschwinden, siehe (4.299). Damit erhalten wir die Forderung

$$2\alpha = \langle u|v\rangle + \langle v|u\rangle = 0 \tag{4.322}$$

und mit (4.321)

$$\langle cv|v\rangle + \langle v|cv\rangle = (c^* + c)\,\langle v|v\rangle = 0 \tag{4.323}$$

Diese Gleichung besitzt zwei Lösungen. Einerseits kann der Zustand $|v\rangle$ ein Nullvektor sein, also $|v\rangle = |0\rangle$ und damit wegen (4.321) auch $|u\rangle = |0\rangle$. Deshalb erhalten wir die beiden Bedingungsgleichungen

$$\hat{B}\,|\psi\rangle = \overline{B}\,|\psi\rangle \qquad \text{und} \qquad \hat{A}\,|\psi\rangle = \overline{A}\,|\psi\rangle \tag{4.324}$$

Dies ist der Fall, wenn beide Operatoren gemeinsame Eigenfunktionen haben. Dann kann man aber zeigen, dass beide Operatoren kommutieren müssen. Zu diesem Zweck wenden wir den Operator $\hat{A}$ auf die erste der Gleichungen (4.324) an und erhalten unter Verwendung der zweiten Gleichung

$$\hat{A}\hat{B}\,|\psi\rangle = \overline{B}\hat{A}\,|\psi\rangle = \overline{BA}\,|\psi\rangle \tag{4.325}$$

Wenden wir umgekehrt $\hat{B}$ auf die zweite Gleichung an, dann gelangen wir zu

$$\hat{B}\hat{A}\,|\psi\rangle = \overline{A}\hat{B}\,|\psi\rangle = \overline{AB}\,|\psi\rangle \tag{4.326}$$

Die Subtraktion der Gleichung (4.326) von (4.325) liefert

$$(\hat{A}\hat{B} - \hat{B}\hat{A})\,|\psi\rangle = 0 \qquad \text{und deshalb} \qquad [\hat{A}, \hat{B}] = 0 \tag{4.327}$$

Die zweite Lösung von (4.323) erfordert $c + c^* = 0$ und liefert

$$c = -i\gamma \tag{4.328}$$

Dabei ist γ eine reelle Zahl, d. h. c muss rein imaginär sein. Damit erhalten wir aus (4.321) die folgende Gleichung für den Zustand $|\psi\rangle$:

$$(\hat{A} + i\gamma\hat{B})\,|\psi\rangle = (\overline{A} + i\gamma\overline{B})\,|\psi\rangle \tag{4.329}$$

Erfüllt der Zustand $|\psi\rangle$ diese Gleichung, dann gilt in der Unschärferelation das Gleichheitszeichen. Die Lösung von (4.329) liefert dann den gesuchten Zustand minimaler Unschärfe.

Wir wollen diese Überlegungen nutzen, um den Zustand eines Teilchen zu bestimmen, für den die gleichzeitige Messung von Ort und Impuls die geringste Streuung aufweist. Wir wählen für die Operatoren $\hat{A} = \hat{x}$ und $\hat{B} = \hat{p}$ die Ortsdarstellung

$$\hat{A} = x \qquad \text{und} \qquad \hat{B} = \frac{\hbar}{i}\frac{d}{dx} \tag{4.330}$$

Da $\hat{x}$ und $\hat{p}$ nicht miteinander kommutieren, müssen wir die Zustände minimaler Unschärfe über die Gleichung (4.329) bestimmen. In unserem speziellen Fall muss daher

$$\left(x + i\gamma\frac{\hbar}{i}\frac{d}{dx}\right)\psi(x) = (\bar{x} + i\gamma\bar{p})\,\psi(x) \tag{4.331}$$

sein. Die Umformung von (4.331) liefert

$$\frac{i}{\hbar}\left\{\frac{x - \bar{x}}{i\gamma} - \bar{p}\right\} = -\frac{1}{\psi(x)}\frac{d\psi(x)}{dx} = -\frac{d\ln\psi(x)}{dx} \tag{4.332}$$

Die Integration von (4.332) führt dann auf

$$\ln\frac{\psi(x)}{N} = -\frac{i}{\hbar}\left\{\frac{(x - \bar{x})^2}{2i\gamma} - \bar{p}x\right\} \tag{4.333}$$

mit der Integrationskonstanten N. Hieraus erhalten wir die vorerst noch nicht normierte Wellenfunktion

$$\psi(x) = Ne^{-\frac{i}{\hbar}\left\{\frac{(x-\bar{x})^2}{2i\gamma} - \bar{p}x\right\}} \tag{4.334}$$

Die noch offene Integrationskonstante wird jetzt zur Normierung von $\psi(x)$ benutzt. Dazu muss das Integral

$$\int_{-\infty}^{\infty}\psi^*(x)\psi(x)dx = |N|^2\int_{-\infty}^{\infty}dx\,e^{-\frac{(x-\bar{x})^2}{\gamma\hbar}} \tag{4.335}$$

bestimmt werden. Wir erhalten die Normierungsbedingung

$$\int_{-\infty}^{\infty}\psi^*(x)\psi(x)dx = |N|^2\sqrt{\pi\hbar\gamma} = 1 \tag{4.336}$$

Damit gelangen wir schließlich zu der normierten Wellenfunktion

$$\psi(x) = \sqrt[4]{\frac{1}{\pi\hbar\gamma}}\exp\left\{-\frac{(x - \bar{x})^2}{2\gamma\hbar} + \frac{i}{\hbar}\bar{p}x\right\} \tag{4.337}$$

welche die Zustände minimaler Unschärfe beschreibt. Wir wollen abschließend aus dieser Wellenfunktion auf die Unschärferelation schließen. Wegen

(4.321) lauten die beiden Zustandsvektoren $|u\rangle$ und $|v\rangle$ aus (4.296) folgendermaßen:

$$|u\rangle = (\hat{x} - \bar{x}) |\psi\rangle \qquad \text{und} \qquad |v\rangle = \frac{\mathrm{i}}{\gamma}(\hat{x} - \bar{x}) |\psi\rangle \tag{4.338}$$

Daraus erhalten wir das Skalarprodukt

$$\langle u|v\rangle = \frac{\mathrm{i}}{\gamma} \int_{-\infty}^{\infty} (x - \bar{x})^2 \psi^*(x)\psi(x)\, dx \tag{4.339}$$

und mit der expliziten Verwendung der Wellenfunktion (4.337)

$$\langle u|v\rangle = \mathrm{i}\sqrt{\frac{1}{\pi\hbar\gamma^3}} \int_{-\infty}^{\infty} (x - \bar{x})^2 \mathrm{e}^{-\frac{(x-\bar{x})^2}{\hbar\gamma}}\, dx = \frac{\mathrm{i}\hbar}{2} \tag{4.340}$$

Andererseits wissen wir, dass wegen (4.295), (4.321), (4.328) und (4.340) gilt:

$$(\Delta x)^2 = \langle u\,|u\rangle = -\mathrm{i}\gamma\,\langle u\,|v\rangle = \frac{\gamma\hbar}{2} \tag{4.341}$$

Weiter ist wegen derselben Gleichung

$$(\Delta p)^2 = \langle v\,|v\rangle = -\frac{\mathrm{i}}{\gamma}\,\langle u\,|v\rangle = \frac{\hbar}{2\gamma} \tag{4.342}$$

Hieraus folgt sofort die Beziehung

$$\|u\|\|v\| = |\,\langle u\,|v\rangle\,| \qquad \text{und damit} \qquad \Delta x \Delta p = \frac{\hbar}{2} \tag{4.343}$$

Wenn wir dieses Ergebnis mit der Schwarz'schen Ungleichung (4.297) vergleichen, dann sehen wir, dass wie erwartet hier das Gleichheitszeichen vorliegt und damit der durch die Wellenfunktion (4.337) beschriebene Zustand tatsächlich von minimaler Unschärfe bezüglich der gleichzeitigen Messung von Ort und Impuls ist. Der freie Parameter $\gamma > 0$ legt dabei fest, wie die Unschärfe auf x und p verteilt wird.

4.9.4
Diskussion der Unschärferelation

Nach der Unschärferelation können zwei Observable, denen nichtvertauschbare Operatoren zugeordnet sind, nicht gleichzeitig scharf gemessen werden.

Insbesondere gilt dies für den Ort x und den Impuls p eines Teilchens. Wenn man aber Ort und Impuls eines Teilchens nicht gleichzeitig scharf angeben kann, ist es nicht mehr sinnvoll, von einer Bahn zu sprechen. Wie wir bereits bemerkt hatten, ist deshalb z. B. das Bohr'sche Atommodell widersprüchlich.

Wir wollen im Folgenden zwei klassische Beispiele diskutieren, aus denen die Konsequenzen der Unschärferelation für makroskopische Experimente hervorgehen.

4.9.4.1 Elektronenbeugung am Spalt

Wir betrachten einen Elektronenstrahl, der auf einen Schirm mit einem Spalt der Breite Δx gerichtet ist. Die Anlage ist so konzipiert, dass die Elektronen sich vor dem Schirm mit einem festen Impuls p_0 in Richtung der z-Achse eines geeignet gewählten Koordinatensystems bewegen (Abb. 4.3). Der Spalt liegt in der x-y-Ebene; in y-Richtung ist er unendlich lang, in x-Richtung aber auf das Intervall $[-\Delta x/2, \Delta x/2]$ beschränkt. Wir können den einfallenden Elektronenstrahl so präparieren, dass vor dem Schirm der Elektronenimpuls in x-Richtung sicher verschwindet, also $p_x = 0$ gilt[60].

Treffen die Elektronen auf den Spalt, dann erhalten wir eine zusätzliche Information über den Ort: Jedes Elektron, das durch den Spalt dringt, muss in dem Intervall $[-\Delta x/2, \Delta x/2]$ gewesen sein. Damit ist aber wegen der Heisenberg'schen Unschärferelation der Impuls in x-Richtung mit einer Unschärfe in der Größenordnung $\Delta p_x \sim \hbar/\Delta x$ behaftet. Hinter dem Spalt sollten also Elektronen beobachtet werden, deren Flugrichtung nicht mehr nur in z-Richtung zeigt, sondern auch Anteile in x-Richtung besitzt.

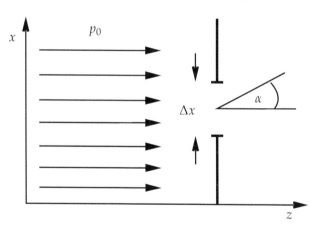

Abb. 4.3 Elektronen treffen auf Spalt

Andererseits kann man dieses Ergebnis auch gut im Rahmen der Wellenmechanik erklären. Den entlang der z-Achse mit dem Impuls p_0 einfallenden

---

60) Daher wissen wir wegen der Unschärferelation überhaupt nicht, an welcher Stelle in x-Richtung sich das Elektron vor dem Auftreffen auf den Schirm befindet.

Elektronen ist gemäß de Broglie eine Welle der Wellenlänge

$$\lambda = \frac{2\pi}{k}\frac{\hbar}{\hbar} = \frac{2\pi}{p_0}\hbar \qquad (4.344)$$

zuzuordnen. Wenn diese Elektronenwellen auf einen Spalt der Breite Δx treffen, werden sie gebeugt. Das erste Beugungsminimum findet man für[61]

$$\sin\alpha = \frac{\lambda}{\Delta x} \qquad (4.345)$$

Dann treten aber hinter dem Schirm in x-Richtung Impulsüberträge der Größenordnung

$$\Delta p_x \sim p_0\sin\alpha = \frac{p_0\lambda}{\Delta x} = \frac{p_0 2\pi\hbar}{\Delta x p_0} = \frac{2\pi\hbar}{\Delta x} = \frac{h}{\Delta x} \qquad (4.346)$$

auf. Die aus der de Broglie-Theorie ableitbare Unschärferelation für die Beugung von Elektronen an einem Spalt ist dann gegeben durch

$$\Delta p_x \Delta x \sim h \qquad (4.347)$$

Diese Abschätzung ist konsistent zu den aus der Heisenberg'schen Unschärferelation abgeleiteten Aussagen.

4.9.4.2 **Beobachtung eines Elektrons in einem Mikroskop**

Die Elektronen kommen mit definiertem Impuls p_0 entlang der x-Achse an. Entlang der negativen x-Richtung werden Photonen eingestrahlt. Durch Streuung der Photonen an den Elektronen gelangen die Photonen in das Mikroskop und führen damit zu einer Beobachtung des Elektrons. Nach E. Abbe können in einem Mikroskop, das mit Licht der Wellenlänge λ betrieben wird, nur Abstände aufgelöst werden, die größer sind als

$$\Delta_0 = \frac{\lambda}{2\sin\Phi} \qquad (4.348)$$

Dabei ist Φ der Öffnungswinkel des Mikroskops[62] (Abb. 4.4). Der Elektronenort kann deshalb bei vorgegebenen Öffnungswinkel Φ und vorgegebener

---

61) siehe Band II, Abschnitt 11.2.2
62) Wir gehen davon aus, dass die Messung in Vakuum erfolgt, ansonsten würde in der Abbe'schen Formel (4.348) noch die Brechzahl n auftreten. Das Auflösungsvermögen kann man sich qualitativ so erklären, dass zur Verifikation eines Objekts der Länge Δ_0 mindestens das erste Beugungsminimum von der Linsenöffnung erfasst werden muss. Daraus ergibt sich mit (4.345) für den Öffnungswinkel $\Delta_0\sin\Phi = \lambda$, womit wir bis auf einen unwesentlichen Faktor die Abbe'sche Formel abgeleitet haben.

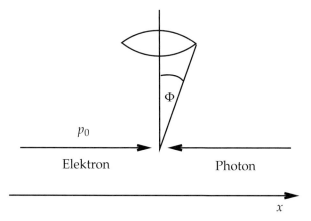

Abb. 4.4 Elektron im Mikroskop

Wellenlänge im Rahmen des Auflösungsvermögens bestimmt werden, d. h. die Ortsbestimmung des Elektrons ist durch die Positionsunschärfe

$$\Delta x \approx \frac{\lambda}{2 \sin \Phi} \qquad (4.349)$$

beschränkt. Das Elektron wird im Mikroskop abgebildet, weil an ihm ein Photon gestreut wird und durch die Linse gelangt. Die Impulsänderung der Elektronen und Photonen wird durch die Compton-Streuung bestimmt[63]. Über die Impulsrichtung des beobachteten Photons ist nach der Streuung am Elektron nur bekannt, dass sie innerhalb des Öffnungswinkels des Mikroskops liegen muss. Die Impulsunschärfe des Photons ist deshalb

$$\Delta p_x = 2 \frac{\hbar \omega}{c} \sin \Phi = \frac{4\pi\hbar}{\lambda} \sin \Phi \qquad (4.350)$$

Wegen der Impulsübertragung des Photons auf das Elektron ist aber letzteres mit derselben Impulsunschärfe versehen. Mit (4.349) erhalten wir dann für das beobachtete Elektron

$$\Delta p_x \Delta x = 2\pi\hbar = h \qquad (4.351)$$

Auch in diesem Beispiel erfüllt die Abschätzung der Orts- und Impulsunschärfen die Heisenberg'sche Unschärfenrelation.

4.10
Wahrscheinlichkeiten in der Quantenmechanik

Wahrscheinlichkeiten bzw. Wahrscheinlichkeitsdichten als grundlegende Größen eines mikroskopischen Systems stehen für den probabilistischen

---

63) siehe Abschnitt 2.1.3

Aspekt der Quantenmechanik. Bereits bei der heuristischen Einführung in die Quantenmechanik hatten wir bei der Untersuchung von Wellenpaketen in Abschnitt 2.3.2.2 festgestellt, dass diese Objekte nicht als lokalisierte Materie- oder Ladungsdichten identifiziert werden können, die das aus makroskopischer Sicht punktförmige Teilchen auf mikroskopischen Skalen durch ein kontinuierliches Feld ersetzen. Nach der Born'schen Wahrscheinlichkeitsinterpretation der Wellenfunktion muss der Ausdruck

$$dW(x,t) = |\psi(x,t)|^2 dx = w(x,t)dx \qquad (4.352)$$

als Wahrscheinlichkeit verstanden werden: Das Teilchen ist mit der Wahrscheinlichkeit $dW(x,t)$ im Bereich zwischen x und $x + dx$ zu finden, wobei $w(x,t)$ die zugehörige Wahrscheinlichkeitsdichte darstellt.

In Abschitt 4.6 haben wir gezeigt, dass die Eigenwerte eines hermiteschen Operators $\hat{A}$ die möglichen Messwerte bei jeder Messung der Observablen A darstellen. Weiter hatten wir in diesem Abschnitt argumentiert, dass die Wahrscheinlichkeit, bei der Messung der Observablen A an einem System im Zustand $|\psi\rangle$ den Eigenwert a_n als Messwert zu finden, durch $|\langle n|\psi\rangle|^2$ gegeben ist, d. h. durch das Quadrat der Entwicklungskoeffizienten des Zustands $|\psi\rangle$ nach den Eigenzuständen des Operators $\hat{A}$. Der Erwartungswert $\overline{A}$ der Observablen A ergibt sich dann nach (4.233) durch Summation über die Messwerte a_n, gewichtet mit der Wahrscheinlichkeit ihres Auftretens:

$$\overline{A} = \sum_n a_n |\langle n|\psi\rangle|^2 = \langle\psi|\hat{A}|\psi\rangle \qquad (4.353)$$

Dieser Rückblick zeigt, dass Aussagen über Messwerte und die Wahrscheinlichkeiten ihres Auftretens zwei Arten von Größen erfordern. Die eine, der Zustandsvektor $|\psi\rangle$, enthält Informationen über den Zustand des Systems, die andere, die Observable A bzw. der ihr zugeordnete hermitesche Operator $\hat{A}$, enthält Informationen über die Eigenwerte der zu messenden Größe, d.h. über die Menge der möglichen Messwerte.

In den nächsten Abschnitten werden wir uns mit zwei alternativen Beschreibungen des Wahrscheinlichkeitsaspekts innerhalb der Quantenmechanik befassen. Einerseits werden wir auf der Basis des Dichteoperators den quantenmechanischen Zustand als primäre Größe interpretieren. Die Kenntnis des Dichteoperators erlaubt dann die Bestimmung von Erwartungswerten beliebiger Observablen für jeweils einen definierten Zustand. Andererseits werden wir uns einer Beschreibung der quantenmechanischen Wahrscheinlichkeit zuwenden, bei der das Spektrum des jeweiligen Operators im Vordergrund steht. Hier benutzen wir den Begriff der charakteristischen Funktion. Die Kenntnis dieser Funktion für einen bestimmten Operator erlaubt die Berechnung der Erwartungswerte für jeden beliebigen Zustand.

4.10.1

Dichteoperator

Der quantenmechanische Zustand eines Systems wird durch den Zustands-vektor $|\psi\rangle$ beschrieben. Bei einer einzelnen Messung der Observablen A an einem System im Zustand $|\psi\rangle$ wird einer der Eigenwerte a_n des ihr zugeord-neten Operators $\hat{A}$ gemessen (vgl. Abschnitt 4.6). Die Wahrscheinlichkeit, mit der die Beobachtung des Messwerts a_n realisiert wird, ist durch

$$w_n = |\langle n\,|\psi\rangle\,|^2 \tag{4.354}$$

gegeben; $|n\rangle$ ist dabei der Eigenzustand des Operators $\hat{A}$ zum Eigenwert a_n. Im Fall eines kontinuierlichen Spektrums müssen wir die Wahrscheinlichkeit w_n durch eine Wahrscheinlichkeitsdichte ersetzen. So ist diese Wahrschein-lichkeitsdichte für eine Messung des Orts x des Teilchens unter Verwendung der Ortsdarstellung des Zustands durch

$$w(x) = \psi^*(x)\psi(x) \tag{4.355}$$

gegeben[64]. Wir wollen jetzt einen Ausdruck für die Wahrscheinlichkeit bzw. für die Wahrscheinlichkeitsdichte finden, ohne auf eine spezielle Darstellung Bezug nehmen zu müssen. Dazu formen wir (4.354) etwas um:

$$w_n = \langle n\,|\psi\rangle\,\langle\psi\,|n\rangle = \langle n|\,\hat{\rho}\,|n\rangle \tag{4.356}$$

Der hierin auftretende Dichteoperator[65]

$$\hat{\varrho} = |\psi\rangle\,\langle\psi| = \hat{P}_\psi \tag{4.357}$$

stimmt mit mit dem Projektionsoperator $\hat{P}_\psi$ auf den Zustand $|\psi\rangle$ überein. Der Erwartungswert des Dichteoperators $\hat{\rho}$ bezüglich irgendeines Eigenzustands $|a\rangle$ des Operators $\hat{A}$ ist dann die Wahrscheinlichkeit, den zu diesem Eigenzu-stand gehörenden Eigenwert a zu messen. Wir erhalten damit also

$$w(a) = \langle a|\,\hat{\rho}\,|a\rangle \tag{4.358}$$

mit $\hat{A}\,|a\rangle = a\,|a\rangle$. Im Fall eines diskreten Spektrums ist $w(a)$ die Wahrschein-lichkeit, den Messwert a zu beobachten. Ist das Spektrum kontinuierlich, dann ist $w(a)$ eine Wahrscheinlichkeitsdichte.

Der Erwartungswert der Observablen $\hat{A}$ ist dann im Fall eines diskreten Spektrums wegen (4.353) einerseits gegeben durch

$$\overline{A} = \sum_n a_n w_n = \sum_n \langle\psi\,|n\rangle\,a_n\,\langle n\,|\psi\rangle = \langle\psi|\,\hat{A}\,|\psi\rangle \tag{4.359}$$

---

[64]) siehe Abschnitt 3.3

[65]) Der hier eingeführte Dichteoperator enthält dieselbe Information wie der Zustandsvektor und beschreibt eine sogenannte reine Ge-samtheit. Der allgemeinere Dichteoperator für gemischte Gesamt-heiten wird in Kapitel 11 dieses Bands und insbesondere in Band V dieser Lehrbuchreihe eingeführt.

wobei wir im letzten Schritt die Spektraldarstellung (4.131) des Operators $\hat{A}$ verwendet haben, andererseits können wir aber auch schreiben

$$\overline{A} = \sum_n \langle n | \, [|\psi\rangle \langle\psi| \, a_n] \, |n\rangle = \sum_n \langle n | \hat{\rho}\hat{A} | n\rangle = \mathrm{Sp}\,\hat{\rho}\hat{A} \qquad (4.360)$$

Dabei umfasst die im letzten Ausdruck eingeführte Spurbildung zunächst die Summation über alle aus den Eigenzuständen des Operators $\hat{A}$ gebildeten diagonalen Matrixelemente des Operatorprodukts $\hat{\rho}\hat{A}$. Tatsächlich ist aber die Bildung der Spur auch mit jedem anderen vollständigen Basissystem möglich. So erhalten wir mit der neuen Basis $|\alpha\rangle$

$$\sum_n \langle n | \hat{\rho}\hat{A} | n\rangle = \sum_{n,\alpha,\alpha'} \langle n | \alpha\rangle \langle \alpha | \hat{\rho}\hat{A} | \alpha'\rangle \langle \alpha' | n\rangle$$

$$= \sum_{\alpha,\alpha'} \langle \alpha | \hat{\rho}\hat{A} | \alpha'\rangle \sum_n \langle \alpha' | n\rangle \langle n | \alpha\rangle \qquad (4.361)$$

und deshalb

$$\sum_n \langle n | \hat{\rho}\hat{A} | n\rangle = \sum_{\alpha,\alpha'} \langle \alpha | \hat{\rho}\hat{A} | \alpha'\rangle \delta_{\alpha,\alpha'} = \sum_\alpha \langle \alpha | \hat{\rho}\hat{A} | \alpha\rangle \qquad (4.362)$$

Die Bildung der Spur hängt damit nicht von der gewählten Basis ab. Die Darstellung des Erwartungswerts als Spur lässt sich problemlos auf Operatoren mit einem kontinuierlichen oder gemischten Spektrum erweitern. In diesem Fall ist lediglich die Summation durch eine entsprechende Integration zu ersetzen.

4.10.2
*Wahrscheinlichkeitsoperator für Observable

Der hier eingeführte Dichteoperator ist direkt durch den quantenmechanischen Zustand des Systems bestimmt und beschreibt somit auch den Systemzustand. Die zu messende Observable kam in (4.356) erst über ihre Eigenzustände ins Spiel. Wie oben erwähnt, wollen wir uns jetzt einer zweiten Formulierung zuwenden, bei der die Wahrscheinlichkeitsdichte durch einen Operator ausgedrückt wird, der ausschließlich von der jeweils zu messenden Observablen anhängt und unabhängig vom aktuellen Quantenzustand $|\psi\rangle$ des Systems ist. Der Systemzustand $|\psi\rangle$ wird erst bei der expliziten Berechnung der Wahrscheinlichkeiten benötigt. Diese Formulierung benutzt den aus der Wahrscheinlichkeitstheorie bekannten Begriff der charakteristische Funktion. Wir werden deshalb im nächsten Abschnitt mit einer Zusammenfassung der in diesem Zusammenhang relevanten Formeln beginnen.

4.10.2.1 *Klassische charakteristische Funktion und Wahrscheinlichkeitsdichte
Um ein tieferes Verständnis für die zustandsfreie Schreibweise der Wahrscheinlichkeitsverteilung zu gewinnen, benutzen wir deren charakteristische

Funktion. Dazu nehmen wir an, $w(a)$ sei die Wahrscheinlichkeitsdichte dafür, den Wert a zu finden. Dann ist

$$\overline{a^n} = \int_{-\infty}^{\infty} a^n w(a) \, da \tag{4.363}$$

das n-te Moment und

$$F(\beta) = \int_{-\infty}^{\infty} e^{i\beta a} w(a) \, da \tag{4.364}$$

die *charakteristische Funktion* der Verteilungsfunktion $w(a)$. Daraus erhalten wir die Momente gemäß

$$\overline{a^n} = \left(-i \frac{\partial}{\partial \beta} \right)^n F(\beta)|_{\beta=0} \tag{4.365}$$

Deshalb lautet die Taylor-Entwicklung der charakteristischen Funktion

$$F(\beta) = \sum_{n=0}^{\infty} \overline{a^n} \frac{(i\beta)^n}{n!} \tag{4.366}$$

Durch Umkehrung von (4.364) erhalten wir die Wahrscheinlichkeitsverteilung als lineares Funktional der charakteristischen Funktion:

$$w(a) = \frac{1}{2\pi} \int e^{-i\beta a} F(\beta) \, d\beta \tag{4.367}$$

Wenn wir hier wieder (4.364) einsetzen, erhalten wir nacheinander

$$\begin{aligned}
w(a) &= \frac{1}{2\pi} \int d\beta \, e^{-i\beta a} \int da' \, e^{i\beta a'} w(a') \\
&= \int da' \, w(a') \frac{1}{2\pi} \int d\beta \, e^{-i\beta(a-a')} \\
&= \int da' \, w(a') \, \delta(a - a') \\
&= \overline{\delta(a - a')}
\end{aligned} \tag{4.368}$$

Die Wahrscheinlichkeitsdichte erhält man somit als (klassischen) Erwartungswert der δ-Funktion. Im folgenden Abschnitt werden wir die analogen Schritte für den qantenmechanischen Fall durchführen.

4.10.2.2 *Quantenmechanische charakteristische Funktion und Operator für die Wahrscheinlichkeitsdichte

In der Quantenmechanik sind die Momente einer Observablen A im Zustand $|\psi\rangle$ durch die Erwartungswerte der Potenzen des zugeordneten Operators $\hat{A}$ gegeben:

$$\overline{\hat{A}^n} = \langle \psi | \hat{A}^n | \psi \rangle \tag{4.369}$$

Damit können wir nach (4.364) die charakteristische Funktion der Observablen A ausdrücken:

$$F(\beta) = \langle \psi | e^{i\beta\hat{A}} | \psi \rangle \tag{4.370}$$

Die Mittelwerte von Potenzen des Operators $\hat{A}$ lassen sich dann schreiben als

$$\overline{\hat{A}^n} = \left(-i\frac{d}{d\beta}\right)^n F(\beta)\big|_{\beta=0} \tag{4.371}$$

Damit erhalten wir für die Taylor-Entwicklung der charakteristischen Funktion

$$F(\beta) = \sum_{n=0}^{\infty} \overline{\hat{A}^n} \frac{(i\beta)^n}{n!} = \langle \psi | \sum_{n=0}^{\infty} \hat{A}^n \frac{(i\beta)^n}{n!} | \psi \rangle \tag{4.372}$$

Durch Fourier-Transformation entsprechend (4.367) erwarten wir dann die Wahrscheinlichkeitsverteilung. Wir bekommen deshalb mit (4.370)

$$w(a) = \frac{1}{2\pi} \int e^{-i\beta a} F(\beta) \, d\beta = \frac{1}{2\pi} \int e^{-i\beta a} \langle \psi | e^{i\beta\hat{A}} | \psi \rangle \, d\beta$$

$$= \langle \psi | \frac{1}{2\pi} \int e^{-i\beta a} e^{i\beta\hat{A}} \, d\beta \, | \psi \rangle \tag{4.373}$$

und somit

$$w(a) = \langle \psi | \delta(\hat{A} - a) | \psi \rangle \tag{4.374}$$

oder

$$w(a) = \overline{\delta(\hat{A} - a)} \tag{4.375}$$

Der Mittelwert wird dabei natürlich wieder in Bezug auf den Zustand $|\psi\rangle$ des Systems gebildet. Aus (4.374) folgt die gesuchte zustandsfreie Darstellung der Wahrscheinlichkeitsdichte durch den parametrisierten Operator

$$\hat{w}(a) = \delta(\hat{A} - a) \tag{4.376}$$

Der Erwartungswert von $\hat{w}(a)$ bezüglich des Zustands $|\psi\rangle$ ergibt die Wahrscheinlichkeit, in diesem Zustand bei der Messung der dem Operator $\hat{A}$ zugeordneten Observablen den Wert a zu messen. Die Normierung der Wahrscheinlichkeitsdichte führt in der Operatorform auf die wegen (4.376) sofort einsichtige Relation

$$\int_{-\infty}^{\infty} da \, \hat{w}(a) = \hat{1} \tag{4.377}$$

4.10.2.3 *Entwicklung nach Eigenfunktionen

Jeder Zustand $|\psi\rangle$ kann nach einem vollständigen Orthonormalsystem, dessen Eigenwertspektrum aus diskreten und kontinuierlichen Eigenwerten besteht, entsprechend (4.108) entwickelt werden:

$$|\psi\rangle = \sum_n c_n |n\rangle + \int_{-\infty}^{\infty} c(a) |a\rangle \, da \tag{4.378}$$

Die Entwicklungskoeffizienten ergeben sich hierbei aus (4.109):

$$c_n = \langle n \,|\psi\rangle \qquad \text{und} \qquad c(a) = \langle a \,|\psi\rangle \tag{4.379}$$

Zwischen den Basiszuständen bestehen die Orthogonalitätsrelationen

$$\langle n \,|m\rangle = \delta_{nm} \qquad \langle a \,|a'\rangle = \delta(a - a') \qquad \langle n \,|a\rangle = 0 \tag{4.380}$$

Wir nehmen jetzt an, dass diese Basisvektoren die Eigenzustände des Operators $\hat{A}$ mit $\hat{A}\,|n\rangle = a_n\,|n\rangle$ und $\hat{A}\,|a\rangle = a\,|a\rangle$ sind. Dann erhalten wir mit (4.138) die Spektraldarstellung des Operators $\delta(\hat{A} - a)$

$$\delta(\hat{A} - a) = \sum_n \delta(a_n - a)\,|n\rangle\,\langle n| + \int\limits_{-\infty}^{\infty} da'\, \delta(a' - a)\,|a'\rangle\,\langle a'| \tag{4.381}$$

und deshalb unter Verwendung der Orthogonalitätsrelationen (4.380)

$$\delta(\hat{A} - a)\,|\psi\rangle = \sum_n c_n \delta(a_n - a)\,|n\rangle + c(a)\,|a\rangle \tag{4.382}$$

Für die Wahrscheinlichkeitsdichte erhalten wir hieraus dann weiter durch skalare Multiplikation von (4.382) mit $\langle\psi|$

$$w(a) = \langle\psi|\, \delta(\hat{A} - a)\,|\psi\rangle = \sum_n |c_n|^2\, \delta(a_n - a) + |c(a)|^2 \tag{4.383}$$

Der Mittelwert der Observablen A ergibt sich mit dieser Wahrscheinlichkeitsverteilung aus

$$\overline{A} = \int\limits_{-\infty}^{\infty} da\, a\, w(a) = \sum_n |c_n|^2\, a_n + \int\limits_{-\infty}^{\infty} da\, a\, |c(a)|^2 \tag{4.384}$$

Die Verteilung (4.383) besteht aus einer diskreten Verteilung, falls nur diskrete Eigenwerte vorliegen, einer kontinuierlichen Verteilung, falls nur kontinuierliche Eigenwerte vorhanden sind, bzw. einer diskreten und kontinuierlichen Verteilung, wenn es beide Arten von Eigenwerten gibt. Wir finden natürlich wieder, dass die Wahrscheinlichkeit, bei einer Messung der Observablen A am Zustand $|\psi\rangle$ den diskreten Wert a_n zu erhalten, durch

$$w_n = |c_n|^2 = |\langle n \,|\psi\rangle|^2 \tag{4.385}$$

gegeben ist, während die Wahrscheinlichkeitsdichte, den kontinuierlichen Eigenwert a zu finden

$$w(a) = |c(a)|^2 = |\langle a \,|\psi\rangle|^2 \tag{4.386}$$

ist. Die Normierungsbedingung lautet dann

$$1 = \int\limits_{-\infty}^{\infty} w(a)\, da = \sum_n |c_n|^2 + \int\limits_{-\infty}^{\infty} |c(a)|^2\, da \tag{4.387}$$

Damit ist gezeigt, dass der in (4.376) definierte Operator $\hat{w}$ dieselben Ergebnisse liefert wie die Verwendung des Dichteoperators.

Der Unterschied zwischen diesen beiden Verfahren bestimmt auch ihre Anwendung. Arbeitet man mit dem Dichteoperator, dann muss man zur Berechnung der Wahrscheinlichkeitsverteilung der Messwerte einer Observablen A die Eigenzustände $|n\rangle$ des zugehörigen Operators $\hat{A}$ bestimmen. Mit diesen Zuständen kann man dann bei Kenntnis des Dichteoperators $\hat{\rho}$ die Wahrscheinlichkeit w_n berechnen, den Eigenwert a_n am quantenmechanischen System zu messen[66].

Verwendet man dagegen die charakteristische Funktion des Operators $\hat{A}$, dann kann man daraus durch eine Fourier-Transformation die Wahrscheinlichkeiten w_n bzw. Wahrscheinlichkeitsdichten $w(a)$ direkt und ohne Kenntnis der Eigenzustände bestimmen. Die Schwierigkeit bei diesem Weg besteht aber darin, zunächst die charakteristische Funktion selbst zu berechnen. Welches Verfahren verwendet wird, ist letztendlich eine Frage der Praktikabilität.

4.10.2.4 *Beispiel: Kontinuierliches Spektrum

Wir wählen zuerst $\hat{A} = \hat{x}$. Das Eigenwertspektrum besitzt nur kontinuierliche Eigenwerte, die aus der Eigenwertgleichung $\hat{x}|x\rangle = x|x\rangle$ zu bestimmen sind. Die Koeffizienten $c(x)$ ergeben sich dann als Ortsdarstellung des Zustands $c(x) = \langle x|\psi\rangle$ und stimmen deshalb mit der Wellenfunktion $\psi(x)$ in der Ortsdarstellung überein. Wegen (4.386) ist dann die Wahrscheinlichkeitsverteilung, die Position x zu messen, gegeben durch

$$w(x) = c^*(x)c(x) = \psi^*(x)\psi(x) = \langle x|\hat{\rho}|x\rangle \tag{4.388}$$

Messen wir dagegen den Impuls, dann ist $\hat{A} = \hat{p}$. Die Eigenfunktionen $|p\rangle$ folgen aus der Eigenwertgleichung $\hat{p}|p\rangle = p|p\rangle$. Die Koeffizienten $c(p)$ erhalten wir jetzt aus der Impulsdarstellung des Zustands $c(p) = \langle p|\psi\rangle$. Damit ist die Wahrscheinlichkeitsdichte jetzt

$$w(p) = c^*(p)c(p) = \phi^*(p)\phi(p) = \langle p|\hat{\rho}|p\rangle \tag{4.389}$$

Dabei ist $\phi(p) = \langle p|\psi\rangle$ die Impulsdarstellung des Zustands $|\psi\rangle$. Man kann natürlich auch die Wahrscheinlichkeitsverteilung der Impulse durch die Wellenfunktion in der Ortsdarstellung ausdrücken. Dazu verwendet man die

---

66) Man kann natürlich auch statt des Dichteoperators direkt vom Zustand $|\psi\rangle$ des quantenmechanischen Systems ausgehen, hiermit die Entwicklungkoeffizienten $c_n = \langle n|\psi\rangle$ und daraus dann die Wahrscheinlichkeiten $w_n = |c_n|^2$ berechnen.

Transformation (4.187) und gelangt zu

$$
w(p) = \frac{1}{2\pi\hbar} \iint dx\,dx'\, \exp\left(\frac{i}{\hbar}(x - x')p\right) \psi^*(x)\psi(x')
$$

$$
= \frac{1}{2\pi} \iint dx\,d\xi\, \exp\left(i\xi p\right) \psi^*(x)\psi(x - \hbar\xi) \tag{4.390}
$$

Dasselbe Ergebnis erhalten wir auch unter Verwendung der charakteristischen Funktion. Aus (4.373) erhalten wir für den Impulsoperator

$$
w(p) = \frac{1}{2\pi} \int d\beta\, e^{-i\beta p} \langle\psi|\, e^{i\beta\hat{p}}\, |\psi\rangle \tag{4.391}
$$

$$
= \frac{1}{2\pi} \int d\beta\,dx\,dx'\, e^{-i\beta p} \langle\psi|x\rangle \langle x|\, e^{i\beta\hat{p}}\, |x'\rangle \langle x'|\psi\rangle \tag{4.392}
$$

Dabei wurde zweimal die Vollständigkeitsrelation $\int dx\,|x\rangle\langle x| = \hat{1}$ eingesetzt. Wir entwickeln die Exponentialfunktionen nach Potenzen des Impulsoperators $\hat{p}$, schreiben jede Potenz $\hat{p}^n$ in die Form $\hat{p}\,\hat{1}\,\hat{p}\,\ldots\,\hat{1}\,\hat{p}$ um und ersetzen die eingefügten Identitätsoperatoren wieder mithilfe der Vollständigkeitsrelation $\int dx\,|x\rangle\langle x| = \hat{1}$. Unter Beachtung von (4.197), also

$$
\langle x|\, p\, |x'\rangle = \frac{\hbar}{i}\frac{d}{dx}\delta(x - x') \tag{4.393}
$$

erhalten wir nach mehrfachen partiellen Integrationen, der Auswertung der δ-Funktionen und der Summation der Reihe den Ausdruck

$$
w(p) = \frac{1}{2\pi} \int d\beta\,dx\, e^{-i\beta p} \psi^*(x) e^{\beta\hbar\frac{d}{dx}} \psi(x) \tag{4.394}
$$

Wir wenden jetzt den entstandenen Translationsoperator an und benennen die Integrationsvariable β in $-\xi$ um. Damit gelangen wir zu

$$
w(p) = \frac{1}{2\pi} \int d\xi\,dx\, e^{i\xi p} \psi^*(x)\psi(x - \xi\hbar) \tag{4.395}
$$

Dieses Resultat stimmt wie erwartet mit (4.390) überein.

4.10.2.5 *Beispiel: Messung am δ-Potential

Wir wollen jetzt die Wahrscheinlichkeit dafür bestimmen, dass für ein Teilchen in einem gebundenen Zustand des (eindimensionalen) δ-förmigen Potentials $V = -V_0\delta(x)$ das experimentell bestimmte Produkt aus Orts- und Impulskoordinate den Wert a annimmt. Dazu müssen wir zunächst den quantenmechanischen Zustand bestimmen, in dem sich das Teilchen befindet. Wir gehen der Einfachheit halber davon aus, das es sich hierbei um einen Energie-Eigenzustand handelt. Unter Verwendung der Schrödinger-Gleichung in einem stückweise konstanten Potential und der Sprungbedingung (3.53) am δ-Potential folgt nach einfacher Rechnung, dass der Eigenzustand zur Energie

$E < 0$ in der Ortsdarstellung gegeben ist durch

$$\psi(x) = \sqrt{\kappa}\,e^{-\kappa|x|} \qquad \text{mit} \qquad \kappa = \frac{mV_0}{\hbar^2} = \sqrt{\frac{2m|E|}{\hbar^2}} \tag{4.396}$$

Als zweites benötigen wir den der gemessenen Größe zugeordneten Operator. Nach unseren Überlegungen in Abschnitt 2.3.4.3 ist er gegeben durch

$$\hat{A} = \frac{1}{2}\left(\hat{p}\hat{x} + \hat{x}\hat{p}\right) \tag{4.397}$$

Wir werden jetzt die Wahrscheinlichkeitsdichte auf den beiden verschiedenen, oben diskutierten Wegen bestimmen.

Verwendung der Eigenfunktionen von $\hat{A}$

Wir schreiben zunächst unter Benutzung der Vertauschungsrelationen den Operator $\hat{A}$ um

$$\hat{A} = \frac{\hbar}{2i} + \hat{x}\hat{p} \tag{4.398}$$

und berechnen die Eigenfunktionen dieses Operators in der Ortsdarstellung. Die Eigenwertgleichung des Operators $\hat{A}$ lautet in dieser Darstellung

$$\left(\frac{1}{2}\frac{\hbar}{i} + x\frac{\hbar}{i}\frac{d}{dx}\right)\psi_a(x) = a\psi_a(x) \tag{4.399}$$

Wir schreiben diese Differentialgleichung in der Form

$$\frac{d\psi_a(x)}{d\ln|x|} = \left(\frac{i}{\hbar}a - \frac{1}{2}\right)\psi_a(x) \tag{4.400}$$

und erhalten als Lösung

$$\psi_a(x) = \frac{N}{\sqrt{|x|}}\exp\left\{\frac{ia}{\hbar}\ln|x|\right\} \tag{4.401}$$

Die Integrationskonstante N wird durch die Normierung der Wellenfunktion festgelegt:

$$\int_{-\infty}^{\infty}\psi_a^*(x)\psi_{a'}^*(x)dx = 2|N|^2\int_0^{\infty}\frac{dx}{x}e^{-\frac{i}{\hbar}(a-a')\ln|x|}$$

$$= 2|N|^2\int_{-\infty}^{\infty}du\,e^{-\frac{i}{\hbar}(a-a')u} \tag{4.402}$$

Die Integration des letzten Ausdrucks liefert dann

$$\int_{-\infty}^{\infty}\psi_a^*(x)\psi_{a'}^*(x)dx = 4|N|^2\pi\hbar\delta(a - a') \tag{4.403}$$

Hieraus können wir sofort den Normierungsfaktor ablesen

$$N = \frac{1}{\sqrt{4\pi\hbar}} \tag{4.404}$$

Die orthonormierten Eigenfunktionen bilden eine vollständige Basis des Operators $\hat{A}$. Wir können jetzt den gebundenen Zustand des Teilchens im Potential $V = -V_0\delta(x)$ nach diesen Eigenfunktionen entwickeln. Die Entwicklungskoeffizienten sind dann

$$
\begin{aligned}
c(a) &= \int_{-\infty}^{\infty} \psi_a^*(x)\psi(x)dx \\
&= \frac{\sqrt{\kappa}}{\sqrt{4\pi\hbar}} \int_{-\infty}^{\infty} e^{-\kappa|x|}\frac{e^{-i\frac{a}{\hbar}\ln|x|}}{\sqrt{|x|}}dx \\
&= \sqrt{\frac{\kappa}{\pi\hbar}} \int_{0}^{\infty} e^{-\kappa x}x^{-i\frac{a}{\hbar}-\frac{1}{2}}dx \\
&= \frac{\kappa^{i\frac{a}{\hbar}}}{\sqrt{\pi\hbar}} \int_{0}^{\infty} e^{-t}\, t^{-i\frac{a}{2}-\frac{1}{2}}\, dt \\
&= \frac{\kappa^{i\frac{a}{\hbar}}}{\sqrt{\pi\hbar}}\Gamma\left(\frac{1}{2}-\frac{ia}{\hbar}\right) \tag{4.405}
\end{aligned}
$$

Im letzten Schritt haben wir die Integraldarstellung der Γ-Funktion[67] verwendet. Die Wahrscheinlichkeitsdichte, den Messwert a zu finden, wird dann

$$
\begin{aligned}
w(a) = |c(a)|^2 &= \frac{1}{\pi\hbar}\left|\Gamma\left(-i\frac{a}{\hbar}+\frac{1}{2}\right)\right|^2 \\
&= \frac{1}{\pi\hbar}\Gamma\left(\frac{1}{2}+i\frac{a}{\hbar}\right)\Gamma\left(\frac{1}{2}-i\frac{a}{\hbar}\right) \\
&= \frac{1}{\pi\hbar}\frac{\pi}{\cos\left(\pi i\frac{a}{\hbar}\right)} \\
&= \frac{1}{\hbar}\frac{1}{\cosh\left(\frac{\pi a}{\hbar}\right)} \tag{4.406}
\end{aligned}
$$

Die Umformung zur vorletzten Zeile von (4.406) beruht auf der bekannten Eigenschaft der Γ-Funktion

$$\Gamma\left(\frac{1}{2}+z\right)\Gamma\left(\frac{1}{2}-z\right) = \frac{\pi}{\cos\pi z} \tag{4.407}$$

---

67) Die Integraldarstellung der Γ-Funktion kann mit Maple überprüft oder in [22] bzw. [1] nachgeschlagen werden.

Verwendung der charakteristischen Funktion

Ein alternativer Weg zur Bestimmung der Wahrscheinlichkeitsdichte besteht in der Verwendung der charakteristischen Funktion. Mit (4.372) und (4.398) folgt

$$F(\beta) = \langle \psi | e^{iA\beta} | \psi \rangle = \int_{-\infty}^{\infty} \psi^*(x) e^{\frac{\beta \hbar}{2}} e^{\beta \hbar x \frac{d}{dx}} \psi(x) dx \qquad (4.408)$$

wobei wir auch hier wieder die Ortsdarstellung genutzt haben. Mit der Substitution $u = \ln|x|$ und $\psi(e^u) = f(u)$ können wir schreiben

$$e^{\beta \hbar x \frac{d}{dx}} \psi(x) \rightarrow e^{\beta \hbar \frac{d}{du}} f(u) = f(u + \hbar \beta) \qquad (4.409)$$

Der letzte Schritt, die Anwendung des Translationsoperators auf eine Funktion, lässt sich direkt aus der Ortsdarstellung von (4.168) ableiten. Nehmen wir die Substitutionen wieder zurück, dann erhalten wir

$$e^{\beta \hbar x \frac{d}{dx}} \psi(x) = f(u + \beta \hbar) = \psi \left(e^{u + \beta \hbar} \right) = \psi \left(e^{\beta \hbar} x \right) \qquad (4.410)$$

Damit erhalten wir für die charakteristische Funktion

$$F(\beta) = e^{\frac{\beta \hbar}{2}} \int_{-\infty}^{\infty} \psi^*(x) \psi \left(e^{\beta \hbar} x \right) dx = \int_{-\infty}^{\infty} \psi^* \left(\zeta e^{-\frac{\beta \hbar}{2}} \right) \psi \left(\zeta e^{\frac{\beta \hbar}{2}} \right) d\zeta \qquad (4.411)$$

und daraus mit der Rücktransformation (4.367) die Wahrscheinlichkeitsverteilung

$$w(a) = \frac{1}{2\pi} \int_{-\infty}^{\infty} d\beta \int_{-\infty}^{\infty} d\zeta \, e^{-i\beta a} \psi^* \left(\zeta e^{-\frac{\beta \hbar}{2}} \right) \psi \left(\zeta e^{\frac{\beta \hbar}{2}} \right) \qquad (4.412)$$

Ob die Integrationen explizit auszuführen ist, hängt von der Wellenfunktion des betrachteten Zustands ab. In unserem Fall erhalten wir für die charakteristische Funktion mit dem Zustand (4.396)

$$F(\beta) = \kappa \int_{-\infty}^{\infty} d\zeta \, e^{-\kappa |\zeta| \left[e^{-\frac{\beta \hbar}{2}} + e^{\frac{\beta \hbar}{2}} \right]} \qquad (4.413)$$

$$= 2\kappa \int_{0}^{\infty} d\zeta \, e^{-2\kappa \zeta \cosh \left(\frac{\beta \hbar}{2} \right)} \qquad (4.414)$$

$$= \frac{1}{\cosh \left(\frac{\beta \hbar}{2} \right)} \qquad (4.415)$$

und hiermit für die Wahrscheinlichkeitsdichte

$$w(a) = \frac{1}{2\pi} \int_{-\infty}^{\infty} \frac{e^{-ia\beta}}{\cosh \left(\frac{\beta \hbar}{2} \right)} d\beta = \frac{1}{\pi} \int_{0}^{\infty} d\beta \, \frac{\cos a\beta}{\cosh \left(\frac{\beta \hbar}{2} \right)} \qquad (4.416)$$

Für das Integral in (4.416) gilt nach [22]

$$\frac{1}{\pi} \int_0^\infty \frac{\cos px}{\cosh qx} dx = \frac{1}{2q} \frac{1}{\cosh\left(\frac{p\pi}{2q}\right)} \tag{4.417}$$

sodass wir am Ende wieder

$$w(a) = \frac{1}{\hbar} \frac{1}{\cosh\left(\frac{a\pi}{\hbar}\right)} \tag{4.418}$$

erhalten. Die Entscheidung, welches der beiden hier vorgestellten Verfahren zur Bestimmung der Wahrscheinlichkeitsverteilung geeigneter ist, hängt von dem vorliegenden Problem ab.

4.10.3
*Verteilungsfunktion für mehrere Operatoren

4.10.3.1 *Vertauschbare Operatoren
Gegeben seien zwei Observablen mit vertauschbaren Operatoren $\hat{A}$ und $\hat{B}$. Wir fragen jetzt nach der Wahrscheinlichkeit, bei einer Messung gleichzeitig den Eigenwert a des Operators $\hat{A}$ für die erste Observable und den Eigenwert b des Operators $\hat{B}$ für die zweite Observable zu messen. Die zur Charakterisierung des mit der Messung verbundenen Zufallsprozesses notwendige gemeinsame Verteilungsfunktion ist definiert durch

$$w(a,b) = \langle\psi|\, \delta\left(\hat{A} - a\right) \delta\left(\hat{B} - b\right) |\psi\rangle = \langle\psi|\, \delta\left(\hat{B} - b\right) \delta\left(\hat{A} - a\right) |\psi\rangle \tag{4.419}$$

In gleicher Weise kann man auch höhere gemeinsame Wahrscheinlichkeitsverteilungen definieren. So findet man zum Beispiel für die drei vertauschbaren Operatoren $\hat{x}$, $\hat{y}$ und $\hat{z}$

$$w(x,y,z) = \langle\psi|\, \delta\left(\hat{x} - x\right) \delta\left(\hat{y} - y\right) \delta\left(\hat{z} - z\right) |\psi\rangle \tag{4.420}$$

4.10.3.2 *Nicht vertauschbare Operatoren
Sind die Operatoren $\hat{A}$ und $\hat{B}$ nicht vertauschbar, dann lassen sich drei verschiedene Verteilungsfunktionen definieren. Wir geben diese in der Integraldarstellung an, die man sofort in Verallgemeinerung von (4.373) als Fourier-Transformierte der charakteristischen Funktionen $\langle\psi|\, e^{i\alpha\hat{A}}e^{i\beta\hat{B}} |\psi\rangle$, $\langle\psi|\, e^{i\beta\hat{B}}e^{i\alpha\hat{A}} |\psi\rangle$ und $\langle\psi|\, e^{i\alpha\hat{A}+i\beta\hat{B}} |\psi\rangle$ ableiten kann:

$$w_1(a,b) = \frac{1}{(2\pi)^2} \int\limits_{-\infty}^{\infty} d\alpha \int\limits_{-\infty}^{\infty} d\beta\, e^{-i\alpha a - i\beta b} \langle\psi|\, e^{i\alpha\hat{A}}e^{i\beta\hat{B}} |\psi\rangle \tag{4.421}$$

$$w_2(a,b) = \frac{1}{(2\pi)^2} \int\limits_{-\infty}^{\infty} d\alpha \int\limits_{-\infty}^{\infty} d\beta\, e^{-i\alpha a - i\beta b} \langle\psi|\, e^{i\beta\hat{B}}e^{i\alpha\hat{A}} |\psi\rangle \tag{4.422}$$

$$w_3(a, b) = \frac{1}{(2\pi)^2} \int\limits_{-\infty}^{\infty} d\alpha \int\limits_{-\infty}^{\infty} d\beta \, e^{-i\alpha a - i\beta b} \langle \psi | e^{i\alpha \hat{A} + i\beta \hat{B}} | \psi \rangle \tag{4.423}$$

Falls der Kommutator $[\hat{A}, \hat{B}]$ sowohl mit $\hat{A}$ als auch mit $\hat{B}$ kommutiert, lassen sich die drei Verteilungen relativ einfach ineinander umrechnen. Sonst ist das sogenannte Feynman'sche Disentangling-Theorem anzuwenden.

Als ein Beispiel wollen wir die *Wigner-Verteilung* anführen. Hier haben wir die nichtvertauschbaren Operatoren $\hat{A} = \hat{x}$ und $\hat{B} = \hat{p}$, mit deren Hilfe wir die Verteilungsfunktion $w(x, p) = w_3(x, p)$ bestimmen wollen. Diese sogenannte Wigner-Verteilung ist eine Verteilung im Phasenraum. Allerdings zeigt sich, dass $w(x, p)$ auch negative Werte annehmen kann. Man spricht deshalb von einer *Quasiwahrscheinlichkeitsverteilung*. Trotzdem ist die mit einer solchen Begriffswahl verbundene verbale Nähe zur Wahrscheinlichkeitsverteilung nicht ganz unberechtigt, weil man die Wigner-Verteilung zur Berechnung von Erwartungswerten nach den gleichen Regeln wie für eine echte Wahrscheinlichkeitsverteilung verwenden kann.

Um die Wigner-Verteilung explizit zu bestimmen, müssen wir zunächst die Exponentialfunktion im Integralkern faktorisieren. Wir erhalten[68]

$$e^{i\hat{x}\alpha + i\hat{p}\beta} = e^{i\hat{x}\alpha} e^{i\hat{p}\beta} e^{i\frac{\alpha\beta}{2}\hbar} \tag{4.424}$$

Die charakteristische Funktion lautet dann in der Ortsdarstellung

$$\begin{aligned}
F(\alpha, \beta) &= \int\limits_{-\infty}^{\infty} \psi^*(x) e^{i(\hat{x}\alpha + \hat{p}\beta)} \psi(x) dx \\
&= \int\limits_{-\infty}^{\infty} \psi^*(x) e^{ix\alpha} e^{i\frac{\alpha\beta}{2}\hbar} \underbrace{e^{\hbar\beta\frac{d}{dx}} \psi(x)}_{\psi(x+\hbar\beta)} dx \\
&= \int\limits_{-\infty}^{\infty} \psi^*\left(\xi - \frac{\hbar\beta}{2}\right) e^{i\xi\alpha} \psi\left(\xi + \frac{\hbar\beta}{2}\right) d\xi \tag{4.425}
\end{aligned}$$

Man beachte hier wieder die Wirkung des Translationsoperators, der hier ähnlich wie in (4.409) eingesetzt wird. Für die Wigner-Verteilung erhalten wir da-

---

68) Falls der Kommutator der beiden Operatoren $\hat{A}$ und $\hat{B}$ die Gestalt $[\hat{A}, \hat{B}] = c\hat{1}$ hat (mit einer komplexen Zahl c), dann gilt das Faktorisierungsgesetz

$$e^{\hat{A}+\hat{B}} = e^{\hat{A}} e^{-[\hat{A},\hat{B}]/2} e^{\hat{B}}$$

mit

$$w(x, p) = \frac{1}{4\pi^2} \int\limits_{-\infty}^{\infty} d\xi \int\limits_{-\infty}^{\infty} d\beta \underbrace{\int\limits_{-\infty}^{\infty} d\alpha \; e^{i(\xi - x)\alpha}}_{2\pi\delta(x-\xi)} e^{-ip\beta} \psi^* \left(\xi - \frac{\hbar\beta}{2} \right) \psi \left(\xi + \frac{\hbar\beta}{2} \right)$$

$$= \frac{1}{2\pi} \int d\beta \; e^{-ip\beta} \psi^* \left(\xi - \frac{\hbar\beta}{2} \right) \psi \left(\xi + \frac{\hbar\beta}{2} \right) \qquad (4.426)$$

Verteilungsfunktionen nichtvertauschbarer Operatoren spielen unter anderem in der Quantenstatistik und der Quantenoptik eine Rolle.

4.11
Axiome der Quantenmechanik

Wir wollen zum Abschluss dieses Kapitels die in den vorangegangenen Abschnitten besprochenen Postulate und Erkenntnisse zu den folgenden Axiomen zusammenfassen, die man heute – ähnlich wie die Newton'schen Axiome der klassischen Mechanik – der Quantenmechanik voranstellt:

1. Physikalische Zustände quantenmechanischer Systeme werden durch eindimensionale Unterräume eines (separablen) Hilbert-Raums dargestellt[69]. Der normierte Zustandsvektor $|\psi\rangle$ mit $\|\psi\| = 1$ ist gewöhnlich der Repräsentant des jeweiligen Quantenzustands.

2. Jeder Observablen entspricht ein hermitescher Operator. Orts- und Impulsoperatoren erfüllen dabei die Kommutationsrelationen (4.146).

3. Das Spektrum jedes hermiteschen Operators entspricht der Menge der zulässigen Messwerte der zugehörigen Observable.

4. Die Wahrscheinlichkeit, bei einer Messung der Observablen A an einem Quantensystem im Zustand $|\psi\rangle$ den Eigenwert a zu messen, ist $|\langle a | \psi\rangle|^2$, wobei $|a\rangle$ der Eigenzustand des der Observablen zugeordneten Operators $\hat{A}$ zum Eigenwert a ist.

5. Unmittelbar nach einer Messung der Observablen A mit dem Messresultat a befindet sich das System sicher im Zustand $|a\rangle$.

6. Die Zeitentwicklung eines quantenmechanischen Zustands wird durch quantenmechanische Evolutionsgleichungen[70] beschrieben.

[69] Damit sind insbesondere alle Zustandsvektoren $\alpha |\psi\rangle$ mit $|\alpha| \neq 0$ physikalisch gleichwertig.

[70] In diesem Band ist dies die Schrödinger-Gleichung, alternativ sind aber auch andere Gleichungen möglich, etwa die bereits erwähnte Klein-Gordon-Gleichung oder die Dirac-Gleichung.

Die ersten beiden Axiome stellen im Wesentlichen die Übersetzung des physikalischen Sachverhalts in die mathematische Beschreibung dar. Das dritte und vierte Axiom sorgen dafür, dass den mathematischen Resultaten ein physikalischer Inhalt gegeben werden kann. Das letzte Axiom bestimmt die nicht durch Messungen beeinflusste Entwicklung eines Quantensystems, während das fünfte Axiom den quantenmechanischen Messprozess charakterisiert. Wir werden uns insbesondere mit diesem Axiom noch ausführlich im letzten Kapitel dieses Bands befassen.

Aufgaben

4.1 Zeigen Sie, dass das Skalarprodukt von zwei parallelen normierten Zustandsvektoren des Hilbert-Raums $\exp{(i\alpha)}$ mit $0 \leq \alpha < 2\pi$ ist.

4.2 Beweisen Sie die folgenden Summenformeln:

$$\sum_n (E_n - E_m) \left| \left\langle \psi_n \left| \mathrm{e}^{ik\hat{x}} \right| \psi_m \right\rangle \right|^2 = \frac{\hbar^2 k^2}{2m}$$

und

$$\sum_n (E_n - E_m) \left| \langle \psi_n \left| \hat{x} \right| \psi_m \rangle \right|^2 = \frac{\hbar^2}{2m}$$

Dabei sind die $|\psi_n\rangle$ und E_n die Eigenzustände und Eigenwerte des Hamilton-Operators $\hat{H} |\psi_n\rangle = E_n |\psi_n\rangle$ mit $\hat{H} = \hat{p}^2/2m + V(\hat{x})$.

4.3 Beweisen Sie, dass zwischen den Varianzen der Energie, des Orts und des Impulses eines Teilchens die folgenden Ungleichungen bestehen:

$$\Delta E \Delta p \geq \frac{\hbar}{2} |\overline{F}| \qquad \text{und} \qquad \Delta E \Delta x \geq \frac{\hbar}{2} |\overline{v}|$$

Dabei sind $\overline{F}$ und $\overline{v}$ die Erwartungswerte der Kraft bzw. der Teilchengeschwindigkeit.

4.4 Beweisen Sie den quantenmechanischen Virialsatz für ein mikroskopisches Teilchen mit dem Hamilton-Operator $\hat{H} = \hat{p}^2/2m + V(\hat{x})$:

$$\frac{1}{m} \left\langle \varphi \left| \hat{p}^2 \right| \varphi \right\rangle = \left\langle \varphi \left| \hat{x} \frac{dV(\hat{x})}{d\hat{x}} \right| \varphi \right\rangle$$

Dabei sind die $|\varphi\rangle$ Eigenfunktionen des Hamilton-Operators.
Hinweis: Bestimmen Sie zunächst den Kommutator $[\hat{H}, \hat{x}\hat{p}]$ und wenden Sie diesen auf die Eigenfunktionen an.

4.5 Zeigen sie, dass für beliebige Operatoren $\hat{A}$, $\hat{B}$ und $\hat{C}$ die Jacobi-Identität

$$\left[\hat{A}, [\hat{B}, \hat{C}]\right] + \left[\hat{B}, [\hat{C}, \hat{A}]\right] + \left[\hat{C}, [\hat{A}, \hat{B}]\right] = 0$$

gilt.

Maple-Aufgaben

4.I Gegeben sind die folgenden Folgen von Funktionen

a) $f_m = x^m$ mit $m = 0, 1, \ldots, 10$ im Hilbert-Raum mit dem Skalarprodukt

$$\langle f_m \mid f_n \rangle = \frac{1}{\sqrt{\pi}} \int\limits_{-\infty}^{\infty} f_m(x) f_n(x) \exp(-x^2) dx$$

b) $f_m = e^{-(m+1)x}$ mit $m = 0, 1, \ldots, 10$ im Hilbert-Raum mit dem Skalarprodukt

$$\langle f_m \mid f_n \rangle = \int\limits_{0}^{\infty} f_m(x) f_n(x) dx$$

c) $f_m = \cos^m x$ mit $m = 0, 1, \ldots, 10$ im Hilbert-Raum mit dem Skalarprodukt

$$\langle f_m \mid f_n \rangle = \frac{1}{\pi} \int\limits_{0}^{2\pi} f_m(x) f_n(x) dx$$

d) $f_m = x^{m+1}(1-x)^{m+1}$ mit $m = 0, 1, \ldots, 10$ im Hilbert-Raum mit dem Skalarprodukt

$$\langle f_m \mid f_n \rangle = \int\limits_{0}^{1} f_m(x) f_n(x) dx$$

Orthogonalisieren Sie diese Funktionen durch Anwendung des Schmidt'schen Othogonalisierungsverfahrens!

4.II Bestimmen Sie die Wahrscheinlichkeitsverteilungen und die charakteristischen Funktionen von Ort und Impuls für die folgenden quantenmechanischen Zustände:

a)

$$\phi(x) = \frac{1}{(\pi a^2)^{1/4}} \exp\left\{ -\frac{1}{2} \left(\frac{x}{a} \right)^2 \right\}$$

b)

$$\phi(x) = \sqrt{\frac{2e}{1+e}} \frac{1}{(\pi a^2)^{1/4}} \cos\left(\frac{x}{a} \right) \exp\left\{ -\frac{1}{2} \left(\frac{x}{a} \right)^2 \right\}$$

c)

$$\phi(x) = \sqrt{\frac{2a^3}{\pi}} \frac{1}{x^2 + a^2}$$

Leiten Sie hieraus die Beziehungen zwischen der Orts- und Impulsunschärfe ab.

4.III Stellen Sie die Funktionen $|x| + x$, $|||2x - 1| - 1| - 1|$ und $(1 + x)\cos 9x$ im Intervall $[-1, 1]$ in der durch $\cos n\pi x$ und $\sin n\pi x$ gebildeten Basis der Fourier-Funktionen und in der durch die Legendre'schen Polynome $P_n(x)$ gebildeten Basis dar. Bestimmen Sie die Transformationsmatrix zwischen den jeweils ersten Elementen der beiden Basen.

4.IV Zeigen Sie, dass man für jedes eindimensionale Problem mit dem Hamilton-Operator

$$\hat{H}_+ = \frac{\hat{p}^2}{2m} + V(\hat{x})$$

diesen Operator in der Form $\hat{H}_+ = \hat{Q}_+\hat{Q}_-/2m$ darstellen kann; dabei sollen die beiden Operatoren die Struktur $\hat{Q}_+ = \hat{p} + iB(\hat{x})$ und $\hat{Q}_- = \hat{p} - iB(\hat{x})$ haben. Bestimmen Sie den Zusammenhang zwischen der Funktion $B(\hat{x})$ und der Grundzustandslösung des Energieeigenwertproblems mit dem Operator $\hat{H}_+$. Welche Bedeutung hat der als supersymmetrischer Partner von $\hat{H}_+$ bezeichnete Hamilton-Operator $\hat{H}_- = \hat{Q}_-\hat{Q}_+/2m$?

4.V Bestimmen Sie die zeitliche Entwicklung der zum Zeitpunkt $t = 0$ gegebenen, normierten Wellenfunktionen

$$\phi(x, 0) = \frac{32}{429}\sqrt{\frac{858}{a}}\sin^7\frac{\pi x}{a}$$

und

$$\phi(x, 0) = \begin{cases} 100\sqrt{3}a^{-5/2}x\,(a - 10x) & \text{für} \quad 0 < x < a/10 \\ 0 & \text{für} \quad a/10 \leq x < a \end{cases}$$

in einem Potentialkasten mit unendlich hohen Wänden bei $x = 0$ und $x = a$.

5
Der lineare harmonische Oszillator

5.1
Schrödinger-Gleichung

5.1.1
Zeitunabhängige Schrödinger-Gleichung

Wie in der klassischen Mechanik[1] ist auch in der Quantenmechanik der harmonische Oszillator eines der grundlegenden Modellsysteme. So kann beispielsweise bei schwachen Anregungen die Bewegung eines gekoppelten Systems von Massenpunkten als eine Superposition unabhängiger linearer harmonischer Oszillatoren dargestellt werden. Für jeden der hierbei auftretenden Freiheitsgrade erhält man die Hamilton-Funktion als Summe von kinetischer und potentieller Energie

$$H(p, x) = \frac{1}{2m}p^2 + \frac{1}{2}kx^2 = \frac{1}{2m}p^2 + \frac{1}{2}m\omega_0^2 x^2 \tag{5.1}$$

m ist die Masse, k die Federkonstante und ω_0 die Frequenz des Oszillators. Mit den Jordan'schen Regeln ergibt sich aus (5.1) der Hamilton-Operator eines quantenmechanischen harmonischen Oszillators.

Mit den Jordan'schen Regeln (4.199) ergibt sich aus (5.1) der Hamilton-Operator eines quantenmechanischen harmonischen Oszillators. Wir werden hier vorerst die Ortsdarstellung benutzen:

$$\hat{H}(\hat{p}, \hat{x}) = \frac{\hat{p}^2}{2m} + \frac{1}{2}m\omega_0^2 \hat{x}^2 = -\frac{\hbar^2}{2m}\frac{d^2}{dx^2} + \frac{1}{2}m\omega_0^2 x^2 \tag{5.2}$$

Der Hamilton-Operator ist zeitunabhängig. Deshalb reicht es aus, die zeitunabhängige Schrödinger-Gleichung

$$\left(-\frac{\hbar^2}{2m}\frac{d^2}{dx^2} + \frac{1}{2}m\omega_0^2 x^2\right)\psi = E\psi \tag{5.3}$$

1) siehe Band I, Kapitel 5

Theoretische Physik III: Quantenmechanik 1. Peter Reineker, Michael Schulz, Beatrix M. Schulz
Copyright © 2007 WILEY-VCH Verlag GmbH & Co. KGaA, Weinheim
ISBN: 978-3-527-40639-5

an den Anfang der folgenden Rechnungen zu stellen. Die Erweiterung zu Lösungen der zeitabhängigen Schrödinger-Gleichung besteht dann nur noch darin, zusätzlich einen oszillierenden Faktor (vgl. 3.22) zu berücksichtigen.

5.1.2
Dimensionslose Variable

Die Gleichung (5.3) enthält die in Tabelle 5.1 angegebenen vier Konstanten. Wir wollen jetzt geeignete dimensionslose Variable einführen, um eine möglichst überschaubare Lösung der Schrödinger-Gleichung des harmonischen Oszillators zu erhalten. Zu diesem Zweck reskalieren wir Länge und Energie entsprechend

$$x = \sqrt{\frac{\hbar}{m\omega_0}}\,\xi \qquad \text{und} \qquad E = \hbar\omega_0\varepsilon \tag{5.4}$$

Die Reskalierung der Längenskalen zieht eine Transformation der Wellenfunktion $\psi(x)$ nach sich. Setzen wir nämlich die renormierte Länge in die Normierungsbedingung ein, dann erhalten wir

$$1 = \int_{-\infty}^{\infty} dx\,|\psi(x)|^2 = \int_{-\infty}^{\infty} d\xi\,\left| \sqrt[4]{\frac{\hbar}{m\omega_0}}\,\psi(x) \right|^2 = \int_{-\infty}^{\infty} d\xi\,|\varphi(\xi)|^2 \tag{5.5}$$

Die neue Wellenfunktion $\varphi(\xi)$ hängt über

$$\varphi(\xi) = \sqrt[4]{\frac{\hbar}{m\omega_0}}\,\psi(x) \tag{5.6}$$

Tab. 5.1 Konstanten in der Schrödinger-Gleichung des harmonischen Oszillators

Konstante	Dimension	Erklärung
$\hbar$	$\left[\frac{\text{kg m}^2}{s}\right]$	Planck'sches Wirkungsquantum
m	$[\text{kg}]$	effektive Masse des harmonischen Oszillators
ω_0	$\left[\frac{1}{s}\right]$	Frequenz des harmonischen Oszillators
E	$\left[\frac{\text{kg m}^2}{s^2}\right]$	Energieeigenwert

mit der alten Wellenfunktion $\psi(x)$ zusammen. Setzen wir jetzt die Transformationen in die Schrödinger-Gleichung ein, dann erhalten wir

$$\frac{1}{2}\left(-\frac{\hbar^2}{m}\frac{m\omega_0}{\hbar}\frac{d^2}{d\xi^2} + m\omega_0^2\frac{\hbar}{m\omega_0}\xi^2\right)\varphi = \hbar\omega_0\varepsilon\varphi \tag{5.7}$$

und damit

$$\frac{1}{2}\left(-\frac{d^2}{d\xi^2} + \xi^2\right)\varphi(\xi) = \varepsilon\varphi(\xi) \tag{5.8}$$

Aus (5.8) ist ersichtlich, dass in der reskalierten Schrödinger-Gleichung nur noch die reskalierte Energie ε als Parameter verbleibt.

5.2
Beschränktheit der Energieeigenwerte und Grundzustand

5.2.1
Beschränktheit der Energieeigenwerte

Weil das Potential $V \sim x^2$ des harmonischen Oszillators für $|x| \to \infty$ divergiert, muss nach den generellen Überlegungen in Abschnitt 3.5.2 das Energiespektrum des harmonischen Oszillators diskret sein. Andererseits sind keine Energieniveaus zu erwarten, deren Energie kleiner ist als der minimale Wert des Potentials. Wir wollen jetzt eine etwas genauere Abschätzung über die untere Grenze des Energiespektrums ableiten.

Wegen der Wahrscheinlichkeitsinterpretation des Absolutquadrats der Wellenfunktion werden in der Quantenmechanik nur solche Lösungen der Schrödinger-Gleichung gesucht, die normierbar sind, d. h. bei denen

$$\int d\xi\,|\varphi(\xi)|^2 = 1 \tag{5.9}$$

gilt. Die Normierbarkeit verlangt, dass die Wellenfunktion $\varphi(\xi)$ im Unendlichen hinreichend schnell gegen null konvergiert. Wir hatten bei der Diskussion des Knotensatzes in Abschnitt 3.5.2 bereits gesehen, dass dies nicht für beliebige Werte von ε möglich ist, sondern nur für ganz bestimmte Werte von ε, den Eigenwerten des Problems. Zur Bestimmung dieser Lösungen formen wir die zeitunabhängige Schrödinger-Gleichung um. Dazu versuchen wir den Operator der linken Seite von (5.8) entsprechend der dritten binomischen Formel zu zerlegen,

$$\frac{1}{2}\left(-\frac{d^2}{d\xi^2} + \xi^2\right) \to \frac{1}{\sqrt{2}}\left(-\frac{d}{d\xi} + \xi\right)\frac{1}{\sqrt{2}}\left(\frac{d}{d\xi} + \xi\right) \tag{5.10}$$

Die Zerlegung ist tatsächlich bis auf einen Korrekturbeitrag möglich. Um diesen zu bestimmen, formen wir den faktorisierten Differentialoperator folgendermaßen um:

$$\frac{1}{\sqrt{2}}\left(-\frac{d}{d\xi}+\xi\right)\frac{1}{\sqrt{2}}\left(\frac{d}{d\xi}+\xi\right) = \frac{1}{2}\left(-\frac{d^2}{d\xi^2}+\xi\frac{d}{d\xi}-\frac{d}{d\xi}\xi+\xi^2\right)$$

$$= \frac{1}{2}\left(-\frac{d^2}{d\xi^2}+\xi\frac{d}{d\xi}-1-\xi\frac{d}{d\xi}+\xi^2\right)$$

$$= \frac{1}{2}\left(-\frac{d^2}{d\xi^2}+\xi^2\right)-\frac{1}{2} \tag{5.11}$$

Mit den Abkürzungen

$$\hat{b} = \frac{1}{\sqrt{2}}\left(\frac{d}{d\xi}+\xi\right) \qquad \hat{b}^\dagger = \frac{1}{\sqrt{2}}\left(-\frac{d}{d\xi}+\xi\right) \tag{5.12}$$

und unter Verwendung von (5.11) erhalten wir aus der dimensionslosen Schrödinger-Gleichung (5.8)

$$\left(\hat{b}^\dagger\hat{b}+\frac{1}{2}\right)\varphi = \varepsilon\varphi \tag{5.13}$$

Die Multiplikation von (5.13) mit φ^* und die Integration über ξ führt zu

$$\int d\xi\,\varphi^*\hat{b}^\dagger\hat{b}\varphi = \left(\varepsilon-\frac{1}{2}\right)\int d\xi\,\varphi^*\varphi \tag{5.14}$$

Wir verwenden jetzt, dass die beiden in (5.12) eingeführten Operatoren zueinander adjungiert sind und erhalten

$$\varepsilon-\frac{1}{2} = \frac{\int d\xi\,|\hat{b}\varphi|^2}{\int d\xi\,|\varphi|^2} \geq 0 \tag{5.15}$$

Dabei haben wir vorausgesetzt, dass neben der Funktion φ auch $b\varphi$ normierbar ist. Aus (5.15) ziehen wir die Schlussfolgerung, dass $\varepsilon \geq 1/2$ gelten muss. Damit haben wir die bereits bekannte generelle Beschränkung der Energieeigenwerte auf positive Werte weiter auf $\varepsilon \geq 1/2$ präzisiert. Die Gleichung $\varepsilon = 1/2$ gilt für $b\varphi \equiv 0$.

5.2.2
Grundzustand

Die Forderung nach der Normierbarkeit in (5.15) beschränkt die möglichen Eigenwerte auf $\varepsilon \geq 1/2$ bzw. $E \geq \hbar\omega_0/2$. Gleichung (5.15) legt nahe, dass der Grundzustand durch $\hat{b}\varphi = 0$ bestimmt ist, vorausgesetzt, diese Gleichung liefert eine normierbare Funktion φ. Um diese Vermutung zu prüfen, müssen wir zunächst die Wellenfunktion bestimmen. Dazu verwenden wir die Definition von $\hat{b}$ in (5.12) und erhalten

$$\frac{1}{\sqrt{2}}\left(\frac{d}{d\xi} + \xi\right)\varphi_0 = 0 \quad \text{und damit} \quad \frac{d\varphi_0}{\varphi_0} = -\xi d\xi \tag{5.16}$$

Die allgemeine Lösung dieser Differentialgleichung lautet

$$\varphi_0 = N\mathrm{e}^{-\frac{1}{2}\xi^2} \tag{5.17}$$

Es handelt sich hierbei um eine Gauß-Funktion, die mit Sicherheit quadrat-integrabel ist. Damit ist φ_0 tatsächlich normierbar und repräsentiert folglich den Grundzustand. Die Integrationskonstante N wird aus der Normierungs-bedingung bestimmt

$$1 = N^2 \int \mathrm{e}^{-\xi^2} d\xi = N^2\sqrt{\pi} \quad \text{d.h.} \quad N = \frac{1}{\sqrt[4]{\pi}} \tag{5.18}$$

Die normierte Wellenfunktion des Grundzustands hat dann die Gestalt

$$\varphi_0(\xi) = \frac{1}{\sqrt[4]{\pi}}\mathrm{e}^{-\frac{1}{2}\xi^2} \tag{5.19}$$

5.3
Eigenwertspektrum

Aus der Definition (5.12) der adjungierten Operatoren $\hat{b}$ und $\hat{b}^\dagger$ erhalten wir für den Kommutator

$$\begin{aligned}
[\hat{b}, \hat{b}^\dagger] &= \left[\frac{1}{\sqrt{2}}\left(\frac{d}{d\xi} + \xi\right), \frac{1}{\sqrt{2}}\left(-\frac{d}{d\xi} + \xi\right)\right] \\
&= \frac{1}{2}\left\{\left[\frac{d}{d\xi}, -\frac{d}{d\xi}\right] + \left[\xi, -\frac{d}{d\xi}\right] + \left[\frac{d}{d\xi}, \xi\right] + [\xi, \xi]\right\} \\
&= \left[\frac{d}{d\xi}, \xi\right] \tag{5.20}
\end{aligned}$$

Hieraus ergibt sich sofort[2] die Vertauschungsrelation der zueinander konjugierten Operatoren $\hat{b}$ und $\hat{b}^\dagger$

$$[\hat{b}, \hat{b}^\dagger] = \hat{1} \tag{5.21}$$

[2] Man wendet diese Relation am besten auf eine beliebige Funktion an. Dann erhält man

$$[\hat{b}, \hat{b}^\dagger]h(\xi) = (h(\xi)\xi)' - \xi h'(\xi) = h(\xi)$$

woraus dann (5.21) folgt.

Wenden wir den Operator $\hat{b}^\dagger$ von links auf die Gleichung für den Grundzustand ($\hat{b}\varphi_0 = 0$) an, dann bekommen wir

$$\hat{b}^\dagger \hat{b} \varphi_0 = 0 \tag{5.22}$$

Durch Addition von $\varphi_0/2$ auf beiden Seiten dieser Gleichung wird daraus

$$\left(\hat{b}^\dagger \hat{b} + \frac{1}{2} \right) \varphi_0 = \frac{1}{2} \varphi_0 \tag{5.23}$$

Der Vergleich mit (5.13) zeigt nochmals, dass die reskalierte Energie des Grundzustands $\varepsilon = 1/2$ ist. Durch nochmalige Anwendung von $\hat{b}^\dagger$ auf (5.22) erhalten wir

$$\hat{b}^\dagger \underbrace{\hat{b}^\dagger \hat{b}} \varphi_0 = 0 \tag{5.24}$$

Für den unterklammerten Ausdruck verwenden wir die Vertauschungsrelation in der Form $\hat{b}^\dagger \hat{b} = \hat{b}\hat{b}^\dagger - \hat{1}$ und gelangen damit zu

$$\hat{b}^\dagger \left(\hat{b}\hat{b}^\dagger - \hat{1} \right) \varphi_0 = 0 \quad \text{bzw.} \quad \hat{b}^\dagger \hat{b} \left(\hat{b}^\dagger \varphi_0 \right) = \hat{b}^\dagger \varphi_0 \tag{5.25}$$

Durch Addition von $\hat{b}^\dagger \varphi_0/2$ bekommen wir schließlich

$$\left(\hat{b}^\dagger \hat{b} + \frac{1}{2} \right) \hat{b}^\dagger \varphi_0 = \left(1 + \frac{1}{2} \right) \hat{b}^\dagger \varphi_0 \tag{5.26}$$

Offensichtlich ist auch $\hat{b}^\dagger \varphi_0$ eine Eigenfunktion der dimensionslosen Schrödinger-Gleichung (5.13). Eine explizite Bestimmung der Wellenfunktion in Abschnitt 5.5 zeigt, dass sie einen Knoten besitzt. Daher haben wir mit

$$\varphi_1 \sim \hat{b}^\dagger \varphi_0, \quad \varepsilon_1 = \left(1 + \frac{1}{2} \right) = \frac{3}{2} \tag{5.27}$$

die Eigenfunktion[3] und den Eigenwert des ersten angeregten Zustands bestimmt. Wenden wir auf die rechte Gleichung (5.25) wieder $\hat{b}^\dagger$ an, so erhalten wir diesmal

$$\hat{b}^\dagger \underbrace{\hat{b}^\dagger \hat{b}} \hat{b}^\dagger \varphi_0 = \hat{b}^\dagger \hat{b}^\dagger \varphi_0 \tag{5.28}$$

Den unterklammerten Ausdruck substituieren wir wieder unter Verwendung der Vertauschungsrelation wie in (5.25) und erhalten mit denselben Schritten wie oben

$$\hat{b}^\dagger (\hat{b}\hat{b}^\dagger - 1)\hat{b}^\dagger \varphi_0 = (\hat{b}^\dagger)^2 \varphi_0 \quad \text{d.h.} \quad \hat{b}^\dagger \hat{b}(\hat{b}^\dagger)^2 \varphi_0 = 2(\hat{b}^\dagger)^2 \varphi_0 \tag{5.29}$$

---

3) Wir müssen allerdings beachten, dass wir mit den so gewonnenen Eigenfunktionen nur die nicht normierten Ortsdarstellungen der Eigenzustände besitzen.

Aus der rechten Gleichung entsteht durch Addition von $(\hat{b}^\dagger)^2 \varphi_0 / 2$

$$\left(\hat{b}^\dagger \hat{b} + \frac{1}{2}\right)(\hat{b}^\dagger)^2 \varphi_0 = \left(2 + \frac{1}{2}\right)(\hat{b}^\dagger)^2 \varphi_0 \tag{5.30}$$

Durch Vergleich mit (5.13) haben wir eine weitere Eigenfunktion und den zugehörigen Energieeigenwert der dimensionslosen Schrödinger-Gleichung gefunden, die man dem zweiten angeregten Zustand des quantenmechanischen Oszillators zuordnen kann:

$$\varphi_2 \sim (\hat{b}^\dagger)^2 \varphi_0 \,, \qquad \varepsilon_2 \sim \left(2 + \frac{1}{2}\right) = \frac{5}{2} \tag{5.31}$$

Das Verfahren kann offensichtlich fortgesetzt werden; nach n-maliger Anwendung von $b^\dagger$ erhalten wir

$$\hat{b}^\dagger \hat{b} (\hat{b}^\dagger)^n \varphi_0 = n (\hat{b}^\dagger)^n \varphi_0 \tag{5.32}$$

und damit

$$\left(\hat{b}^\dagger \hat{b} + \frac{1}{2}\right)(\hat{b}^\dagger)^n \varphi_0 = \left(n + \frac{1}{2}\right)(\hat{b}^\dagger)^n \varphi_0 \tag{5.33}$$

Für den n-ten Eigenzustand und den zugehörigen reskalierten Energieeigenwert gilt demnach

$$\varphi_n \sim (\hat{b}^\dagger)^n \varphi_0 \,, \qquad \varepsilon_n = \left(n + \frac{1}{2}\right) = \frac{2n+1}{2} \tag{5.34}$$

Kehren wir mit (5.4) wieder zu den ursprünglichen Skalen zurück, dann ist der Energie-Eigenwert des n-ten Zustands bestimmt durch

$$E_n = \left(n + \frac{1}{2}\right) \hbar \omega_0 \tag{5.35}$$

Offensichtlich überführt die Anwendung des Operators $\hat{b}^\dagger$ den Zustand φ_n in den Zustand φ_{n+1}. Mit anderen Worten: Der Operator $\hat{b}^\dagger$ erhöht den Anregungszustand um ein Energiequant $\hbar \omega_0$, d. h. er erzeugt ein Energiequant. Deswegen bezeichnet man $\hat{b}^\dagger$ auch als *Erzeugungsoperator*. Man kann leicht zeigen, dass die Anwendung des adjungierten Operators $\hat{b}$ den Zustand φ_n in den Zustand φ_{n-1} überführt, d. h. der Anregungszustand wird um ein Energiequant $\hbar \omega_0$ erniedrigt. Man interpretiert diese Eigenschaft so, dass der Operator $\hat{b}$ ein Energiequant vernichtet und nennt deshalb diesen Operator auch *Vernichtungsoperator*. Aus (5.32) ist außerdem ersichtlich, dass der Operator $\hat{b}^\dagger \hat{b}$ die Anzahl der im Zustand $(\hat{b}^\dagger)^n \varphi_0$ vorhandenen Energiequanten als Eigenwert hat. Deshalb wird der Operator $\hat{b}^\dagger \hat{b}$ auch *Anzahloperator* genannt.

5.4
Normierung der Eigenfunktionen

Die Anregungszustände $(\hat{b}^\dagger)^n \varphi_0$ sind noch nicht normiert. Der normierte Zustand kann aber in der Form

$$\varphi_n = N_n (\hat{b}^\dagger)^n \varphi_0 \tag{5.36}$$

mit dem Normierungsfaktor N_n geschrieben werden. Zur Bestimmung des Normierungsfaktors formen wir (5.36) folgendermaßen um:

$$\varphi_n = N_n (\hat{b}^\dagger)^n \varphi_0 = \frac{N_n}{N_{n-1}} \hat{b}^\dagger N_{n-1} (\hat{b}^\dagger)^{n-1} \varphi_0 = \frac{N_n}{N_{n-1}} \hat{b}^\dagger \varphi_{n-1} \tag{5.37}$$

Da φ_n und φ_{n-1} nach Voraussetzung normiert sein sollen, folgt

$$1 = \int d\xi |\varphi_n|^2 = \frac{N_n^2}{N_{n-1}^2} \int d\xi |\hat{b}^\dagger \varphi_{n-1}|^2$$

$$= \frac{N_n^2}{N_{n-1}^2} \int d\xi \varphi_{n-1}^* \hat{b}\hat{b}^\dagger \varphi_{n-1}$$

$$= \frac{N_n^2}{N_{n-1}^2} \int d\xi \varphi_{n-1}^* (\hat{b}^\dagger \hat{b} + 1) \varphi_{n-1}$$

$$= \frac{N_n^2}{N_{n-1}^2} n \tag{5.38}$$

Durch sukzessives Einsetzen erhalten wir hieraus die Gleichungskette

$$|N_n| = \frac{1}{\sqrt{n}} |N_{n-1}| = \frac{1}{\sqrt{n(n-1)}} |N_{n-2}| = \dots$$

$$= \frac{1}{\sqrt{n(n-1)(n-2)\cdots 1}} |N_0| \tag{5.39}$$

Wir nehmen der Einfachheit halber an, dass N_n eine positive reelle Zahl ist. Da φ_0 bereits normiert ist[4], folgt außerdem $N_0 = 1$. Damit ist dann

$$N_n = \frac{1}{\sqrt{n!}} \tag{5.40}$$

Die normierten Eigenfunktionen haben dann die Gestalt

$$\varphi_n = \frac{1}{\sqrt{n!}} (\hat{b}^\dagger)^n \varphi_0 \tag{5.41}$$

und genügen wegen (5.33) der Eigenwertgleichung

$$\left(\hat{b}^\dagger \hat{b} + \frac{1}{2}\right) \varphi_n = \left(n + \frac{1}{2}\right) \varphi_n \tag{5.42}$$

4) siehe (5.19)

Aus (5.41) folgt für die Anwendung des Erzeugungsoperators $\hat{b}^{\dagger}$ auf den Zustand φ_n

$$\hat{b}^{\dagger}\varphi_n = \sqrt{n+1}\,\varphi_{n+1} \tag{5.43}$$

Umgekehrt können wir auch das Ergebnis der Anwendung des Vernichtungsoperators $\hat{b}$ auf den Zustand φ_n bestimmen. Unter Verwendung der Vertauschungsrelation (5.21) und der Eigenwertgleichung (5.42) erhalten wir

$$\hat{b}\varphi_n = \frac{1}{\sqrt{n!}}\hat{b}(\hat{b}^{\dagger})^n\varphi_0 = \frac{1}{\sqrt{n!}}(\hat{b}^{\dagger}\hat{b}+1)(\hat{b}^{\dagger})^{n-1}\varphi_0$$

$$= \frac{1}{\sqrt{n}}(\hat{b}^{\dagger}\hat{b}+1)\varphi_{n-1} = \sqrt{n}\,\varphi_{n-1} \tag{5.44}$$

5.5
Ortsdarstellung der ersten Eigenfunktionen

Durch Anwenden des Erzeugungsoperators $\hat{b}^{\dagger}$ auf den Grundzustand können wir die verschiedenen Anregungszustände des harmonischen Oszillators erzeugen. Verwenden wir die explizite Darstellung des Operators (5.12) und des Grundzustands (5.19), so erhalten wir für den ersten angeregten Zustand

$$\varphi_1 = \frac{1}{\sqrt{1!}}\hat{b}^{\dagger}\varphi_0 = \frac{1}{\sqrt[4]{\pi}\sqrt{1!2^1}}\left(-\frac{d}{d\xi}+\xi\right)e^{-\frac{1}{2}\xi^2} = \frac{1}{\sqrt[4]{\pi}\sqrt{1!2^1}}2\xi e^{-\frac{1}{2}\xi^2} \tag{5.45}$$

Die nochmalige Anwendung des Erzeugungsoperators ergibt den zweiten Anregungszustand

$$\varphi_2 = \frac{1}{\sqrt{2!}}\hat{b}^{\dagger}\varphi_1 = \frac{1}{\sqrt[4]{\pi}\sqrt{2!2^2}}\left(-\frac{d}{d\xi}+\xi\right)2\xi e^{-\frac{1}{2}\xi^2}$$

$$= \frac{1}{\sqrt[4]{\pi}\sqrt{2!2^2}}(4\xi^2-2)e^{-\frac{1}{2}\xi^2} \tag{5.46}$$

Offensichtlich erzeugt die Anwendung des Operators $\hat{b}^{\dagger}$ einen Ausdruck der Struktur Normierungsfaktor×Polynom×Exponentialfunktion. Die Polynome sind als hermitesche Polynome bekannt und in Formelsammlungen[5] zu finden. Die Eigenzustände des harmonischen Oszillators in der Ortsdarstellung können dann in der Form

$$\varphi_n = \frac{1}{\sqrt[4]{\pi}\sqrt{n!2^n}}H_n(\xi)e^{-\frac{1}{2}\xi^2} \tag{5.47}$$

geschrieben werden. Die drei niedrigsten hermiteschen Polynome sind

$$H_0 = 1, \quad H_1 = 2\xi, \quad H_2 = 4\xi^2-2, \quad H_3 = 8\xi^3-12\xi \tag{5.48}$$

5) siehe z. B. [1], [22]

Die hermiteschen Polynome mit ungeradem Index sind ungerade Funktionen in der Variablen ξ, diejenigen mit geradem Index sind gerade in ξ:

$$H_{2k+1}(-\xi) = -H_{2k+1}(\xi), \quad H_{2k}(-\xi) = H_{2k}(\xi) \tag{5.49}$$

Die Zahl der Nullstellen der hermiteschen Polynome, also die Anzahl der Knoten der Wellenfunktion, stimmt mit ihrer Ordnung überein. In Abb. 5.1 sind das Potential und die ersten vier Wellenfunktionen des harmonischen Oszillators in Abhängigkeit von der reskalierten Ortsvariablen ξ aufgetragen. Die horizontalen Linien geben die Energieeigenwerte $1/2$, $3/2$, $5/2$ und $7/2$ der niedrigsten Eigenzustände φ_0, φ_1, φ_2 und φ_3 an[6]. Die Schnittpunkte der Energielinien mit der Potentialkurve entsprechen den Umkehrpunkten der klassischen Bewegung[7].

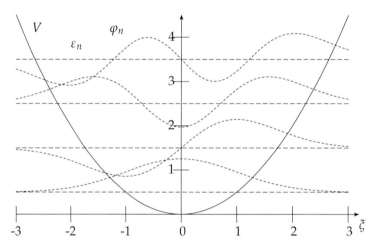

Abb. 5.1 Potential V sowie die niedrigsten vier Energieeigenwerte ε_n und Eigenfunktionen $\varphi_n(\xi)$ des quantenmechanischen Oszillators

Abschließend soll noch auf einen wichtigen Punkt hingewiesen werden, den wir bereits bei der Analyse des Potentialgrabens bemerkt hatten: Die Wellenfunktionen und damit auch die Aufenthaltswahrscheinlichkeiten des

---

6) Die Eigenzustände sind der besseren Übersicht wegen in der vertikalen Richtung um $1/2$, $3/2$, $5/2$ und $7/2$ versetzt.

7) Aus der Schrödinger-Gleichung eines beliebigen, eindimensionalen Problems folgt, dass die Wellenfunktion an den Stellen $V(x) = E$, d. h. an den Umkehrpunkten der klassischen Bewegung, einen Wendepunkt hat. Schreibt man nämlich die Schödinger-Gleichung in der Form

$$-\frac{\hbar^2}{2m}\frac{d^2}{d\xi^2}\psi = (E - V(x))\psi = 0$$

dann sieht man, dass für $V(x) = E$ die zweite Ableitung der Wellenfunktion verschwindet.

quantenmechanischen harmonischen Oszillators sind auch links und rechts von den klassischen Umkehrpunkten von null verschieden.

5.6
*Vollständigkeitsrelation

Wir wollen nun zeigen, dass der in Abschnitt 5.3 mithilfe der Erzeugungs- und Vernichtungsoperatoren gefundene Satz von Eigenfunktionen vollständig ist. Dazu muss bewiesen werden, dass die Vollständigkeitsrelation

$$\sum_{n=0}^{\infty} \varphi_n(\xi')\varphi_n(\xi) = \delta(\xi' - \xi) \tag{5.50}$$

erfüllt ist. Um den Beweis zu führen, definieren wir die Funktion

$$\phi(\xi, \xi'; \eta) \equiv \sum_{n=0}^{\infty} \varphi_n(\xi')\varphi_n(\xi)e^{-\eta n} = \phi(\xi', \xi; \eta) \tag{5.51}$$

und die beiden Operatoren

$$\hat{a} = \frac{1}{\sqrt{2}}\left(\frac{d}{d\xi'} + \xi'\right) \qquad \hat{b}^\dagger = \frac{1}{\sqrt{2}}\left(-\frac{d}{d\xi} + \xi\right) \tag{5.52}$$

Wir wenden den Operator $\hat{a}$ auf $\phi(\xi, \xi'; \eta)$ an und erhalten

$$\begin{aligned}
\hat{a}\,\phi(\xi, \xi'; \eta) &= \sum_{n=1}^{\infty} \sqrt{n}\,\varphi_{n-1}(\xi')\varphi_n(\xi)e^{-\eta n} \\
&= \sum_{n=0}^{\infty} \sqrt{n+1}\,\varphi_n(\xi')\varphi_{n+1}(\xi)e^{-\eta(n+1)} \\
&= e^{-\eta}\sum_{n=0}^{\infty} \varphi_n(\xi')\sqrt{n+1}\,\varphi_{n+1}(\xi)e^{-\eta n} \\
&= e^{-\eta}\hat{b}^\dagger\phi(\xi, \xi'; \eta) \tag{5.53}
\end{aligned}$$

Wir haben auf diese Weise eine partielle Differentialgleichung für $\phi(\xi, \xi'; \eta)$ erhalten, die wir explizit als

$$\left(\frac{d}{d\xi'} + \xi'\right)\phi(\xi, \xi'; \eta) = e^{-\eta}\left(-\frac{d}{d\xi} + \xi\right)\phi(\xi, \xi'; \eta) \tag{5.54}$$

schreiben können. Die Umstellung dieser Gleichung führt auf

$$e^{-\eta}\frac{d\phi}{d\xi} + \frac{d\phi}{d\xi'} = (e^{-\eta}\xi - \xi')\,\phi \tag{5.55}$$

(5.55) ist eine inhomogene, lineare partielle Differentialgleichung 1. Ordnung für die Funktion ϕ in den Variablen ξ und ξ'. Die dritte Variable η ist dagegen nur ein einfacher Parameter, der für die Lösung dieser Differentialgleichung vorerst unwichtig ist.

Zur Lösung von (5.55) verwenden wir die Charakteristikenmethode[8]. Der erste Schritt dieser Technik besteht in der Bestimmung der sogenannten Charakteristiken, die durch die Differentialverhältnisse

$$\frac{d\tilde{\zeta}}{e^{-\eta}} = \frac{d\tilde{\zeta}'}{1} = \frac{d\phi}{(e^{-\eta}\tilde{\zeta} - \tilde{\zeta}')\phi} \tag{5.56}$$

bestimmt sind. Daraus erhalten wir zwei unabhängige Differentialgleichungen. Die erste Gleichung

$$\frac{d\tilde{\zeta}}{d\tilde{\zeta}'} = e^{-\eta} \tag{5.57}$$

führt auf die Lösung

$$\tilde{\zeta} - e^{-\eta}\tilde{\zeta}' = a_1 \tag{5.58}$$

Dabei ist a_1 die freie Integrationskonstante. Die zweite Differentialgleichung lautet

$$\frac{d\phi}{d\tilde{\zeta}'} = (e^{-\eta}\tilde{\zeta} - \tilde{\zeta}')\phi \tag{5.59}$$

Um diese Gleichung lösen zu können, eliminieren wir zunächst $\tilde{\zeta}$ unter Verwendung von (5.58) und erhalten

$$\frac{d\phi}{d\tilde{\zeta}'} = \left(e^{-\eta}(a_1 + e^{-\eta}\tilde{\zeta}') - \tilde{\zeta}'\right)\phi \tag{5.60}$$

Auch diese gewöhnliche Differentialgleichung kann sofort gelöst werden. Wir erhalten

$$\ln\frac{\phi}{a_2} = e^{-\eta}a_1\tilde{\zeta}' + \frac{1}{2}(e^{-2\eta} - 1)\tilde{\zeta}'^2 \tag{5.61}$$

mit der Integrationskonstanten a_2. Wir stellen (5.61) nach a_2 um

$$a_2 = \phi \exp\left\{-\left[e^{-\eta}a_1\tilde{\zeta}' + \frac{1}{2}(e^{-2\eta} - 1)\tilde{\zeta}'^2\right]\right\} \tag{5.62}$$

und eliminieren a_1 mithilfe von (5.58)

$$a_2 = \phi \exp\left\{-\left[e^{-\eta}\tilde{\zeta}\tilde{\zeta}' - \frac{1}{2}(e^{-2\eta} + 1)\tilde{\zeta}'^2\right]\right\} \tag{5.63}$$

Der zweite Schritt der Charakteristikenmethode besteht in der Konstruktion einer allgemeine Lösung der partiellen Differentialgleichung aus den als Charakteristiken bezeichneten Gleichungen (5.58) und (5.63). Die grundlegende Idee dieser Methode basiert auf der Erkenntnis, dass jeder beliebige

8) vgl. z. B. [10]

funktionale Zusammenhang zwischen den Charakteristiken eine Lösung der ursprünglichen partiellen Differentialgleichung erster Ordnung ist[9]. Deshalb können wir die allgemeine Lösung der partiellen Differentialgleichung (5.54) in der Form

$$a_2 = f(a_1) \tag{5.64}$$

schreiben, wobei auch f eine beliebige Funktion ist. Wenn wir hier a_1 und a_2 einsetzen, dann erhalten wir

$$\phi \exp\left\{-\left[e^{-\eta}\xi\xi' - \frac{1}{2}(e^{-2\eta} + 1)\xi'^2\right]\right\} = f(\xi - e^{-\eta}\xi') \tag{5.65}$$

Wir lösen diese Gleichung nach ϕ auf und erhalten somit

$$\phi(\xi, \xi', \eta) = f(\xi - e^{-\eta}\xi')\exp\left\{-\frac{1}{2}(e^{-2\eta} + 1)\xi'^2 + e^{-\eta}\xi\xi'\right\} \tag{5.66}$$

Jetzt müssen wir noch die Funktion f festlegen. Dazu verwenden wir zunächst die Symmetrieeigenschaft (5.51). Aus $\phi(\xi, \xi'; \eta) = \phi(\xi', \xi; \eta)$ folgt mit (5.66)

$$f(\xi - e^{-\eta}\xi')e^{-\frac{1}{2}(1+e^{-2\eta})\xi'^2 + e^{-\eta}\xi\xi'} = f(\xi' - e^{-\eta}\xi)e^{-\frac{1}{2}(1+e^{-2\eta})\xi^2 + e^{-\eta}\xi\xi'} \tag{5.67}$$

Die letzten Terme in den Exponenten auf der linken und rechten Seite der Gleichung heben sich weg. Wir können dann die Gleichung schreiben als

$$\begin{aligned}
\frac{f(\xi - e^{-\eta}\xi')}{f(\xi' - e^{-\eta}\xi)} &= \exp\left\{\frac{1}{2}(1 + e^{-2\eta})(\xi'^2 - \xi^2)\right\} \\
&= \exp\left\{\frac{1}{2}\frac{1 + e^{-2\eta}}{1 - e^{-2\eta}}\left[(\xi' - e^{-\eta}\xi)^2 - (\xi - e^{-\eta}\xi')^2\right]\right\} \\
&= \frac{\exp\left\{-\frac{1}{2}\frac{1 + e^{-2\eta}}{1 - e^{-2\eta}}(\xi - e^{-\eta}\xi')^2\right\}}{\exp\left\{-\frac{1}{2}\frac{1 + e^{-2\eta}}{1 - e^{-2\eta}}(\xi' - e^{-\eta}\xi)^2\right\}}
\end{aligned} \tag{5.68}$$

Damit erhalten wir für die Funktion f

$$f(\xi - e^{-\eta}\xi') = C\exp\left\{-\frac{1}{2}\frac{1 + e^{-2\eta}}{1 - e^{-2\eta}}(\xi - e^{-\eta}\xi')^2\right\} \tag{5.69}$$

9) Der Hintergrund dieses Verfahrens besteht darin, dass das totale Differential der Integrationskonstanten $da_i = da_i(\xi, \xi', \phi(\xi, \xi')) = 0$ auf die ursprüngliche partielle Differentialgleichung für ϕ führt. Wir haben diese Methode ausführlicher in Band I, Abschnitt 3.6.5 besprochen. Die mathematische Theorie findet man detailliert in [26].

Jetzt muss noch die Konstante C bestimmt werden. Dazu verwenden wir die Definition (5.51) der Funktion ϕ. Da die dort auftretenden Eigenfunktionen normiert sind, ist

$$\int d\xi\, \phi(\xi,\xi;\eta) = \sum_{n=0}^{\infty} \underbrace{\int d\xi\, \varphi_n^2(\xi)}_{1}\, e^{-\eta n} = \frac{1}{1-e^{-\eta}} \tag{5.70}$$

Setzen wir in dieser Relation (5.66) für ϕ und (5.69) für f ein, dann erhalten wir

$$\frac{1}{1-e^{-\eta}}$$

$$= \int d\xi\, \phi(\xi,\xi;\eta)$$

$$= C \int d\xi\, \exp\left\{ -\frac{1}{2}\frac{1+e^{-2\eta}}{1-e^{-2\eta}}(1-e^{-\eta})^2\xi^2 \right\} \exp\left\{ -\frac{1}{2}(1+e^{-2\eta})\xi^2 + e^{\eta}\xi^2 \right\}$$

$$= C \int d\xi\, \exp\left\{ -\frac{1}{2}\frac{1+e^{-2\eta}}{1-e^{-2\eta}}(1-e^{-\eta})^2\xi^2 \right\} \exp\left\{ -\frac{1}{2}(1-e^{-\eta})^2\xi^2 \right\}$$

$$= C \int d\xi\, \exp\left\{ -\frac{1}{2}(1-e^{-\eta})^2\left(\frac{1+e^{-2\eta}}{1-e^{-2\eta}}+1\right)\xi^2 \right\}$$

$$= C \int d\xi\, \exp\left\{ -\frac{1}{2}(1-e^{-\eta})^2\frac{2}{1-e^{-2\eta}}\xi^2 \right\} \tag{5.71}$$

Mit der Substitution $(1-e^{-\eta})\xi = u$ können wir das Gauß'sche Integral auswerten. Wir erhalten

$$\frac{1}{1-e^{-\eta}} = C \int \frac{du}{1-e^{-\eta}} e^{\frac{u^2}{1-e^{-2\eta}}} = \frac{C}{1-e^{-\eta}}\sqrt{\pi(1-e^{-2\eta})} \tag{5.72}$$

und damit

$$C = \frac{1}{\sqrt{\pi(1-e^{-2\eta})}} \tag{5.73}$$

Die von uns gesuchte Funktion $\phi(\xi,\xi';\eta)$ hat damit die Gestalt

$$\phi(\xi,\xi';\eta) = \frac{1}{\sqrt{\pi(1-e^{-2\eta})}}\exp\left\{ -\frac{1}{2}\frac{1+e^{-2\eta}}{1-e^{-2\eta}}(\xi - e^{-\eta}\xi')^2 \right\}$$

$$\cdot \exp\left\{ -\frac{1}{2}(e^{-2\eta}+1)\xi'^2 + e^{\eta}\xi\xi' \right\} \tag{5.74}$$

Um die Vollständigkeit des Funktionensystems der φ_n zu beweisen, betrachten wir noch einmal die Definitionsgleichung (5.51). Im Grenzfall $\eta \to 0$ wird hieraus nämlich

$$\lim_{\eta\to 0} \phi(\xi,\xi';\eta) = \sum_{n=0}^{\infty} \varphi_n(\xi')\varphi_n(\xi) \tag{5.75}$$

Wir führen jetzt den gleichen Grenzübergang mit (5.74) aus und erhalten

$$\lim_{\eta \to 0} \phi(\xi, \xi'; \eta) = \lim_{\eta \to 0} \frac{1}{\sqrt{2\pi\eta}} \, e^{-\frac{1}{2\eta}(\xi - \xi')^2} e^{-\xi'^2 + \xi\xi'}$$

$$= e^{-\xi'^2 + \xi\xi'} \lim_{\eta \to 0} \frac{1}{\sqrt{2\pi\eta}} \, e^{-\frac{1}{2\eta}(\xi - \xi')^2} \tag{5.76}$$

Der noch verbleibende Grenzwert ist eine Darstellung der δ-Funktion

$$\delta(\xi - \xi') = \lim_{\eta \to 0} \frac{1}{\sqrt{2\pi\eta}} \, e^{-\frac{(\xi - \xi')^2}{2\eta}} \tag{5.77}$$

Deshalb erhalten wir aus (5.76)

$$\lim_{\eta \to 0} \phi(\xi, \xi'; \eta) = e^{-\xi'^2 + \xi\xi'} \delta(\xi - \xi') = \delta(\xi - \xi') \tag{5.78}$$

Mit diesem Resultat ist die Vollständigkeit der Eigenfunktionen des quanten-mechanischen harmonischen Oszillators bewiesen.

5.7
Beispiele für das Rechnen mit Erzeugungs- und Vernichtungsoperatoren

5.7.1
Matrixelemente des Ortsoperators

Wie wir später noch sehen werden, ist die Darstellung von Operatoren in der Basis der Energieeigenzustände sehr hilfreich für die Behandlung vieler Probleme, die mit dem quantenmechanischen Oszillator zusammenhängen. So kann man beispielsweise bei der Beschreibung der Wechselwirkung des elektrisch geladenen harmonischen Oszillators mit elektromagnetischer Strahlung auf der Basis dieser Matrixelemente ein sehr effizientes mathematisches Kalkül aufbauen. Da wir die Eigenzustände in der Ortsdarstellung kennen, könnten wir die folgenden Integrale auswerten

$$x_{kn} = \langle \psi_k | \, \hat{x} \, | \psi_n \rangle = \int_{-\infty}^{\infty} dx \, \psi_k^*(x) \, x \, \psi_n(x) \tag{5.79}$$

Dabei ist

$$\psi_n(x) = \sqrt[4]{\frac{m\omega_0}{\hbar}} \, \varphi_n(\xi) = \sqrt[4]{\frac{m\omega_0}{\pi\hbar}} \frac{1}{\sqrt{2^n n!}} \, e^{-\frac{1}{2}\xi^2} H_n(\xi) \tag{5.80}$$

Die Rechnung wird aber ziemlich unbequem. Wir werden deshalb versuchen, diese Matrixelemente in der Darstellung mit Erzeugungs- und Vernichtungsoperatoren auszurechnen. Dazu formen wir (5.79) unter Berücksichtigung der

Skalierung (5.4) um:

$$x_{kn} = \sqrt{\frac{\hbar}{m\omega_0}} \int\limits_{-\infty}^{\infty} d\xi \, \varphi_k^*(\xi) \, \xi \, \varphi_n(\xi) \tag{5.81}$$

Aus (5.12) erhalten wir nach Addition der beiden Gleichungen

$$\xi = \frac{1}{\sqrt{2}}(\hat{b} + \hat{b}^\dagger) \tag{5.82}$$

sodass wir für die Matrixelemente

$$x_{kn} = \sqrt{\frac{\hbar}{2m\omega_0}} \int\limits_{-\infty}^{\infty} d\xi \, \varphi_k^*(\xi) \, [\hat{b} + \hat{b}^\dagger] \, \varphi_n(\xi) \tag{5.83}$$

erhalten. Wir können von der Ortsdarstellung natürlich wieder zu der formalen Schreibweise zurückkehren. Bezeichnen wir mit $|n\rangle$ den n-ten Energie-Eigenzustand, dann ist $\varphi_n(\xi) = \langle \xi \, | n \rangle$, und die Wirkung der Operatoren $\hat{b}$ und $\hat{b}^\dagger$ ist entsprechend (5.43) und (5.44) erklärt als

$$\hat{b} \, |n\rangle = \sqrt{n} \, |n-1\rangle \, , \quad \hat{b}^\dagger \, |n\rangle = \sqrt{n+1} \, |n+1\rangle \tag{5.84}$$

Unter Verwendung der Vollständigkeitsrelation $\int d\xi \, |\xi\rangle \, \langle \xi| = \hat{1}$ erhalten wir für die Matrixelemente aus (5.83)

$$x_{kn} = \sqrt{\frac{\hbar}{2m\omega_0}} \, \langle k| \, \hat{b} + \hat{b}^\dagger \, |n\rangle \tag{5.85}$$

Mit den Regeln (5.84) ist dann

$$x_{kn} = \sqrt{\frac{\hbar}{2m\omega_0}} \, (\delta_{k,n-1}\sqrt{n} + \delta_{k,n+1}\sqrt{n+1}) \tag{5.86}$$

Dieser Ausdruck zeigt, dass beim harmonischen Oszillator die Matrixelemente des Ortsoperators nur zwischen benachbarten Zuständen nicht verschwinden.

5.7.2
Aufenthaltswahrscheinlichkeitsverteilung im Grundzustand

Im Abschnitt 4.10.2.2 hatten wir für die Wahrscheinlichkeitsdichte, für eine Observable A im quantenmechanischen Zustand $|\psi\rangle$ den Wert a zu messen, den Ausdruck (4.373) gefunden:

$$w(a) = \frac{1}{2\pi} \int d\beta \, e^{-ia\beta} F(\beta) \tag{5.87}$$

Dabei ist die charakteristische Funktion durch den Erwartungswert

$$F(\beta) = \langle \psi | \, e^{i\hat{A}\beta} \, | \psi \rangle \tag{5.88}$$

definiert. Wir wollen diese Formeln nun nutzen, um die Aufenthaltswahrscheinlichkeit des quantenmechanischen Oszillators am Ort x im Grundzustand zu bestimmen. Deshalb bilden wir die charakteristische Funktion für den Ortsoperator, der entsprechend (5.85) durch

$$\hat{x} = \sqrt{\frac{\hbar}{2m\omega_0}} \left(\hat{b} + \hat{b}^\dagger \right) \tag{5.89}$$

definiert ist. Da wir uns außerdem für die Aufenthaltswahrscheinlichkeit im Grundzustand interessieren, wählen wir $|\psi\rangle = |0\rangle$. Damit erhalten wir

$$F(\beta) = \langle 0| \, e^{i\beta\hat{x}} \, |0\rangle = \langle 0| \exp \left\{ i\beta \sqrt{\frac{\hbar}{2m\omega_0}} \left(b + b^\dagger \right) \right\} |0\rangle \tag{5.90}$$

Mit der Operatorrechenregel

$$e^{\hat{A}+\hat{B}} = e^{\hat{A}} e^{\hat{B}} e^{-\frac{1}{2}\hat{C}} \quad \text{mit} \quad \hat{C} = [\hat{A}, \hat{B}], \quad \text{falls} \quad [\hat{A}, \hat{C}] = [\hat{B}, \hat{C}] = 0 \tag{5.91}$$

können wir den Exponentialoperator in (5.90) zerlegen. Mit dem Parameter

$$\kappa = \beta \sqrt{\frac{\hbar}{2m\omega_0}} \tag{5.92}$$

erhalten wir dann

$$e^{i\kappa(\hat{b}^\dagger + \hat{b})} = e^{i\kappa\hat{b}^\dagger} e^{i\kappa\hat{b}} e^{\frac{\kappa^2}{2}[\hat{b}^\dagger, \hat{b}]} = e^{-\frac{\kappa^2}{2}} e^{i\kappa\hat{b}^\dagger} e^{i\kappa\hat{b}} \tag{5.93}$$

und damit die charakteristische Funktion

$$F(\beta) = e^{-\frac{\kappa^2}{2}} \langle 0| \, e^{i\kappa\hat{b}^\dagger} e^{i\kappa\hat{b}} \, |0\rangle = e^{-\frac{\kappa^2}{2}} = e^{-\frac{\beta^2\hbar}{4m\omega_0}} \tag{5.94}$$

Dabei haben wir ausgenutzt, dass $\langle 0| \, e^{i\kappa b^\dagger} = (e^{-i\kappa\hat{b}} \, |0\rangle)^\dagger$ gilt und außerdem $\hat{b} \, |0\rangle = 0$ ist. So bleibt von der Potenzreihenentwicklung der Exponentialoperatoren

$$e^{\mu\hat{b}} \, |0\rangle = \sum_{n=0}^{\infty} \frac{\mu^n}{n!} \hat{b}^n \, |0\rangle = |0\rangle \tag{5.95}$$

bei Anwendung auf den Grundzustand nur der erste Term übrig und die charakteristische Funktion reduziert sich auf (5.94). Die Wahrscheinlichkeitsdichte erhalten wir dann aus (5.87) entsprechend

$$w(x) = \frac{1}{2\pi} \int d\beta \, e^{-ix\beta} \exp \left\{ -\frac{\beta^2\hbar}{4m\omega_0} \right\} = \sqrt{\frac{m\omega_0}{\pi\hbar}} \exp \left\{ -\frac{m\omega_0}{\hbar} x^2 \right\} \tag{5.96}$$

Das Integral wird dabei am Einfachsten durch quadratische Ergänzung ausgewertet. Das Ergebnis stimmt natürlich mit der auf der Ortsdarstellung der
Eigenzustände beruhenden Standardmethode überein:

$$w(x) = \psi_0^*(x)\psi_0(x) = \sqrt{\frac{m\omega_0}{\pi\hbar}} \exp\left\{-\frac{m\omega_0}{\hbar}x^2\right\} \tag{5.97}$$

Es ist in unserem Fall wegen der bereits bekannten Ortsdarstellung der Eigenfunktionen auch einfacher zu erhalten.

5.8
Klassische und quantenmechanische Aufenthaltswahrscheinlichkeit

Bei der klassischen Bewegung eines harmonischen Oszillators, der sich zur
Anfangszeit im Ursprung befindet und die Energie E hat, gilt für Position und
Geschwindigkeit[10]

$$x = \sqrt{\frac{2E}{m\omega_0^2}} \sin\omega_0 t \quad \text{und} \quad \dot{x} = \sqrt{\frac{2E}{m\omega_0^2}} \omega_0 \cos\omega_0 t \tag{5.98}$$

und deshalb nach Elimination der Zeit

$$|v| = \omega_0\sqrt{\frac{2E}{m\omega_0^2} - x^2} \tag{5.99}$$

Als Aufenthaltswahrscheinlichkeit des klassischen Oszillators auf der Strecke
dx nimmt man das Verhältnis des infinitesimalen Zeitintervalls dt zur halben
Schwingungsdauer $T/2 = \pi/\omega_0$, während dem sich der Oszillator im Län-
genintervall dx befindet

$$w(x)dx = \frac{|dt|}{T/2} \quad \text{also} \quad w(x) = \frac{2}{T|v|} = \frac{\omega_0}{\pi|v|} \tag{5.100}$$

Unter Verwendung von (5.99) erhalten wir schließlich für die Dichte der Aufenthaltswahrscheinlichkeit

$$w(x) = \begin{cases} \dfrac{\sqrt{m\omega_0^2}}{\pi\sqrt{2E - m\omega_0^2 x^2}} & \text{für} \quad -\sqrt{\dfrac{2E}{m\omega_0^2}} < x < \sqrt{\dfrac{2E}{m\omega_0^2}} \\[4ex] 0 & \text{sonst} \end{cases} \tag{5.101}$$

Wenn wir die normierte Länge ξ (5.4) einführen und für die Energie die quan-

10) siehe Band I, Abschnitt 4.2

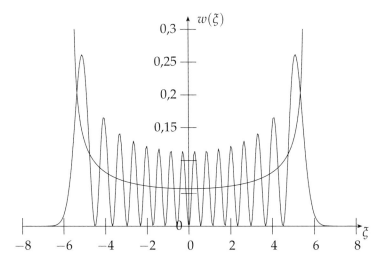

Abb. 5.2 Aufenthaltswahrscheinlichkeit des klassischen und des quantenmechanischen harmonischen Oszillators im 15. angeregten Zustand

tenmechanischen Energieniveaus des Oszillators einsetzen, dann ist die Wahrscheinlichkeitsdichte[11]

$$
w(\xi) = \begin{cases} \dfrac{1}{\pi\sqrt{2n+1-\xi^2}} & \text{für} \quad -\sqrt{2n+1} < \xi < \sqrt{2n+1} \\[4mm] 0 & \text{sonst} \end{cases}
\tag{5.102}
$$

Für den quantenmechanischen harmonischen Oszillator im n-ten angeregten Zustand erhalten wir dagegen

$$
w_n(x) = |\psi_n(x)|^2
\tag{5.103}
$$

In den normierten Größen ergibt sich unter Verwendung von (5.47)

$$
w(\xi) = |\varphi_n(\xi)|^2 = \frac{1}{\sqrt{\pi}n!2^n} H_n(\xi)^2 e^{-\xi^2}
\tag{5.104}
$$

Die Verteilungsfunktionen (5.101) und (5.104) sind in Abb. 5.2 dargestellt. Für große Energiewerte nähert sich der mittlere Verlauf der quantenmechanischen Aufenthaltswahrscheinlichkeit immer mehr dem klassischen Verteilungsgesetz an.

---

11) Man beachte, dass bei einer Reskalierung der Variablen die Wahrscheinlichkeiten entsprechend $w(\xi)d\xi = w(x)dx$ invariant bleiben.

5.9

Das zeitliche Verhalten

Bisher haben wir ausschließlich die zeitunabhängige Schrödinger-Gleichung untersucht, die sich aus der zeitabhängigen Schrödinger-Gleichung

$$i\hbar|\dot{\psi}\rangle = \hat{H}|\psi\rangle \qquad (5.105)$$

durch den Ansatz $|\psi(t)\rangle = e^{-\frac{i}{\hbar}Et}|\psi(0)\rangle$ ergibt:

$$\hat{H}|\psi\rangle = E|\psi\rangle \qquad (5.106)$$

Wegen der Linearität der Schrödinger-Gleichung ist ihre allgemeine zeitabhängige Lösung dann die Superposition zeitabhängiger Eigenzustände:

$$|\psi(t)\rangle = \sum_n c_n e^{-\frac{i}{\hbar}E_n t}|\psi_n\rangle \qquad (5.107)$$

Die Koeffizienten c_n in dieser Entwicklung sind aus der Anfangsbedingung zu bestimmen

$$c_n = \langle\psi_n|\psi(0)\rangle \qquad (5.108)$$

Als ein Beispiel zeitabhängiger quantenmechanischer Größen wollen wir den Erwartungswert des Ortsoperators

$$\bar{x}(t) = \langle\psi(t)|\hat{x}|\psi(t)\rangle \qquad (5.109)$$

in einem zeitabhängigen quantenmechanischen Zustand $\psi(t)$ bestimmen, der sich aus einer Überlagerung der beiden niedrigsten Eigenzustände $n = 0$ und $n = 1$ ergibt:

$$|\psi(t)\rangle = c_0 e^{-\frac{i}{\hbar}E_0 t}|\psi_0\rangle + c_1 e^{-\frac{i}{\hbar}E_1 t}|\psi_1\rangle \qquad (5.110)$$

Mit diesem Zustand erhalten wir für den Erwartungswert des Ortsoperators

$$\bar{x}(t) = \left(c_0^* e^{\frac{i}{\hbar}E_0 t}\langle\psi_0| + c_1^* e^{\frac{i}{\hbar}E_1 t}\langle\psi_1|\right)\hat{x}\left(c_0 e^{-\frac{i}{\hbar}E_0 t}|\psi_0\rangle + c_1 e^{-\frac{i}{\hbar}E_1 t}|\psi_1\rangle\right) \qquad (5.111)$$

Da wegen (5.86) für den Ortserwartungswert in einem beliebigen Energie-Eigenzustand des Oszillators $\langle\psi_n|x|\psi_n\rangle = 0$ gilt, erhalten wir aus (5.111)

$$\bar{x}(t) = c_0^* c_1 e^{\frac{i}{\hbar}E_0 t}e^{-\frac{i}{\hbar}E_1 t}\langle\psi_0|x|\psi_1\rangle + c_1^* c_0 e^{\frac{i}{\hbar}E_1 t}e^{-\frac{i}{\hbar}E_0 t}\langle\psi_1|x|\psi_0\rangle \qquad (5.112)$$

Zur Auswertung der Matrixelemente verwenden wir $E_1 - E_0 = \hbar\omega_0$ sowie (5.86) und gelangen so zu

$$\bar{x}(t) = \sqrt{\frac{\hbar}{2m\omega_0}}(c_0^* c_1 e^{-i\omega_0 t} + c_1^* c_0 e^{i\omega_0 t}) \qquad (5.113)$$

bzw. (mit $a = \operatorname{Re} c_0^* c_1$ und $b = \operatorname{Im} c_0^* c_1$)

$$\bar{x}(t) = \sqrt{\frac{2\hbar}{m\omega_0}}(a\cos\omega_0 t + b\sin\omega_0 t) \qquad (5.114)$$

Offenbar führt ein quantenmechanischer Zustand, der aus der Überlagerung von Zuständen mit unterschiedlichen Energieeigenwerten entsteht, zu zeitabhängigen Erwartungswerten.

Aufgaben

5.1 Zeigen Sie, dass für die Erwartungswerte von $\hat{p}^2$ und $\hat{x}^2$ in den Eigenzuständen des quantenmechanischen harmonischen Oszillators der Frequenz ω

$$\left\langle n \left| \hat{p}^2 \right| n \right\rangle = m\hbar\omega \left(n + \frac{1}{2} \right) \qquad \text{und} \qquad \left\langle n \left| \hat{x}^2 \right| n \right\rangle = \frac{\hbar}{m\omega} \left(n + \frac{1}{2} \right)$$

gilt.

5.2 Beweisen Sie (5.32) mit der Induktionsmethode.

5.3 Ein kohärenter Zustand des eindimensionalen harmonischen Oszillators ist definiert als Eigenzustand des Vernichtungsoperators $\hat{b}$:

$$\hat{b} \left| b \right\rangle = b \left| b \right\rangle$$

b ist eine komplexe Größe. Zeigen sie, dass

$$\left| b \right\rangle = \exp\left\{ -\frac{1}{2} \left| b \right|^2 \right\} \exp\left\{ b\hat{b}^\dagger \right\} \left| 0 \right\rangle$$

ein normierter kohärenter Zustand ist; dabei ist $\left| 0 \right\rangle$ der Grundzustand des quantenmechanischen Oszillators. Zeigen Sie außerdem, dass

$$\left| \left\langle b \mid b' \right\rangle \right| = \exp\left\{ -\left| b - b' \right|^2 \right\}$$

für das Skalarprodukt zweier kohärenter Zustände gilt.

5.4 Ist $\left| b \right\rangle$ ein kohärenter Zustand, dann ist

$$\| b \rangle = \exp\left\{ \frac{1}{2} \left| b \right|^2 \right\} \left| b \right\rangle$$

ein sogenannter Bargmann-Zustand. Zeigen Sie, dass für jeden dieser Zustände

$$\hat{b}^\dagger \| b \rangle = \frac{\partial}{\partial b} \| b \rangle \qquad \text{und} \qquad \langle b \| \hat{b} = \frac{\partial}{\partial b^*} \langle b \|$$

gilt.

5.5 Zeigen Sie, dass $\hat{b}^\dagger \left| n \right\rangle$ und $\hat{b} \left| n \right\rangle$ Eigenfunktionen des Operators $\hat{N} = \hat{b}^+\hat{b}$ zu den Eigenwerte $n \pm 1$ sind.

Maple-Aufgaben

5.I Bestimmen Sie die Eigenwerte und die Eigenfunktionen des diskreten Spektrums eines quantenmechanischen Teilchens im Morse-Potential

$$V = V_0 \left(e^{-2\alpha x} - 2e^{-\alpha x} \right)$$

Wie viele diskrete Zustände existieren für dieses Potential?

5.II Bestimmen Sie die ersten Eigenwerte und Eigenfunktionen für ein quantenmechanisches Teilchen im Potential $V = F\,|x|$.

5.III Bestimmen Sie Energieeigenwerte und Eigenfunktionen der gebundenen Zustä

$$V = -\frac{V_0}{\cosh^2 \alpha x}$$

Vergleichen Sie die Resultate mit denen des harmonischen Oszillators. *Hinweis*: Versuchen Sie die Eigenwerte und Eigenfunktionen in dimensionslosen Größen darzustellen.

5.IV Bestimmen Sie die Wahrscheinlichkeitsverteilung der Energieeigenwerte eines harmonischen Oszillators, der sich bei einem fest vorgegebenen Energieerwartungswert im Zustand minimaler Unschärfe befindet.

5.V Bestimmen Sie die Eigenfunktionen in Polarkoordinaten und die zugehörigen Eigenwerte des zweidimensionalen linearen quantenmechanischen Oszillators in Polarkoordinaten.

6
Quantenmechanische Bewegung im Zentralfeld

6.1
Klassische und quantenmechanische Bewegung im Zentralfeld

6.1.1
Das Zentralfeld

Im Rahmen der klassischen Mechanik haben wir ausführlich die Bewegung eines Massenpunkts in einem Zentralkraftfeld behandelt[1]. Ein solches Feld ist dadurch charakterisiert, dass die Kraft immer auf ein festes Zentrum gerichtet ist. Dieses Kraftzentrum wird zweckmäßigerweise als Ursprung eines Koordinatensystems gewählt. Das der Kraft zugeordnete Potential ist nur vom Abstand zum Ursprung abhängig:

$$V = V(r) \qquad \text{mit} \qquad r = |\boldsymbol{x}| \tag{6.1}$$

Die Hamilton-Funktion eines solchen Problems ist gegeben durch

$$H = \frac{\boldsymbol{p}^2}{2m} + V(r) \tag{6.2}$$

Mithilfe der Jordan'schen Regeln können wir hieraus sofort den für die Bewegung eines quantenmechanischen Teilchens in einem Zentralkraftfeld zutreffenden Hamilton-Operator erhalten:

$$\hat{H} = \frac{\hat{\boldsymbol{p}}^2}{2m} + V\left(|\hat{\boldsymbol{x}}|\right) \tag{6.3}$$

Die quantenmechanische Bewegung eines Partikels in einem Zentralkraftfeld ist ein typisches dreidimensionales Problem. Wir werden den Hamilton-Operator mithilfe der in Abschnitt 2.3.5 aufgeführten Relationen in die Ortsdarstellung überführen und erhalten:

$$\hat{H} = -\frac{\hbar^2}{2m}\Delta + V\left(|\boldsymbol{x}|\right) \tag{6.4}$$

1) siehe Band I, Abschnitt 4.3

Theoretische Physik III: Quantenmechanik 1. Peter Reineker, Michael Schulz, Beatrix M. Schulz
Copyright © 2007 WILEY-VCH Verlag GmbH & Co. KGaA, Weinheim
ISBN: 978-3-527-40639-5

In der Mechanik ist das Zentralkraftfeld die Grundlage zur Erklärung der Kepler'schen Planetenbewegung. In der Quantenmechanik ist dieses Feld von grundlegender Bedeutung für die Atomphysik. Mit dem Modell der Bewegung eines Elektrons in einem Zentralkraftfeld bzw. dem zugehörigen Potential kann man nicht nur das Wasserstoffatom relativ gut beschreiben[2], sondern auch bis auf ein Elektron vollständig ionisierte Atome (z. B. He$^+$ oder Li^{++}) sowie Myonenatome, die aus einem Atomkern und einem eingefangenen Myon bestehen. Die potentielle Energie eines solchen geladenen Partikels im Feld einer ruhenden Ladung der Stärke Ze lautet

$$V(r) = -\frac{Ze^2}{r} \tag{6.5}$$

Z ist dabei die Kernladungszahl, e die Elektronenladung[3].

Neben dem Coulomb-Potential gibt es aber noch weitere quantenmechanische Modelle mit einem zentralsymmetrischen Potential. Zu dieser Klasse gehört auch das Potential eines dreidimensionalen harmonischen Oszillators, $V(r) = m\omega^2 r^2/2$. Wegen $r^2 = x^2 + y^2 + z^2$ separiert die zugehörige Schrödinger-Gleichung, sodass der Ansatz für die Wellenfunktion $\psi(x) = \psi(x)\psi(y)\psi(z)$ das Problem auf drei eindimensionale Oszillatorprobleme reduziert.

Ein weiteres wichtiges Beispiel ist der rotationssymmetrische dreidimensionale Potentialtopf mit dem Potential $V(r) = -V_0$ für $r < r_0$ und $V(r) = 0$ für $r > r_0$. Dieses Modell spielt vor allem beim Tröpfchenmodell von Atomkernen eine gewisse Rolle. Ebenfalls von Bedeutung, vor allem in der Atom- und Festkörperphysik, ist das Yukawa-Potential $V(r) = -C \exp\left(-\kappa r\right)/r$. Hier dominiert für Abstände $\kappa r \ll 1$ die Coulomb-Wechselwirkung, während für $r\kappa \gg 1$ die elektrostatische Wechselwirkung[4] rapide zusammenbricht. Man spricht deshalb auch von einem abgeschirmten Coulomb-Potential und bezeichnet κ^{-1} als Abschirmradius.

Schließlich wollen wir an dieser Stelle noch darauf hinweisen, dass auch die Bewegung eines Teilchens im freien Raum, also in einem Potential mit $V \equiv 0$, als ein kugelsymmetrisches Problem verstanden werden kann. Diese Betrachtungsweise ist etwa in der Streutheorie üblich.

2) Wir werden später sehen, dass für die Bewegung eines Elektrons in einem Zentralkraftfeld noch weitere, im wesentlichen quantenmechanisch bedingte Korrekturen zu berücksichtigen sind.

3) Da wir es in der Quantenmechanik fast ausschließlich mit Elementarladungen zu tun haben, die ganzzahlige Vielfache der Elektronenladung sind, werden wir zukünftig die Elektronenladung mit e bezeichnen. Die Elektronenladung besitzt ein negatives Vorzeichen $e = -|e|$.

4) gewöhnlich als Folge der Präsenz anderer, in der Nähe der Zentralladung vorhandener Ladungsträger

6.1.2
Klassische Bewegung im zentralsymmetrischen Potential

Wir wollen hier kurz einige Ergebnisse der klassischen Mechanik zum Zentralkraftproblem zusammenstellen, die wir für die spätere Diskussion benötigen. Die Newton'sche Bewegungsgleichung eines Partikels in einem zentralsymmetrischen Potential lautet

$$m\ddot{x} = -V'(r)\frac{x}{r} \tag{6.6}$$

Dabei bedeutet $V'(r)$ die Ableitung nach r. Wir bilden zunächst das Vektorprodukt mit dem Ortsvektor x

$$m x \times \ddot{x} = -\frac{dV}{dr} x \times \frac{x}{r} = 0 \tag{6.7}$$

und formen die linken Seite dieser Gleichung um

$$m x \times \ddot{x} = \frac{d}{dt}\left(x \times m\dot{x}\right) = \frac{d}{dt} L = 0 \tag{6.8}$$

Damit bleibt der Drehimpuls $L = x \times p$ bei der Bewegung erhalten. Das bedeutet, dass die Bewegung eines klassischen Teilchens in einem Zentralkraftfeld immer in einer Ebene verläuft. Wir wollen jetzt den Impuls dieses Massenpunkts in eine Komponente parallel und eine Komponente senkrecht zum Ortsvektor x zerlegen (vgl. Abb. 6.1):

$$p = p_{\parallel} + p_{\perp} \tag{6.9}$$

Die Beträge der beiden Anteile bestimmen sich zu

$$|p_{\parallel}| = \frac{x \cdot p}{r} \quad \text{und} \quad |p_{\perp}| = \frac{|x \times p|}{r} \tag{6.10}$$

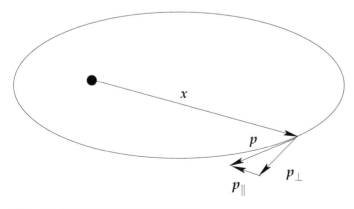

Abb. 6.1 Zerlegung des Impulsvektors

und das Impulsquadrat ist

$$p^2 = \underbrace{\left(\frac{x \cdot p}{r}\right)^2}_{p_r^2} + \underbrace{\frac{(x \times p)(x \times p)}{r^2}}_{L^2/r^2} \tag{6.11}$$

Der erste Beitrag wird dabei von der Radialkomponente des Impulses gebildet, der zweite Beitrag wird vom Drehimpuls bestimmt. Man kann diese Zerlegung des Impulses auch auf eine andere Weise erhalten. Dazu bilden wir die Differenz aus dem Gesamtimpulsquadrat und dem Quadrat des Radialanteils:

$$p^2 - \underbrace{\left(p \cdot \frac{x}{r}\right)^2}_{p_r^2} = p^2 \left(\frac{x}{r}\right)^2 - \left(p\frac{x}{r}\right)\left(p\frac{x}{r}\right) \tag{6.12}$$

Mithilfe der Lagrange-Identität

$$(a \times b)(c \times d) = (ac)(bd) - (bc)(ad) \tag{6.13}$$

erhalten wir dann

$$p^2 - p_r^2 = \left(p \times \frac{x}{r}\right)\left(p \times \frac{x}{r}\right) = \frac{1}{r^2}L^2 \tag{6.14}$$

Diese Zerlegung ist unabhängig von der Existenz eines zentralsymmetrischen Potentials. Aus der Bewegung in einem Zentralkraftfeld folgt aber die Konstanz des Drehimpulses L, sodass der Gesamtimpuls nur noch seinen Radialanteil als echte dynamische Variable besitzt. Die kinetische Energie lässt sich dann schreiben als

$$E_{\text{kin}} = \frac{1}{2m}p^2 = \frac{p_r^2}{2m} + \frac{1}{2mr^2}L^2 \tag{6.15}$$

Dann aber ist Hamilton-Funktion, d. h. die Gesamtenergie

$$H = \frac{p_r^2}{2m} + \frac{1}{2mr^2}L^2 + V(r) = E \tag{6.16}$$

Da bei der Zentralbewegung der Drehimpuls konstant bleibt, hat man die Beschreibung der klassischen Bewegung eines Massenpunkts in einem Zentralkraftfeld auf ein eindimensionales Problem reduziert.

6.1.3
Quantenmechanische Bewegung im Zentralfeld

Das quantenmechanische Verhalten eines Elektrons im elektrostatischen Feld eines Atomkerns wird durch die Schrödinger-Gleichung mit dem Hamilton-Operator (6.4) bestimmt. Selbst mit den bisherigen Kenntnissen können wir vermuten, dass dieser Hamilton-Operator nicht völlig konsistent formuliert sein kann. Wir hatten bereits in den einführenden Kapiteln betont, dass sowohl Materie als auch elektromagnetische Felder[5] Quantencharakter zeigen. In der Hamilton-Funktion des Zentralkraftproblems geht aber das elektromagnetische Feld von vornherein als Coulomb-Feld in seiner klassischen Version ein. Ohne den Quantencharakter des elektromagnetischen Felds wird man z. B. nicht den Mechanismus der spontanen Emission von Photonen aus einem angeregten Zustand eines Atoms erklären können[6]. Insofern ist die Behandlung des quantenmechanischen Zentralfeldproblems mit dem Hamilton-Operator (6.4) nur eine Näherung. Ihre Güte wird sich an der Übereinstimmung mit dem Experiment messen lassen müssen. Tatsächlich ist der Einfluss des Quantencharakters der elektromagnetischen Wechselwirkung, der sich beispielsweise in der Lamb-Verschiebung („Lamb-Shift") zeigt, gegenüber anderen Korrekturen quantenmechanischer und relativistischer Art klein. So beträgt z. B. die Lamb-Verschiebung etwa 10% der aus der Dirac-Gleichung[7] berechneten Feinstrukturaufspaltung. Obwohl dieser Effekt schwach ist, hat er sich für die Entwicklung der Quantenelektrodynamik als grundlegend herausgestellt [24].

Da der Hamilton-Operator (6.3) zeitunabhängig ist, können wir nach den Überlegungen in Abschnitt 3.2 das quantenmechanische Zentralkraftproblem auf ein stationäres Problem reduzieren. Die Aufgabe, der wir uns jetzt zuwenden wollen, besteht in der Lösung der zeitunabhängigen Schrödinger-Gleichung

$$\hat{H} |\psi\rangle = E |\psi\rangle \tag{6.17}$$

mit dem Hamilton-Operator (6.4). Der direkte Lösungsweg besteht nun darin, den Hamilton-Operator $\hat{H}$ in der Ortsdarstellung als

$$\hat{H} = -\frac{\hbar^2}{2m}\Delta + V(r) \tag{6.18}$$

zu formulieren und den hierin auftretenden Laplace-Operator in Kugelkoordinaten auszudrücken. Die Schrödinger-Gleichung lässt sich dann mit einem Separationsansatz für Radial- und Winkelvariable lösen. Dieser Lösungsweg findet sich in vielen Lehrbüchern zur Quantenmechanik.

Wir werden bei unserem Lösungsverfahren einen anderen Weg gehen. Dazu nutzen wir die Erkenntnisse der klassischen Mechanik, dass beim Zentral-

---

5) Wir hatten uns dort ausschließlich mit der elektromagnetischen Wechselwirkung beschäftigt, aber der Quantencharakter von Feldern wird auch für andere fundamentale Wechselwirkungen direkt bzw. indirekt beobachtet.

6) Wir werden zwar ziemlich genau berechnen können, wie groß die Energie eines Photons ist, das beim Übergang von einem angeregten Zustand des Wasserstoffatoms zum Grundzustand emittiert wird, aber wir können im Rahmen des Modells nicht erklären, warum das überhaupt passiert.

7) siehe Band IV dieser Lehrbuchreihe

kraftproblem *Energie- und Drehimpulserhaltung* gelten. Da diesen Erhaltungssätzen wegen des Noether-Theorems[8] Symmetrien zugrunde liegen, nämlich die Invarianz des physikalischen Systems gegenüber einer zeitlichen Translation und einer räumlichen Rotation, wird man erwarten, dass diese Symmetrien als grundlegende physikalische Eigenschaften des betrachteten Systems auch auf die Quantenmechanik übertragbar sein müssen. Wir können deshalb davon ausgehen, dass die erwähnten Erhaltungssätze auch in der Quantenmechanik Bestand haben. Es muss dann also gewisse Zustände geben, in denen Energie und Drehimpuls bei einer gleichzeitigen Messung scharfe Werte haben. In unserem quantenmechanischen Formalismus bedeutet diese Forderung, dass die zugehörigen Operatoren kommutieren müssen.

Haben wir die Vertauschbarkeit bewiesen, dann können wir eine Aufspaltung des quantenmechanischen Operators der kinetischen Energie analog zum klassischen Fall (vgl. (6.15) konstruieren

$$E_{\text{kin}} = \frac{p_r^2}{2m} + \frac{1}{2mr^2}L^2 \tag{6.19}$$

Weil L^2 konstant ist, hängt der gesamte Hamilton-Operator nur noch von r ab, und die Schrödinger-Gleichung geht über in eine eindimensionale Gleichung für den r-abhängigen Anteil der Wellenfunktion. Für L^2 gehen die möglichen Messwerte, d. h. die Eigenwerte von L^2 in die Schrödinger-Gleichung ein. Daher müssen wir zunächst die Eigenwerte des Operators L^2 bestimmen. Dann lässt sich die Schrödinger-Gleichung, die nur noch die Variable r enthält, lösen. Unser Programm sieht also folgendermaßen aus:

1. Wir beweisen, dass $\hat{L}^2$ und $\hat{H}$ kommutieren. Damit wissen wir, dass diese beiden Operatoren gemeinsame Eigenzustände besitzen.

2. Wir suchen eine Aufspaltung des Operators p^2 analog zum klassischen Ergebnis (6.14)

3. Wir stellen eine (eindimensionale) Schrödinger-Gleichung für den Anteil der Wellenfunktion auf, der nur noch den Radialanteil des Impulses enthält. Diese Gleichung besitzt ein effektives Potential, in welchem die Eigenwerte von $\hat{L}^2$ auftauchen.

4. Wir bestimmen die Eigenwerte und Eigenvektoren von $\hat{L}^2$.

5. Wir lösen die radiale Schrödinger-Gleichung für das Wasserstoffproblem.

Es sei darauf hingewiesen, dass in den hier aufgeführten Schritten 1 bis 4 nur die Radialsymmetrie des Problems verwendet wird. Diese Überlegungen

---

8) siehe Band I, Abschnitt 6.6

gelten demnach für beliebige kugelsymmetrische Potentiale. Erst im letzten Schritt wird das Coulomb-Potential explizit verwendet.

6.2
Vertauschbarkeit von $\hat{L}$ und $\hat{H}$ im zentralsymmetrischen Feld

6.2.1
Definition des Drehimpulsoperators

Der klassische Ausdruck für den Drehimpuls ist gegeben durch

$$\boldsymbol{L} = \boldsymbol{x} \times \boldsymbol{p} \qquad \text{oder} \qquad L_i = \varepsilon_{ijk} x_j p_k \tag{6.20}$$

In der rechts dargestellten Komponentenschreibweise haben wir wieder die Einstein'sche Summenkonvention[9] benutzt. Den quantenmechanischen Ausdruck erhalten wir, wenn wir die klassischen Größen durch Operatoren ersetzen:

$$\hat{\boldsymbol{L}} = \hat{\boldsymbol{x}} \times \hat{\boldsymbol{p}} \qquad \text{oder} \qquad \hat{L}_i = \varepsilon_{ijk} \hat{x}_j \hat{p}_k = \varepsilon_{ijk} \hat{p}_k \hat{x}_j \tag{6.21}$$

Bei der Übersetzung des klassischen Ausdrucks in den quantenmechanischen Operator haben wir berücksichtigt, dass $\hat{p}_k$ und $\hat{x}_j$ vertauschbar sind, da wegen des vollständig antisymmetrischen Einheitstensors (ε-Tensor) $k \neq j$ ist. Deshalb ist eine zusätzliche Symmetrisierung[10] nicht erforderlich. Der so definierte Drehimpulsoperator ist hermitesch

$$\hat{L}_i^\dagger = \varepsilon_{ijk} \left(\hat{x}_j \hat{p}_k \right)^\dagger = \varepsilon_{ijk} \hat{p}_k^\dagger \hat{x}_j^\dagger = \varepsilon_{ijk} \hat{p}_k \hat{x}_j = \varepsilon_{ijk} \hat{x}_j \hat{p}_k = \hat{L}_i \tag{6.22}$$

und erfüllt damit die Voraussetzung für eine Observable. Wegen der Hermitizität hat der Drehimpulsoperator reelle Eigenwerte und orthogonale Eigenfunktionen.

6.2.2
Vertauschbarkeit von $\hat{L}$ und $\hat{H}$

Wir gehen von der elementaren Vertauschungsrelation (4.146) aus, also von $[p_k, x_l] = -i\hbar\delta_{kl}$. Mit ihrer Hilfe beweisen wir zunächst, dass der Drehimpuls-

9) Da wir die Komponentendarstellung hier ausschließlich in kartesischen Koordinaten verwenden, kehren wir in diesem Kapitel wieder zu der in Band I beschriebenen Version der Summenkonvention zurück. Um die Übersichtlichkeit zu wahren, verzichten wir auf die Benutzung ko- und kontravarianter Indizes (beide Koordinatensysteme sind ja im kartesischen Fall identisch) und summieren einfach wieder über doppelt auftretende Indizes. Natürlich können alle folgenden Ausdrücke auch in die in Band II dieser Lehrbuchreihe benutzte allgemeinere Version der Summenkonvention übertragen werden.

10) wie beispielsweise bei der Übertragung des Produkts px in die Operatorform $(\hat{x}\hat{p} + \hat{p}\hat{x})/2$

operator $\hat{L}_i$ mit $\hat{x}^2$ kommutiert. Dazu schreiben wir zunächst den Kommutator explizit auf

$$\left[\hat{L}_i, \hat{x}^2\right] = \hat{L}_i \hat{x}_l \hat{x}_l - \hat{x}_l \hat{x}_l \hat{L}_i = \varepsilon_{ijk}(\hat{x}_j \hat{p}_k \hat{x}_l \hat{x}_l - \hat{x}_l \hat{x}_l \hat{x}_j \hat{p}_k) \tag{6.23}$$

Im ersten Ausdruck auf der rechten Seite wenden wir die Vertauschungsrelation (4.146) an mit dem Ziel, den Impuls weiter nach rechts zu schieben. Wir erhalten

$$\left[\hat{L}_i, x^2\right] = \varepsilon_{ijk}\left(\hat{x}_j \hat{x}_l \hat{p}_k \hat{x}_l - i\hbar \delta_{kl} \hat{x}_j \hat{x}_l - \hat{x}_l \hat{x}_l \hat{x}_j \hat{p}_k\right) \tag{6.24}$$

und nach nochmaliger Anwendung der Vertauschungsrelation (4.146)

$$\left[\hat{L}_i, \hat{x}^2\right] = \varepsilon_{ijk}\left(\hat{x}_j \hat{x}_l \hat{x}_l \hat{p}_k - 2i\hbar \delta_{kl} \hat{x}_j \hat{x}_l - \hat{x}_l \hat{x}_l \hat{x}_j \hat{p}_k\right) \tag{6.25}$$

Hieraus erhalten wir schließlich

$$\left[\hat{L}_i, \hat{x}^2\right] = -\varepsilon_{ijk} 2i\hbar \hat{x}_j \hat{x}_k = 0 \tag{6.26}$$

Dabei verschwindet die rechte Seite von (6.26), da es sich um eine Überschiebung des antisymmetrischen Tensors ε_{ijk} mit einem symmetrischen Tensor $\hat{x}_j \hat{x}_k$ handelt. Dies kann auch leicht durch explizite Rechnung gezeigt werden.

Aus der Vertauschbarkeit von $\hat{L}_i$ mit $\hat{x}^2$ folgt sofort auch die Vertauschbarkeit von $\hat{L}_i$ mit einer beliebigen Funktion $f(|\hat{x}|)$. Man sieht diese Aussage schnell ein, wenn man die Funktion $f(|\hat{x}|) = \tilde{f}(\hat{x}^2)$ nach Potenzen von $\hat{x}^2$ entwickelt. Da aber aus der Vertauschbarkeit von $\hat{L}_i$ mit $\hat{x}^2$ sofort die Vertauschbarkeit mit jeder Potenz von $\hat{x}^2$ folgt, muss der Drehimpulsoperator auch mit jeder Funktion des Betrags des Ortsoperators kommutieren. Wir erhalten folglich

$$[L_i, f(|\hat{x}|)] = 0 \tag{6.27}$$

Damit ist natürlich auch gezeigt, dass $\hat{L}_i$ mit einem zentralsymmetrischen Potential kommutiert.

Wir wollen als zweites die Vertauschbarkeit der Komponenten des Drehimpulses mit dem Quadrat des Impulsoperators $\hat{p}^2$ beweisen. Das Vorgehen ist ganz analog zum obigen Beweis. Zunächst erhalten wir

$$\left[\hat{L}_i, \hat{p}^2\right] = \hat{L}_i \hat{p}_l \hat{p}_l - \hat{p}_l \hat{p}_l \hat{L}_i = \varepsilon_{ijk}(\hat{x}_j \hat{p}_k \hat{p}_l \hat{p}_l - \hat{p}_l \hat{p}_l \hat{x}_j \hat{p}_k) \tag{6.28}$$

Dann schiebt man mithilfe der Vertauschungsrelation (4.146) den Ortsoperator im zweiten Term nach links und erhält somit

$$\left[\hat{L}_i, \hat{p}^2\right] = \varepsilon_{ijk}(\hat{x}_j \hat{p}_k \hat{p}_l \hat{p}_l - \hat{x}_j \hat{p}_l \hat{p}_l \hat{p}_k + 2i\hbar \delta_{jl} \hat{p}_l \hat{p}_k) \tag{6.29}$$

und weiter

$$\left[\hat{L}_i, \hat{p}^2\right] = 2i\hbar \epsilon_{ijk} \hat{p}_j \hat{p}_k = 0 \tag{6.30}$$

Im letzten Schritt wurde wieder die Antisymmetrie des ε-Tensors benutzt. Da wegen (6.30) jede Komponente des Drehimpulsoperators mit der kinetischen Energie und wegen (6.27) mit dem kugelsymmetrischen Potential vertauscht, muss $\hat{L}_i$ auch mit dem Hamilton-Operator kommutieren. Da diese Aussage für jede Komponente des Drehimpulses gilt, können wir auch schreiben:

$$\left[\hat{\boldsymbol{L}}, H\right] = 0 \tag{6.31}$$

Hieraus folgt unmittelbar die Vertauschbarkeit des Drehimpulsquadrats mit dem Hamilton-Operator

$$\left[\hat{\boldsymbol{L}}^2, \hat{H}\right] = 0 \tag{6.32}$$

6.3
Quantenmechanische Zerlegung des Operators $\hat{p}^2$

Die klassische Zerlegung (6.14) des Quadrats des Impulses kann auch auf Impulsoperatoren übertragen werden. In diesem Fall erhalten wir als Ergebnis

$$\hat{\boldsymbol{p}}^2 = \left(\hat{\boldsymbol{p}} \cdot \frac{\hat{\boldsymbol{x}}}{|\hat{\boldsymbol{x}}|}\right)\left(\frac{\hat{\boldsymbol{x}}}{|\hat{\boldsymbol{x}}|} \cdot \hat{\boldsymbol{p}}\right) - \left(\hat{\boldsymbol{p}} \times \frac{\hat{\boldsymbol{x}}}{|\hat{\boldsymbol{x}}|}\right) \cdot \left(\frac{\hat{\boldsymbol{x}}}{|\hat{\boldsymbol{x}}|} \times \hat{\boldsymbol{p}}\right) \tag{6.33}$$

Zum Beweis benutzt man am besten die Komponentendarstellung. Damit erhält man für die rechte Seite von (6.33)

$$\text{r. S.} = \hat{p}_i \frac{\hat{x}_i}{|\hat{\boldsymbol{x}}|}\frac{\hat{x}_j}{|\hat{\boldsymbol{x}}|}\hat{p}_j - \underbrace{\varepsilon_{ijk}\varepsilon_{ilm}}_{\delta_{jl}\delta_{km}-\delta_{jm}\delta_{kl}} \hat{p}_j \frac{\hat{x}_k}{|\hat{\boldsymbol{x}}|}\frac{\hat{x}_l}{|\hat{\boldsymbol{x}}|}\hat{p}_m$$

$$= \hat{p}_i \frac{\hat{x}_i}{|\hat{\boldsymbol{x}}|}\frac{\hat{x}_j}{|\hat{\boldsymbol{x}}|}\hat{p}_j - \hat{p}_j \frac{\hat{x}_k}{|\hat{\boldsymbol{x}}|}\frac{\hat{x}_j}{r}\hat{p}_k + \hat{p}_j \underbrace{\frac{\hat{x}_k}{|\hat{\boldsymbol{x}}|}\frac{\hat{x}_k}{|\hat{\boldsymbol{x}}|}}_{1}\hat{p}_j$$

$$= \hat{p}_j\hat{p}_j = \hat{\boldsymbol{p}}^2 \tag{6.34}$$

also die Übereinstimmung mit der linken Seite. Beachtet man noch die Definition des Drehimpulsoperators (6.21) und die damit verbundene Eigenschaft $\hat{\boldsymbol{L}} = \hat{\boldsymbol{x}} \times \hat{\boldsymbol{p}} = -\hat{\boldsymbol{p}} \times \hat{\boldsymbol{x}}$, dann gelangt man zu

$$\hat{\boldsymbol{p}}^2 = \left(\hat{\boldsymbol{p}} \cdot \frac{\hat{\boldsymbol{x}}}{|\hat{\boldsymbol{x}}|}\right)\left(\frac{\hat{\boldsymbol{x}}}{|\hat{\boldsymbol{x}}|} \cdot \hat{\boldsymbol{p}}\right) + \frac{1}{|\hat{\boldsymbol{x}}|^2}\hat{\boldsymbol{L}}^2 \tag{6.35}$$

In diesem Ergebnis ist die Reihenfolge der Operatoren wichtig. Wir wollen den ersten Term noch etwas umformen. Dazu verwenden wir am besten die Ortsdarstellung und gehen hier zu Kugelkoordinaten über. Damit bekommen wir für den rechten Faktor in der Ortsdarstellung $\hat{p} = \frac{\hbar}{i}\nabla$, $\hat{x} = x$ und somit

$$\left(\frac{\hat{x}}{|\hat{x}|}\,\hat{p}\right) = \frac{\hbar}{i}\frac{x}{|x|}\nabla = \frac{\hbar}{i}\frac{\partial}{\partial r} \tag{6.36}$$

Andererseits erhalten wir für den linken Faktor

$$\left(\hat{p}\,\frac{\hat{x}}{|\hat{x}|}\right) = \frac{\hbar}{i}\nabla\frac{x}{|x|} = \frac{\hbar}{i}\left(\frac{1}{|x|}[\nabla x] + x\left[\nabla\frac{1}{|x|}\right] + \frac{x}{r}\nabla\right) \tag{6.37}$$

Dabei ist in den beiden ersten Ausdrücken auf der rechten Seite die Wirkung des Gradienten auf die eckigen Klammern beschränkt. Werden diese beiden Terme explizit berechnet, dann gelangen wir in Kugelkoordinaten zu

$$\left(\hat{p}\,\frac{\hat{x}}{|\hat{x}|}\right) = \frac{\hbar}{i}\left(\frac{2}{r} + \frac{\partial}{\partial r}\right) \tag{6.38}$$

Der offensichtliche Unterschied zwischen (6.36) und (6.38) zeigt, dass der Operator $(\hat{x}/|\hat{x}|)\hat{p}$ nicht hermitesch ist und somit keine physikalische Variable beschreibt. Wir werden hierauf gleich nochmals zurückkommen. Bilden wir jedoch zunächst das in (6.33) auftretende Produkt der beiden Ausdrücke, dann erhalten wir schließlich

$$\left(\hat{p}\cdot\frac{\hat{x}}{|\hat{x}|}\right)\left(\frac{\hat{x}}{|\hat{x}|}\cdot\hat{p}\right) = \left(\frac{\hbar}{i}\right)^2\left(\frac{2}{r} + \frac{\partial}{\partial r}\right)\frac{\partial}{\partial r} = \left(\frac{\hbar}{i}\right)^2\left(\frac{2}{r}\frac{\partial}{\partial r} + \frac{\partial^2}{\partial r^2}\right) \tag{6.39}$$

Im Rahmen der klassischen Mechanik ist die Größe $(x/r)p$ die Komponente des Impulses in Richtung des Radiusvektors. Wir hatten mit (6.36) und (6.38) gerade gesehen, dass das einfache Einsetzen der aus den Jordan'schen Regeln erhaltenen Operatorausdrücke für $\hat{p}$ und $\hat{x}$ auf keinen hermiteschen Operator für $(\hat{x}/|\hat{x}|)\hat{p}$ führt. Mit den in Abschnitt 4.5.1.2 erwähnten empirischen Regeln können wir aber diesen klassischen Größen einen hermiteschen Operator zuweisen. Wir definieren also als Operator der Impulskomponente in Richtung des Radiusvektors

$$\hat{p}_r = \frac{1}{2}\left[\frac{\hat{x}}{|\hat{x}|}\,\hat{p} + \hat{p}\,\frac{\hat{x}}{|\hat{x}|}\right] \tag{6.40}$$

und erhalten mit (6.36) und (6.38) für die Ortsdarstellung dieses Operators

$$\hat{p}_r = \frac{\hbar}{i}\left[\frac{\partial}{\partial r} + \frac{1}{r}\right] = -i\frac{\hbar}{r}\frac{\partial}{\partial r}r \tag{6.41}$$

Mit diesem Ausdruck können wir jetzt auch die Vertauschungsrelation zwischen $\hat{p}_r$ und $\hat{r} = |\hat{x}|$ bestimmen. Nach einer kurzen Rechnung erhalten wir

$$[\hat{p}_r, \hat{r}] = \frac{\hbar}{i}\left(\frac{1}{r}\frac{\partial}{\partial r}r^2 - \frac{\partial}{\partial r}r\right) = \frac{\hbar}{i} \tag{6.42}$$

Weiter können wir mit (6.41) das Quadrat des Operators $\hat{p}_r$ bestimmen. Wir gelangen zunächst zu

$$\hat{p}_r^2 = \left(\frac{\hbar}{i}\right)^2 \frac{1}{r}\frac{\partial}{\partial r}r\frac{1}{r}\frac{\partial}{\partial r}r = \left(\frac{\hbar}{i}\right)^2 \frac{1}{r}\frac{\partial^2}{\partial r^2}r = \left(\frac{\hbar}{i}\right)^2 \left[\frac{1}{r}\frac{\partial}{\partial r}\left(1 + r\frac{\partial}{\partial r}\right)\right] \tag{6.43}$$

und von hier aus zu

$$\hat{p}_r^2 = \left(\frac{\hbar}{i}\right)^2 \left[\frac{1}{r}\frac{\partial}{\partial r} + \frac{1}{r}\frac{\partial}{\partial r} + \frac{\partial^2}{\partial r^2}\right] = \left(\frac{\hbar}{i}\right)^2 \left[\frac{2}{r}\frac{\partial}{\partial r} + \frac{\partial^2}{\partial r^2}\right] \tag{6.44}$$

Der Vergleich von (6.39) und (6.44) zeigt, dass wir dem ersten Term der Zerlegung (6.35) von p^2 das Quadrat des Operators $\hat{p}_r$ zuordnen können:

$$\left(\hat{p}\cdot\frac{\hat{x}}{|\hat{x}|}\right)\left(\frac{\hat{x}}{|\hat{x}|}\cdot\hat{p}\right) = \hat{p}_r^2 \tag{6.45}$$

Damit kann man aber den Operator $\hat{p}^2$ in (6.35) schreiben als

$$\hat{p}^2 = \hat{p}_r^2 + \frac{1}{\hat{r}^2}\hat{L}^2 \tag{6.46}$$

Für den Hamilton-Operator eines Teilchens in einem kugelsymmetrischen Potential erhalten wir dann

$$\hat{H} = \frac{\hat{p}_r^2}{2m} + \frac{1}{2m\hat{r}^2}\hat{L}^2 + V(\hat{r}) \tag{6.47}$$

Wir wollen jetzt noch die Ortsdarstellung von $\hat{L}^2$ bestimmen. Dazu stellen wir die Zerlegung (6.46) um und übertragen das Ergebnis in die Ortsdarstellung:

$$\frac{1}{\hat{r}^2}\hat{L}^2 = \hat{p}^2 - \hat{p}_r^2 = \left(\frac{\hbar}{i}\right)^2 \Delta - \left(\frac{\hbar}{i}\right)^2 \left[\frac{\partial^2}{\partial r^2} + \frac{2}{r}\frac{\partial}{\partial r}\right] \tag{6.48}$$

Setzen wir noch den Laplace-Operator in Kugelkoordinaten[11] ein, dann bekommen wir schließlich

$$\hat{L}^2 = \left(\frac{\hbar}{i}\right)^2 \left[\frac{1}{\sin\vartheta}\frac{\partial}{\partial\vartheta}\sin\vartheta\frac{\partial}{\partial\vartheta} + \frac{1}{\sin^2\vartheta}\frac{\partial^2}{\partial\varphi^2}\right] \tag{6.49}$$

Der Operator des Drehimpulsquadrats enthält in der Ortsdarstellung nur noch die Winkelvariablen. Hieraus wird wieder die uns schon bekannte Tatsache offensichtlich, dass $\hat{L}^2$ und das kugelsymmetrische Potential $V(\hat{r})$ miteinander kommutieren.

11) Zur Berechnung des Laplace-Operators in Kugelkoordinaten siehe
    Band II, Anhang B

6.4
Schrödinger-Gleichung für den Radialanteil

Wir haben in Abschnitt 6.2.2 festgestellt, dass $\hat{L}^2$ mit $\hat{H}$ vertauscht, wenn das Potential kugelsymmetrisch ist. Also gibt es gemeinsame Eigenfunktionen zu $\hat{L}^2$ und $\hat{H}$. Wir werden später sehen, dass durch die Eigenwerte dieser beiden Operatoren der quantenmechanische Zustand noch nicht eindeutig festgelegt ist. Wir brauchen also noch weitere Operatoren, die sowohl mit $\hat{L}^2$ als auch mit $\hat{H}$ kommutieren, um eine eindeutige Kennzeichnung des Zustands zu erreichen. Wir werden im nächsten Abschnitt sehen, dass ein einziger weiterer Operator – beispielsweise die z-Komponente des Operators des Drehimpulses – ausreicht, um den Zustandsvektor festzulegen. Die drei Operatoren

$$\hat{H} \quad , \quad \hat{L}^2 \quad , \quad \hat{L}_z \tag{6.50}$$

bilden einen vollständigen Satz vertauschbarer Operatoren. Um diese Aussage zu beweisen, müssen wir nur noch $[\hat{L}_z, \hat{L}^2] = 0$ zeigen. Dies werden wir in Abschnitt 6.5.1 nachholen. Die zu diesen Operatoren gehörenden Eigenwertgleichungen lauten

$$\hat{H}\,|\psi\rangle = E\,|\psi\rangle \quad ; \quad \hat{L}^2\,|\psi\rangle = \hbar^2 l(l+1)\,|\psi\rangle \quad ; \quad \hat{L}_z\,|\psi\rangle = \hbar m\,|\psi\rangle \tag{6.51}$$

Die etwas merkwürdige Schreibweise $\hbar^2 l(l+1)$ für den Eigenwert von $\hat{L}^2$ erweist sich später als sinnvoll.

Wir haben in Abschnitt 6.3 den Hamilton-Operator in die Form (6.47)

$$H = \frac{\hat{p}_r^2}{2m} + \frac{1}{2m\hat{r}^2}\hat{L}^2 + V(\hat{r}) \tag{6.52}$$

gebracht. Benutzen wir Kugelkoordinaten, dann wirkt in der Ortsdarstellung der Operator $\hat{L}^2$ nur auf die Winkelvariable, der Rest des Hamilton-Operators dagegen nur auf die Radiusvariable. Zur Bestimmung der Eigenfunktionen können wir deshalb einen Separationsansatz machen:

$$\psi(r, \vartheta, \varphi) = \frac{u(r)}{r} Y(\vartheta, \varphi) \tag{6.53}$$

Der Vergleich mit obigen Eigenwertgleichungen (6.51) zeigt, dass der Winkelanteil in der Ortsdarstellung den folgenden Gleichungen genügen muss:

$$\hat{L}^2 Y(\vartheta, \varphi) = \hbar^2 l(l+1) Y(\vartheta, \varphi) \qquad \text{und} \qquad \hat{L}_z Y(\vartheta, \varphi) = \hbar m Y(\vartheta, \varphi) \tag{6.54}$$

Dann aber folgt für die Ortsdarstellung des Radialanteils:

$$\left[\frac{\hat{p}_r^2}{2m} + \frac{\hbar^2 l(l+1)}{2mr^2} + V(r) \right] \frac{u(r)}{r} = E \frac{u(r)}{r} \tag{6.55}$$

Wir verwenden jetzt für $\hat{p}_r^2$ die explizite Form (6.43) der Ortsdarstellung und erhalten:

$$\frac{1}{2m}\left(\frac{\hbar}{i}\right)^2 \frac{1}{r}\frac{\partial^2}{\partial r^2}r\frac{1}{r}u(r) + \frac{\hbar^2 l(l+1)}{2mr^2}\frac{u(r)}{r} + V(r)\frac{u(r)}{r} = E\frac{u(r)}{r} \qquad (6.56)$$

Damit lautet die Gleichung für den Radialanteil

$$\left[-\frac{\hbar^2}{2m}\frac{\partial^2}{\partial r^2} + \frac{\hbar^2 l(l+1)}{2mr^2} + V(r)\right]u(r) = Eu(r) \qquad (6.57)$$

Diese Gleichung hat aber dieselbe Struktur wie die eindimensionale Schrödinger-Gleichung mit dem effektiven Potential

$$V_{\text{eff}} = \frac{\hbar^2 l(l+1)}{2mr^2} + V(r) \qquad (6.58)$$

Der Potentialanteil, welcher die Eigenwerte des Drehimpulsoperators enthält, wird als Zentrifugalpotential bezeichnet.

Damit haben wir die ersten drei Punkte unseres Arbeitsprogramms abgearbeitet. Wir müssen nun noch die Eigenwerte und Eigenvektoren von $\boldsymbol{L}^2$ bestimmen und die Lösung des Radialanteils finden.

6.5
Drehimpulsalgebra

6.5.1
Vertauschungsrelationen

Für die nachfolgenden Untersuchungen ist es wichtig, einige Vertauschungsregeln für die Komponenten des Drehimpulses zu kennen. Wir wollen diese jetzt unter Verwendung der Definition (6.20) des Drehimpulsoperators:

$$\hat{L}_i = \varepsilon_{ijk}\hat{x}_l\hat{p}_k \qquad (6.59)$$

ableiten.

6.5.1.1 Kommutator für die Komponenten des Drehimpulses
Mithilfe von (6.59) ist zunächst

$$\left[\hat{L}_i, \hat{L}_j\right] = \varepsilon_{ilk}\varepsilon_{jmn}\left[\hat{x}_l\hat{p}_k, \hat{x}_m\hat{p}_n\right] \qquad (6.60)$$

Die rechte Seite können wir unter Beachtung der Kommutationsregeln für die Operatoren der Basisvariablen $\hat{x}$ und $\hat{p}$ (siehe (4.146)) und der sukzessiven

Anwendung der Produktregel (4.151) auswerten. Wir erhalten:

$$[\hat{x}_l \hat{p}_k, \hat{x}_m \hat{p}_n] = \hat{x}_l \underbrace{[\hat{p}_k, \hat{x}_m]}_{-i\hbar\delta_{km}} \hat{p}_n + \hat{x}_m \underbrace{[\hat{x}_l, \hat{p}_n]}_{i\hbar\delta_{ln}} \hat{p}_k \tag{6.61}$$

und deshalb:

$$[\hat{x}_l \hat{p}_k, \hat{x}_m \hat{p}_n] = -i\hbar \left(\delta_{km} \hat{x}_l \hat{p}_n - \delta_{ln} \hat{x}_m \hat{p}_k \right) \tag{6.62}$$

Setzen wir dieses Ergebnis in (6.60) ein, dann bekommen wir:

$$\begin{aligned}
[\hat{L}_i, \hat{L}_j] &= & -i\hbar \varepsilon_{ilk} \varepsilon_{jmn} \left(\delta_{km} \hat{x}_l \hat{p}_n - \delta_{ln} \hat{x}_m \hat{p}_k \right) \\
&= & -i\hbar \big(\underbrace{\varepsilon_{kil} \varepsilon_{knj}}_{\delta_{in}\delta_{lj}-\delta_{ij}\delta_{ln}} \hat{x}_l \hat{p}_n - \underbrace{\varepsilon_{lki} \varepsilon_{ljm}}_{\delta_{kj}\delta_{im}-\delta_{km}\delta_{ij}} \hat{x}_m \hat{p}_k \big) \\
&= & -i\hbar \left(\hat{x}_j \hat{p}_i - \delta_{ij} \hat{x}_l \hat{p}_l - \hat{x}_i \hat{p}_j + \delta_{ij} \hat{x}_k \hat{p}_k \right)
\end{aligned} \tag{6.63}$$

Im letzten Schritt haben wir die Verjüngungsregeln für den antisymmetrischen Einheitstensor[12] verwendet. Fassen wir jetzt das Ergebnis zusammen, dann folgt:

$$[\hat{L}_i, \hat{L}_j] = -i\hbar \left(\hat{x}_j \hat{p}_i - \hat{x}_i \hat{p}_j \right) = i\hbar \left(\hat{x}_i \hat{p}_j - \hat{x}_j \hat{p}_i \right) \tag{6.64}$$

Diesen Ausdruck können wir noch umschreiben. Dazu benutzen wir wieder die Definitionsgleichung (6.59) und überschieben diese mit dem antisymmetrischen Einheitstensor:

$$\varepsilon_{ijk} \hat{L}_k = \varepsilon_{ijk} \varepsilon_{klm} \hat{x}_l \hat{p}_m = \left(\delta_{il}\delta_{jm} - \delta_{im}\delta_{jl} \right) \hat{x}_l \hat{p}_m = \hat{x}_i \hat{p}_j - \hat{x}_j \hat{p}_i \tag{6.65}$$

Der Vergleich mit (6.64) liefert dann die gesuchte Vertauschungsregel für die Komponenten des Drehimpulsoperators

$$[\hat{L}_i, \hat{L}_j] = i\hbar \varepsilon_{ijk} \hat{L}_k \tag{6.66}$$

Diese Regel bildet die Basis der sogenannten Drehimpulsalgebra. Hieraus lassen sich alle weiteren Beziehungen zwischen beliebigen Funktionen der Drehimpulskomponenten ableiten.

Eine wichtige Beziehung folgt durch Multiplikation der Vertauschungsrelation (6.66) mit ε_{ijk}. Wir erhalten dann für die linke Seite

$$\varepsilon_{ijk} [\hat{L}_i, \hat{L}_j] = \varepsilon_{ijk} \hat{L}_i \hat{L}_j - \varepsilon_{ijk} \hat{L}_j \hat{L}_i = \varepsilon_{ijk} \hat{L}_i \hat{L}_j - \varepsilon_{jik} \hat{L}_i \hat{L}_j = 2\varepsilon_{ijk} \hat{L}_i \hat{L}_j \tag{6.67}$$

Dabei haben wir im zweiten Term zuerst die Indizes umbenannt ($i \leftrightarrow j$) und dann die Antisymmetrie des ε-Tensors benutzt. Die rechte Seite wird folgendermaßen umgeformt:

$$i\hbar \varepsilon_{ijk} \varepsilon_{ijl} \hat{L}_l = i\hbar (\delta_{jj}\delta_{kl} - \delta_{jl}\delta_{kj}) \hat{L}_l = i\hbar 2 \hat{L}_k \tag{6.68}$$

---

12) siehe Band II, Kapitel 3

Fassen wir (6.67) und (6.68) wieder zusammen, dann erhalten wir

$$\varepsilon_{kij}\hat{L}_i\hat{L}_j = i\hbar\hat{L}_k \qquad (6.69)$$

oder in der kompakten Vektorschreibweise

$$\hat{\boldsymbol{L}} \times \hat{\boldsymbol{L}} = i\hbar\hat{\boldsymbol{L}} \qquad (6.70)$$

Man kann sich leicht davon überzeugen, dass (6.69) und (6.66) vollständig äquivalent sind[13].

6.5.1.2 Vertauschungsrelation mit dem Quadrat des Drehimpulsoperators

Wir können jetzt mithilfe der Basisrelation (6.66) die Kommutationsrelation des Drehimpulsquadrats $\hat{\boldsymbol{L}}^2$ mit einer beliebigen Komponente des Drehimpulses bestimmen. Da $\hat{\boldsymbol{L}}^2$ aus verschiedenen Komponenten besteht, ist nicht von vornherein klar, ob dieser Operator auch mit den einzelnen Komponenten kommutiert oder nicht. Wir benutzen wieder die Komponentenschreibweise und erhalten durch sukzessive Anwendung von (6.66):

$$\begin{aligned}
\left[\hat{L}_i, \hat{\boldsymbol{L}}^2\right] &= \hat{L}_i\hat{L}_j\hat{L}_j - \hat{L}_j\hat{L}_j\hat{L}_i \\
&= \hat{L}_j\hat{L}_i\hat{L}_j + i\hbar\varepsilon_{ijk}\hat{L}_k\hat{L}_j - \hat{L}_j\hat{L}_j\hat{L}_i \\
&= \hat{L}_j\hat{L}_j\hat{L}_i + i\hbar\varepsilon_{ijk}\hat{L}_j\hat{L}_k + i\hbar\varepsilon_{ijk}\hat{L}_k\hat{L}_j - \hat{L}_j\hat{L}_j\hat{L}_i
\end{aligned} \qquad (6.71)$$

Wir vertauschen im dritten Term des letzten Ausdrucks die Indizes k und j und gelangen so zu

$$\left[\hat{L}_i, \hat{\boldsymbol{L}}^2\right] = i\hbar\varepsilon_{ijk}\hat{L}_j\hat{L}_k + i\hbar\varepsilon_{ikj}\hat{L}_j\hat{L}_k = 0 \qquad (6.72)$$

Dabei haben wir im letzten Schritt wieder die Antisymmetrieeigenschaften des ε-Tensors verwendet. Wie erhalten also die Vertauschungsrelation

$$\left[\hat{L}_i, \boldsymbol{L}^2\right] = 0 \quad \text{oder in der Vektorform}: \quad \left[\hat{\boldsymbol{L}}, \hat{\boldsymbol{L}}^2\right] = 0 \qquad (6.73)$$

6.5.2
Algebraische Bestimmung der Eigenwerte und Eigenzustände von L^2 und L_z

Die Komponenten des Drehimpulses kommutieren mit dem Quadrat des Drehimpulses. Da die Operatoren der Komponenten aber nicht unter sich kommutieren, kann man nur Eigenfunktionen finden die gleichzeitig die Eigenwertgleichung für $\hat{\boldsymbol{L}}^2$ und eine Komponente (etwa $\hat{L}_z$) erfüllen, nicht aber die Eigenwertgleichungen für die anderen beiden Komponenten. Wie wir be-

---

13) Am besten schreibt man beide Relationen explizit für die einzelnen Komponenten auf. In beiden Fällen findet man $\hat{L}_x\hat{L}_y - \hat{L}_y\hat{L}_x = i\hbar\hat{L}_z$, $\hat{L}_y\hat{L}_z - \hat{L}_z\hat{L}_y = i\hbar\hat{L}_x$ und $\hat{L}_z\hat{L}_x - \hat{L}_x\hat{L}_z = i\hbar\hat{L}_y$.

reits im Zusammenhang mit (6.50) dargelegt und in Abschnitt 6.5.1.2 bewiesen haben, kommutiert der Operator $\hat{L}_z$ auch mit $\hat{H}$. Deshalb haben wir mit H, L^2 und L_z einen Satz vertauschbarer Operatoren. Wie wir später zeigen werden, ist er auch vollständig. In der darstellungsfreien Formulierung der Quantenmechanik lauten die Eigenwertgleichungen der beiden Drehimpulsoperatoren dieses vollständigen Satzes

$$\hat{\boldsymbol{L}}^2 \left|l, m\right\rangle = \hbar^2 l(l+1) \left|l, m\right\rangle \tag{6.74}$$

und

$$\hat{L}_z \left|l, m\right\rangle = \hbar m \left|l, m\right\rangle \tag{6.75}$$

Wir haben hier bereits spezielle Ausdrücke für die Eigenwerte eingeführt, bei denen es sich später herausstellen wird, dass l und m ganz- bzw. halbzahlig sind. Die Eigenzustände, die beide Eigenwertgleichungen erfüllen, bezeichnen wir mit $\left|l, m\right\rangle$.

Das Quadrat des Drehimpulses kann dargestellt werden als

$$\hat{\boldsymbol{L}}^2 = \hat{L}_x^2 + \hat{L}_y^2 + \hat{L}_z^2 \tag{6.76}$$

Wir führen jetzt zwei neue Operatoren ein, sogenannte Leiteroperatoren:

$$\hat{L}_\pm = \hat{L}_x \pm \mathrm{i}\hat{L}_y \qquad \left(\hat{L}_+\right)^\dagger = \hat{L}_- \qquad \left(\hat{L}_-\right)^\dagger = L_+ \tag{6.77}$$

Aus diesen beiden Operatoren können wir jetzt wieder den Operator des Drehimpulsquadrats erzeugen. Zunächst erhalten wir aus (6.77)

$$\hat{L}_x = \frac{1}{2}\left(\hat{L}_+ + \hat{L}_-\right) \qquad \text{und} \qquad \hat{L}_y = \frac{1}{2\mathrm{i}}\left(\hat{L}_+ - \hat{L}_-\right) \tag{6.78}$$

und damit

$$\hat{L}_{x,y}^2 = \frac{1}{4}\left(\pm\hat{L}_+\hat{L}_+ + \hat{L}_+\hat{L}_- + \hat{L}_-\hat{L}_+ \pm \hat{L}_-\hat{L}_-\right) \tag{6.79}$$

Dabei gilt das obere Vorzeichen für die x-Komponente, das untere für die y-Komponente. Damit lautet dann der Operator des Drehimpulsquadrats

$$\hat{\boldsymbol{L}}^2 = \frac{1}{2}\left(\hat{L}_+\hat{L}_- + \hat{L}_-\hat{L}_+\right) + \hat{L}_z^2 \tag{6.80}$$

Die Vertauschungsrelationen für die neu eingeführten Operatoren werden mit (6.66) und (6.69) abgeleitet. Wir bekommen nach einfachen algebraischen Umformungen

$$[\hat{L}_+, \hat{L}_-] = 2\hbar\hat{L}_z \qquad [\hat{L}_z, \hat{L}_+] = \hbar\hat{L}_+ \qquad \text{und} \qquad [\hat{L}_z, \hat{L}_-] = -\hbar\hat{L}_- \tag{6.81}$$

und daraus

$$\left[\hat{L}_+, \hat{\boldsymbol{L}}^2\right] = 0 \qquad \left[\hat{L}_-, \hat{\boldsymbol{L}}^2\right] = 0 \qquad \text{und} \qquad \left[\hat{L}_z, \hat{\boldsymbol{L}}^2\right] = 0 \qquad (6.82)$$

Die Anwendung der Vertauschungsrelationen (6.81) auf (6.80) liefert schließlich

$$\hat{L}_+\hat{L}_- = \hat{\boldsymbol{L}}^2 - \hat{L}_z \left(\hat{L}_z - \hbar\right) \qquad \text{und} \qquad \hat{L}_-\hat{L}_+ = \hat{\boldsymbol{L}}^2 - \hat{L}_z \left(\hat{L}_z + \hbar\right) \qquad (6.83)$$

Wir wenden jetzt diese Operatoren auf die Eigenzustände $|l, m\rangle$ an. Damit erhalten wir

$$\hat{L}_+\hat{L}_- |l, m\rangle = \hbar^2 \left[l(l+1) - m(m-1)\right] |l, m\rangle \qquad (6.84)$$

und

$$\hat{L}_-\hat{L}_+ |l, m\rangle = \hbar^2 \left[l(l+1) - m(m+1)\right] |l, m\rangle \qquad (6.85)$$

Diese Ausdrücke können wir noch weiter umformen. Dazu nutzen wir den in (6.77) dargestellten Zusammenhang zwischen $\hat{L}_+$ und $\hat{L}_-$ und gelangen bei einer gleichzeitigen Umstellung der rechten Seiten zu

$$\hat{L}_+\hat{L}_- |l, m\rangle = (\hat{L}_-)^\dagger \hat{L}_- |l, m\rangle = \hbar^2 (l+m)(l-m+1) |l, m\rangle \qquad (6.86)$$

und

$$\hat{L}_-\hat{L}_+ |l, m\rangle = (\hat{L}_+)^\dagger \hat{L}_+ |l, m\rangle = \hbar^2 (l-m)(l+m+1) |l, m\rangle \qquad (6.87)$$

Wir multiplizieren diese Gleichungen jetzt skalar mit $\langle l, m|$ und setzen die Normiertheit der Eigenzustände voraus, also $\langle l, m | l, m\rangle = 1$. Damit kommen wir dann wegen der bekannten Eigenschaften des Skalarprodukts auf die folgenden Ungleichungen, die von den Eigenwerten erfüllt werden müssen:

$$\hbar^2 (l+m)(l-m+1) = \langle l, m| (\hat{L}_-)^\dagger \hat{L}_- |l, m\rangle \geq 0 \qquad (6.88)$$

und

$$\hbar^2 (l-m)(l+m+1) = \langle l, m| (\hat{L}_+)^\dagger \hat{L}_+ |l, m\rangle \geq 0 \qquad (6.89)$$

Wir wenden jetzt die letzten beiden Gleichungen von (6.81) auf den Zustand $|l, m\rangle$ an. Damit erhalten wir

$$\hat{L}_z\hat{L}_+ |l, m\rangle = \hat{L}_+\hat{L}_z |l, m\rangle + \hbar\hat{L}_+ |l, m\rangle \qquad (6.90)$$

und deshalb

$$\hat{L}_z\hat{L}_+ |l, m\rangle = \hbar(m+1)\hat{L}_+ |l, m\rangle \qquad (6.91)$$

sowie

$$\hat{L}_z\hat{L}_- |l, m\rangle = \hat{L}_-\hat{L}_z |l, m\rangle - \hbar\hat{L}_- |l, m\rangle \qquad (6.92)$$

oder

$$\hat{L}_z \hat{L}_- |l,m\rangle = \hbar(m-1)\hat{L}_- |l,m\rangle \tag{6.93}$$

Aus den beiden Gleichungen (6.91) und (6.93) folgt, dass $\hat{L}_+ |l,m\rangle$ der – eventuell noch zu normierende – Eigenvektor zu $\hat{L}_z$ mit Eigenwert $\hbar(m+1)$ und dass $\hat{L}_- |l,m\rangle$ der Eigenvektor zu $\hat{L}_z$ mit Eigenwert $\hbar(m-1)$ ist. Durch sukzessive Anwendung der Leiteroperatoren $\hat{L}_\pm$ können wir weitere Eigenvektoren von $\hat{L}_z$ erzeugen. Ganz allgemein entsteht durch k-fache Anwendung der Leiteroperatoren auf einen Eigenzustand von $\hat{L}_z$ mit dem Eigenwert $\hbar m$ ein Eigenzustand $(\hat{L}_\pm)^k |l,m\rangle$ mit dem Eigenwert $\hbar(m\pm k)$.

Diese Vergrößerung bzw. Verkleinerung des Eigenwerts von L_z kann aber nicht beliebig fortgesetzt werden. Wegen (6.88) und (6.89) sind die Werte von m durch die Werte von l und damit die Eigenwerte von $\hat{L}^2$ nach oben und unten beschränkt. Es muss also zu jedem Wert l einen maximalen und minimalen Wert m^o und m_u geben, sodass die Anwendung von $\hat{L}_+$ auf $|l,m^o\rangle$ bzw. von $\hat{L}_-$ auf $|l,m_u\rangle$ verschwindet

$$\hat{L}_- |l,m_u\rangle = 0 \quad \text{und} \quad \hat{L}_+ |l,m^o\rangle = 0 \tag{6.94}$$

Auf diese Weise bricht die Reihe der Eigenfunktionen ab, und wir erhalten keinen Widerspruch zu den Ungleichungen (6.88) und (6.89).

Bilden wir die Norm von $\hat{L}_- |l,m_u\rangle$ bzw. $\hat{L}_+ |l,m^o\rangle$ und vergleichen mit (6.88) bzw. (6.89), dann erhalten wir

$$\langle l,m_u| (L_-)^\dagger L_- |l,m_u\rangle = \hbar^2(l+m_u)(l-m_u+1) = 0 \tag{6.95}$$

und

$$\langle l,m^o| (L_+)^\dagger L_+ |l,m^o\rangle = \hbar^2(l-m^o)(l+m^o+1) = 0 \tag{6.96}$$

Diese beiden Gleichungen sind erfüllt für $m_u = -l$ bzw. $m_u = l+1$ und $m^o = l$ bzw. $m^o = -l-1$. Andererseits ist per Definition natürlich $m_u \le m^o$. Damit erfüllen von den vier möglichen Kombinationen nur die folgenden beiden Lösungen die Nebenbedingung $m_u \le m^o$, nämlich

$$m_u = -l \quad \text{und} \quad m^o = l \quad \text{für} \quad l > 0 \tag{6.97}$$

und

$$m_u = l+1 \quad \text{und} \quad m^o = -l-1 \quad \text{für} \quad l < -1 \tag{6.98}$$

Wir wollen nun diese Resultate interpretieren. Im ersten Fall (6.97) wählen wir als Werte für l die nichtnegativen Zahlen $l' \ge 0$, sodass $l = l'$. Die Eigenwerte von $\hat{L}_z$ sind dann auf das Intervall $-l' \le m \le l'$ beschränkt. Für den Fall (6.98) schreiben wir $l = -l' - 1$, wobei wieder $l' \ge 0$ gilt. Die Eigenwerte von $\hat{L}_z$ sind dann ebenfalls auf das Intervall $-l' \le m \le l'$ fixiert.

Offenbar haben die Eigenzustände $|l',m\rangle$ und $|-l'-1,m\rangle$ mit $l' > 0$ die gleichen Eigenwerte $\hbar m$ bezüglich des Operators $\hat{L}_z$ und $\hbar^2 l'(l'+1)$ bezüglich des Operators $\hat{\boldsymbol{L}}^2$. Die Operatoren $\hat{\boldsymbol{L}}^2$ und $\hat{L}_z$ bilden aber andererseits einen vollständigen, vertauschbaren Satz von Operatoren bezüglich der Winkelvariablen. Deshalb werden die Eigenzustände eindeutig durch die Eigenwerte festgelegt. Folglich müssen die Eigenzustände $|l', m\rangle$ und $|-l' - 1, m\rangle$ bis auf einen konstanten (komplexen) Faktor übereinstimmen.

Damit beschreiben die beiden Lösungszweige (6.97) und (6.98) den gleichen Satz von Eigenzuständen. Wir können uns also im Weiteren auf den ersten dieser beiden Zweige beschränken, also auf $l > 0$.

Da mit jedem Wert m, der einen Eigenzustand beschreibt, auch jeder Wert $m' = m \pm 1$ einem Eigenvektor entspricht[14], lautet der Satz der möglichen Werte m

$$m \in \{-l, -l + 1, \dots, l - 1, l\} \tag{6.99}$$

Die Differenz zwischen dem größten und dem kleinsten Wert von m ist demnach eine ganze Zahl $N \geq 0$. Wir erhalten mit (6.97)

$$m^{\mathrm{o}} - m_{\mathrm{u}} = 2l = N, \qquad \text{also} \qquad l = \frac{N}{2} \tag{6.100}$$

Wir kommen damit zu einem sehr wichtigen Resultat: Einzig aus der Kenntnis der Kommutationsrelationen des Drehimpulses finden wir, dass die sogenannte *Bahndrehimpulsquantenzahl*, die den Eigenwert $\hbar^2 l(l + 1)$ des Operators $\hat{L}^2$, der das Quadrat des Bahndrehimpulses beschreibt, nur halb- oder ganzzahlige Werte annehmen kann

$$l = 0, \frac{1}{2}, 1, \frac{3}{2}, \dots \tag{6.101}$$

Wegen (6.99) gilt entsprechendes für die z-Komponente $\hbar m$ des Bahndrehimpulses[15] Auch für m sind nur halb- bzw ganzzahlige Werte aus dem Bereich (6.99) möglich. Werte wie $\hbar/3$ oder $\hbar/8$ treten dagegen in keinem Quantensystem als Messwerte für die Drehimpulskomponenten auf.

Wir wollen nun noch die Normierung der Eigenfunktionen bestimmen. Wenn der Zustand $|l, m\rangle$ bereits normiert ist, dann ist der jeweils vorangehende bzw. nachfolgende normierte Zustandsvektor gegeben durch

$$|l, m \pm 1\rangle = N_{\pm} \hat{L}_{\pm} |l, m\rangle \tag{6.102}$$

Die Normierungsfaktoren N_+ bzw. N_- erhalten wir durch Bildung der Norm von (6.102) unter Verwendung von (6.88) und (6.89)

$$|l, m - 1\rangle = \frac{1}{\sqrt{\hbar^2 (l + m)(l - m + 1)}} \hat{L}_- |l, m\rangle \tag{6.103}$$

14) sofern m' innerhalb des Intervalls $-l \leq m' \leq l$ liegt
15) Die Rechnungen wurden hier zwar nur für $\hat{L}_z$ durchgeführt, sie führen aber für $\hat{L}_x$ und $\hat{L}_y$ zum gleichen Resultat.

$$|l, m+1\rangle = \frac{1}{\sqrt{\hbar^2 (l-m)(l+m+1)}} \hat{L}_+ |l, m\rangle \qquad (6.104)$$

Durch wiederholtes Anwenden von $\hat{L}_-$ auf $|l, l\rangle$ bzw. $\hat{L}_+$ auf $|l, -l\rangle$ können wir uns deshalb nacheinander die verschiedenen Eigenvektoren beschaffen:

$$|l, m\rangle = \sqrt{\frac{(l+m)!}{(2l)!(l-m)!}} \left(\frac{\hat{L}_-}{\hbar} \right)^{l-m} |l, l\rangle \qquad (6.105)$$

bzw.

$$|l, m\rangle = \sqrt{\frac{(l-m)!}{(2l)!(l+m)!}} \left(\frac{\hat{L}_+}{\hbar} \right)^{l+m} |l, -l\rangle \qquad (6.106)$$

Damit sind alle Eigenzustände von $\hat{L}^2$ und $\hat{L}_z$ festgelegt, sobald wir die explizite Darstellung der Eigenvektoren $|l, l\rangle$ bzw. $|l, -l\rangle$ kennen.

6.5.3
Das Vektormodell

Wir haben gesehen, dass bei gegebenem Wert von l die z-Komponente des Drehimpulses die $2l + 1$ Werte $m = -l, -l+1, \cdots, l-1, l$ annehmen kann. Dabei nimmt m die extremalen Werte

$$m = \pm l \qquad (6.107)$$

an. Der Betrag des Drehimpulses hat bei festem Wert von l dagegen den Messwert $\hbar \sqrt{l(l+1)} > \hbar l$. Da der Betrag des Drehimpulses und der Betrag der z-Komponente des Drehimpulses bei einer Messung nur für $l = 0$ übereinstimmen, kommen wir zu der Schlussfolgerung, dass für jedes quantenmechanische System mit einem von Null verschiedenen Drehimpuls, dieser nicht parallel bzw. antiparallel zur z-Achse ausgerichtet sein kann. Man kann sich diesen Sachverhalt am besten anhand des sogenannten Vektormodells veranschaulichen (siehe Abb. 6.2). Die Ursache für die Nichtparallelität des Drehimpulses mit der z-Achse hängt mit der Unschärferelation zusammen. Da die Drehimpulskomponenten nicht vertauschbar sind, ist es nicht möglich, zwei Komponenten des Drehimpulses gleichzeitig scharf zu messen: Wäre nämlich $\hat{L}$ parallel zur z-Achse, dann hätten wir $\hat{L}_x = \hat{L}_y = 0$ und $\hat{L}_z = \pm |\hat{L}|$. Damit gäbe es aber einen Zustand, in dem alle drei Komponenten des Drehimpulses gleichzeitig beliebig scharf gemessen werden könnten.

Obwohl $\hat{L}_x$ und $\hat{L}_y$ nicht genau messbar sind, können wir den Erwartungswert dieser Größen bestimmen. Mit (6.78) und (6.102) erhalten wir sofort:

$$\overline{L}_x = \langle l, m| \hat{L}_x |l, m\rangle = 0 \qquad \text{und} \qquad \overline{L}_y = \langle l, m| \hat{L}_y |l, m\rangle = 0 \qquad (6.108)$$

Andererseits gilt aber auch für jeden Zustand $|l, m\rangle$

$$\overline{L_x^2} + \overline{L_y^2} = \langle l, m| \hat{L}^2 - \hat{L}_z^2 |l, m\rangle = \hbar^2 l(l+1) - \hbar^2 m^2 \neq 0 \qquad (6.109)$$

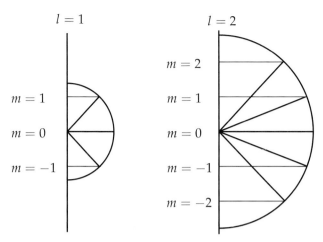

Abb. 6.2 Das Vektormodell: Der Halbkreis hat den Radius $\hbar[l(l+1)]^{1/2}$, die Niveaus der z-Komponente des Drehimpulses entsprechen den symmetrisch zur z-Achse angeordneten Linien im Abstand $\hbar$.

Der Erwartungswert von $\hat{L}_x$ und $\hat{L}_y$ verschwindet in jedem Eigenzustand von $\hat{L}^2$ und $\hat{L}_z$, nicht dagegen der Erwartungswert des Quadrats dieser Observablen.

Die oft benutzte anschauliche, aber dem Wesen nach klassisch orientierte Interpretation besteht darin, dass der Vektor L um die z-Achse präzessiert (vgl. Abb. 6.3). Dabei wird der Winkel zwischen der z-Achse und L (und damit auch die z-Komponente) konstant gehalten. Die Komponenten L_x und L_y

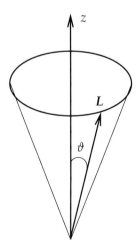

Abb. 6.3 Präzession des Drehimpulsvektors um die z-Achse

des Drehimpulsvektors rotieren um die z-Achse. Ihre Erwartungswerte verschwinden, der Erwartungswert des Quadrats dagegen nicht.

6.5.4
Ortsdarstellung

6.5.4.1 Operatoren

Wir wollen nun die Eigenzustände des Drehimpulsoperators in der Ortsdarstellung bestimmen. Dazu benötigen wir zunächst die in den vorangegangenen Abschnitten bereitgestellten Operatoren in dieser Darstellung. Wegen (6.21) ist der Drehimpulsoperator in der Ortsdarstellung gegeben durch:

$$\hat{L} = \hat{x} \times \hat{p} \rightarrow \hat{L} = x \times \frac{\hbar}{i} \nabla \tag{6.110}$$

Wegen der Rotationssymmetrie des Problems ist es sinnvoll, ab jetzt in Kugelkoordinaten zu arbeiten. Mit der Darstellung des Gradienten und des Ortsvektors in diesen Koordinaten[16] finden wir:

$$\hat{L} = \frac{\hbar}{i} r e_r \times \left[e_r \frac{\partial}{\partial r} + \frac{e_\vartheta}{r} \frac{\partial}{\partial \vartheta} + \frac{e_\varphi}{r \sin \vartheta} \frac{\partial}{\partial \varphi} \right] = \frac{\hbar}{i} \left[e_\varphi \frac{\partial}{\partial \vartheta} - \frac{e_\vartheta}{\sin \vartheta} \frac{\partial}{\partial \varphi} \right] \tag{6.111}$$

Dabei sind e_r, e_ϑ und e_φ die Einheitsvektoren des Kugelkoordinatensystems. Wir drücken jetzt die beiden Vektoren e_ϑ und e_φ wieder durch eine kartesische Basis[17] aus:

$$e_\vartheta = \cos \vartheta \cos \varphi \, e_x + \cos \vartheta \sin \varphi \, e_y - \sin \vartheta \, e_z$$
$$e_\varphi = -\sin \varphi \, e_x + \cos \varphi \, e_y \tag{6.112}$$

Setzen wir diese Einheitsvektoren in (6.111) ein und multiplizieren diesen Ausdruck skalar mit e_x, e_y oder e_z, dann erhalten wir die x-, y- und z-Komponente des Drehimpulsoperators in Kugelkoordinaten:

$$\hat{L}_x = \frac{\hbar}{i} \left[-\sin \varphi \frac{\partial}{\partial \vartheta} - \frac{\cos \vartheta \, \cos \varphi}{\sin \vartheta} \frac{\partial}{\partial \varphi} \right]$$
$$\hat{L}_y = \frac{\hbar}{i} \left[\cos \varphi \frac{\partial}{\partial \vartheta} - \frac{\cos \vartheta \, \sin \varphi}{\sin \vartheta} \frac{\partial}{\partial \varphi} \right]$$
$$\hat{L}_z = \frac{\hbar}{i} \frac{\partial}{\partial \varphi} \tag{6.113}$$

Aus $\hat{L}_x$ und $\hat{L}_y$ können wir schließlich die Leiteroperatoren in Kugelkoordinaten bestimmen:

$$\hat{L}_\pm = \hat{L}_x \pm i\hat{L}_y = \hbar e^{\pm i\varphi} \left[\pm \frac{\partial}{\partial \vartheta} + i \cot \vartheta \frac{\partial}{\partial \varphi} \right] \tag{6.114}$$

---

16) siehe Band II, Anhang B
17) Dazu benutzt man am besten die in Band II, Anhang B definierten Lamé'schen Koeffizienten.

Das obere Vorzeichen gilt für $\hat{L}_+$, das untere für $\hat{L}_-$.

Aus den Formeln (6.49) und (6.113) für $\hat{L}^2$ und $\hat{L}_z$ können wir sofort erkennen, dass die Eigenfunktionen dieser beiden Operatoren nur von den Winkelkoordinaten ϑ und φ abhängig sind. Wir können damit den Eigenzuständen des Drehimpulsoperators die Funktionen $Y_{lm}(\vartheta, \varphi)$ entsprechend

$$|l, m\rangle \rightarrow Y_{lm}(\vartheta, \varphi) \tag{6.115}$$

zuordnen. Wegen der Orthonormalität der Eigenzustände $|l, m\rangle$ können wir auch für die Ortsdarstellung fordern

$$\int Y_{l'm'}(\vartheta, \varphi) Y_{lm}(\vartheta, \varphi) \, d\Omega = \delta_{ll'}\delta_{mm'} \tag{6.116}$$

Dabei ist $d\Omega = \sin\vartheta \, d\vartheta \, d\varphi$ das Raumwinkelelement.

6.5.4.2 Eigenfunktionen für $m = l$

Wie im vorangegangenen Abschnitt bereits angemerkt, reicht die Kenntnis der Eigenzustände $|l, l\rangle$ aus, um alle weiteren Eigenzustände durch Anwendung des Operators $\hat{L}_-$ zu berechnen[18]. Für diesen Eigenzustand gelten die Gleichungen

$$L_+ |l, l\rangle = 0 \quad \text{und} \quad L_z |l, l\rangle = \hbar l |l, l\rangle \tag{6.117}$$

In der Ortsdarstellung lauten diese Gleichungen

$$\left(\frac{\partial}{\partial\vartheta} + i\cot\vartheta\frac{\partial}{\partial\varphi}\right) Y_{ll}(\vartheta, \varphi) = 0 \tag{6.118}$$

und

$$\frac{\hbar}{i}\frac{\partial}{\partial\varphi} Y_{ll}(\vartheta, \varphi) = \hbar l Y_{ll}(\vartheta, \varphi) \tag{6.119}$$

Die Lösung der Gleichung (6.119) liefert sofort

$$Y_{ll}(\vartheta, \varphi) = e^{il\varphi} f_l(\vartheta) \tag{6.120}$$

wobei die Funktion $f_l(\vartheta)$ offen bleibt. Ein quantenmechanischer Zustand muss eindeutig sein. Deshalb ist es notwendig, dass nach einer Änderung von φ um den Winkel 2π die Eigenfunktionen in sich selbst übergehen. Daraus folgt aber, dass l eine ganze Zahl sein muss. Die ebenfalls mit der Drehimpulsalgebra verträglichen halbzahligen Werte sind für die Eigenwerte und Eigenvektoren des Drehimpulses also nicht zulässig. Ist aber l ganzzahlig, dann

18) Alternativ können wir auch aus $|l, -l\rangle$ durch Anwendung von $\hat{L}_+$ alle weiteren Eigenzustände bestimmen.

sind wegen (6.99) auch alle Werte für m ganzzahlig[19]. Die bei der Lösung von (6.119) unbestimmt gebliebene Funktion $f_l(\vartheta)$ müssen wir aus der Gleichung (6.118) bestimmen. Setzen wir (6.120) in diese Gleichung ein, dann erhalten wir:

$$\frac{\partial f_l(\vartheta)}{\partial \vartheta} = l \frac{\cos \vartheta}{\sin \vartheta} f_l(\vartheta) \qquad \text{und deshalb} \qquad \frac{df_l}{f_l} = l \frac{d \sin \vartheta}{\sin \vartheta} \tag{6.121}$$

Die Lösung dieser Differentialgleichung führt auf

$$f_l(\vartheta) = C_l \sin^l \vartheta \tag{6.122}$$

mit der Integrationskonstante C_l. Setzen wir das Ergebnis in (6.120) ein, dann gelangen wir zu:

$$Y_{ll}(\vartheta, \varphi) = C_l \sin^l \vartheta\, e^{il\varphi} \tag{6.123}$$

6.5.4.3 Normierung

Wir müssen nun noch die Normierung der Eigenfunktion Y_{ll} durchführen und damit die Integrationskonstante C_l festlegen. Setzen wir (6.123) in (6.116) ein, dann bekommen wir:

$$1 = |C_l|^2 \int_0^\pi d\vartheta \int_0^{2\pi} d\varphi \sin^{2l} \vartheta\, \sin \vartheta = 2\pi |C_l|^2 \int_0^\pi \sin^{2l+1} \vartheta\, d\vartheta \tag{6.124}$$

Die Auswertung des verbleibenden Integrals liefert:

$$\int_0^\pi \sin^{2l+1} \vartheta\, d\vartheta = 2 \frac{(2^l l!)^2}{(2l+1)!} \tag{6.125}$$

sodass wir

$$C_l = \frac{(-1)^l}{2^l l!} \sqrt{\frac{(2l+1)!}{4\pi}} \tag{6.126}$$

erhalten. Der Faktor $(-1)^l$ in (6.126) wird aus Konventionsgründen eingeführt. Damit nimmt die Eigenfunktion Y_{ll} die endgültige Gestalt an:

$$Y_{ll}(\vartheta, \varphi) = \frac{(-1)^l}{2^l l!} \sqrt{\frac{(2l+1)!}{4\pi}} e^{il\varphi} \sin^l \vartheta \tag{6.127}$$

6.5.4.4 Eigenfunktionen für $m \leq l$

Mit (6.105) können wir jetzt aus $Y_{ll}(\vartheta, \varphi)$ auch die anderen Eigenfunktionen $Y_{lm}(\vartheta, \varphi)$ durch sukzessive Differentationen entsprechend

$$Y_{lm}(\vartheta, \varphi) = \sqrt{\frac{(l+m)!}{(2l)!(l-m)!}} \left(\frac{\hat{L}_-}{\hbar} \right)^{l-m} Y_{ll}(\vartheta, \varphi) \tag{6.128}$$

19) Halbzahlige Werte für l und damit auch m treten für den Spin auf. Diese Observable hat kein klassisches Analogon wie der Drehimpuls, die Operatoren ihrer Komponenten genügen aber den gleichen Vertauschungsregeln (siehe Kapitel 9).

bestimmen, indem wir den Differentialoperator (6.114) verwenden. Wenden wir insbesondere $\hat{L}_-$ auf $e^{in\varphi}f_l(\vartheta)$ an, so erhalten wir

$$\hat{L}_- e^{in\varphi}f_l(\vartheta) = \hbar e^{-i\varphi}\left[-\frac{\partial}{\partial\vartheta} + i\cot\vartheta\,\frac{\partial}{\partial\varphi}\right]e^{in\varphi}f_l(\vartheta)$$

$$= -\hbar e^{i(n-1)\varphi}\left[\frac{\partial}{\partial\vartheta} + n\cot\vartheta\right]f_l(\vartheta) \tag{6.129}$$

Wir benutzen nun die folgenden Beziehungen

$$-\frac{\partial}{\partial\vartheta}f_l = -\frac{\partial\cos\vartheta}{\partial\vartheta}\frac{\partial}{\partial\cos\vartheta}f_l = \sin\vartheta\frac{\partial}{\partial\cos\vartheta}f_l \tag{6.130}$$

sowie

$$\frac{\partial\sin\vartheta}{\partial\cos\vartheta} = \frac{\partial\sqrt{1-\cos^2\vartheta}}{\partial\cos\vartheta} = -\frac{\cos\vartheta}{\sin\vartheta} \tag{6.131}$$

Damit können wir schreiben:

$$-\frac{\partial}{\partial\vartheta}f_l - n\frac{\cos\vartheta}{\sin\vartheta}f_l = \sin\vartheta\frac{\partial}{\partial\cos\vartheta}f_l + n\left(\frac{\partial\sin\vartheta}{\partial\cos\vartheta}\right)f_l$$

$$= \frac{1}{\sin^{(n-1)}\vartheta}\frac{\partial}{\partial\cos\vartheta}\sin^n\vartheta f_l \tag{6.132}$$

Setzen wir diese Relation in (6.129) ein, dann gelangen wir zu:

$$\hat{L}_- e^{in\varphi}f_l(\vartheta) = \hbar e^{i(n-1)\varphi}\frac{1}{\sin^{(n-1)}\vartheta}\frac{\partial}{\partial\cos\vartheta}\sin^n\vartheta f_l(\vartheta) \tag{6.133}$$

Mit $n = l$ und $m = l - 1$ erhalten wir somit aus (6.128):

$$Y_{l,l-1} = \sqrt{\frac{(2l-1)!}{(2l)!}}\left(\frac{\hat{L}_-}{\hbar}\right)\underbrace{\frac{(-1)^l}{2^l\,l!}\sqrt{\frac{(2l+1)!}{4\pi}}e^{il\varphi}\sin^l\vartheta}_{Y_{l,l}}$$

$$= \sqrt{\frac{(2l-1)!}{(2l)!}}\frac{(-1)^l}{2^l\,l!}\sqrt{\frac{(2l+1)!}{4\pi}}e^{i(l-1)\varphi}\times$$

$$\times \frac{1}{\sin^{l-1}\vartheta}\frac{\partial}{\partial\cos\vartheta}\sin^{2l}\vartheta \tag{6.134}$$

Die nochmalige Anwendung von $\hat{L}_-$ liefert dann:

$$Y_{l,l-2} = \sqrt{\frac{(2l-2)!}{(2l)!2}}\frac{(-1)^l}{2^l l!}\sqrt{\frac{(2l+1)!}{4\pi}}e^{i(l-2)\varphi}\times$$

$$\times \frac{1}{\sin^{l-2}\vartheta}\frac{\partial^2}{\partial\cos^2\vartheta}\sin^{2l}\vartheta \tag{6.135}$$

Allgemein erhalten wir durch Fortsetzung dieser Prozedur:

$$Y_{lm} = \frac{(-1)^l}{2^l l!} \sqrt{\frac{(2l+1)(l+m)!}{4\pi(l-m)!}} \frac{e^{im\varphi}}{\sin^m \vartheta} \left(\frac{\partial}{\partial \cos \vartheta}\right)^{l-m} \sin^{2l} \vartheta \qquad (6.136)$$

Die Funktionen $Y_{lm}(\vartheta, \varphi)$ heißen *Kugel-* bzw. *Kugelflächenfunktionen*. Zur Darstellung dieser Funktionen verwendet man üblicherweise die *zugeordneten Legendre'schen Polynome*[20] P_l^m. Insbesondere findet man für $m \geq 0$

$$Y_{lm}(\vartheta, \varphi) = \sqrt{\frac{2l+1}{4\pi} \frac{(l-m)!}{(l+m)!}} P_l^m(\cos \vartheta) e^{im\varphi} \qquad (6.137)$$

Für $m < 0$ können die Kugelflächenfunktionen einfach über die Relation

$$Y_{l,-m}(\vartheta, \varphi) = (-1)^m Y_{l,m}^*(\vartheta, \varphi) \qquad (6.138)$$

bestimmt werden. Die *zugeordneten Legendre'schen Polynome* $P_l^m(x)$ bestimmen sich über eine einfache Ableitungsregel aus den *Legendre'schen Polynomen* P_l

$$P_l^m(x) = (-1)^m (1-x^2)^{m/2} \left(\frac{d}{dx}\right)^m P_l(x) \qquad (6.139)$$

Die Legendre'schen Polynome $P_l(x)$ selbst können ebenfalls über eine Differentationsformel berechnet werden

$$P_l(x) = \frac{1}{2^l l!} \left(\frac{d}{dx}\right)^l (x^2 - 1)^l \qquad (6.140)$$

Aus (6.136) kann man eine wichtige Eigenschaft der Kugelflächenfunktionen ableiten:

$$Y_{lm}(\vartheta, \varphi) = (-1)^l Y_{lm}(\pi - \vartheta, \varphi + \pi) \qquad (6.141)$$

Die Transformation $(\vartheta, \varphi) \to (\pi - \vartheta, \varphi + \pi)$ ist eine Paritätsoperation (Spiegelung). Bei dieser Operation bleibt die Kugelflächenfunktion bis auf das Vorzeichen invariant. Je nachdem, ob l eine gerade oder ungerade Zahl ist, ist die Kugelflächenfunktion symmetrisch oder antisymmetrisch gegenüber der Paritätsoperation.

6.5.5
Diskussion der Drehimpuls-Eigenzustände

In der Atomphysik werden die Zustände zu einem gegebenen Messwert $\hbar^2 l(l+1)$ des Drehimpulsquadrats als s-, p-, d-, ..., Zustände bezeichnet.

---

[20] Unsere Notation dieser Funktionen ist dieselbe wie in Band II, Abschnitt 6.4.2. Sie stimmt überein mit der Notation in [25] und bezüglich der Legendre'schen und zugeordneten Legendre'schen Polynome auch mit derjenigen in [1].

Die Zahl l wird in diesem Zusammenhang auch als Drehimpulsquantenzahl oder Nebenquantenzahl bezeichnet. Die Zuordnung zwischen l und den in der Spektroskopie gebräuchlichen Bezeichnungen ist in Tabelle 6.1 angegeben. Wir wollen nun die Eigenfunktionen für die niedrigsten Nebenquantenzahlen etwas näher charakterisieren.

Tab. 6.1 Drehimpulsquantenzahl und spektroskopische Bezeichnung

l	0	1	2	3	4
Zustand	s	p	d	f	g

Dazu benutzen wir die Darstellung im Polardiagramm (Abb. 6.4). Hierbei wird ϑ als Polarwinkel verwendet, während die Radialkomponente mit $|Y_{lm}|^2$ identifiziert wird.

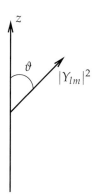

Abb. 6.4 Schema der Kugelflächenfunktionen im Polardiagramm

Für $l = 0$ folgt automatisch $m = 0$. Dieser als s-Zustand bezeichnete Eigenzustand ist vollständig rotationssymmetrisch. Die zugehörige Kugelflächenfunktion lautet gemäß (6.137):

$$Y_{0,0}(\vartheta, \varphi) = \frac{1}{\sqrt{4\pi}} \tag{6.142}$$

Die Darstellung im Polardiagramm zeigt Abbildung 6.5. Der p-Zustand entspricht der Drehimpulsquantenzahl $l = 1$. Hier gibt es drei Einstellungen für die Zahl m, die auch als Magnetquantenzahl bezeichnet wird, nämlich $m = -1, 0, +1$. Wir wenden uns zuerst den Funktionen $Y_{1,\pm 1}$ zu. Die entsprechende Kugelflächenfunktion lautet

$$Y_{1,\pm 1}(\vartheta, \varphi) = \mp \sqrt{\frac{3}{8\pi}} \sin \vartheta \; e^{\pm i\varphi} \tag{6.143}$$

Die Darstellung dieser Funktion im Polardiagramm zeigt Abbildung 6.6. Wir können diesem Zustand wenigstens formal eine klassische Bewegung zuord-

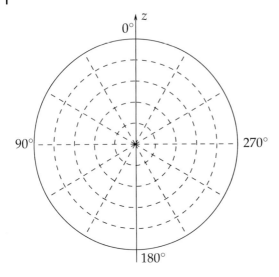

Abb. 6.5 Darstellung von $|Y_{00}|^2$ im Polardiagramm

nen (Abb. 6.7). Nach dem Flächensatz bewegt sich ein Teilchen im Zentral-kraftfeld in einer Ebene, deren Orientierung durch die Richtung von L_z, al-so durch das Vorzeichen der Magnetquantenzahl bestimmt ist. Für $m = \pm 1$ ist diese Ebene senkrecht zur z-Achse orientiert. Beide Bahnen unterschei-den sich nur durch den Umlaufsinn. Vergleicht man die klassische Umlauf-bahn mit der durch $|Y_{1,\pm 1}|^2$ gegebenen quantenmechanischen Aufenthalts-

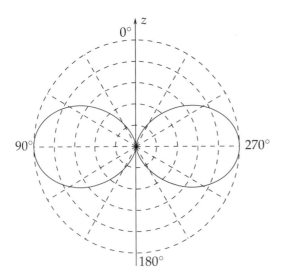

Abb. 6.6 Darstellung von $|Y_{1,\pm 1}|^2$ im Polardiagramm

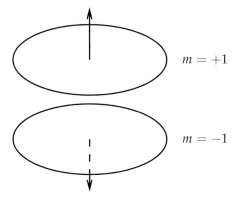

Abb. 6.7 Klassische Bewegung eines Teilchens mit parallel und anti-parallel zur z-Achse orientiertem Drehimpuls

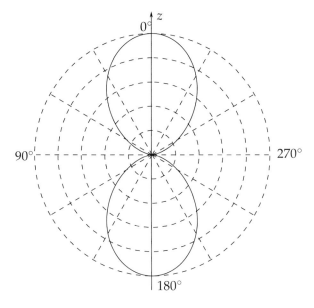

Abb. 6.8 Darstellung von $|Y_{10}|^2$ im Polardiagramm

wahrscheinlichkeit, dann fällt sofort auf, dass letztere ihr Maximum in der klassischen Bahnebene erreicht. Obwohl die klassische Bewegung in einer fixierten Bahnebene als Konsequenz des Drehimpulserhaltungssatzes zu verstehen ist, setzt sich dieser Erhaltungssatz aber nicht gegenüber der quantenmechanischen Unschärferelation durch. Deshalb wird das Teilchen nicht mehr wie im klassischen Fall in der Bahnebene lokalisiert sein. Damit verbunden ist, dass der experimentell gemessene Drehimpuls nicht verschwindende x- und y-Komponenten aufweisen wird. Erst für die quantenmechanischen Mittelwerte finden wir $\overline{L}_x = \overline{L}_y = 0$. Die Eigenfunktion für die Nebenquantenzahl $l = 1$ und die Magnetquantenzahl $m = 0$ lautet:

$$Y_{1,0}(\vartheta, \varphi) = \sqrt{\frac{3}{4\pi}} \cos \vartheta \qquad (6.144)$$

Die Aufenthaltswahrscheinlichkeit ist hier in der Nähe der z-Achse am größten (Abb. 6.8). Die Übersetzung dieses Eigenzustands in ein klassisches Bild ist etwas komplizierter als in den vorangegangenen Fällen. Weil einerseits die z-Komponente des Drehimpulses mit $L_z = 0$ scharf fixiert ist, andererseits aber auch $\overline{L}_x = \overline{L}_y = 0$ gilt, obwohl das Quadrat des Drehimpulses wiederum den scharfen, von Null verschiedenen Messwert $\hbar^2 l(l+1)$ besitzt, stellt man sich die klassische Bewegung als eine Art Superposition von sich gegenseitig in ihrer Bewegung kompensierenden Bahnen mit Drehimpulsen senkrecht zur z-Achse vor (Abb. 6.9). Natürlich ist diese klassische Interpretation ziemlich fragwürdig, da ein klassisches Teilchen nicht gleichzeitig mehrere verschiedene Bahnen durchlaufen kann.

Bei den d-Zuständen unterscheidet man fünf Eigenzustände, die durch die Drehimpulsquantenzahl $l = 2$ und die Magnetquantenzahlen $m = \pm 2, \pm 1, 0$ bestimmt sind. Die beiden Zustände mit $m = \pm 2$ besitzen die Kugelflächenfunktion

$$Y_{2,\pm 2}(\vartheta, \varphi) = \sqrt{\frac{15}{32\pi}} \sin^2 \vartheta e^{\pm i 2 \varphi} \qquad (6.145)$$

(Abb. 6.10) und unterscheiden sich in der grafischen Darstellung und der klassischen Interpretation (Abb. 6.11) nur wenig von den Zustand $l = 1, m = \pm 1$.

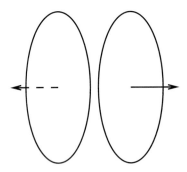

Abb. 6.9 Klassische Bewegung eines Teilchens mit $L_z = 0$. Man kann sich die Bewegung als Superposition von sich gegenseitig kompensierenden Umlaufbahnen vorstellen, deren Drehimpulse in der Ebene senkrecht zur z-Achse liegen.

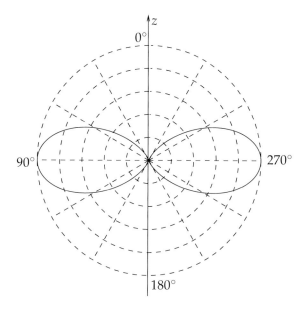

Abb. 6.10 Darstellung von $|Y_{2,\pm2}|^2$

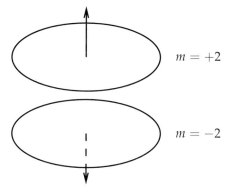

$m = +2$

$m = -2$

Abb. 6.11 Klassische Bewegung entsprechend der quantenmechanischen Situation $l = 2$ und $m = \pm2$

Die beiden mittleren Zustände $m = \pm1$ haben die Eigenfunktionen

$$Y_{2,\pm1}(\vartheta, \varphi) = \sqrt{\frac{15}{8\pi}} \cos\vartheta \sin\vartheta \, \mathrm{e}^{\pm i\varphi} \tag{6.146}$$

(siehe auch Abb. 6.12) und können aus klassischer Sicht als Superposition von Bahnen interpretiert werden, deren Drehimpulse einerseits eine feste Orientierung in z-Richtung haben, andererseits sich gegenseitig kompensierende Beiträge senkrecht zur z-Achse aufweisen (Abb. 6.13). Die Argumentation

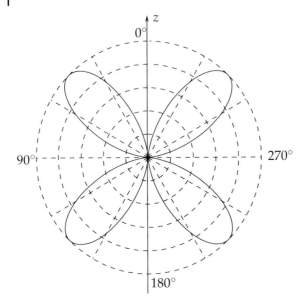

Abb. 6.12 Darstellung von $|Y_{2,\pm1}|^2$ im Polardiagramm

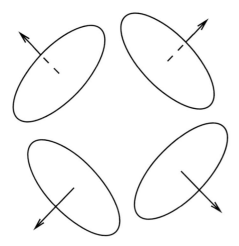

Abb. 6.13 Klassische Ersatzbewegung für $l = 2$ und $m = \pm 1$

hierfür ist analog zum Fall $l = 1$, $m = 0$, nur dass jetzt wenigstens ein gewisser Anteil des Drehimpulses in z-Richtung fixiert ist.

Schließlich haben wir noch den Eigenzustand $l = 2$, $m = 0$ mit der Kugelflächenfunktion

$$Y_{2,0}(\vartheta, \varphi) = \sqrt{\frac{5}{16\pi}}(3\cos^2 \vartheta - 1) \tag{6.147}$$

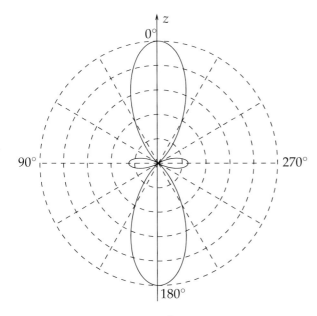

Abb. 6.14 Darstellung von $|Y_{2,0}|^2$

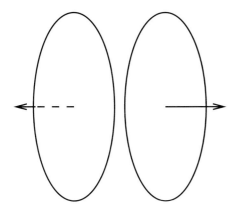

Abb. 6.15 Klassisches Bewegungsmodell für $l = 2$ und $m = 0$.

(Abb. 6.14). Auch hier kann man wieder eine klassische Ersatzbewegung konstruieren (siehe Abb. 6.15), die mit ähnlichen Einschränkungen wie im Fall $l = 1, m = 0$ verstanden werden muss.

6.6
Lösung der Schrödinger-Gleichung für den Radialanteil:
das Wasserstoffproblem

6.6.1
Spezialisierung auf das Coulomb-Potential

Nachdem wir die Eigenzustände des Winkelanteils beschrieben haben, können wir uns nun der Lösung der Schrödinger-Gleichung für den Radialanteil der Wellenfunktion (6.57) zuwenden. In dieser Gleichung

$$\left[-\frac{\hbar^2}{2m}\frac{\partial^2}{\partial r^2} + \frac{\hbar^2 l(l+1)}{2mr^2} + V(r) \right] u(r) = Eu(r) \tag{6.148}$$

tritt die Drehimpulsquantenzahl l auf. Deswegen erwarten wir, dass im Allgemeinen sowohl die Eigenfunktionen $u(r)$ als auch die Eigenwerte E von diesen Quantenzahlen abhängen. Der Übersichtlichkeit halber wird diese Abhängigkeit in den folgenden Gleichungen nur dann angegeben, wenn es die Klarheit verlangt.

Um (6.148) konkret behandeln zu können, müssen wir das Potential $V(r)$ kennen. Speziell für den uns interessierenden Fall des Wasserstoffatoms ist das radialsymmetrische Potential gegeben durch

$$V(r) = -\frac{e^2}{r} \tag{6.149}$$

Zur weiteren Diskussion der Schrödinger-Gleichung ist es sinnvoll, wie bei der Untersuchung des harmonischen Oszillators reskalierte Größen einzuführen

$$\rho = \frac{r}{a_0} \quad \text{und} \quad \varepsilon = \frac{E}{E_{\text{ion}}} \tag{6.150}$$

Als Einheitslänge benutzen wir den *Bohr'schen Radius* a_0 und als Einheitsenergie die *Ionisationsenergie* E_{ion} des Wasserstoffatoms mit

$$a_0 = \frac{\hbar^2}{me^2} \approx 0{,}5\,\text{Å} \quad \text{und} \quad E_{\text{ion}} = \frac{e^2}{2a_0} = \frac{me^4}{2\hbar^2} \approx 13{,}5\,\text{eV} \tag{6.151}$$

Die eindimensionale Schrödinger-Gleichung für den Radialanteil lautet in den skalierten Größen

$$\frac{d^2 u_l(\rho)}{d\rho^2} + \left[\varepsilon_l + \frac{2}{\rho} - \frac{l(l+1)}{\rho^2} \right] u_l(\rho) = 0 \tag{6.152}$$

6.6.2
Verhalten der Lösung für $\rho \ll 1$

Um die Lösung der eindimensionalen Eigenwert-Differentialgleichung (6.152) zu bestimmen, untersuchen wir zunächst die asymptotische Lösung dieser

Gleichung für sehr kleine reskalierte Radien ρ. Dazu führen wir eine weitere Reskalierung durch und setzen $\rho = \kappa x$. Dann wird (6.152) zu

$$\frac{d^2u}{dx^2} + \left[\varepsilon\kappa^2 + \frac{2\kappa}{x} - \frac{l(l+1)}{x^2} \right] u = 0 \tag{6.153}$$

Beim Grenzübergang $\kappa \to 0$ geht (6.153) in die Differentialgleichung

$$\frac{d^2u}{dx^2} - \frac{l(l+1)}{x^2} u = 0 \tag{6.154}$$

über. Das ist eine Euler'sche Differentialgleichung, die mit dem Ansatz $u = x^\lambda$ gelöst werden kann. Setzen wir diesen Ansatz in (6.154) ein, dann erhalten wir die charakteristische Gleichung

$$\lambda(\lambda - 1) - l(l+1) = 0 \tag{6.155}$$

mit den beiden Lösungen

$$\lambda_1 = l + 1 \quad \text{und} \quad \lambda_2 = -l \tag{6.156}$$

Offensichtlich würde die zweite Lösung $\lambda_2 = -l$ dazu führen, dass die gesuchte Eigenlösung für alle $\rho \to 0$ und alle Nebenquantenzahlen $l > 0$ divergiert und ab einer bestimmten Größe nicht einmal mehr normierbar wäre. Deshalb beschränken wir uns auf die erste Lösung $\lambda_1 = 1 + l$. Diese bedeutet, dass für kleine Werte ρ die Funktion u das asymptotisches Verhalten

$$u(\rho) \sim \rho^{l+1} \quad \text{für} \quad \rho \to 0 \tag{6.157}$$

zeigt.

6.6.3
Verhalten der Lösung für $\rho \to \infty$

Wir vernachlässigen in Gleichung 6.152 die Terme mit ρ^{-1} und ρ^{-2}. Die verbleibende Gleichung lautet dann

$$\frac{d^2u}{d\rho^2} + \varepsilon u = 0 \tag{6.158}$$

Als Lösung dieser Differentialgleichung erhält man

$$u = Ae^{i\sqrt{\varepsilon}\rho} + Be^{-i\sqrt{\varepsilon}\rho} \quad \text{für} \quad \varepsilon > 0 \tag{6.159}$$

und

$$u = Ae^{-\alpha\rho} + Be^{\alpha\rho} \quad \text{für} \quad \varepsilon = -\alpha^2 < 0 \tag{6.160}$$

Die Lösungen für $\varepsilon > 0$ sind im ganzen Raum ausgedehnt. Sie stellen nicht-gebundene kontinuierliche Zustände dar und spielen in der Streutheorie eine wichtige Rolle. Wir werden sie hier jedoch nicht weiter behandeln.

Im Fall $\varepsilon < 0$ muss die exponentiell ansteigende Lösung ausgeschlossen werden, da die Wellenfunktion sonst nicht normierbar wird. Wir erhalten dann für große ρ das asymptotische Verhalten:

$$u(\rho) = A e^{-\alpha \rho} \qquad \text{für} \qquad \rho \gg 1 \qquad (6.161)$$

6.6.4
Vollständiger Lösungsansatz

Das asymptotische Verhalten für $\rho \ll 1$ und $\rho \gg 1$ lässt uns folgenden Ansatz zur Lösung der Schrödinger-Gleichung vermuten:

$$u(\rho) = \rho^{l+1} e^{-\alpha \rho} \sum_{\nu=0}^{\infty} a_\nu \rho^\nu = \sum_{\nu=0}^{\infty} a_\nu \rho^{\nu+l+1} e^{-\alpha \rho} \qquad (6.162)$$

Dabei wird die reguläre Potenzreihe für große Abstände ρ durch die Exponentialfunktion, für sehr kleine ρ durch das Potenzgesetz $u \sim r^{1+l}$ dominiert. Wir wollen nun den Ansatz in die Eigenwertgleichung (6.152) einsetzen. Dazu berechnen wir zunächst

$$\frac{du}{d\rho} = \sum_{\nu=0}^{\infty} (\nu+l+1) a_\nu \rho^{\nu+l} e^{-\alpha \rho} - \sum_{\nu=0}^{\infty} \alpha a_\nu \rho^{\nu+l+1} e^{-\alpha \rho} \qquad (6.163)$$

und

$$\frac{d^2 u}{d\rho^2} = \sum_{\nu=0}^{\infty} (\nu+l+1)(\nu+l) a_\nu \rho^{\nu+l-1} e^{-\alpha \rho}$$

$$- \sum_{\nu=0}^{\infty} 2\alpha (\nu+l+1) a_\nu \rho^{\nu+l} e^{-\alpha \rho} + \sum_{\nu=0}^{\infty} \alpha^2 a_\nu \rho^{\nu+l+1} e^{-\alpha \rho} \qquad (6.164)$$

Diesen Ausdruck setzen wir dann zusammen mit dem Ansatz (6.162) in die Differentialgleichung (6.152) ein und beachten außerdem $\varepsilon = -\alpha^2$:

$$\sum_{\nu=0}^{\infty} (\nu+l+1)(\nu+l) a_\nu \rho^{\nu+l-1} e^{-\alpha \rho} - \sum_{\nu=0}^{\infty} 2\alpha (\nu+l+1) a_\nu \rho^{\nu+l} e^{-\alpha \rho}$$

$$+ \sum_{\nu=0}^{\infty} \alpha^2 a_\nu \rho^{\nu+l+1} e^{-\alpha \rho} - \sum_{\nu=0}^{\infty} \alpha^2 a_\nu \rho^{\nu+l+1} e^{-\alpha \rho}$$

$$+ \sum_{\nu=0}^{\infty} 2 a_\nu \rho^{\nu+l} e^{-\alpha \rho} - \sum_{\nu=0}^{\infty} l(l+1) a_\nu \rho^{\nu+l-1} e^{-\alpha \rho} = 0 \qquad (6.165)$$

Der dritte und vierte Term kompensieren sich. Nach der Multiplikation mit $e^{\alpha \rho}$, der Verschiebung des Summationsindex um 1 im zweiten und fünften

Term und der Berücksichtigung der Kompensation des ersten und sechsten Terms für $\nu = 0$ erhalten wir

$$\sum_{\nu=1}^{\infty} \left\{ a_\nu \left[(\nu + l + 1)(\nu + l) - l(l+1) \right] - a_{\nu-1} \left[2\alpha(\nu + l) - 2 \right] \right\} \rho^\nu = 0 \quad (6.166)$$

Diese Gleichung kann nur erfüllt werden, wenn die Koeffizienten aller Potenzen ρ^ν einzeln verschwinden:

$$a_\nu = 2 \frac{\alpha(\nu + l) - 1}{(\nu + l + 1)(\nu + l) - l(l+1)} a_{\nu-1}, \quad \nu = 1, 2, \ldots \quad (6.167)$$

Die weitere Umformung des Nenners von (6.167) liefert dann die Rekursionsformel

$$a_\nu = 2 \frac{\alpha(\nu + l) - 1}{\nu (\nu + 2l + 1)} a_{\nu-1} \quad (6.168)$$

Damit lassen sich bei Vorgabe von a_0 alle anderen Koeffizienten sukzessive berechnen. Der freie Koeffizient a_0 selbst wird schließlich durch die Normierung festgelegt.

6.6.5
Normierbarkeit der Lösung

Wegen der Born'schen Wahrscheinlichkeitsinterpretation müssen die Eigenzustände des Wasserstoffatoms normierbar sein. Das erfordert aber gewisse Bedingungen, denen die Koeffizienten a_ν der Reihenentwicklung (6.162) unterliegen müssen. Wir werden im Folgenden zeigen, dass eine Konvergenz der Potenzreihe (6.162) nur dann möglich ist, wenn diese nach einer endlichen Zahl von Gliedern abbricht, d. h. wenn alle Koeffizienten a_ν für $\nu > \nu_{\max}$ verschwinden. Der Nenner in der Rekursionsformel (6.168) für a_ν ist stets positiv. Wir nehmen an, dass $\alpha = n^{-1}$ gilt, wobei n eine natürliche Zahl ist. Dann bricht die Potenzreihe (6.162) wegen (6.168) ab, sobald $\nu = n - l$ ist. Da aber $\nu \geq 1$ und $l \geq 0$ gilt, tritt ein Abbruch nur dann auf, wenn $n \geq l + 1$ gilt. Wir erhalten somit ein Kriterium dafür, dass die Potenzreihe (6.162) nur aus einer endlichen Zahl von Summanden besteht, nämlich

$$\alpha = \frac{1}{n} \quad \text{mit} \quad n \geq l + 1 \quad (6.169)$$

Die Zahl n wird gewöhnlich als Hauptquantenzahl, die hieraus abgeleitete Größe $n_r = \nu_{\max} = n - l - 1$, bei der die Potenzreihe abbricht, als radiale Quantenzahl bezeichnet.

Wir nehmen jetzt an, dass α das Kriterium (6.169) nicht erfüllt. Die Reihe (6.162) bricht dann nicht ab. In diesem Fall ist die Funktion $u(\rho)$ nicht mehr normierbar. Für hinreichend große Werte $\nu \gg l$ erhalten wir nämlich aus der Rekursionsformel (6.168)

$$a_\nu \approx \frac{2\alpha}{\nu}\, a_{\nu-1}\,, \qquad \text{also} \qquad a_\nu \approx \frac{(2\alpha)^\nu}{\nu!}\, c \qquad (6.170)$$

mit einer Konstanten c. Wir setzen jetzt voraus, dass der Fehler in der Näherung (6.170) ab einem bestimmten Wert ν_∞ hinreichend klein wird. Damit folgt unter Berücksichtigung von (6.162)

$$u(\rho) \approx \rho^{l+1} e^{-\alpha\rho} \left\{ \underbrace{\sum_{\nu=0}^{\nu_\infty} a_\nu \rho^\nu}_{P_1(\rho)} + \sum_{\nu=0}^{\infty} c\frac{(2\alpha)^\nu}{\nu!}\rho^\nu - \underbrace{\sum_{\nu=0}^{\nu_\infty} c\frac{(2\alpha)^\nu}{\nu!}\rho^\nu}_{P_2(\rho)} \right\} \qquad (6.171)$$

Der mittlere Summand ist die Reihenentwicklung einer Exponentialfunktion. Die beiden Polynome $P_1(\rho)$ und $P_2(\rho)$ haben nur eine endliche Zahl von Koeffizienten und werden für $\rho \to \infty$ von der Exponentialfunktion unterdrückt. Damit gelangen wir zu:

$$u(\rho) = \rho^{l+1} e^{-\alpha\rho} \left\{ P_1(\rho) + P_2(\rho) + c e^{2\alpha\rho} \right\} \sim \rho^{l+1} e^{\alpha\rho} \qquad (6.172)$$

Für divergierende Abstände $\rho \to \infty$ wird die Funktion $u(\rho)$ also exponentiell anwachsen. Sie ist damit nicht normierbar und deshalb auch nicht als Ortsdarstellung eines Zustands zugelassen. Wir erhalten physikalisch relevante Zustände nur, wenn die Potenzreihe (6.162) abbricht.

6.6.6
Energieeigenwerte

Aus der Forderung nach der Normierbarkeit folgt, dass nur bestimmte Werte $\alpha = n^{-1}$ als reskalierte Energie zugelassen sind. Wegen der Vereinbarung[21] $\varepsilon = -\alpha^2$ und (6.150) lauten deshalb die Energieeigenwerte:

$$E_n = -\frac{E_{\text{ion}}}{n^2} = -\frac{E_{\text{ion}}}{(n_r + l + 1)^2} \qquad (6.173)$$

Die Energieeigenwerte werden ausschließlich von der Hauptquantenzahl n bestimmt, nicht aber von der Nebenquantenzahl l. Da wir aber gleich sehen werden, dass die Eigenfunktionen von n und l bestimmt werden, muss eine Entartung vorliegen. Diese wird allerdings nicht durch räumliche Symmetrien verursacht, sondern ist eine Folge der speziellen Wahl des Potentials $V(r) \sim r^{-1}$. Für einen anderen Potentialverlauf ist die Entartung aufgehoben. Man spricht deshalb auch von einer zufälligen Entartung.

21) siehe (6.160)

6.6.7

Eigenfunktionen

Wir können den Ansatz (6.162) in die folgende Form bringen

$$u_{n_r,l}(\rho) = \rho^{l+1} e^{-\frac{\rho}{n}} P_{n_r,l}(\rho) \tag{6.174}$$

Dabei ist $n_r = n - l - 1$ die weiter oben eingeführte radiale Quantenzahl. Auch haben wir hier zur Charakterisierung der Funktion $u(\rho)$ die Quantenzahlen n_r und l als Indizes eingeführt. Die in (6.162) auftretende Summe ist nach unseren jetzigen Kenntnissen ein endliches Polynom vom Grad n_r. Aus der Rekursionsformel (6.168) folgt

$$P_{n_r,l}(\rho) = c_0 \left\{ 1 + \frac{n_r}{2l+2} \frac{-2\rho}{n} + \frac{n_r}{2l+2} \frac{n_r-1}{(2l+3)2} \left(\frac{-2\rho}{n} \right)^2 + \cdots \right\} \tag{6.175}$$

oder

$$P_{n_r,l}(\rho) = c_0 \sum_{v=0}^{n_r} \frac{n_r!(2l+1)!}{(n_r-v)!(2l+1+v)!v!} \left(\frac{-2\rho}{n} \right)^v \tag{6.176}$$

Man kann diese Polynome auf die *Laguerre'schen Polynome* zurückführen. Diese sind definiert als[22]

$$L_n^\alpha(x) = \sum_{v=0}^{n} \binom{n+\alpha}{n-v} \frac{(-x)^v}{v!}$$

$$= \sum_{v=0}^{\infty} \frac{(n+\alpha)!}{(n-v)!(\alpha+v)!} \frac{(-x)^v}{v!} \tag{6.177}$$

Damit werden die Polynome (6.176) zu

$$P_{n_r,l} = c_0 \frac{n_r!(2l+1)!}{(n_r+2l+1)!} L_{n_r}^{2l+1} \left(\frac{2\rho}{n} \right) \tag{6.178}$$

Das Laguerre'sche Polynom $L_{n_r}^{(2l+1)}$ hat n_r reelle Nullstellen. Die noch offene Konstante c_0 wird aus der Normierung der Funktion (6.174)

$$\int_0^\infty \frac{u_{n_r,l}\left(\frac{r}{a_0}\right)}{r} \frac{u_{n_r,l}\left(\frac{r}{a_0}\right)}{r} r^2 dr = 1 \tag{6.179}$$

bestimmt. Dabei ist zu berücksichtigen, dass diese Normierungsbedingung aus der Normierung der Gesamteigenfunktion (6.53) abgeleitet werden muss. Da sich die Integration über das gesamte dreidimensionale Volumen erstreckt, der in (6.53) enthaltene Winkelanteil Y der Eigenfunktion andererseits bereits

---

22) siehe z. B. [1]

auf den Raumwinkel normiert ist, bleibt vom Integrationselement d^3x nur noch der Radialanteil r^2dr übrig, der zusammen mit der Funktion u/r in die Normierung (6.179) eingeht. Außerdem wurde in (6.179) die Skalierung der Variablen von u beachtet, also $\rho = r/a_0$ (siehe (6.150)).

Mit dieser Normierung lassen sich die kompletten Eigenfunktionen der gebundenen Zustände des Wasserstoffatoms in der Form

$$\psi_{n,l,m}(r, \vartheta, \varphi) = R_{n,l}(r)Y_{lm}(\vartheta, \varphi) \qquad (6.180)$$

schreiben. Dabei ist der Winkelanteil durch die in Abschnitt (6.5.4) eingeführten Kugelflächenfunktionen $Y_{lm}(\vartheta, \varphi)$ gegeben, und der Radialanteil lautet

$$R_{nl}(r) = \frac{2}{n^2 a_0^{\frac{3}{2}}} \sqrt{\frac{(n-l-1)!}{(n+l)!}} \left(\frac{2r}{na_0} \right)^l e^{-\frac{r}{na_0}} L_{n-l-1}^{2l+1}\left(\frac{2r}{na_0} \right) \qquad (6.181)$$

Bei gegebener Hauptquantenzahl n ist die Nebenquantenzahl l durch die Bedingung $l \le n - 1$ und die nur im Winkelanteil auftretende Magnetquantenzahl durch $|m| \le l$ eingeschränkt.

6.7
Diskussion der Zustandsfunktionen

Wir wollen jetzt die Eigenfunktionen des Wasserstoffproblems für die ersten beiden Hauptquantenzahlen etwas näher analysieren. Für $n = 1$ gilt $l = 0$. Der zugehörige radiale Anteil

$$R_{1,0} = \frac{2}{\sqrt{a_0^3}}e^{r/a_0} \qquad (6.182)$$

ist in Abbildung 6.16 dargestellt. Hieraus kann sofort die Wahrscheinlichkeitsdichte berechnet werden, das Elektron im Abstand r vom Kern zu finden. Diese Dichte erhält man generell aus (6.180) entsprechend

$$w_{n,l}(r) = \int_0^\pi \int_0^{2\pi} |\psi_{n,l,m}(r, \vartheta, \varphi)|^2 r^2 d\Omega = r^2 |R_{nl}(r)|^2 \qquad (6.183)$$

Für den Grundzustand findet man die in Abbildung 6.17 dargestellte Wahrscheinlichkeitsverteilung. Die maximale Dichte wird für den Bohr'schen Radius $r = a_0$ erreicht. Abbildung 6.18 berücksichtigt zusätzlich noch den im Grundzustand isotropen Winkelanteil und skizziert $|\psi_{100}|^2$. Zustände mit $n = 1$ und $l = 0$ werden auch 1s-Zustände genannt.

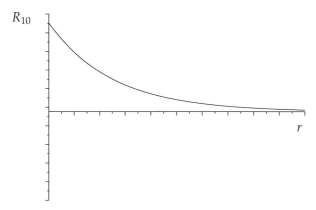

Abb. 6.16 Radialer Anteil $R_{1,0}$ des Grundzustands des Wasserstoffatoms

Für die Hauptquantenzahl $n = 2$ sind die Nebenquantenzahlen $l = 0$ und $l = 1$ erlaubt. Der Radialanteil $R_{2,0}$ für den Zustand $n = 2$ und $l = 0$ lautet

$$R_{2,0} = \frac{1}{\sqrt{(2a_0)^3}} \left(1 - \frac{r}{2a_0}\right) e^{-r/2a_0} \tag{6.184}$$

und ist in Abbildung 6.19 dargestellt. Wie erwartet, hat $R_{2,0}$ jetzt eine Nullstelle, die bei $r = 2a_0$ liegt. Aus $R_{2,0}$ können wir wieder die radiale Wahrscheinlichkeitsverteilung $w_{2,0}(r)$ berechnen (Abb. 6.20). Offenbar gibt es zwei durch die Nullstelle $r = 2a_0$ getrennte Bereiche mit einer erhöhten Aufenthaltswahrscheinlichkeit. Im dreidimensionalen Raum hat dann die Aufenthaltswahrscheinlichkeit $|\psi_{2,0,0}|^2$ die Gestalt zweier konzentrischer Schalen, da der Winkelanteil für $l = 0$ und $m = 0$ rotationssymmetisch ist. Man bezeichnet einen Zustand mit $n = 2$ und $l = 0$ auch als 2s-Zustand.

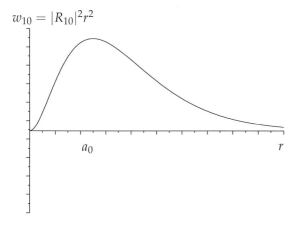

Abb. 6.17 Radiale Wahrscheinlichkeitsdichte $w_{1,0}$

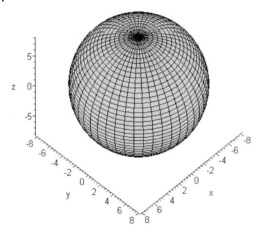

Abb. 6.18 Räumliche Darstellung der Aufenthaltswahrscheinlichkeitsdichte $|\psi_{1,0,0}|^2$

Für $n = 2$ und $l = 1$ liegt ein sogenannter $2p$-Zustand vor. Dieser wird durch die radiale Zustandsfunktion

$$R_{2,1} = \frac{1}{\sqrt{24a_0^3}}\frac{r}{a_0}e^{-r/2a_0} \tag{6.185}$$

dargestellt (Abb. 6.22). Weil die radiale Quantenzahl $n_r = n - l - 1$ jetzt den Wert 0 annimmt, hat der Radialanteil keine Nullstelle mehr, und die radiale Aufenthaltswahrscheinlichkeit hat nur ein Maximum (Abb. 6.23). Dafür ist der Winkelanteil nicht mehr isotrop. Die räumliche Aufenthaltswahrscheinlichkeit wird also im Gegensatz zum Potential und damit zur Schrödinger-Gleichung nicht mehr rotationssymmetrisch sein. Tatsächlich wird die Sym-

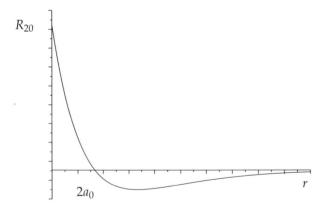

Abb. 6.19 Radiale Wellenfunktion $R_{2,0}$

$w_{20} = |R_{20}|^2 r^2$

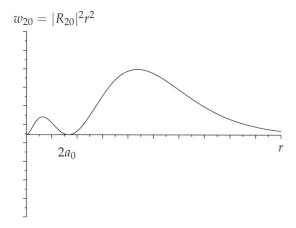

Abb. 6.20 Radiale Wahrscheinlichkeitsdichte $w_{2,0}$

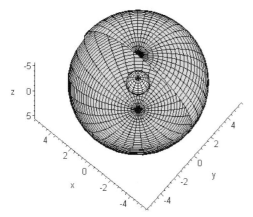

Abb. 6.21 Räumliche Darstellung der beiden Maxima der Wahrscheinlichkeitsdichte $|\psi_{2,0,0}|^2$ des 2s-Zustandes. Von der äußeren Schale ist das vordere obere Viertel entfernt

metrie so gebrochen, dass jetzt nur noch eine Zylindersymmetrie vorliegt. Zur Illustration betrachten wir den Zustand $(n, l, m) = (2, 1, 0)$. Hier ist das Elektron in zwei getrennten Gebieten im positiven bzw. negativen Bereich der z-Achse lokalisiert (Abb. 6.24).

Im Zustand $(n, l, m) = (2, 1, \pm 1)$ ist dagegen die Aufenthaltswahrscheinlichkeit des Elektrons auf einem torusartigen Gebilde senkrecht zur z-Achse besonders hoch (siehe Abb. 6.25).

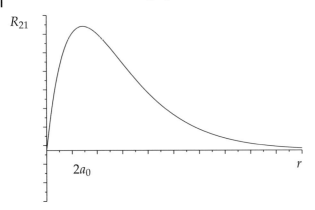

Abb. 6.22 Radiale Wellenfunktion $R_{2,1}$

$$w_{21} = |R_{21}|^2 r^2$$

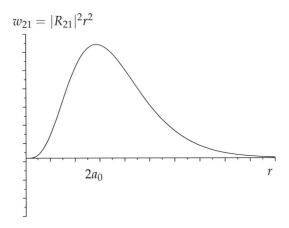

Abb. 6.23 Radiale Wahrscheinlichkeitsdichte w_{21}

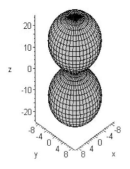

Abb. 6.24 Räumliche Wahrscheinlichkeitsdichte $|\psi_{210}|^2$

6.8
Entartung beim Wasserstoffproblem

Wir haben bereits festgestellt, dass die Energieeigenwerte des Wasserstoffproblems nur von der Hauptquantenzahl n abhängen.

$$\frac{E_n}{E_{\text{ion}}} = -\frac{1}{n^2} \tag{6.186}$$

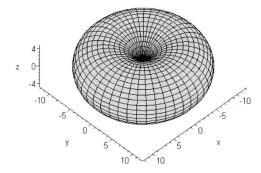

Abb. 6.25 Wahrscheinlichkeitsdichte $|\psi_{2,1,\pm1}|^2$

Zu jedem Wert von n gehören aber die Drehimpulsquantenzahlen

$$l = 0, 1, \dots, n - 1 \qquad (6.187)$$

und zu jedem Wert von l nochmals die magnetischen Quantenzahlen

$$m = -l, -l + 1, \dots, +l \qquad (6.188)$$

Dies sind gerade $2l + 1$ Zustände zu verschiedenen Magnetquantenzahlen bei gegebener Nebenquantenzahl l. Der Entartungsgrad des Energieeigenwerts E_n ist dann die Summe über alle Zustände mit den Quantenzahlen l und m, die für eine gegebene Hauptquantenzahl zulässig sind, also:

$$\sum_{l=0}^{n-1} (2l + 1) = n^2 \qquad (6.189)$$

Die Entartung bezüglich der Magnetquantenzahl m hängt mit der räumlichen Symmetrie des Problems zusammen. Es ist keine Raumrichtung ausgezeichnet, der Hamilton-Operator ist kugelsymmetrisch. Deshalb sind die verschiedenen Orientierungen des Drehimpulses gleichwertig.

Anders dagegen verhält es sich bei der Entartung der verschiedenen l-Werte. Dieser Entartung liegt keine räumliche Symmetrie zu Grunde. Sie liegt an der speziellen Form des Coulomb-Potentials und wird aufgehoben, sobald kleine Abweichungen von diesem Potential auftreten. Diese Entartung wird deshalb auch als *zufällige Entartung* bezeichnet[23]. Man kann aber zeigen, dass auch hinter dieser zufälligen Entartung eine Symmetrie[24] steckt. Bei den dazu gehörigen Symmetrieoperationen werden gleichzeitig Orts- und Impulskoordinaten transformiert. Deshalb lassen sich diese Symmetrieoperationen nicht mehr so anschaulich interpretieren.

23) siehe auch Abschnitt 6.6

24) eine sogenannte dynamische Symmetrie, die in der klassischen Mechanik einer kanonischen Transformation entspricht

Aufgaben

6.1 Beweisen Sie für den Hamilton-Operator

$$\hat{H} = \hat{T} + \hat{V} = \frac{\hat{p}^2}{2m} - \frac{e^2}{\hat{r}}$$

des Wasserstoffatoms die Operatorbeziehung (quantenmechanische Form des Virialsatzes)

$$\frac{i}{\hbar} \left[\hat{H}, \hat{x}\hat{p} \right] = 2\hat{T} + \hat{V}$$

Hierbei ist $\hat{T}$ der Operator der kinetischen Energie.

6.2 Zeigen Sie, dass die Wahrscheinlichkeitsstromdichte j in Kugelkoordinaten für alle Eigenfunktionen

$$\psi_{n,l,m} = R_{nl}(r) Y_{lm}(\vartheta, \varphi)$$

des Zentralkraftproblems die Komponenten $j_r = j_\vartheta = 0$ und

$$j_\varphi = \frac{\hbar}{m_e} \frac{m}{r \sin \vartheta} R_{nl}^2(r) \left| Y_{lm}(\vartheta, \varphi) \right|^2$$

gilt (m_e ist die Masse des Elektrons). Zeigen Sie, dass sich in den Eigenzuständen die Kontinuitätsgleichung auf div $j = 0$ reduziert.

6.3 Beweisen Sie die Beziehung (6.13).

6.4 Zeigen Sie, dass das effektive elektrostatische Potential eines Wasserstoffatoms im Grundzustand durch

$$\varphi(r) = \frac{q}{a_0} \left(1 + \frac{a_0}{r} \right) \exp\left(-\frac{2r}{a_0} \right)$$

gegeben ist. Dabei ist q Ladung des Kerns und a_0 der Bohr'sche Atomradius.

Hinweis: Interpretieren Sie den aus der Wellenfunktion ψ des Grundzustands gebildeten Ausdruck $q_e |\psi|^2$ mit $q_e = -q$ als effektive Ladungsdichte des den Kern umgebenden Elektrons und lösen Sie damit die aus der Elektrostatik bekannte Poisson-Gleichung.

6.5 Zeigen Sie, dass für alle Energieeigenwerte $E > 0$ des kontinuierlichen Spektrums des Wasserstoffproblems der Radialanteil der Eigenfunktionen für $r \to \infty$ durch die asymptotische Lösung

$$R_{k,l}(r) = \frac{\sin(kr + \varphi)}{r} \qquad \text{mit} \qquad k = \sqrt{\frac{2mE}{\hbar^2}}$$

gegeben ist.

● **Maple-Aufgaben**

6.I Visualisieren Sie die Orbitalstruktur der Eigenlösungen des Wasserstoffproblems für die Quantenzahlen n=1,...,4!

6.II Zeigen Sie, dass der Operator $\hat{A}$ mit den drei Komponenten:

$$\hat{A}_i = \frac{Ze^2 m x_i}{r} - \varepsilon_{ijk}(\hat{p}_j \hat{L}_k - \hat{L}_j \hat{p}_k)$$

mit dem Hamilton-Operator des Wasserstoffproblems kommutiert (Z ist die Kernladungszahl). Bilden Sie aus den Komponenten von $\hat{A}$ und den Komponenten des Drehimpulses eine verallgemeinerte Drehimpulsalgebra im vierdimensionalen euklidischen Raum, die für alle Eigenfunktionen des Wasserstoffproblems gültig ist. Zerlegen Sie diese in zwei unabhängige Drehimpulse und bestimmen Sie deren Eigenwerte. Kann man hieraus die Energieeigenwerte des Wasserstoffproblems bestimmen?

6.III Bestimmen Sie die Matrizendarstellung der Drehimpulsoperatoren $\hat{L}_x$, $\hat{L}_y$ und $\hat{L}_z$ in der Eigendarstellung des $\hat{L}_z$-Operators. Bestimmen Sie hieraus die Wahrscheinlichkeitsverteilung, für ein Teilchen im Zustand gegebener Drehimpulsquantenzahl l und Magnetquantenzahl m (Eigenwert von $\hat{L}_z$) einen bestimmten Wert $m_x \hbar$ (mit $m_x = -l, \ldots, l$) für die x-Komponente des Drehimpulses zu messen.

6.IV Bestimmen Sie für eine Teilchen in einem unendlich tiefen, radialsymmetrischen Potentialtopf vom Radius R die Energienniveaus in Abhängigkeit von der Drehimpulsquantenzahl l.

6.V Bestimmen Sie die diskreten Energieeigenwerte in Abhängigkeit von der Drehimpulsquantenzahl l für ein Teilchen in einem rotationssymmetrischen Potential mit
a)

$$V(r) = \frac{\alpha}{r^2} - \frac{\beta}{r}$$

b)

$$V(r) = \frac{\alpha}{r^2} + \beta r^2$$

Dabei ist in beiden Fällen $\alpha > 0$ und $\beta > 0$.

7
Näherungsmethoden zur Lösung quantenmechanischer Probleme

7.1
Einleitung

Bisher wurden Probleme behandelt, die exakt lösbar waren. Es handelte sich hier hauptsächlich um eindimensionale Probleme, z. B. um stückweise konstante Potentiale oder den harmonischen Oszillator. Daneben lassen sich noch einige wenige spezielle eindimensionale Potentiale exakt berechnen. Von den bekannten dreidimensionalen Problemen hatten wir das Wasserstoffatom ausführlich diskutiert. Außerdem lässt sich noch der dreidimensionale harmonische Oszillator relativ einfach behandeln.

Um die Schrödinger-Gleichung für andere, physikalisch realistische Probleme zu lösen, müssen numerische Verfahren oder analytische Näherungsmethoden entwickelt und angewandt werden. Im Prinzip sind diese Methoden auf ein bestimmtes Problem spezialisiert. Doch haben sich die im folgenden aufgezählten Methoden als relativ breit anwendbar erwiesen:

(a) Störungsrechnung

(b) kanonische Transformation

(c) Variationsverfahren

(d) WKB-Methode

Diese Verfahren sollen in diesem Kapitel genauer erläutert und an einigen Beispielen detailliert diskutiert werden.

(a) Störungsrechnung
Bei der Störungsrechnung geht man davon aus, dass sich der Hamilton-Operator additiv in zwei Anteile zerlegen lässt, die man ungestörten Operator und Störoperator nennt:

$$\hat{H} = \hat{H}_0 + \hat{H}_1 \tag{7.1}$$

Theoretische Physik III: Quantenmechanik 1. Peter Reineker, Michael Schulz, Beatrix M. Schulz
Copyright © 2007 WILEY-VCH Verlag GmbH & Co. KGaA, Weinheim
ISBN: 978-3-527-40639-5

Dabei soll die zum ungestörten Hamilton-Operator $\hat{H}_0$ gehörende Schrödinger-Gleichung exakt lösbar sein. Diese Lösungen werden im Folgenden als bekannt vorausgesetzt. Weiter wird angenommen, dass der (eventuell auch zeitabhängige Störoperator) $\hat{H}_1$ „klein" gegenüber $\hat{H}_0$ ist:

$$\hat{H}_1 \ll \hat{H}_0 \tag{7.2}$$

Allerdings ist eine Ungleichung dieser Form mathematisch unklar und deshalb nur von formaler Bedeutung. Es hat auch wenig Sinn, in der Ungleichung (7.2) die Norm der jeweiligen Operatoren zu verwenden, da die meisten Hamilton-Operatoren unbeschränkt sind[1]. Die Einschätzung einer Störung muss gewöhnlich im Einzelfall am konkreten System geklärt werden[2]. Ist das Kriterium der Kleinheit erfüllt, dann kann die Zustandsfunktion in eine Potenzreihe dieser Störung entwickelt werden.

(b) Kanonische Transformation

Bei der kanonischen Transformation strebt man an, den Hamilton-Operator $\hat{H}_0 + \hat{H}_1$ in eine lösbare Form zu transformieren. Im günstigsten Fall lässt sich eine solche Transformation exakt angeben. Im Allgemeinen aber wird diese Transformation wieder näherungsweise durch eine Störungstheorie bestimmt. Eine Anwendung der kanonischen Transformation führt z. B. auf die Lösung des Supraleitungsproblems[3].

(c) Variationsverfahren

Lässt sich der Hamilton-Operator nicht in einen ungestörten Operator $\hat{H}_0$ und eine Störung $\hat{H}_1$ aufspalten, so kann ein Variationsverfahren weiterhelfen. Hierbei konstruiert man einen parametrisierten, möglichst flexiblen Zustand $|\psi\rangle$, der unter Umständen auch bereits wichtige Eigenschaften des Problem reflektiert. Die im Zustand enthaltenen freien Parameter werden dann so fest-

---

1) Man kann als Norm eines Operators beispielsweise den Ausdruck

$$\|\hat{A}\| = \sup_{|\psi\rangle \in \mathcal{H}} \frac{\langle \psi| \, \hat{A} \, |\psi\rangle}{\langle \psi \, |\psi\rangle}$$

verwenden. Betrachtet man als ein Beispiel den Hamilton-Operator des harmonischen Oszillators und wählt als eine Folge von Zuständen den Satz der normierten Eigenfunktionen $|n\rangle$, dann ist $\langle n| \, \hat{H} \, |n\rangle = \hbar\omega(n + 1/2)$, d. h. mit wachsendem n nimmt der Wert von $\langle n| \, \hat{H} \, |n\rangle \, / \, \langle n \, |n\rangle$ unbeschränkt zu. Damit kann man aber das in der Definition der Norm enthaltene Supremum nicht mehr bestimmen, d. h. der Hamilton-Operator des harmonischen Oszillators ist nach oben unbeschränkt.

2) vgl. Abschnitt 7.2.1.4

3) Allerdings lässt sich die Transformation in diesem Fall nicht störungstheoretisch behandeln.

gelegt, dass diese das Extremalproblem

$$\frac{\langle\psi|\hat{H}|\psi\rangle}{\langle\psi|\psi\rangle} \to \min! \tag{7.3}$$

lösen. So kann man näherungsweise den Grundzustand und anschließend die nächsten angeregten Zustände inklusive der zugehörigen Energieeigenwerte bestimmen.

(d) WKB-Näherung

Das Verfahren wurde 1926 fast zeitgleich und unabhängig voneinander von den Physikern G. Wentzel, H.A. Kramers und L. Brillouin entwickelt (daher der Name WKB-Näherung). Sie liefert gute Ergebnisse, wenn die Bewegung nahezu klassisch verläuft, d. h. wenn die Welleneigenschaften der Teilchen nur noch eine untergeordnete Rolle spielen. Das ist besonders dann der Fall, wenn die Wellenlänge klein gegen irgendwelche Potentialänderungen ist. Dann nämlich spielen Beugungserscheinungen keine Rolle. Deshalb kann man bei Kenntnis des Potentials V und der de Broglie-Wellenlänge λ den Gültigkeitsbereich der WKB-Näherung folgendermaßen abschätzen:

$$\left|\frac{1}{V}\frac{dV}{dx}\right| \ll \frac{1}{\lambda} \tag{7.4}$$

7.2
Zeitunabhängige (Schrödinger'sche) Störungstheorie

7.2.1
Störungstheorie für diskrete Energieniveaus ohne Entartung

Im Rahmen dieser Methode werden die Energieeigenwerte und Eigenfunktionen eines quantenmechanischen Systems[4] berechnet, dessen zeitunabhängige Schrödinger-Gleichung gegeben ist durch

$$\hat{H}|\psi_n\rangle = E_n|\psi_n\rangle \quad ; \quad H = H_0 + H_1 \tag{7.5}$$

Dazu nehmen wir an, dass die Schrödinger-Gleichung für den ungestörten Hamilton-Operator $\hat{H}_0$ schon gelöst sei:

$$\hat{H}_0|\psi_n^{(0)}\rangle = E_n^{(0)}|\psi_n^{(0)}\rangle \tag{7.6}$$

Dabei sollen die Eigenwerte $E_n^{(0)}$ nicht entartet und die Eigenvektoren $|\psi_n^{(0)}\rangle$ normiert sein.

$$\langle\psi_n^{(0)}|\psi_m^{(0)}\rangle = \delta_{nm} \tag{7.7}$$

---

4) Man kann natürlich auch die Eigenwerte und Eigenzustände anderer Operatoren mithilfe der Störungstheorie näherungsweise bestimmen.

Wenn der Störoperator $\hat{H}_1$ klein ist, kann man die Eigenvektoren und Eigenwerte in eine Potenzreihe nach $\hat{H}_1$ entwickeln. Um diese Entwicklung systematisch durchführen zu können, schreiben wir den Hamilton-Operator in der Form

$$\hat{H} = \hat{H}_0 + \lambda \hat{H}_1 \tag{7.8}$$

Dann ist mit jeder Potenz von λ eine Potenz von $\hat{H}_1$ verknüpft. Für $\lambda = 0$ erhalten wir das ungestörte Problem, für $\lambda = 1$ den vollen Einfluss der Störung. Wir werden am Ende der Rechnung also $\lambda = 1$ setzen.

Da der Hamilton-Operator jetzt von λH_1 abhängt, werden die Eigenwerte und Eigenvektoren ebenfalls von λ abhängen. Um die erwähnte Entwicklung ausführen zu können, nehmen wir an, dass diese Abhängigkeit analytisch ist. Mit zunächst noch unbekannten, aber von λ unabhängigen Koeffizienten E_n^{ν} erhalten wir für die Energieeigenwerte

$$E_n = E_n(\lambda) = E_n^{(0)} + \lambda E_n^{(1)} + \lambda^2 E_n^{(2)} + \ldots = \sum_{\nu=0}^{\infty} \lambda^{\nu} E_n^{(\nu)} \tag{7.9}$$

Ebenso bekommen wir mit den noch offenen, aber ebenfalls von λ unabhängigen Zustandsvektoren $|\psi_n^{(\nu)}\rangle$ die Entwicklung des Zustands

$$|\psi_n\rangle = |\psi_n(\lambda)\rangle = |\psi_n^{(0)}\rangle + \lambda|\psi_n^{(1)}\rangle + \lambda^2|\psi_n^{(2)}\rangle + \ldots = \sum_{\nu=0}^{\infty} \lambda^{\nu}|\psi_n^{(\nu)}\rangle \tag{7.10}$$

Setzen wir (7.8), (7.9) und (7.10) in die Eigenwertgleichung (7.5) ein, so erhalten wir

$$\hat{H}_0 \sum_{\nu=0}^{\infty} \lambda^{\nu}|\psi_n^{(\nu)}\rangle + \hat{H}_1 \sum_{\nu=0}^{\infty} \lambda^{\nu+1}|\psi_n^{(\nu)}\rangle = \sum_{\nu=0}^{\infty}\sum_{\mu=0}^{\infty} \lambda^{\nu+\mu} E_n^{(\nu)}|\psi_n^{(\mu)}\rangle \tag{7.11}$$

Außerdem sollen die Vektoren $|\psi_n\rangle$ normiert sein. Deshalb müssen wir noch die Forderung

$$\langle\psi_n|\psi_m\rangle = \sum_{\nu=0}^{\infty}\sum_{\mu=0}^{\infty} \langle\psi_n^{(\nu)}|\psi_m^{(\mu)}\rangle \lambda^{\nu+\mu} = \delta_{nm} \tag{7.12}$$

berücksichtigen. Sowohl (7.11) als auch (7.12) sind für alle Werte λ gültig. Deshalb müssen die beiden Gleichungen für jede Potenz von λ komponentenweise erfüllt sein. Ausgehend von (7.11) und (7.12) können wir deshalb einen Koeffizientenvergleich durchführen. Bis zu Termen in λ^2 bekommen wir aus der Eigenwertgleichung

$$\hat{H}_0|\psi_n^{(0)}\rangle = E_n^{(0)}|\psi_n^{(0)}\rangle \tag{7.13}$$

$$\hat{H}_0|\psi_n^{(1)}\rangle + \hat{H}_1|\psi_n^{(0)}\rangle = E_n^{(0)}|\psi_n^{(1)}\rangle + E_n^{(1)}|\psi_n^{(0)}\rangle \tag{7.14}$$

$$\hat{H}_0|\psi_n^{(2)}\rangle + \hat{H}_1|\psi_n^{(1)}\rangle = E_n^{(0)}|\psi_n^{(2)}\rangle + E_n^{(1)}|\psi_n^{(1)}\rangle + E_n^{(2)}|\psi_n^{(0)}\rangle \tag{7.15}$$

Aus der Normierung (7.12) erhalten wir als Resultat des Komponentenvergleichs

$$\langle \psi_n^{(0)} | \psi_m^{(0)} \rangle = \delta_{nm} \tag{7.16}$$

$$\langle \psi_n^{(1)} | \psi_m^{(0)} \rangle + \langle \psi_n^{(0)} | \psi_m^{(1)} \rangle = 0 \tag{7.17}$$

$$\langle \psi_n^{(2)} | \psi_m^{(0)} \rangle + \langle \psi_n^{(1)} | \psi_m^{(1)} \rangle + \langle \psi_n^{(0)} | \psi_m^{(2)} \rangle = 0 \tag{7.18}$$

Aus diesen Gleichungen müssen wir jetzt sukzessive die Entwicklungskoeffizienten $E_n^{(1)}$, $E_n^{(2)}$, ... und $|\psi_n^{(1)}\rangle$, $|\psi_n^{(2)}\rangle$,... berechnen.

Die Gleichungen der 0-ten Ordnung sind sicher erfüllt. Sie beschreiben schließlich das ungestörte Problem, dessen Lösung wir ja als bekannt voraussetzen. Da $\hat{H}_0$ ein hermitescher Operator ist, sind die ungestörten Zustände $|\psi_n^{(0)}\rangle$ das vollständige Orthonormalsystem der Eigenzustände von $\hat{H}_0$. Wir können deshalb die $|\psi_n^{(\nu)}\rangle$ nach den $|\psi_n^{(0)}\rangle$ entwickeln und somit für die ersten beiden Ordnungen schreiben:

$$|\psi_n^{(1)}\rangle = \sum_l c_{nl}^{(1)} |\psi_l^{(0)}\rangle \qquad \text{und} \qquad |\psi_n^{(2)}\rangle = \sum_l c_{nl}^{(2)} |\psi_l^{(0)}\rangle \tag{7.19}$$

Die hier auftretenden Koeffizienten $c_{nl}^{(1)}$, $c_{nl}^{(2)}$, ... müssen im Rahmen der Störungstheorie bestimmt werden.

7.2.1.1 **Störungstheorie erster Ordnung**

Wir setzen (7.19) in die Gleichungen der ersten Ordnung (7.14) und (7.17) ein und bekommen damit

$$\sum_l c_{nl}^{(1)} \underbrace{\hat{H}_0 |\psi_l^{(0)}\rangle}_{E_l^{(0)} |\psi_l^{(0)}\rangle} + \hat{H}_1 |\psi_n^{(0)}\rangle = \sum_l c_{nl}^{(1)} E_n^{(0)} |\psi_l^{(0)}\rangle + E_n^{(1)} |\psi_n^{(0)}\rangle \tag{7.20}$$

und

$$\sum_l c_{nl}^{(1)*} \underbrace{\langle \psi_l^{(0)} | \psi_m^{(0)} \rangle}_{\delta_{ml}} + \sum_l c_{ml}^{(1)} \underbrace{\langle \psi_n^{(0)} | \psi_l^{(0)} \rangle}_{\delta_{nl}} = 0 \tag{7.21}$$

Multiplizieren wir (7.20) von links noch skalar mit $\langle \psi_m^{(0)}|$, dann erhalten wir

$$E_m^{(0)} c_{nm}^{(1)} + \langle \psi_m^{(0)} | \hat{H}_1 | \psi_n^{(0)} \rangle = E_n^{(0)} c_{nm}^{(1)} + E_n^{(1)} \delta_{nm} \tag{7.22}$$

während sich die zweite Gleichung (7.21) auf die einfache Relation

$$c_{nm}^{(1)*} + c_{mn}^{(1)} = 0 \tag{7.23}$$

reduziert. Für $n \neq m$ folgt aus (7.22)

$$c_{nm}^{(1)} = \frac{\langle \psi_m^{(0)} | \hat{H}_1 | \psi_n^{(0)} \rangle}{E_n^{(0)} - E_m^{(0)}} \tag{7.24}$$

Bildet man unter Verwendung von (7.24) die Größe $c_{nm}^{(1)}{}^{*}$, dann finden wir sofort die Beziehung $c_{nm}^{(1)}{}^{*} = -c_{mn}^{(1)}$, d. h. (7.23) wird durch (7.24) ebenfalls erfüllt. Für $n = m$ erhalten wir aus (7.22)

$$E_n^{(1)} = \langle \psi_n^{(0)} | \hat{H}_1 | \psi_n^{(0)} \rangle \tag{7.25}$$

und aus (7.23)

$$c_{nn}^{(1)}{}^{*} + c_{nn}^{(1)} = 0 \tag{7.26}$$

Die letzte Gleichung bedingt, dass $c_{nn}^{(1)} = i\kappa_n$ eine rein imaginäre Größe ist. Wenn wir jetzt diesen Koeffizienten in die Potenzreihe (7.10) unter Berücksichtigung von (7.19) einsetzen, dann gelangen wir zu[5]

$$|\psi_n\rangle = (1 + \lambda i \kappa_n) |\psi_n^{(0)}\rangle + \lambda \sum_{l \neq n} c_{nl}^{(1)} |\psi_l^{(0)}\rangle + \mathcal{O}(\lambda^2) \tag{7.27}$$

Den ersten Term können wir bis auf Beiträge der Ordnung $\mathcal{O}(\lambda^2)$ in eine Exponentialfunktion umformen. Damit erhalten wir

$$|\psi_n\rangle = e^{i\lambda\kappa_n} |\psi_n^{(0)}\rangle + \lambda \sum_{l \neq n} c_{nl}^{(1)} |\psi_l^{(0)}\rangle + \mathcal{O}(\lambda^2)$$

$$= e^{i\lambda\kappa_n} \left\{ |\psi_n^{(0)}\rangle + \lambda \sum_{l \neq n} c_{nl}^{(1)} e^{-i\lambda\kappa_n} |\psi_l^{(0)}\rangle \right\} + \mathcal{O}(\lambda^2) \tag{7.28}$$

Da ein Zustandsvektor immer nur bis auf einen Phasenfaktor festgelegt ist, können wir $e^{i\lambda\kappa_n}$ beliebig vorgeben. Ohne Beschränkung der Allgemeinheit kann man deshalb $\kappa_n = 0$ setzen, sodass wir schließlich

$$c_{nn}^{(1)} = 0 \tag{7.29}$$

widerspruchsfrei wählen können.

7.2.1.2 **Störungstheorie zweiter Ordnung**

Wir setzen jetzt die Entwicklungen (7.19) für $|\psi_n^{(1)}\rangle$ und $|\psi_n^{(2)}\rangle$ in die Gleichungen (7.15) und (7.18) ein. Damit erhalten wir

$$\sum_l c_{nl}^{(2)} \underbrace{\hat{H}_0 |\psi_l^{(0)}\rangle}_{E_l^{(0)} |\psi_l^{(0)}\rangle} + \sum_l c_{nl}^{(1)} \hat{H}_1 |\psi_l^{(0)}\rangle$$

$$= E_n^{(0)} \sum_l c_{nl}^{(2)} |\psi_l^{(0)}\rangle + E_n^{(1)} \sum_l c_{nl}^{(1)} |\psi_l^{(0)}\rangle + E_n^{(2)} |\psi_n^{(0)}\rangle \tag{7.30}$$

---

5) Die Summe auf der rechten Seite von (7.27) ist eine Einfachsumme; über den auch auf der linken Seite der Gleichung auftretenden Index n wird nicht summiert, $l \neq n$ besagt, dass bei der Summation über l der Wert n ausgeschlossen ist.

und

$$\sum_l c_{nl}^{(2)^*} \underbrace{\langle \psi_l^{(0)} | \psi_m^{(0)} \rangle}_{\delta_{lm}} + \sum_{ll'} c_{nl}^{(1)^*} c_{ml'}^{(1)} \underbrace{\langle \psi_l^{(0)} | \psi_{l'}^{(0)} \rangle}_{\delta_{ll'}} + \sum_l c_{ml}^{(2)} \underbrace{\langle \psi_n^{(0)} | \psi_l^{(0)} \rangle}_{\delta_{ln}} = 0 \quad (7.31)$$

Multiplizieren wir die Gleichung (7.30) skalar von links mit $\langle \psi_m^{(0)} |$, dann bekommen wir

$$E_m^{(0)} c_{nm}^{(2)} + \sum_l c_{nl}^{(1)} \langle \psi_m^{(0)} | \hat{H}_1 | \psi_l^{(0)} \rangle = E_n^{(0)} c_{nm}^{(2)} + E_n^{(1)} c_{nm}^{(1)} + E_n^{(2)} \delta_{nm} \qquad (7.32)$$

Aus (7.31) folgt dagegen

$$c_{nm}^{(2)^*} + \sum_l c_{nl}^{(1)^*} c_{ml}^{(1)} + c_{mn}^{(2)} = 0 \qquad (7.33)$$

Für $n \neq m$ erhalten wir sofort aus (7.32)

$$c_{nm}^{(2)} = \frac{\sum\limits_{l \neq n} c_{nl}^{(1)} \langle \psi_m^{(0)} | H_1 | \psi_l^{(0)} \rangle}{E_n^{(0)} - E_m^{(0)}} - \frac{E_n^{(1)} c_{nm}^{(1)}}{E_n^{(0)} - E_m^{(0)}} \qquad (7.34)$$

Der Term für $l = n$ tritt in der Summe nicht auf, weil wir im Rahmen der Störungstheorie bereits $c_{ll}^{(1)} = 0$ festgelegt hatten. Führen wir noch das Matrixelement des Störterms $\hat{H}_1$ entsprechend

$$H_{1,ml} = \langle \psi_m^{(0)} | \hat{H}_1 | \psi_l^{(0)} \rangle \qquad (7.35)$$

ein und setzen außerdem die Ergebnisse der Störungstheorie erster Ordnung ein, dann folgt für $n \neq m$

$$c_{nm}^{(2)} = \sum_{l \neq n} \frac{H_{1,ml} H_{1,ln}}{\left(E_n^{(0)} - E_m^{(0)} \right) \left(E_n^{(0)} - E_l^{(0)} \right)} - \frac{H_{1,nn} H_{1,mn}}{\left(E_n^{(0)} - E_m^{(0)} \right)^2} \qquad (7.36)$$

Auch in der zweiten Ordnung der Störungstheorie ist die aus der Normierung folgende Gleichung (7.33) durch (7.36) für $n \neq m$ bereits erfüllt. Zum Beweis setzen wir die Koeffizienten (7.36) und (7.24) in diese Bedingung ein und erhalten[6]

---

6) In dem folgenden Ausdruck sind alle Summen Einfachsummen.

$$0 = c_{nm}^{(2)^*} + c_{mn}^{(2)} + \sum_l c_{nl}^{(1)^*} c_{ml}^{(1)}$$

$$= \sum_{l \neq n} \frac{H_{1,nl} H_{1,lm}}{\left(E_n^{(0)} - E_m^{(0)}\right)\left(E_n^{(0)} - E_l^{(0)}\right)} - \frac{H_{1,nm} H_{1,nn}}{\left(E_n^{(0)} - E_m^{(0)}\right)^2}$$

$$+ \sum_{l \neq m} \frac{H_{1,nl} H_{1,lm}}{\left(E_m^{(0)} - E_n^{(0)}\right)\left(E_m^{(0)} - E_l^{(0)}\right)} - \frac{H_{1,mm} H_{1,nm}}{\left(E_n^{(0)} - E_m^{(0)}\right)^2}$$

$$+ \sum_{l \neq (n,m)} \frac{H_{1,nl} H_{1,lm}}{\left(E_n^{(0)} - E_l^{(0)}\right)\left(E_m^{(0)} - E_l^{(0)}\right)}$$

$$= \sum_{l \neq (n,m)} H_{1,nl} H_{1,lm} \cdot A_{l,nm} \tag{7.37}$$

Dabei wurden im letzten Ausdruck der erste Term in der zweiten Zeile mit dem zweiten Term in der dritten Zeile sowie der zweite Term in der zweiten Zeile mit dem ersten Term in der dritten Zeile zusammengefasst. Damit hat $A_{l,nm}$ die Gestalt

$$A_{l,nm} = \frac{1}{(E_n^{(0)} - E_m^{(0)})(E_n^{(0)} - E_l^{(0)})} + \frac{1}{(E_m^{(0)} - E_n^{(0)})(E_m^{(0)} - E_l^{(0)})}$$

$$+ \frac{1}{(E_n^{(0)} - E_l^{(0)})(E_m^{(0)} - E_l^{(0)})} \tag{7.38}$$

und deshalb[7] ist

$$A_{l,nm} = 0 \tag{7.39}$$

Damit ist (7.33) für $n \neq m$ erfüllt. Für $n = m$ erhalten wir mit (7.24) und (7.25) aus (7.32) die Korrektur zweiter Ordnung zu den Energieeigenwerten

$$E_n^{(2)} = \sum_{l \neq n} c_{nl}^{(1)} H_{1,nl} = \sum_{l \neq n} \frac{H_{1,ln} H_{1,nl}}{E_n^{(0)} - E_l^{(0)}} = \sum_{l \neq n} \frac{|H_{1,nl}|^2}{E_n^{(0)} - E_l^{(0)}} \tag{7.40}$$

Um den Satz der Entwicklungskoeffizienten $c_{nl}^{(2)}$ zweiter Ordnung zu komplettieren, benötigen wir noch $c_{nn}^{(2)}$. Aus (7.33) erhalten wir für $n = m$

$$c_{nn}^{(2)^*} + \sum_l c_{nl}^{(1)^*} c_{nl}^{(1)} + c_{nn}^{(2)} = 0 \tag{7.41}$$

---

7) Der Ausdruck A hat die Form

$$A_{l,nm} = \frac{1}{(x-y)(x-z)} + \frac{1}{(y-x)(y-z)} + \frac{1}{(x-z)(y-z)}$$

$$= \frac{(y-z) + (z-x) + (x-y)}{(x-y)(x-z)(y-z)} = 0$$

und verschwindet identisch.

und daraus

$$c_{nn}^{(2)^*} + c_{nn}^{(2)} = -\sum_{l\neq n} |c_{nl}^{(1)}|^2 \tag{7.42}$$

Offenbar ist von $c_{nn}^{(2)}$ nur der Realteil festgelegt. Wir erhalten als Lösung

$$c_{nn}^{(2)} = -\frac{1}{2}\sum_{l\neq n} |c_{nl}^{(1)}|^2 + \mathrm{i}\gamma_n^{(2)} \tag{7.43}$$

mit der noch nicht fixierten Größe $\gamma_n^{(2)}$. Um auch diese Unbekannte festzulegen, benutzen wir die Entwicklung (7.10) zusammen mit (7.19) und setzen hier (7.43) ein:

$$|\psi_n\rangle = \underbrace{\left(1 - \frac{\lambda^2}{2}\sum_{l\neq n} |c_{nl}^{(1)}|^2 + \mathrm{i}\lambda^2\gamma_n^{(2)}\right)}_{\alpha} |\psi_n^{(0)}\rangle$$

$$+ \lambda \sum_{l\neq n} c_{nl}^{(1)} |\psi_l^{(0)}\rangle + \lambda^2 \sum_{l\neq n} c_{nl}^{(2)} |\psi_l^{(0)}\rangle + \mathcal{O}(\lambda^3) \tag{7.44}$$

Wir stellen die hier auftretende komplexe Zahl α durch Betrag und Phase entsprechend $\alpha = |\alpha|\exp(\mathrm{i}\arg\alpha)$ dar. Die Phase ist dabei:

$$\arg\alpha = \arctan\frac{\lambda^2\gamma_n^{(2)}}{1 - \frac{\lambda^2}{2}\sum_{l\neq n} |c_{nl}^{(1)}|^2} \tag{7.45}$$

Setzen wir diese Darstellung in (7.44) ein, dann können wir den Phasenfaktor wieder ausklammern:

$$|\psi_n\rangle = e^{\mathrm{i}\arg\alpha}\left\{ |\alpha||\psi_n^{(0)}\rangle + \lambda\sum_{l\neq n} e^{-\mathrm{i}\arg\alpha}c_{nl}^{(1)}|\psi_l^{(0)}\rangle \right.$$

$$\left. +\lambda^2\sum_{l\neq n} e^{-\mathrm{i}\arg\alpha}c_{nl}^{(2)}|\psi_l^{(0)}\rangle + \mathcal{O}(\lambda^3) \right\} \tag{7.46}$$

Der Phasenfaktor kann beliebig gewählt werden. Wir wählen $\arg\alpha = 0$ und damit $\gamma_n^{(2)} = 0$. Deshalb reduziert sich (7.43) auf

$$c_{nn}^{(2)} = -\frac{1}{2}\sum_{l\neq n} |c_{nl}^{(1)}|^2 = -\frac{1}{2}\sum_{l\neq n}\frac{|H_{1,ln}|^2}{(E_n^{(0)} - E_l^{(0)})^2} \tag{7.47}$$

7.2.1.3 Zusammenfassung der Ergebnisse

Wir setzen jetzt $\lambda = 1$ und erhalten dann für die Entwicklung der Energieeigenwerte des gestörten Problems

$$E_n = E_n^{(0)} + H_{1,nn} + \sum_{l(\neq n)}\frac{|H_{1,nl}|^2}{E_n^{(0)} - E_l^{(0)}} \tag{7.48}$$

und für die Zustandsvektoren

$$
|\psi_n\rangle = \left(1 - \frac{1}{2}\sum_{l\neq n}\frac{|H_{1,ln}|^2}{(E_n^{(0)} - E_l^{(0)})^2}\right)|\psi_n^{(0)}\rangle + \sum_{l\neq n}\frac{H_{1,ln}}{E_n^{(0)} - E_l^{(0)}}|\psi_l^{(0)}\rangle
$$

$$
+ \sum_{l,m\neq n}\left(\frac{H_{1,lm}H_{1,mn}}{(E_n^{(0)} - E_l^{(0)})(E_n^{(0)} - E_m^{(0)})} - \frac{H_{1,nn}H_{1,ln}}{(E_n^{(0)} - E_l^{(0)})^2}\right)|\psi_l^{(0)}\rangle \qquad (7.49)
$$

Dabei wurde (7.48) ausgehend von (7.9) mithilfe der Gleichungen (7.25) und (7.40) erzeugt. Ferner folgt $|\psi_n\rangle$ aus Gleichung (7.44), wobei die Gleichungen (7.24) und (7.36) benutzt wurden. Die Eigenvektoren sind schon bis zur jeweiligen Ordnung normiert.

Die Energie bis zur ersten Ordnung der Störungstheorie lässt sich auch in der folgenden Form schreiben:

$$
E_n = E_n^{(0)} + H_{1,nn} = \langle\psi_n^{(0)}|H_0 + H_1|\psi_n^{(0)}\rangle \qquad (7.50)
$$

Weiter zeigt sich, dass für den Grundzustand $n = 0$ die Korrektur zweiter Ordnung immer negativ ist, weil dieser Zustand durch die Forderung:

$$
E_0^{(0)} - E_l^{(0)} < 0 \qquad (l \neq 0) \qquad (7.51)
$$

ausgezeichnet ist. Deshalb werden für den Grundzustand in (7.48) alle Korrekturterme zweiter Ordnung negativ, d. h. in der zweiten störungstheoretischen Ordnung erhält man beim Grundzustand immer eine Energieabsenkung.

7.2.1.4 Gültigkeit der Störungsrechnung

Damit man überhaupt eine rasche Konvergenz der Störungsreihe erwarten kann, muss gelten

$$
\left|\frac{H_{1,nl}}{E_n^{(0)} - E_l^{(0)}}\right| \ll 1 \qquad (7.52)
$$

Ist diese Bedingung nicht erfüllt, dann ist die Konvergenz der Reihe gewöhnlich schwach, möglicherweise konvergiert sie überhaupt nicht. Einen allgemeinen Konvergenzbeweis gibt es jedenfalls nicht. Dazu müsste man Aussagen über die Norm der Operatoren $\hat{H}_0$ und $\hat{H}_1$ haben, die aber wegen der Unbeschränktheit der meisten physikalisch relevanten Operatoren gar nicht existiert[8]. In einigen Fällen erhält man semikonvergente Reihen, welche bis zu einer gewissen störungstheoretischen Ordnung gegen die Lösung konvergieren und dann wieder divergieren. Für die Praxis sind solche Reihen von großer Bedeutung.

---

8) Für beschränkte Operatoren gibt es Existenzsätze, die sowohl die Konvergenz einer störungstheoretischen Entwicklung hinreichend sichern als auch deren Konvergenzradius festlegen.

7.2.2
Störungstheorie mit Entartung

7.2.2.1 **Problemstellung**

Es ist in vielen Fällen durchaus möglich, dass zu einem Eigenwert mehrere Eigenvektoren gehören. In einem solchen Fall spricht man von Entartung. Wir werden jetzt annehmen, dass die Eigenvektoren des ungestörten Hamilton-Operators entartet sind

$$\hat{H}_0 |\psi_{n\alpha}^{(0)}\rangle = E_n^{(0)} |\psi_{n\alpha}^{(0)}\rangle \tag{7.53}$$

α ist hier der Entartungsindex und läuft von 1 bis M_n, siehe Abschnitt 4.3.4.3. Die M_n Eigenvektoren

$$|\psi_{n1}^{(0)}\rangle, \quad |\psi_{n2}^{(0)}\rangle, \quad \ldots \quad |\psi_{nM_n}^{(0)}\rangle \tag{7.54}$$

gehören also alle zum selben Eigenwert $E_n^{(0)}$. Wir erinnern daran, dass diese Eigenvektoren a priori nicht orthogonal sein müssen, sie können jedoch mithilfe des Schmidt'schen Orthogonalisierungsverfahrens orthogonalisiert werden. Deshalb können wir die Orthonormalität der Eigenzustände (7.54)

$$\langle \psi_{n\alpha}^{(0)} |\psi_{m\beta}^{(0)}\rangle = \delta_{mn}\delta_{\alpha\beta} \tag{7.55}$$

voraussetzen. Jede Linearkombination der Eigenvektoren $|\psi_{n\alpha}^{(0)}\rangle$ zu einem Eigenwert ist ebenfalls eine Lösung der Eigenwertgleichung des Operators $\hat{H}_0$ zum gleichen Eigenwert.

Den Hamilton-Operator des gestörten Problems schreiben wir wieder in der Form

$$\hat{H} = \hat{H}_0 + \lambda \hat{H}_1 \tag{7.56}$$

Im Allgemeinen wird unter dem Einfluss der Störung die Entartung ganz oder teilweise aufgehoben. Da Eigenwerte und Eigenvektoren von λ abhängen, können wir schreiben

$$\hat{H} |\phi_{n\rho}(\lambda)\rangle = E_{n\rho}(\lambda) |\phi_{n\rho}(\lambda)\rangle \tag{7.57}$$

Dabei nehmen wir an, dass die Energiewerte für $\lambda \neq 0$ vom Entartungsindex abhängen. Ohne Störung, d. h. für $\lambda = 0$, wird der Energiewert mit dem des ungestörten Problems übereinstimmen und unabhängig vom Entartungsindex sein. Wir können wieder eine Reihenentwicklung in λ formulieren:

$$E_{n\rho}(\lambda) = E_n^{(0)} + \lambda E_{n\rho}^{(1)} + \ldots \tag{7.58}$$

Analog wird für die Zustände gelten

$$|\phi_{n\rho}(\lambda)\rangle = |\phi_{n\rho}^{(0)}\rangle + \lambda |\phi_{n\rho}^{(1)}\rangle + \ldots \tag{7.59}$$

Für $\lambda \to 0$ erhalten wir also den ungestörten Eigenvektor $|\phi_{n\rho}^{(0)}\rangle$, der eindeutig festgelegt ist, sofern die Entartung für $\lambda \neq 0$ aufgehoben ist. Im Allgemeinen wird $|\phi_{n\rho}^{(0)}\rangle$ aber nicht mit einem der entarteten Eigenvektoren $|\psi_{n\alpha}^{(0)}\rangle$ übereinstimmen:

$$|\phi_{n\rho}(\lambda \to 0)\rangle = |\phi_{n\rho}^{(0)}\rangle \neq |\psi_{n\alpha}^{(0)}\rangle \tag{7.60}$$

Die Ursache für diese Abweichung liegt darin, dass die Eigenzustände $|\psi_{n\alpha}^{(0)}\rangle$ in gewissem Grade frei wählbar sind, da durch beliebige Linearkombinationen dieser Eigenzustände[9] ein neuer Satz von Eigenzuständen gebildet werden kann. Der Grenzübergang $\lambda \to 0$ führt den nichtentarteten Satz von Eigenzuständen $|\phi_{n\rho}(\lambda)\rangle$ auf ein ganz bestimmtes System von entarteten Eigenzuständen $|\phi_{n\rho}(0)\rangle$, die nicht mit den einzig aus der Kenntnis[10] von $\hat{H}_0$ bestimmten und deshalb teilweise willkürlich festgelegten Eigenvektoren $|\psi_{n\alpha}^{(0)}\rangle$ übereinstimmen müssen.

Die ungestörten $|\phi_{n\rho}^{(0)}\rangle$ sind aber als Linearkombinationen der $|\psi_{n\alpha}^{(0)}\rangle$ darstellbar. Unsere erste Aufgabe wird sein, diese dem Störoperator H_1 angepassten Eigenvektoren $|\phi_{n\rho}^{(0)}\rangle$ zu finden. Man nennt diese Eigenvektoren auch adaptierte oder symmetrieangepasste Eigenvektoren. Besonders die letzte Bezeichnung bringt deutlich zum Ausdruck, dass die Symmetrie des Störoperators H_1 eine wesentliche Rolle bei der Festlegung der Linearkombination spielt. In der Tat ist es möglich, diese Linearkombination allein mit Symmetrieargumenten (genauer gesagt: mit gruppentheoretischen Methoden) festzulegen.

7.2.2.2 Bestimmung der symmetrieangepassten Eigenvektoren

Wir können die Entwicklung des adaptierten Eigenvektors nach den entarteten Eigenzuständen $|\psi_{n\beta}^{(0)}\rangle$ des Operators $\hat{H}_0$ entsprechend

$$|\phi_{n\rho}^{(0)}\rangle = \sum_{\beta=1}^{M_n} c_{n\rho\beta}|\psi_{n\beta}^{(0)}\rangle \tag{7.61}$$

durchführen. Analog wie im Abschnitt 7.2.1 erhalten wir durch Einsetzen von (7.58) und (7.59) in die Eigenwertgleichung (7.57) und durch einen Koeffizientenvergleich aller Terme bis zur ersten Ordnung in λ

$$\hat{H}_0|\phi_{n\rho}^{(0)}\rangle = E_n^{(0)}|\phi_{n\rho}^{(0)}\rangle \tag{7.62}$$

und

$$H_0|\phi_{n\rho}^{(1)}\rangle + H_1|\phi_{n\rho}^{(0)}\rangle = E_n^{(0)}|\phi_{n\rho}^{(1)}\rangle + E_{n\rho}^{(1)}|\phi_{n\rho}^{(0)}\rangle \tag{7.63}$$

---

9) und eine anschließende Orthogonalisierung mithilfe des Schmidt'schen Verfahrens
10) und damit in Unkenntnis von $\hat{H}_1$

Die erste Gleichung (7.62) ist stets erfüllt, da sie eine Darstellung des ungestörten, entarteten Problems ist. Multiplizieren wir die zweite Gleichung (7.63) mit $\langle \psi_{n\gamma}^{(0)} |$ von links, so erhalten wir

$$\underbrace{\langle \psi_{n\gamma}^{(0)} | H_0 | \phi_{n\rho}^{(1)} \rangle}_{E_n^{(0)} \langle \psi_{n\gamma}^{(0)} |} + \langle \psi_{n\gamma}^{(0)} | H_1 | \phi_{n\rho}^{(0)} \rangle = E_n^{(0)} \langle \psi_{n\gamma}^{(0)} | \phi_{n\rho}^{(1)} \rangle + E_{n\rho}^{(1)} \langle \psi_{n\gamma}^{(0)} | \phi_{n\rho}^{(0)} \rangle \quad (7.64)$$

Damit hebt sich jeweils der erste Term auf der rechten und linken Seite weg. Wir erhalten also die folgende Gleichung

$$\langle \psi_{n\gamma}^{(0)} | H_1 | \phi_{n\rho}^{(0)} \rangle = E_{n\rho}^{(1)} \langle \psi_{n\gamma}^{(0)} | \phi_{n\rho}^{(0)} \rangle \quad (7.65)$$

Aus dieser Gleichung können wir die Korrektur $E_{n\rho}^{(1)}$ der Energieeigenwerte und die adaptierten Eigenvektoren bestimmen. Den Index n lassen wir in der folgenden Rechnung weg, d. h. die Rechnung wird für einen bestimmten entarteten Energiewert $E_n^{(0)} = E^{(0)}$ durchgeführt. Setzen wir die Entwicklung (7.61) in (7.65) ein, dann erhalten wir

$$\sum_{\beta=1}^{M} c_{\rho\beta} \left\{ H_{1,\gamma\beta} - E_\rho^{(1)} \delta_{\gamma\beta} \right\} = 0 \quad \text{mit} \quad \gamma = 1 \dots M \quad (7.66)$$

mit festem Wert von ρ und $H_{1,\gamma\beta} = \left\langle \psi_\gamma^0 \middle| H_1 \middle| \psi_\beta^0 \right\rangle$. Wir bekommen also ein System von M homogenen Gleichungen für die M Entwicklungskoeffizienten $c_{\rho\beta}$ des ρ-ten Eigenzustands. Ein solches Gleichungssystem hat nur dann nichttriviale Lösungen, wenn seine Determinante verschwindet, wenn also gilt

$$\det \left\{ H_{1,\gamma\beta} - E^{(1)} \delta_{\gamma\beta} \right\} = 0 \quad (7.67)$$

oder explizit

$$\begin{vmatrix} H_{1,11} - E^{(1)} & H_{1,12} & \cdots & H_{1,1M} \\ H_{1,21} & H_{1,22} - E^{(1)} & \cdots & H_{1,2M} \\ \vdots & \vdots & \ddots & \vdots \\ H_{1,M1} & H_{1,M2} & \cdots & H_{1,MM} - E^{(1)} \end{vmatrix} = 0 \quad (7.68)$$

Durch Ausmultiplikation der Determinante erhalten wir ein Polynom, dessen Grad durch die Vielfachheit der Entartung bestimmt ist. Als Lösung dieser *Säkulargleichung* erhalten wir die M Energiekorrekturen $E_\rho^{(1)}$

$$E_1^{(1)}, \quad E_2^{(1)}, \quad \cdots \quad E_M^{(1)} \quad (7.69)$$

Diese Korrekturen sind damit die Eigenwerte der Matrix $H_{1,\gamma\beta}$. Für jeden dieser Eigenwerte $E_\rho^{(1)}$ können wir dann den Koeffizientensatz

$$\{c_{\rho 1}, \quad c_{\rho 2}, \quad \ldots \quad c_{\rho M}\} \qquad \text{mit } \rho = 1 \ldots M \tag{7.70}$$

bestimmen, welcher den entsprechenden symmetrieangepassten Eigenzustand festlegt. Da die Matrix $H_{1,\gamma\beta}$ hermitesch ist, stehen die durch (7.70) festgelegten M-dimensionalen Eigenvektoren zu verschiedenen Eigenwerten orthogonal aufeinander.

Sind nicht alle Energiekorrekturen verschieden, ist die Entartung nicht völlig aufgehoben. Die zugehörigen Eigenvektoren sind dann auch nicht notwendig orthogonal, können aber mit dem Schmidt'schen Verfahren orthogonalisiert werden.

Wir können also immer davon ausgehen, dass gilt

$$\sum_{\gamma=1}^{M} c_{\rho\gamma}^* c_{\rho'\gamma} = \delta_{\rho\rho'} \tag{7.71}$$

d. h. dass der Koeffizientensatz orthonormalisiert ist. Wir führen jetzt den Index n wieder ein und erhalten damit für die symmetrieangepassten Vektoren die allgemeine Orthonormalitätsbeziehung

$$\langle \phi_{n\rho}^{(0)} | \phi_{m\rho'}^{(0)} \rangle = \sum_{\gamma=1}^{M_n} \sum_{\gamma'=1}^{M_m} c_{n\rho\gamma}^* c_{m\rho'\gamma'} \underbrace{\langle \psi_{n\gamma}^{(0)} | \psi_{m\gamma'}^{(0)} \rangle}_{\delta_{nm}\delta_{\gamma\gamma'}} \tag{7.72}$$

und deshalb mit (7.71)

$$\langle \phi_{n\alpha}^{(0)} | \phi_{m\beta}^{(0)} \rangle = \delta_{nm} \sum_{\gamma}^{M_n} c_{n\rho\gamma}^* c_{n\rho'\gamma} = \delta_{nm}\delta_{\rho\rho'} \tag{7.73}$$

Falls die Entartung nicht völlig aufgehoben ist, müssen wir versuchen, für die noch entarteten Vektoren in höheren Ordnungen der Näherung angepasste Eigenfunktionen zu suchen. Im Gegensatz zu unserem Vorgehen im Falle der Störungstheorie ohne Entartung werden wir hier diese höheren Näherungen nicht mehr betrachten. Eine Fortsetzung des Verfahrens ist deshalb aber nicht unmöglich, sondern nur relativ aufwändig. Sobald die Entartung ab einer bestimmten Ordnung der Störungstheorie aufgehoben ist, kann man mit der gewöhnlichen Störungstheorie weiterrechnen.

7.2.3
Anwendung der zeitunabhängigen Störungstheorie: Stark-Effekt

Beim Stark-Effekt befindet sich ein Wasserstoffatom in einem elektrischen Feld. Dabei beobachtet man experimentell, dass sich das Spektrum der Energieeigenwerte verändert. Um dieses Phänomen zu erklären, benutzen wir störungstheoretische Methoden.

Dazu spalten wir den Hamilton-Operator in einen ungestörten Anteil $\hat{H}_0$ und einen Störoperator $\hat{H}_1$ auf:

$$\hat{H} = \hat{H}_0 + \hat{H}_1 \tag{7.74}$$

Der ungestörte Operator $\hat{H}_0$ beschreibt das Wasserstoffatom in einem feldfreien Raum. In der Ortsdarstellung ist dann

$$\hat{H}_0 = -\frac{\hbar^2}{2m}\Delta - \frac{e^2}{r} \tag{7.75}$$

Der Störoperator $\hat{H}_1$ beschreibt die Zusatzenergie des Elektrons in einem äußeren elektrischen Feld E, das wir der Einfachheit halber in z-Richtung orientieren

$$\boldsymbol{E} = E\boldsymbol{e}_z = -\nabla(-Ez) \tag{7.76}$$

Damit ist die durch dieses Feld bestimmte zusätzliche Energie des Elektrons im Wasserstoffatom

$$\hat{H}_1 = -eEz \tag{7.77}$$

Die Ladung des Elektrons ist dabei negativ, d. h. wir haben $e = -|e|$.

7.2.3.1 Lösung des ungestörten Problems

Da wir das Wasserstoffatom im vorangegangenen Kapitel ausführlich diskutiert haben, brauchen wir jetzt nur die notwendigen Eigenfunktionen und Eigenwerte zusammenstellen. Für den Grundzustand 1s, gegeben durch die Quantenzahlen $(n,l,m) = (1,0,0)$, erhalten wir

$$\psi_{100} = R_{10}Y_{00} = \frac{1}{\sqrt{4\pi}}\frac{2}{\sqrt{a_0^3}}\mathrm{e}^{-\frac{r}{a_0}} \tag{7.78}$$

Für den 2s-Zustand lautet die Eigenfunktion

$$\psi_{200} = R_{20}Y_{00} = \frac{1}{\sqrt{4\pi}}\frac{1}{\sqrt{8a_0^3}}\left(2 - \frac{r}{a_0}\right)\mathrm{e}^{-\frac{r}{2a_0}} \tag{7.79}$$

Die Eigenfunktionen der 2p-Zustände schreiben wir teilweise in kartesischen Koordinaten auf. Damit erhalten wir

$$\psi_{210} = R_{21}Y_{10} = R_{21}\sqrt{\frac{3}{4\pi}}\cos\theta = \frac{R_{21}}{r}\sqrt{\frac{3}{4\pi}}z \tag{7.80}$$

sowie

$$\psi_{211} = R_{21}Y_{11} = -R_{21}\sqrt{\frac{3}{8\pi}}\sin\theta\mathrm{e}^{\mathrm{i}\phi} = -\frac{R_{21}}{r}\sqrt{\frac{3}{8\pi}}(x + \mathrm{i}y) \tag{7.81}$$

und

$$\psi_{21-1} = R_{21}Y_{1,-1} = R_{21}\sqrt{\frac{3}{8\pi}}\sin\theta e^{-i\phi} = \frac{R_{21}}{r}\sqrt{\frac{3}{8\pi}}(x - iy) \tag{7.82}$$

Der in diesen Formeln auftretende Radialanteil R_{21} lautet

$$R_{21} = \frac{1}{\sqrt{24a_0^3}}\frac{r}{a_0}e^{-r/2a_0} \tag{7.83}$$

Der Eigenzustand zur Hauptquantenzahl $n = 1$ ist nicht entartet, die Zustände mit $n = 2$ sind dagegen vierfach entartet, da sie alle den Energieeigenwert

$$E = -\frac{E_{\text{ion}}}{n^2} = -\frac{E_{\text{ion}}}{4} \tag{7.84}$$

besitzen. Um die Wirkung des elektrischen Felds zu beschreiben, können wir also im Grundzustand eine Störungstheorie ohne Entartung durchführen, für die angeregten Zustände müssen wir aber die Entartung berücksichtigen.

7.2.3.2 Störungstheorie ohne Entartung für den Grundzustand
In der ersten Ordnung der Störungstheorie erhalten wir mit (7.25)

$$E_{100}^{(1)} = \langle\psi_{100}^{(0)}|\hat{H}_1|\psi_{100}^{(0)}\rangle \tag{7.85}$$

Die Eigenfunktion des ungestörten Grundzustands ist kugelsymmetrisch, während $\hat{H}_1$ antisymmetrisch bezüglich der z-Richtung ist. Damit verschwindet das Matrixelement der Störung, und wir erhalten

$$E_{100}^{(1)} = 0 \tag{7.86}$$

Es gibt für den Grundzustand keine Energieverschiebung in erster Ordnung und somit auch keinen linearen Stark-Effekt. In der zweiten Ordnung der Störungstheorie bekommen wir

$$E_{100}^{(2)} = \sum_{(n,l,m)\neq(1,0,0)}\frac{|H_{1,(100)(nlm)}|^2}{E_{100}^{(0)} - E_{nlm}^{(0)}} \neq 0 \tag{7.87}$$

Die Energie wird quadratisch mit der Feldstärke abgesenkt. Man spricht deshalb auch vom quadratischen Stark-Effekt. Eine Analyse der Eigenfunktion des Grundzustands zeigt allerdings auch, dass bereits in der ersten Ordnung der Störungstheorie die Wellenfunktion deformiert wird[11]. Aber erst in zweiter Ordnung wirkt sich diese Deformation auch auf die Energie des Grundzustands aus.

---

11) Hier liegt die quantenmechanische Ursache der elektrostatischen Polarisation.

7.2.3.3 **Störungstheorie mit Entartung für den ersten angeregten Zustand**

Der Zustand mit der Hauptquantenzahl $n = 2$ ist vierfach entartet. Die symmetrieangepassten Wellenfunktionen ergeben sich als Linearkombination der vier entarteten Wellenfunktionen

$$|\phi^{(0)}\rangle = c_1|\psi_{200}\rangle + c_2|\psi_{210}\rangle + c_3|\psi_{21-1}\rangle + c_4|\psi_{211}\rangle \tag{7.88}$$

Zur Bestimmung der Eigenfunktionen und Eigenwerte müssen wir das folgende homogene Gleichungssystem lösen:

$$\sum_{\beta=1}^{4} c_\beta \left\{ H_{1,\gamma\beta} - E^{(1)}\delta_{\gamma\beta} \right\} = 0 \tag{7.89}$$

β und γ laufen hier über die vier in (7.88) enthaltenen Eigenzustände. Um das Gleichungssystem aufstellen zu können, müssen wir die $4 \times 4 = 16$ Matrixelemente des Störoperators $\hat{H}_1$ berechnen. Da $\hat{H}_1$ eine ungerade Funktion bezüglich z ist, verschwinden alle Matrixelemente, deren Wellenfunktionen diese Antisymmetrie nicht kompensieren können. Das betrifft insbesondere alle Matrixelemente, deren Wellenfunktionen symmetrisch bezüglich z sind. Die einzige in Bezug auf diese Symmetrie ungerade Wellenfunktion ist ψ_{210}. Damit diese Antisymmetrie der Wellenfunktion die Antisymmetrie von $\hat{H}_1$ aufwiegt, muss das betreffende Matrixelement linear in dieser Wellenfunktion sein. Damit können nur noch die Matrixelemente

$$\langle\psi_{210}|\hat{H}_1|\psi_{200}\rangle \qquad \langle\psi_{210}|\hat{H}_1|\psi_{21-1}\rangle \qquad \langle\psi_{210}|\hat{H}_1|\psi_{211}\rangle \tag{7.90}$$

und die dazu adjungierten Elemente nicht verschwinden. Die Wellenfunktionen ψ_{211} und ψ_{21-1} sind ungerade in x und y. Da weder $\hat{H}_1$ noch ψ_{210} diese Antisymmetrie aufweisen, kann nur das erste dieser drei Matrixelemente verschieden von 0 sein. Mit (7.79) und (7.80) erhalten wir

$$\langle\psi_{210}|\hat{H}_1|\psi_{200}\rangle = \langle\psi_{200}|\hat{H}_1|\psi_{210}\rangle = -eEDa_0 \tag{7.91}$$

mit

$$D = \frac{1}{16} \int\limits_0^\infty d\xi \int\limits_0^\pi d\vartheta\,(2-\xi)\,e^{-\xi}\xi^4 d\xi \cos^2\vartheta \sin\vartheta = -3 \tag{7.92}$$

Das Gleichungssystem (7.89) besteht damit aus den Gleichungen

$$-c_1 E^{(1)} + 3c_2 eEa_0 = 0 \qquad 3c_1 eEa_0 - c_2 E^{(1)} = 0 \tag{7.93}$$

sowie

$$-c_3 E^{(1)} = 0 \qquad -c_4 E^{(1)} = 0 \tag{7.94}$$

Damit wird die Determinante des Gleichungssystems:

$$\begin{vmatrix} -E^{(1)} & 3eEa_0 & 0 & 0 \\ 3eEa_0 & -E^{(1)} & 0 & 0 \\ 0 & 0 & -E^{(1)} & 0 \\ 0 & 0 & 0 & -E^{(1)} \end{vmatrix} = 0 \tag{7.95}$$

Die Säkulargleichung lautet:

$$\left[(E^{(1)})^2 - (3eEa_0)^2 \right] \left(E^{(1)} \right)^2 = 0 \tag{7.96}$$

Hieraus erhalten wir als Lösungen:

$$E^{(1)} = \pm 3eEa_0, \qquad E^{(1)} = 0 \tag{7.97}$$

Zu jedem dieser Eigenwerte kann man mit (7.93) und (7.94) zunächst die Ko-effizienten $c_1, \ldots, c_4$ und daraus dann die symmetrieangepassten Wellenfunktionen bestimmen:

$$E_1^{(1)} = -3eEa_0 \quad \rightarrow \quad |\phi_1\rangle = \frac{1}{\sqrt{2}} \left(\left| \psi_{200}^{(0)} \right\rangle - \left| \psi_{210}^{(0)} \right\rangle \right)$$

$$E_2^{(1)} = 3eEa_0 \quad \rightarrow \quad |\phi_2\rangle = \frac{1}{\sqrt{2}} \left(\left| \psi_{200}^{(0)} \right\rangle + \left| \psi_{210}^{(0)} \right\rangle \right)$$

$$E_3^{(1)} = 0 \quad \rightarrow \quad |\phi_3\rangle = \left| \psi_{21-1}^{(0)} \right\rangle$$

$$E_4^{(1)} = 0 \quad \rightarrow \quad |\phi_4\rangle = \left| \psi_{211}^{(0)} \right\rangle \tag{7.98}$$

7.2.3.4 Diskussion

Mit diesen Ergebnissen können wir jetzt die Energieniveaus eines Wasserstoffatoms in einem elektrischen Feld diskutieren (Abb. 7.1). Da wir uns auf die erste Ordnung der Störungstheorie beschränkt haben, deren Korrekturen in unserem Fall linear zur elektrischen Feldstärke sind, werden die obigen Ergebnisse für schwache elektrische Felder gelten. Bei stärkeren Feldern müssen dann auch höhere Ordnungen der Störungstheorie berücksichtigt werden.

Der Grundzustand wird in der ersten Ordnung der Störungstheorie und damit für schwache elektrische Felder nicht verändert. Erst mit der zweiten Ordnung sind negative Korrekturen zu erwarten, die bei stärkeren Feldern den Energieeigenwert des Grundzustands absenken.

Der erste angeregte Zustand des Wasserstoffatoms ist ohne elektrisches Feld vierfach entartet. Dieser Zustand wird unter dem Einfluss des elektrischen Felds aufgespalten in zwei nicht mehr entartete Zustände der Energieeigenwerte

$$E_{1,2} = -\frac{E_{\mathrm{ion}}}{4} \pm 3eEa_0 \tag{7.99}$$

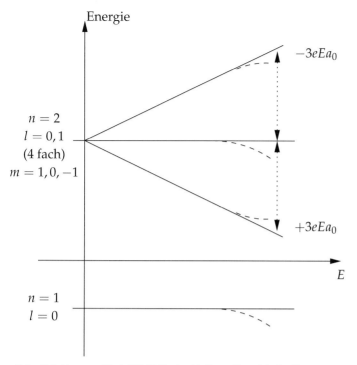

Abb. 7.1 Linearer Stark-Effekt für das H-Atom. Gestrichelte Kurven: quadratischer Stark-Effekt, Korrektur des linearen Stark-Effekts durch Beiträge der Störungstheorie zweiter Ordnung. Man beachte, dass die Elektronenladung negativ ist, also $e = -|e|$ und $E > 0$ vorausgesetzt wird.

mit den Wellenfunktionen

$$\frac{1}{\sqrt{2}} \left(\left| \psi_{200}^{(0)} \right\rangle - \left| \psi_{210}^{(0)} \right\rangle \right) \qquad \text{und} \qquad \frac{1}{\sqrt{2}} \left(\left| \psi_{200}^{(0)} \right\rangle + \left| \psi_{210}^{(0)} \right\rangle \right) \qquad (7.100)$$

und in einen zweifach entarteten Zustand mit dem Energieeigenwert

$$E_3 = -\frac{E_{\text{ion}}}{4} \qquad (7.101)$$

und Eigenfunktionen, die als beliebige Linearkombinationen von $|\psi_{211}\rangle$ und $|\psi_{21-1}\rangle$ gebildet werden können.

Man kann sich das Verhalten auch anhand der Wellenfunktionen plausibel erklären. Dazu berücksichtigt man, dass die Wellenfunktion $\left| \psi_{200}^{(0)} \right\rangle$ eine kugelförmige Gestalt hat, die Wellenfunktion $\left| \psi_{210}^{(0)} \right\rangle$ dagegen hantelförmig ist. Das Vorzeichen dieser Wellenfunktion ist im Bereich relativ hoher Aufenthaltswahrscheinlichkeiten negativ für $z > 0$ und positiv für $z < 0$ ist[12]. Dann verschiebt die Superposition $\psi_{200}^{(0)} + \psi_{210}^{(0)}$ die Aufenthaltswahrscheinlichkeit des Elektrons in Richtung der negativen z-Achse, während die Überlagerung $\psi_{200}^{(0)} - \psi_{210}^{(0)}$ das Elektron in Richtung der positiven Achse verschiebt (Abb. 7.2). Die Verschiebung des Zentrums der Aufenthaltwahrscheinlichkeit entgegen der Feldstärke[13] reduziert die Energie des Elektrons in Übereinstimmung mit $E_2^{(1)} = 3eEa_0 < 0$ (wegen $e < 0$), die Verschiebung in Richtung der z-Achse erhöht dagegen die Energie des Elektrons entsprechend dem zu dieser Konfiguration der Wellenfunktion gehörenden Energieeigenwert $E_1^{(1)} = -3eEa_0 > 0$.

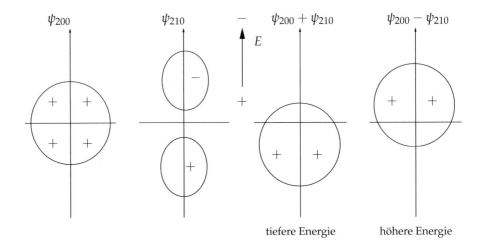

Abb. 7.2 Superposition der Wellenfunktionen beim Stark-Effekt

Der von uns hier analysierte Stark-Effekt, der sogenannte lineare Stark-Effekt, ist spezifisch für das Wasserstoffatom. Seine Ursache ist die *l*-Entartung[14]. Bei wasserstoffähnlichen Atomen mit einem Elektron über einer abgeschlossenen Elektronenhülle[15] ist die *l*-Entartung aufgehoben. Es tritt dann ein Stark-Effekt erst in zweiter Ordnung der Störungstheorie auf, der sogenannte quadratische Stark-Effekt.

12) Man beachte, dass die Wellenfunktion $\left|\psi_{210}^{(0)}\right\rangle$ in der Nähe des Ursprungs, genauer für $r < 2a_0$, ein umgekehrtes Vorzeichenverhalten besitzt: Für $z > 0$ ist die Wellenfunktion dann positiv, für $z < 0$ negativ. Allerdings ist die Aufenthaltswahrscheinlichkeit des Elektrons in diesen Gebieten relativ gering.

13) also entgegen der z-Achse

14) Entartung der zu einer festen Hauptquantenzahl gehörenden Energieeigenwerte bezüglich der Nebenquantenzahl.

15) z. B. für Natrium- oder Kaliumatome

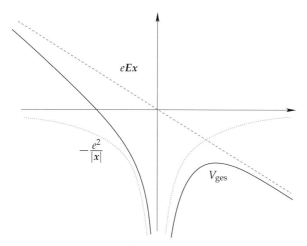

Abb. 7.3 Schematische Überlagerung des Coulomb-Potential (gepunktete Kurve) und des Potentials des äußeren Felds (gestrichelte Linie). Das Gesamtpotential V_{ges} folgt für große Abstände vom Ursprung dem Verlauf des äußeren Felds und divergiert damit für $z \to \infty$ gegen $-\infty$. Deshalb gibt es eigentlich keine gebundenen Zustände

Wir wollen noch eine Bemerkung zum Potential $-e^2/r - eEz$ machen. Überlagert man das Coulomb-Potential und das Potential des äußeren Felds (siehe Abb. 7.3), so kann es streng genommen keine gebundenen Zustände für dieses Problem geben. Für $z \to -\infty$ wird das Gesamtpotential beliebig tief, sodass zwischen dem Atomkern im Ursprung des Koordinatensystems und diesem Gebiet ein Potentialwall entsteht. Wie wir bereits in Abschnitt 3.5.5 gesehen haben, kann ein quantenmechanisches Teilchen einen solchen Wall durchtunneln. Das Elektron würde damit seine Bindung an den Atomkern verlieren. Allerdings ist bei den üblichen Feldstärken die Wahrscheinlichkeit für einen solchen Effekt so klein[16], dass man tatsächlich mit stationären gebundenen Zuständen rechnen kann.

7.3
*Die Methode der kanonischen Transformation

Wir werden in diesem Abschnitt eine weitere Methode kennenlernen, um Lösungen der stationären Schrödinger-Gleichung (7.5) zu finden. Im Allgemeinen werden bei der exakten Lösung dieser Gleichung mathematische Schwierigkeiten auftreten. Man kann aber versuchen, die Schrödinger-Gleichung

---

16) Diese Argumentation berücksichtigt, dass die experimentell erreichbare elektrostatische Feldstärke sehr viel kleiner ist als das elektrische Feld in der Nähe des Atomkerns. Die Potentialbarriere zwischen Kern und Außengebiet hat somit relativ große räumliche Ausdehnungen.

durch die Transformation mit einem unitären Operator $\hat{U}$ (vgl. Abschnitt 4.3.2.8) in eine leichter behandelbare Gestalt zu bringen. Wir wollen dazu diesen Operator in der Form $\hat{U} = \exp \hat{S}$ darstellen. Dann folgt wegen der Unitaritätseigenschaft $\hat{U}^\dagger = \hat{U}^{-1}$

$$\mathrm{e}^{-\hat{S}} = \mathrm{e}^{\hat{S}^\dagger} \quad \text{und damit} \quad \hat{S} = -\hat{S}^\dagger \tag{7.102}$$

Der Operator $\hat{S}$ muss also antihermitesch sein. Wir können auf diese Weise den Zustandsvektor $|\psi\rangle$ in den Zustand $|\psi'\rangle$ entsprechend

$$|\psi'\rangle = U^\dagger|\psi\rangle = \mathrm{e}^{-S}|\psi\rangle \tag{7.103}$$

überführen. Die ursprüngliche stationäre Schrödinger-Gleichung $\hat{H}|\psi\rangle = E|\psi\rangle$ nimmt damit die Gestalt

$$\hat{H}\mathrm{e}^{\hat{S}}|\psi'\rangle = E\mathrm{e}^{\hat{S}}|\psi'\rangle \quad \text{oder} \quad \mathrm{e}^{-\hat{S}}\hat{H}\mathrm{e}^{\hat{S}}|\psi'\rangle = E|\psi'\rangle \tag{7.104}$$

an. Mit dem neuen Hamilton-Operator

$$\hat{H}' = \mathrm{e}^{-\hat{S}}\hat{H}\mathrm{e}^{\hat{S}} \tag{7.105}$$

haben wir dann aus der ursprünglichen Schrödinger-Gleichung die physikalisch völlig gleichwertige, unitär transformierte Schrödinger-Gleichung

$$\hat{H}'|\psi'\rangle = E|\psi'\rangle \tag{7.106}$$

erzeugt. Die Hoffnung ist nun, dass diese Schrödinger-Gleichung leichter lösbar ist. Als Lösungen ergeben sich die Eigenwerte E und die Eigenvektoren $|\psi'\rangle$. Aus den Letzteren erhält man dann durch Rücktransformation die ursprünglichen Eigenvektoren

$$|\psi\rangle = \mathrm{e}^{\hat{S}}|\psi'\rangle \tag{7.107}$$

Das eigentliche Problem besteht nun darin, die unitäre oder kanonische Transformation zu finden. Leider gibt es hierfür keinen allgemeingültigen Algorithmus. In einigen Fällen kann man den Operator $\hat{S}$ aufgrund von Symmetrieüberlegungen bestimmen. Alternativ kann man $\hat{S}$ auch im Rahmen eines störungstheoretischen Zugangs finden. Dazu nehmen wir wieder an, dass der Hamilton-Operator aus einem ungestörten Anteil $\hat{H}_0$ und aus einer Störung $\lambda\hat{H}_1$ besteht:

$$\hat{H} = \hat{H}_0 + \lambda\hat{H}_1 \tag{7.108}$$

Das ungestörte Problem

$$\hat{H}_0|\psi_n^{(0)}\rangle = E_n^{(0)}|\psi_n^{(0)}\rangle \tag{7.109}$$

soll gelöst sein. Die Eigenzustände des gestörten Problems sollen aus den ungestörten Eigenzustände durch eine kanonische Transformation hervorgehen:

$$|\psi_n\rangle = e^{\hat{S}}|\psi_n^{(0)}\rangle \tag{7.110}$$

Die gestörte Wellenfunktion hängt vom Störparameter λ ab. Deshalb ist auch
$\hat{S}$ von λ abhängig. Wenn die Störung verschwindet, dann geht $|\psi_n\rangle$ über in
$|\psi_n^{(0)}\rangle$, d. h. der Operator $\hat{S}$ zeigt für $\lambda \to 0$ das Verhalten $\hat{S} \to 0$. Wir können
deshalb wieder eine Taylor-Entwicklung nach Potenzen von λ durchführen
und erhalten

$$\hat{S} = \sum_{\nu=1}^{\infty} \lambda^\nu \hat{S}^{(\nu)} = \lambda \hat{S}^{(1)} + \lambda^2 \hat{S}^{(2)} + \lambda^3 \hat{S}^{(3)} + \dots \tag{7.111}$$

sowie

$$E_n = \sum_{\nu=0}^{\infty} \lambda^\nu E_n^{(\nu)} = E_n^{(0)} + \lambda E_n^{(1)} + \lambda^2 E_n^{(2)} + \dots \tag{7.112}$$

Wir werden die folgenden Rechnungen bis zu den in λ linearen Termen durchführen. Dann erhalten wir aus der gestörten Schrödinger-Gleichung

$$\hat{H}|\psi_n\rangle = E_n|\psi_n\rangle \tag{7.113}$$

durch die kanonische Transformation eine Eigenwertgleichung für die ungestörten Eigenzustände:

$$e^{-\hat{S}}\hat{H}e^{\hat{S}}|\psi_n^{(0)}\rangle = E_n|\psi_n^{(0)}\rangle \tag{7.114}$$

Wir setzen in diese Gleichung (7.108), (7.111) und (7.112) jeweils bis zur ersten
Ordnung in λ ein und bekommen

$$e^{-\lambda S^{(1)}}(H_0 + \lambda H_1)e^{\lambda S^{(1)}}|\psi_n^{(0)}\rangle = \left(E_n^{(0)} + \lambda E_n^{(1)}\right)|\psi_n^{(0)}\rangle \tag{7.115}$$

Die Entwicklung der Exponentialfunktion

$$\left(1 - \lambda S^{(1)}\right)(H_0 + \lambda H_1)\left(1 + \lambda S^{(1)}\right)|\psi_n^{(0)}\rangle = \left(E_n^{(0)} + \lambda E_n^{(1)}\right)|\psi_n^{(0)}\rangle \tag{7.116}$$

und der anschließende Koeffizientenvergleich liefert in der Ordnung λ^0 die
ungestörte Schrödinger-Gleichung

$$\hat{H}_0|\psi_n^{(0)}\rangle = E_n^{(0)}|\psi_n^{(0)}\rangle \tag{7.117}$$

und in der Ordnung λ^1 die Relation

$$\left(\hat{H}_1 - \hat{S}^{(1)}\hat{H}_0 + \hat{H}_0\hat{S}^{(1)}\right)|\psi_n^{(0)}\rangle = E_n^{(1)}|\psi_n^{(0)}\rangle \tag{7.118}$$

Wir multiplizieren diese Gleichung (7.118) skalar mit $\langle\psi_m^{(0)}|$ und gelangen unter Beachtung von (7.117) zu

$$\langle\psi_m^{(0)}|\hat{H}_1|\psi_n^{(0)}\rangle - \left(E_n^{(0)} - E_m^{(0)}\right)\langle\psi_m^{(0)}|\hat{S}^{(1)}|\psi_n^{(0)}\rangle = E_n^{(1)}\delta_{mn} \tag{7.119}$$

Hieraus erhalten wir für $n \neq m$

$$\langle\psi_m^{(0)}|\hat{S}^{(1)}|\psi_n^{(0)}\rangle = \frac{\langle\psi_m^{(0)}|\hat{H}_1|\psi_n^{(0)}\rangle}{E_n^{(0)} - E_m^{(0)}} \tag{7.120}$$

und für $n = m$

$$E_n^{(1)} = \langle\psi_n^{(0)}|\hat{H}_1|\psi_n^{(0)}\rangle \tag{7.121}$$

Da wegen der Unitaritätsbedingung (7.102) $\hat{S}^\dagger = -\hat{S}$ gilt, erhalten wir außerdem für $n = m$

$$-\langle\psi_n^{(0)}|\hat{S}^{(1)}|\psi_n^{(0)}\rangle = \langle\psi_n^{(0)}|(\hat{S}^{(1)})^\dagger|\psi_n^{(0)}\rangle = \langle\psi_n^{(0)}|S^{(1)}|\psi_n^{(0)}\rangle^* \tag{7.122}$$

Daraus folgt unmittelbar, dass $\langle\psi_n^{(0)}|S^{(1)}|\psi_n^{(0)}\rangle$ rein imaginär sein muss. Eine ganz ähnliche Diskussion wie in Abschnitt 7.2.1 führt dazu, dass dieses Matrixelement Null gesetzt werden kann:

$$\langle\psi_n^{(0)}|S^{(1)}|\psi_n^{(0)}\rangle = 0 \tag{7.123}$$

Die störungstheoretische Bestimmung der kanonischen Transformation ist eng verwandt mit der in Abschnitt 7.2 behandelten Störungstheorie. Setzt man nämlich (7.121) in die Reihenentwicklung (7.112) ein und berücksichtigt nur die niedrigste Potenz in λ, dann ist für $\lambda = 1$

$$E_n = E_n^{(0)} + \langle\psi_n^{(0)}|\hat{H}_1|\psi_n^{(0)}\rangle \tag{7.124}$$

in Übereinstimmung mit (7.50). Andererseits liefert die Entwicklung der Transformation (7.110) nach Potenzen bis zur ersten Ordnung in λ

$$|\psi_n\rangle = e^{\hat{S}}|\psi_n^{(0)}\rangle = \left(1 + \lambda\hat{S}^{(1)}\right)|\psi_n^{(0)}\rangle \tag{7.125}$$

und deshalb für $\lambda = 1$

$$|\psi_n\rangle = |\psi_n^{(0)}\rangle + \sum_m |\psi_m^{(0)}\rangle\langle\psi_m^{(0)}|\hat{S}^{(1)}|\psi_n^{(0)}\rangle \tag{7.126}$$

oder mit (7.120) und (7.123)

$$|\psi_n\rangle = |\psi_n^{(0)}\rangle + \sum_{m \neq n} \frac{\langle\psi_m^{(0)}|\hat{H}_1|\psi_n^{(0)}\rangle}{E_n^{(0)} - E_m^{(0)}}|\psi_m^{(0)}\rangle \tag{7.127}$$

Auch dieses Resultat stimmt mit den Ergebnissen der Störungstheorie erster Ordnung in Abschnitt 7.2.1 überein.

7.4
Zeitabhängige (Dirac'sche) Störungstheorie

7.4.1
Schrödinger-Gleichung für zeitabhängige Hamilton-Operatoren

Befindet sich ein Atom in einem zeitabhängigen elektromagnetischen Feld, dann wird der ungestörte Operator um einen zeitabhängigen Beitrag erweitert

$$\hat{H}(t) = \hat{H}_0 + \hat{H}_1(t) \tag{7.128}$$

Die Schrödinger-Gleichung lautet in diesem Fall

$$i\hbar|\dot{\psi}(t)\rangle = \hat{H}(t)|\psi(t)\rangle \tag{7.129}$$

Ist der Hamilton-Operator aber zeitabhängig, dann gibt es keine stationären Zustände mehr. Wegen der Zeitabhängigkeit im Hamilton-Operator kann die Schrödinger-Gleichung nicht mehr mit dem Ansatz

$$|\psi(t)\rangle = e^{-\frac{i}{\hbar}Et}|\psi\rangle \tag{7.130}$$

gelöst werden. Wir werden jetzt annehmen, dass die Lösung des ungestörten zeitunabhängigen Problems

$$\hat{H}_0|n\rangle = E_n|n\rangle \tag{7.131}$$

mit

$$\langle n\,|m\rangle = \delta_{nm} \qquad \text{und} \qquad \sum_n |n\rangle\langle n| = \hat{1} \tag{7.132}$$

bekannt sei. Die Lösungen bilden wegen (7.132) ein vollständiges Orthonormalsystem. Wir können also auch $|\psi(t)\rangle$ nach diesem Basissatz entwickeln. Allerdings werden die Entwicklungskoeffizienten jetzt zeitabhängig sein:

$$|\psi(t)\rangle = \sum_n \tilde{c}_n(t)|n\rangle = \sum_n c_n(t)e^{-\frac{i}{\hbar}E_n t}|n\rangle \tag{7.133}$$

Bei der zweiten Darstellung haben wir den Exponentialfaktor $\exp(i\hbar^{-1}E_n t)$ aus $\tilde{c}_n(t)$ herausgezogen. Wir setzen diese Entwicklung in die zeitabhängige Schrödinger-Gleichung ein und erhalten

$$i\hbar \sum_n \dot{c}_n(t)e^{-\frac{i}{\hbar}E_n t}|n\rangle + i\hbar \sum_n c_n(t)\left(-\frac{i}{\hbar}E_n\right)e^{-\frac{i}{\hbar}E_n t}|n\rangle$$

$$= \sum_n c_n(t)e^{-\frac{i}{\hbar}E_n t}\underbrace{\hat{H}_0|n\rangle}_{E_n|n\rangle} + \sum_n c_n(t)e^{-\frac{i}{\hbar}E_n t}\hat{H}_1(t)|n\rangle \tag{7.134}$$

Der zweite Term auf der linken Seite und der erste Term auf der rechten Seite kompensieren sich. Multipliziert man skalar mit $\langle m|$, dann folgt

$$i\hbar \dot{c}_m(t) e^{-\frac{i}{\hbar}E_m t} = \sum_n \langle m|\hat{H}_1(t)|n\rangle e^{-\frac{i}{\hbar}E_n t} c_n(t) \qquad (7.135)$$

Wir definieren jetzt die *Übergangsfrequenzen*:

$$\omega_{nm} = \frac{E_n - E_m}{\hbar} \qquad (7.136)$$

und erhalten damit schließlich

$$i\hbar \dot{c}_m = \sum_n \langle m|\hat{H}_1(t)|n\rangle e^{-i\omega_{nm} t} c_n(t) \qquad (7.137)$$

Bis zu diesem Zeitpunkt haben wir noch keine Näherung durchgeführt. Die Gleichung (7.137) ist exakt und stellt die Schrödinger-Gleichung in der Energiedarstellung des Hamilton-Operators $\hat{H}_0$ dar[17]. Mathematisch gesehen ist (7.137) ein System von Differentialgleichungen mit zeitabhängigen Koeffizienten. Die Dimension des Systems ist gewöhnlich unendlich.

Aus der Lösung des Gleichungssystems erhält man die Koeffizienten $c_m(t)$ und als ihr Absolutquadrat

$$w_m(t) = |c_m(t)|^2 \qquad (7.138)$$

die Wahrscheinlichkeit, zur Zeit t das System in dem durch den Zustandsvektor $|m\rangle$ dargestellten Zustand zu finden. Hat man beim Einschalten des zeitabhängigen elektromagnetischen Felds zur Zeit t_0 das System im Zustand $|l\rangle$ vorliegen, d. h. ist $|c_l(t_0)|^2 = 1$, dann liefert $|c_m(t)|^2$ Informationen darüber, mit welcher Wahrscheinlichkeit das System unter dem Einfluss der zeitabhängigen Störung vom Zustand $|l\rangle$ in den Zustand $|m\rangle$ übergegangen ist.

Obwohl es sich bei (7.137) um ein lineares Differentialgleichungssystem für die Koeffizienten $c_m(t)$ handelt, verhindert die Zeitabhängigkeit der Matrixelemente $H_{1,mn} = \langle m|\hat{H}_1(t)|n\rangle$ eine allgemeine Lösung dieses Systems.

Zur näherungsweisen Lösung des Gleichungssystems nimmt man jetzt an, dass der Einfluss des Störoperators $\hat{H}_1(t)$ klein ist. Dann kann man mit einer iterativen Lösung eine sukzessive Approximation des Differentialgleichungssystems erreichen. In vielen Fällen genügt es bereits, wenn man die Iteration nach dem ersten Schritt abbricht.

17) Man kann leicht zeigen, dass diese aus der Schrödinger-Gleichung erhaltene Form der Bewegungsgleichung äquivalent zur Bewegungsgleichung (4.268) für den Zustandsvektor im Wechselwirkungsbild (vgl. Abschnitt 4.7.4) ist.

Integrieren wir (7.137) von der Anfangszeit t_0 bis zur aktuellen Zeit t, dann erhalten wir ein gekoppeltes System von Integralgleichungen:

$$c_m(t) = c_m(t_0) + \frac{1}{i\hbar} \sum_n \int_{t_0}^{t} d\tau H_{1mn}(\tau) e^{-i\omega_{nm}\tau} c_n(\tau) \qquad (7.139)$$

Da wir die zeitabhängigen Matrixelemente $H_{1mn}(\tau)$ als kleine Störung auffassen wollen, sind $c_m(t)$ und $c_m(t_0)$ nicht sehr verschieden, und wir können auf der rechten Seite unter dem Integral $c_n(\tau)$ durch $c_n(t_0)$ ersetzen. In dieser Näherung, der ersten Ordnung der sukzessiven Approximation, erhalten wir dann

$$c_m^{(1)}(t) = c_m(t_0) + \frac{1}{i\hbar} \sum_n \int_{t_0}^{t} d\tau H_{1mn}(\tau) e^{-i\omega_{nm}\tau} c_n(t_0) \qquad (7.140)$$

Den nächsten Iterationsschritt würde man erhalten, wenn die Koeffizienten $c_n^{(1)}(\tau)$ unter dem Integral von (7.139) durch die gesamte rechte Seite von (7.139) substituiert werden[18]. Die Fortsetzung dieser Prozedur liefert dann eine Störungsreihe. Die Konvergenz einer solchen Approximation muss aber gewöhnlich im Einzelfall untersucht werden.

Wir werden uns in diesem Lehrbuch auf die erste Ordnung der zeitabhängigen Störungstheorie beschränken und dabei die folgenden Szenarien untersuchen:

- kurzzeitig wirksame Störungen
- permanente Störungen nach einem kurzzeitigen Einschaltvorgang
  - monochromatische Störung
  - inkohärente Störung
- permanente Störung mit adiabatischem Einschalten.

7.4.2
Kurzzeitig wirksame Störungen

Die Störung sei nur in dem Zeitintervall $0 \leq t \leq T$ wirksam, d. h. wir haben

$$\hat{H}_1(t) \neq 0 \quad \text{für} \quad 0 \leq t \leq T \qquad (7.141)$$

Eine solche Störung kann z. B. durch ein an einem Atom vorbei fliegendes Teilchen oder durch den Rückstoß beim γ-Zerfall realisiert werden.

---

18) d. h. die Integralgleichungen (7.139) werden in sich selbst eingesetzt.

Wir gehen davon aus, dass das System vor der Wirkung der Störung in einem Eigenzustand von $\hat{H}_0$ vorliegt. Die uns interessierende Frage ist nun, mit welcher Wahrscheinlichkeit das System als Folge der Störung in einen anderen Eigenzustand übergeht. Zum Zeitpunkt t_0[19] liege das System im Eigenzustand $|l\rangle$ vor. Dann lauten die Anfangsbedingungen des Differentialgleichungssystems (7.137)

$$c_n(t_0) = \delta_{nl} \tag{7.142}$$

Das Verfahren der sukzessiven Approximation ergibt in der ersten Ordnung

$$c_m^{(1)}(t) = \delta_{ml} + \frac{1}{i\hbar} \int_0^t d\tau H_{1ml}(\tau) e^{-i\omega_{lm}\tau} \qquad \text{für} \qquad 0 \leq t \leq T \tag{7.143}$$

Für $t \geq T$ verlässt das System den erreichten Zustand nicht mehr, weil nach (7.137) die zeitliche Änderung aller Koeffizienten wegen (7.141) verschwindet. Deshalb ist

$$c_m^{(1)}(t) = c_m^{(1)}(T) \qquad \text{für} \qquad t \geq T \tag{7.144}$$

Damit ist die Wahrscheinlichkeit $P_{l \to m}$, das System zur Zeit $t \geq T$ im Zustand $|m\rangle$ zu finden, wenn es zu Beginn der Störung sicher im Zustand $|l\rangle \neq |m\rangle$ war, gegeben durch

$$P_{l \to m} = |c_m^{(1)}(T)|^2 = \frac{1}{\hbar^2} \left| \int_0^T d\tau H_{1ml}(\tau) e^{-i\omega_{lm}\tau} \right|^2 \tag{7.145}$$

Es handelt sich bei dieser Größe um eine bedingte Wahrscheinlichkeit oder Übergangswahrscheinlichkeit. Wir bilden jetzt die Fourier-Transformation der Matrixelemente des Störoperators $\hat{H}_1(t)$:

$$\tilde{H}_{1ml}(\omega) = \frac{1}{2\pi} \int_{-\infty}^{\infty} d\tau H_{1ml}(\tau) e^{i\omega\tau} = \frac{1}{2\pi} \int_0^T d\tau H_{1ml}(\tau) e^{i\omega\tau} \tag{7.146}$$

Die Übergangswahrscheinlichkeit wird dann mit diesen Größen zu:

$$P_{l \to m} = \frac{4\pi^2}{\hbar^2} \left| \tilde{H}_{1ml}(\omega_{ml}) \right|^2 \tag{7.147}$$

Als Beispiel wollen wir den Rückstoß eines harmonischen Oszillators bei der Absorption eines γ-Quants[20] betrachten. Der Störoperator ist gegeben durch

$$\hat{H}_1(t) = -K(t)\hat{x} = - \underbrace{\frac{E_\gamma}{c}}_{p_\gamma} \delta(t) \sqrt{\frac{\hbar}{2m\omega_0}}(\hat{b}^\dagger + \hat{b}) \tag{7.148}$$

und beschreibt die Einwirkung einer zeitabhängigen Kraft $K(t)$ auf den Oszillator in der Form eines Kraftstoßes[21] $p_\gamma \delta(t)$; p_γ ist der Impuls des γ-Quants.

---

19) und damit auch zu allen früheren Zeitpunkten
20) Es handelt sich hierbei um ein einfaches Modell für den Mößbauer-
   Effekt.
21) siehe Band I, Abschnitt 4.2.5.1

Der Anfangszustand sei der Grundzustand $|l\rangle = |0\rangle$ des Oszillators. Dann gilt:

$$\tilde{H}_{1m0}(\omega_{m0}) = -\frac{1}{2\pi}\underbrace{\int_{-\infty}^{\infty} d\tau\delta(\tau)e^{i\omega_{m0}\tau}}_{1}\hbar\underbrace{\frac{E_{\gamma}}{c\sqrt{2m\hbar\omega_0}}}_{\alpha}\underbrace{\langle m|b^{\dagger}+b|0\rangle}_{\delta_{m1}} \qquad (7.149)$$

Daraus bekommen wir dann die Übergangswahrscheinlichkeit

$$P_{0\to m} = \frac{4\pi^2}{\hbar^2}\left|\tilde{H}_{1m0}(\omega_{m0})\right|^2 = \alpha^2\delta_{m1} \qquad (7.150)$$

Die Wahrscheinlichkeit, dass der Oszillator im Grundzustand bleibt, ist dann

$$P_{0\to 0} = 1 - \alpha^2 \qquad (7.151)$$

7.4.3
Zeitlich anhaltende Störung. Piötzliches Einschalten

7.4.3.1 Monochromatische Störung
Als typische Realisierung dieser Situation betrachten wir ein Atom, das entweder im Grund- oder in einem angeregten Eigenzustand vorliegt. Zu diesem stationären quantenmechanischen System wird dann plötzlich ein monochromatisches elektromagnetisches Wellenfeld zugeschaltet. Unter der Wirkung dieses Felds wird das Atom Energie absorbieren oder induziert emittieren. Wir legen den Atomkern in den Ursprung eines Koordinatensystems, sodass dann x die Position des Elektrons beschreibt[22]. Die Wirkung des elektromagnetischen Felds auf das Elektron erfolgt vor allem durch die elektrische Komponente, deren Zeitabhängigkeit an der Position des Elektrons durch

$$E(x,t) = a\left(Fe^{i(k\cdot x-\omega t)} + F^*e^{-i(k\cdot x-\omega t)}\right) \qquad (7.152)$$

gegeben ist. Dabei ist a der Polarisationsvektor und F die komplexe Amplitude des Felds. Für dieses Szenario ist die Wechselwirkungsenergie des Elektrons mit dem elektrischen Feld durch $H_1(t) = -exE(x,t)$ gegeben. Wie üblich erhalten wir daraus den Hamilton-Operator der Störung, indem wir den Observablen Operatoren zuordnen. Wenn wir das elektrische Feld nicht quantisieren, ergibt sich der Hamilton-Operator der Störung zu

$$\hat{H}_1(t) = -e\hat{x}E(\hat{x},t) = \hat{A}e^{-i\omega t} + \hat{A}^{\dagger}e^{i\omega t} \qquad (7.153)$$

mit

$$\hat{A} = -e\hat{x}ae^{ik\hat{x}}F \qquad \text{und} \qquad A^{\dagger} = -e\hat{x}ae^{-ik\hat{x}}F^* \qquad (7.154)$$

---

22) Die Wirkung des elektromagnetischen Felds auf den Kern kann vernachlässigt werden.

Im Rahmen der Dipolnäherung[23] wird die Ortsabhängigkeit der Exponentialfunktion vernachlässigt

$$A = -ex\boldsymbol{a}F \quad , \quad A^\dagger = -ex\boldsymbol{a}F^* \tag{7.155}$$

Das ist üblicherweise der Fall, wenn die involvierten Längenskalen die Bedingung $|k||x| = 2\pi|x|/\lambda \ll 1$ erfüllen. Wenn die Übergänge in der Dipolnäherung verschwinden, können aber die vernachlässigten Terme wieder relevant werden. Dann wird man die Exponentialfunktion entwickeln und die nächsten Terme, also die Quadrupolterme der Form $ex\boldsymbol{a}(\mathrm{i}kx)F$ berücksichtigen müssen. In diesem Fall muss aber auch der magnetische Teil des elektromagnetischen Felds berücksichtigt werden.

In der ersten Ordnung der zeitabhängigen Störungstheorie ist dann

$$c_m^{(1)}(t) = c_m(0) + \frac{1}{\mathrm{i}\hbar} \sum_n \int_0^t d\tau H_{1mn}(\tau)\mathrm{e}^{-\mathrm{i}\omega_{nm}\tau}c_n(0) \tag{7.156}$$

Wir gehen wieder davon aus, dass das System vor dem Einschalten der Störung im Eigenzustand $|l\rangle$ von $\hat{H}_0$ vorliegt. Für $m \neq l$ erhalten wir dann

$$H_{1ml}(\tau) = A_{ml}\mathrm{e}^{-\mathrm{i}\omega\tau} + A_{ml}^*\mathrm{e}^{\mathrm{i}\omega\tau} \tag{7.157}$$

und damit

$$c_m^{(1)}(t) = \frac{A_{ml}}{\mathrm{i}\hbar}\frac{\mathrm{e}^{\mathrm{i}(\omega_{ml}-\omega)t} - 1}{\mathrm{i}(\omega_{ml} - \omega)} + \frac{A_{ml}^*}{\mathrm{i}\hbar}\frac{\mathrm{e}^{-\mathrm{i}(\omega_{lm}-\omega)t} - 1}{(-\mathrm{i})(\omega_{lm} - \omega)} \tag{7.158}$$

Die A_{ml} sind dabei die Matrixelemente des Operators $\hat{A}$

$$A_{ml} = \langle m|\hat{A}|l\rangle \tag{7.159}$$

In der Dipolnäherung erhalten wir speziell

$$A_{ml} = -F\boldsymbol{a} \cdot \langle m|ex|l\rangle \tag{7.160}$$

d. h. die Matrixelemente des Dipoloperators ex bestimmen wesentlich die Übergangswahrscheinlichkeit.

Wir betrachten nun den Fall, dass die Frequenz des elektromagnetischen Felds ungefähr mit der Energiedifferenz zwischen den atomaren Zuständen $|m\rangle$ und $|l\rangle$ übereinstimmt. Man spricht in diesem Fall, ähnlich wie in der klassischen Mechanik, von einer Resonanz.

Absorption

Wir starten von der näherungsweisen Resonanz $\omega_{ml} \approx \omega$ und nehmen an, dass das Atom so präpariert sei, dass es sich am Anfang im Zustand $|l\rangle$ befindet. Die Energie E_m des atomaren Systems ist um $\hbar\omega_{ml}$ größer als die Anfangsenergie E_l. Die Absorption des Lichtquants wird deshalb beschrieben durch

$$E_m \approx E_l + \hbar\omega \quad \text{bzw.} \quad \omega_{ml} - \omega \approx 0 \tag{7.161}$$

---

23) $e\hat{x}$ ist der Operator des Dipolmoments

Um die Übergangswahrscheinlichkeit zu bestimmen, benutzen wir (7.158). Gegenüber dem ersten Beitrag in $c_m^{(1)}(t)$ können wir den zweiten Term wegen seines relativ großen Nenners $\omega_{lm} - \omega \approx -2\omega$ vernachlässigen. Unter Beachtung von

$$\left| e^{ix} - 1 \right|^2 = \left| e^{i\frac{x}{2}} \underbrace{\left(e^{i\frac{x}{2}} - e^{-i\frac{x}{2}} \right)}_{2i\sin\frac{x}{2}} \right|^2 = 4\sin^2 \frac{x}{2} \tag{7.162}$$

erhalten wir dann

$$P_{l \to m}(t) = \left| c_m^{(1)}(t) \right|^2 = \frac{|A_{ml}|^2}{\hbar^2} \frac{4\sin^2 \frac{\omega_{ml} - \omega}{2}t}{(\omega_{ml} - \omega)^2} \tag{7.163}$$

Emission

In diesem Fall ist $\omega_{lm} \approx \omega$. Die Energie E_m des atomaren Systems ist jetzt um $\hbar\omega_{lm}$ kleiner als die Anfangsenergie E_l. Die Emission des Lichtquants wird dann beschrieben durch

$$E_m \approx E_l - \hbar\omega \tag{7.164}$$

Die Wahrscheinlichkeit, das Atom zur Zeit t im Zustand $|m\rangle$ vorzufinden, ist deshalb

$$P_{l \to m}(t) = \left| c_m^{(1)}(t) \right|^2 = \frac{|A_{lm}|^2}{\hbar^2} \frac{4\sin^2 \frac{\omega_{lm} - \omega}{2}t}{(\omega_{lm} - \omega)^2} \tag{7.165}$$

Wir können die beiden Ergebnisse für die Absorption (7.163) und die Emission (7.165) zusammenfassen. Dazu führen wir die Gesamtenergie am Anfang E_a und am Ende E_e der Absorption und der Emission ein. Bei der Absorption haben wir am Anfang das Atom im Zustand $|l\rangle$ mit der Energie E_l und ein Photon der Energie $\hbar\omega$ vorliegen, am Ende ist das Atom im Zustand $|m\rangle$ mit der Energie E_m und das Photon ist absorbiert. Für die Energien gilt dann

$$E_a = E_l + \hbar\omega \qquad E_e = E_m \qquad \omega_{ml} - \omega = \frac{1}{\hbar}(E_e - E_a) \tag{7.166}$$

Bei der Emission befindet sich das Atom anfänglich im Zustand $|l\rangle$ mit der Energie E_l. Am Ende haben wir das Atom im Zustand $|m\rangle$ mit der Energie E_m und ein Photon der Energie $\hbar\omega$. In diesem Fall erhalten wir für die Energien

$$E_a = E_l \qquad E_e = E_m + \hbar\omega \qquad \omega_{lm} - \omega = \frac{1}{\hbar}(E_a - E_e) \tag{7.167}$$

Wenn wir noch berücksichtigen, dass A hermitesch ist, also $|A_{ml}| = |A_{lm}| = |A_{ae}|$ gilt, dann führt die Zusammenfassung von (7.163) und (7.165) auf

$$P_{a \to e}(t) = |A_{ae}|^2 \frac{4\sin^2 \frac{E_e - E_a}{2\hbar}t}{(E_e - E_a)^2} \tag{7.168}$$

An diesen Überlegungen zur Energie ändert sich nichts, wenn wir anfänglich n Photonen vorliegen haben und die Zahl der Photonen am Ende bei der Absorption um eins erniedrigt und bei der Emission um eins erhöht ist.

Diskussion

Im Fall der exakten Resonanz ist $\omega_{lm} = \omega$ und damit $E_e = E_a$. Wir können in (7.168) den Grenzwert bilden und erhalten:

$$P_{a\to e}(t) = \frac{1}{\hbar^2}|A_{ae}|^2 t^2 \tag{7.169}$$

Die Wahrscheinlichkeit wächst proportional zu t^2 an. Da die Wahrscheinlichkeit nicht größer als 1 werden kann, wird dieses störungstheoretische Resultat auch bei einer sehr kleinen Störung des Hamilton-Operators für größere Zeiten ungültig.

Sehr viel häufiger ist der Fall, dass die Resonanz nicht ganz exakt ist, also $\omega_{lm} \approx \omega$ mit $\omega_{lm} \neq \omega$ gilt. Die Wahrscheinlichkeit, das Atom im Zustand $|m\rangle$ zu finden, ist dann eine zeitlich oszillierende Funktion. So gilt für die Absorption:

$$P_{l\to m}(t) = \frac{|A_{ml}|^2}{\hbar^2} \frac{4\sin^2\frac{\omega_{ml}-\omega}{2}t}{(\omega_{ml}-\omega)^2} \tag{7.170}$$

Die Oszillation erfolgt mit der Differenzfrequenz zwischen atomarer Übergangsfrequenz und der Frequenz der Störung. Mit der Aufenthaltswahrscheinlichkeit oszilliert auch die Energie des Atomsystems. Gehen wir davon aus, dass neben dem Ausgangszustand $|l\rangle$ bei einer näherungsweisen Resonanz nur der Zustand $|m\rangle$ mit dem Energieeigenwert $E_m \approx E_l + \hbar\omega$ besetzt wird, dann erhalten wir

$$E = \langle\psi|\hat{H}_0|\psi\rangle = \sum_n |c_n|^2 E_n \approx E_l\left(1 - |c_m^{(1)}|^2\right) + E_m|c_m^{(1)}|^2 \tag{7.171}$$

und deshalb

$$E \approx E_l + (E_m - E_l)|c_m^{(1)}|^2 \tag{7.172}$$

oder

$$E \approx E_l + (E_m - E_l)\frac{|A_{ml}|^2}{\hbar^2}\frac{4\sin^2\frac{\omega_{ml}-\omega}{2}t}{(\omega_{ml}-\omega)^2} \tag{7.173}$$

Die Energie pendelt also zwischen Atom und Strahlungsfeld hin und her, analog wie bei gekoppelten Pendeln.

Für längere Zeiten t können wir die Übergangswahrscheinlichkeit zwischen zwei Zuständen in der Nähe der Resonanzbedingung

$$P_{a\to e}(t) = |A_{ae}|^2 \frac{4\sin^2\frac{E_e-E_a}{2\hbar}t}{(E_e - E_a)^2} \tag{7.174}$$

weiter auswerten. Dazu verwenden wir folgende Darstellung der δ-Funktion (Abb. 7.4):

$$\delta(x) = \frac{1}{\pi} \lim_{k \to \infty} \frac{\sin^2 kx}{kx^2} \tag{7.175}$$

Wenn k anwächst, wird die Spitze immer höher und schmaler. Wir erhalten deshalb:

$$P_{a \to e}(t) = |A_{ae}|^2 \frac{2\pi t}{2\hbar} \delta(E_e - E_a) \tag{7.176}$$

Hieraus können wir die Übergangswahrscheinlichkeit pro Zeiteinheit bestimmen, die sogenannte Übergangsrate:

$$\omega_{a \to e} = \frac{d}{dt} P_{a \to e}(t) = \frac{2\pi}{\hbar} |A_{ae}|^2 \delta(E_e - E_a) \tag{7.177}$$

Dieses Ergebnis wird als *Fermi's goldene Regel* (Fermi's golden rule) bezeichnet. Die δ-Funktion bringt die Energieerhaltung zum Ausdruck.

7.4.3.2 Überlagerung von Wellen verschiedener Frequenz (inkohärente Störung)
In der vorliegenden Form ist die Fermi'sche Regel zunächst nur eine formale Relation. Sie sichert die Energieerhaltung, ist aber wie jeder Ausdruck, der eine δ-Funktion enthält, erst dann mit messbaren physikalischen Größen verbunden, wenn über die δ-Funktion integriert wird.

Eine solche Integration mit einem physikalisch sinnvollen Inhalt kann beispielsweise dann durchgeführt werden, wenn es einen Übergang aus einem scharfen Anfangszustand in eine Verteilung von Endzuständen gibt oder wenn die Frequenzen des elektromagnetischen Felds kontinuierlich verteilt sind.

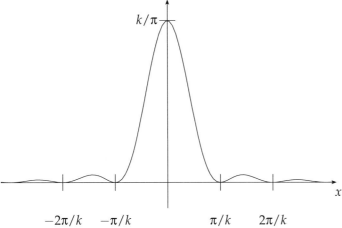

Abb. 7.4 Grenzübergang zur δ-Funktion: Wächst k an, dann wird das Hauptmaximum immer größer und zugleich immer schmaler

Wir wollen hier den Fall der Strahlungsabsorption aus einem farbigen Strahlungsfeld untersuchen. Dabei sei $\rho(\omega)$ die klassische Dichte des Frequenzspektrums des Strahlungsfelds. Damit beschreibt $\rho(\omega)d\omega$ den Anteil der Frequenzen zwischen ω und $\omega + d\omega$ am Gesamtspektrum.

Bei der Absorption erhalten wir für die Übergangsrate zwischen den Zuständen $|l\rangle$ und $|m\rangle$

$$\omega_{l\to m} = \frac{2\pi}{\hbar}|A_{ml}|^2\delta(\hbar\omega_{ml} - \hbar\omega) = \frac{2\pi}{\hbar^2}|A_{ml}|^2\delta(\omega_{ml} - \omega) \qquad (7.178)$$

Die Matrixelemente innerhalb der Dipolnäherung sind bestimmt durch

$$|A_{ml}|^2 = FF^*\left|\langle m|e\hat{\boldsymbol{x}}\boldsymbol{a}|l\rangle\right|^2 \qquad (7.179)$$

Ferner berücksichtigen wir die Verteilung der Frequenzen des Felds. Damit erhalten wir für die Übergangsrate:

$$\omega_{l\to m} = \int d\omega \frac{2\pi}{\hbar^2}|A_{ml}|^2\delta(\omega_{ml} - \omega)\rho(\omega) \qquad (7.180)$$

oder mit (7.179)

$$\omega_{l\to m} = \frac{2\pi}{\hbar^2}\left|\langle m|e\hat{\boldsymbol{x}}\boldsymbol{a}|l\rangle\right|^2 \underbrace{|F(\omega_{ml})|^2\rho(\omega_{ml})}_{\frac{2\pi}{c}I(\omega_{ml})} \qquad (7.181)$$

Man beachte, dass die Amplituden F der Komponenten des elektromagnetischen Felds frequenzabhängig sind, also $F = F(\omega)$ gilt. Der unterklammerte Ausdruck ist die Intensität $I(\omega_{ml})$ des eingestrahlten elektromagnetischen Felds zur Frequenz ω_{ml}. Damit erhalten wir für die Absorptionswahrscheinlichkeit der elektromagnetischen Strahlung:

$$\omega_{l\to m} = \frac{4\pi^2}{\hbar^2 c}\left|\langle m|e\hat{\boldsymbol{x}}\boldsymbol{a}|l\rangle\right|^2 I(\omega_{ml}) \qquad (7.182)$$

Aus den vorangegangenen Überlegungen folgt übrigens sofort, dass wir den gleichen Ausdruck auch für die induzierte Emission von Strahlung ableiten können.

Offenbar ist die Übergangsrate für Absorption und induzierte Emission proportional zum Matrixelement des Dipoloperators und zur Intensität des Strahlungsfelds. Neben der induzierten Emission gibt es noch die spontane Emission. Um sie berechnen zu können, muss man allerdings das Strahlungsfeld, das in der gesamten bisherigen Rechnung als klassisches Feld interpretiert wurde, quantisieren.

7.4.3.3 **Auswahlregeln**

Die Übergangswahrscheinlichkeit $\omega_{l \to m}$ für die Emission bzw. Absorption elektromagnetischer Strahlung wird wesentlich durch das Matrixelement

$$d_{ml} = \langle m | e\hat{x} | l \rangle \tag{7.183}$$

bestimmt. Ein Übergang zwischen zwei Niveaus ist nur *erlaubt*, falls $d_{ml} \neq 0$ erfüllt ist. Gilt dagegen $d_{ml} = 0$, dann ist der Übergang *verboten*. Falls ein Dipolübergang verboten ist, können trotzdem Übergänge höherer Ordnung erlaubt sein, denn das allgemeinere Matrixelement

$$\langle m | e\hat{x} a e^{ik\hat{x}} | l \rangle \tag{7.184}$$

kann immer noch von null verschieden sein. Man kann aber z. B. für das Wasserstoffatom abschätzen, dass der nächste Term in einer Reihenentwicklung dieses Matrixelements vom Typ $\langle m | xy | l \rangle$, welcher Quadrupolübergänge beschreibt, einen um den Faktor 10^{-8} kleineren Beitrag zur Übergangswahrscheinlichkeit liefert.

Dipolmatrixelemente beim harmonischen Oszillator

Bei der Behandlung des quantenmechanischen harmonischen Oszillators[24] haben wir schon die Matrixelemente des Ortsoperators berechnet. Damit erhalten wir sofort

$$d_{ml} = \langle m | e\hat{x} | l \rangle = e\sqrt{\frac{\hbar}{2m\omega_0}} \langle m | \hat{b}^{\dagger} + \hat{b} | l \rangle \tag{7.185}$$

bzw. mit (5.86)

$$d_{ml} = e\sqrt{\frac{\hbar}{2m\omega_0}} \left[\sqrt{l+1}\,\delta_{m,l+1} + \sqrt{l}\,\delta_{m,l-1} \right] \tag{7.186}$$

Die Matrixelemente verschwinden, außer wenn $m = l \pm 1$. Die Auswahlregel lautet damit also:

$$m = l \pm 1 \tag{7.187}$$

d. h. Übergänge sind nur zwischen benachbarten Energieniveaus des quantenmechanischen harmonischen Oszillators möglich.

Dipolmatrixelemente beim zentralsymmetrischen Feld

In der Ortsdarstellung lauten die Matrixelemente

$$\begin{pmatrix} d_{ml}^{x} \\ d_{ml}^{y} \\ d_{ml}^{z} \end{pmatrix} = \langle R_{n'l'}e^{im'\phi}P_{l'}^{m'} | \begin{pmatrix} x \\ y \\ z \end{pmatrix} | R_{nl}e^{im\phi}P_{l}^{m} \rangle \tag{7.188}$$

---

24) siehe Abschnitt 5.7.1

mit $m = (n', l', m')$ und $l = (n, l, m)$. Unter Verwendung von Kugelkoordinaten

$$\begin{pmatrix} x \\ y \\ z \end{pmatrix} = r \begin{pmatrix} \sin\vartheta\cos\phi \\ \sin\vartheta\sin\phi \\ \cos\vartheta \end{pmatrix} \qquad (7.189)$$

wird aus (7.188)

$$d_{ml}^{x,y,z} \sim \int r^2 dr R_{n'l'} r R_{nl} \iint d\cos\vartheta d\phi e^{i(m-m')\phi} P_{l'}^{m'} P_l^m \begin{pmatrix} \sin\vartheta\cos\phi \\ \sin\vartheta\sin\phi \\ \cos\vartheta \end{pmatrix} \qquad (7.190)$$

Das Integral über die Radialanteile muss eigentlich im Detail berechnet werden. Man kann aber davon ausgehen, dass es im Allgemeinen nicht verschwinden wird. Die Untersuchung der Integration über die Winkelkoordinate ϑ zeigt, das alle drei Komponenten verschwinden, außer im Fall

$$l' - l = \Delta l = \pm 1 \qquad (7.191)$$

Die Integration über ϕ liefert schließlich endliche Beiträge nur in dem Fall

$$m' - m = \Delta m = 0, \pm 1 \qquad (7.192)$$

Damit lauten die Auswahlregeln für Dipolübergänge in einem zentralsymmetrischen Feld bei der Einstrahlung elektromagnetischer Wellen:

$$l' - l = \Delta l = \pm 1 \quad , \quad m' - m = \Delta m = 0, \pm 1 \qquad (7.193)$$

Solche Auswahlregeln lassen sich häufig schon allein aus Symmetrieüberlegungen ableiten. Systematisch können die hierzu notwendigen Rechnungen mithilfe der Gruppentheorie durchgeführt werden.

7.4.4
Zeitlich anhaltende Störung mit adiabatischem Einschalten

7.4.4.1 Störungstheoretischer Ausdruck für die Wellenfunktion
Lässt man auf ein klassisches physikalisches System, z. B. auf einen harmonischen Oszillator, eine äußere Kraft einwirken, so setzt sich die Lösung zusammen aus einem Anteil, der durch die äußere Kraft erzwungen ist, und einem zweiten Anteil, in dem sich die Anfangsbedingungen zeigen. Bei einem gedämpften harmonischen Oszillator klingt dieser Anteil ab, sodass schließlich nur noch die erzwungene Bewegung übrig bleibt.

Wenn man eine solche Situation, bei der der Einfluss der Anfangsbedingung herausgedämpft ist, quantenmechanisch beschreiben will, treten gewisse Probleme auf, weil man die Dämpfung in einer quantenmechanischen Beschreibung nicht ohne Weiteres einführen kann[25]. Um trotzdem die Anfangs-bedingungen zu eliminieren, benutzt man folgenden Trick: Man schaltet die Störung, beginnend bei $t = -\infty$, langsam (adiabatisch) ein, sodass sie erst bei $t \geq 0$ voll eingeschaltet ist. Wir werden also einen Störoperator der folgenden Form betrachten:

$$\hat{H}_1(t) = \tilde{\Theta}(t) \left(\hat{A}e^{-i\omega t} + \hat{A}^\dagger e^{i\omega t} \right) \tag{7.194}$$

Dabei ist die Einschaltfunktion $\tilde{\Theta}(t) = 1$ für $t > 0$ und $\tilde{\Theta}(t) = \exp \varepsilon t$ für $t < 0$ ist, und es soll $\varepsilon \to +0$ gelten. In erster Ordnung der Störungstheorie erhalten wir unter der Voraussetzung, dass bei $t = -\infty$ nur der Zustand $|l\rangle$ vorliegt

$$c_m^{(1)}(t) = \delta_{ml} + \frac{1}{i\hbar} \int_{-\infty}^{t} d\tau H_{1ml}(\tau)e^{i\omega_{ml}\tau} \tag{7.195}$$

und deshalb

$$c_m^{(1)}(t) = \delta_{ml} + \frac{1}{i\hbar} \int_{0}^{t} d\tau H_{1ml}(\tau)e^{i\omega_{ml}\tau} + \frac{1}{i\hbar} \int_{-\infty}^{0} d\tau H_{1mn}(\tau)e^{i\omega_{ml}\tau} \tag{7.196}$$

Hieraus bekommen wir dann

$$c_m^{(1)}(t) = \delta_{ml} + \frac{1}{i\hbar} \int_{0}^{t} d\tau \left(A_{ml}e^{i(\omega_{ml}-\omega)\tau} + A_{lm}^* e^{i(\omega_{ml}+\omega)\tau} \right) + $$
$$+ \frac{1}{i\hbar} \int_{-\infty}^{0} d\tau \left(A_{ml}e^{[i(\omega_{ml}-\omega)+\varepsilon]\tau} + A_{lm}^* e^{[i(\omega_{ml}+\omega)+\varepsilon]\tau} \right) \tag{7.197}$$

Im zweiten Integral fallen die Terme an der unteren Grenze $\tau = -\infty$ weg. Die Terme bei $\tau = 0$ heben sich gegen die Terme bei $\tau = 0$ an der unteren Grenze des ersten Integrals auf, sobald der Grenzübergang $\varepsilon \to +0$ ausgeführt wird. Es bleibt dann nur noch der Beitrag von der oberen Grenze des ersten Integrals übrig und wir gelangen zu:

$$c_m^{(1)}(t) = \delta_{ml} + \frac{A_{ml}}{i\hbar} \frac{e^{i(\omega_{ml}-\omega)t}}{i(\omega_{ml}-\omega)} + \frac{A_{lm}^*}{i\hbar} \frac{e^{i(\omega_{ml}+\omega)t}}{i(\omega_{ml}+\omega)} \tag{7.198}$$

Die Wellenfunktion lässt sich jetzt schreiben als

$$|\psi\rangle = \sum_m c_m(t)e^{-\frac{i}{\hbar}E_m t}|m\rangle = e^{-\frac{i}{\hbar}E_l t} \left\{ c_l(t)|l\rangle + \sum_{m \neq l} c_m(t)e^{-i\omega_{ml}t}|m\rangle \right\} \tag{7.199}$$

25) Die tiefere Ursache besteht darin, dass Reibung letztendlich ein Viel-teilcheneffekt ist, bei dem Energieanteile des betrachteten Subsys-tems auf andere Bereiche des Systems übertragen werden. Quanten-mechanisch müsste man dann entweder in dem Gesamtsystem die zeitlich veränderliche Energieverteilung analysieren, oder man be-nötigt Konzepte der Nichtgleichgewichtsstatistik, bei denen die un-interessanten, aber trotzdem vorhandenen Freiheitsgrade in einem sogenannten thermodynamischen Bad zusammengefasst werden. Wir werden in Band V dieser Lehrbuchreihe näher darauf eingehen.

Sie liefert dann mit dem Resultat (7.198) in der ersten Ordnung der zeitabhängigen Störungstheorie

$$|\psi\rangle = \mathrm{e}^{-\frac{\mathrm{i}}{\hbar}E_l t} \left\{ |l\rangle + \sum_{m(\neq l)} \left[\frac{A_{ml}}{\mathrm{i}\hbar} \frac{\mathrm{e}^{-\mathrm{i}\omega t}}{\mathrm{i}(\omega_{ml} - \omega)} + \frac{A_{lm}^*}{\mathrm{i}\hbar} \frac{\mathrm{e}^{\mathrm{i}\omega t}}{\mathrm{i}(\omega_{ml} + \omega)} \right] |m\rangle \right\} \quad (7.200)$$

Der zweite Term definiert dabei den gestörten Anteil der Wellenfunktion und schwingt mit der Frequenz der Störung.

Im Gegensatz zu den vorhergehenden Abschnitten haben wir hier nicht die Übergangswahrscheinlichkeit vom Zustand $|l\rangle$ in den Zustand $|m\rangle$ berechnet, sondern die Änderung der Wellenfunktion unter dem Einfluss der Störung. Mit dieser geänderten Wellenfunktion lassen sich dann quantenmechanische Erwartungswerte unter dem Einfluss der Störung bestimmen.

Wir können das letzte Ergebnis noch etwas umformen, wenn wir annehmen, dass sich die Störung zeitlich langsam ändert, d. h. wenn $|\omega| \ll |\omega_{ml}|$ gilt. Wir vernachlässigen dann ω in den beiden Nennern und erhalten:

$$|\psi(t)\rangle = \mathrm{e}^{-\frac{\mathrm{i}}{\hbar}E_l t} \left\{ |l\rangle + \sum_{m(\neq l)} \frac{H_{1ml}(t)}{E_l - E_m} |m\rangle \right\} \quad (7.201)$$

Dieser Ausdruck hat dieselbe Struktur wie das Resultat der zeitunabhängigen Störungstheorie. Als Störoperator wird dabei nur der zum Zeitpunkt t vorliegende Operator $\hat{H}_1(t)$ verwendet. Die historische Entwicklung der Störung spielt, im Gegensatz zu der allgemeinen Formel (7.195), hier keine Rolle mehr.

7.4.4.2 Klassische Dispersionstheorie

Bei dieser Theorie wird im Rahmen einer *phänomenologischen Beziehung* untersucht, wie sich Licht beim Durchgang durch Materie verhält. Dieses Verhalten wird durch den Brechungsindex n beschrieben, der mit der Dielektrizitätskonstanten ε folgendermaßen zusammenhängt[26]:

$$n^2 = \varepsilon \quad (7.202)$$

Dabei haben wir vorausgesetzt, dass die magnetische Permeabilität $\mu = 1$ ist. Wir beachten weiter den Zusammenhang zwischen der dielektrischen Verschiebung D, dem elektrischen Feld E und der Polarisation P:

$$D = \varepsilon E = E + 4\pi P = (1 + 4\pi\chi)\, E \quad (7.203)$$

Dann erhalten wir die bekannte Beziehung

$$n^2 = 1 + 4\pi\chi \quad (7.204)$$

---

26) siehe Band II, Abschnitt 9.5.5

zwischen Brechzahl und Suszeptibilität. Andererseits ist die Polarisation P das Dipolmoment pro Volumeneinheit

$$P = \chi E = N\beta E \tag{7.205}$$

Dabei ist β die Polarisierbarkeit eines Atoms und N die Zahl der Atome im Volumenelement. Damit bekommen wir

$$n^2 = 1 + 4\pi N\beta \tag{7.206}$$

Wenn wir also für β einen auf den mikroskopischen Details eines Atoms beruhenden Ausdruck bestimmt haben, können wir auch die Brechzahl n^2 angeben.

Im Rahmen des dämpfungsfreien klassischen Thomson'schen Modells[27] wird das Atom durch einen Satz von harmonischen Oszillatoren dargestellt

$$m\ddot{x}_\mu + m\omega_\mu^2 x_\mu = eE_0 \mathrm{e}^{\mathrm{i}\omega t} \quad \longrightarrow \quad x_\mu = \frac{e}{m(\omega_\mu^2 - \omega^2)} E_0 \mathrm{e}^{\mathrm{i}\omega t} \tag{7.207}$$

Das Dipolmoment ist dann gegeben durch

$$p_\mu(t) = ex_\mu = \beta_\mu E(t) \quad \longrightarrow \quad \beta_\mu = \frac{e^2}{m(\omega_\mu^2 - \omega^2)} \tag{7.208}$$

Betrachtet man jetzt jedes Atom als einen Satz von Oszillatoren mit der Oszillatorstärke f_μ, dann ist die Polarisierbarkeit dieses Atoms:

$$\beta = \sum_\mu f_\mu B_\mu = \sum_\mu \frac{e^2 f_\mu}{m(\omega_\mu^2 - \omega^2)} \tag{7.209}$$

Die Oszillatorstärke f_μ kann für ein Ensemble identischer Atome auch anders interpretiert werden. Man versteht dann darunter die Wahrscheinlichkeit, in diesem Ensemble einen Oszillator mit der Frequenz ω_μ zu finden. Es gilt deshalb der f-Summen-Satz:

$$\sum_\mu f_\mu = 1 \tag{7.210}$$

Ein Beweis des Satzes folgt in Abschnitt 7.4.4.4.

7.4.4.3 Quantenmechanische Dispersionstheorie

Bei Messungen des Dipolmoments an einem einzelnen Atom wird man die Eigenwerte des Dipoloperators bekommen. Messen wir aber die Polarisation eines ganzen Ensembles von $N \gg 1$ gleichartigen Atomen, dann ist die gemessene Polarisation gerade das N-fache des quantenmechanischen Erwartungswerts des Dipoloperators:

$$\overline{p}(t) = \langle \psi(t)|e\hat{x}|\psi(t)\rangle \tag{7.211}$$

---

27) siehe Band II, Kap. 9.2.2

Die hier auftretende Wellenfunktion unter dem Einfluss eines elektromagnetischen Felds haben wir bereits berechnet. Wir benutzen jetzt die Darstellung (7.200)

$$|\psi(t)\rangle = e^{-\frac{i}{\hbar}E_l t} \left\{ |l\rangle + \sum_{m(\neq l)} c_{lm}(t)|m\rangle \right\} \tag{7.212}$$

mit den zeitabhängigen Koeffizienten

$$c_{lm}(t) = \frac{A_{ml}}{i\hbar} \frac{e^{-i\omega t}}{i(\omega_{ml} - \omega)} + \frac{A_{lm}^*}{i\hbar} \frac{e^{i\omega t}}{i(\omega_{ml} + \omega)} \tag{7.213}$$

In Dipolnäherung sind die Matrixelemente A_{ml} des Operators $\hat{A}$ von (7.155) gegeben durch

$$A_{ml} = -F\langle m|e\hat{x} \cdot \boldsymbol{a}|l\rangle \tag{7.214}$$

Wenn wir noch annehmen, dass der Polarisationsvektor $\boldsymbol{a}$ der Strahlung im Stör-Hamilton-Operator in x-Richtung liegt, dann reduziert sich (7.214) auf

$$A_{ml} = -F\langle m|e\hat{x}|l\rangle = -Fd_{ml} \tag{7.215}$$

und der Erwartungswert des vektoriellen Polarisationsoperators hat nur noch eine nichtverschwindende Komponente in der Form

$$\begin{aligned}
\overline{p}_x(t) &= \left\{ \langle l| + \sum_{m \neq l} c_{lm}(t)\langle m| \right\} ex \left\{ |l\rangle + \sum_{m \neq l} c_{lm}(t)|m\rangle \right\} \\
&= \underbrace{\langle l|ex|l\rangle}_{=0} + \sum_{m \neq l} \left\{ c_{lm}(t)\langle l|ex|m\rangle + c_{lm}^*(t)\langle m|ex|l\rangle \right\} + \dots \tag{7.216}
\end{aligned}$$

Der erste Term verschwindet aus Symmetriegründen für jedes Atom[28]. Deshalb gibt es in Atomen auch kein permanentes Dipolmoment. Die an sich auch noch auftretenden Terme proportional zu F^2 müssen weggelassen werden, da wir die Wellenfunktion selbst nur bis zu Termen proportional F berechnet haben; deshalb sind die in diesem Ausdruck auftretenden quadratischen Terme unvollständig und erlauben keine konsistente Beschreibung. Quadratische und höhere Terme spielen aber in der nichtlinearen Optik eine wesentliche Rolle. Um diese aber richtig zu erfassen, muss man zuerst die Wellenfunktion in einer höheren Ordnung bestimmen.

---

28) Andernfalls würde es für Elektronen in einem zentralsymmetrischen Potential Eigenzustände geben, die eine bestimmte Richtung auszeichnen, sodass die Parität des Systems verletzt wäre.

Wir setzen jetzt (7.213) in (7.216) ein und gelangen zu

$$
\begin{aligned}
\overline{p}_x(t) &= \sum_{m \neq l} \left\{ \frac{d_{ml}}{\hbar} \frac{Fe^{-i\omega t}}{\omega_{ml} - \omega} + \frac{d_{lm}^*}{\hbar} \frac{F^* e^{i\omega t}}{\omega_{ml} + \omega} \right\} d_{lm} \\
&\quad + \sum_{m \neq l} \left\{ \frac{d_{ml}^*}{\hbar} \frac{F^* e^{i\omega t}}{\omega_{ml} - \omega} + \frac{d_{lm}}{\hbar} \frac{Fe^{-i\omega t}}{\omega_{ml} + \omega} \right\} d_{ml} \\
&= \sum_{m \neq l} \frac{|d_{ml}|^2}{\hbar} \left\{ \frac{Fe^{-i\omega t}}{\omega_{ml} - \omega} + \frac{F^* e^{i\omega t}}{\omega_{ml} + \omega} + \frac{F^* e^{i\omega t}}{\omega_{ml} - \omega} + \frac{Fe^{-i\omega t}}{\omega_{ml} + \omega} \right\} \\
&= \sum_{m' \neq l} \frac{|d_{m'l}|^2}{\hbar} \frac{2\omega_{m'l}}{\omega_{m'l}^2 - \omega^2} \left(Fe^{-i\omega t} + F^* e^{i\omega t} \right)
\end{aligned} \tag{7.217}
$$

Um Verwechselungen des Summationsindex n und der Masse zu vermeiden, haben wir im letzten Schritt m durch m' ersetzt. Beachten wir noch die Matrixelemente (7.183), dann lautet der Erwartungswert des Dipoloperators:

$$
\overline{p}_x(t) = \sum_{m' \neq l} \frac{e^2}{m(\omega_{m'l}^2 - \omega^2)} \frac{2m\omega_{m'l}}{\hbar} |x_{m'l}|^2 \underbrace{\left(Fe^{-i\omega t} + F^* e^{i\omega t} \right)}_{F(t)} \tag{7.218}
$$

Der Vergleich mit dem klassischen Ergebnis (7.208) bzw. (7.209) zeigt, dass der quantenmechanische Ausdruck für die Oszillatorstärke gegeben ist durch

$$
f_{m'l} = \frac{2m}{\hbar} \omega_{m'l} |x_{m'l}|^2 \tag{7.219}
$$

Die Polarisation des Atoms wird dann zu

$$
\overline{p}_x(t) = \frac{e^2}{m} \underbrace{\sum_{m' \neq l} \frac{f_{m'l}}{\omega_{m'l}^2 - \omega^2}}_{\beta} F(t) \tag{7.220}
$$

Darin ist der unterklammerte Ausdruck die atomare Polarisierbarkeit. Mit (7.206) erhalten wir dann für den Brechungsindex

$$
n^2 = 1 + \frac{4\pi N e^2}{m} \sum_{m' \neq l} \frac{f_{m'l}}{\omega_{m'l}^2 - \omega^2} \tag{7.221}
$$

Für große Frequenzen ($\omega \gg \omega_{m'l}$) wird hieraus unter Beachtung des im nächsten Abschnitt bewiesenen f-Summen-Satzes

$$
n^2 = 1 - \frac{4\pi N e^2}{m\omega^2} \underbrace{\sum_{m'(\neq l)} f_{m'l}}_{=1} = 1 - \frac{4\pi N e^2}{m\omega^2} \tag{7.222}
$$

d. h. der Brechungsindex wird für große Frequenzen unabhängig von den spezifischen Eigenschaften der Atome.

7.4.4.4 Beweis des f-Summen-Satzes

Wir hatten bei der Berechnung des Brechungsindex vorausgesetzt, dass für die quantenmechanisch abgeleiteten Oszillatorstärken (7.219) der f-Summen-Satz gültig ist. Während innerhalb der klassischen Theorie die Oszillatorstärken frei wählbare Größen sind, die erst durch den f-Summen-Satz eingeschränkt werden, müssen wir jetzt zeigen, dass die aus mikroskopischen Überlegungen gewonnenen Größen f_{ml} den f-Summen-Satz erfüllen. Dazu schreiben wir (7.219) etwas um:

$$ f_{kl} = 2\frac{m}{\hbar^2}(E_k - E_l)\langle l|\hat{x}|k\rangle\langle k|\hat{x}|l\rangle \tag{7.223} $$

Offenbar ist jeder Wert f_{kl} reell. Da wir es hier mit Eigenzuständen des ungestörten Hamilton-Operators $\hat{H}_0$ zu tun haben, folgt hieraus

$$ f_{kl} = 2\frac{m}{\hbar^2}\left\{\langle l|\hat{x}\hat{H}|k\rangle\langle k|\hat{x}|l\rangle - \langle l|\hat{x}|k\rangle\langle k|\hat{x}\hat{H}|l\rangle\right\} \tag{7.224} $$

Weil wegen (7.219) $f_{kk} = 0$ ist, erhalten wir durch Summation über k unter Ausschluss von $k = l$

$$ \sum_{k\neq l} f_{kl} = \sum_k f_{kl} = 2\frac{m}{\hbar^2}\langle l|\hat{x}\hat{H}\hat{x} - \hat{x}^2\hat{H}|l\rangle = 2\frac{m}{\hbar^2}\langle l|\hat{x}[\hat{H},\hat{x}]|l\rangle \tag{7.225} $$

Jeder Summand auf der linken Seite ist reell, daher muss auch die rechte Seite reell sein. Für den hier auftretenden Kommutator gilt die Beziehung

$$ [\hat{H},\hat{x}] = \frac{1}{2m}[\hat{p}^2,\hat{x}] = \frac{2}{2m}\frac{\hbar}{i}\hat{p} = \frac{1}{m}\frac{\hbar}{i}\hat{p} \tag{7.226} $$

Damit folgt für (7.225)

$$ \sum_{k\neq l} f_{kl} = \frac{2}{i\hbar}\langle l|\hat{x}\hat{p}|l\rangle = \frac{1}{i\hbar}\langle l|\hat{x}\hat{p} - \hat{p}\hat{x} + \hat{x}\hat{p} + \hat{p}\hat{x}|l\rangle \tag{7.227} $$

Die ersten beiden Beiträge lassen sich zum Kommutator $[\hat{x},\hat{p}]$ zusammenfassen. Deshalb erhalten wir

$$ \sum_{k\neq l} f_{kl} = \langle l|l\rangle + \frac{1}{i\hbar}\langle l|\hat{x}\hat{p} + \hat{p}\hat{x}|l\rangle = 1 + \frac{1}{i\hbar}\langle l|\hat{x}\hat{p} + \hat{p}\hat{x}|l\rangle \tag{7.228} $$

Der Operator $\hat{x}\hat{p} + \hat{p}\hat{x}$ ist hermitesch, also sind die diagonalen Matrixelemente $\langle l|\hat{x}\hat{p} + \hat{p}\hat{x}|l\rangle$ reell und deshalb der zweite Summand in (7.228) rein imaginär.

Da aber die linke Seite mit Sicherheit reell ist, muss der Imaginärteil und damit auch $\langle l| \hat{x}\hat{p} + \hat{p}\hat{x} |l\rangle$ verschwinden. Deshalb bleibt nur noch

$$\sum_{k\neq l} f_{kl} = 1 \qquad (7.229)$$

womit der f-Summen-Satz bewiesen ist.

7.4.4.5 Diskussion
Ist die Suszeptibilität hinreichend klein, dann können wir für den Brechungsindex (7.221) auch schreiben

$$n \approx 1 + 2\pi\chi = 1 + \frac{2\pi Ne^2}{m} \sum_{k\neq l} \frac{f_{kl}}{\omega_{kl}^2 - \omega^2} \qquad (7.230)$$

Dann sind die Oszillatorstärken bestimmt durch

$$f_{kl} = 2\frac{m}{\hbar}\omega_{kl}|x_{kl}|^2 = \frac{2m}{\hbar^2}(E_k - E_l)|x_{kl}|^2 \qquad (7.231)$$

Ist der Ausgangszustand der Grundzustand, also $|l\rangle = |1\rangle$, dann sind wegen $E_k \geq E_l$ alle $f_{kl} \geq 0$. Damit hat die Dispersionsrelation $n = n(\omega)$ den in Abb. 7.5 links dargestellten Verlauf. Man spricht hier auch von einer positiven Dispersion.

Ist der Ausgangszustand dagegen ein angeregter Zustand, z. B. $|l\rangle = |2\rangle$, so ist $f_{12} < 0$. Die Dispersionsrelation kann dann den in Abb. 7.5 rechts schematisch dargestellten Verlauf haben. In diesem Fall spricht man von einer negativen Dispersion[29]. Dieses Phänomen spielt insbesondere in der Laserphysik eine wichtige Rolle.

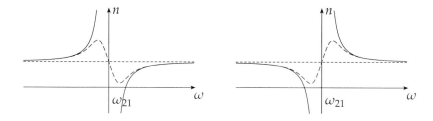

Abb. 7.5 Positive (links) und negative (rechts) Dispersion. Gestrichelte Linie: mit Dämpfung

Die in der Dispersionsrelation auftretende Singularität wird in realen Systemen nicht beobachtet. Die Ursache hierfür ist die Kopplung jedes Systems

---

[29] Eine negative Dispersion tritt auf, wenn der angeregte Zustand stärker besetzt ist als der Grundzustand, wenn also eine Inversion vorliegt.

mit seiner Umgebung, die immer zu Dissipationseffekten führt und deshalb eine echte Resonanz verhindert.

7.5
Das Wasserstoffmolekülion, Tunneleffekt

7.5.1
Energie und Wellenfunktion

Die folgende Rechnung bietet eine einfache Behandlung der chemischen Bindung. Sie folgt im Wesentlichen den Überlegungen von W.H. Heitler und F.W. London aus dem Jahre 1927. Das Wasserstoffmolekülion besteht aus zwei Atomkernen, die ein gemeinsames Elektron besitzen. Es handelt sich hierbei um die einfachste chemische Verbindung mit der chemischen Formel H_2^+.

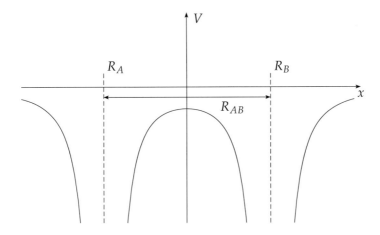

Abb. 7.6 Schema des Heitler-London-Potentials

Zur quantenmechanischen Behandlung dieses Problems betrachten wir zwei Wasserstoffkerne (Kern A am Ort R_A und Kern B am Ort R_B, siehe Abb. 7.6). Das Elektron habe die Koordinate x. Sinnvollerweise führt man die Relativkoordinaten $x_A = x - R_A$ und $x_B = x - R_B$ sowie den Kernabstand R_{AB} ein (Abb. 7.6). Das vorliegende Problem ist eigentlich sehr kompliziert, da wir die Bewegung von drei Teilchen untersuchen müssen, nämlich der beiden Wasserstoffkerne und des Elektrons. Ein solches Dreiteilchenproblem ist schon klassisch nicht exakt lösbar. Da die Massen der beiden Wasserstoffkerne aber sehr viel größer sind als die des Elektrons, werden sie sich im Vergleich zum Elektron langsam bewegen. In anderen Worten: Das Elektron wird sich sehr schnell auf die jeweiligen Kernlagen einstellen. Wir werden deshalb die Kerne als in Ruhe befindlich betrachten. Ihre jeweiligen Lagen gehen ausschließlich als Parameter in das Problem ein[30]. Da wir dann nur die quantenmechanische Bewegung des Elektrons betrachten müssen, haben wir wieder ein Einteilchenproblem vorliegen.

Der Hamilton-Operator für das Problem ist dann

$$\hat{H} = \frac{\hat{p}^2}{2m} - \frac{e^2}{|\hat{x}_A|} - \frac{e^2}{|\hat{x}_B|} \tag{7.232}$$

Die zugehörige zeitunabhängige Schrödinger-Gleichung lautet

$$\hat{H}|\psi\rangle = E|\psi\rangle \tag{7.233}$$

Zur näherungsweisen Lösung des Problems betrachten wir zunächst den Fall, dass sich beide Atomkerne in einem unendlich großen Abstand befinden. Wenn sich das Elektron in der Umgebung des Kerns A aufhält, bemerkt es nichts mehr vom Kern B und umgekehrt. Wir haben dann auch im Grundzustand ein entartetes Problem vorliegen

$$\hat{H}_A|\phi_A\rangle = E_1|\phi_A\rangle \qquad \text{mit} \qquad \hat{H}_A = \frac{\hat{p}^2}{2m} - \frac{e^2}{|\hat{x}_A|} \tag{7.234}$$

und

$$\hat{H}_B|\phi_B\rangle = E_1|\phi_B\rangle \qquad \text{mit} \qquad \hat{H}_B = \frac{\hat{p}^2}{2m} - \frac{e^2}{|\hat{x}_B|} \tag{7.235}$$

$|\phi_A\rangle$ und $|\phi_B\rangle$ sind die Grundzustandsfunktionen des Wasserstoffproblems, E_1 ist die Grundzustandsenergie. Wenn der Abstand der Kerne unendlich groß ist, liegt wirklich eine Entartung vor. Wir können dann die Wellenfunktionen des Gesamtproblems als Überlagerung der beiden Wellenfunktionen der Teilprobleme mit beliebigen Koeffizienten darstellen:

$$|\psi\rangle = c_A|\phi_A\rangle + c_B|\phi_B\rangle \tag{7.236}$$

Wir werden mit Heitler und London jetzt annehmen, dass dieser Ansatz auch dann noch gut ist, wenn die beiden Kerne sich in endlichem Abstand befinden. Das ist sicher nicht ganz richtig, weil in diesem Fall die atomaren Wellenfunktionen $|\phi_A\rangle$ und $|\phi_B\rangle$ überlappen und deshalb nicht mehr orthogonal zueinander sind. Wir haben dann vielmehr die Relationen

$$\langle\phi_A|\phi_A\rangle = 1 \qquad \langle\phi_B|\phi_B\rangle = 1 \qquad \langle\phi_A|\phi_B\rangle = \langle\phi_B|\phi_A\rangle = S \neq 0 \tag{7.237}$$

Das letzte Integral S heißt Überlappungsintegral. Wir setzen den Ansatz (7.236) in die zeitunabhängige Schrödinger-Gleichung des Wasserstoffmolekülions mit dem Hamilton-Operator (7.232) ein und erhalten

$$\left(\hat{H}_A - \frac{e^2}{|\hat{x}_B|}\right) c_A|\phi_A\rangle + \left(\hat{H}_B - \frac{e^2}{|\hat{x}_A|}\right) c_B|\phi_B\rangle = E\left(c_A|\phi_A\rangle + c_B|\phi_B\rangle\right) \tag{7.238}$$

---

30) Man bezeichnet dieses Verfahren auch als adiabatische oder Born-Oppenheimer-Näherung.

oder – weil $|\phi_A\rangle$ und $|\phi_B\rangle$ ja die Eigenfunktionen von $\hat{H}_A$ bzw. $\hat{H}_B$ sind –

$$c_A \left(E_1 - E - \frac{e^2}{|x_B|} \right) |\phi_A\rangle + c_B \left(E_1 - E - \frac{e^2}{|x_A|} \right) |\phi_B\rangle = 0 \tag{7.239}$$

Wir multiplizieren skalar mit $\langle\phi_A|$ bzw. $\langle\phi_B|$ und gelangen so zu

$$c_A \left\{ \Delta E - \langle\phi_A| \frac{e^2}{|x_B|} |\phi_A\rangle \right\} + c_B \left\{ S\Delta E - \langle\phi_A| \frac{e^2}{|x_A|} |\phi_B\rangle \right\} = 0 \tag{7.240}$$

und

$$c_A \left\{ S\Delta E - \langle\phi_B| \frac{e^2}{|x_B|} |\phi_A\rangle \right\} + c_B \left\{ \Delta E - \langle\phi_B| \frac{e^2}{|x_A|} |\phi_B\rangle \right\} = 0 \tag{7.241}$$

mit $\Delta E = E_1 - E$. Wir führen jetzt noch die Abkürzungen

$$\langle\phi_A| \frac{e^2}{|x_B|} |\phi_A\rangle = \langle\phi_B| \frac{e^2}{|x_A|} |\phi_B\rangle = C \tag{7.242}$$

und

$$\langle\phi_A| \frac{e^2}{|x_A|} |\phi_B\rangle = \langle\phi_B| \frac{e^2}{|x_B|} |\phi_A\rangle = D \tag{7.243}$$

ein. Die konkreten Werte der in (7.242) und (7.243) aufgeführten Größen lassen sich durch Einsetzen der Wasserstoffzustandsfunktionen bestimmen. Damit erhalten wir folgendes Gleichungssystem

$$\begin{aligned} (\Delta E - C)\, c_A + (\Delta ES - D)\, c_B = 0 \\ (\Delta ES - D)\, c_A + (\Delta E - C)\, c_B = 0 \end{aligned} \tag{7.244}$$

Dieses Gleichungssystem entspricht dem Säkulargleichungssystem aus der Störungstheorie mit Entartung. Im Unterschied dazu tritt die gesuchte Energie ΔE auch in den Nichtdiagonaltermen auf, und die berücksichtigten Wellenfunktionen sind nicht mehr orthogonal.

7.5.2
Bestimmung der Energiewerte

Um für das homogene Gleichungssystem (7.244) nichttriviale Lösungen zu erhalten, muss die Determinante verschwinden. Daraus folgt die Säkulargleichung

$$(\Delta E - C)^2 - (S\Delta E - D)^2 = 0 \tag{7.245}$$

mit der Lösung

$$\Delta E = \frac{C \pm D}{1 \pm S} \tag{7.246}$$

bzw.

$$E = E_1 - \frac{C \pm D}{1 \pm S} \tag{7.247}$$

Setzen wir diese beiden Lösungen nacheinander in das Gleichungssystem (7.244) ein, dann erhalten wir die Lösungen

$$c_A = \pm c_B \tag{7.248}$$

Als Ergebnis bekommen wir also eine symmetrische und eine antisymmetrische Wellenfunktion (Abb. 7.7). Berücksichtigt man noch die Normierung, dann findet man für den symmetrischen Zustand

$$|\phi_s\rangle = \frac{1}{\sqrt{2(1+S)}} \left(|\phi_A\rangle + |\phi_B\rangle \right) \quad \text{mit} \quad E_s = E_1 - \frac{C+D}{1+S} \tag{7.249}$$

und für den antisymmetrischen Zustand

$$|\phi_a\rangle = \frac{1}{\sqrt{2(1-S)}} \left(|\phi_A\rangle - |\phi_B\rangle \right) \quad \text{mit} \quad E_a = E_1 - \frac{C-D}{1-S} \tag{7.250}$$

Wenn die Kerne einen endlichen Abstand haben, d. h. die Integrale C, D und S nicht verschwinden, hat der symmetrische Zustand eine tiefere Energie als der antisymmetrische Zustand. Ganz allgemein gilt die Relation $E_s < E_1 < E_a$ (siehe auch Abb. 7.8). Diese Energieabsenkung ist umso größer, je kleiner der Abstand der beiden Kerne ist. Man kann die Aussage leicht durch eine explizite Berechnung der Integrale C, D und S aus den Wasserstoffwellenfunktionen überprüfen. Um aber die Gesamtenergie des Problems zu erhalten, muss man

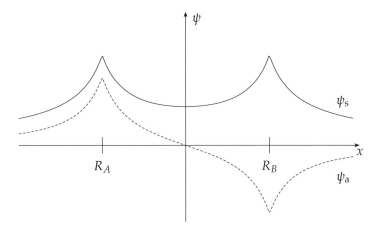

Abb. 7.7 Schema der symmetrischen (bindender Zustand) und antisymmetrischen (antibindenden) Heitler-London-Wellenfunktionen

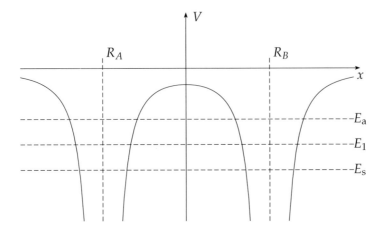

Abb. 7.8 Lage der Energieniveaus beim Heitler-London-Modell im Vergleich zum Energieniveau des Wasserstoffatoms E_1 (schematisch)

noch die Coulomb'sche Abstoßung der Kerne berücksichtigen:

$$E_{\text{ges}}(R_{AB}) = E_1 - \Delta E_{s,a}(R_{AB}) + \frac{e^2}{R_{AB}} \tag{7.251}$$

Die Energie des symmetrischen Zustands weist ein Minimum auf (Abb. 7.9). Die Kerne werden in diesem Zustand ihre Lage solange verschieben, bis das Minimum bei R_0 erreicht ist. Eine solche stabile Gleichgewichtslage gibt es aber nur im symmetrischen Zustand.

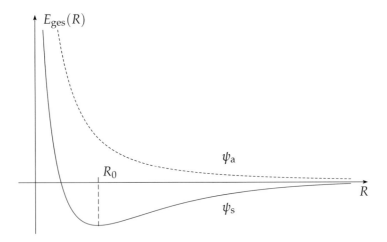

Abb. 7.9 Qualitativer Verlauf der Heitler-London-Gesamtenergie für den antisymmetrischen bzw. symmetrischen Zustand

Bei der Behandlung des Wasserstoffmoleküls (also nicht des Molekülions) geht man prinzipiell in derselben Weise vor. Allerdings müssen dabei zwei Elektronen berücksichtigt werden. Wie man solche Mehrteilchenprobleme behandelt, werden wir in Kapitel 10 untersuchen[31]. Auch bei der Behandlung des Wasserstoffmoleküls berücksichtigt man, dass sich die Elektronen wesentlich schneller als die Kerne bewegen. Die Kernkoordinaten werden wieder als Parameter in der Schrödinger-Gleichung für die Elektronen betrachtet. Wie schon erwähnt bezeichnet man dieses Verfahren als Born-Oppenheimer- oder adiabatische Näherung.

7.5.3
Tunneleffekt

Die stationären Lösungen der zeitabhängigen Schrödinger-Gleichung beim Wasserstoffmolekülion

$$i\hbar\dot{\psi} = H\psi \tag{7.252}$$

sind gegeben durch

$$|\psi_{\mathrm{s}}(t)\rangle = \mathrm{e}^{-\frac{i}{\hbar}E_{\mathrm{s}}t}\frac{1}{\sqrt{2}}\left(|\phi_A\rangle + |\phi_B\rangle\right) \tag{7.253}$$

und

$$|\psi_{\mathrm{a}}(t)\rangle = \mathrm{e}^{-\frac{i}{\hbar}E_{\mathrm{a}}t}\frac{1}{\sqrt{2}}\left(|\phi_A\rangle - |\phi_B\rangle\right) \tag{7.254}$$

Die allgemeine zeitabhängige Lösung lautet damit:

$$\begin{aligned}|\psi(t)\rangle &= c_{\mathrm{s}}|\psi_{\mathrm{s}}(t)\rangle + c_{\mathrm{a}}|\psi_{\mathrm{a}}(t)\rangle \\ &= \mathrm{e}^{-\frac{i}{\hbar}E_{\mathrm{s}}t}\frac{1}{\sqrt{2}}\left(c_{\mathrm{s}} + c_{\mathrm{a}}\mathrm{e}^{-i\frac{E_{\mathrm{a}}-E_{\mathrm{s}}}{\hbar}t}\right)|\phi_A\rangle \\ &+ \mathrm{e}^{-\frac{i}{\hbar}E_{\mathrm{s}}t}\frac{1}{\sqrt{2}}\left(c_{\mathrm{s}} - c_{\mathrm{a}}\mathrm{e}^{-i\frac{E_{\mathrm{a}}-E_{\mathrm{s}}}{\hbar}t}\right)|\phi_B\rangle\end{aligned} \tag{7.255}$$

Dabei sind die Koeffizienten c_{s} und c_{a} noch frei wählbar.

Wir nehmen jetzt an, dass (beispielsweise durch Einstrahlung einer Laserpulssequenz) das System so präpariert werden kann, dass sich das Elektron des Wasserstoffmolekülions zur Anfangszeit beim Kern A befindet:

$$|\psi(t=0)\rangle = |\phi_A\rangle \tag{7.256}$$

Mit dieser Anfangsbedingung lassen sich aus (7.255) die Koeffizienten c_{s} und c_{a} bestimmen. Wir erhalten die beiden Bedingungen

$$\frac{1}{\sqrt{2}}(c_{\mathrm{s}} + c_{\mathrm{a}}) = 1, \qquad \frac{1}{\sqrt{2}}(c_{\mathrm{s}} - c_{\mathrm{a}}) = 0 \tag{7.257}$$

31) siehe hierzu auch Aufgabe 10.I

mit der Lösung

$$c_\mathrm{s} = c_\mathrm{a} = \frac{1}{\sqrt{2}} \tag{7.258}$$

Damit bekommen wir aus (7.255) die Lösung

$$|\psi(t)\rangle = \mathrm{e}^{-\frac{\mathrm{i}}{\hbar}E_\mathrm{s}t}\frac{1}{2}\left\{\left(1+\mathrm{e}^{-\mathrm{i}\omega_\mathrm{T}t}\right)|\phi_A\rangle + \left(1-\mathrm{e}^{-\mathrm{i}\omega_\mathrm{T}t}\right)|\phi_B\rangle\right\} \tag{7.259}$$

mit

$$\omega_\mathrm{T} = \frac{E_\mathrm{a}-E_\mathrm{s}}{\hbar} \tag{7.260}$$

Die Wahrscheinlichkeitsamplituden, das Elektron beim Kern *A* bzw. *B* zu finden, werden deshalb bestimmt durch

$$C_A(t) = \mathrm{e}^{-\frac{\mathrm{i}}{\hbar}E_\mathrm{s}t}\frac{1}{2}(1+\mathrm{e}^{-\mathrm{i}\omega_\mathrm{T}t}) \quad \text{und} \quad C_B(t) = \mathrm{e}^{-\frac{\mathrm{i}}{\hbar}E_\mathrm{s}t}\frac{1}{2}(1-\mathrm{e}^{-\mathrm{i}\omega_\mathrm{T}t}) \tag{7.261}$$

Die zugehörigen Wahrscheinlichkeiten lauten damit

$$|C_A(t)|^2 = \left|\mathrm{e}^{-\frac{\mathrm{i}}{\hbar}E_\mathrm{s}t}\,\mathrm{e}^{-\mathrm{i}\frac{\omega_\mathrm{T}}{2}t}\,\frac{\mathrm{e}^{\mathrm{i}\frac{\omega_\mathrm{T}}{2}t}+\mathrm{e}^{-\mathrm{i}\frac{\omega_\mathrm{s}}{2}t}}{2}\right|^2 = \cos^2\frac{\omega_\mathrm{T}}{2}t \tag{7.262}$$

sowie

$$|C_B(t)|^2 = \left|\mathrm{e}^{-\frac{\mathrm{i}}{\hbar}E_\mathrm{s}t}\,\mathrm{e}^{-\mathrm{i}\frac{\omega_\mathrm{T}}{2}t}\,\frac{\mathrm{e}^{\mathrm{i}\frac{\omega_\mathrm{T}}{2}t}-\mathrm{e}^{-\mathrm{i}\frac{\omega_\mathrm{T}}{2}t}}{2}\right|^2 = \sin^2\frac{\omega_\mathrm{T}}{2}t \tag{7.263}$$

Offensichtlich ist die Normierung gewährleistet

$$|C_A(t)|^2 + |C_B(t)|^2 = 1 \tag{7.264}$$

Die Ausdrücke für $|C_A(t)|^2$ und $|C_B(t)|^2$ zeigen, dass die Aufenthaltswahrscheinlichkeit des Elektrons zwischen den beiden Kernen A und B oszilliert. Mit anderen Worten, das Elektron tunnelt zwischen den beiden Kernorten mit der Tunnelfrequenz (7.260).

7.6
Das Ritz'sche Variationsprinzip

7.6.1
Das Variationsprinzip

Neben den störungstheoretischen Methoden zur Lösung der Schrödinger-Gleichung gibt es eine Reihe nicht-störungstheortischer Verfahren, die vor allem bei der numerischen Bestimmung von Eigenwerten und Eigenzuständen des Hamilton-Operators, aber auch anderer, halbbeschränkter Operatoren[32] eine wichtige Rolle spielen. Das von W. Ritz 1906 veröffentlichte Verfahren erlaubt die sukzessive Bestimmung dieser Größen beginnend beim Grundzustand. Die Genauigkeit der Lösungen hängt dabei erheblich von der geeigneten Wahl sogenannter Testfunktionen ab. Hierfür gibt es keinen etablierten Algorithmus, sodass an dieser Stelle Intuition und Erfahrung einfließen müssen.

Wir wollen zuerst zeigen, dass die Lösung des Eigenwertproblems

$$\hat{H}|\psi\rangle = E|\psi\rangle \tag{7.265}$$

einem Variationsproblem äquivalent ist. Wir werden uns dabei auf Operatoren beschränken, deren Eigenwertspektrum diskret und nicht entartet ist. Dazu bildet man das Funktional

$$\overline{H}[\psi] = \frac{\langle\psi|H|\psi\rangle}{\langle\psi|\psi\rangle} \tag{7.266}$$

und bestimmt aus der Menge aller zulässigen Zustandsvektoren $|\psi\rangle$ den Zustand $|\psi^*\rangle$, der dieses Funktional minimiert. Der zu diesem Zustand gehörende Minimalwert des Funktionals, $\overline{H}^* = \overline{H}[\psi^*]$, ist dann der niedrigste Eigenwert E_1 des Operators $\hat{H}$ und der normierte Zustand $|\psi^*\rangle$ ist der zu diesem Eigenwert gehörige Eigenvektor $|1\rangle$. Um den nächst höheren Eigenwert und Eigenvektor zu bestimmen, muss der Minimalwert von $\overline{H}$ unter der Nebenbedingung

$$\langle\psi|1\rangle = 0 \tag{7.267}$$

bestimmt werden. Zum Beweis dieser Aussage benutzen wir die Spektralzerlegung des Operators $\hat{H}$

$$\hat{H} = \sum_n |n\rangle\langle n|E_n \tag{7.268}$$

wobei die $|n\rangle$ die Eigenzustände des Operators $\hat{H}$ zu den Eigenwerten E_n mit $E_1 < E_2 < \ldots$ sind. Wir setzen die Spektralzerlegung (7.268) in den Ausdruck (7.266) für $\overline{H}$ ein und erhalten

$$\overline{H}[\psi] = \frac{\langle\psi|\hat{H}|\psi\rangle}{\langle\psi|\psi\rangle} = \frac{\sum_n\langle\psi|n\rangle\langle n|\psi\rangle E_n}{\sum_n\langle\psi|n\rangle\langle n|\psi\rangle} \tag{7.269}$$

Mit den Entwicklungskoeffizienten $c_n = \langle n|\psi\rangle$ kommen wir zu

$$\overline{H}[\psi] = \frac{\sum_n |c_n|^2 E_n}{\sum_n |c_n|^2} \geq \frac{\sum_n |c_n|^2 E_1}{\sum_n |c_n|^2} = E_1 \tag{7.270}$$

---

32) Operatoren, deren Eigenwertspektrum eine untere bzw. obere Grenze besitzt

d. h. das Funktional kann nicht kleiner als der niedrigste Eigenwert des Operators $\hat{H}$ werden:

$$\overline{H}[\psi] = \frac{\langle \psi | H | \psi \rangle}{\langle \psi | \psi \rangle} \geq E_1 \tag{7.271}$$

Das Gleichheitszeichen gilt für $|\psi\rangle = \alpha|1\rangle$ ($\alpha \neq 0$). In diesem Fall verschwinden alle Entwicklungskoeffizienten c_n mit $n \neq 1$. Haben wir also einen Zustand $|\psi^*\rangle$ gefunden, der das Funktional $\overline{H}[\psi]$ minimiert, dann ist nach der Normierung dieses Zustandsvektors $|\psi^*\rangle = |1\rangle$ und $\overline{H}[\psi^*] = E_1$.

Nachdem auf diese Weise der Grundzustand gefunden wurde, stellen wir jetzt die Nebenbedingung auf, dass $|\psi\rangle$ orthogonal zu $|1\rangle$ ist; dann beginnen wir unter Berücksichtigung dieser Nebenbedingung, also von $\langle \psi | 1 \rangle = 0$, erneut die Suche nach dem Zustand, der das Funktional $\overline{H}[\psi]$ minimiert. Dann gilt

$$\overline{H}[\psi] = \frac{\langle \psi | H | \psi \rangle}{\langle \psi | \psi \rangle} = \frac{\sum\limits_{n=2} \langle \psi | n \rangle \langle n | \psi \rangle E_n}{\sum\limits_{n=2} \langle \psi | n \rangle \langle n | \psi \rangle} \geq \frac{\sum\limits_{n=2} |c_n|^2 E_2}{\sum\limits_{n=2} |c_n|^2} = E_2 \tag{7.272}$$

Das Minimum des Funktionals $\overline{H}[\psi]$ ist also jetzt der zweite Eigenwert E_2 des Operators $\hat{H}$, der zugehörigen Zustand ist nach seiner Normierung der zweite Eigenzustand $|2\rangle$. Die Fortsetzung dieses Verfahrens liefert dann sukzessive die weiteren Eigenwerte und Eigenzustände.

Das eigentliche Verfahren besteht jetzt darin, eine parametrisierte Schar von Zuständen zu konstruieren

$$|\psi_1\rangle = |\psi_1(a_1, \ldots, a_n)\rangle \tag{7.273}$$

Damit berechnet man das Funktional $\overline{H}[\psi_1]$ und erhält so eine von diesen Parametern abhängige Funktion

$$\overline{H}_1(a_1, \ldots, a_n) = \frac{\langle \psi_1(a_1, \ldots, a_n) | \hat{H} | \psi_1(a_1, \ldots, a_n) \rangle}{\langle \psi_1(a_1, \ldots, a_n) | \psi_1(a_1, \ldots, a_n) \rangle} \tag{7.274}$$

Anschließend bestimmt man das Minimum der Funktion $\overline{H}_1(a_1, \ldots, a_n)$ als Lösung des Systems der n Gleichungen:

$$\frac{\partial \overline{H}_1}{\partial a_i} = 0 \quad , \quad i = 1, \ldots, n \tag{7.275}$$

Der als Lösung von (7.275) gefundene Satz von Parametern, der $\overline{H}_1(a_1, \ldots, a_n)$ minimiert, werde mit $a_1^*, \ldots, a_n^*$ bezeichnet. Der zugehörige Zustand

$$|\psi_1^*\rangle = |\psi_1(a_1^*, \ldots, a_n^*)\rangle \tag{7.276}$$

ist dann der näherungsweise bestimmte Eigenzustand von $\hat{H}$ zum ebenfalls näherungsweise bestimmten niedrigsten Eigenwert $E_1^* = \overline{H}[\psi_1^*]$. Da die durch

(7.273) bestimmte Schar von Zuständen nur einen endlich-dimensionalen Unterraum des Hilbert-Raums bildet, und damit möglicherweise gar nicht den wirklichen Grundzustand $|1\rangle$ erfasst, gilt stets

$$E_1 \leq \overline{H}_1(a_1^*, \ldots, a_n^*) = \overline{H}[\psi_1^*] = E_1^* \tag{7.277}$$

Zur Berechnung der höheren Zustände wählt man einen neuen parametrisierten Zustand $|\psi_2\rangle$, setzt diesen in das Funktional $\overline{H}$ ein und erhält eine neue Funktion $\overline{H}_2(a_1, \ldots, a_n)$ aus der man, bei Beachtung der Nebenbedingung $\langle \psi_1^* | \psi_2 \rangle = 0$ unter Verwendung eines Lagrange'schen Parameters, den nächsten Satz optimaler Parameter bestimmt und so zu einer Abschätzung des ersten angeregten Zustands kommt. Da $|\psi_1^*\rangle$ nur der genäherte Grundzustand ist, wird in der Regel $|\psi_2\rangle$ nicht orthogonal zu dem exakten Grundzustand sein. In dieser Situation ist eine der Abschätzung (7.277) entsprechende Aussage für den ersten angeregten Zustand *nicht* mehr möglich.

7.6.2
Beispiel: Abschätzung für den Grundzustand des harmonischen Oszillators

Wir wählen den folgenden Ansatz für die Wellenfunktion

$$\psi(x, a) = \mathrm{e}^{-\frac{a}{2}|x|} \tag{7.278}$$

mit einem freien Parameter a. Damit folgt

$$\overline{H}(a) = \frac{\int_{-\infty}^{\infty} dx\, \mathrm{e}^{-\frac{a}{2}|x|} \left(-\frac{\hbar^2}{2m}\frac{d^2}{dx^2} + m\omega^2 \frac{x^2}{2} \right) \mathrm{e}^{-\frac{a}{2}|x|}}{\int_{-\infty}^{\infty} \mathrm{e}^{-a|x|} dx} \tag{7.279}$$

Die Auswertung des Nenners ergibt

$$\int_{-\infty}^{\infty} dx\, \mathrm{e}^{-a|x|} = 2 \int_{0}^{\infty} dx\, \mathrm{e}^{-ax} = \frac{2}{a} \tag{7.280}$$

Um den Zähler zu bestimmen, berechnen wir zunächst

$$\frac{d^2}{dx^2} \mathrm{e}^{-\frac{a}{2}|x|} = \left(-\frac{a}{2} \right)^2 \mathrm{e}^{-\frac{a}{2}|x|} \left(\frac{d|x|}{dx} \right)^2 - \frac{a}{2} \mathrm{e}^{-\frac{a}{2}|x|} \frac{d^2|x|}{dx^2} \tag{7.281}$$

und beachten

$$\frac{d|x|}{dx} = \begin{cases} +1 & \text{für} \quad x > 0 \\ -1 & \text{für} \quad x < 0 \end{cases} \quad , \qquad \frac{d^2|x|}{dx^2} = 2\delta(x) \tag{7.282}$$

Damit folgt für den ersten Teil des Zählers

$$\int_{-\infty}^{\infty} dx\, e^{-\frac{a}{2}|x|} \frac{d^2}{dx^2}\, e^{-\frac{a}{2}|x|} = \frac{a^2}{4} \int_{-\infty}^{\infty} dx\, e^{-a|x|} - \frac{a}{2} \int_{-\infty}^{\infty} dx\, e^{-a|x|} 2\delta(x)$$

$$= \frac{a^2}{4}\frac{2}{a} - a = -\frac{a}{2} \tag{7.283}$$

Für den zweiten Teil des Zählers gilt

$$\int_{-\infty}^{\infty} e^{-\frac{a}{2}|x|} x^2 e^{-\frac{a}{2}|x|} = \frac{2}{a^3} \int_0^{\infty} a\, dx\, (ax)^2\, e^{-ax} = \frac{4}{a^3} \tag{7.284}$$

Damit folgt zusammenfassend:

$$\overline{H}(a) = \frac{a}{2}\left[\frac{\hbar^2}{2m}\frac{a}{2} + \frac{m\omega^2}{2}\frac{4}{a^3}\right] = \frac{\hbar^2}{2m}\frac{a^2}{4} + \frac{m\omega^2}{2}\frac{2}{a^2} \tag{7.285}$$

Wir bestimmen jetzt den optimalen Parameter a mit

$$\frac{d\overline{H}(a)}{da} = \frac{\hbar^2}{2m}\frac{a}{2} - \frac{m\omega^2}{2}\frac{4}{a^3} = 0 \tag{7.286}$$

und erhalten hieraus die Lösung

$$(a^*)^2 = 2\sqrt{2}\frac{m\omega}{\hbar} \tag{7.287}$$

Setzen wir diese Lösung in die Funktion (7.285) ein, dann gelangen wir zu

$$\overline{H}(a^*) = \frac{\hbar^2}{2m}\frac{1}{4}\frac{m\omega}{\hbar}2\sqrt{2} + \frac{m\omega^2}{2}\frac{2\hbar}{m\omega 2\sqrt{2}} = \hbar\omega\left(\frac{\sqrt{2}}{4} + \frac{\sqrt{2}}{4}\right) \tag{7.288}$$

und damit zu dem näherungsweise bestimmten Energieeigenwert des Grundzustands des quantenmechanischen harmonischen Oszillators

$$\overline{H}(a^*) = \hbar\omega\frac{\sqrt{2}}{2} \approx 0{,}7\,\hbar\omega > \frac{1}{2}\hbar\omega \tag{7.289}$$

7.7
*Die WKB-Methode

7.7.1
*Quasiklassische Wellenfunktion

Die klassische Mechanik unterscheidet sich von der Quantenmechanik unter anderem dadurch, dass der Begriff der Trajektorie mit einer genauen Definition von Orts- und Impulskoordinaten in der Quantenmechanik seinen

Sinn verliert. Andererseits erwarten wir, dass auf makroskopischen Skalen die klassisch-mechanischen Begriffe ihre ursprüngliche Bedeutung behalten. Deshalb sollte zwischen beiden Theorien ein kontinuierlicher Übergang bestehen, der die auf mikroskopischen Bereichen relevante Dynamik von Wellenfeldern auf die makroskopisch gültige Newton'sche Mechanik abbildet. Im Prinzip erwarten wir einen ähnlichen Zusammenhang wie zwischen der Wellenoptik und der Strahlenoptik[33]. Wie dort machen wir auch jetzt den Ansatz

$$\psi(\boldsymbol{x}, t) = \exp\left(\frac{\mathrm{i}}{\hbar} S(\boldsymbol{x}, t)\right) \tag{7.290}$$

für die Ortsdarstellung der Wellenfunktion und setzen diesen Ausdruck in die zeitabhängige Schrödinger-Gleichung (3.9) ein. Wir erhalten dann die folgende partielle Differentialgleichung:

$$-\frac{\partial S(\boldsymbol{x}, t)}{\partial t} = \frac{1}{2m}\left[(\nabla S(\boldsymbol{x}, t))^2 - \mathrm{i}\hbar\Delta S(\boldsymbol{x}, t)\right] + V(\boldsymbol{x}) \tag{7.291}$$

Für $\hbar \to 0$ entsteht hieraus

$$\frac{\partial S(\boldsymbol{x}, t)}{\partial t} + \frac{(\nabla S(\boldsymbol{x}, t))^2}{2m} + V(\boldsymbol{x}) = \frac{\partial S(\boldsymbol{x}, t)}{\partial t} + H(\boldsymbol{p}, \boldsymbol{x})\big|_{\boldsymbol{p}=\nabla S} = 0 \tag{7.292}$$

Das ist aber genau die Hamilton-Jacobi-Gleichung für die Wirkungsfunktion[34] $S(\boldsymbol{x}, t)$ der klassischen Mechanik, die eine der Möglichkeiten zur Darstellung der klassischen Trajektorie eines Massenpunkts[35] ist. Der Impuls ergibt sich hierbei direkt als der Gradient der Wirkungsfunktion entsprechend $\boldsymbol{p} = \nabla S$. Der Übergang von der zeitabhängigen zur stationären Schrödinger-Gleichung entspricht in diesem Bild dem Übergang zur verkürzten Hamilton-Jacobi-Gleichung entsprechend[36] $S(\boldsymbol{x}, t) = S(\boldsymbol{x}) - Et$. Damit erhalten wir anstelle (7.291)

$$-(\nabla S(\boldsymbol{x}))^2 + \mathrm{i}\hbar\Delta S(\boldsymbol{x}) + 2m(E - V(\boldsymbol{x})) = 0 \tag{7.293}$$

Aus dem Ausdruck für die zeitabhängige Wellenfunktion (7.290)

$$\psi(\boldsymbol{x}, t) = \exp\left(-\frac{\mathrm{i}}{\hbar}Et\right)\exp\left(\frac{\mathrm{i}}{\hbar}S(\boldsymbol{x})\right) = \exp\left(-\frac{\mathrm{i}}{\hbar}Et\right)\varphi(\boldsymbol{x}) \tag{7.294}$$

können wir die stationäre Wellenfunktion $\varphi(\boldsymbol{x})$ entsprechend

$$\varphi(\boldsymbol{x}) = \exp\left(\frac{\mathrm{i}}{\hbar}S(\boldsymbol{x})\right) \tag{7.295}$$

33) siehe Band II, Kapitel 11
34) siehe Band I, Abschnitt 7.9
35) oder allgemeiner eines beliebigen Massenpunktsystems
36) Wir erinnern daran, dass dieser Übergang auch in der klassischen
   Mechanik nur möglich ist, wenn das Potential zeitunabhängig ist.

festlegen. Die von G. Wentzel, H.A. Kramers und L. Brillouin entwickelte Näherungsmethode sieht jetzt eine Entwicklung der Wirkung $S(x)$ nach Potenzen von $\hbar$ vor:

$$S(x) = S_0(x) + \frac{\hbar}{i} S_1(x) + \ldots = \sum_{n=0}^{\infty} \left(\frac{\hbar}{i}\right)^n S_n(x) \qquad (7.296)$$

Setzt man diese Reihe in (7.293) ein und vergleicht die einzelnen Potenzen von $\hbar$, dann erhält man eine Hierarchie gekoppelter Differentialgleichungen. Die führende Ordnung dieser Entwicklung enthält nur $S_0(x)$ und liefert die klassische verkürzte Hamilton-Jacobi-Gleichung

$$(\nabla S_0)^2 = 2m(E - V) \qquad (7.297)$$

Die Gleichung der ersten Ordnung koppelt die erste Korrektur der Wirkung $S_1(x)$ an die klassische Wirkungsfunktion $S_0(x)$:

$$2\nabla S_1 \nabla S_0 = -\Delta S_0 \qquad (7.298)$$

Setzen wir die Entwicklung fort, dann können wir die höheren Korrekturen aus den jeweils bereits bestimmten niedrigeren Ordnungen bestimmen. Offenbar kann die WKB-Methode als eine quantenmechanische Entwicklung um die klassische Bewegung interpretiert werden. In der WKB-Näherung wird die Reihe nach der ersten Ordnung abgebrochen.

7.7.2
*Quasiklassische Näherung im eindimensionalen Fall

7.7.2.1 *Die Wellenfunktion
Im eindimensionalen Fall können die Gleichungen (7.297) und (7.298) relativ einfach gelöst werden. Aus (7.297) erhalten wir sofort:

$$S_0(x) = S_0(x_0) \pm \int_{x_0}^{x} \sqrt{2m\left[E - V(\xi)\right]}\, d\xi \qquad (7.299)$$

Mit dem klassischen Impuls p

$$p(x) = \sqrt{2m\left[E - V(x)\right]} \qquad (7.300)$$

bekommen wir aus (7.299):

$$S_0(x) = S_0(x_0) \pm \int_{x_0}^{x} p(\xi)\, d\xi \qquad (7.301)$$

Die erste Korrektur folgt unmittelbar aus (7.298). Es ist

$$S_1(x) = S_1(x_0) - \frac{1}{2} \int\limits_{x_0}^{x} \frac{S_0''(\xi)}{S_0'(\xi)} d\xi = S_1(x_0) - \frac{1}{2} \ln \left| \frac{S_0'(x)}{S_0'(x_0)} \right| \tag{7.302}$$

oder mit (7.301)

$$S_1(x) = S_1(x_0) - \frac{1}{2} \left[\ln |p(x)| - \ln |p(x_0)| \right] \tag{7.303}$$

Wir setzen jetzt (7.296) mit (7.301) und (7.303) in (7.295) ein, fassen alle konstanten Faktoren in einer Konstanten A zusammen und erhalten so für die beiden stationären Lösungen

$$\varphi_{\mp}(x) = A \frac{e^{\mp \frac{i}{\hbar} \int_{x_0}^{x} p(\xi) d\xi}}{\sqrt{|p(x)|}} \tag{7.304}$$

Die allgemeine Lösung für die stationäre Wellenfunktion (7.294) nimmt deshalb in der ersten Ordnung der WKB-Näherung die Gestalt

$$\varphi(x) = \frac{A_1 \exp\left\{ \left(\frac{i}{\hbar} \int\limits_{x_0}^{x} p(\xi) d\xi \right) \right\} + A_2 \exp\left\{ \left(-\frac{i}{\hbar} \int\limits_{x_0}^{x} p(\xi) d\xi \right) \right\}}{|2m \left[E - V(x) \right]|^{1/4}} \tag{7.305}$$

an mit den beiden Konstanten A_1 und A_2. Wir wollen jetzt ein Potential betrachten, das für $x \to \pm\infty$ entsprechend $V \to +\infty$ divergiert und nur ein Minimum besitzt. Dann gibt es im Rahmen der klassischen Mechanik zu jeder Energie E, die größer ist als der minimale Potentialwert, zwei Umkehrpunkte x_- und x_+ mit $V(x_-) = V(x_+) = E$. Im Gebiet zwischen beiden Umkehrpunkten, $x_- \leq x \leq x_+$, gilt $E \geq V(x)$ und wir erhalten aus (7.305)

$$\varphi_z(x) = \frac{C}{|2m \left[E - V(x) \right]|^{1/4}} \cos\left(\frac{1}{\hbar} \int\limits_{x_0}^{x} p(\xi) d\xi + s_0 \right) \tag{7.306}$$

Dabei bleiben Amplitude C und Phase s_0 vorerst noch offen. Jenseits der beiden Umkehrpunkte wird $p(x)$ imaginär und jeweils eine der beiden Exponentialfunktionen in (7.305) divergent. Unter Berücksichtigung der Normierbarkeit der Zustandsfunktion erhalten wir

$$\varphi_{\pm}(x) = \frac{C_{\pm}}{|2m \left[E - V(x) \right]|^{1/4}} \exp\left(\mp \frac{1}{\hbar} \int\limits_{x_{\pm}}^{x} |p(\xi)| d\xi \right) \tag{7.307}$$

Dabei gilt die Wellenfunktion $\varphi_-(x)$ für $x < x_-$ und $\varphi_+(x)$ für $x > x_+$.

7.7.2.2 *Verhalten in der Umgebung eines Umkehrpunkts

In der Umgebung eines Umkehrpunkts werden die Lösungen der WKB-Methode singulär. Deshalb können die üblichen Anschlussmethoden nicht verwendet werden. Wir müssen vielmehr versuchen, die Schrödinger-Gleichung in der Umgebung eines Umkehrpunkts direkt zu lösen, und mithilfe dieser Lösung die Anschlussbedingungen zu formulieren. Wir betrachten hier die Umgebung des Punkts x_+. Das Potential kann um diesen Punkt entwickelt werden:

$$V(x) = V(x_+) + V'(x_+)(x - x_+) + \cdots \approx E - F_0(x - x_+) \tag{7.308}$$

Dabei haben wir die Bedingung für den Umkehrpunkt, $V(x_+) = E$, und die Definition der klassischen Kraft ($F = -V'(x)$) benutzt. Die Kraft $F_0 < 0$ wirkt speziell im Umkehrpunkt auf das betrachtete Teilchen. Setzt man dieses Potential in die eindimensionale zeitunabhängige Schrödinger-Gleichung ein, dann erhält man

$$-\frac{\hbar^2}{2m}\varphi''(x) + |F_0|(x - x_+)\varphi(x) = 0 \tag{7.309}$$

Wir werden jetzt diese Differentialgleichung lösen. Obwohl (7.309) für große Werte x gewiss von der ursprünglichen Schrödinger-Gleichung abweicht, wird sie das Verhalten der Wellenfunktion in der Nähe des Umkehrpunkts richtig wiedergeben. Wir ignorieren deshalb den an sich komplizierteren Verlauf des Potentials $V(x)$ und konzentrieren uns auf die Lösung von (7.309), d.h. auf eine Schrödinger-Gleichung in einem konstanten Kraftfeld über den gesamten Bereich $x \in (-\infty, \infty)$. Da das lineare Potential (7.308) je nach Vorzeichen von F_0 entweder für $x \to +\infty$ oder für $x \to -\infty$ gegen $-\infty$ divergiert, hat die Schrödinger-Gleichung ein kontinuierliches Spektrum und besitzt damit also für jede Energie E eine zulässige Lösung. Die Energie E tritt zwar in (7.309) gar nicht mehr auf, ist aber wegen der Umkehrpunktgleichung mit x_+ und deshalb auch mit F_0 verbunden. Deshalb bedeutet die Existenz eines kontinuierlichen Spektrums, dass (7.309) für alle Werte F_0 und x_+ eine zulässige Lösung besitzt. Wir führen jetzt die dimensionslose Koordinate

$$\xi = \left(\frac{2m|F_0|}{\hbar^2}\right)^{1/3}(x - x_+) \tag{7.310}$$

ein und erhalten somit aus (7.309) die Differentialgleichung

$$\varphi''(\xi) - \xi\varphi(\xi) = 0 \tag{7.311}$$

Diese Gleichung ist vollständig parameterfrei. Wenn wir also eine Lösung finden, dann ist diese Lösung universell für alle Werte von F_0 und x_+ gültig.

Die Differentialgleichung (7.311) gehört zur Klasse der Laplace'schen Differentialgleichungen, die vom Typ

$$\sum_{n=0}^{N} (a_n + b_n\xi) \frac{d^n u(\xi)}{d\xi^n} = 0 \qquad (7.312)$$

sind und mithilfe der Laplace'schen Methode gelöst werden können[37]. Dazu bildet man die Polynome

$$P = \sum_{n=0}^{N} a_n t^n, \qquad Q = \sum_{n=0}^{N} b_n t^n \qquad (7.313)$$

und hieraus die Funktion

$$W = Q^{-1} \exp\left\{ \int PQ^{-1} dt \right\} \qquad (7.314)$$

Dann ist die Lösung der Laplace'schen Differentialgleichung das komplexe Integral

$$u(\xi) = \int_{\mathcal{C}} W \exp(\xi t)\, dt \qquad (7.315)$$

Der Integrationsweg $\mathcal{C}$ ist in der komplexen Ebene so zu wählen, dass $WQ\exp(\xi t)$ für alle Werte ξ wieder seinen Ausgangswert annimmt, sobald der Weg seinen Endpunkt erreicht[38]. Im Fall der Differentialgleichung (7.311) haben wir

$$P = t^2 \quad Q = -1 \quad \text{und deshalb} \quad W = W_0 \exp\left(-\frac{t^3}{3}\right) \qquad (7.316)$$

W_0 repräsentiert die Integrationskonstante. Damit erhalten wir die Lösung

$$\varphi(\xi) = W_0 \int_{\mathcal{C}} \exp\left(\xi t - \frac{t^3}{3}\right) dt \qquad (7.317)$$

Der Integrationsweg $\mathcal{C}$ muss dabei so gelegt werden, dass Anfangs- und Endwert des Integranden für alle ξ übereinstimmen. Dazu können wir z. B. $t = -\varepsilon + iy$ mit $-\infty < y < \infty$ und $\varepsilon > 0$ wählen. Dann ist nämlich

$$\lim_{y\to\pm\infty} |WQ\exp(\xi t)| = W_0 \exp\left(-\varepsilon\xi + \frac{1}{3}\varepsilon^3\right) \lim_{y\to\pm\infty} \left|\exp\left(-y^2\varepsilon\right)\right| = 0 \quad (7.318)$$

---

37) siehe [40]
38) Dabei spielt es keine Rolle, ob der Integrationsweg geschlossen oder offen ist.

d. h. die Integrationskurve erfüllt die notwendige Bedingung für die Anwendbarkeit der Laplace'schen Methode. Wir können jetzt auch den Grenzübergang $\varepsilon \to 0$ ausführen und erhalten

$$\varphi(\xi) = iW_0 \int_{-\infty}^{\infty} \exp\left(i\xi y + i\frac{y^3}{3}\right) dy = 2iW_0 \int_0^{\infty} \cos\left(\xi y + \frac{y^3}{3}\right) dy \qquad (7.319)$$

oder

$$\varphi(\xi) = A_0\, Ai(\xi) \qquad (7.320)$$

$Ai(x)$ ist die sogenannte Airy-Funktion [1]

$$Ai(x) = \frac{1}{\sqrt{\pi}} \int_0^{\infty} \cos\left(xy + \frac{y^3}{3}\right) dy = \frac{1}{2\sqrt{\pi}} \int_{-\infty}^{\infty} \exp\left(-ixy - i\frac{y^3}{3}\right) dy \qquad (7.321)$$

ist. Damit ist die Lösung von (7.311) bis auf den Normierungsfaktor A_0 durch (7.320) festgelegt.

7.7.2.3 *Eigenschaften der Airy-Funktion

Wir benötigen für unser weiteres Vorgehen das asymptotische Verhalten der Airy-Funktion für $|x| \to \infty$. Dazu benutzt man am besten die Sattelpunktmethode. Der Exponent in (7.321) erreicht sein Extremum bei $y_0 = \pm i\sqrt{x}$. Für $x > 0$ entwickeln wir den Exponenten um $-i\sqrt{x}$ und gelangen mit $\eta = y + i\sqrt{x}$ zu

$$-ixy - i\frac{y^3}{3} = -\frac{2}{3}x^{\frac{3}{2}} - \sqrt{x}\eta^2 - i\frac{\eta^3}{3} \qquad (7.322)$$

Die mit dieser Transformation verbundene Verschiebung des Integrationsweges ($t = iy \to t' = i\eta + \sqrt{x}$) verletzt nicht die weiter oben eingeführte Laplace'sche Bedingung, dass die Werte des Integranden am Anfangs- und Endpunkt des Wegs übereinstimmen müssen, solange wir den Integrationsweg parallel zur imaginären Achse durch den Schnittpunkt $\sqrt{x}$ mit der reellen Achse führen. Für hinreichend große Werte x dominieren die beiden ersten Terme von (7.322) das Integral in (7.321). Der dritte Term ist rein imaginär und trägt nur zu Oszillationen bei. Diese werden aber erst wirksam für $\eta \sim 1$, während der zweite Term bereits bei $\eta \sim x^{-1/4}$ zu einer signifikanten Unterdrückung des Exponenten führt. Deshalb erhalten wir für $x \to \infty$ das asymptotische Verhalten:

$$Ai(x) \propto \frac{1}{2\sqrt{\pi}} \int_{-\infty}^{\infty} \exp\left(-\frac{2}{3}x^{\frac{3}{2}} - \sqrt{x}\eta^2\right) d\eta = \frac{1}{2x^{1/4}} \exp\left(-\frac{2}{3}x^{\frac{3}{2}}\right) \qquad (7.323)$$

Um das Verhalten der Airy-Funktion für $x < 0$ zu bestimmen, schreiben wir (7.321) unter Verwendung der trigonometrischen Theoreme für Winkelsummen und der neuen Integrationsvariablen $y = 3^{1/3}a$ um:

$$Ai(x) = \frac{3^{1/3}}{\sqrt{\pi}} \left[\int_0^\infty da \, \cos za \cos a^3 + \int_0^\infty da \, \sin za \sin a^3 \right] \tag{7.324}$$

wobei $z = 3^{1/3} |x|$ ist. Das erste Integral ergibt

$$\int_0^\infty da \, \cos za \cos a^3 = \frac{\pi}{6} \sqrt{\frac{z}{3}} \left(J_{\frac{1}{3}}(w) + J_{-\frac{1}{3}}(w) + \frac{\sqrt{3}}{\pi} K_{\frac{1}{3}}(w) \right) \tag{7.325}$$

und das zweite

$$\int_0^\infty dy \, \sin za \sin a^3 = \frac{\pi}{6} \sqrt{\frac{z}{3}} \left(J_{\frac{1}{3}}(w) + J_{-\frac{1}{3}}(w) - \frac{\sqrt{3}}{\pi} K_{\frac{1}{3}}(w) \right) \tag{7.326}$$

mit $w = 2(z/3)^{3/2}$. In diesen beiden Formeln ist J_ν die Bessel-Funktion erster Art und K_ν die modifizierte Bessel-Funktion erster Art. Damit erhalten wir für die Airy-Funktion

$$Ai(x) = 3^{1/3} \sqrt{\frac{z\pi}{3^3}} \left(J_{\frac{1}{3}}(w) + J_{-\frac{1}{3}}(w) \right) \tag{7.327}$$

Für das asymptotische Verhalten der Bessel-Funktionen bei $w \to \infty$ gilt in der führenden Ordnung[39]

$$J_{\pm\nu}(w) \propto \sqrt{\frac{2}{\pi w}} \cos \left(w \mp \frac{\pi\nu}{2} - \frac{\pi}{4} \right) \tag{7.328}$$

und deshalb

$$Ai(x) \propto 3^{1/3} \sqrt{\frac{z\pi}{3^3}} \sqrt{\frac{8}{\pi w}} \cos \left(w - \frac{\pi}{4} \right) \cos \left(\frac{\pi}{6} \right)$$

$$= \frac{1}{|x|^{1/4}} \cos \left(\frac{2}{3} |x|^{3/2} - \frac{\pi}{4} \right) \tag{7.329}$$

7.7.2.4 *Anschlussbedingungen

Wir können jetzt auf die Lösung der Schrödinger-Gleichung im Rahmen der WKB-Näherung zurückkommen. In der unmittelbaren Umgebung des Umkehrpunkts erfüllt die Wellenfunktion die Gleichung (7.320). In hinreichend großem Abstand vom Umkehrpunkt muss die Wellenfunktion (7.320) dann aber in die mit der WKB-Methode gewonnenen Lösungen übergehen. Für

39) siehe [22]

$x > x_+$ findet man in der Nähe des Umkehrpunkts x_+ unter Verwendung von (7.300), (7.307) und (7.308):

$$\varphi_+(x) = \frac{C_+}{|2mF_0(x - x_+)|^{1/4}} \exp\left(-\frac{2}{3\hbar}\sqrt{2m|F_0|}(x - x_+)^{3/2}\right) \tag{7.330}$$

Wir vergleichen dieses Resultat mit dem asymptotischen Verhalten von (7.320), das wegen (7.323) und (7.310) durch

$$\varphi(x) \propto \frac{(2m\hbar|F_0|)^{\frac{1}{6}} A_0}{2|2mF_0(x - x_+)|^{1/4}} \exp\left(-\frac{2}{3\hbar}\sqrt{2m|F_0|}(x - x_+)^{3/2}\right) \tag{7.331}$$

gegeben ist. Damit ist A_0 als Funktion von C_+ bestimmt.

Auf der anderen Seite des Umkehrpunkts, also für $x < x_+$, bekommt man mit (7.329), (7.320) und (7.310) und unter Verwendung von $(2m\hbar|F_0|)^{1/6}A_0 = 2C_+$

$$\varphi(\xi) \propto \frac{2C_+}{|2mF_0(x_+ - x)|^{1/4}} \cos\left(\frac{2}{3\hbar}\sqrt{2m|F_0|}(x_+ - x)^{3/2} - \frac{\pi}{4}\right) \tag{7.332}$$

während die WKB-Näherung in der linken Umgebung von x_+ wegen (7.306)

$$\varphi_z(x) = \frac{C}{|2mF_0(x_+ - x)|^{1/4}} \cos\left(\frac{2}{3\hbar}\sqrt{2m|F_0|}(x_+ - x)^{3/2} - s_0\right) \tag{7.333}$$

liefert. Dabei haben wir als Anfangspunkt der Integration $x_0 = x_+$ gewählt. Hieraus erhalten wir sofort die Forderung $C = 2C_+$ und $s_0 = \pi/4$. Damit erhalten wir rückwirkend aber auch die vervollständigte Lösung der WKB-Approximation, da jetzt die freien Koeffizenten fixiert sind. So lautet die vervollständigte Lösung (7.306) zwischen beiden Umkehrpunkten jetzt mit dem Bezugspunkt x_+:

$$\varphi_z(x) = \frac{2C_+}{|2m[E - V(x)]|^{1/4}} \cos\left(\frac{1}{\hbar}\int_x^{x_+} p(\xi)d\xi - \frac{\pi}{4}\right) \tag{7.334}$$

Führt man die Rechnungen mit dem Bezugspunkt x_- aus, dann findet man völlig analog:

$$\varphi_z(x) = \frac{2C_-}{|2m[E - V(x)]|^{1/4}} \cos\left(\frac{1}{\hbar}\int_{x_-}^x p(\xi)d\xi - \frac{\pi}{4}\right) \tag{7.335}$$

7.7.3
*Bohr'sche Quantisierungsbedingung

Die beiden Ausdrücke (7.334) und (7.335) beschreiben die gleiche Wellenfunktion zwischen den beiden Umkehrpunkten. Um die Eindeutigkeit zu wahren, müssen beide Funktionen im gesamten Bereich $[x_-, x_+]$ übereinstimmen.

Deshalb muss einerseits $C_+ = \pm C_-$ gelten, zum anderen muss die Summe der beiden Argumente der Kosinusfunktion ein ganzzahliges Vielfaches von π sein, also

$$\frac{1}{\hbar} \int_{x}^{x_+} p(\xi)d\xi - \frac{\pi}{4} + \frac{1}{\hbar} \int_{x_-}^{x} p(\xi)d\xi - \frac{\pi}{4} = \frac{1}{\hbar} \int_{x_-}^{x_+} p(\xi)d\xi - \frac{\pi}{2} = n\pi \qquad (7.336)$$

und damit

$$\frac{1}{\hbar} \int_{x_-}^{x_+} p(x)dx = n\pi + \frac{\pi}{2} \qquad (7.337)$$

Setzt man dieses Ergebnis in (7.334) bzw. (7.335) ein, dann findet man $C_+ = (-1)^n C_-$. Im klassischen Sinn ist die Bewegung von x_- bis x_+ eine halbe Periode. Schließt man die Periode durch den Rücklauf von x_+ bis x_-, dann erhalten wir

$$\frac{1}{2\pi\hbar} \oint p(x)dx = n + \frac{1}{2} \qquad (7.338)$$

Das ist die bereits bekannte Bohr'sche Quantisierungsbedingung. Nur Zustandsfunktionen, die als Lösung der WKB-Approximation diese Bedingung erfüllen, sind Lösungen der jeweils betrachteten Schrödinger-Gleichung. Damit haben wir aber auch eine tiefere Begründung für die Bohr'sche Quantisierungsbedingung erhalten. Da diese jetzt als Resultat einer semiklassischen Theorie abgeleitet wurde, ist auch verständlich, dass ihr Gültigkeitsbereich begrenzt ist. Sie gilt strenggenommen nur für große Quantenzahlen n. Damit ist auch klar, dass der Übergang von der Quantenmechanik zur klassischen Mechanik mit wachsenden Anregungsenergien und zunehmenden Skalen erfolgt.

Aufgaben

7.1 An einen quantenmechanischen harmonischen Oszillator mit der Ladung e wird zur Zeit $t = 0$ ein homogenes elektrisches Feld E angekoppelt. Zeigen Sie, dass dieser vom Grundzustand mit der Wahrscheinlichkeit

$$w_n = \frac{\overline{n}^n}{n!} \exp(-\overline{n}) \qquad \text{mit} \qquad \overline{n} = \frac{e^2 E^2}{2\hbar m \omega^2}$$

in den n-ten angeregten Zustand übergeht.

7.2 Ein vorher ruhendes Atom erfährt einen Stoß, sodass sich der Schwerpunkt des Atoms nach dem Stoß mit der Geschwindigkeit v bewegt. Zeigen Sie, dass dann

$$W_{lk} = \left| \left\langle \psi_k \left| \exp\left\{ -i\frac{mv}{\hbar} \sum_{i=1}^{N} \hat{x}_i \right\} \right| \psi_l \right\rangle \right|^2 \approx \frac{m^2}{\hbar^2} \left| \sum_{i=1}^{N} \langle \psi_k \left| v\hat{x}_i \right| \psi_l \rangle \right|^2$$

die Wahrscheinlichkeit ist, dass das Atom als Folge des Stoßes aus dem Zustand $|\psi_l\rangle$ in den Zustand $|\psi_k\rangle$ übergeht. N ist die Zahl der Elektronen des Atoms.

7.3 Zeigen Sie, dass die Wahrscheinlichkeiten, mit denen sich ein quantenmechanisches System unter dem Einfluss einer zeitlich periodischen Störung der Frequenz ω im Zustand $|\psi_k\rangle$ bzw. $|\psi_l\rangle$ befindet, mit einer Modulationsfrequenz oszillieren, die von der Größenordnung der Differenz

$$\Omega = \frac{E_k - E_l - \hbar\omega}{\hbar}$$

ist.

7.4 Leiten Sie aus der zeitabhängigen Störungstheorie die Energie-Zeit-Unschärferelation

$$\Delta E \Delta t \sim \hbar$$

ab. Welcher grundlegende Unterschied besteht zwischen dieser Unschärferelation und der Heisenberg'schen Unschärferelation für die Messung der Impuls- und Ortskoordinaten?

7.5 Zeigen Sie, dass die WKB-Näherung für ein quantenmechanisches Problem nur dann sinnvoll ist, wenn die Bedingung

$$\left| \nabla \frac{\hbar}{p(x)} \right| \ll 1$$

erfüllt ist. Dabei ist $p(x) = \pm \nabla S_0(x)$ der klassische Impuls des Problems.

Maple-Aufgaben

7.I Bestimmen Sie für einen harmonischen Oszillator, der durch das Potential

$$V = \alpha \hbar \omega \left(\frac{x}{a} \right)^3 + \beta \hbar \omega \left(\frac{x}{a} \right)^4$$

gestört wird (a ist eine charakteristische Längenskala) die ersten Energieeigenwerte bis zur zweiten Ordnung der Störungstheorie. Vergleichen Sie die Ergebnisse mit der Diagonalisierung der Matrix des Hamilton-Operators $\hat{H} = \hat{H}_0 + V$ in der Eigendarstellung des ungestörten Hamilton-Operators $\hat{H}_0$.

7.II In einem diskreten Spektrum befinden sich mehrere Energieeigenwerte sehr nahe beieinander, während sie von allen anderen Eigenwerten relativ weit entfernt liegen. Die Eigenwerte selbst werden durch einen Parameter κ bestimmt, der eine gewisse Eigenschaft des quantenmechanischen Systems repräsentiert. Stellen Sie die Eigenwerte grafisch für die folgenden Fälle als Funktion von κ dar:

a)
$$E_1 = \kappa \qquad \text{und} \qquad E_2 = 1 + (\kappa - 1)^2$$

b)
$$E_1 = \kappa \qquad \text{und} \qquad E_2 = \kappa + 4(\kappa - 1)^2$$

c)
$$E_1 = \kappa \qquad E_2 = 1 + (\kappa - 1)^2 \qquad \text{und} \qquad E_3 = 2\kappa - \frac{6}{5}$$

Wie ändert sich der Verlauf der Spektrallinien, wenn zusätzlich eine kleine Störung eingeschaltet wird?

7.III Ein kugelsymmetrischer, unendlich tiefer Potentialtopf wird schwach deformiert, sodass ein Rotationsellisoid mit den Halbachsen $a = b$ und c entsteht. Berechnen Sie im Rahmen der Störungstheorie erster Ordnung die Änderung der Energieniveaus als Folge dieser Deformation. Wie ändern sich die Zustände zur Drehimpulsquantenzahl $l = 0$?

7.IV Ein Elektron mit dem Anfangsimpuls p_0 wird an dem zentralsymmetrischen Potential

$$V = \frac{Qe}{r} \exp \left\{ -\frac{r}{A} \right\}$$

eines Atomkerns gestreut. Dieses sogenannte Yukawa-Potential berücksichtigt die Abschirmung der Coulomb-Wechselwirkung auf großen Skalen durch andere Ladungsträger, z. B. durch weitere Elektronen, die den Kern der Ladung Q umgeben. Bestimmen Sie die Wahrscheinlichkeit, dass das Elektron nach der Streuung den Impuls p besitzt.

7.V Bestimmen Sie mithilfe des Ritz'schen Variationsverfahrens näherungsweise den kleinsten Eigenwert ε für die dimensionslose Schrödinger-Gleichung:

$$\left[-\frac{1}{2}\frac{d^2}{dx^2} + V \right] \psi = \varepsilon\psi$$

und die folgenden Potentiale:

a)

$$V(x) = \frac{1}{2}\left(x^2 - 1\right)^2$$

mit der Testfunktion

$$\psi = P(x)\left[\exp\left\{-2(x-1)^2\right\} + \exp\left\{-2(x+1)^2\right\}\right]$$

b)

$$V(x) = \frac{1}{2}x^2 + \exp\left\{-2x^2\right\}$$

mit der Testfunktion

$$\psi = P(x)\exp\left\{-x^2\right\}$$

c)

$$V = 4\left|x - \frac{1}{2}\right|$$

mit der Testfunktion

$$\psi = \sum_{n=1}^{N} a_n \sin\left(\pi n x\right)$$

In den ersten beiden Fällen a) und b) ist $P(x)$ ein gerades Polynom in x.

8
Bewegung von Teilchen im elektromagnetischen Feld

8.1
Die Schrödinger-Gleichung von Teilchen im elektromagnetischen Feld

8.1.1
Die Schrödinger-Gleichung in der Ortsdarstellung

Bei allen bisherigen Überlegungen hatten wir den magnetischen Teil des elektromagnetischen Felds gegenüber dem elektrischen Anteil vernachlässigt. Tatsächlich kann man zeigen, dass der Einfluss des magnetischen Felds normalerweise sehr viel kleiner ist als der des elektrischen Felds und dass deshalb diese Vernachlässigung in vielen experimentellen Situationen möglich ist. Andererseits gibt es auch experimentelle Befunde, z. B. die als Zeeman-Effekt bekannte Aufspaltung der Spektrallinien unter dem Einfluss eines Magnetfelds, die eine Berücksichtigung dieses Felds in einer konsistenten Theorie erfordern.

Wir wollen zuerst die Schrödinger-Gleichung für ein geladenes mikroskopisches Teilchen[1] in einem allgemeinen elektromagnetischen Feld ableiten. Dazu benutzen wir den Standard-Formalismus und übertragen mithilfe der Jordan'schen Regeln (4.199) die klassische Hamilton-Funktion[2]

$$H = \frac{1}{2m}\left(\boldsymbol{p} - \frac{e}{c}\boldsymbol{A}\right)^2 + e\Phi \tag{8.1}$$

eines geladenen Teilchens auf den Hamilton-Operator

$$\hat{H} = \frac{1}{2m}\left[\hat{\boldsymbol{p}} - \frac{e}{c}\boldsymbol{A}(\hat{\boldsymbol{x}},t)\right]^2 + e\Phi(\hat{\boldsymbol{x}},t) \tag{8.2}$$

Wir können hieraus sofort die Schrödinger-Gleichung in der Ortsdarstellung ableiten:

$$i\hbar\dot{\psi} = \left[\frac{1}{2m}\left(\frac{\hbar}{i}\nabla - \frac{e}{c}\boldsymbol{A}\right)^2 + e\Phi\right]\psi \tag{8.3}$$

---

1) In diesem Kapitel beziehen wir uns auf Teilchen mit der Elementarladung $e = -|e|$. Für andere Partikelladungen q ist einfach e durch q zu ersetzen, siehe auch Kapitel 6, Fußnote 3.
2) siehe Band I, Abschnitt 7.4.3, und Band II, Abschnitt 4.5

Theoretische Physik III: Quantenmechanik 1. Peter Reineker, Michael Schulz, Beatrix M. Schulz
Copyright © 2007 WILEY-VCH Verlag GmbH & Co. KGaA, Weinheim
ISBN: 978-3-527-40639-5

Bei der Aufstellung der Schrödinger-Gleichung haben wir die gleichen Regeln wie in den vorangegangenen Kapiteln befolgt. Die offensichtliche Verwandtschaft der fundamentalen Vertauschungsrelationen (4.146) mit dem Poisson-Klammer-Kalkül legt auch nahe, dass bei der Anwendung der Jordan'schen Regeln als Basisobservable neben den Ortskoordinaten die zugehörigen kanonischen Impulse und nicht die kinematischen Impulse $p_{kin} = p - (e/c)A$ zu verwenden sind. Wie wir aber bereits mehrfach betont hatten, gibt erst der Vergleich mit den experimentellen Ergebnissen eine Antwort auf die Frage, ob die obige heuristische Ableitung tatsächlich zu einer widerspruchsfreien Beschreibung der Realität führt.

Wir wollen die Schrödinger-Gleichung für ein Teilchen im Magnetfeld noch etwas umformen. Dazu multiplizieren wir den Klammerausdruck in (8.3) aus und erhalten

$$\left(\frac{\hbar}{i}\nabla - \frac{e}{c}A\right)^2\psi = \left[\left(\frac{\hbar}{i}\nabla\right)^2 - \frac{\hbar}{i}\frac{e}{c}\nabla A - \frac{\hbar}{i}\frac{e}{c}A\nabla + \left(\frac{e}{c}A\right)^2\right]\psi$$

$$= \left[\hat{p}^2 - \frac{\hbar}{i}\frac{e}{c}(\nabla A) - 2\frac{e}{c}A\hat{p} + \left(\frac{e}{c}A\right)^2\right]\psi \qquad (8.4)$$

Die Schrödinger-Gleichung in Ortsdarstellung lautet nun

$$i\hbar\dot{\psi} = \left[\frac{\hat{p}^2}{2m} + e\Phi - \frac{1}{2m}\frac{e}{c}A\hat{p} - \frac{1}{2m}\frac{e\hbar}{c}\frac{1}{i}(\nabla A) + \frac{1}{2m}\left(\frac{e}{c}A\right)^2\right]\psi \qquad (8.5)$$

Dabei verstehen wir hier und im weiteren Verlauf dieses Kapitels unter $\hat{p}$ den Impulsoperator in der verkürzten Ortsdarstellung (4.199), also den Differentialoperator $\hat{p} = -i\hbar\nabla$.

8.1.2
Kontinuitätsgleichung und Wahrscheinlichkeitsstromdichte

Analog zum Vorgehen in Abschnitt 3.3 bilden wir die konjugiert komplexe Schrödinger-Gleichung

$$-i\hbar\dot{\psi}^* = \left[-\frac{\hbar^2}{2m}\Delta + e\Phi - i\frac{e\hbar}{mc}A\nabla - i\frac{e\hbar}{2mc}(\nabla A) + \frac{1}{2m}\left(\frac{e}{c}A\right)^2\right]\psi^* \qquad (8.6)$$

und setzen (8.5) und (8.6) in die Zeitableitung der Wahrscheinlichkeitsdichte $w = |\psi|^2$, also in

$$\frac{\partial}{\partial t}w = \frac{\partial}{\partial t}\psi\psi^* = \psi^*\dot{\psi} + \psi\dot{\psi}^* \qquad (8.7)$$

ein. Damit erhalten wir die Gleichung

$$i\hbar\frac{\partial}{\partial t}w = \frac{\hbar^2}{2m}(\psi\Delta\psi^* - \psi^*\Delta\psi) + i\frac{e\hbar}{mc}A(\psi^*\nabla\psi + \psi\nabla\psi^*)$$

$$+ i\frac{e\hbar}{mc}(\nabla A)\psi^*\psi \qquad (8.8)$$

oder nach einigen elementaren Umformungen

$$i\hbar \frac{\partial}{\partial t} w = -\frac{\hbar^2}{2m} \nabla \left(\psi^* \nabla \psi - \psi \nabla \psi^* \right) + i \frac{e\hbar}{mc} \nabla \left(A \psi^* \psi \right) \tag{8.9}$$

Diese Gleichung kann auch in Form einer Kontinuitätsgleichung geschrieben werden:

$$\frac{\partial}{\partial t} \left(\psi^* \psi \right) + \nabla S = 0 \tag{8.10}$$

Dabei haben wir den Wahrscheinlichkeitsstrom S eingeführt:

$$S = \frac{\hbar}{2mi} \left(\psi^* \nabla \psi - \psi \nabla \psi^* \right) - \frac{e}{mc} A \psi^* \psi \tag{8.11}$$

Im Vergleich zum Wahrscheinlichkeitsstrom (3.31) für ein quantenmechanisches Teilchen ohne Magnetfeld erhalten wir jetzt den Zusatzterm $-e/(mc)A|\psi|^2$.

8.1.3
Eichtransformation

Aus der Elektrodynamik ist bekannt[3], dass die elektromagnetischen Potentiale Φ und A nur bis auf gewisse Eichfreiheiten eindeutig festgelegt sind. Erst die aus ihnen bestimmten Felder E und B als eigentlich beobachtbare physikalische Größen sind eindeutig festgelegt und werden durch die Eichung der Potentiale nicht beeinflusst. Die Eichinvarianz[4] ist in der Elektrodynamik eng mit der Ladungserhaltung verbunden[5] und stellt damit eine fundamentale Forderung dar, die sich auch in der Quantentheorie widerspiegeln muss.

Um die Invarianz der elektromagnetischen Felder gegenüber einer Eichung der Potentiale zu sichern, müssen die Potentiale der Elektrodynamik den folgenden Eichtransformationen genügen:

$$A' = A + \nabla f(x,t), \qquad \Phi' = \Phi - \frac{1}{c} \dot{f}(x,t) \tag{8.12}$$

$f(x,t)$ ist dabei eine beliebige Funktion. Man kann unmittelbar zeigen, dass die Felder B und E mit dieser Eichung nicht geändert werden. Tatsächlich erhält man

$$B' = \nabla \times A' = \nabla \times (A + \nabla f(x,t)) = \nabla \times A = B \tag{8.13}$$

---

3) siehe Band II, Abschnitt 4.6
4) Der Begriff der Eichinvarianz wurde wahrscheinlich von H. Weyl eingeführt, der bemerkte, dass physikalische Gleichungen und geometrische Zusammenhänge invariant gegenüber einer Änderung, d. h. Umeichung, der Längen- und Zeitskalen sein müssen.
5) siehe Band II, Abschnitt 5.6

und

$$E' = -\frac{1}{c}\left[\dot{A} + \nabla\dot{f}\right] - \nabla\left[\Phi - \frac{1}{c}\dot{f}\right] = -\frac{1}{c}\dot{A} - \nabla\Phi = E \tag{8.14}$$

In der Schrödinger-Gleichung treten die Potentiale jetzt aber direkt auf. Daher stellt sich die Frage, wie sich Eichtransformationen der elektromagnetischen Potentiale auf die Lösung der Schrödinger-Gleichung und damit auf die quantenmechanische Beschreibung der Eigenschaften mikroskopischer Partikel auswirken.

Wir betrachten deshalb die Schrödinger-Gleichung mit den Potentialen Φ' und A' für die Wellenfunktion ψ'

$$i\hbar\dot{\psi}'(x,t) = \left[\frac{1}{2m}\left(p - \frac{e}{c}A'\right)^2 + e\Phi'\right]\psi'(x,t) \tag{8.15}$$

und stellen $\psi'(x,t)$ in der Form

$$\psi'(x,t) = \exp\left\{\frac{ie}{\hbar c}f(x,t)\right\}\psi(x,t) \tag{8.16}$$

dar. Dabei ist die Bedeutung von $\psi(x,t)$ zunächst noch offen, während $f(x,t)$ die in (8.12) zur Eichung benutzte Funktion ist. Wir berechnen zunächst die Wirkung von

$$\hat{D}' = \hat{p} - \frac{e}{c}A' = \frac{\hbar}{i}\nabla - \frac{e}{c}A' \tag{8.17}$$

auf die Funktion (8.16):

$$\hat{D}'\exp\left\{\frac{ie}{\hbar c}f\right\}\psi = \left(\frac{\hbar}{i}\nabla - \frac{e}{c}A - \frac{e}{c}(\nabla f)\right)\exp\left\{\frac{ie}{\hbar c}f\right\}\psi \tag{8.18}$$

Hieraus erhalten wir sofort

$$\hat{D}'\exp\left\{\frac{ie}{\hbar c}f\right\}\psi = \exp\left\{\frac{ie}{\hbar c}f\right\}\left(\frac{\hbar}{i}\nabla - \frac{e}{c}A\right)\psi = \exp\left\{\frac{ie}{\hbar c}f\right\}\hat{D}\psi \tag{8.19}$$

Dabei haben wir im letzten Schritt den Operator

$$\hat{D} = \hat{p} - \frac{e}{c}A = \frac{\hbar}{i}\nabla - \frac{e}{c}A \tag{8.20}$$

mit dem ursprünglichen Vektorpotential A eingeführt. Die nochmalige Anwendung von $\hat{D}'$ auf diesen Ausdruck liefert dann

$$\hat{D}'^2\exp\left\{\frac{ie}{\hbar c}f\right\}\psi = \exp\left\{\frac{ie}{\hbar c}f\right\}\hat{D}^2\psi \tag{8.21}$$

oder mit (8.17) und (8.20)

$$\left(\frac{\hbar}{i}\nabla - \frac{e}{c}A'\right)^2\exp\left\{\frac{ie}{\hbar c}f\right\}\psi = \exp\left\{\frac{ie}{\hbar c}f\right\}\left(\frac{\hbar}{i}\nabla - e/cA\right)^2\psi \tag{8.22}$$

Nach Einsetzen in (8.15) erhalten wir unter Berücksichtigung der Eichtransformation (8.12) für das skalare Potential Φ

$$
i\hbar \frac{\partial}{\partial t} \left(\exp\left\{ i\frac{e}{\hbar c} f \right\} \psi \right)
$$
$$
= \frac{1}{2m} \exp\left\{ i\frac{e}{\hbar c} f \right\} \left(\frac{\hbar}{i}\nabla - \frac{e}{c}\boldsymbol{A} \right)^2 \psi + e\left(\Phi - \frac{1}{c}\dot{f} \right) \exp\left\{ i\frac{e}{\hbar c} f \right\} \psi \qquad (8.23)
$$

Führt man die Differentiation auf der linken Seite aus, dann gelangt man zu

$$
-\frac{e}{c}\dot{f} \exp\left\{ i\frac{e}{\hbar c} f \right\} \psi + i\hbar \exp\left\{ i\frac{e}{\hbar c} f \right\} \frac{\partial\psi}{\partial t}
$$
$$
= \frac{1}{2m} \exp\left\{ i\frac{e}{\hbar c} f \right\} \left(\frac{\hbar}{i}\nabla - \frac{e}{c}\boldsymbol{A} \right)^2 \psi + e\left(\Phi - \frac{1}{c}\dot{f} \right) \exp\left\{ i\frac{e}{\hbar c} f \right\} \psi \qquad (8.24)
$$

Der erste Term auf der linken Seite und der letzte Term auf der rechten Seite heben sich weg. Außerdem kann die jetzt nur noch als Vorfaktor auftretende Exponentialfunktion eliminiert werden. Wir erhalten somit

$$
i\hbar\dot{\psi}(\boldsymbol{x}, t) = \frac{1}{2m} \left(\frac{\hbar}{i}\nabla - \frac{e}{c}\boldsymbol{A} \right)^2 \psi(\boldsymbol{x}, t) + e\Phi\psi(\boldsymbol{x}, t) \qquad (8.25)
$$

also wieder die Schrödinger-Gleichung eines Teilchens im elektromagnetischen Feld, jetzt aber für die Potentiale $\boldsymbol{A}$ und Φ vor der Eichtransformation. Deshalb ist die in Gleichung (8.25) vorkommende Funktion ψ die Wellenfunktion des quantenmechanischen Problems vor der Eichtransformation.

Die Eichtransformation der elektromagnetischen Potentiale (8.12) hat also eine Eichtransformation der Wellenfunktion entsprechend (8.16) zur Folge.

Wie die Potentiale der Elektrodynamik ist auch die Wellenfunktion nicht direkt beobachtbar. Deshalb ist eine Eichtransformation der Form (8.16) unproblematisch, solange die aus der Wellenfunktion resultierenden Schlussfolgerungen über physikalisch beobachtbare Größen eichinvariant bleiben. Wir wollen deshalb jetzt zeigen, dass typische beobachtbare Größen der Quantenmechanik – etwa die Wahrscheinlichkeitsdichte oder der Wahrscheinlichkeitsstrom – durch die Eichtransformation nicht geändert werden.

Wahrscheinlichkeitsdichte

Aus der Definition (8.16) der Eichtransformation folgt unmittelbar

$$
w' = \psi'^* \psi' = \psi^* \psi = w \qquad (8.26)
$$

d. h. die Wahrscheinlichkeitsdichte und deshalb die hiermit verbundene Realisierung von Messwerten in entsprechenden quantenmechanischen Experimenten werden von der Eichung nicht beeinflusst.

Wahrscheinlichkeitsstrom

Der Wahrscheinlichkeitsstrom ist durch (8.11) gegeben. Für den Strom nach der Eichung gilt

$$S' = \frac{\hbar}{2mi}\left(\psi'^*\nabla\psi' - \psi'\nabla\psi'^*\right) - \frac{e}{mc}A'\psi'^*\psi' \tag{8.27}$$

Setzt man hier die Transformationen (8.12) und (8.16) ein, dann findet man

$$S' = \frac{\hbar}{2mi}\left\{\psi'^*\left[\frac{ie}{\hbar c}(\nabla f)\psi' + e^{\frac{ie}{\hbar c}f}\nabla\psi\right] + \psi'\left[\frac{ie}{\hbar c}(\nabla f)\psi'^* - e^{-\frac{ie}{\hbar c}f}\nabla\psi^*\right]\right\}$$
$$- \frac{e}{mc}\left[A + \nabla f\right]\psi^*\psi \tag{8.28}$$

und deshalb unter Verwendung von (8.11)

$$S' = \frac{\hbar}{2mi}\left\{\psi^*\nabla\psi - \psi\nabla\psi^*\right\} - \frac{e}{mc}A\psi^*\psi = S \tag{8.29}$$

Damit ist $S' = S$, und der Wahrscheinlichkeitsstrom ist ebenfalls invariant gegenüber einer Eichtransformation.

Erwartungswerte der Ortsobservablen

Wir erhalten für eine beliebige Funktion $g(\hat{x})$ des Ortsoperators unter Verwendung der Ortsdarstellung

$$\langle\psi'|\,g(\hat{x})\,|\psi'\rangle = \int d^3x\,\psi'^*g(x)\psi' = \int d^3x\,\psi^*g(x)\psi = \langle\psi|\,g(\hat{x})\,|\psi\rangle \tag{8.30}$$

d. h. auch diese Erwartungswerte sind Invarianten bezüglich der Eichtransformation.

Erwartungswert des kanonischen Impulses

Hier erhalten wir

$$\langle\psi'|\,\hat{p}\,|\psi'\rangle = \int d^3x\,\psi'^*p\psi'$$
$$= \int d^3x\,\exp\left\{-i\frac{e}{\hbar c}f\right\}\psi^*\frac{\hbar}{i}\nabla\exp\left\{i\frac{e}{\hbar c}f\right\}\psi$$
$$= \int d^3x\,\psi^*\frac{e}{c}(\nabla f)\psi + \int d^3x\,\psi^*\frac{\hbar}{i}\nabla\psi$$
$$= \langle\psi|\frac{e}{c}\nabla f\,|\psi\rangle + \langle\psi|\,\hat{p}\,|\psi\rangle \tag{8.31}$$

Der Erwartungswert des kanonischen Impulses hängt damit von der Eichtransformation ab. Trotzdem ist dieses Resultat für die physikalische Wertung der Eichtransformation bedeutungslos, da die physikalisch beobachtbare Größe der kinematische Impuls $p_{\text{kin}} = p - (e/c)A$ ist.

Erwartungswert des kinematischen Impulses

Zur Bestimmung des Erwartungswerts dieser Observable benötigen wir den Operator des kinematischen Impulses, also $\hat{\boldsymbol{p}}_{\mathrm{kin}} = \hat{\boldsymbol{p}} - (e/c)\boldsymbol{A}$. Damit erhalten wir unter Verwendung von (8.12) und (8.31)

$$
\begin{aligned}
\langle \psi' | \, \hat{\boldsymbol{p}}_{\mathrm{kin}} \, | \psi' \rangle &= \langle \psi' | \, \hat{\boldsymbol{p}} \, | \psi' \rangle - \frac{e}{c} \langle \psi' | \, \boldsymbol{A}' \, | \psi' \rangle \\
&= \frac{e}{c} \langle \psi | \, \nabla f \, | \psi \rangle + \langle \psi | \, \hat{\boldsymbol{p}} \, | \psi \rangle - \frac{e}{c} \langle \psi | \, \boldsymbol{A} \, | \psi \rangle - \frac{e}{c} \langle \psi | \, \nabla f \, | \psi \rangle \\
&= \langle \psi | \, \hat{\boldsymbol{p}} \, | \psi \rangle - \frac{e}{c} \langle \psi | \, \boldsymbol{A} \, | \psi \rangle \\
&= \langle \psi | \, \hat{\boldsymbol{p}}_{\mathrm{kin}} \, | \psi \rangle
\end{aligned}
\tag{8.32}
$$

Wir kommen also auch hier zu dem Schluss, dass die Eichtransformationen (8.12) und (8.16) physikalisch messbare Größen nicht verändern.

8.1.4
*Aharonov-Bohm-Effekt

Eines der grundlegenden Experimente zur Quantenmechanik ist das Doppelspaltexperiment. Von einer Elektronenquelle laufen Elektronen bestimmter Energie auf einen Doppelspalt zu (Abb. 8.1). Auf einem Auffangschirm beobachtet man ein Interferenzbild. Bei dem 1959 von Y. Aharonov und D. Bohm vorhergesagten Effekt bringt man unmittelbar hinter dem Doppelspalt zwischen beiden Spaltöffnungen eine dünne, lange Spule an. Der Außenraum kann durch ein Eisenjoch abgeschirmt werden, sodass wirklich nur innerhalb der Spule ein Magnetfeld vorliegt und im Außenraum der Spule $\boldsymbol{B} = 0$ gilt. Ein klassisches Elektron auf der Bahn 1 oder 2 würde das Magnetfeld nicht spüren; somit müsste man dasselbe Ergebnis erwarten wie im Fall ohne Spu-

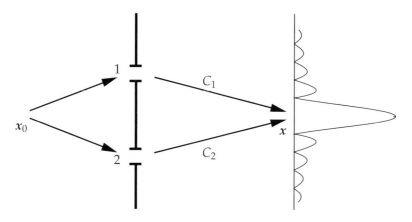

Abb. 8.1 Doppelspaltexperiment mit Magnetfeld

le. Dieser Schluss ist aber im Rahmen der Quantenmechanik nicht mehr richtig. Die Elektronen laufen eben nicht auf den Bahnen 1 oder 2, sondern werden durch eine im Raum ausgedehnte Wellenfunktion beschrieben, welche die Schrödinger-Gleichung erfüllt. Damit sollte auch das lokalisierte statische Magnetfeld einen Einfluss auf die Wellenfunktion ausüben. Aus klassischer Sicht entsteht somit eine Art Fernwirkung, da die Elektronen das Magnetfeld der Spule überhaupt nicht passieren.

Um das Aharonov-Bohm-Experiment zu verstehen, betrachten wir zuerst die Situation bei ausgeschaltetem statischen Magnetfeld. Die Schrödinger-Gleichung ist dann

$$i\hbar\dot{\psi}^0 = \frac{1}{2m}\boldsymbol{p}^2\psi^0 \tag{8.33}$$

wobei der obere Index 0 an das ausgeschaltete Magnetfeld ($\boldsymbol{B} = 0$) erinnern soll. Wenn wir nur den Spalt 1 bzw. den Spalt 2 offen lassen, wird die Lösung ψ_1^0 bzw. ψ_2^0. Wenn wir beide Spaltöffnungen nicht verschließen, ergibt sich die Wellenfunktion als Superposition der beiden Teillösungen

$$\psi^0 = \psi_1^0 + \psi_2^0 \tag{8.34}$$

Die Gesamtwellenfunktion ψ^0 muss eventuell noch normiert werden.

Jetzt wollen wir den Fall betrachten, dass das Magnetfeld nicht verschwindet. Wir müssen dann folgende Schrödinger-Gleichung lösen:

$$i\hbar\dot{\psi}^B = \frac{1}{2m}\left(\boldsymbol{p} - \frac{e}{c}\boldsymbol{A}\right)^2\psi^B \tag{8.35}$$

Wir gehen genauso vor wie oben, d. h. wir betrachten zunächst den Fall, dass nur ein Spalt offen ist, und berechnen später die Gesamtwellenfunktion als Superposition der beiden Teilwellenfunktionen ψ_1^B bzw. ψ_2^B. Um einen expliziten Ausdruck für die Abhängigkeit vom statischen Magnetfeld zu erhalten, führen wir eine Eichtransformation entsprechend

$$\boldsymbol{A}' = \boldsymbol{A} + \nabla f, \qquad \psi'^B = e^{i\frac{e}{\hbar c}f}\psi^B \tag{8.36}$$

durch und erhalten die transformierte Schrödinger-Gleichung

$$i\hbar\dot{\psi}'^B = \frac{1}{2m}\left(\boldsymbol{p} - \frac{e}{c}\boldsymbol{A}'\right)^2\psi'^B \tag{8.37}$$

Wir wählen die Funktion f so, dass im Außenbereich der Spule

$$\boldsymbol{A} + \nabla f = 0 \tag{8.38}$$

gilt. Damit eine solche Funktion f existiert, muss das Vektorpotential die Forderung $\nabla \times \boldsymbol{A} = 0$ erfüllen. Wegen $\boldsymbol{B} = \nabla \times \boldsymbol{A} = 0$ ist diese Bedingung aber gerade im feldfreien Raum, d. h. überall außerhalb der Spule, erfüllt. Solange kein Weg die Spule umschließt[6], können wir die Funktion f aus dem Vektorpotential A bestimmen und in Form eines Wegintegrals[7] darstellen:

$$f = - \int_C A \cdot dx \tag{8.39}$$

Der Weg C darf dabei natürlich nicht in den, experimentell sowieso stark eingeschränkten, Bereich der Spule führen. Mit dieser Eichung erhalten wir $A' = 0$. Die Schrödinger-Gleichung (8.37) wird also zu

$$i\hbar \dot\psi'^B = \frac{1}{2m} p^2 \psi'^B \tag{8.40}$$

und ist damit identisch mit derjenigen für die Bewegung eines Teilchens im Raum ohne Magnetfeld. Deshalb erhalten wir bei jeweils einem geöffneten Spalt als Lösung die beiden Teilwellenfunktionen

$$\psi'^B_1 = \psi^0_1 \quad \text{bzw.} \quad \text{und} \quad \psi'^B_2 = \psi^0_2 \tag{8.41}$$

Wir können jetzt die Eichtransformation wieder rückgängig machen und erhalten somit einen Zusammenhang zwischen den Wellenfunktionen der Einzelspaltexperimente mit und ohne Magnetfeld im Inneren der Spule

$$\psi^B_1(x) = \exp\left\{\frac{e}{i\hbar c} f_1(x)\right\} \psi^0_1(x) \qquad \psi^B_2(x) = \exp\left\{\frac{e}{i\hbar c} f_2(x)\right\} \psi^0_2(x) \tag{8.42}$$

Dabei sind die beiden Eichfunktionen gegeben durch

$$f_1(x) = - \int_{C_1} A dx, \qquad f_2(x) = - \int_{C_2} A dx \tag{8.43}$$

Die beiden Wege C_1 und C_2 legen wir so fest, dass sie von der Quelle x_0 zu einem beliebigen Punkt x hinter dem Schirm laufen (vgl. Abb. 8.1). Sind beide Spalteöffnungen unverschlossen, dann erhalten wir die Gesamtwellenfunktion als Überlagerung der beiden Teilwellenfunktionen

$$\psi^B(x) = \psi^B_1(x) + \psi^B_2(x) \tag{8.44}$$

Setzen wir hier die Resultate (8.42) ein, dann erhalten wir

$$\psi^B(x) = \exp\left\{\frac{ie}{\hbar c} \int_{C_1} A dx\right\} \psi^0_1 + \exp\left\{\frac{ie}{\hbar c} \int_{C_2} A dx\right\} \psi^0_2 \tag{8.45}$$

---

6) Diese Situation wird durch die Geometrie des Experiments garantiert, insofern nur ein Spalt offen ist.
7) siehe Band I, Kapitel 3

Wir klammern jetzt den Phasenfaktor der zweiten Teilwellenfunktion aus. Dann entsteht für die erste Teilwellenfunktion ein Phasenfaktor, der einen Umlauf von x_0 nach x entlang C_1 und dann zurück nach x_0 entlang C_2 führt. Wir erhalten also

$$\psi^B(x) = \left[\exp\left\{\frac{ie}{\hbar c}\oint A dx\right\}\psi_1^0 + \psi_2^0\right]\exp\left\{\frac{ie}{\hbar c}\int_{C_2} A dx\right\} \qquad (8.46)$$

Das Integral über den geschlossenen Weg kann mithilfe des Stokes'schen Satzes umgeformt werden und liefert[8]

$$\frac{ie}{\hbar c}\oint A\cdot dx = \frac{ie}{\hbar c}\iint \nabla\times A\cdot df = \frac{ie}{\hbar c}\iint B\cdot df = \frac{ie}{\hbar c}\phi_B \qquad (8.47)$$

ϕ_B ist dabei der magnetische Fluss durch den geschlossenen Weg. Da das Magnetfeld im ganzen Raum außer im Inneren der Spule verschwindet, kann der geschlossene Weg auf den Spulenquerschnitt zusammengezogen werden. Die Wellenfunktion am Schirm wird dann

$$\psi^B(x) = \left[\exp\left\{\frac{ie}{\hbar c}\phi_B\right\}\psi_1^0 + \psi_2^0\right]\exp\left\{\frac{ie}{\hbar c}\int_{C_2} A dx\right\} \qquad (8.48)$$

Die Intensität im Punkt x auf dem Schirm ist durch die Wahrscheinlichkeitsverteilung $|\psi^B(x)|^2$ gegeben. Wir erhalten deshalb

$$|\psi^B(x)|^2 = \left|\exp\left\{\frac{ie}{\hbar c}\phi_B\right\}\psi_1^0 + \psi_2^0\right|^2 \qquad (8.49)$$

Offenbar hängt die relative Phasenlage der beiden Teilwellen vom magnetischen Fluss ab. Eine Änderung des magnetischen Flusses führt somit zu einer messbaren Änderung des Interferenzmusters. Insbesondere findet man eine spezifische Verschiebung des Maximums des Interferenzmusters. Ohne Magnetfeld liegt das Maximum bei $x = 0$ (Abb. 8.1). Mit eingeschaltetem Magnetfeld entsteht eine Verschiebung des Maximums entsprechend

$$\delta x \approx L\tan\varphi = L\frac{a}{d} \qquad (8.50)$$

(siehe hierzu Abb. 8.2). Dabei ist a die Differenz der beiden Wege von je einer Spaltöffnung zur Position des Maximums. Dieser Gangunterschied a kompensiert die durch den magnetischen Fluss entstandene Phasendifferenz $\Delta = e\phi_B/\hbar c$. Mit λ als der de Broglie-Wellenlänge der Elektronen und der daraus folgenden Wellenzahl $k = 2\pi/\lambda$ ist die mit dem Gangunterschied a

8) siehe Band II, Abschnitt 2.3.1

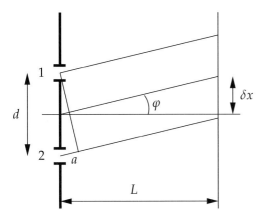

Abb. 8.2 Verschiebung des Interferenzmusters mit Magnetfeld

verbundene Phasendifferenz durch ka bestimmt. Die Bedingung für die Kompensation der durch den magnetischen Fluss verursachten Phasendifferenz ist $ka = |\Delta|$, d. h.

$$a = \frac{\lambda}{2\pi}|\Delta| \tag{8.51}$$

Damit erhalten wir

$$\delta x = \frac{L}{d}\frac{\lambda}{2\pi}\frac{|e|}{\hbar c}|\phi_B| \tag{8.52}$$

Eine für die Wirkung des Magnetfelds charakteristische Größe ist das so genannte Flussquant

$$\phi_0 = \pi\frac{\hbar c}{|e|} = 2.07 \cdot 10^{-7} \mathrm{G\,cm}^2 \tag{8.53}$$

Mit der Definition des Flussquants kann man die Verschiebung des Interferenzmusters beim Aharonov-Bohm-Effekt in der Form

$$\delta x = \frac{L}{d}\frac{\lambda}{2}\frac{|\phi_B|}{\phi_0} \tag{8.54}$$

schreiben. Der Effekt wurde von R.G. Chambers[9] und von G. Möllenstedt[10] in Tübingen beobachtet. Verwandte Effekte treten bei der Flussquantisierung in Supraleitern bei den so genannten SQIDs (Superconducting Quantum Interference Devices) auf.

Durch den Aharonov-Bohm-Effekt wird die Eichinvarianz nicht verletzt. Die beobachtbare Phasenverschiebung hängt nur vom magnetischen Fluss ϕ_B, d.h. vom Magnetfeld B und nicht vom Vektorpotential A ab. Durch den

9) siehe Phys. Rev. Lett. **5** (1960) 3
10) siehe Physikalische Blätter **18** (1962) 299

quantenmechanischen Charakter der Elektronen erhält die Wechselwirkung zwischen diesen Teilchen und dem elektromagnetischen Feld einen Fernwirkungscharakter. Das Magnetfeld B wirkt auf Elektronen an Raumpunkten, an denen überhaupt kein Magnetfeld vorhanden ist. Hier kommt die nichtlokale Struktur der Quantenmechanik zum Ausdruck. Wir werden uns mit dieser Eigenschaft in Kapitel 11 näher befassen.

Der Fernwirkungsaspekt kann im Fall des Aharonov-Bohm-Experiments am bequemsten mithilfe der Schrödinger-Gleichung mit Vektorpotential (8.3) beschrieben werden. Die Wechselwirkung zwischen Vektorpotential A und Wellenfunktion ψ erfolgt in dieser Gleichung am selben Raum-Zeit-Punkt, also lokal entsprechend dem Nahwirkungsprinzip. Im Gegensatz zu einer klassischen Theorie ist die Nahwirkung jetzt aber auf Größen bezogen, denen keine physikalische Realität im Sinne einer direkten Mess- oder Beobachtbarkeit zukommt.

8.2
Freie Elektronen im homogenen Magnetfeld und Landau-Niveaus

In einem homogenen Magnetfeld werden klassische geladene Teilchen auf Schraubenlinien gezwungen, die sich um die magnetischen Feldlinien winden. Da der Bahnbegriff in der Quantenmechanik seinen Sinn verliert, ist es interessant zu erfahren, durch welches mikroskopische Phänomen diese Bahnen zu ersetzen sind. Wir legen unser Koordinatensystem so fest, dass seine z-Achse mit der Richtung des homogenen Magnetfelds zusammenfällt:

$$B = (0, 0, B) \tag{8.55}$$

Das Vektorpotential ist nur bis auf den Gradienten einer beliebigen Funktion festgelegt, und deshalb können wir das Magnetfeld durch jedes der beiden Vektorpotentiale

$$A_x^{(a)} = -By \qquad A_y^{(a)} = 0 \qquad A_z^{(a)} = 0 \tag{8.56}$$

und

$$A_x^{(b)} = -\frac{By}{2} \qquad A_y^{(b)} = +\frac{Bx}{2} \qquad A_z^{(b)} = 0 \tag{8.57}$$

beschreiben. Diese Potentiale hängen über die Eichtransformation zusammen:

$$A^{(b)} = A^{(a)} + \nabla \left(\frac{B}{2} xy \right) \tag{8.58}$$

Mit dem ersten Vektorpotential erhalten wir folgende zeitunabhängige Schrödinger-Gleichung

$$\left\{ \frac{1}{2m} \left(\frac{\hbar}{i} \frac{\partial}{\partial x} + \frac{e}{c} By \right)^2 - \frac{\hbar^2}{2m} \left(\frac{\partial^2}{\partial y^2} + \frac{\partial^2}{\partial z^2} \right) \right\} \psi = E\psi \tag{8.59}$$

Läge kein Magnetfeld vor, dann würde (8.59) die Bewegung eines freien Teilchens beschreiben. Die Eigenfunktionen dieser Schrödinger-Gleichung wären auch die Eigenfunktionen des Impulsoperators und damit ebene Wellen. Durch das Magnetfeld wird offensichtlich die y-Abhängigkeit der Wellenfunktion abgeändert. Wir machen deshalb folgenden Ansatz

$$\psi(x) = e^{i(k_x x + k_z z)} \, v(y) \tag{8.60}$$

und erhalten damit aus (8.59) die Gleichung

$$\left\{ \frac{1}{2m}\left(\hbar k_x + \frac{e}{c}By\right)^2 - \frac{\hbar^2}{2m}\frac{\partial^2}{\partial y^2} + \frac{\hbar^2 k_z^2}{2m} \right\} v(y) = E v(y) \tag{8.61}$$

Wir können diese Gleichung noch umformen und gelangen damit zu

$$\left\{ -\frac{\hbar^2}{2m}\frac{\partial^2}{\partial y^2} + \frac{e^2 B^2}{2mc^2}\left(y + \frac{c\hbar k_x}{eB}\right)^2 \right\} v(y) = \left(E - \frac{\hbar^2 k_z^2}{2m} \right) v(y) \tag{8.62}$$

Führen wir jetzt die neue Variable $\xi = y + c\hbar k_x / eB$ ein, so bekommen wir

$$\left\{ -\frac{\hbar^2}{2m}\frac{\partial^2}{\partial \xi^2} + \frac{e^2 B^2}{2mc^2}\xi^2 \right\} \varphi_n(\xi) = \left(E - \frac{\hbar^2 k_z^2}{2m} \right) \varphi_n(\xi) \tag{8.63}$$

Diese Gleichung hat die Gestalt der Schrödinger-Gleichung für den harmonischen Oszillator mit der Frequenz

$$\frac{m}{2}\omega_0^2 = \frac{e^2 B^2}{2mc^2} \qquad \text{also} \qquad \omega_0 = \frac{|e||B|}{mc} \tag{8.64}$$

Die Energiewerte sind deshalb durch

$$E_{n,k_z} = \frac{\hbar^2 k_z^2}{2m} + \hbar\omega_0\left(n + \frac{1}{2}\right) \tag{8.65}$$

bestimmt. Die Energiewerte werden durch die Quantenzahl n des harmonischen Oszillators und die Komponente des Wellenvektors k_z in z-Richtung bestimmt (Abb. 8.3). Bezüglich k_z sind die Energien kontinuierlich verteilt. Eine Abhängigkeit von der dritten, ebenso wie k_z kontinuierlichen, Quantenzahl k_x tritt nicht auf. Deshalb ist der Entartungsgrad der Energieeigenwerte sogar nicht abzählbar unendlich. Die Wellenfunktionen zum Eigenwert E_{n,k_z} lauten damit

$$\psi_{n,k_x,k_z}(x) = c e^{ik_x x + ik_z z} \varphi_n\left(\sqrt{\frac{m\omega_0}{\hbar}}\left[y + \frac{c\hbar k_x}{eB}\right]\right) \tag{8.66}$$

Dabei sind die φ_n die Eigenfunktionen (5.47) des harmonischen Oszillators. In z-Richtung, der Richtung des Magnetfelds, ist jeder beliebige Impuls $\hbar k_z$

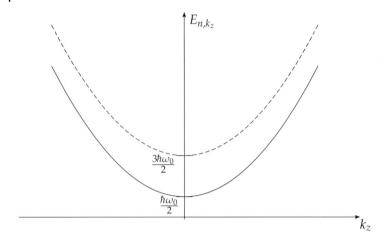

Abb. 8.3 Energieeigenwerte des harmonischen Oszillators als Funktion von k_z

möglich. Diskret sind dagegen die Energiewerte, die den Umlauf um die Richtung des Magnetfelds beschreiben. Die Energieeigenwerte des zugehörigen Spektrums werden auch als Landau-Niveaus bezeichnet. Die spezielle Wahl des Vektorpotentials scheint die y-Richtung auszuzeichnen. In Wirklichkeit ist das Problem jedoch zylindersymmetrisch mit der Richtung des Magnetfelds als Symmetrieachse. Tatsächlich können aus den nicht axialsymmetrischen Eigenfunktionen (8.66) wegen der Entartung bezüglich k_x durch eine geeignete Superposition axialsymmetrische Wellenfunktionen erzeugt werden.

Zum Abschluss der Diskussion wollen wir die mikroskopische Längenskala dieses Effekts abschätzen. Die momentan stärksten erreichbaren magnetischen Felder haben eine Größenordnung von 10^3 kG. In den meisten Resonanzexperimenten werden aber nur Felder der Größe 10 kG verwendet. Damit finden wir für die Frequenz ω_0

$$\omega_0 = \frac{|e||B|}{mc} \approx 2 \cdot 10^{11}\,\mathrm{s}^{-1} \tag{8.67}$$

die einem energetischen Abstand der Landau-Niveaus von

$$\hbar\omega_0 \approx 10^{-4}\,\mathrm{eV} \tag{8.68}$$

entsprechen. Auf der Temperaturskala entspricht diese Energiedifferenz wegen $kT \approx \hbar\omega_0$ etwa 1K.

Mit diesen Daten können wir die Lokalisierung der Elektronen im Magnetfeld abschätzen. Für die Wellenfunktion des Grundzustands der Landau-Niveaus erhalten wir (mit $k_x = k_z = 0$)

$$\varphi_0\left(\sqrt{\frac{m\omega_0}{\hbar}}y\right) \sim \exp\left\{-\frac{y^2}{2a^2}\right\} \tag{8.69}$$

mit

$$a = \sqrt{\frac{\hbar}{m\omega_0}} = \sqrt{\frac{\hbar c}{eB}} \tag{8.70}$$

Die charakteristische Längenskala der Lokalisierung des Elektrons a kann deshalb mit

$$a \approx 10^{-6} \text{ cm } \approx 100 \text{ Å} \tag{8.71}$$

abgeschätzt werden.

Wir werden auf die hier bereitgestellten Daten in Abschnitt 8.3.3 im Zusammenhang mit der Diskussion experimenteller Situationen wieder zurückkommen.

8.3
*Magnetfeld und elektronische Zustandsdichte im Festkörper

In diesem Abschnitt werden wir den Einfluss eines Magnetfeldes auf ein nur dem Pauli-Prinzip[11] unterworfenes Vielelektronensystem in einem Festkörper untersuchen. Es wird sich zeigen, dass die Elektronendichte an der so genannten Fermi-Kante periodisch von der (inversen) Stärke B^{-1} des magnetischen Felds abhängt. Diese Periodizität führt auf eine Reihe von experimentell überprüfbaren Magnetfeldeffekten, die in Abschnitt 8.3.3 diskutiert werden. Vorher jedoch müssen wir uns mit den theoretischen Grundlagen befassen.

8.3.1
*Bewegung von Elektronen ohne Magnetfeld

Um die folgenden Rechnungen etwas zu vereinfachen, werden wir die Bewegung der Elektronen auf eine Ebene beschränken und außerdem auf ein makroskopisch großes, aber endliches Rechteck der Abmessungen $L_x \times L_y$ lokalisieren, d. h. wir betrachten ein zweidimensionales Elektronengas in einem Rechteck. Außerdem nehmen wir an, dass die Elektronen untereinander wechselwirkungsfrei sind[12]. Aus der Schrödinger-Gleichung für ein freies Elektron erhalten wir dann als Wellenfunktion zweidimensionale ebene Wellen $\exp\{i(k_x x + k_y y)\}$. Die Energie eines solchen freien Elektrons ist gegeben durch

$$E_{n_x,n_y} = \frac{\hbar^2}{2m} \left[k_x^2 + k_y^2 \right] \tag{8.72}$$

---

11) Das Pauli-Prinzip wird in Kapitel 10 diskutiert. Für die folgenden Untersuchungen genügt die vereinfachte Aussage, dass jeder Elektronenzustand höchstens von einem Elektron besetzt werden kann.

12) Man kann zeigen, dass in metallischen Festkörpern diese Bedingung in einer akzeptablen Näherung erfüllt ist.

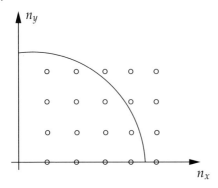

Abb. 8.4 Anzahl der Zustände im ersten Quadranten der n_x-n_y-Ebene. Alle Zustände innerhalb des Ellipsensektors tragen zu $N(E)$ bei.

wobei die Komponenten des Wellenvektors entsprechend

$$k_i = \frac{2\pi}{L_i} n_i \tag{8.73}$$

quantisiert sind.

Wegen der vorausgesetzten makroskopischen Ausdehnung des Rechtecks spielen die konkreten Randbedingungen keine Rolle mehr. Im vorliegenden Fall wurde (8.73) unter Beachtung zyklischer Randbedingungen, also der Forderung

$$\psi_{k_x,k_y}(x,y) = \psi_{k_x,k_y}(x + L_x, y) = \psi_{k_x,k_y}(x, y + L_y) \tag{8.74}$$

bestimmt. Man spricht hier auch von periodischen oder von Born-von Kármán'schen Randbedingungen. Die Zustände, deren Energie kleiner als E ist, liegen in der n_x-n_y-Ebene innerhalb einer Ellipse, deren Halbachsen a und b durch

$$a = \sqrt{\frac{2m}{\hbar^2}} \frac{L_x}{2\pi} \sqrt{E} \quad \text{und} \quad b = \sqrt{\frac{2m}{\hbar^2}} \frac{L_y}{2\pi} \sqrt{E} \tag{8.75}$$

bestimmt sind. Abb. 8.4 zeigt den ersten Quadranten dieses Bereichs. Die Fläche dieser Ellipse ist damit

$$N(E) = \pi ab \tag{8.76}$$

Diese Fläche entspricht auch der Anzahl der Zustände mit einer Energie kleiner als E, weil jeder Zustand in der n_x-n_y-Ebene eine Fläche der Größe 1 beansprucht. Mit (8.75) erhalten wir dann

$$N(E) = \frac{2\pi m}{\hbar^2} \frac{L_x L_y}{(2\pi)^2} E = \frac{1}{4\pi} \frac{2m}{\hbar^2} F E \tag{8.77}$$

Dabei ist $F = L_x L_y$ die Fläche des Rechtecks. Die Zustandsdichte, also die Anzahl der Zustände pro Energieintervall, ist dann gegeben durch

$$n(E) = \frac{dN}{dE} = \frac{1}{4\pi} \frac{2m}{\hbar^2} F = \text{const.} \tag{8.78}$$

Bei tiefen Temperaturen wird jeder Zustand mit zwei Elektronen aufgefüllt[13]. Deshalb existiert bei einer endlichen Zahl von Elektronen eine Grenzenergie,

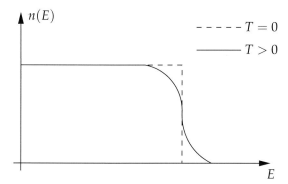

Abb. 8.5 Dichte der besetzten Zustände eines zweidimensionalen Elektronengases bei $T = 0$ (gestrichelte Linie) und $T > 0$ (durchgezogene Linie)

die sogenannte Fermi-Kante, oberhalb der nur noch unbesetzte Zustände auftreten (Abb. 8.5). Bei endlichen Temperaturen weicht die Verteilung der besetzten Zustände um die Fermi-Kante auf[14].

8.3.2
*Bewegung von Elektronen im Magnetfeld

Wenn wir uns auch in diesem Fall wieder auf die Bewegung in der x-y-Ebene beschränken und das Magnetfeld in z-Richtung orientieren, dann können wir analog zu den Landau-Niveaus die Eigenzustände

$$\psi_{n,k_x}(\mathbf{x}) = e^{ik_x x} \tilde{\varphi}_n \left(\sqrt{\frac{m\omega_0}{\hbar}} \left[y - \frac{\hbar c k_x}{|e||B|} \right] \right) \tag{8.79}$$

13) Die Ursache hierfür ist im Pauli-Prinzip begründet, das wir in Kapitel 10 näher analysieren werden und nach dem in einem System von Fermi-Teilchen (sogenannte Fermionen, z. B. in einem Elektronengas) ein Quantenzustand unter Berücksichtigung des Spins mit höchstens einem Teilchen besetzt werden kann. Lässt man den Spin vorerst außer Acht, dann wird jeder Zustand von maximal zwei Teilchen okkupiert. Im Pauli-Prinzip kommt zum Ausdruck, dass aus quantenmechanischer Sicht wechselwirkungsfreie Partikel keinesfalls unabhängig sind.

14) siehe Band V dieser Lehrbuchreihe

mit den Eigenwerten

$$E_n = \hbar\omega_0 \left(n + \frac{1}{2} \right) \tag{8.80}$$

erwarten. Allerdings stimmen wegen der Randbedingungen die Funktionen $\tilde{\varphi}_n$ nur noch näherungsweise mit den Eigenfunktionen des harmonischen Oszillators überein. Ebenso ist k_x keine kontinuierliche Quantenzahl mehr, sondern ist entsprechend (8.73) diskretisiert. Trotzdem hängt die Energie der Elektronen nicht von k_x ab, d. h. die Eigenwerte sind bezüglich dieser Quantenzahl entartet.

8.3.2.1 *Bestimmung des Entartungsgrads

Wir wollen jetzt wie im Fall ohne Magnetfeld die Zahl der Zustände als Funktion des Volumens und der Energie des Systems bestimmen. Wegen der makroskopischen Größe des Systems können wir wieder erwarten, dass die genaue Geometrie des Systems dabei unwichtig wird, sodass die Zustandsdichte nur vom Volumen (im vorliegenden zweidimensionalen Fall also von der Fläche) des Systems bestimmt werden wird. Deshalb spielt auch beim eingeschalteten Magnetfeld die genaue Form der Randbedingungen keine Rolle mehr. Wir werden deshalb, in Analogie zum Fall ohne Magnetfeld, in x-Richtung periodische Randbedingungen benutzen. Dann ist

$$k_x = \frac{2\pi}{L_x} n_x \tag{8.81}$$

Damit die Wellenfunktion im makroskopischen (zweidimensionalen) Kasten präsent ist, müssen die in (8.79) enthaltenen näherungsweisen Eigenfunktionen des verschobenen harmonischen Oszillators in y-Richtung beschränkt sein (Abb. 8.6). Wir haben im Abschnitt 8.2 abgeschätzt, dass die Ausdehnung der „Bahn" des Elektrons im Magnetfeld sehr klein ist (10^{-6} cm). Deshalb genügt es, die Beschränkung durch die Forderung zu fixieren, dass das Zentrum von φ_n innerhalb des Intervalls $[0, L_y]$ liegt. Hieraus erhalten wir die zu erfüllende Ungleichung

$$0 \leq \frac{\hbar c k_x}{|e||B|} \leq L_y \tag{8.82}$$

Es resultiert mit (8.81)

$$0 \leq n_x \leq \frac{L_x L_y}{2\pi} \frac{|e||B|}{\hbar c} = \frac{F}{2\pi} \frac{|e||B|}{\hbar c} \tag{8.83}$$

k_x und somit n_x können also nicht beliebig groß werden. Damit finden wir den Entartungsgrad

$$\Gamma = \frac{|e||B|}{hc} F \tag{8.84}$$

Der Wert von Γ gibt die Anzahl der Zustände an, die zu einem bestimmten Energiewert gehören. Wegen des Pauli-Prinzips kann jeder dieser Zustände mit zwei Elektronen besetzt werden. Auf diese Weise erhalten wir die Zahl der Elektronen mit einer bestimmten Energie.

Abb. 8.6 Lage der Zentren der Oszillatorfunktionen entlang der y-Achse

8.3.2.2 *Abschätzung realistischer Entartungsgrade

Bei der Behandlung der Landau-Niveaus hatten wir bereits gefunden, dass die charakteristische Ausdehnung der Wellenfunktion gegeben ist durch

$$a = \sqrt{\frac{c\hbar}{|e||B|}} \tag{8.85}$$

Setzt man dieses Ergebnis in (8.84) ein, dann gelangen wir zu

$$\Gamma = \frac{1}{2\pi}\frac{F}{a^2} \tag{8.86}$$

Wir hatten die Größe a in Abschnitt 8.2 bereits mit 10^{-6} cm für ein Magnetfeld von 10 kG abgeschätzt. Daraus ergibt sich für eine Fläche von 1 mm^2 ein Entartungsgrad von

$$\Gamma \approx 10^9 \tag{8.87}$$

Zuständen. Bei der Anwesenheit des Magnetfelds können also etwa 10^9 Elektronen denselben Energiewert haben. Dafür haben diese Energiewerte jetzt aber diskrete energetische Abstände. Ohne Magnetfeld haben wir dagegen eine quasikontinuierliche Verteilung der Energiezustände mit je zwei Elektronen pro Zustand. Mit dem Einschalten des Magnetfelds werden also ursprünglich verschiedene Energieniveaus auf die Landau-Niveaus zusammengezogen. Mit zunehmendem Magnetfeld wird der Entartungsgrad der Energieniveaus anwachsen.

8.3.2.3 *Zustandsdichte

Gemäß dem Pauli-Prinzip werden die Zustände von unten her (aus energetischer Sicht) mit je zwei Elektronen besetzt. Bei einer Γ-fachen Entartung werden also pro Energieniveau 2Γ Elektronen benötigt, bis dieses Energieniveau vollständig besetzt ist. Sind insgesamt N Elektronen vorhanden, dann sind im Grundzustand des Gesamtsystems m Energieniveaus vollständig besetzt, während das energetisch höchste nur zu einem Bruchteil ε aufgefüllt ist

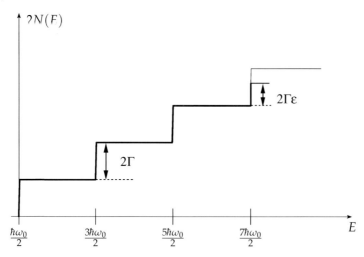

Abb. 8.7 Anzahl der besetzten Zustände als Funktion des Energie-niveaus

(Abb. 8.7). Deshalb erhalten wir:

$$N(E) = 2\Gamma(m + \varepsilon) = 2\Gamma\left(\sum_{k=0}^{m-1} \Theta(E - E_k) + \varepsilon\Theta(E - E_m)\right) \qquad (8.88)$$

mit $0 \leq \varepsilon < 1$. Hier ist $\Theta(x)$ die Stufenfunktion mit $\Theta(x) = 0$ für $x < 0$ und $\Theta(x) = 1$ für $x > 0$. Aus (8.88) können wir die Zustandsdichte bestimmen. Beachtet man, dass die Energie der Niveaus durch (8.80) bestimmt sind, dann erhalten wir

$$n(E) = \frac{dN(E)}{dE} = 2\Gamma\left(\sum_{k=0}^{m-1} \delta(E - E_k) + \varepsilon\delta(E - E_m)\right) \qquad (8.89)$$

(siehe Abb. 8.8). Aus dieser Gleichung werden wir jetzt den Energieerwartungswert pro Elektron berechnen:

$$\overline{E} = \frac{2\Gamma}{N} \int dE\, n(E) E \qquad (8.90)$$

Damit ist dann

$$\overline{E} = \frac{2\Gamma}{N} \left(\sum_{k=0}^{m-1} E_k + \varepsilon E_m\right) \qquad (8.91)$$

und mit (8.80)

$$\overline{E} = \frac{2\Gamma\hbar\omega_0}{N} \left(\frac{m^2}{2} + \varepsilon\left(m + \frac{1}{2}\right)\right) \qquad (8.92)$$

Wir können mit (8.88) die Anzahl der besetzten Niveaus m durch die Stärke des Magnetfelds ausdrücken:

$$m + \varepsilon = \frac{N}{2\Gamma} = \frac{chN}{2|e|F|B|} = \frac{A}{|B|} \tag{8.93}$$

Damit erhalten wir

$$\overline{E} = \frac{2\Gamma\hbar\omega_0}{N} \left\{ \frac{1}{2} \left(\frac{A}{|B|} - \varepsilon \right)^2 + \left(\frac{A}{|B|} - \varepsilon + \frac{1}{2} \right) \varepsilon \right\} \tag{8.94}$$

oder

$$\overline{E} = \frac{\Gamma\hbar\omega_0}{N} \left\{ \frac{A^2}{B^2} + \varepsilon(1 - \varepsilon) \right\} \tag{8.95}$$

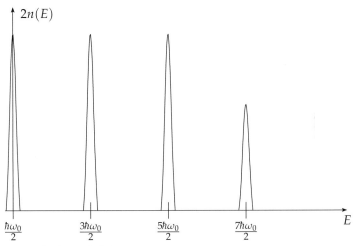

Abb. 8.8 Zustandsdichte

8.3.2.4 *Diskussion der Ergebnisse

Beachtet man, dass wegen (8.64) auch die Frequenz ω_0 von der Stärke des Magnetfelds abhängt, dann können wir die mittlere Energie pro Elektron in einen Ausdruck der Gestalt

$$\overline{E} = u(B) + v(B)\,\varepsilon(1 - \varepsilon) \tag{8.96}$$

bringen. Wegen (8.93) ist

$$m = \left[\frac{A}{|B|} \right] \tag{8.97}$$

Die eckige Klammer (Gauß-Klammer) wird auch als Ganzteilfunktion bezeichnet. Sie ordnet einem Argument x die größte ganze Zahl kleiner x zu. Damit ist dann weiter

$$\varepsilon = \frac{A}{|B|} - \left[\frac{A}{|B|}\right] = g\left(\frac{A}{|B|}\right) \tag{8.98}$$

Die hier eingeführte Funktion $g(x)$ hat den in Abbildung 8.9 links dargestellten unstetigen periodischen Verlauf. Berechnen wir hieraus die Funktion $f(x) = g(x)(1 - g(x))$, dann erhalten wir sogar einen stetigen periodischen Verlauf (Abb. 8.9 rechts).

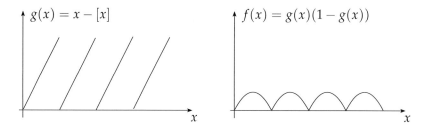

Abb. 8.9 Die periodischen Funktionen $g(x) = x - [x]$ (links) und $f(x) = g(x)(1 - g(x))$ (rechts)

Um die Abhängigkeit der mittleren Energie $\overline{E}$ vom Magnetfeld abzuschätzen, bestimmen wir die Größenordnung von $A/|B|$ für ein typisches Experiment. Setzen wir $|B| = B_0 = 10$ kG, dann erhalten wir wegen (8.93)

$$\frac{A}{B_0} = \frac{N}{2\Gamma} \approx \frac{10^{20}}{2 \cdot 10^9} \approx 10^{11} \tag{8.99}$$

wobei wir etwa 10^{20} Elektronen je mm^2 angenommen haben. Offenbar ist das Verhältnis $A/|B|$ eine sehr große Zahl. Damit erhalten wir bei einer kleinen Änderung des Felds:

$$\frac{A}{|B|} = \frac{A}{B_0}\frac{B_0}{|B|} \approx 10^{11}\frac{B_0}{|B|} \tag{8.100}$$

Selbst eine kleine Änderung von B^{-1} führt zu einer starken Änderung von A/B. Deshalb wächst A/B und wegen (8.98) auch ε schnell über eine ganze Zahl hinweg, sodass $\overline{E}$ in (8.95) eine mit B^{-1} schnell oszillierende Größe ist. Wegen dieser Eigenschaft werden auch Materialgrößen periodisch von B^{-1} abhängig. Für die magnetische Suszeptibilität gilt beispielsweise

$$M = \frac{\partial \overline{E}}{\partial B} = \chi B \quad \text{und deshalb} \quad \chi = \frac{1}{B}\frac{\partial \overline{E}}{\partial B} \tag{8.101}$$

8.3.2.5 *Effekt der Bewegung in z-Richtung und Einfluss der Temperatur

Durch die Bewegung in z-Richtung wird den diskreten Energiestufen der zweidimensionalen Bewegung das Kontinuum der eindimensionalen freien Elektronenbewegung überlagert. Dadurch sind die Energiestufen und insbesondere die Stärke der Oszillationen in der magnetischen Suszeptibilität mit wachsender Ausdehnung des Körpers in z-Richtung weniger ausgeprägt.

Bei endlichen Temperaturen wird die Fermi-Kante unscharf. Ist die Temperatur hinreichend hoch, dann sind mehrere der Landau-Niveaus nur teilweise besetzt. Dadurch wird ebenfalls das oszillatorische Verhalten verschmiert und ist schließlich experimentell nicht mehr nachweisbar. Damit die Oszillationen der magnetischen Suszeptibilität als Funktion der Stärke des magnetischen Felds beobachtet werden können, muss die folgende Abschätzung erfüllt sein ($B = 10$ kG):

$$kT \leq \hbar\omega_0 = \frac{\hbar e B}{mc} \approx 10^{-4}\,\text{eV} \tag{8.102}$$

Die Energie, die für einen thermisch angeregten Übergang eines Elektrons zwischen benachbarten Landau-Niveaus notwendig ist, entspricht einer Temperatur von 1 K. Damit diese Prozesse unterdrückt werden und damit die Oszillationen sichtbar bleiben, muss $T < 1$K erfüllt sein.

8.3.3
*Experimentelle Bestätigung der Landau-Niveaus

Am Ende von Abschnitt 8.2 hatten wir verschiedene Daten zusammengestellt, welche die Bewegung von Elektronen in einem Magnetfeld charakterisieren So ergab sich der Abstand benachbarter Energieniveaus aufgrund der Quantisierung der Elektronenbewegung in einem Magnetfeld von 10 kG zu $\hbar\omega_0 = 10^{-4}\,\text{eV}$. Die korrespondierende thermische Energie entspricht einer Temperatur von etwa 1 K. Die Lokalisierung des Elektrons erfolgte auf einer Längenskala von 100 Å. Als klassisches Analogon würde dies einer Kreisbahn mit Radius 100 Å und damit einem Umfang von etwa 600 Å entsprechen.

8.3.3.1 *Zyklotronresonanz

Das im Magnetfeld umlaufende Elektron stellt einen oszillierenden Dipol dar, welcher an die elektrische Feldstärke eines elektromagnetischen Wechselfelds ankoppelt. Wegen der Auswahlregeln für Dipolübergänge zwischen den Zuständen eines Oszillators (7.187) wird deshalb Strahlung der Frequenz

$$\omega_0 = \frac{|e||B|}{mc} \tag{8.103}$$

absorbiert. Bei einer magnetischen Induktion B von 10 kG entspricht dies einer Energie von $10^{-4}\,\text{eV}$ bzw. einer Frequenz von $10^{11}\,\text{s}^{-1}$. Elektromagnetische Strahlung dieser Frequenz liegt im Mikrowellenbereich. Das Experiment

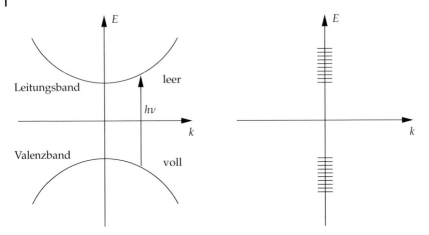

Abb. 8.10 Energiebänder ohne (links) und mit (rechts) Magnetfeld

kann auf zwei Arten durchgeführt werden: Entweder man ändert das magnetische Feld und schiebt auf diese Weise das System zur Resonanz bei einer festen Frequenz, oder man variiert die eingestrahlte Frequenz. Natürlich kann eine signifikante Absorbtion von Strahlung mit einer scharfen Resonanz nur erreicht werden, wenn die Elektronen sich nahezu störungsfrei bewegen können. Für die oben erwähnte Stärke des Magnetfelds ist die Länge einer klassischen Kreisbahn 600 Å. Der Abstand benachbarter Atome in einem Metall beträgt etwa 3 Å, d. h. das Elektron passiert bei einem Umlauf etwa 200 Atome, die dessen quantenmechanische Bewegung durch Kristallfehler oder Gitterschwingungen beeinflussen können. Man wird die Zyklotronresonanz deshalb nur bei tiefen Temperaturen in sehr guten Kristallen erwarten.

8.3.3.2 *Optischer Nachweis von Landau-Niveaus

Bei der Absorption optischer Strahlung gehen Elektronen aus dem Valenzband in das Leitungsband über. Wie wir in Abschnitt 8.3.2.3 gezeigt haben, kollabiert bei eingeschaltetem B-Feld das quasi-kontinuierliche Spektrum der Energieeigenwerte in ein diskretes Spektrum (Abb. 8.10). Aus der Struktur der optischen Linien erhält man den Abstand der Landau-Niveaus. Auch dieses Verfahren setzt voraus, dass die Linien genügend scharf, d.h. dass die an der Absorption beteiligten Energieniveaus genügend langlebig, sind.

8.3.3.3 *Der de Haas-van Alphen-Effekt

Um 1930 beschrieben J.W. de Haas und P.M. van Alphen die experimentell festgestellte periodische Abhängigkeit der magnetischen Suszeptibilität eines Festkörpers von der Stärke des inversen Magnetfelds (Abb. 8.11). Wie in Abschnitt 8.3.2 dargelegt, kann man die Periodizität dadurch erklären, dass mit

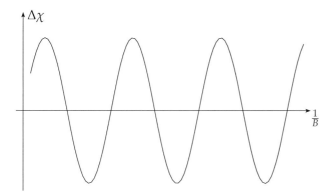

Abb. 8.11 Magnetische Suszeptibilität als periodische Funktion der inversen Stärke des Magnetfelds beim De-Haas-van-Alphen-Effekt

wachsender magnetischer Feldstärke immer mehr Niveaus zusammengezogen werden, wobei gleichzeitig der Entartungsgrad zunimmt. Diese Erscheinung führt dazu, dass das jeweils höchste Energieniveau entleert wird und sich seine Elektronen auf die niedrigeren Niveaus verteilen. Bei der Entleerung sind nur die Elektronen des jeweils höchsten Niveaus beteiligt, d. h. die Elektronen, die sich energetisch in der Nähe der Fermi-Kante befinden. Die vielen noch weit unterhalb der Fermi-Kante liegenden vollständig besetzten Niveaus spielen für den De-Haas-van-Alphen-Effekt keine nennenswerte Rolle, da ihre Entartung zwar zunimmt, sie aber stets voll besetzt bleiben. Die Periodizität entsteht dadurch, dass sich nach der Entleerung des höchsten Niveaus das nächste Niveau über die Fermi-Kante schiebt und der Prozess der Dezimierung somit wiederholt wird.

8.3.3.4 *Der Shubnikov-de Haas-Effekt
Unter diesem Effekt versteht man die periodische Änderung der Leitfähigkeit in Abhängigkeit von der inversen Stärke des Magnetfelds. Zur Erklärung verwendet man wie beim de Haas-van Alphen-Effekt die periodische Änderung der Zustandsdichte in der Nähe der Fermi-Kante und eine damit verbundene periodische Änderung der Dichte der zur Leitfähigkeit beitragenden Elektronen.

8.4
Gebundene Elektronen im statischen Magnetfeld. Normaler Zeeman-Effekt

Wir wollen jetzt Elektronen in einem radialsymmetrischen Coulomb-Potential Φ und einem homogenen Magnetfeld untersuchen. Dazu verwenden wir wieder die Schrödinger-Gleichung (8.5), wählen aber diesmal die Darstellung (8.57) für das Vektorpotential des in z-Richtung orientierten Magnetfelds. In diesem Fall können wir für A auch schreiben

$$A = \frac{1}{2} B \times x \tag{8.104}$$

Der Hamilton-Operator nimmt dann in der Ortsdarstellung die folgende Gestalt an:

$$\hat{H} = -\frac{\hbar^2}{2m}\Delta + e\Phi - \frac{1}{m}\frac{e}{c}\underbrace{\frac{\hbar}{i}\left(x\frac{\partial}{\partial y} - y\frac{\partial}{\partial x}\right)}_{L_z}\frac{B}{2} + \frac{e^2}{8mc^2}B^2(x^2 + y^2) \tag{8.105}$$

Wenn wir das Coulomb-Potential einsetzen, haben wir:

$$\hat{H} = -\frac{\hbar^2}{2m}\Delta - \frac{e^2}{r} - \frac{e}{2mc}\hat{L}_z B + \frac{e^2}{8mc^2}B^2(x^2 + y^2) \tag{8.106}$$

In diesem Hamilton-Operator gibt es nur einen Term, der linear vom magnetischen Feld abhängt. Andererseits ist in der klassischen Theorie[15] die Energie eines Dipols der Stärke μ im magnetischen Feld gegeben durch

$$H_{\text{dipol}} = -\mu B \tag{8.107}$$

Der Vergleich mit (8.106) erlaubt es uns, den Operator des Dipolmoments abzuleiten. Da das B-Feld in z-Richtung orientiert ist, erhalten wir

$$\hat{\mu}_z = \frac{e}{2mc}\hat{L}_z \tag{8.108}$$

Aus Symmetrieüberlegungen erhalten wir daraus sofort die allgemeinere Vektordarstellung

$$\hat{\mu} = \frac{e}{2mc}\hat{L} = -\frac{\mu_B}{\hbar}\hat{L} = -\frac{g\mu_B}{\hbar}\hat{L} \tag{8.109}$$

Dabei ist

$$\mu_B = \frac{|e|\hbar}{2mc} \tag{8.110}$$

das *Bohr'sche Magneton* und g das *gyromagnetische Verhältnis*[16]. Für den hier untersuchten Fall einer Kopplung zwischen dem Bahndrehimpuls und dem magnetischen Feld hat dieses Verhältnis den Wert $g = 1$.

---

15) siehe Band II, Kapitel 8

16) Wir haben in (8.109) vorausgesetzt, dass das betrachtete Teilchen ein Elektron ist, sodass $e < 0$ gilt. Sofern wir mit dem Bohr'schen Magneton arbeiten, sei diese Forderung auch im weiteren erfüllt.

Der zweite Term in (8.105), der die Kopplung mit dem Magnetfeld beschreibt, ist quadratisch in B. Gewöhnlich kann man diesen Term vernachlässigen. Um die Bedingung zu bestimmen, unter der eine solche Vernachlässigung erlaubt ist, benutzen wir die Abschätzungen $\hat{L}_z \approx \hbar$ und $x^2 + y^2 \approx a_0^2$; dabei ist a_0 der Bohr'sche Radius (6.151). Damit ergibt sich

$$\frac{|\hat{H}^{(2)}|}{|\hat{H}^{(1)}|} \approx \frac{\dfrac{e^2}{8mc^2}B^2a_0^2}{\dfrac{|e|}{2mc}\hbar|B|} = \frac{|eB|a_0^2}{4c\hbar} = \frac{|B|}{10^{10}\,\text{G}} \tag{8.111}$$

Für die momentan erreichbaren Felder spielt der in der magnetischen Feldstärke quadratische Term also keine Rolle. Wir wollen jetzt auch noch das Verhältnis zwischen dem magnetischen Beitrag und der Coulomb-Wechselwirkung abschätzen. Hier erhalten wir mit $r \approx a_0$

$$\frac{|\hat{H}^{(1)}|}{|\hat{H}^{C}|} \approx \frac{\dfrac{|e|\hbar}{2mc}|B|}{\dfrac{e^2}{a_0}} \approx \frac{|B|}{10^9\,\text{G}} \tag{8.112}$$

Der lineare Term stellt also nur eine schwache Störung zum Coulomb-Term dar. Wir können daher den in $\boldsymbol{B}$ quadratischen Term vernachlässigen und erhalten deshalb den folgenden Ausdruck für den Hamilton-Operator:

$$\hat{H} = -\frac{\hbar^2}{2m}\Delta - \frac{e^2}{r} + \frac{\mu_B}{\hbar}B\hat{L}_z = \hat{H}_0 + \frac{\mu_B}{\hbar}B\hat{L}_z = \hat{H}_0 + \hat{H}_B \tag{8.113}$$

Dabei ist $\hat{H}_0$ der Hamilton-Operator des Wasserstoffproblems, $\hat{H}_B$ beschreibt die Störung. Wir hatten in Abschnitt 6.4 bereits bemerkt, dass die Eigenfunktionen $\psi_{n,l,m}$ von $\hat{H}_0$ auch gleichzeitig die Eigenfunktionen von $\hat{L}_z$ zum Eigenwert $\hbar m$ sind. Daher erhalten wir

$$\hat{H}\psi_{n,l,m} = (\hat{H}_0 + \hat{H}_B)\psi_{n,l,m} = \left(E_n + \underbrace{\frac{\mu_B}{\hbar}B\hbar m}_{\omega_L}\right)\psi_{n,l,m} \tag{8.114}$$

Dabei ist ω_L die sogenannte Larmor-Frequenz. Durch die Wirkung des Magnetfelds wird die $(2l+1)$-fache Entartung bezüglich der Magnetquantenzahl m aufgehoben. Die zufällige Entartung bezüglich der Nebenquantenzahl l, die ebenfalls beim Wasserstoffproblem vorliegt, ist durch die Existenz eines äußeren Magnetfelds nicht betroffen. Wir finden also, dass im Magnetfeld der Energieeigenwert des Grundzustandes $n = 1$ unverändert bleibt, der Zustand $n = 2$ zerfällt in drei Niveaus, der Zustand $n = 3$ spaltet in fünf Niveaus auf usw. Übergänge sind wegen der in Abschnitt 7.4.3.3 gefundenen Auswahlregeln nur für $\Delta m = 0, \pm 1$ möglich (siehe auch Abb. 8.12). Die Aufspaltung

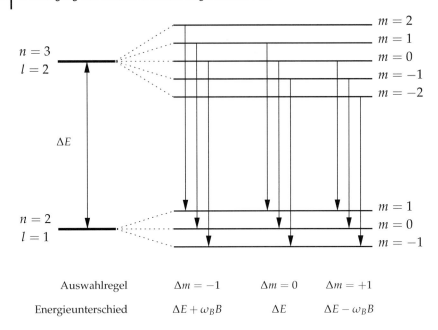

Abb. 8.12 Aufhebung der Entartung im Magnetfeld

der Energieniveaus eines Atoms im Magnetfeld bezüglich der magnetischen Quantenzahl m wird als normaler Zeeman-Effekt bezeichnet.

Wir wollen auch hier noch die klassische Erklärung des Zeeman-Effekts angeben, weil diese für das Verständnis quantenmechanischer Effekte durchaus lehrreich ist. Dabei stellt man sich vor, dass das Elektron des Wasserstoffatoms um den Atomkern oszilliert. Die Oszillationsbewegungen können in einen Anteil parallel zu B und einen Anteil senkrecht zu B aufgespalten werden. Der erste Anteil wird durch das Magnetfeld nicht beeinflusst. Der Anteil senkrecht zu B wird in einen rechts- und einen linkslaufenden Anteil zerlegt. Die eine Bewegung wird beim Einschalten des Magnetfelds gebremst, die andere beschleunigt. Man erhält auf diese Weise drei verschiedene Frequenzen. Wenn man berücksichtigt, dass ein Oszillator in Schwingungsrichtung nicht und senkrecht dazu maximal abstrahlt[17], erhält man ein noch detaillierteres anschauliches Bild des Frequenzspektrums des Zeeman-Effekts. In Richtung des Magnetfelds können zwei zirkular polarisierte Linien[18] mit der erhöhten und erniedrigten Frequenz beobachtet werden. Senkrecht zum Magnetfeld sieht man drei linear polarisierte Linien, eine ist parallel zum Magnetfeld

17) vgl. Band II, Abschnitt 10.5
18) Diese stammen vom rechts- bzw. linkslaufenden Anteil. Da jede dieser beiden Bewegungen in zwei zueinander senkrechte, um $\pi/2$ gegeneinander verschobene Oszillationen zerfällt, ist die Strahlung zirkular polarisiert.

polarisiert[19] und hat die unverschobene Frequenz, bei den beiden anderen ist die Polarisation senkrecht zum Magnetfeld, und ihre Frequenzen sind erhöht bzw. erniedrigt[20].

---

19) dieser Beitrag entspricht der Oszillation parallel zum Magnetfeld
20) Diese beiden Linien entsprechen wieder dem links- bzw. rechts-laufenden Anteil der Elektronenbewegung. Da diese in zwei zu-einander senkrechte Oszillationen zerfallen, von denen die eine in Richtung des Beobachters aber keine Strahlung sendet, entstehen linear polarisierte Wellen.

Aufgaben

8.1 Zeigen Sie, dass die Schrödinger-Gleichung

$$i\hbar\frac{\partial}{\partial t}\psi(\boldsymbol{x},t) = \left[\frac{1}{2m}\hat{\boldsymbol{p}}^2 + V(\boldsymbol{x},t)\right]\psi(\boldsymbol{x},t)$$

in eine Gleichung der Form

$$i\hbar\frac{\partial}{\partial t}\psi(\boldsymbol{x},t) = \frac{1}{2m}\left(\hat{\boldsymbol{p}} + \boldsymbol{p}_0(t)\right)^2\psi(\boldsymbol{x},t)$$

überführt werden kann. Dabei ist $\boldsymbol{p}_0(t)$ der Kraftstoß

$$\boldsymbol{p}_0(t) = \int \boldsymbol{F}(\boldsymbol{x},t)dt = -\int \nabla V(\boldsymbol{x},t)dt$$

8.2 Zeigen Sie, dass die Schrödinger-Gleichung eines freien quantenmechanischen Teilchens invariant gegenüber einer Galilei-Transformation ist.

8.3 Warum kann bei der Einstrahlung einer elektromagnetischen Welle in ein Quantensystem die magnetische Komponente gewöhnlich vernachlässigt werden?

8.4 Zeigen Sie, dass für ein quantenmechanisches Teilchen in einem würfelförmigen d-dimensionalen Volumen L^d die Zahl der Zustände mit einer Energie kleiner als E durch

$$N(E) = \frac{\pi^{d/2}}{\Gamma\left(\frac{d}{2}+1\right)}\frac{(2mE)^{d/2}\,L^d}{(2\pi\hbar)^d}$$

gegeben ist. (Γ ist der in Abschnitt 8.3.2.1 diskutierte Entartungsgrad).

8.5 Zeigen Sie, dass die Operatoren $\hat{D}_\alpha = \hat{p}_\alpha - (e/c)\,A_\alpha$ die Vertauschungsrelationen

$$[\hat{D}_\alpha, \hat{D}_\beta] = i\frac{e\hbar}{c}\varepsilon_{\alpha\beta\gamma}B_\gamma$$

erfüllen.

● **Maple-Aufgaben**

8.I Bestimmen Sie die Übergangswahrscheinlichkeiten eines Atoms im Zustand $l = 1$ und $m = 0$ in die anderen beiden Zustände der Nebenquantenzahl $l = 1$, wenn es in ein schwaches magnetisches Wechselfeld mit $B_x = B\cos\omega t$, $B_y = B\sin\omega t$ und $B_z = $ const. gebracht wird.

8.II Entlang der Achse eines unendlich langen zylinderförmigen Potential-topfs vom Radius R fließt ein klassischer Linienstrom I_0. Bestimmen Sie die Energieeigenwerte eines in dem Zylinder befindlichen, geladenen Teilchens im Rahmen der Störungstheorie erster Ordnung.

8.III Berechnen Sie die Eigenfunktionen eines Elektrons in einem homogenen Magnetfeld für Zustände mit festem Impuls und Drehimpuls in Richtung des magnetischen Felds.
Hinweis: Verwenden Sie für die Wellenfunktion den Ansatz

$$\Phi(\varrho, \phi, z) = \frac{1}{2\pi\sqrt{\hbar}} R(\varrho) \exp\left\{ i\frac{p_z z}{\hbar} + im\phi \right\}$$

wobei hier Zylinderkoordinaten zugrundeliegen.

8.IV Bestimmen Sie die Grundzustandsenergie eines dreidimensionalen harmonischen Oszillators der Frequenz Ω in einem starken Magnetfeld $\boldsymbol{B}$.

8.V Schätzen Sie mithilfe des Ritz'schen Variationsverfahrens die Grundzustandsenergie eines Wasserstoffatoms in einem homogenen Magnetfeld der Induktion $\boldsymbol{B}$ und einem dazu senkrecht orientierten homogenen elektrischen Feld der Feldstärke $\boldsymbol{E}$ ab.

9
Spin und magnetisches Moment des Elektrons

9.1
Experimentelle Grundlage

Bisher haben wir das Elektron als punktförmiges Teilchen betrachtet, das durch eine Masse von $m_e = 0,9 \cdot 10^{-27}$g und eine Ladung von $e = -1,6 \cdot 10^{-19}$ C bzw. $4,8 \cdot 10^{-10}$ Le[1] charakterisiert war. Mit diesen beiden Eigenschaften des Elektrons konnten viele experimentelle Ergebnisse auf der Basis der Quantenmechanik erklärt werden, z. B. das Energieniveauschema des Wasserstoffatoms.

Es gibt jedoch eine Reihe von Experimenten, die sich in diesem Rahmen nicht mehr interpretieren lassen, sondern darauf hinweisen, dass man dem Elektron neben seiner Masse und Ladung noch eine weitere Eigenschaft zuschreiben muss. Es zeigt sich, dass ein Elektron noch einen sogenannten *Spin* oder auch Eigendrehimpuls besitzt, der wiederum mit einem magnetisches Moment verbunden ist. Der Spin ist eine Eigenschaft des Elektrons[2], die zusätzlich zum Drehimpuls, welcher von einer eventuellen Bahnbewegung des Elektrons herrührt, berücksichtigt werden muss.

9.1.1
Stern-Gerlach-Versuch

Lässt man einen Strahl von Wasserstoff- oder Silberatomen[3] durch ein inhomogenes Magnetfeld laufen, dann spaltet der einlaufende Strahl in zwei Teilstrahlen auf (Abb. 9.1). Im Prinzip ist eine solche Aufspaltung bei vielen Atomen durchaus erklärbar. Trifft nämlich ein Atom mit einem magnetischen Moment der Größe μ_z in z-Richtung auf ein ebenfalls in z-Richtung orientiertes

---

[1]) siehe Band II, Abschnitt 2.1
[2]) und vieler anderer quantenmechanischer Partikel
[3]) Der Stern–Gerlach-Versuch wurde erstmals 1921 mit Silberatomen
   durchgeführt.

Theoretische Physik III: Quantenmechanik 1. Peter Reineker, Michael Schulz, Beatrix M. Schulz
Copyright © 2007 WILEY-VCH Verlag GmbH & Co. KGaA, Weinheim
ISBN: 978-3-527-40639-5

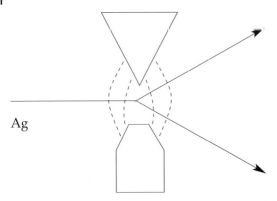

Abb. 9.1 Stern-Gerlach-Versuch: Strahlaufspaltung im inhomogenen Magnetfeld

Magnetfeld, dann verändert sich die potentielle Energie des Atoms um

$$U = -\mu_z B(x, y, z) \tag{9.1}$$

Wie üblich erhält man die Kraft durch Gradientenbildung

$$\boldsymbol{F} = -\nabla U \tag{9.2}$$

Im inhomogenen Magnetfeld entsteht damit eine Kraft auf das magnetische Moment, aus der eine gewisse Ablenkung des Strahls resultiert. Nimmt man an, dass die magnetischen Momente der einzelnen Atome des Strahls relativ zum Magnetfeld zufällig orientiert sind, dann spaltet der Strahl im inhomogenen Magnetfeld gewöhnlich in Teilstrahlen auf.

Der Grundzustand von H-Atomen ist aber ein 1s-Zustand, der keinen Bahndrehimpuls (und deshalb auch kein mit dem Bahndrehimpuls verbundenes magnetisches Moment) besitzt. Damit sollte auf diese Atome des Strahls auch keine Kraft wirken, d. h. wir erwarten keine Verbreiterung des Strahls[4].

Dass aber trotzdem experimentell eine Aufspaltung des Strahls in zwei Teilstrahlen beobachtet wurde, lässt sich im Rahmen der bisherigen Theorie nicht erklären. Offenbar besitzt das Wasserstoffatom auch im Grundzustand ein magnetisches Moment, das unabhängig vom Bahndrehimpuls ist und das sich im Magnetfeld in zwei diskrete Richtungen einstellt.

9.1.2
Feinstruktur der Spektrallinien

Der 2s-Zustand und die 2p-Zustände des Wasserstoffatoms sind entartet. Eine genauere Untersuchung der Spektren zeigt aber, dass das 2p-Niveau in zwei Niveaus aufspaltet (Abb.9.2). Als Ursache für diesen Effekt erweist sich die

---

4) Eine ähnliche Diskussion gilt auch für andere Atome, z. B. das Silberatom.

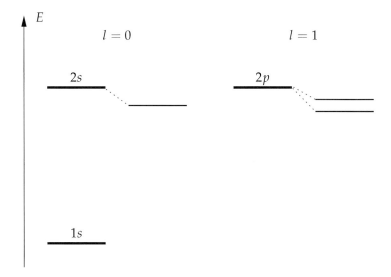

Abb. 9.2 Feinstrukturaufspaltung im Spektrum des Wasserstoffatoms

Kopplung zwischen dem Bahndrehimpuls und dem Spin des Elektrons im Wasserstoffatom. Ohne die Berücksichtigung des Spins kann auch dieses experimentelle Ergebnis nicht im Rahmen der bisherigen quantenmechanischen Erkenntnisse theoretisch beschrieben werden.

Eine ähnliche Situation findet man übrigens auch bei wasserstoffähnlichen Atomen, z. B. dem Natrium. Diese Atome haben über einer abgeschlossenen Elektronenschale ein zusätzliches weiteres Elektron. Die abgeschlossene Elektronenschale modifiziert das reine Coulomb-Potential, sodass die l-Entartung aufgehoben wird. Darüber hinaus spaltet aber auch das $3p$-Niveau noch auf (Abb. 9.3). Diese sogenannte Na-Dublett-Linie kann ebenfalls nicht im Rahmen der bisher formulierten Quantenmechanik verstanden werden.

Schließlich erfordert das Verständnis des anomalen Zeeman-Effektes (vgl. Abb. 9.5), auf den wir in Abschnitt 9.6 zurückkommen werden, eine Vertiefung unseres quantenmechanischen Bilds. Auch hier erweist sich die Kopplung zwischen dem Bahndrehimpuls und dem Spin des Valenzelektrons als Ursache für dieses Phänomen.

9.1.3
Spinhypothese von Uhlenbeck und Goudsmit

Um die experimentellen Befunde deuten zu können, griffen G.E. Uhlenbeck und S.A. Goudsmit 1925 zu einer kühnen Hypothese: Sie nahmen an, dass das Elektron einen Eigendrehimpuls besitzt, den sogenannten Spin, dessen

z-Komponente die beiden Werte

$$s_z = \pm \frac{\hbar}{2} \qquad (9.3)$$

annehmen kann. Damit ist offensichtlich, dass der Spin ein Beispiel für einen halbzahligen Drehimpuls mit $l = 1/2$ und damit $m = \pm 1/2$ ist. Die mathematische Existenz dieser Möglichkeit hatten wir bei der Analyse der Drehimpulsalgebra in Abschnitt 6.5.2 bewiesen. Wie wir allerdings weiter feststellten, waren beim Bahndrehimpuls nur die ganzzahligen Werte zugelassen.

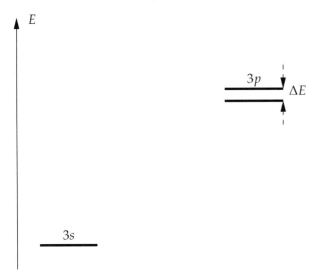

Abb. 9.3 Feinstrukturaufspaltung im Spektrum Natriumatoms (Energieniveaus der Dublett-Linie)

Aus der Größe der Aufspaltung, z. B. im Stern-Gerlach-Versuch, erhalten wir für das mit dem Drehimpuls gekoppelte magnetische Moment, das sogenannte Spinmoment[5]

$$\mu_z = \mp \mu_B = \mp \frac{|e|\hbar}{2m_0 c} = -2 \frac{\mu_B}{\hbar} s_z \qquad (9.4)$$

Wir vergleichen nun dieses Resultat mit dem in Abschnitt 8.4 untersuchten Zusammenhang zwischen den Eigenwerten der z-Komponente des Bahndrehimpulses $l_z = \hbar m$ und dem magnetischen Moment, für den gilt

$$\mu_z = -\frac{\mu_B}{\hbar} l_z \qquad (9.5)$$

---

5) In diesem Kapitel bezeichnen wir die Masse des Elektrons mit m_0, um Verwechslungen mit der Quantenzahl m der z-Komponenten des Bahndrehimpulses zu vermeiden.

Dabei stellen wir eine gewisse Übereinstimmung fest. So wie wir dem Bahndrehimpuls L als Observable den Operator $\hat{L}$ zugeordnet haben, können wir der Spinobservablen S den Operator $\hat{S}$ zuordnen. Während aber der Bahndrehimpulsoperator mit dem Bahndrehimpuls ein klassisches Analogon besitzt, können wir eine solche Größe für den Spin nicht mehr finden. Die Ähnlichkeit der beiden Relationen (9.4) und (9.5) erlaubt es aber trotzdem, einen allgemeinen Zusammenhang zwischen dem Operator des Bahndrehimpulses bzw. des Spins einerseits und dem Operator des zugehörigen magnetischen Moments andererseits herzustellen:

$$\hat{\mu}^l = -\frac{\mu_B}{\hbar} g_l \hat{L} \qquad \text{und} \qquad \hat{\mu}^s = -\frac{\mu_B}{\hbar} g_s \hat{S} \qquad (9.6)$$

Die beiden Gleichungen unterscheiden sich nur in dem hier auftretenden gyromagnetischen Verhältnis, das für dem Bahndrehimpuls $g_l = 1$ ist, für den Spin aber den Wert $g_s = 2$ besitzt[6].

Aus der Sicht der klassischen Physik wird mit einem Drehimpuls L ein auf einer Bahn umlaufendes Elektron assoziiert. Aus der Elektrodynamik wissen wir, dass ein Kreisstrom ein magnetisches Moment erzeugt. Das mit dem quantenmechanischen Bahndrehimpuls gekoppelte magnetische Moment inklusive des gyromagnetischen Verhältnisses lässt sich genau auf diese Weise klassisch verstehen. Eine solche Erklärung gibt es für das magnetische Moment des Spins nicht. Zwar kann man das gyromagnetische Verhältnis $g_s = 2$ aus dem quantenmechanischen Konstruktionsprinzip der minimalen Kopplung ableiten, aber eine klassische Erklärung ist wegen des fehlenden klassischen Analogons für die Spinobservable nicht möglich.

Abschließend soll noch erwähnt werden, dass außer dem Elektron auch noch andere mikroskopische Partikel einen Spin besitzen. Die Eigenschaft des Spins ist insbesondere nicht an die Ladung gekoppelt. Sowohl das positiv geladene Proton als auch das elektrisch ungeladene Neutron besitzen wie das Elektron einen halbzahligen Spin $\hbar/2$. Das mit dem Spin verknüpfte magnetische Moment ist

$$\hat{\mu}^{\text{proton}} = -\frac{|e|}{2m_p c} g^{\text{proton}} \hat{S} \qquad \text{und} \qquad \hat{\mu}^{\text{neutron}} = -\frac{|e|}{2m_n c} g^{\text{neutron}} \hat{S} \qquad (9.7)$$

mit den gyromagnetischen Verhältnissen

$$g^{\text{proton}} = 2 \cdot 2{,}79 = 5{,}58 \qquad \text{und} \qquad g^{\text{neutron}} = 2 \cdot (-1{,}91) = -3{,}82 \qquad (9.8)$$

Wegen der großen Masse im Nenner sind diese magnetischen Momente aber etwa um einen Faktor 10^3 kleiner als das magnetische Moment des Elektrons.

---

6) Tatsächlich ist der experimentell gefundene Wert für g_s etwas von 2 verschieden. Diese Korrekturen können im Rahmen der Quantenelektrodynamik auch analytisch bestimmt werden.

Die magnetischen Momente der Kerne geben aber trotz ihrer relativen Kleinheit Anlass zu einer Wechselwirkung mit den magnetischen Momenten der Elektronen und führen zur Hyperfeinstrukturaufspaltung.

9.1.4
Einstein-de Haas-Versuch

Der Versuch wurde erstmals 1915 von A. Einstein und J.W. de Haas durchgeführt, um das gyromagnetische Verhältnis des Elektrons zu bestimmen. Magnetisiert man einen Zylinder aus Eisen, dann ändern sich nicht nur die mikroskopischen magnetischen Momente, sondern auch die hiermit verbundenen Drehimpulse der einzelnen Elektronen. Wegen der Drehimpulserhaltung des Gesamtsystems muss der Zylinder dann seinen makroskopischen Drehimpuls ändern. Aus der Magnetisierung des Zylinders und dem Drehimpuls lässt sich dann das gyromagnetische Verhältnis bestimmen. Befinden sich in dem Zylinder N Elektronen, die mit ihrem Drehimpuls L zur Magnetisierung beitragen, dann ist der Drehimpuls des Zylinders L_{zyl} wegen des Drehimpulserhaltungssatzes gegeben durch

$$L_{\text{zyl}} + N\boldsymbol{L} = 0 \tag{9.9}$$

Andererseits finden wir für die Magnetisierung

$$\boldsymbol{M} = N\boldsymbol{\mu} = -Ng\frac{\mu_{\text{B}}}{\hbar}\boldsymbol{L} = g\frac{\mu_{\text{B}}}{\hbar}\boldsymbol{L}_{\text{zyl}} \tag{9.10}$$

Die letzte Gleichung stellt einen Zusammenhang zwischen Magnetisierung, Drehimpuls und gyromagnetischem Verhältnis g her. Das experimentelle Resultat $g = 2$ schloss den Bahndrehimpuls der Elektronen als Ursache der Magnetisierung aus und führte später zur Spinhypothese.

9.2
Mathematische Beschreibung des Spins

9.2.1
Zustandsvektoren für Spin $1/2$-Teilchen

Nach der Hypothese von Uhlenbeck und Goudsmit wird das Elektron[7] außer durch seine Masse und Ladung noch durch seinen Eigendrehimpuls, den

---

7) In den nachfolgenden Abschnitten dieses Kapitels beziehen wir uns wieder auf das Elektron als das quantenmechanische Elementarteilchen. Damit sind vor allem Ladungsvorzeichen und Größe des Bohr'schen Magnetons festgelegt. Abgesehen von diesen speziellen Eigenschaften gelten die nachfolgenden Überlegungen natürlich auch für andere Spin-1/2-Teilchen.

Spin, charakterisiert. Dieser Spin kann bezüglich einer vorgegebenen Richtung zwei Werte annehmen: $\pm\hbar/2$. In einem geeigneten Experiment, z. B. beim Stern-Gerlach Versuch, können wir nur zwei Einstellungen des Spins messen.

Der Spinoperator ist wie der Bahndrehimpulsoperator eine vektorielle Größe mit den Komponenten $\hat{S}_x$, $\hat{S}_y$ und $\hat{S}_z$:

$$\hat{\mathbf{S}} = \hat{S}_x \mathbf{e}_x + \hat{S}_y \mathbf{e}_y + \hat{S}_z \mathbf{e}_z \tag{9.11}$$

Da der Spin nach der Hypothese von Uhlenbeck und Goudsmit der Eigendrehimpuls des Elektrons sein soll, werden wir postulieren, dass sein zugeordneter hermitescher Operator die Drehimpulsvertauschungsrelationen erfüllt

$$[\hat{S}_i, \hat{S}_j] = \mathrm{i}\varepsilon_{ijk}\hbar\hat{S}_k \tag{9.12}$$

In Kapitel 6.5.1 hatten wir festgestellt, dass das Quadrat des Drehimpulses und seine Komponenten miteinander kommutieren. Die Ursache dafür war, dass die Komponenten des Drehimpulses der Drehimpulsalgebra (6.66) genügen. Da auch die Komponenten des Spinoperators wegen des Postulats (9.12) dieser Algebra genügen, müssen insbesondere auch $\hat{\mathbf{S}}^2$ und $\hat{S}_z$ vertauschen. Deshalb sollten beide Operatoren auch gleiche Eigenfunktionen besitzen. Analog zum Drehimpulsoperator müssen die Eigenzustände also die beiden Eigenwertgleichungen

$$\hat{S}_z\,|l_S, m_S\rangle = \hbar m_S\,|l_S, m_S\rangle \quad \text{und} \quad \hat{\mathbf{S}}^2\,|l_S, m_S\rangle = \hbar^2 l_S(l_S + 1)\,|l_S, m_S\rangle \tag{9.13}$$

mit den Quantenzahlen

$$m_S = -l_S, -l_S + 1, \ldots, l_S \quad \text{und} \quad l_S = 0, \frac{1}{2}, 1, \frac{3}{2}, \ldots \tag{9.14}$$

erfüllen. Beim Bahndrehimpuls musste die Nebenquantenzahl l eine ganze Zahl sein, damit der winkelabhängige Anteil der Wellenfunktion eindeutig wird. Beim Spin haben wir nach der Hypothese von Uhlenbeck und Goudsmit nur zwei Einstellmöglichkeiten. Deshalb muss hier $l_S = 1/2$ sein, und S_z hat nur die Eigenwerte $\pm\hbar/2$. Wir kommen also zu dem Resultat, dass der Spin ein Beispiel für einen halbzahligen Wert der Nebenquantenzahl ist[8]. Da die Nebenquantenzahl $l_S = 1/2$ für den Spin feststeht, sind die Eigenfunktionen ausschließlich durch den Wert von m_S bestimmt. Wir führen deshalb folgende Bezeichnungen ein:

$$\left|\frac{1}{2}, \frac{1}{2}\right\rangle \equiv |\chi_+\rangle \equiv |+\rangle \quad \text{und} \quad \left|\frac{1}{2}, -\frac{1}{2}\right\rangle \equiv |\chi_-\rangle \equiv |-\rangle \tag{9.15}$$

---

[8] Wie oben bemerkt, beziehen wir uns hier nur auf das Elektron, das zur Klasse der Spin-1/2-Teilchen gehört. Es gibt aber auch Partikel mit anderen Spinquantenzahlen l_S, z. B. Photonen mit $l_S = 1$. Die Mehrzahl der echten Elementarteilchen, aus denen sich Materie aufbaut, sind allerdings Spin-1/2-Teilchen.

ein. Die Eigenwertgleichungen (9.13) nehmen damit die Gestalt

$$\hat{S}_z \,|\chi_+\rangle = \frac{\hbar}{2}\,|\chi_+\rangle \,, \qquad \hat{S}^2\,|\chi_+\rangle = \frac{3}{4}\hbar^2\,|\chi_+\rangle \tag{9.16}$$

und

$$\hat{S}_z \,|\chi_-\rangle = -\frac{\hbar}{2}\,|\chi_-\rangle \,, \qquad \hat{S}^2\,|\chi_-\rangle = \frac{3}{4}\hbar^2\,|\chi_-\rangle \tag{9.17}$$

an. Ein beliebiger Zustandsvektor $|\psi\rangle$ eines Elektrons lässt sich damit als Linearkombination dieser beiden Eigenlösungen darstellen. Die beiden Entwicklungskoeffizienten sind dann einerseits die Wahrscheinlichkeitsamplituden für das Auftreten der beiden Spinzustände[9] und charakterisieren andererseits den spinunabhängigen Anteil am quantenmechanischen Gesamtzustand des Elektrons mit den Spineigenwerten $\hbar/2$ bzw. $-\hbar/2$. Deshalb kann man den Gesamtzustand im Hilbert-Raum $\mathcal{H}$ auch als

$$|\psi\rangle = |\psi_+\rangle\,|\chi_+\rangle + |\psi_-\rangle\,|\chi_-\rangle = |\psi_+\rangle\,|+\rangle + |\psi_-\rangle\,|-\rangle \tag{9.18}$$

darstellen. In diesem Ausdruck sind die $|\chi_\pm\rangle$ Basisvektoren für den Spinanteil des Zustands $|\psi\rangle$. Für diese verwenden wir hier die Darstellung

$$\chi_+ = \begin{pmatrix} 1 \\ 0 \end{pmatrix} \qquad \text{und} \qquad \chi_- = \begin{pmatrix} 0 \\ 1 \end{pmatrix} \tag{9.19}$$

Allerdings ist die Darstellung als zweidimensionale Vektoren nur eine von vielen Möglichkeiten, den Spinanteil zu repräsentieren. Diese Version wird besonders häufig im Zusammenhang mit der Ortsdarstellung des quantenmechanischen Zustands verwendet. Hier ordnet man dem Zustandvektor $|\psi\rangle$ bzw. den Subzuständen $|\psi_\pm\rangle$ die Wellenfunktionen $\Psi(x)$ bzw. $\psi_\pm(x)$ zu und benutzt gleichzeitig die Darstellung (9.19)

$$\Psi(x) = \psi_+(x)\chi_+ + \psi_-(x)\chi_- \tag{9.20}$$

Man bezeichnet dabei $\psi_\pm(x)$ auch als die räumlichen Anteile, die $\chi_\pm$ als die Spinanteile der Wellenfunktion. Deshalb kann in der Ortsdarstellung $|\psi\rangle$ durch einen Spaltenvektor und $\langle\psi|$ durch einen Zeilenvektor repräsentiert werden:

$$|\psi\rangle \longrightarrow \Psi = \begin{pmatrix} \psi_1 \\ \psi_2 \end{pmatrix}\,, \qquad \langle\psi| \longrightarrow \Psi^\dagger = (\psi_1^\star, \psi_2^\star) \tag{9.21}$$

Wir werden im übernächsten Abschnitt zeigen, dass sich diese Größen bei einer räumlichen Drehung nicht wie Vektoren transformieren. Zur besseren

---

9) vgl. den Text nach (9.25)

Unterscheidung bezeichnet man sie deshalb auch als Spinoren. Aus der Normierungsforderung $\langle \psi | \psi \rangle = 1$ finden wir mit (9.18)

$$\langle \psi | \psi \rangle = \sum_{i,j=\pm}^{2} \langle \psi_i | \psi_j \rangle \langle \chi_i | \chi_j \rangle \tag{9.22}$$

Da nach (9.16) und (9.17) die $|\chi_\pm\rangle$ die Eigenzustände des hermiteschen Operators $\hat{S}_z$ sind[10], müssen die beiden Eigenzustände $|\chi_+\rangle$ und $|\chi_-\rangle$ orthogonal sein[11]:

$$\langle \chi_+ | \chi_+ \rangle = \langle \chi_- | \chi_- \rangle = 1 \qquad \langle \chi_+ | \chi_- \rangle = 0 \tag{9.23}$$

Deshalb erhalten wir aus (9.22)

$$\langle \psi | \psi \rangle = \langle \psi_+ | \psi_+ \rangle + \langle \psi_- | \psi_- \rangle \tag{9.24}$$

In der Ortsdarstellung führt die Normierung auf die Forderung

$$\int d^3x \, \Psi^\dagger(\boldsymbol{x}) \Psi(\boldsymbol{x}) = \int d^3x \, |\psi_+(\boldsymbol{x})|^2 + \int d^3x \, |\psi_-(\boldsymbol{x})|^2 = 1 \tag{9.25}$$

Damit erhalten wir auch die folgende wahrscheinlichkeitstheoretische Deutung: $|\psi_+(\boldsymbol{x})|^2$ ist die Wahrscheinlichkeitsdichte, ein Elektron im Zustand $|\chi_+\rangle$ am Ort $\boldsymbol{x}$ zu finden, und $|\psi_-(\boldsymbol{x})|^2$ demzufolge die Wahrscheinlichkeitsdichte, dieses Teilchen im Zustand $|\chi_-\rangle$ an diesem Ort zu finden.

9.2.2
Darstellung der Spinoperatoren

Jeder Zustandsvektor eines Elektrons kann offenbar durch die beiden Eigenzustände $|\chi_+\rangle$ und $|\chi_-\rangle$ des Operators $\hat{S}_z$ repräsentiert werden. Wir können aus diesen Basiszuständen für den Spin beliebige neue Zustandsvektoren $|\chi\rangle$ konstruieren. Dabei muss nur garantiert sein, dass dieser neue Zustand ebenfalls ein Eigenzustand des Operators $\hat{s}^2$ zum Eigenwert $(3/4)\hbar^2$ ist. Man kann diese Konstruktionsvorschrift als Abbildung verstehen und ihr einen Operator $\hat{A}$ zuordnen. Offenbar ist jeder Operator, der einen Spinzustand in einen anderen Spinzustand überführt und dabei garantiert, dass der neue Zustand wieder ein Eigenvektor des Operators $\hat{s}^2$ zum Eigenwert $(3/4)\hbar^2$ ist, ein zulässiger Operator für die Abbildung eines Spinzustands auf einen anderen. Für solche Operatoren ist also zu fordern:

$$|\chi'\rangle = \hat{A} |\chi\rangle \tag{9.26}$$

---

10) Da der Spin und seine Komponenten physikalische Observable sind, müssen die mit ihnen verbundenen Operatoren natürlich hermitesch sein.

11) dieser Forderung wird insbesondere auch die Darstellung (9.19) gerecht.

mit

$$\hat{S}^2 |\chi\rangle = \frac{3}{4}\hbar^2 |\chi\rangle \qquad \text{und} \qquad \hat{S}^2 |\chi'\rangle = \frac{3}{4}\hbar^2 |\chi'\rangle \qquad (9.27)$$

Wir können (9.26) nach den Eigenzuständen des Operators $\hat{S}_z$, also $|\chi_+\rangle$ und $|\chi_-\rangle$, entwickeln:

$$\langle \chi_i |\chi'\rangle = \sum_{j=\pm} \langle \chi_i| A |\chi_j\rangle \langle \chi_j |\chi\rangle \qquad (9.28)$$

Mit den Matrixelementen des Operators $\hat{A}$

$$A_{ij} = \langle \chi_i| A |\chi_j\rangle \qquad (9.29)$$

erhalten wir in der Matrixschreibweise

$$\begin{pmatrix} \langle \chi_+ |\chi'\rangle \\ \langle \chi_- |\chi'\rangle \end{pmatrix} = \begin{pmatrix} A_{++} & A_{+-} \\ A_{-+} & A_{--} \end{pmatrix} \begin{pmatrix} \langle \chi_+ |\chi\rangle \\ \langle \chi_- |\chi\rangle \end{pmatrix} \qquad (9.30)$$

Man überzeugt sich leicht davon, dass die hier auftretenden Spaltenvektoren zu den im letzten Abschnitt eingeführten Spinoren äquivalent sind. Wir schreiben deshalb auch

$$\chi = \begin{pmatrix} \langle \chi_+ |\chi\rangle \\ \langle \chi_- |\chi\rangle \end{pmatrix} \qquad (9.31)$$

Insbesondere findet man für die Darstellung der Eigenzustände $|\chi_+\rangle$ und $|\chi_-\rangle$ die beiden Spinoren χ_+ und χ_- aus (9.19). Jeder zulässige Operator $\hat{A}$, der Spineigenschaften repräsentiert, besitzt damit eine Matrizendarstellung, mit der die Abbildung

$$\chi' = \hat{A}\chi \qquad (9.32)$$

des Spinors χ auf den Spinor χ' so erfolgt, dass sowohl χ als auch χ' Eigenspinoren zur Matrizendarstellung des Operators $\hat{S}^2$ sind[12].

Uns interessieren natürlich besonders die Matrizendarstellungen der Spinoperatoren $\hat{S}_x$, $\hat{S}_y$ und $\hat{S}_z$. Wir führen wieder die Leiteroperatoren ein

$$\hat{S}^{\pm} = \hat{S}_x \pm i\hat{S}_y \qquad (9.33)$$

für die wir einzig aus der Drehimpulsalgebra die Eigenschaft (6.103) abgeleitet hatten. Für die Leiteroperatoren der Spinalgebra erhalten wir somit

$$\hat{S}^{\pm} |l_S, m_S\rangle = \hbar \sqrt{(l_S \mp m_S)(l_S \pm m_S + 1)} \, |l_S, m_S \pm 1\rangle \qquad (9.34)$$

---

12) Wir bezeichnen die Matrizendarstellung des formalen Operators $\hat{A}$ ebenfalls mit $\hat{A}$. Im Allgemeinen geht aus dem Textzusammenhang hervor, um welches mathematische Objekt es sich gerade handelt. In den meisten Lehrbüchern wird diese Unterscheidung sowieso nicht sehr genau genommen.

Für $l_S = 1/2$ und $m_S = \pm 1/2$ gilt deshalb

$$\hat{S}^+ \, |\chi_+\rangle = 0, \qquad \hat{S}^+ \, |\chi_-\rangle = \hbar \, |\chi_+\rangle ,$$
$$\hat{S}^- \, |\chi_+\rangle = \hbar \, |\chi_-\rangle , \qquad \hat{S}^- \, |\chi_-\rangle = 0 \tag{9.35}$$

Damit resultiert dann die folgende Matrizendarstellung

$$\left(S_{ij}^{\pm} \right) = \begin{pmatrix} \langle \chi_+ | \, S^{\pm} \, |\chi_+\rangle & \langle \chi_+ | \, S^{\pm} \, |\chi_-\rangle \\ \langle \chi_- | \, S^{\pm} \, |\chi_+\rangle & \langle \chi_- | \, S^{\pm} \, |\chi_-\rangle \end{pmatrix} \tag{9.36}$$

und deshalb wegen (9.35)

$$\hat{S}^+ = \hbar \begin{pmatrix} 0 & 1 \\ 0 & 0 \end{pmatrix} \qquad \hat{S}^- = \hbar \begin{pmatrix} 0 & 0 \\ 1 & 0 \end{pmatrix} \tag{9.37}$$

Mit (9.37) erhalten wir dann die Matrizendarstellungen der Spinoperatoren $\hat{S}_x$

$$\hat{S}_x = \frac{1}{2} \left(\hat{S}^+ + \hat{S}^- \right) = \frac{\hbar}{2} \begin{pmatrix} 0 & 1 \\ 1 & 0 \end{pmatrix} \tag{9.38}$$

und $\hat{S}_y$:

$$\hat{S}_y = \frac{1}{2} \left(\hat{S}^+ - \hat{S}^- \right) = \frac{\hbar}{2} \begin{pmatrix} 0 & -i \\ i & 0 \end{pmatrix} \tag{9.39}$$

Die Darstellung des dritten Operators $\hat{S}_z$ brauchen wir nicht extra zu berechnen, da wir ja in der Eigendarstellung dieses Operators arbeiten. Deshalb ist die Matrix $\hat{S}_z$ diagonal und besteht aus den beiden Eigenwerten $\pm\hbar/2$ dieses Operators:

$$\hat{S}_z = \frac{\hbar}{2} \begin{pmatrix} 1 & 0 \\ 0 & -1 \end{pmatrix} \tag{9.40}$$

Es ist üblich, die drei Komponenten $\hat{S}_i$ des Spinoperators $\hat{S}$ durch skalenfreie Operatoren auszudrücken. Dazu benutzt man häufig die folgende Form:

$$\hat{S} = \frac{\hbar}{2} \hat{\sigma} \qquad \text{mit} \qquad \hat{\sigma} = \{ \hat{\sigma}_x, \hat{\sigma}_y, \hat{\sigma}_z \} \tag{9.41}$$

Die hier auftretenden Operatoren werden als Pauli-Operatoren bezeichnet. In der Matrizendarstellung erhalten wir für diese Operatoren dann die sogenannten Pauli'schen Spinmatrizen

$$\hat{\sigma}_x = \begin{pmatrix} 0 & 1 \\ 1 & 0 \end{pmatrix} \qquad \hat{\sigma}_y = \begin{pmatrix} 0 & -i \\ i & 0 \end{pmatrix} \qquad \hat{\sigma}_z = \begin{pmatrix} 1 & 0 \\ 0 & -1 \end{pmatrix} \tag{9.42}$$

Aus den Vertauschungsrelationen für die Spinoperatoren resultieren die entsprechenden Relationen für die Pauli-Operatoren:

$$[\hat{\sigma}_i, \hat{\sigma}_j] = 2\mathrm{i}\varepsilon_{ijk}\hat{\sigma}_k \tag{9.43}$$

Man kann sich schnell davon überzeugen, dass die drei Spinmatrizen die Eigenschaft

$$\hat{\sigma}_x^2 = \hat{\sigma}_y^2 = \hat{\sigma}_z^2 = \hat{1} = \begin{pmatrix} 1 & 0 \\ 0 & 1 \end{pmatrix} \tag{9.44}$$

haben. Daher besitzen alle drei Matrizen die Eigenwerte ± 1. Folglich haben auch die Komponenten der drei Spinoperatoren die Eigenwerte $\pm\hbar/2$. Egal welche Spinkomponente wir also messen, wir erhalten stets nur die zwei Messwerte $\pm\hbar/2$. Der Operator $\hat{s}^2$ lässt sich mithilfe der Pauli-Operatoren schreiben als

$$\hat{s}^2 = \frac{\hbar^2}{4}(\hat{\sigma}_x^2 + \hat{\sigma}_y^2 + \hat{\sigma}_z^2) = \frac{3}{4}\hbar^2\hat{1} \tag{9.45}$$

Damit ist aber jeder Spinzustand $|\chi'\rangle$, der durch Anwendung eines Operators $\hat{A}$ aus einem anderen Spinzustand χ entsteht, auf jeden Fall auch ein Eigenzustand des Operators $\hat{s}^2$ zum Eigenwert $3/4\hbar^2$. Diese am Anfang dieses Abschnitts als restriktive Bedingung an den Operator $\hat{A}$ erhobene Forderung ist also für jeden regulären, auf den Spinanteil wirkenden Operator sicher erfüllt.

Aus (9.43) folgt durch Multiplikation mit $\hat{\sigma}_j$ von rechts

$$(\hat{\sigma}_i\hat{\sigma}_j - \hat{\sigma}_j\hat{\sigma}_i)\hat{\sigma}_j = \hat{\sigma}_i\hat{\sigma}_j\hat{\sigma}_j - \hat{\sigma}_j\hat{\sigma}_i\hat{\sigma}_j = 2\mathrm{i}\varepsilon_{ijk}\hat{\sigma}_k\hat{\sigma}_j \tag{9.46}$$

und von links

$$\hat{\sigma}_j(\hat{\sigma}_i\hat{\sigma}_j - \hat{\sigma}_j\hat{\sigma}_i) = \hat{\sigma}_j\hat{\sigma}_i\hat{\sigma}_j - \hat{\sigma}_j\hat{\sigma}_j\hat{\sigma}_i = 2\mathrm{i}\varepsilon_{ijk}\hat{\sigma}_j\hat{\sigma}_k \tag{9.47}$$

Bilden wir die Summe der beiden Gleichungen und beachten, dass wegen (9.44) für alle Pauli-Operatoren $\hat{\sigma}_j^2 = \hat{1}$ gilt, dann heben sich die linken Seiten dieser beiden Gleichungen auf. Wir erhalten

$$\varepsilon_{ijk}(\hat{\sigma}_j\hat{\sigma}_k + \hat{\sigma}_k\hat{\sigma}_j) = 0 \tag{9.48}$$

oder

$$\hat{\sigma}_j\hat{\sigma}_k + \hat{\sigma}_k\hat{\sigma}_j = 0 \quad \text{für} \quad j \neq k \tag{9.49}$$

Die Pauli-Operatoren sind damit *antikommutierend*. Fassen wir dieses Ergebnis mit (9.44) zusammen, dann bekommen wir die wichtige Vertauschungsrelation

$$\hat{\sigma}_j\hat{\sigma}_k + \hat{\sigma}_k\hat{\sigma}_j = 2\delta_{ij}\hat{1} \tag{9.50}$$

Die Pauli-Matrizen bilden zusammen mit der zweidimensionalen Einheitsmatrix eine vollständige Basis für den Raum aller komplexen 2×2-Matrizen.

Um diese Aussage zu beweisen, zeigen wir, dass eine beliebige 2×2-Matrix als Linearkombination der Pauli-Matrizen und der Einheitsmatrix dargestellt werden kann:

$$\begin{pmatrix} b_{11} & b_{12} \\ b_{21} & b_{22} \end{pmatrix} = c_0 \hat{1} + c_x \hat{\sigma}_x + c_y \hat{\sigma}_y + c_z \hat{\sigma}_z \tag{9.51}$$

Setzen wir hier (9.42) ein, dann erhalten wir

$$\begin{pmatrix} b_{11} & b_{12} \\ b_{21} & b_{22} \end{pmatrix} = \begin{pmatrix} c_0 + c_z & c_x - ic_y \\ c_x + ic_y & c_0 - c_z \end{pmatrix} \tag{9.52}$$

Es handelt sich hierbei um vier Gleichungen, um aus den bekannten Komponenten $b_{11}, \ldots, b_{22}$ der beliebig vorgegebenen Matrix die vier Koeffizienten c_0, c_x, c_y und c_z zu bestimmen

$$c_0 + c_z = b_{11} \qquad c_x - ic_y = b_{12} \qquad c_x + ic_y = b_{21} \qquad c_0 - c_z = b_{22} \tag{9.53}$$

Die Determinante der Koeffizientenmatrix

$$\begin{vmatrix} 1 & 0 & 0 & 1 \\ 0 & 1 & -i & 0 \\ 0 & 1 & i & 0 \\ 1 & 0 & 0 & -1 \end{vmatrix} = -4\mathrm{i} \tag{9.54}$$

dieses Gleichungssystems ist ungleich 0. Deshalb kann dieses Gleichungssystem immer eindeutig gelöst werden. Diese in der Matrizendarstellung bewiesene Eigenschaft kann natürlich auch auf den abstrakten Hilbert-Raum übertragen werden. Wir kommen damit zu der Schlussfolgerung, dass jeder Spinoperator $\hat{A}$ als Linearkombination der drei Pauli-Operatoren und des Identitätsoperators darstellbar ist

$$\hat{A} = \alpha \hat{1} + \beta_x \hat{\sigma}_x + \beta_y \hat{\sigma}_y + \beta_z \hat{\sigma}_z \tag{9.55}$$

9.2.3
*Transformation von Spinoren

9.2.3.1 *Koordinatentransformation
Vektoren zeichnen sich durch ein bestimmtes Transformationsverhalten ihrer Komponenten bei Drehung des Koordinatensystems aus. Bei einer endlichen Drehung im dreidimensionalen Ortsraum gilt für die Vektorkomponenten die Transformationsvorschrift

$$x'_i = a_{ik} x_k \tag{9.56}$$

Die Transformationsmatrix erfüllt dabei die Orthogonalitätsbedingung

$$a_{ik} a_{ij} = \delta_{kj} \tag{9.57}$$

Für eine infinitesimale Drehung gilt

$$a_{ik} = \delta_{ik} + \varepsilon_{ik} \tag{9.58}$$

wobei ε_{ik} eine infinitesimal kleine Größe ist. Eine endliche Drehung ergibt sich durch eine sukzessive Anwendung der Transformation (9.56) unter Verwendung infinitesimaler Drehmatrizen (9.58). Aus der Orthogonalitätsbedingung folgt dann

$$a_{ik}a_{ij} = (\delta_{ik} + \varepsilon_{ik})(\delta_{ij} + \varepsilon_{ij}) = \delta_{kj} + \varepsilon_{kj} + \varepsilon_{jk} + \varepsilon_{ik}\varepsilon_{ij} = \delta_{jk} \tag{9.59}$$

Da ε_{ij} infinitesimal klein ist, kann der quadratische Term vernachlässigt werden und wir erhalten als Bedingung an die Matrixkomponenten der infinitesimalen Drehung:

$$\varepsilon_{jk} = -\varepsilon_{kj} \tag{9.60}$$

Die 3×3-Matrix ε ist damit antisymmetrisch und wird deshalb durch die folgenden drei infinitesimalen Größen festgelegt:

$$\varepsilon_{12} = \alpha_z \qquad \varepsilon_{23} = \alpha_x \qquad \varepsilon_{31} = \alpha_y \tag{9.61}$$

Eine genauere Analyse zeigt, dass die Größen α_x, α_y, α_z die infinitesimalen Drehwinkel um die drei Achsen des kartesischen Koordinatensystems sind.

9.2.3.2 *Spinortransformation

Die Transformationseigenschaften für Spinoren $|\psi\rangle$ erhalten wir aus der Forderung, dass der Erwartungswert

$$\overline{S} = \langle\psi|\, \hat{S}\, |\psi\rangle \tag{9.62}$$

ein Vektor ist und sich deshalb auch wie ein Vektor transformieren muss. Dasselbe gilt natürlich auch für den Erwartungswert der Pauli-Operatoren, die über $\hat{S} = (\hbar/2)\hat{\sigma}$ direkt mit dem Spinoperator verbunden sind. Für die einzelnen Komponenten gilt

$$\overline{\sigma}_i = \langle\psi|\, \hat{\sigma}_i\, |\psi\rangle \tag{9.63}$$

Diese Komponenten müssen sich bei einer räumlichen Drehung entsprechend (9.56) transformieren. Bei einer infinitesimal kleinen Drehung (9.58) erhalten wir also

$$\overline{\sigma}_i' = (\delta_{ik} + \varepsilon_{ik})\,\overline{\sigma}_k = \overline{\sigma}_i + \varepsilon_{ik}\overline{\sigma}_k \tag{9.64}$$

Die Transformation kommt durch eine Drehung des physikalischen Systems zustande und kann deshalb auch durch eine unitäre Transformation der Zustandsvektoren beschrieben werden:

$$|\psi'\rangle = \hat{T}\,|\psi\rangle \qquad \text{mit} \qquad \hat{T}^\dagger\hat{T} = \hat{1} \tag{9.65}$$

Eine infinitesimale räumliche Transformation wird deshalb auch eine infinitesimale unitäre Transformation der Zustände nach sich ziehen. Wir schreiben diese in der Form

$$\hat{T} = \hat{1} + \hat{t} \tag{9.66}$$

mit einem infinitesimalen Operator $\hat{t}$. Die Unitarität von $\hat{T}$ führt auf

$$(\hat{1} + \hat{t}^\dagger)(\hat{1} + \hat{t}) = \hat{1} + \hat{t}^\dagger + \hat{t} + \hat{t}^\dagger\hat{t} = \hat{1} \tag{9.67}$$

Der quadratische Term kann wieder vernachlässigt werden. Deshalb gilt

$$\hat{t}^\dagger = -\hat{t} \tag{9.68}$$

d. h. der Operator $\hat{t}$ ist antihermitesch. Wir können damit die linke Seite der Gleichung (9.64) in die folgende Form bringen:

$$\overline{\sigma}'_i = \langle \psi' | \hat{\sigma}_i | \psi' \rangle = \langle \psi | \hat{T}^\dagger \hat{\sigma}_i \hat{T} | \psi \rangle = \langle \psi | (\hat{1} + \hat{t}^\dagger)\hat{\sigma}_i(\hat{1} + \hat{t}) | \psi \rangle \tag{9.69}$$

Mit (9.68) und der Vernachlässigung der in $\hat{t}$ quadratischen Terme erhalten wir

$$\overline{\sigma}'_i = \overline{\sigma}_i + \langle \psi | \hat{\sigma}_i \hat{t} | \psi \rangle - \langle \psi | \hat{t} \hat{\sigma}_i | \psi \rangle \tag{9.70}$$

Setzen wir dieses Ergebnis in (9.64) ein, dann gelangen wir zu

$$\langle \psi | \hat{\sigma}_i \hat{t} - \hat{t} \hat{\sigma}_i - \varepsilon_{ik} \hat{\sigma}_k | \psi \rangle = 0 \tag{9.71}$$

Diese Gleichung muss für jeden beliebigen Zustandsvektor gelten. Das ist nur dann der Fall, wenn der Operator $\hat{t}$ die Gleichung

$$\hat{\sigma}_i \hat{t} - \hat{t} \hat{\sigma}_i = [\hat{\sigma}_i, \hat{t}] = \varepsilon_{ik} \hat{\sigma}_k \tag{9.72}$$

erfüllt. Wir versuchen jetzt, den Operator $\hat{t}$ nach den drei Pauli'schen Spinoperatoren zu entwickeln

$$\hat{t} = \beta_k \hat{\sigma}_k \tag{9.73}$$

Setzen wir diese Entwicklung in (9.72) ein, dann erhalten wir unter Beachtung von (9.43)

$$\beta_k [\hat{\sigma}_i, \hat{\sigma}_k] = 2i\beta_k \varepsilon_{ikj} \hat{\sigma}_j = \varepsilon_{ik} \hat{\sigma}_k \tag{9.74}$$

Durch Vergleich der Koeffizienten vor den Pauli-Matrizen folgt sofort die Beziehung

$$\varepsilon_{ik} = 2i\varepsilon_{ijk}\beta_j \tag{9.75}$$

und damit

$$\beta_1 = \frac{i}{2}\varepsilon_{23} \qquad \beta_2 = \frac{i}{2}\varepsilon_{31} \qquad \beta_3 = \frac{i}{2}\varepsilon_{12} \tag{9.76}$$

Mit den drei infinitesimalen Drehwinkeln (9.61) lautet dann die infinitesimale unitäre Transformation:

$$\hat{T} = \hat{1} + \frac{i}{2}\boldsymbol{\alpha}\hat{\boldsymbol{\sigma}} \tag{9.77}$$

mit $\boldsymbol{\alpha}\hat{\boldsymbol{\sigma}} = \alpha_x\hat{\sigma}_x + \alpha_y\hat{\sigma}_y + \alpha_z\hat{\sigma}_z$. Die Transformation des Zustands $|\psi\rangle$ bei einer infinitesimalen Drehung lautet damit

$$|\psi'\rangle = \left(1 + \frac{i}{2}\boldsymbol{\alpha}\hat{\boldsymbol{\sigma}}\right)|\psi\rangle \tag{9.78}$$

9.2.3.3 *Drehung um die *z*-Achse

Zum besseren Verständnis der Transformation (9.78) untersuchen wir den Sonderfall einer Drehung um die z-Achse. In diesem Fall ist $\alpha_x = \alpha_y = 0$, und wir haben nur noch den infinitesimalen Parameter $\alpha_3 = \alpha$. In der Matrizendarstellung erhalten wir deshalb

$$\Psi' = \begin{pmatrix} \psi'_+ \\ \psi'_- \end{pmatrix} = \left(1 + \frac{i}{2}\alpha\,\sigma_z\right)\begin{pmatrix} \psi_+ \\ \psi_- \end{pmatrix} \tag{9.79}$$

d. h. die beiden Teilwellenfunktionen transformieren sich folgendermaßen:

$$\psi'_+ = \left(1 + \frac{i}{2}\alpha\right)\psi_+\,, \qquad \psi'_- = \left(1 - \frac{i}{2}\alpha\right)\psi_- \tag{9.80}$$

Endliche Drehungen erhält man durch wiederholte Anwendung der Transformation. Deswegen liefert die *N*-fache Ausführung der Transformation:

$$\psi'_+ = \left(1 + \frac{i}{2}\alpha\right)^N\psi_+\,, \qquad \psi'_- = \left(1 - \frac{i}{2}\alpha\right)^N\psi_- \tag{9.81}$$

Wollen wir eine Drehung um den Winkel ϕ erreichen, dann können wir für den infinitesimalen Drehwinkel $\alpha = \phi/N$ setzen und den Grenzübergang $N \to \infty$ ausführen. Wegen

$$\lim_{N\to\infty}\left(1 + \frac{i}{2}\frac{\phi}{N}\right)^N = \exp\left\{i\frac{\phi}{2}\right\} \tag{9.82}$$

erhalten wir somit für die Drehung um einen endlichen Winkel

$$\psi'_+ = \exp\left\{i\frac{\phi}{2}\right\}\psi_+\,, \qquad \psi'_- = \exp\left\{-i\frac{\phi}{2}\right\}\psi_- \tag{9.83}$$

Offensichtlich geht, im Gegensatz zur Transformation von Vektorkomponenten, bei der Transformation der Spinorkomponenten nur der halbe Drehwinkel ein. Das hat zur Folge, dass bei einer Drehung um $\phi = 2\pi$ die Spinorkomponenten ihr Vorzeichen wechseln:

$$\varphi = 2\pi \qquad \rightarrow \qquad \psi'_+ = -\psi_+ \qquad \psi'_- = -\psi_- \tag{9.84}$$

Die mithilfe der Spinoren bestimmbaren Erwartungswerte sind aber bei einer Drehung der räumlichen Koordinaten um den Winkel 2π wieder eindeutig, weil dort die Spinorkomponenten bilinear vorkommen.

9.3
Zusammensetzung von Drehimpulsen

9.3.1
Bahndrehimpuls

Für den Bahndrehimpuls gelten bekanntermaßen die Vertauschungsrelationen

$$[\hat{L}_i, \hat{L}_j] = i\hbar\varepsilon_{ijk}\hat{L}_k \qquad \text{und} \qquad [\hat{\boldsymbol{L}}^2, \hat{L}_i] = 0 \tag{9.85}$$

Da $\hat{L}_x$, $\hat{L}_y$ und $\hat{L}_z$ untereinander nicht kommutieren, kann man gleichzeitig nur $\hat{\boldsymbol{L}}^2$ und eine Komponente (z. B. $\hat{L}_z$) messen.

9.3.2
Spindrehimpuls

Für den Spindrehimpuls gelten dieselben Vertauschungsrelationen:

$$[\hat{S}_i, \hat{S}_j] = i\hbar\varepsilon_{ijk}\hat{S}_k \qquad \text{und} \qquad [\hat{\boldsymbol{S}}^2, \hat{S}_i] = 0 \tag{9.86}$$

Daraus folgt, dass auch für den Spin nur $\hat{\boldsymbol{S}}^2$ und eine Komponente (z. B. $\hat{S}_z$) gleichzeitig messbar sind. Die Operatoren für den Bahndrehimpuls und den Spin beschreiben verschiedene Freiheitsgrade. Deshalb kommutieren die Operatoren

$$\hat{\boldsymbol{L}}^2 \qquad \hat{L}_z \qquad \hat{\boldsymbol{S}}^2 \qquad \hat{S}_z \tag{9.87}$$

untereinander und beschreiben somit gleichzeitig messbare Größen.

9.3.3
Gesamtdrehimpuls

Durch Addition des Bahndrehimpulses und des Spins erhalten wir den Gesamtdrehimpuls

$$\hat{\boldsymbol{J}} = \hat{\boldsymbol{L}} + \hat{\boldsymbol{S}} \tag{9.88}$$

Die Komponenten des Gesamtdrehimpulses sind deshalb definiert durch

$$\hat{J}_i = \hat{L}_i + \hat{S}_i \tag{9.89}$$

und erfüllen die Vertauschungsrelationen

$$\left[\hat{J}_i, \hat{J}_j\right] = i\hbar\varepsilon_{ijk}\hat{J}_k \qquad \text{und} \qquad \left[\hat{J}^2, \hat{J}_i\right] = 0 \tag{9.90}$$

Die erste Relation folgt sofort aus der Vertauschbarkeit von $\hat{L}$ und $\hat{S}$. Daraus kann man dann analog zum Vorgehen beim Drehimpulsoperator die zweite Relation ableiten. Aus der letzten Vertauschungsrelation folgt, dass $\hat{J}^2$ und z. B. $\hat{J}_z$ wieder gleichzeitig messbar sind. Außerdem kann man leicht zeigen, dass noch die Relationen

$$\left[\hat{L}^2, \hat{J}^2\right] = 0 \qquad \text{und} \qquad \left[\hat{L}^2, \hat{J}_z\right] = 0 \tag{9.91}$$

und

$$\left[\hat{S}^2, \hat{J}^2\right] = 0 \qquad \text{und} \qquad \left[\hat{S}^2, J_z\right] = 0 \tag{9.92}$$

gelten. Zusammenfassend kommutieren folgende Operatoren, d. h. die ihnen zugeordneten Observablen sind gleichzeitig messbar:

$$\hat{J}^2 \qquad \hat{L}^2 \qquad \hat{S}^2 \qquad \hat{J}_z \tag{9.93}$$

Da aus $\hat{J}^2 = (\hat{L} + \hat{S})^2$ sofort

$$\hat{L}\,\hat{S} = \frac{1}{2}\left(\hat{J}^2 - \hat{L}^2 - \hat{S}^2\right) \tag{9.94}$$

und aus $\hat{L}^2 = (\hat{J} - \hat{S})^2$ ebenso

$$\hat{J}\,\hat{S} = \frac{1}{2}\left(\hat{J}^2 - \hat{L}^2 + \hat{S}^2\right) \tag{9.95}$$

folgt, sind auch diese Observablen gleichzeitig mit den obigen vier messbar.

9.3.4
Eigenzustände zu L^2, L_z, S^2, S_z

Der Bahndrehimpuls und der Spin des Elektrons beschreiben unabhängige Observable. Die Eigenzustände zu beiden Operatoren haben wir bereits bestimmt. Für die gleichzeitig messbaren Drehimpulsobservablen erhalten wir in der Ortsdarstellung[13]

$$\hat{L}^2 Y_{lm} = \hbar^2 l(l+1) Y_{lm} \qquad \hat{L}_z Y_{lm} = \hbar m Y_{lm} \tag{9.96}$$

---

[13] Bei Benutzung der Kugelflächenfunktionen bezieht sich die Ortsdarstellung auf den Winkelanteil der Kugelkoordinaten.

während die Spinobservablen in der Matrizendarstellung die Eigenzustände

$$\hat{S}^2 \chi_\pm = \frac{3}{4}\hbar^2 \chi_\pm \qquad \hat{S}_z \chi_\pm = \pm\frac{1}{2}\hbar\chi_\pm \qquad (9.97)$$

haben. Die gemeinsamen Eigenzustände von $\hat{L}^2$, $\hat{S}^2$, $\hat{L}_z$ und $\hat{S}_z$ sind dann alle Produkte der beiden einzelnen Eigenzustände[14]. Insbesondere ist damit

$$\hat{L}^2 Y_{lm}\chi_\pm = \hbar^2 l(l+1) Y_{lm}\chi_\pm \qquad \hat{L}_z Y_{lm}\chi_\pm = \hbar m Y_{lm}\chi_\pm \qquad (9.98)$$

und

$$\hat{S}^2 Y_{lm}\chi_\pm = \frac{3}{4}\hbar^2 Y_{lm}\chi_\pm \qquad \hat{S}_z Y_{lm}\chi_\pm = \pm\frac{1}{2}\hbar Y_{lm}\chi_\pm \qquad (9.99)$$

9.3.5
Eigenzustände zu $\hat{J}^2$, $\hat{L}^2$, $\hat{S}^2$ und $\hat{J}_z$

Wir betrachten jetzt die beiden Wellenfunktionen $Y_{lm}\chi_+$ und $Y_{l,m+1}\chi_-$. Beide Kombinationen sind Eigenfunktionen zu $\hat{L}^2$ mit dem Eigenwert $\hbar^2 l(l+1)$, zu $\hat{S}^2$ mit dem Eigenwert $(3/4)\hbar^2$ und zu $\hat{J}_z = \hat{L}_z + \hat{S}_z$ mit dem Eigenwert $\hbar(m+1/2)$, sodass automatisch auch $j_z = m+1/2$ gilt. Die Wellenfunktionen $Y_{lm}\chi_+$ und $Y_{l,m+1}\chi_-$ sind somit gemeinsame Eigenfunktionen von $\hat{L}^2$, $\hat{S}^2$ und $\hat{J}_z$, allerdings nicht von $\hat{J}^2$. Wir können aber aus den Funktionen $Y_{lm}\chi_+$ und $Y_{l,m+1}\chi_-$ eine Linearkombination konstruieren, die auch noch Eigenvektor zu $\hat{J}^2$ ist. Dazu bilden wir

$$\Psi = \alpha\, Y_{lm}\chi_+ + \beta\, Y_{l,m+1}\chi_- \qquad (9.100)$$

Wir wollen $\hat{J}^2$ auf diesen Ausdruck anwenden und drücken deshalb den Operator durch $\hat{L}$ und $\hat{S}$ aus, deren Wirkung auf die einzelnen Teilfunktionen uns bekannt ist

$$\begin{aligned}
\hat{J}^2 = (\hat{L}+\hat{S})^2 &= \hat{L}^2 + \hat{S}^2 + 2\hat{L}\hat{S} \\
&= \hat{L}^2 + \hat{S}^2 + 2(\hat{L}_x\hat{S}_x + \hat{L}_y\hat{S}_y + \hat{L}_z\hat{S}_z) \\
&= \hat{L}^2 + \hat{S}^2 + 2\hat{L}_z\hat{S}_z + \hat{L}_+\hat{S}_- + \hat{L}_-\hat{S}_+ \qquad (9.101)
\end{aligned}$$

Die Wirkung der Leiteroperatoren $\hat{L}_+$ und $\hat{L}_-$ sowie von $\hat{S}_+$ und $\hat{S}_-$ auf die einzelnen Teilfunktionen wird durch (6.103) und (9.35) beschrieben und führt

14) Diese Zustände bilden den Produktraum, vgl. Kapitel 10

auf

$$\hat{J}^2\Psi = \left(\hat{L}^2 + \hat{S}^2 + 2\hat{L}_z\hat{S}_z + \hat{L}_+\hat{S}_- + \hat{L}_-\hat{S}_+\right)\left(\alpha\, Y_{lm}\chi_+ + \beta\, Y_{l,m+1}\chi_-\right)$$

$$= \alpha\hbar^2\left\{l(l+1)Y_{lm}\chi_+ + \frac{3}{4}Y_{lm}\chi_+ + 2m\frac{1}{2}Y_{lm}\chi_+\right.$$

$$+ \quad \sqrt{(l+m+1)(l-m)}\, Y_{l,m+1}\chi_-\Big\}$$

$$+ \beta\hbar^2\left\{l(l+1)Y_{l,m+1}\chi_- + \frac{3}{4}Y_{l,m+1}\chi_- + 2(m+1)(-\frac{1}{2})Y_{l,m+1}\chi_-\right.$$

$$+ \quad \sqrt{(l-m)(l+m+1)}\, Y_{lm}\chi_+\Big\} \tag{9.102}$$

Andererseits haben wir bereits gezeigt, dass die Anwendung von $\hat{J}^2$ auf seine Eigenfunktionen einen Eigenwert der Form $\hbar^2 j(j+1)$ liefert, wobei j ein Vielfaches von $1/2$ sein muss. Falls die Linearkombination (9.100) eine Eigenfunktion von $\hat{J}^2$ ist, dann muss gelten:

$$\hat{J}^2\Psi = \hbar^2 j(j+1)\left(\alpha\, Y_{lm}\chi_+ + \beta\, Y_{l,m+1}\chi_-\right) \tag{9.103}$$

Der Vergleich der beiden Ausdrücke (9.102) und (9.103) liefert die folgenden beiden Gleichungen

$$0 = \alpha\left[l(l+1) + \frac{3}{4} + m - j(j+1)\right] + \beta\sqrt{(l-m)(l+m+1)}$$

$$0 = \alpha\sqrt{(l+m+1)(l-m)} + \beta\left[l(l+1) + \frac{3}{4} - (m+1) - j(j+1)\right] \tag{9.104}$$

Es handelt sich hierbei um ein homogenes Gleichungssystem für die Amplituden α und β. Damit eine nichttriviale Lösung entsteht, muss die Koeffizientendeterminante

$$\begin{vmatrix} l(l+1) + \frac{3}{4} + m - j(j+1) & \sqrt{(l-m)(l+m+1)} \\ \sqrt{(l-m)(l+m+1)} & l(l+1) + \frac{3}{4} - (m+1) - j(j+1) \end{vmatrix}$$

$$= \frac{1}{16}(2l+3+2j)(2l+1+2j)(2l+1-2j)(2l-1-2j) \tag{9.105}$$

verschwinden. Wegen $l, j \geq 0$ finden wir nur zwei Lösungen zur Bestimmung der Quantenzahl j, nämlich

$$j = l - \frac{1}{2} \quad \text{und} \quad j = l + \frac{1}{2} \tag{9.106}$$

Unter Berücksichtigung der Normierung erhalten wir hieraus die beiden Eigenfunktionen[15] $\Psi^{j,l,s}_{j_z}$

$$\Psi^{l+\frac{1}{2},l,\frac{1}{2}}_{m+\frac{1}{2}} = \sqrt{\frac{l+m+1}{2l+1}}\, Y_{lm}\chi_+ + \sqrt{\frac{l-m}{2l+1}}\, Y_{l,m+1}\chi_- \tag{9.107}$$

$$\Psi^{l-\frac{1}{2},l,\frac{1}{2}}_{m+\frac{1}{2}} = \sqrt{\frac{l-m}{2l+1}}\, Y_{lm}\chi_+ - \sqrt{\frac{l+m+1}{2l+1}}\, Y_{l,m+1}\chi_- \tag{9.108}$$

Diese Eigenfunktionen erfüllen gleichzeitig die Eigenwertgleichungen für $\hat{J}^2$, $\hat{L}^2$, $\hat{S}^2$ und $\hat{J}_z$. Man beachte, dass bei der vorliegenden Konstellation die Magnetquantenzahl m in der oberen Eigenfunktion von $-l-1$ bis l, entsprechend $-(l+1/2) < j_z < l+1/2$, in der unteren nur von $-l$ bis $l-1$, entsprechend $-(l-1/2) < j_z < l-1/2$, laufen kann.

9.3.6
Eigenfunktionen zu J^2, L_1^2, L_2^2, J_z

Im Prinzip können die obigen Überlegungen auf die Addition beliebiger Drehimpulse erweitert werden. Dazu betrachten wir zwei Drehimpulse $\hat{L}_1$ und $\hat{L}_2$, welche sich zum Gesamtdrehimpuls $\hat{J} = \hat{L}_1 + \hat{L}_2$ zusammensetzen. Aus den Eigenfunktionen zu $\hat{L}_1^2$, $\hat{L}_{1,z}$ bzw. $\hat{L}_2^2$, $\hat{L}_{2,z}$ erhalten wir die gemeinsamen Eigenfunktionen

$$Y^{(1)}_{l_1\, m_1} Y^{(2)}_{l_2\, m_2} \left\{ \begin{array}{c} -l_1 \le m_1 \le l_1 \\ -l_2 \le m_2 \le l_2 \end{array} \right\} \tag{9.109}$$

dieser vier Operatoren. Daraus bilden wir analog zu dem im vorangegangenen Kapitel besprochenen Fall die Eigenzustände zum Gesamtdrehimpuls, indem wir alle multinomialen Eigenfunktionen (9.109) mit einem festen Wert für den Eigenwert $\hbar m$ von $\hat{J}_z = \hat{L}_{1,z} + \hat{L}_{2,z}$ gewichtet überlagern:

$$\Psi^{j,l_1,l_2}_{j_z} = \sum_{m_1 m_2} C(j, j_z; l_1, m_1, l_2, m_2) Y^{(1)}_{l_1\, m_1} Y^{(2)}_{l_2\, m_2} \tag{9.110}$$

Die hier auftretenden Koeffizienten heißen Wigner- bzw. Clebsch-Gordan-Koeffizienten. Sie verschwinden identisch für alle Werte m_1 und m_2, außer für

$$m_1 + m_2 = j_z \tag{9.111}$$

15) Wir verwenden hier und im Weiteren für die Darstellung der Eigenfunktionen des Gesamtdrehimpulses die Bezeichnung $\Psi^{j,l,s}_{j_z}$. In dieser Konvention sind die Eigenwerte von $\hat{J}^2$, $\hat{L}^2$ und $\hat{S}^2$ aus den oberen drei Indizes zu bilden, der Eigenwert von $\hat{J}_z$ folgt aus dem unteren Index.

Für $\hat{l}_1 = \hat{L}$ und $\hat{l}_2 = \hat{S}$ haben wir diese Koeffizienten in (9.107) und (9.108) schon berechnet. Allgemein findet man die Koeffizienten tabelliert in Büchern über Gruppentheorie[16]. Die möglichen Werte für j sind festgelegt durch die Ungleichung

$$|l_1 - l_2| \leq j \leq l_1 + l_2 \tag{9.112}$$

9.4
Pauli-Gleichung

9.4.1
Heuristische Ableitung

Die Bewegung eines Elektrons in einem elektromagnetischen Feld wird durch den Hamilton-Operator (8.2)

$$\hat{H} = \frac{1}{2m}\left(\hat{p} - \frac{e}{c}A(\hat{x}, t)\right)^2 + e\Phi(\hat{x}, t) \tag{9.113}$$

beschrieben. Wir hatten in Abschnitt 8.4 gezeigt, dass dieser Hamilton-Operator in eine Form gebracht werden kann, die auch den Bahndrehimpuls und das mit diesem gekoppelte magnetische Moment enthält.

Wenn wir jetzt auch die Wechselwirkung des elektromagnetischen Felds mit dem Spin berücksichtigen wollen, dann müssen wir den Hamilton-Operator durch folgenden Term ergänzen:

$$\hat{H}_{\text{Spin}} = -\hat{\mu}B = \frac{2}{\hbar}\mu_{\text{B}}\,\hat{S}B = \mu_{\text{B}}\,\hat{\sigma}B \tag{9.114}$$

Wir erhalten deshalb

$$\hat{H} = \frac{1}{2m}\left(\hat{p} - \frac{e}{c}A(\hat{x}, t)\right)^2 + e\Phi(\hat{x}, t) - \frac{e}{mc}\,\hat{S}\cdot B \tag{9.115}$$

Wählen wir für die Spinobservablen die Standarddarstellung auf der Grundlage der Pauli-Matrizen[17] (9.42) und für die Orts- und Impulsvariablen die Ortsdarstellung, dann nimmt die Schrödinger-Gleichung die Form

$$i\hbar\frac{\partial}{\partial t}\Psi = \frac{1}{2m}\left(\frac{\hbar}{i}\nabla - \frac{e}{c}A(x, t)\right)^2\Psi + e\Phi\Psi + \mu_{\text{B}}\hat{\sigma}B\Psi \tag{9.116}$$

an. Hierbei ist Ψ die Spinorwellenfunktion (9.21). Der Ausdruck (9.116) wird als *Pauli-Gleichung* bezeichnet. Mathematisch ist die Pauli-Gleichung ein System von zwei gekoppelten, partiellen Differentialgleichungen für die beiden als Spinorkomponenten auftretenden Wellenfunktionen ψ_+ bzw. ψ_-.

---

16) Man kann sich die Koeffizenten auch direkt unter Benutzung von Computeralgebra, z. B. Maple, bestimmen, siehe Aufgabe 9.IV
17) also die Eigendarstellung des $\hat{S}_z$-Operators

9.4.2
*Konzept der ordnungslinearisierten Evolutionsgleichungen

Die Schrödinger-Gleichung ist eine partielle Differentialgleichung erster Ordnung in der Zeit und zweiter Ordnung im Ort. Analog zu einer gewöhnlichen Differentialgleichung höherer Ordnung, die man in ein System von Differentialgleichungen erster Ordnung umschreiben kann, werden wir die Schrödinger-Gleichung in ein System von partiellen Differentialgleichungen erster Ordnung umschreiben. Führt man in diese Gleichungsstruktur nach dem Prinzip der minimalen Kopplung das elektromagnetische Feld ein, dann wird man zwangsläufig auf die Struktur der Pauli-Gleichung geführt. Ein ähnlicher Zugang liefert übrigens die Dirac-Gleichung, bei der sich das jetzt vorgestellte Konstruktionsprinzip aber noch besser physikalisch motivieren lässt [18].

9.4.2.1 *Minimale Kopplung
Die Pauli-Gleichung ist ebensowenig wie die Schrödinger-Gleichung aus tieferen Prinzipien der Quantenmechanik ableitbar. Sie stellt eigentlich nur eine mit der experimentellen Erfahrung in einem gewissen Rahmen übereinstimmende Beschreibung mikroskopischer Prozesse dar. In dieser Hinsicht sind auch die in Abschnitt 3.1 vorgestellten Konstruktionsprinzipien für die dynamischen Gleichungen der Quantenmechanik zwar sinnvolle und theoretisch fundiert erscheinende, aber eben doch nicht allgemeingültige Konzepte. Es gibt z. B. kein Kriterium, mit dem man bereits vor der Konstruktion einer dynamischen Gleichung definitiv entscheiden kann, für welches Teilchen diese Gleichung eine adäquate Beschreibung liefern soll. Man kann aber die Fragestellung auch so formulieren, dass man die Schrödinger-Gleichung als gegeben postuliert und überlegt, unter welchen Bedingungen und mit welchen Kriterien man daraus die Pauli-Gleichung ableiten kann. Bevor wir uns dieser Frage zuwenden, werden wir in einem ersten Schritt mithilfe des Prinzips der minimalen Kopplung das elektromagnetische Feld in die Schrödinger-Gleichung einführen[19]. Wir gehen hierzu von der Schrödinger-Gleichung eines freien Elektrons in der Ortsdarstellung aus, also von

$$i\hbar \frac{\partial \psi}{\partial t} = -\frac{\hbar^2}{2m}\nabla^2 \psi \qquad (9.117)$$

18) Die Dirac-Gleichung ist eine relativistisch invariante Gleichung. Deshalb müssen hier Zeit- und Ortsableitungen in derselben Ordnung auftreten. Die Forderung, dass alle Ableitungen nur in der erster Ordnung vorkommen, liefert zusammen mit dem relativistischen Ausdruck für die Energie eines freien Teilchens ein System von partiellen Differentialgleichungen erster Ordnung, eben die Dirac-Gleichung.

19) das Verfahren entspricht demjenigen in Abschnitt 8.1.1

Wir wollen jetzt noch einmal überlegen, wie man diese Gleichung so erweitern kann, dass sie die quantenmechanische Bewegung eines Elektrons in einem elektromagnetischen Feld richtig beschreibt. Sollte dieses Verfahren erfolgreich sein, dann hätten wir eine Möglichkeit für die Einbeziehung anderer fundamentaler Wechselwirkungen[20] in quantenmechanische dynamische Gleichungen.Das elektromagnetische Feld wird durch das Viererpotential[21]

$$\vec{A} = (A_i) = (\Phi, -A) \tag{9.118}$$

beschrieben, wobei wir auf der rechten Seite die kovariante Darstellung verwendet haben. Auf der anderen Seite können die Ableitungen nach Zeit- und Raumkoordinaten ebenfalls durch einen Vierervektor gemäß (3.10) beschrieben werden:

$$\vec{\partial} = (\partial_i) = \left(\frac{\partial}{\partial x^i}\right) = \left(\frac{1}{c}\frac{\partial}{\partial t}, \nabla\right) \tag{9.119}$$

Wir konstruieren aus (9.118) und (9.119) einen neuen Vierervektor

$$\vec{\partial} \rightarrow \vec{D} = \vec{\partial} + \frac{ie}{\hbar c}\vec{A} = \left(\partial_i + \frac{ie}{\hbar c}A_i\right) = \left(\frac{\partial}{\partial x^i} + \frac{ie}{\hbar c}A_i\right) \tag{9.120}$$

und ersetzen in der Schrödinger-Gleichung des freien Elektrons die Ableitungen ∂_i durch $\hat{D}_i$, also

$$i\hbar\partial_i \rightarrow i\hbar\mathcal{D}_i = i\hbar\left(\partial_i + \frac{ie}{\hbar c}A_i\right) = \left(i\hbar\frac{\partial}{\partial x^i} - \frac{e}{c}A_i\right) \tag{9.121}$$

bzw. in kartesischen Koordinaten

$$i\hbar\partial_x \rightarrow i\hbar\frac{\partial}{\partial x} + \frac{e}{c}A_x = -\left(\frac{\hbar}{i}\frac{\partial}{\partial x} - \frac{e}{c}A_x\right) = -\left(\hat{p}_x - \frac{e}{c}A_x\right) \tag{9.122}$$

und analog

$$i\hbar\partial_y \rightarrow i\hbar\frac{\partial}{\partial y} + \frac{e}{c}A_y = -\left(\frac{\hbar}{i}\frac{\partial}{\partial y} - \frac{e}{c}A_y\right) = -\left(\hat{p}_y - \frac{e}{c}A_y\right) \tag{9.123}$$

sowie

$$i\hbar\partial_z \rightarrow i\hbar\frac{\partial}{\partial z} + \frac{e}{c}A_z = -\left(\frac{\hbar}{i}\frac{\partial}{\partial z} - \frac{e}{c}A_z\right) = -\left(\hat{p}_z - \frac{e}{c}A_z\right) \tag{9.124}$$

sowie

$$i\hbar\partial_t \rightarrow i\hbar\frac{\partial}{\partial t} - e\Phi \tag{9.125}$$

---

20) z. B. der schwachen Wechselwirkung, siehe Band IV dieser Lehrbuchreihe
21) siehe Band II, Abschnitte 4.3 und Abschnitt 4.5

Damit erhalten wir schließlich die Schrödinger-Gleichung (8.3), die wir bereits auf anderem Weg motiviert hatten. Diese Substitution wird auch als minimale Kopplung bezeichnet und sichert die Eichinvarianz der Schrödinger-Gleichung. Wir hatten uns davon bereits in Kapitel (8.1.3) überzeugt. Die Eichinvarianz entsteht dabei nicht durch die spezielle mathematische Struktur der Schrödinger-Gleichung. Man kann leicht zeigen, dass jede Gleichung der Form

$$g(\vec{\mathcal{D}})\psi = 0 \tag{9.126}$$

mit einer beliebigen Funktion g des Differentialoperators $\vec{\mathcal{D}}$ eichinvariant ist. Dazu muss man nur beweisen, dass gilt

$$g\left(\vec{\partial} + \frac{ie}{\hbar c}\vec{A}'\right)\psi' = 0 \qquad \longleftrightarrow \qquad g\left(\vec{\partial} + \frac{ie}{\hbar c}\vec{A}\right)\psi = 0 \tag{9.127}$$

Die gestrichenen und ungestrichenen Größen gehen durch eine Eichtransformation auseinander hervor. Nimmt man an, dass sich die Wellenfunktionen ψ und ψ' nur um einen Phasenfaktor unterscheiden

$$\psi' = \exp\left\{\frac{ie}{\hbar c}f\right\}\psi \tag{9.128}$$

dann liefert die Anwendung des Differentialoperators $\mathcal{D}'_i$ auf ψ'

$$\begin{aligned}
\mathcal{D}'_i \exp\left\{\frac{ie}{\hbar c}f\right\}\psi &= \partial_i \exp\left\{\frac{ie}{\hbar c}f\right\}\psi + \frac{ie}{\hbar c}A'_i \exp\left\{\frac{ie}{\hbar c}f\right\}\psi \\
&= \exp\left\{\frac{ie}{\hbar c}f\right\}\left[\partial_i + \frac{ie}{\hbar c}\left(A'_i + \frac{\partial f}{\partial x^i}\right)\right]\psi \\
&= \exp\left\{\frac{ie}{\hbar c}f\right\}\left[\partial_i + \frac{ie}{\hbar c}A_i\right]\psi \\
&= \exp\left\{\frac{ie}{\hbar c}f\right\}\mathcal{D}_i\psi \tag{9.129}
\end{aligned}$$

Dabei wurde die Eichtransformation des Viererpotentials[22]

$$A'_i + \frac{\partial f}{\partial x^i} = A_i \tag{9.130}$$

benutzt. Damit gilt aber auch für jedes Multinom aus Differentialoperatoren

$$\mathcal{D}'_{i_1}\mathcal{D}'_{i_2}\ldots.\mathcal{D}'_{i_n}\exp\left\{\frac{ie}{\hbar c}f\right\}\psi = \exp\left\{\frac{ie}{\hbar c}f\right\}\mathcal{D}_{i_1}\mathcal{D}_{i_2}\ldots.\mathcal{D}_{i_n}\psi \tag{9.131}$$

woraus sofort (9.127) folgt.

22) siehe Band II, Abschnitt 4.6 und Abschnitt 8.3

9.4.2.2 *Ordnungslinearisierte Schrödinger-Gleichung

Die Anwendung des Prinzips der minimale Kopplung auf die Schrödinger-Gleichung eines freien Elektrons führt aber nur auf die bereits bekannte quantenmechanische Evolutionsgleichung dieses Teilchens im elektromagnetischen Feld (8.3) und liefert daher keine Anzeichen für die Existenz des Spins. Wir müssen deshalb das Konstruktionsverfahren noch etwas modifizieren.

Faktorisierung der Schrödinger-Gleichung

Wir bringen die Schrödinger-Gleichung des freien Elektrons in die Form

$$\left[i\hbar \frac{\partial}{\partial t} - \frac{1}{2m} \left(\frac{\hbar}{i} \nabla \right)^2 \right] \psi = 0 \tag{9.132}$$

und überlegen, ob wir diese Gleichung faktorisieren, also als

$$L_2(\vec{\partial}) L_1(\vec{\partial}) \psi = 0 \tag{9.133}$$

darstellen können. Dabei sind $L_1(\vec{\partial})$ und $L_2(\vec{\partial})$ lineare Differentialoperatoren vom Typ

$$L_1(\vec{\partial}) = \sum_{i=0}^{3} a_i \partial_i + b_0 \quad \text{und} \quad L_2(\vec{\partial}) = \sum_{i=0}^{3} \tilde{a}_i \partial_i + \tilde{b}_0 \tag{9.134}$$

mit konstanten Koeffizienten. Setzen wir diese Operatoren in (9.133) ein, dann erhalten wir

$$\left(\sum_{i=0}^{3} \tilde{a}_i \partial_i + \tilde{b}_0 \right) \left(\sum_{i=0}^{3} a_i \partial_i + b_0 \right) \psi = 0 \tag{9.135}$$

Durch den Vergleich mit (9.132) findet man, dass die Koeffizienten vor den Ableitungen die Bedingungen

$$\tilde{b}_0 b_0 = 0 \quad \tilde{a}_0 a_0 = 0 \quad \tilde{a}_\alpha a_0 + \tilde{a}_0 a_\alpha = 0 \quad \tilde{b}_0 a_\alpha + \tilde{a}_\alpha b_0 = 0 \tag{9.136}$$

und

$$\tilde{b}_0 a_0 + \tilde{a}_0 b_0 = i\hbar c \quad \tilde{a}_\alpha a_\beta + \tilde{a}_\beta a_\alpha = \frac{\hbar^2}{m} \delta_{\alpha\beta} \tag{9.137}$$

erfüllen müssen. Dabei erfassen die griechischen Indizes $\alpha, \beta = 1, \ldots, 3$ die drei räumlichen Koordinaten. Alle Lösungen der partiellen Differentialgleichung erster Ordnung

$$L_1(\vec{\partial}) \psi = 0 \tag{9.138}$$

sind damit auch Lösungen der Schrödinger-Gleichung. Die ordnungslinearisierte Schrödinger-Gleichung (9.138) wird auch als linearisierte Schrödinger-Gleichung bezeichnet[23]. Allerdings ist nicht von vornherein gesichert, dass

---

23) Diese Bezeichnung ist etwas irreführend, da die Schrödinger-Gleichung bereits eine lineare partielle Differentialgleichung ist. Der

alle Lösungen der Schrödinger-Gleichung auch Lösung von (9.138) sind. Die Schrödinger-Gleichung wird nämlich durch alle Wellenfunktionen ψ erfüllt, die der Differentialgleichung $L_1(\vec{\partial})\psi = \varphi$ genügen, wobei φ eine Lösung von $L_2(\vec{\partial})\varphi = 0$ ist. Wir müssen also nach der Bestimmung der Differentialoperatoren $L_1(\vec{\partial})$ und $L_2(\vec{\partial})$ noch das Verhältnis der zugehörigen Lösungsklassen von (9.138) und (9.133) überprüfen.

Antikommutatorrelationen
Es ist jetzt zweckmäßig, für a_0, $\tilde{a}_0$, b_0 und $\tilde{b}_0$ neue Koeffizienten einzuführen. Dazu verwenden wir die Bezeichnungen

$$a_4 = a_0 + \frac{\hbar}{2imc}b_0 \qquad \tilde{a}_4 = \tilde{a}_0 + \frac{\hbar}{2imc}\tilde{b}_0 \qquad (9.139)$$

und

$$a_5 = i\left(a_0 - \frac{\hbar}{2imc}b_0\right) \qquad \tilde{a}_5 = i\left(\tilde{a}_0 - \frac{\hbar}{2imc}\tilde{b}_0\right) \qquad (9.140)$$

Damit können wir (9.136) und (9.137) kompakt als

$$\tilde{a}_i a_j + \tilde{a}_j a_i = \frac{\hbar^2}{m}\delta_{ij} \qquad (9.141)$$

schreiben[24]. Die Indizes laufen hier von 1 bis 5, sodass (9.141) unter Berücksichtigung der Invarianz der Gleichungen bei Vertauschung von i und j ein System von 15 Gleichungen für 10 Koeffizienten repräsentiert. Man kann sich deshalb leicht überlegen, dass die Koeffizienten a_i und $\tilde{a}_i$ keine skalaren Größen sein können.

Es ist aber möglich, Lösungen für (9.141) zu finden, falls als Koeffizienten auch Matrizen zugelassen werden. In diesem Fall wird die Wellenfunktion zu einem Vektor erweitert. Da die Koeffizienten in L_1 und L_2 so bestimmt werden, dass (9.133) mit der Schrödinger-Gleichung identisch ist, muss jede einzelne Komponente dieses Vektors dann natürlich auch Lösung der ursprünglichen Schrödinger-Gleichung sein. Mit dem Ansatz[25].

$$\tilde{a}_i = \frac{\hbar^2}{2m}\gamma_i\mu^{-1} \qquad \text{und} \qquad a_i = \mu\gamma_i \qquad (9.142)$$

für $i = 1\ldots4$, sowie

$$\tilde{a}_5 = -i\frac{\hbar^2}{2m}\mu^{-1} \qquad \text{und} \qquad a_5 = i\mu \qquad (9.143)$$

Begriff „linearisiert" bezieht sich darauf, das die raum-zeitlichen Differentialoperatoren jetzt nur noch höchstens in der ersten Ordnung auftreten, siehe auch W. Greiner, Theoretische Physik Bd. 4 (Verlag H. Deutsch, Frankfurt, 1984).

24) Der Ausdruck (9.141) ist kein Kommutator, da die Tilde auf der linken Seite zwischen a_i und a_j verschoben ist.

25) Die Matrix μ hat natürlich nichts zu tun mit dem z.B. in Abschnitt 9.4.1 verwendeten Dipolmoment.

für die fünften Komponenten erhalten wir die von den neu eingeführten Matrizen γ_i zu erfüllenden Antikommutationsrelationen

$$\gamma_i\gamma_j + \gamma_j\gamma_i = 2\delta_{ij}\hat{1} \tag{9.144}$$

Von ihrer Gültigkeit kann man sich leicht durch Einsetzen der Koeffizienten (9.142) und (9.143) in (9.141) überzeugen. Insbesondere ist durch diesen Ansatz bereits garantiert, dass alle Gleichungen (9.141) mit $i = 5$ oder $j = 5$ automatisch erfüllt sind. Die Matrix μ bleibt deshalb frei zu wählen, vorausgesetzt sie ist invertierbar. Wir müssen daher nur noch die zehn verbleibenden Gleichungen (9.144) lösen[26]. Aus diesen Gleichungen finden wir zunächst $\gamma_i^2 = \hat{1}$, d. h. die γ-Matrizen haben nur die Eigenwerte ± 1. Andererseits ist aber für $i \neq j$

$$\gamma_j = \gamma_i^2\gamma_j = \gamma_i\left(\gamma_i\gamma_j\right) = -\gamma_i\gamma_j\gamma_i \tag{9.145}$$

Damit ist aber die Spur der Matrix γ_j gegeben durch

$$\text{Sp}\,\gamma_j = -\text{Sp}\,\gamma_i\gamma_j\gamma_i = -\text{Sp}\,\gamma_i^2\gamma_j = -\text{Sp}\,\gamma_j \qquad \text{also} \qquad \text{Sp}\,\gamma_j = 0 \tag{9.146}$$

d. h. wir finden, dass jede der vier γ-Matrizen spurfrei sein muss. Da alle Eigenwerte dieser Matrizen ± 1 sind, kann die Spurfreiheit[27] nur dann garantiert werden, wenn die Dimension der Matrizen eine gerade Zahl ist. In der niedrigsten Dimension, $d = 2$, gibt es nur Tripel vollständig antikommutierender Matrizen.

Ein Tripel sind die uns bereits bekannten Pauli-Matrizen $\hat{\sigma}_\alpha$. Diese spannen bekanntlich[28] zusammen mit der Einheitsmatrix den Raum der 2×2-Matrizen auf. Daher könnte man versuchen, aus diesen Basismatrizen eine vierte Matrix $\hat{\sigma}^*$ als Linearkombination zu bilden, die zusammen mit den drei Pauli-Matrizen (9.144) erfüllt. Man findet aber sofort, dass die dann für alle drei Pauli-Matrizen notwendig zu erfüllende Relation $\hat{\sigma}^*\hat{\sigma}_i + \hat{\sigma}_i\hat{\sigma}^* = 0$ nur von $\hat{\sigma}^* = 0$ befriedigt werden kann. Die Forderung $\hat{\sigma}^{*2} = \hat{1}$, führt dann auf einen Widerspruch. Die γ-Matrizen sind also mindestens vom Typ 4×4. Man kann hier beispielsweise die folgende, auf den Pauli-Matrizen beruhende Darstellung[29] finden

$$\gamma_\alpha = \begin{pmatrix} 0 & \hat{\sigma}_\alpha \\ \hat{\sigma}_\alpha & 0 \end{pmatrix} \qquad \gamma_4 = \begin{pmatrix} \hat{1} & 0 \\ 0 & -\hat{1} \end{pmatrix} \tag{9.147}$$

(mit $\alpha = 1\ldots 3$). Dabei ist $\hat{1}$ die zweidimensionale Einheitsmatrix. Es ist relativ einfach zu zeigen[30], dass die so definierten γ-Matrizen die Antikommutationsrelationen (9.144) erfüllen.

---

26) Die Antikommutationsrelationen (9.144) definieren eine sogenannte Clifford-Algebra; siehe auch Band IV dieser Lehrbuchreihe.
27) Wir erinnern, dass die Spur einer Matrix die Summe ihrer Diagonalelemente, insbesondere die Summe ihrer Eigenwerte ist.
28) siehe Abschnitt 9.2.2
29) siehe auch Band IV dieser Lehrbuchreihe
30) siehe Aufgabe 9.1

Bestimmung von $L_1(\vec{\partial})$ und $L_2(\vec{\partial})$

Mit der speziellen Wahl für die frei zu wählende Matrix

$$\mu = \begin{pmatrix} 0 & \hat{1} \\ \hat{1} & 0 \end{pmatrix} \qquad \text{und} \qquad \mu^{-1} = \mu \tag{9.148}$$

erhalten wir die Matrizen

$$\tilde{a}_\alpha = \frac{\hbar^2}{2m} \begin{pmatrix} \hat{\sigma}_\alpha & 0 \\ 0 & \hat{\sigma}_\alpha \end{pmatrix} \qquad \text{und} \qquad a_\alpha = \begin{pmatrix} \hat{\sigma}_\alpha & 0 \\ 0 & \hat{\sigma}_\alpha \end{pmatrix} \tag{9.149}$$

für $\alpha = 1, \ldots, 3$, sowie

$$\tilde{a}_4 = \frac{\hbar^2}{2m} \begin{pmatrix} 0 & \hat{1} \\ -\hat{1} & 0 \end{pmatrix} \qquad \text{und} \qquad a_4 = \begin{pmatrix} 0 & -\hat{1} \\ \hat{1} & 0 \end{pmatrix} \tag{9.150}$$

und

$$\tilde{a}_5 = -\mathrm{i}\frac{\hbar^2}{2m} \begin{pmatrix} 0 & \hat{1} \\ \hat{1} & 0 \end{pmatrix} \qquad \text{und} \qquad a_5 = \mathrm{i} \begin{pmatrix} 0 & \hat{1} \\ \hat{1} & 0 \end{pmatrix} \tag{9.151}$$

Hiermit bekommen wir unter Berücksichtigung von (9.139) und (9.140) die Größen

$$a_0 = \begin{pmatrix} 0 & 0 \\ \hat{1} & 0 \end{pmatrix} \qquad \text{und} \qquad b_0 = -\frac{2\mathrm{i}mc}{\hbar} \begin{pmatrix} 0 & \hat{1} \\ 0 & 0 \end{pmatrix} \tag{9.152}$$

sowie

$$\tilde{a}_0 = -\frac{\hbar^2}{2m} \begin{pmatrix} 0 & 0 \\ \hat{1} & 0 \end{pmatrix} \qquad \text{und} \qquad \tilde{b}_0 = \mathrm{i}\hbar c \begin{pmatrix} 0 & \hat{1} \\ 0 & 0 \end{pmatrix} \tag{9.153}$$

Mit diesen Matrizen ergaben sich schließlich mit (9.134) die gesuchten Differentialoperatoren[31]

$$L_1(\vec{\partial}) = \frac{1}{c} \begin{pmatrix} 0 & 0 \\ \hat{1} & 0 \end{pmatrix} \frac{\partial}{\partial t} + \begin{pmatrix} \hat{\sigma}_\alpha & 0 \\ 0 & \hat{\sigma}_\alpha \end{pmatrix} \frac{\partial}{\partial x_\alpha} + \frac{2\mathrm{i}mc}{\hbar} \begin{pmatrix} 0 & -\hat{1} \\ 0 & 0 \end{pmatrix} \tag{9.154}$$

und

$$L_2(\vec{\partial}) = \frac{\hbar^2}{2m} \left[\begin{pmatrix} 0 & 0 \\ \hat{1} & 0 \end{pmatrix} \frac{1}{c}\frac{\partial}{\partial t} + \begin{pmatrix} \hat{\sigma}_\alpha & 0 \\ 0 & \hat{\sigma}_\alpha \end{pmatrix} \frac{\partial}{\partial x_\alpha} + \frac{2\mathrm{i}mc}{\hbar} \begin{pmatrix} 0 & \hat{1} \\ 0 & 0 \end{pmatrix} \right] \tag{9.155}$$

Man kann sich leicht davon überzeugen, dass die Anwendung des Produkts $L_2(\vec{\partial})L_1(\vec{\partial})$ auf eine Wellenfunktion ψ wieder zur Schrödinger-Gleichung führt. Wir schreiben dazu die vierkomponentige Wellenfunktion in der Form

$$\psi = \begin{pmatrix} \psi_+ \\ \psi_- \\ \tilde{\psi}_+ \\ \tilde{\psi}_- \end{pmatrix} = \begin{pmatrix} \Psi \\ \tilde{\Psi} \end{pmatrix} \tag{9.156}$$

---

[31] Wir verwenden ab jetzt wieder die Einstein'sche Summenkonvention.

Man bezeichnet ψ deshalb auch als Bispinor, der aus den beiden Spinoren Ψ und $\tilde{\Psi}$ besteht. Mit dieser Wellenfunktion erhalten wir dann die ordnungsreduzierte Schrödinger-Gleichung $L_1(\vec{\partial})\psi = 0$ in der vierdimensionalen Form

$$\left[\frac{1}{c} \begin{pmatrix} 0 & 0 \\ \hat{1} & 0 \end{pmatrix} \frac{\partial}{\partial t} + \begin{pmatrix} \hat{\sigma}_\alpha & 0 \\ 0 & \hat{\sigma}_\alpha \end{pmatrix} \frac{\partial}{\partial x_\alpha} + \frac{2imc}{\hbar} \begin{pmatrix} 0 & -\hat{1} \\ 0 & 0 \end{pmatrix} \begin{pmatrix} \Psi \\ \tilde{\Psi} \end{pmatrix} = 0 \right] \qquad (9.157)$$

woraus sich die beiden zweidimensionalen Teilgleichungen

$$\frac{\hbar}{ic} \frac{\partial}{\partial t}\Psi + \hat{\sigma}\hat{p}\tilde{\Psi} = 0 \qquad \text{und} \qquad \hat{\sigma}\hat{p}\Psi - 2mc\tilde{\Psi} = 0 \qquad (9.158)$$

mit $\hat{\sigma}\hat{p} = \hat{\sigma}_x \hat{p}_x + \hat{\sigma}_y \hat{p}_y + \hat{\sigma}_z \hat{p}_z$ ergeben.

Lösungsmenge der ordnungslinearisierten Schrödinger-Gleichung
Wir müssen noch überprüfen, in welcher Beziehung die Lösungen der Gleichungen (9.158) zu den Lösungen der ursprünglichen Schrödinger-Gleichung (9.132) des freien Elektrons stehen. Sicher ist jede einzelne Komponente der beiden Spinoren eine Lösung der Schrödinger-Gleichung. Davon kann man sich durch Anwendung von $L_2(\vec{\partial})$ auf (9.157) überzeugen. Wir können aber auch die zweite Gleichung von (9.158) nach $\tilde{\Psi}$ umstellen und in die erste Gleichung einsetzen. Wir erhalten dann

$$\frac{\hbar}{ic} \frac{\partial}{\partial t}\Psi + \hat{\sigma}\hat{p}\tilde{\Psi} = \frac{\hbar}{ic} \frac{\partial}{\partial t}\Psi + \frac{1}{2mc}(\hat{\sigma}\hat{p})^2\Psi = -\frac{1}{c}\left[i\hbar \frac{\partial}{\partial t}\Psi - \frac{\hat{p}^2}{2m}\Psi \right] = 0 \quad (9.159)$$

Dabei haben wir

$$(\hat{\sigma}\hat{p})^2 = \hat{\sigma}_\alpha \hat{p}_\alpha \hat{\sigma}_\beta \hat{p}_\beta = \frac{1}{2}(\hat{\sigma}_\alpha \hat{\sigma}_\beta + \hat{\sigma}_\beta \hat{\sigma}_\alpha)\hat{p}_\alpha \hat{p}_\beta = \delta_{\alpha\beta}\hat{p}_\alpha \hat{p}_\beta \hat{1} = \hat{p}^2 \hat{1} \qquad (9.160)$$

verwendet[32]. Ganz rechts in (9.159) steht dann die Schrödinger-Gleichung des freien Elektrons. Wendet man jetzt auf diese Gleichung den Operator $\hat{\sigma}\hat{p}/(2mc)$ an und beachtet (9.158), dann erhalten wir die Schrödinger-Gleichung für $\tilde{\Psi}$.

Wir müssen jetzt noch zeigen, dass jede Lösung der Schrödinger-Gleichung (9.159) umgekehrt auch eine Lösung der ordnungslinearisierten Schrödinger-Gleichung (9.158) ist. Dazu gehen wir davon aus, dass die beiden Komponenten des Spinors Ψ eine Lösung der Schrödinger-Gleichung sind. Dann gilt natürlich

$$i\hbar \frac{\partial}{\partial t}\Psi - \frac{\hat{p}^2}{2m}\Psi = i\hbar \frac{\partial}{\partial t}\Psi - \frac{1}{2m}(\hat{\sigma}\hat{p})^2\Psi = 0 \qquad (9.161)$$

---

32) Man kommt hier vom dritten Ausdruck dieser Gleichung zum zweiten Ausdruck zurück, wenn man in einem der beiden Summanden die Indizes vertauscht und $[p_\alpha, p_\beta] = 0$ beachtet.

Wir können aus dem Spinor Ψ sofort den abhängigen Spinor $\tilde{\Psi} = \hat{\sigma}\hat{p}\Psi/(2mc)$ bestimmen. Damit ist es möglich, (9.161) umzuschreiben; man erhält so unmittelbar das Gleichungssystem

$$\frac{i\hbar}{c}\frac{\partial}{\partial t}\Psi - \hat{\sigma}\hat{p}\tilde{\Psi} = 0 \qquad \text{mit} \qquad 2mc\tilde{\Psi} = \hat{\sigma}\hat{p}\Psi \tag{9.162}$$

Wir gelangen also wieder zu der ordnungslinearisierten Schrödinger-Gleichung (9.158).

Damit haben wir auch gezeigt, dass jede Lösung der Schrödinger-Gleichung für ein freies Elektrons einer Lösung der zugehörigen ordnungs-linearisierten Version dieser Gleichung entspricht und umgekehrt jede Lösung der ordnungslinearisierten Schrödinger-Gleichung (9.158) auch die Schrödinger-Gleichung (9.159) erfüllt.

Wir kommen damit zu der wichtigen Schlussfolgerung, dass die gewöhnliche Schrödinger-Gleichung eines freien Elektrons und die ordnungslinearisierte Schrödinger-Gleichung völlig äquivalente Darstellungen der Dynamik dieses Elementarteilchens sind. Mit anderen Worten: die Ordnungslinearisierung der Schrödingergleichung führt auf ein völlig äquivalentes System von partiellen Differentialgleichungen für den vierkomponentigen Bispinor Ψ.

9.4.2.3 *Elektron im elektromagnetischen Feld

Wir wollen jetzt das Konzept der minimalen Kopplung auf die ordnungslinearisierte Schrödinger-Gleichung anwenden. Dann erhalten wir mit (9.121) aus (9.158)

$$-\frac{1}{c}\left(i\hbar\frac{\partial}{\partial t} - e\Phi\right)\Psi + \hat{\sigma}\left(\hat{p} - \frac{e}{c}A\right)\tilde{\Psi} = 0 \tag{9.163}$$

und

$$\hat{\sigma}\left(\hat{p} - \frac{e}{c}A\right)\Psi - 2mc\tilde{\Psi} = 0 \tag{9.164}$$

Wie eliminieren mithilfe der zweiten Gleichung $\tilde{\Psi}$ und bekommen damit:

$$i\hbar\frac{\partial\Psi}{\partial t} = \frac{1}{2m}\left[\hat{\sigma}\left(\hat{p} - \frac{e}{c}A\right)\right]\left[\hat{\sigma}\left(\hat{p} - \frac{e}{c}A\right)\right]\Psi + e\Phi\Psi \tag{9.165}$$

Der Impulsterm kann weiter umgeformt werden. Dazu beachten wir, dass aus der Kommutationsrelation (9.43) und der Antikommutationsrelation (9.50) sofort

$$\hat{\sigma}_\alpha\hat{\sigma}_\beta = \frac{1}{2}\left\{[\hat{\sigma}_\alpha, \hat{\sigma}_\beta] + (\hat{\sigma}_\alpha\hat{\sigma}_\beta + \hat{\sigma}_\beta\hat{\sigma}_\alpha)\right\} = i\varepsilon_{\alpha\beta\gamma}\hat{\sigma}_\gamma + \delta_{\alpha\beta} \tag{9.166}$$

folgt. Damit ist dann insbesondere

$$\left[\hat{\sigma}\left(\hat{p} - \frac{e}{c}A\right)\right]\left[\hat{\sigma}\left(\hat{p} - \frac{e}{c}A\right)\right]$$
$$= \hat{\sigma}_\alpha\hat{\sigma}_\beta\left(\hat{p}_\alpha - \frac{e}{c}A_\alpha\right)\left(\hat{p}_\beta - \frac{e}{c}A_\beta\right)$$

$$= \left(i\varepsilon_{\alpha\beta\gamma}\hat{\sigma}_\gamma + \delta_{\alpha\beta} \right) \left(\hat{p}_\alpha - \frac{e}{c}A_\alpha \right) \left(\hat{p}_\beta - \frac{e}{c}A_\beta \right)$$

$$= i\hat{\sigma} \left(\hat{p} - \frac{e}{c}A \right) \times \left(\hat{p} - \frac{e}{c}A \right) + \left(\hat{p} - \frac{e}{c}A \right)^2 \tag{9.167}$$

Das Kreuzprodukt im ersten Summanden kann noch etwas umgeformt werden. Wir erhalten dann

$$\left(\hat{p} - \frac{e}{c}A \right) \times \left(\hat{p} - \frac{e}{c}A \right) = -\frac{e}{c}A \times \hat{p} - \frac{e}{c}\hat{p} \times A$$

$$= -\frac{e}{c}A \times \hat{p} - \frac{e\hbar}{ic} \left(\nabla \times A \right) + \frac{e}{c}A \times \hat{p}$$

$$= -\frac{e\hbar}{ic} \left(\nabla \times A \right) \tag{9.168}$$

Setzen wir dieses Ergebnis zusammen mit (9.167) in (9.165) ein und verwenden außerdem noch $B = \nabla \times A$, dann bekommen wir

$$i\hbar\frac{\partial\Psi}{\partial t} = \left(\hat{p} - \frac{e}{c}A \right)^2 \Psi - \frac{e\hbar}{2mc}\hat{\sigma}B\Psi + e\Phi\Psi \tag{9.169}$$

Da die Ladung des Elektrons negativ ist, erhalten wir mit der Definition des Bohr'schen Magnetons (8.110) endgültig:

$$i\hbar\frac{\partial\Psi}{\partial t} = \left(\hat{p} - \frac{e}{c}A \right)^2 \Psi + \mu_B\hat{\sigma}B\varphi + e\Phi\Psi \tag{9.170}$$

Das ist die Pauli-Gleichung, die wir in Abschnitt 9.4.1 bereits empirisch eingeführt hatten. Offenbar liefert das Konzept der minimalen Kopplung in Verbindung mit der ordnungslinearisierten Schrödinger-Gleichung auch das richtige gyromagnetische Verhältnis. Das ist insofern bemerkenswert, weil der Spin oft als als ein Effekt betrachtet wird, der in Zusammenhang mit der relativistisch formulierten Dirac-Gleichung steht. Tatsächlich kann er zwanglos durch die Ordnungslinearisierung der nichtrelativistischen Schrödinger-Gleichung eingeführt werden. Dieses Prinzip lässt sich aufgrund der Axiome der Quantenmechanik nicht näher begründen. Letztendlich handelt es sich um ein Konstruktionsverfahren, das durch die Übereinstimmung der aus der erhaltenen Pauli-Gleichung folgenden Resultate mit den experimentellen Ergebnissen gerechtfertigt wird. Wir werden in Band IV dieser Lehrbuchreihe sehen, dass sich die Berücksichtigung des elektromagnetischen Feldes im Rahmen des Konzepts der minimalen Kopplung nach einer vorausgegangenen Linearisierung der feldfreien quantenmechanischen Evolutionsgleichung als ein sehr erfolgreiches Verfahren erweisen wird.

9.4.3
Spin-Bahn-Kopplung

Neben der Kopplung zwischen Spin und Magnetfeld muss noch ein anderer Effekt berücksichtigt werden, der als Spin-Bahn-Kopplung bezeichnet wird.

Die mit dem Spin und dem Bahndrehimpuls verbundenen magnetischen Momente treten nämlich untereinander in Wechselwirkung und geben einen weiteren Beitrag, der in die Pauli-Gleichung eingefügt werden muss. Bei der Bewegung des Elektrons in einem elektrostatischen Zentralfeld des Potentials Φ gilt

$$\hat{H}_{\text{Spin-Bahn}} = \frac{e}{2m_0^2c^2} \frac{1}{r} \frac{d\Phi(r)}{dr} \hat{L}\hat{S} \tag{9.171}$$

Dieser Term folgt direkt aus der Dirac-Gleichung[33]. An dieser Stelle wollen wir ihn nur mit gewissen klassischen Plausibilitätsargumenten erklären. Hierbei spielt das vom Kern erzeugte statische elektrische Feld $\boldsymbol{E}$ eine Rolle. Dieses Feld würde vom Elektron registriert werden, wenn es sich in Ruhe befände. Vom Elektron aus gesehen bewegt sich aber der Kern. Die bewegte Ladung entspricht einem Strom, welcher bei geradliniger Bewegung ein Magnetfeld von der Größe $-v \times \boldsymbol{E}/c$ erzeugt[34]. Dieses Magnetfeld tritt mit dem magnetischen Moment des Elektronenspins in Wechselwirkung und gibt Anlass zu einem Wechselwirkungsterm der folgenden Struktur

$$\begin{aligned}
\boldsymbol{\mu B} &= -\frac{|e|}{m_0c} \boldsymbol{SB} = \frac{|e|}{m_0c} \boldsymbol{S} \left(v \times \frac{\boldsymbol{E}}{c} \right) \\
&= -\frac{|e|}{m_0^2c^2} \boldsymbol{S} \cdot \left(\boldsymbol{p} \times \nabla\Phi(r) \right) \\
&= \frac{|e|}{m_0^2c^2} \boldsymbol{S} \cdot (\boldsymbol{x} \times \boldsymbol{p}) \, \frac{1}{r} \frac{d}{dr}\Phi(r) \\
&= \frac{|e|}{m_0^2c^2} \boldsymbol{S} \cdot \boldsymbol{L} \, \frac{1}{r} \frac{d}{dr} \Phi(r) \tag{9.172}
\end{aligned}$$

Den jetzt noch fehlenden Faktor $1/2$ erhält man, wenn man die Bewegung des Elektrons relativistisch behandelt und ferner berücksichtigt, dass es sich kreisförmig um den Kern bewegt (Thomas-Präzession).

9.4.4
Wasserstoffatom im homogenen magnetischen Feld

Ergänzen wir die Pauli-Gleichung (9.116) um den Beitrag der Spin-Bahn-Wechselwirkung, dann erhalten wir den Hamilton-Operator[35] eines Elektrons im elektrostatischen Feld des Wasserstoffkerns und einem externen homogenen Magnetfeld $\boldsymbol{B}$

$$\hat{H} = \frac{1}{2m_0} \left(\hat{\boldsymbol{p}} - \frac{e}{c}\boldsymbol{A} \right)^2 + e\Phi(r) + \frac{2\mu_{\text{B}}}{\hbar} \hat{\boldsymbol{S}}\boldsymbol{B} - \frac{|e|}{2m_0^2c^2} \frac{1}{r} \frac{d\Phi(r)}{dr} \hat{L}\hat{S} \tag{9.173}$$

---

33) siehe Band IV dieser Lehrbuchreihe
34) siehe hierzu auch Band II, Abschnitt 4.7
35) Wir verwenden auch hier die Ortsdarstellung.

Das konstante Magnetfeld orientieren wir wieder in z-Richtung. Damit ist

$$\boldsymbol{B} = (0, 0, B), \quad A_x = -\frac{B}{2}y, \quad A_y = +\frac{B}{2}x, \quad A_z = 0 \tag{9.174}$$

Wenden wir dieselben Umformungen der das Vektorpotential enthaltenden Terme wie in Abschnitt 8.4 an, dann resultiert unter Vernachlässigung des quadratischen Teils des Vektorpotentials:

$$\hat{H} = -\frac{\hbar^2}{2m_0}\Delta + e\Phi(r) + \frac{\mu_B}{\hbar}B(\hat{L}_z + 2\hat{S}_z) - \frac{|e|}{2m_0^2c^2}\frac{1}{r}\frac{d\Phi(r)}{dr}\hat{L}\hat{S} \tag{9.175}$$

Wenn wir für das elektrostatische Potential das konkrete Potential des Wasserstoffkerns $\Phi(r) = |e|/r$ einsetzen, dann erhalten wir schließlich den gesuchten Hamilton-Operator für das Wasserstoffatom im Magnetfeld unter Berücksichtigung des Spins:

$$\hat{H} = \underbrace{-\frac{\hbar^2}{2m_0}\Delta - \frac{e^2}{r}}_{\hat{H}_0} + \frac{\mu_B}{\hbar}B(\hat{L}_z + 2\hat{S}_z) + \frac{e^2}{2m_0^2c^2}\frac{1}{r^3}\hat{L}\hat{S} \tag{9.176}$$

Dabei ist $\hat{H}_0$ der Hamilton-Operator des ursprünglichen Wasserstoffproblems. Im folgenden werden wir die Pauli-Gleichung

$$i\hbar\dot{\Psi} = \hat{H}\Psi \tag{9.177}$$

mit dem Hamilton-Operator (9.176) untersuchen. Wir werden die Fälle verschwindenden Magnetfelds (Feinstrukturaufspaltung), schwachen Magnetfelds (anomaler Zeeman-Effekt) und starken Magnetfelds (Paschen-Back-Effekt) behandeln.

9.5
*Feinstrukturaufspaltung ohne Magnetfeld

Bei verschwindendem Magnetfeld wird der Hamilton-Operator (9.176) zu

$$\hat{H} = -\frac{\hbar^2}{2m_0}\Delta - \frac{e^2}{r} + \frac{e^2}{2m_0^2c^2}\frac{1}{r^3}\hat{L}\hat{S} \tag{9.178}$$

Wir betrachten den Hamilton-Operator ohne Spin-Bahn-Kopplung als ungestörten Operator $\hat{H}_0$, und den Spin-Bahn-Kopplungsterm als Störung $\hat{H}'$.

Die Eigenwerte und Eigenfunktionen des Wasserstoffproblems sind uns bereits aus Abschnitt 6.6 (Gleichung (6.180)) bekannt:

$$\psi_{n,l,m} = R_{nl}(r)Y_{lm}(\vartheta, \varphi) \tag{9.179}$$

Zur Bestimmung der Feinstrukturaufspaltung müssen wir den Spin des Elektrons berücksichtigen. Deshalb erweitern wir die Eigenzustände des ungestörten Wasserstoffproblems um die Spineigenfunktionen. Da $\hat{H}_0$ bezüglich der Spinobservablen wie ein Identitätsoperator wirkt, sind die beiden Eigenspinoren χ_+ und χ_- des Spin-Operators $\hat{S}_z$ auch Eigenlösungen von $\hat{H}_0$. Wir können deshalb unter Beachtung von Abschnitt 6.6 die Eigenfunktionen des ungestörten Wasserstoffproblems auch in der Form

$$\Psi_{n,l,m,m_S=\pm 1/2} = R_{nl}(r)Y_{lm}(\vartheta, \varphi)\,\chi_\pm \tag{9.180}$$

als Spinoren darstellen, wobei wir für $\chi_\pm$ die Basisspinoren (9.19) verwenden. Da die Energie nur von n abhängt, sind die Zustände mit festem Wert von n und verschiedenen Werten von l, m, und m_S entartet.

Um den Einfluss der Spin-Bahn-Kopplung zu berücksichtigen, werden wir eine Störungstheorie unter Beachtung der Entartung durchführen. Dazu muss man die entarteten Zustände (9.180) überlagern und gelangt so zu einer Säkulargleichung, aus der die gestörten Energien und die symmetrieangepassten Eigenvektoren bestimmt werden können.

Wir können uns aber die Diskussion wesentlich erleichtern: Wegen (6.30) vertauscht nämlich der Bahndrehimpuls mit dem Hamilton-Operator des Wasserstoffatoms. Da die gleiche Eigenschaft auch zwischen den Spinkomponenten und $\hat{H}_0$ gelten muss, ist folglich auch

$$[\hat{H}_0, \hat{J}] = [\hat{H}_0, \hat{L}] + [\hat{H}_0, \hat{S}] = 0 \tag{9.181}$$

Der Gesamtdrehimpuls ist also eine Erhaltungsgröße in jedem rotationssymmetrischen Feld. Damit gilt aber auch

$$[\hat{J}^2, \hat{H}_0] = [\hat{L}^2, \hat{H}_0] = [\hat{S}^2, \hat{H}_0] = [\hat{L}\hat{S}, \hat{H}_0] = 0 \tag{9.182}$$

Im Abschnitt 9.3.5 hatten wir schon verwendet, dass $\hat{J}^2$, $\hat{J}_z$, $\hat{L}^2$, $\hat{S}^2$ und $\hat{L}\hat{S}$ untereinander kommutieren. Damit bilden

$$\hat{H}_0, \quad \hat{J}^2, \quad \hat{J}_z, \quad \hat{L}^2, \quad \hat{S}^2, \quad \hat{L}\hat{S} \tag{9.183}$$

einen Satz vertauschbarer Operatoren mit gemeinsamen Eigenfunktionen. Die Eigenfunktionen zu den Gesamtdrehimpulsoperatoren haben wir in Abschnitt 9.3.5 bereitgestellt. Jede Eigenfunktion wird durch die Eigenwerte von $\hat{J}^2$, $\hat{L}^2$, $\hat{S}^2$ und $\hat{J}_z$ charakterisiert. Der Zustand wird also durch die Quantenzahlen j, l, s und j_z beschrieben. Dabei ist $j_z = m + 1/2$ stets halbzahlig, die Eigenwerte von $\hat{J}^2$, $\hat{L}^2$ und $\hat{S}^2$ sind $\hbar^2 j(j+1)$, $\hbar^2 l(l+1)$ und $\hbar^2 s(s+1) = (3/4)\hbar^2$. Wir werden deshalb die gemeinsamen Eigenfunktionen mit $\Psi_{j_z}^{j,l,s}$ bezeichnen. Wie wir bereits in Kapitel 9.3.5 gezeigt hatten, gibt es nicht zu jeder Kombination der j, l und m Eigenfunktionen. Vielmehr sind nur Kombinationen

$j = l \pm 1/2$ möglich, zu denen die Eigenfunktionen

$$
\begin{aligned}
\Psi^{j=l+1/2,l,s=1/2}_{j_z=m+1/2} &= \sqrt{\frac{l+m+1}{2l+1}}\, Y_{lm}\, \chi_+ + \sqrt{\frac{l-m}{2l+1}}\, Y_{l,m+1}\, \chi_- \\
\Psi^{j=l-1/2,l,s=1/2}_{j_z=m+1/2} &= \sqrt{\frac{l-m}{2l+1}}\, Y_{lm}\, \chi_+ + \sqrt{\frac{l+m+1}{2l+1}}\, Y_{l,m+1}\, \chi_-
\end{aligned}
\tag{9.184}
$$

gehören. Da diese Eigenfunktionen aber nur Linearkombinationen des Winkel- und Spinanteils der Wellenfunktionen $\Psi^{j,l,s}_{n,j_z}$ sind, die alle zu dem entarteten Zustand mit dem Energieeigenwert E_n gehören, können wir die ungestörten Eigenfunktionen von $\hat{H}_0$ auch schreiben als

$$
\Psi^{j,l,s}_{n,j_z} = R_{nl}(r)\Psi^{j,l,s}_{j_z}
\tag{9.185}
$$

Mit diesen Eigenfunktionen können wir jetzt die Matrixelemente des Störoperators zur gleichen Hauptquantenzahl n bilden

$$
\begin{aligned}
H'_{n,j,l,j_z;n,j',l',j'_z} &= \left\langle \Psi^{j,l,1/2}_{n,j_z} \left| \frac{e^2}{2m_0^2 c^2} \frac{1}{r^3} \hat{L}\hat{S} \right| \Psi^{j',l',1/2}_{n,j'_z} \right\rangle \\
&= \frac{e^2}{2m_0^2 c^2} \int dr\, r^2\, \frac{R^\star_{nl}(r) R_{nl'}(r)}{r^3} \left\langle \Psi^{j,l,1/2}_{j_z} \left| \hat{L}\hat{S} \right| \Psi^{j',l',1/2}_{j'_z} \right\rangle
\end{aligned}
\tag{9.186}
$$

Das Skalarprodukt bezüglich der Winkel- und Spinanteile lässt sich weiter auswerten. Wegen

$$
\begin{aligned}
\hat{L}\hat{S}\Psi^{j',l',1/2}_{j'_z} &= \frac{1}{2}\left(\hat{J}^2 - \hat{L}^2 - \hat{S}^2\right)\Psi^{j',l',1/2}_{j'_z} \\
&= \frac{\hbar^2}{2}\left\{ j'(j'+1) - l'(l'+1) - \frac{3}{4} \right\}\Psi^{j',l',1/2}_{j'_z}
\end{aligned}
\tag{9.187}
$$

erhalten wir

$$
\left\langle \Psi^{j,l,1/2}_{j_z} \left| \hat{L}\hat{S} \right| \Psi^{j',l',1/2}_{j'_z} \right\rangle = \frac{\hbar^2}{2}\left\{ j'(j'+1) - l'(l'+1) - \frac{3}{4} \right\}\delta_{jj'}\delta_{ll'}\delta_{j_z j'_z}
\tag{9.188}
$$

Die Integration über den Radialanteil liefert

$$
\int dr\, \frac{R^\star_{nl}(r) R_{nl}(r)}{r} = \frac{1}{a_0^3}\frac{1}{n^3 l(l+\frac{1}{2})(l+1)}
\tag{9.189}
$$

Dabei ist $a_0 = \hbar_2/(m_0|e|^2)$ der Bohr'sche Radius (2.77). Damit erhalten wir schließlich für die Matrixelemente (9.186)

$$
H'_{n,j,l,j_z;n,j',l',j'_z} = \frac{\hbar^2 e^2}{4m_0^2 c^2 a_0^3}\frac{j'(j'+1) - l'(l'+1) - \frac{3}{4}}{n^3 l(l+\frac{1}{2})(l+1)}\delta_{jj'}\delta_{ll'}\delta_{j_z j'_z}
\tag{9.190}
$$

Wir sehen, dass die Matrix des Störoperators bereits diagonal ist. Mit der speziellen Wahl (9.185) der ungestörten Eigenfunktionen liefern die Matrixelemente bereits die Korrektur $\Delta E_{n,j,l,j_z}$ der Energieeigenwerte E_n in der ersten Ordnung der Störungstheorie

$$\Delta E_{n,j,l,j_z} = \frac{e^2}{2a_0 n^2}\,\alpha^2\,\frac{j(j+1) - l(l+1) - \frac{3}{4}}{nl(2l+1)(l+1)} \tag{9.191}$$

Hier haben wir die Sommerfeld'sche Feinstrukturkonstante

$$\alpha = \frac{e^2}{\hbar c} = \frac{1}{137} \tag{9.192}$$

eingeführt. Da aber die Quantenzahlen j und l nicht unabhängig voneinander sind, brauchen wir eigentlich nur die beiden Fälle $j = l \pm 1/2$ betrachten. Im Fall $j = l + 1/2$ erhalten wir:

$$\Delta E_{n,j=l+1/2,j_z} = \frac{e^2}{2a_0 n^2}\alpha^2\frac{1}{n(2l+1)(l+1)} \tag{9.193}$$

Für $j = l - 1/2$ ist

$$\Delta E_{n,j=l-1/2,j_z} = -\frac{e^2}{2a_0 n^2}\alpha^2\frac{1}{nl(2l+1)} \tag{9.194}$$

Aus den letzten beiden Resultaten wird klar, dass Niveaus mit $j = l + 1/2$, bei denen sich also Bahn- und Spindrehimpuls addieren, angehoben werden. Dagegen werden die Niveaus mit $j = l - 1/2$ abgesenkt (Abb. 9.4). Im letzteren Fall sind Bahndrehimpuls und Spinrichtung entgegengesetzt orientiert. Wir bemerken noch, dass für s-Niveaus keine Verschiebung auftritt. In diesem Fall ist wegen $l = 0$ nur die Quantenzahl $j = 1/2$ zugelassen. Für diese Konstellation verschwindet aber das Skalarprodukt (9.188). In (9.193) ist diese Aussage allerdings nicht erkennbar. Die Ursache für diesen scheinbaren Widerspruch liegt darin, dass der Radialbeitrag (9.189) für $l \to 0$ mit l^{-1} divergiert. Diese Divergenz ist aber eine Folge der Störungstheorie, während der Winkelbeitrag ein auf Symmetrien beruhendes exaktes Ergebnis und deshalb nicht an die Störungstheorie gebunden ist. Man kann daher davon ausgehen, dass in einer exakten Theorie der auf Symmetrien beruhende Winkelbeitrag erhalten bleibt. Dagegen ist die Divergenz des Radialanteils für $l = 0$ nur scheinbar und verschwindet in einer besseren Theorie[36]. Da der Spin-Bahn-Kopplungsterm mit $\hat{J}^2$, $\hat{J}_z$, $\hat{L}^2$, $\hat{S}^2$ kommutiert, würde man bei einer exakten Lösung anstelle von (9.185) Eigenfunktionen vom Typ

$$\Psi_{n,j_z}^{j,l,s} = \tilde{R}_{nl}(r)\Psi_{j_z}^{j,l,s} \tag{9.195}$$

[36) Für $l \neq 0$ sind die Radialanteile zwar auch nur störungstheoretische Resultate, sie wirken sich aber nicht so dramatisch auf die Endergebnisse (9.193) und (9.194) aus.

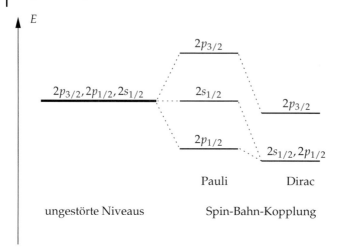

Abb. 9.4 Feinstrukturaufspaltung durch Spin-Bahn-Kopplung. Bei Verwendung der Pauli-Gleichung spaltet das entartete Energieniveau $n = 2$ in drei Niveaus auf, die den Drehimpulsen $(j, l) = (1/2, 0)$ (Mitte), $(1/2, 1)$ (unten) und $(3/2, 1)$ (oben) entsprechen. Die relativistische Dirac-Gleichung führt auf die mit der experimentellen Situation übereinstimmende Aufspaltung in zwei Niveaus entsprechend $j = 1/2$ und $j = 3/2$

mit einem gegenüber (9.185) veränderten Radialanteil erwarten.

Die gerade berechneten Aufspaltungen (9.193) und (9.194) stehen aber selbst für $l \neq 0$ und unter Berücksichtigung, dass es sich hier um störungstheoretische Resultate handelt, im Widerspruch zum Experiment. Die Ursache hierfür liegt in der Verwendung der nicht-relativistischen Pauli-Gleichung. Die Korrektur ist offensichtlich von der Größenordnung α^2. Einen zusätzlichen Term derselben Größenordnung erhält man unter Benutzung der relativistischen Dirac-Gleichung. Die Berücksichtigung dieses Korrekturterms führt dazu, dass die Energie[37] dargestellt wird durch

$$E = -\frac{e^2}{2a_0 n^2} \left\{ 1 + \frac{\alpha^2}{n} \left[\frac{1}{j + \frac{1}{2}} - \frac{3}{4n} \right] \right\} \qquad (9.196)$$

Dieser Ausdruck zeigt, dass die Aufspaltung nur noch von j, aber nicht mehr von l abhängt, sodass die Niveaus für $j = l + 1/2$ und $j = l' - 1/2$ mit $l' = l + 1$ zusammenfallen.

37) siehe Band IV dieser Lehrbuchreihe

9.6
*Elektronen im schwachen Magnetfeld (anomaler Zeeman-Effekt)

Wir wollen nun den Einfluss eines schwachen Magnetfelds auf das Wasserstoffatom untersuchen. Als ungestörten Hamilton-Operator verwenden wir

$$\hat{H}_0 = -\frac{\hbar^2}{2m_0}\Delta + V(r) + \frac{e_0^2}{2m_0^2 c^2}\frac{1}{r^3}\hat{L}\hat{S} \qquad (9.197)$$

d. h. wir fassen jetzt in $\hat{H}_0$ die inneren Wechselwirkungen des Atoms zusammen. Bei einem in z-Richtung orientierten Magnetfeld wird der Störoperator zu

$$\hat{H}' = \frac{\mu_B}{\hbar}B(\hat{L}_z + 2\hat{S}_z) = \frac{\mu_B}{\hbar}B(\hat{J}_z + \hat{S}_z) \qquad (9.198)$$

Da wir die Spin-Bahn-Kopplung in $\hat{H}_0$ berücksichtigen, müssen wir als ungestörte Eigenfunktionen (9.195) verwenden. Diese Funktionen sind gleichzeitig Eigenfunktionen zu $\hat{J}^2$, $\hat{J}_z$, $\hat{L}^2$, $\hat{S}^2$ und $\hat{L}\hat{S}$, allerdings ist der Radialanteil wegen der Spin-Bahn-Wechselwirkung[38] von dem des Wasserstoffatoms ohne Berücksichtigung der Spineffekte verschieden.

Infolge der Spin-Bahn-Wechselwirkung sind die Eigenwerte von $\hat{H}_0$ zu verschiedenen j-Werten aufgespalten, es tritt jedoch eine Entartung bezüglich j_z auf.

Wir berechnen nun unter Verwendung von (9.195) wieder die Matrixelemente des Störoperators $\hat{H}'$ und gelangen zu

$$H'_{n,j,l,j_z;n,j',l',j'_z} = \left\langle \Psi_{n,j_z}^{j,l,1/2} \left| \frac{\mu_B}{\hbar}B(\hat{J}_z + \hat{S}_z) \right| \Psi_{n,j'_z}^{j',l',1/2} \right\rangle$$

$$= \frac{\mu_B}{\hbar}B \underbrace{\int r^2 dr\, \tilde{R}_{nl}^{\star}(r)\tilde{R}_{nl'}(r)}_{\delta_{ll'}} \left\langle \Psi_{j_z}^{j,l,1/2} \left| \hat{J}_z + \hat{S}_z \right| \Psi_{j'_z}^{j',l',1/2} \right\rangle \qquad (9.199)$$

und damit

$$H'_{n,j,l,j_z;n,j',l',j'_z} = \frac{\mu_B}{\hbar}B \left\langle \Psi_{j_z}^{j,l,1/2} \left| \hat{J}_z + \hat{S}_z \right| \Psi_{j'_z}^{j',l',1/2} \right\rangle \delta_{ll'} \qquad (9.200)$$

Um das verbleibende Skalarprodukt zu bestimmen, beachten wir zunächst, dass die $\Psi_{j_z}^{j,l,1/2}$ die Eigenfunktionen von $\hat{J}_z$ zum Eigenwert $j_z = \hbar(m + 1/2)$ sind. Damit ist dann

$$\left\langle \Psi_{j_z}^{j,l,1/2} \left| \hat{J}_z + \hat{S}_z \right| \Psi_{j'_z}^{j',l,1/2} \right\rangle = j_z\delta_{j_z j'_z}\delta_{jj'} + \left\langle \Psi_{j_z}^{j,l,1/2} \left| \hat{S}_z \right| \Psi_{j'_z}^{j',l',1/2} \right\rangle \qquad (9.201)$$

Zur weiteren Berechnung dieser Matrixelemente benötigen wir das *Wigner-Eckart-Theorem*, das eine Beziehungen zwischen den Matrixelementen von $\hat{J}_z$

38) siehe die Diskussion im vorangegangenen Abschnitt

und $\hat{S}_z$ herstellt[39]. Dazu schreiben wir zunächst für den Spinoperator

$$\hat{S} = \hat{S}_{\parallel} + \hat{S}_{\perp} = \left(\frac{\hat{J}\hat{S}}{\hat{J}^2} \right) \hat{J} + \left(\hat{S} - \frac{\hat{J}\hat{S}}{\hat{J}^2} \hat{J} \right) \tag{9.202}$$

Es handelt sich hier vorerst nur um eine formale Aufspaltung des Spinoperators $\hat{S}$ in einen Beitrag parallel zu $\hat{J}$ und einen Beitrag senkrecht zu $\hat{J}$. Nach dem Wigner-Eckart-Theorem liefert in den Zuständen $\Psi_{j,l,m}$ nur die Komponente von $\hat{S}$ parallel zu $\hat{J}$ (also $\hat{S}_{\parallel}$) einen Beitrag. Die hierzu senkrechte Komponente mittelt sich dagegen aus. Deshalb ist dann

$$\begin{aligned}
\left\langle \Psi_{j_z}^{j,l,1/2} \middle| \hat{S}_z \middle| \Psi_{j_z'}^{j',l,1/2} \right\rangle &= \left\langle \Psi_{j_z}^{j,l,1/2} \middle| \hat{S}_{\parallel,z} \middle| \Psi_{j_z'}^{j',l,1/2} \right\rangle \\
&= \left\langle \Psi_{j_z}^{j,l,1/2} \middle| \left(\frac{\hat{J}\hat{S}}{\hat{J}^2} \right) \hat{J}_z \middle| \Psi_{j_z'}^{j',l,1/2} \right\rangle
\end{aligned} \tag{9.203}$$

Alle jetzt noch auftretenden Größen sind Operatoren, zu denen die $\Psi_{j_z}^{j,l,1/2}$ Eigenfunktionen sind. Deshalb erhalten wir

$$\begin{aligned}
\left\langle \Psi_{j_z}^{j,l,1/2} \middle| \hat{S}_z \middle| \Psi_{j_z'}^{j',l,1/2} \right\rangle &= j_z \left\langle \Psi_{j_z}^{j,l,1/2} \middle| \left(\frac{\hat{J}\hat{S}}{\hat{J}^2} \right) \middle| \Psi_{j_z'}^{j',l,1/2} \right\rangle \\
&= \frac{j_z}{\hbar^2 j(j+1)} \left\langle \Psi_{j_z}^{j,l,1/2} \middle| \hat{J}\hat{S} \middle| \Psi_{j_z'}^{j',l,1/2} \right\rangle
\end{aligned} \tag{9.204}$$

Nun beachten wir noch

$$\hat{S}\hat{J} = \frac{1}{2} \left(\hat{J}^2 + \hat{S}^2 - \hat{L}^2 \right) \tag{9.205}$$

Damit gelangen wir zu

$$\begin{aligned}
\left\langle \Psi_{j_z}^{j,l,1/2} \middle| \hat{S}_z \middle| \Psi_{j_z'}^{j',l,1/2} \right\rangle &= j_z \frac{j(j+1) - l(l+1) + 3/4}{2j(j+1)} \delta_{jj'} \delta_{j_z j_z'} \\
&= \tau j_z \delta_{jj'} \delta_{j_z j_z'}
\end{aligned} \tag{9.206}$$

Setzen wir dieses Ergebnis in (9.201) ein, dann resultiert endgültig

$$\left\langle \Psi_{j_z}^{j,l,1/2} \middle| \hat{J}_z + \hat{S}_z \middle| \Psi_{j_z'}^{j',l,1/2} \right\rangle = j_z(1 + \tau) \delta_{mm'} \delta_{jj'} \tag{9.207}$$

Der hier auftretende Faktor

$$g_L = 1 + \tau = 1 + \frac{j(j+1) - l(l+1) + 3/4}{2j(j+1)} \tag{9.208}$$

---

39) Das Wigner-Eckart-Theorem wird in der Literatur manchmal auch als Projektionstheorem bezeichnet. Eine Herleitung des hier nur kurz erläuterten Theorems findet man z. B. in [34].

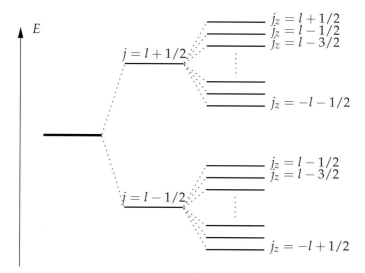

Abb. 9.5 Anomaler Zeeman-Effekt: Schematische Niveauaufspaltung im Magnetfeld

wird als *Landé-Faktor* bezeichnet. Da die Quantenzahlen j und l durch die Relation $j = l \pm 1/2$ miteinander verbunden sind, können wir für diese beiden Fälle den Landé-Faktor weiter berechnen. Wir erhalten so für $j = l + 1/2$:

$$\tau = \frac{1}{2l+1} \quad \text{also} \quad 1 + \tau = \frac{2l+2}{2l+1} = \frac{2j+1}{2l+1} \tag{9.209}$$

und für $j = l - 1/2$ folgt:

$$\tau = -\frac{1}{2l+1} \quad \text{also} \quad 1 + \tau = \frac{2l}{2l+1} = \frac{2j+1}{2l+1} \tag{9.210}$$

Setzen wir diese Ergebnisse in (9.200) ein, dann bekommen wir für die gesuchten Matrixelemente

$$H'_{n,j,l,j_z;n,j',l',j'_z} = \mu_B B j_z \frac{2j+1}{2l+1} \delta_{jj'} \delta_{ll'} \delta_{j_z j'_z} \tag{9.211}$$

Damit erhalten wir das in Abb. 9.5 dargestellte typische Bild der Niveauaufspaltung im schwachen Magnetfeld. Dieses Phänomen wird als anomaler Zeeman-Effekt bezeichnet. Ohne Magnetfeld spaltet ein Niveau mit fester Nebenquantenzahl l durch die Spin-Bahn-Wechselwirkung zunächst in zwei Niveaus entsprechend $j = l + 1/2$ und $j = l - 1/2$ auf. Unter Einwirkung des Magnetfelds spalten dann beide Niveaus weiter auf. Das energetisch niedrigere Niveau mit $j = l - 1/2$ hat die erlaubten Magnetquantenzahlen $m = -l, \ldots, l - 1$, sodass j_z von $-\hbar(l - 1/2)$ bis $\hbar(l - 1/2)$ läuft. Damit zerfällt dieses Niveau in $2l$ energetisch verschiedene Zustände. Das andere

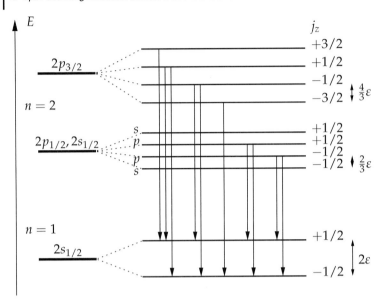

Abb. 9.6 Niveauaufspaltung beim Wasserstoffatom. Die Energieskala ist gegeben durch $\varepsilon = \mu_B B$.

Feinstrukturniveau mit $j = l + 1/2$ spaltet dagegen $2l + 2$-fach auf, da jetzt die zulässigen Magnetquantenzahlen $m = -l - 1, \ldots, l$ sind und deshalb j_z von $-\hbar(l + 1/2)$ bis $\hbar(l + 1/2)$ läuft. Die Energiedifferenz benachbarter Energieniveaus unterscheidet sich in den beiden Teilspektren für $j = l + 1/2$ und $j = l - 1/2$. Mit (9.211) ist dann:

$$\Delta E_{l-1/2} = \mu_B B \frac{2l}{2l+1} < \mu_B B \quad \text{und} \quad \Delta E_{l+1/2} = \mu_B B \frac{2l+2}{2l+1} > \mu_B B \quad (9.212)$$

Offensichtlich unterscheiden sich die Niveaudifferenzen in den einzelnen Zweigen des anomalen Zeeman-Spektrums. Das wird besonders deutlich, wenn man die Aufspaltung der niedrigsten Niveaus des Wasserstoffatoms untersucht (Abb. 9.6). Das Feinstrukturniveau $1s_{1/2}$ ($j = 1/2, l = 0$) spaltet nur in zwei Niveaus auf. Ebenso zerfallen die im Feinstrukturschema noch zusammenfallenden Niveaus $2s_{1/2}$ und $2p_{1/2}$ in jeweils zwei Niveaus, allerdings mit unterschiedlicher Energiedifferenz $\Delta E = 2\mu_B B$ und $\Delta E = 2/3\mu_B B$. Das Niveau $2p_{3/2}$ spaltet dann in vier Niveaus mit der Energiedifferenz $\Delta E = 4/3\mu_B B$ auf. In der Abbildung sind auch noch die Übergänge eingezeichnet, die den Auswahlregeln für die Dipolstrahlung, also $\Delta l = \pm 1$ und $\Delta m = 0, \pm 1$ entsprechen. Die Zahl der Linien ist größer als beim normalen Zeeman-Effekt (siehe Abb. 8.12), weil die Aufspaltung der Niveaus jetzt verschieden ist.

9.7
*Wasserstoffatom im starken Magnetfeld (Paschen-Back-Effekt)

Im starken Magnetfeld ist die Spin-Bahn-Wechselwirkung wesentlich geringer als die Kopplung des Bahndrehimpulses und des Spins mit dem angelegten Feld. Wir können deshalb den Spin-Bahn-Kopplungsterm vernachlässigen. Der ungestörte Hamilton-Operator ist dann der des klassischen Wasserstoffproblems

$$\hat{H}_0 = -\frac{\hbar^2}{2m_0}\Delta + V(r) \tag{9.213}$$

Als Störoperator tritt jetzt nur noch

$$\hat{H}' = \frac{\mu_B}{\hbar}B(\hat{L}_z + 2\hat{S}_z) \tag{9.214}$$

auf. Da zwischen Spin- und Bahndrehimpuls keine Kopplung besteht, ist es nicht sinnvoll, von einem Gesamtdrehimpuls zu reden. Wir werden deshalb den Zustand durch den Spinor

$$\Psi_{n,l,m,m_S} = R_{nl}(r)\, Y_{lm}(\vartheta, \varphi)\chi_{m_S} \tag{9.215}$$

mit den beiden Spineinstellungen $m_S = \pm 1/2$ bezüglich der z-Richtung kennzeichnen. Das anliegende Magnetfeld führt jetzt zur Aufhebung der Entartung bezüglich der Magnetquantenzahl m und der Spinquantenzahl m_S. Man bezeichnet die Aufspaltung der Energieniveaus im starken Magnetfeld auch als Paschen-Back-Effekt.

Wie in den beiden vorangegangenen Abschnitten bestimmen wir auch jetzt wieder die Matrixelemente des Störoperators. Mit den Eigenfunktionen (9.215) erhalten wir

$$H'_{n,l,m,m_S;n',l',m',m'_S} = \left\langle \Psi_{n,l,m,m_S} \left| \frac{\mu_B B}{\hbar}\left(\hat{L}_z + 2\hat{S}_z\right) \right| \psi_{n',l',m',m'_S} \right\rangle$$

$$= \frac{\mu_B B}{\hbar}\left(m + 2m_S\right)\delta_{nn'}\delta_{ll'}\delta_{m,m'}\,\delta_{m_S,m'_S} \tag{9.216}$$

Die Säkulardeterminante hat deshalb nur Diagonalelemente und liefert somit direkt die Korrektur der Energiewerte.

Abbildung 9.7 zeigt die Aufspaltung des 1s-Niveaus ($l = 0$) und des 2p-Niveaus ($l = 1$). Unter Berücksichtigung der Auswahlregeln[40] $\Delta l = 1$, $\Delta m = 0, \pm 1$ und $\Delta m_S = 0$ erhalten wir die in die Abbildung eingezeichneten Übergänge zwischen den Niveaus. Im Vergleich zum schwachen Magnetfeld (anomaler Zeeman-Effekt), wo das Niveau mit $l = 1$ in sechs Niveaus aufspaltet, wird im starken Magnetfeld (Paschen-Back-Effekt) eine Aufspaltung

---

[40] Die Auswahlregel $\Delta m_S = 0$ kann ebenso wie die anderen Auswahlregeln entsprechend dem Vorgehen in Abschnitt 7.4.3.3, allerdings unter Berücksichtigung der Spinzustände, abgeleitet werden.

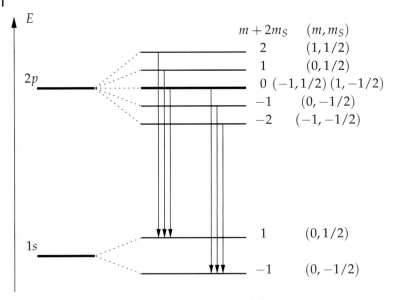

Abb. 9.7 Niveauaufspaltung bei starkem Magnetfeld: Die Auswahlregeln erlauben die eingezeichneten Übergänge zwischen den einzelnen Niveaus.

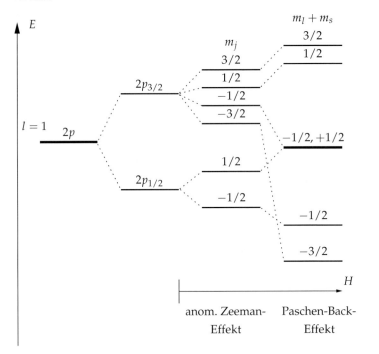

Abb. 9.8 Aufspaltung des $2p$-Niveaus ohne Magnetfeld (Feinstrukturaufspaltung), bei schwachem (anomaler Zeeman-Effekt) und bei starkem Magnetfeld (Paschen-Back-Effekt)

in fünf Niveaus beobachtet. Die exakte Berechnung für beliebige Magnetfelder liefert das in Abbildung 9.8 am Beispiel des Niveaus $2p$ dargestellte Szenario. Ohne Magnetfeld führt die Spin-Bahn-Wechselwirkung zur Feinaufspaltung mit den beiden Niveaus $2p_{1/2}$ und $2p_{3/2}$. Beim langsamen Einschalten eines Magnetfelds spaltet zunächst der Zustand $2p_{1/2}$ in zwei weitere Niveaus auf, der Zustand $2p_{3/2}$ dagegen in vier Niveaus. Die Ursache hierfür liegt in dem Zusammenwirken der Spin-Bahn-Kopplung und des Magnetfelds. Wird die Stärke des Magnetfelds erhöht, dann wird dieses die Spin-Bahn-Kopplung dominieren, sodass jetzt zwei Niveaus zusammenfallen und damit die Entartung wieder erhöht wird.

Aufgaben

9.1 Zeigen Sie, dass die Matrizen (9.147) die Antikommutationsrelationen (9.144) erfüllen.

9.2 Zeigen Sie, dass jede Funktion einer Linearkombination der Pauli-Operatoren und des Identitätsoperators $f(a\hat{1} + b\hat{\sigma})$ auf eine andere Linearkombination $A\hat{1} + B\hat{\sigma}$ abgebildet werden kann.

9.3 Zeigen Sie, dass ein aus zwei Spin-1/2-Teilchen zusammengesetztes System die Spineigenwerte $s = 0$, $s_z = 0$ (Singulett) und $s = \sqrt{2}\hbar$, $s_z = 0, \pm\hbar$ (Triplett) besitzt und dass die Eigenzustände

$$|\chi_1\chi_2\rangle = \frac{1}{\sqrt{2}} \left[\left|\chi_+^{(1)}\right\rangle \left|\chi_-^{(2)}\right\rangle - \left|\chi_-^{(1)}\right\rangle \left|\chi_+^{(2)}\right\rangle \right]$$

im Fall des Singuletts und

$$|\chi_1\chi_2\rangle = \begin{cases} \left|\chi_+^{(1)}\right\rangle \left|\chi_+^{(2)}\right\rangle \\ \frac{1}{\sqrt{2}} \left[\left|\chi_+^{(1)}\right\rangle \left|\chi_-^{(2)}\right\rangle + \left|\chi_-^{(1)}\right\rangle \left|\chi_+^{(2)}\right\rangle \right] \\ \left|\chi_-^{(1)}\right\rangle \left|\chi_-^{(2)}\right\rangle \end{cases}$$

im Fall des Tripletts lauten.

9.3 In Analogie zum Translationsoperator kann man einen Drehoperator

$$R_n(\alpha) = \exp\left\{ -\frac{i}{\hbar} \alpha(n\hat{J}) \right\}$$

definieren, der eine Drehung um den Winkel α um die Achse n beschreibt. Zeigen Sie, dass in einem homogenen Magnetfeld der mit dem Spinoperator $\hat{S}$ gebildete Drehoperator um die Achse parallel zum Magnetfeld mit dem Hamilton-Operator des Wasserstoffproblems vertauscht.

9.4 Zeigen Sie, dass der in der vorangegangenen Aufgabe dargestellte Drehoperator für den Spinoperator $\hat{S}$ die explizite Form

$$R_n(\alpha) = \cos\frac{\alpha}{2} - \frac{2i}{\hbar} (n\hat{S}) \sin\frac{\alpha}{2}$$

hat.

9.5 Beweisen Sie die für die Pauli-Matrizen gültige Relation

$$(A\hat{\sigma})(B\hat{\sigma}) = AB + i(A \times B)\hat{\sigma}$$

für beliebige dreidimensionale Vektoren A und B.

● Maple-Aufgaben

9.I Ein Spin-1/2-Teilchen sei so präpariert, dass es sich zum Zeitpunkt $t = 0$ im Eigenzustand zum Messwert $S_z = \hbar/2$ befindet. Das Teilchen befindet sich in einem in z-Richtung orientierten homogenen Magnetfeld der Stärke B_0 und einem zweiten der Stärke B, das in der x-y-Ebene rotiert. Berechnen Sie die Wahrscheinlichkeiten, zur Zeit t die Werte $\hbar/2$ bzw. $-\hbar/2$ für die drei Spinkomponenten S_x, S_y und S_z zu messen.

9.II Bestimmen Sie unter Verwendung des Heisenberg-Bilds die Präzession des mittleren Spinvektors $\overline{S}$ im homogenen Magnetfeld um die Richtung der magnetischen Felds B.

9.III Ein Spin-1/2-Teilchen befinde sich in einem homogenen Magnetfeld der Stärke B_0. Senkrecht dazu wird für die Zeit $0 < t < \tau_1$ ein schwaches Magnetfeld B eingeschaltet. Während der nachfolgenden Zeit $\tau_1 < t < \tau_1 + \tau_2$ ist das Teilchen nur dem Feld B_0 ausgesetzt, um schließlich wieder für $\tau_1 + \tau_2 < t < \tau_1 + \tau_2 + \tau_3$ durch das zusätzlich eingeschaltete, jetzt aber entgegengesetzt orientierte, schwache Feld B gestört zu werden. Dabei sollen die Störintervalle gleich lang ($\tau_1 = \tau_3$) und mit der auf das homogene Feld B_0 bezogenen Larmor-Frequenz ω_L über die Relation $\omega_L \tau_1 = \pi/2$ verbunden sein. Berechnen Sie die Wahrscheinlichkeiten, am Ende dieser Prozedur den Eigenwert $\hbar/2$ für die Spinkomponenten S_x und S_z zu messen.

9.IV Bestimmen Sie unter Verwendung von Maple-Prozeduren die Clebsch-Gordan-Koeffizienten für die Kombination von Drehimpulseigenfunktionen zu Eigenfunktionen des Gesamtdrehimpulsoperators.

9.V Bestätigen Sie durch eine empirische Überprüfung für konkret bestimmte Eigenfunktionen ψ_{jlm} und $\psi_{j'lm'}$ das Wigner-Eckart-Theorem (Projektionstheorem)

$$\left\langle \psi_{jlm} \left| S_z \right| \psi_{j'lm'} \right\rangle = \frac{j_z}{\hbar^2 j(j+1)} \left\langle \psi_{jlm} \left| JS \right| \psi_{j'lm'} \right\rangle$$

10
Vielteilchensysteme

10.1
Erhaltungssätze

10.1.1
Schrödinger-Gleichung

Üblicherweise bestehen Vielteilchensysteme aus N gleich- oder verschiedenartigen mikroskopischen Teilchen. Wir hatten bereits in den Abschnitten 2.3.6, 3.1 und 4.5 darauf hingewiesen, dass quantenmechanische Vielteilchensysteme sich prinzipiell nicht in ihrer Beschreibung von Einteilchenproblemen unterscheiden. Verwendet man z. B. die Ortsdarstellung, dann ist lediglich der dreidimensionale Raum der Ortskoordinaten durch den $3N$ dimensionalen Konfigurationsraum zu ersetzen. Die Position wird dann durch den Konfigurationsvektor $\vec{X} = \{x_1, x_2, \ldots, x_{3N}\}$ beschrieben. Alternativ verwendet man häufig auch die Darstellung $\vec{X} = \{x_1, x_2, \ldots, x_N\}$.

Die Schrödinger-Gleichung[1] wird dann mit dem Hamilton-Operator (3.8) gebildet und lautet, ebenfalls in der Ortsdarstellung,

$$i\hbar \frac{\partial}{\partial t} \psi(x_1, \ldots, x_N, t) = \left[\sum_{i=1}^{N} \frac{\hat{p}_i^2}{2m_i} + V(x_1, \ldots, x_N) \right] \psi(x_1, \ldots, x_N, t) \quad (10.1)$$

Das Potential ergibt sich dabei aus dem jeweiligen klassischen Analogon. Wir werden im Weiteren nur Einteilchenpotentiale V_i und Paarwechselwirkungspotentiale V_{ij} zulassen. Sie bilden das Gesamtpotential V entsprechend

$$V(x_1, \ldots, x_N) = \sum_{i=1}^{N} V_i(x_i) + \frac{1}{2} \sum_{i,j=1}^{N} V_{ij}(|x_i - x_j|) \quad (10.2)$$

---

[1] oder die Pauli-Gleichung, falls Spinfreiheitsgrade berücksichtigt werden sollen. In diesem Fall müssen die Koordinaten x_i durch die Spinobservablen S_i ergänzt werden. Vorläufig benötigen wir jedoch die Spineinstellungen der Teilchen des jeweiligen Systems nicht, sodass wir auf die explizite Darstellung dieser Observablen verzichten können.

Theoretische Physik III: Quantenmechanik 1. Peter Reineker, Michael Schulz, Beatrix M. Schulz
Copyright © 2007 WILEY-VCH Verlag GmbH & Co. KGaA, Weinheim
ISBN: 978-3-527-40639-5

Wir vereinbaren dabei, dass alle Zweiteilchen-Beiträge vom Typ V_{ii} identisch verschwinden und alle übrigen Terme V_{ij} nur vom Betrag des relativen Abstands der beiden Teilchen abhängen. Die Behandlung von quantenmechanischen Vielteilchenproblemen birgt ähnliche Schwierigkeiten wie in der klassischen Mechanik. Durch die Erhöhung der räumlichen Dimension nimmt der Komplexitätsgrad rapide zu, sodass selbst Probleme mit wenigen Variablen zu aufwändigen Rechnungen führen. Andererseits verlangt die mikroskopische Beschreibung von Atomen, Molekülen oder Elektronengasen die Kenntnis der quantenmechanischen Eigenschaften dieser Systeme. Diese Eigenschaften müssen dann störungstheoretisch oder unter Verwendung von numerischen Algorithmen bestimmt werden.

10.1.2
Gesamtimpuls und Impulserhaltung

Die zeitliche Änderung des Gesamtimpulses für ein System klassischer Massenpunkte ist gleich der Summe aller einwirkenden äußeren Kräfte. Wir wollen überlegen, wie sich dieses Gesetz in einem analogen quantenmechanischen System bemerkbar macht. Der Gesamtimpuls wird jetzt offenbar durch die Summe der Teilchenimpulsoperatoren repräsentiert:

$$\hat{\boldsymbol{P}} = \sum_{i=1}^{N} \hat{\boldsymbol{p}}_i \tag{10.3}$$

Der zeitlichen Änderung des Gesamtimpulses entspricht der Operator $\dot{\hat{\boldsymbol{P}}}$. Genauer gesagt ist $\dot{\hat{\boldsymbol{P}}}$ der Operator, dessen Erwartungswert die zeitliche Änderung des Erwartungswerts von $\hat{\boldsymbol{P}}$ beschreibt[2]. Wir erhalten für diese Größe mithilfe von (4.252):

$$\dot{\hat{\boldsymbol{P}}} = \frac{i}{\hbar}[\hat{H}, \hat{\boldsymbol{P}}] = \frac{i}{\hbar}[V(\hat{\boldsymbol{x}}_1, \dots, \hat{\boldsymbol{x}}_N), \hat{\boldsymbol{P}}] \tag{10.4}$$

Der kinetische Anteil des Hamilton-Operators kommutiert natürlich mit dem Gesamtimpuls. Setzen wir in (10.4) das Potential (10.2) und den Gesamtimpuls (10.3) ein, dann bekommen wir

$$\dot{\hat{\boldsymbol{P}}} = \frac{i}{\hbar} \sum_{i,k=1}^{N} [V_i(\hat{\boldsymbol{x}}_i), \hat{\boldsymbol{p}}_k] + \frac{i}{2\hbar} \sum_{i,j,k=1}^{N} [V_{ij}(|\hat{\boldsymbol{x}}_i - \hat{\boldsymbol{x}}_j|), \hat{\boldsymbol{p}}_k] \tag{10.5}$$

Mit den Vertauschungsrelationen (4.160) erhalten wir[3]

$$[V_i(\hat{\boldsymbol{x}}_i), \hat{\boldsymbol{p}}_k] = i\hbar \nabla V_i(\hat{\boldsymbol{x}}_i)\delta_{ik} \tag{10.6}$$

---

2) vgl. Abschnitt 4.7
3) Die Wirkung des Gradienten ∇ bezieht sich hier und in den folgenden Ausdrücken stets auf Ableitungen nach den drei Komponenten des Argumentvektors.

und

$$[V_{ij}(|\hat{\boldsymbol{x}}_i - \hat{\boldsymbol{x}}_j|), \hat{\boldsymbol{p}}_k] = i\hbar\nabla V_{ij}(|\hat{\boldsymbol{x}}_i - \hat{\boldsymbol{x}}_j|)\delta_{ik} - i\hbar\nabla V_{ij}(|\hat{\boldsymbol{x}}_i - \hat{\boldsymbol{x}}_j|)\delta_{jk} \qquad (10.7)$$

Setzen wir (10.6) und (10.7) in (10.5) ein, dann heben sich die Beiträge der Zweiteilchenwechselwirkungen gegenseitig auf, und es bleibt nur noch

$$\dot{\hat{\boldsymbol{P}}} = -\sum_{i=1}^{N} \nabla V_i(\hat{\boldsymbol{x}}_i) \qquad (10.8)$$

Der Erwartungswert des Gesamtimpulses eines abgeschlossenen Systems von quantenmechanischen Teilchen ($\nabla V_i = 0$ für $i = 1, \ldots, N$) ist damit, analog zum klassischen Fall, eine Invariante der Bewegung.

10.1.3
Gesamtdrehimpuls

Der Drehimpuls des Vielteilchensystems ist ebenso wie der Gesamtdrehimpuls eines Einteilchensystems (vgl. Abschnitt 9.3.3) eine Superposition der Einzelbeiträge und wird ebenfalls mit $\hat{\boldsymbol{J}}$ bezeichnet:

$$\hat{\boldsymbol{J}} = \sum_{i=1}^{N} \hat{\boldsymbol{L}}_i \qquad (10.9)$$

Bezeichnen wir die räumlichen Komponenten mit griechischen Indizes, dann erhalten wir die Vertauschungsrelationen

$$[\hat{J}_\alpha, \hat{J}_\beta] = \sum_{i,j=1}^{N} [\hat{L}_{i,\alpha}, \hat{L}_{j,\beta}] = \sum_{i=1}^{N} [\hat{L}_{i,\alpha}, \hat{L}_{i,\beta}] \qquad (10.10)$$

Dabei haben wir wieder ausgenutzt, dass die Drehimpulse verschiedener Partikel kommutieren. Mit (6.66) ist dann

$$[\hat{J}_\alpha, \hat{J}_\beta] = \sum_{i=1}^{N} i\hbar\varepsilon_{\alpha\beta\gamma}\hat{L}_{i,\gamma} = i\hbar\varepsilon_{\alpha\beta\gamma}\sum_{i=1}^{N} \hat{L}_{i,\gamma} = i\hbar\varepsilon_{\alpha\beta\gamma}\hat{J}_\gamma \qquad (10.11)$$

d. h. der quantenmechanische Gesamtdrehimpuls eines Vielteilchensystems genügt der gleichen Algebra wie der Drehimpuls eines einzelnen Partikels. Deswegen können wir die Ergebnisse aus Abschnitt 6.5.2 sofort auf die Eigenwerte des Gesamtdrehimpulses übertragen.

Wir können jetzt wieder den Operator der zeitlichen Änderung des Gesamtdrehimpulses bestimmen. Ähnlich wie bei der Untersuchung des Gesamtimpulses erhalten wir

$$\dot{\hat{\boldsymbol{J}}} = \sum_{i,k} \frac{i}{\hbar}[\hat{p}_i^2, \hat{L}_k] + \sum_{i,k} \frac{i}{\hbar}[V_i(\hat{\boldsymbol{x}}_i), \hat{L}_k] + \sum_{i,j,k} \frac{i}{\hbar}[V_{ij}(\hat{\boldsymbol{x}}_i - \hat{\boldsymbol{x}}_j), \hat{L}_k] \qquad (10.12)$$

Da das Potential der Zweiteilchen-Wechselwirkungen im Hamilton-Operator nur vom Abstand der beiden Teilchen abhängt, heben sich die Beiträge des letzten Terms gegenseitig auf, siehe Aufgabe 10.3. Der erste Term verschwindet wegen (6.30) vom zweiten Term bleiben nur die Beiträge für $i = k$ bestehen. Wir müssen letztendlich nur

$$[V_k(\hat{\boldsymbol{x}}_k), \hat{L}_{k,\alpha}] = \varepsilon_{\alpha\beta\gamma}[V_k(\hat{\boldsymbol{x}}_k), \hat{x}_{k,\beta}\hat{p}_{k,\gamma}] = -\varepsilon_{\alpha\beta\gamma}\hat{x}_{k,\beta}[\hat{p}_{k,\gamma}, V_k(\hat{\boldsymbol{x}}_k)] \qquad (10.13)$$

berechnen. Beachtet man jetzt noch (4.160), dann bekommen wir

$$[V_k(\hat{\boldsymbol{x}}_k), \hat{\boldsymbol{L}}_k] = -\hat{\boldsymbol{x}}_k \times \nabla V_k(\hat{\boldsymbol{x}}_k) \qquad (10.14)$$

und damit schließlich

$$\hat{\boldsymbol{J}} = -\sum_k \hat{\boldsymbol{x}}_k \times \nabla V_k(\hat{\boldsymbol{x}}_k) \qquad (10.15)$$

In Analogie zur klassischen Mechanik ist damit die zeitliche Änderung des Erwartungswerts für den Gesamtdrehimpuls gleich dem Erwartungswert für die Summe der Operatoren der einwirkenden Drehmomente. Verschwindet der Erwartungswert der Drehmomente, z. B. für ein abgeschlossenes System, dann ist der Erwartungswert des Gesamtdrehimpulses eine quantenmechanische Erhaltungsgröße.

10.2
Wechselwirkungsfreiheit und Unabhängigkeit

10.2.1
Teilchensysteme ohne Wechselwirkung

Wir wollen zunächst die Schrödinger-Gleichung für ein System wechselwirkungsfreier mikroskopischer Partikel bestimmen. Probleme dieser Art spielen z. B. in Photonensystemen eine Rolle, bei denen die einzelnen Teilchen nur durch extrem schwache Quantenfeldeffekte[4] miteinander wechselwirken, oder für die Bewegung von Elektronen in einem Festkörper. Im letzten Fall nimmt man an, dass sich jedes Teilchen in einem periodischen Potential bewegt, das von den Atomrümpfen und allen anderen Elektronen erzeugt wird. Die Wechselwirkung der Teilchen untereinander kann wegen der durch kollektive Prozesse bedingten Abschirmung der Coulomb-Wechselwirkung vernachlässigt werden, sodass man auch von einem Elektronengas spricht.

Die Hamilton-Funktion für Probleme dieser Art ist klassisch einfach die Summe aus den kinetischen und potentiellen Energien aller Teilchen. Diese Eigenschaft überträgt sich auch auf den Hamilton-Operator. Da wir ab jetzt

4) siehe Band IV dieser Lehrbuchreihe

auch wieder die Spineigenschaften der Partikel berücksichtigen wollen, führen wir die verallgemeinerten Observablen bzw. Operatoren

$$\boldsymbol{\xi} = (\boldsymbol{x}, \boldsymbol{S}) \qquad \text{bzw.} \qquad \hat{\boldsymbol{\xi}} = (\hat{\boldsymbol{x}}, \hat{\boldsymbol{S}}) \tag{10.16}$$

ein. Dann können wir den Hamilton-Operator eines Systems unabhängiger Teilchen in folgender Form schreiben

$$\hat{H} = \frac{\hat{\boldsymbol{p}}_1^2}{2m_1} + V(\hat{\boldsymbol{\xi}}_1) + \frac{\hat{\boldsymbol{p}}_2^2}{2m_2} + V(\hat{\boldsymbol{\xi}}_2) + \ldots + \frac{\hat{\boldsymbol{p}}_N^2}{2m_N} + V(\hat{\boldsymbol{\xi}}_N) \tag{10.17}$$

Der Hamilton-Operator ist also separabel. Man kann ihn deshalb auch als Summe

$$\hat{H} = \hat{H}_1 + \hat{H}_2 + \ldots + \hat{H}_N \tag{10.18}$$

von Einteilchenoperatoren formulieren:

$$\hat{H}_i = \frac{1}{2m} \hat{\boldsymbol{p}}_i^2 + V(\hat{\boldsymbol{\xi}}_i) \tag{10.19}$$

Um den quantenmechanischen Zustand des Systems zu beschreiben, wählen wir die Ortsdarstellung, kombiniert mit der Eigendarstellung der $\hat{S}_z$-Operatoren der einzelnen Partikel. Damit nimmt die Wellenfunktion die folgende Gestalt an:

$$\psi(\boldsymbol{\xi}_1, \ldots, \boldsymbol{\xi}_N, t) = \psi(\boldsymbol{x}_1, m_S^1 \ldots, \boldsymbol{x}_N, m_S^N, t) \tag{10.20}$$

mit

$$\boldsymbol{\xi}_i = (\boldsymbol{x}_i, m_S^i) \tag{10.21}$$

Dabei charakterisiert m_S^i die z-Richtung der Spineinstellung des *i*-ten Teilchens entsprechend $S_z^i = \hbar m_S^i$ mit $m_S^i = \pm 1/2$. Die quantenmechanische Evolutionsgleichung ist dann eine Schrödinger- bzw. Pauli-Gleichung für den Satz der 2^N Funktionen $\psi(\boldsymbol{x}_1, m_S^1 \ldots, \boldsymbol{x}_N, m_S^N, t)$ über dem Konfigurationsraum, die allen möglichen Spinkonfigurationen $m_S^i = \pm 1/2$ der einzelnen Teilchen entsprechen. Hängt der Hamilton-Operator (10.17) nicht von Spin-Operatoren ab, dann zerfällt dieses System in einen Satz entkoppelter Schrödinger-Gleichungen für jede einzelne Komponente $\psi(\boldsymbol{x}_1, m_S^1 \ldots, \boldsymbol{x}_N, m_S^N, t)$, ansonsten bleiben diese Komponenten, ähnlich wie bei der Pauli-Gleichung eines einzelnen Partikels, gekoppelt.

Zur Lösung der um die Spinobservablen erweiterten quantenmechanischen Evolutionsgleichung (10.1) machen wir den Ansatz

$$\psi(\boldsymbol{\xi}_1, \ldots, \boldsymbol{\xi}_N, t) = e^{-\frac{i}{\hbar}Et} \psi(\boldsymbol{\xi}_1, \ldots, \boldsymbol{\xi}_N) \tag{10.22}$$

und erhalten damit die stationäre Gleichung

$$\sum_i \hat{H}_i \psi(\boldsymbol{\xi}_1, \ldots, \boldsymbol{\xi}_N) = E \tag{10.23}$$

Diese Gleichung lässt sich mit einem Produktansatz lösen:

$$\psi(\xi_1, \ldots, \xi_N) = \phi_{\alpha_1}(\xi_1) \ldots \phi_{\alpha_N}(\xi_N) \qquad (10.24)$$

Dabei sind die hier auftretenden Einteilchen-Wellenfunktionen $\phi_{\alpha_i}(\xi_i)$ die Eigenlösungen der N Einteilchenprobleme:

$$\hat{H}_i(\hat{p}_i, \xi_i)\phi_{\alpha_i}(\xi_i) = E_{\alpha_i}\phi_{\alpha_i}(\xi_i) \qquad (10.25)$$

zum Energieeigenwert E_{α_i}. Die formale Quantenzahl α_i dient dazu, den i-ten Einzelzustand zu nummerieren. Es ist durchaus möglich, dass die Zustände ϕ_{α_i} energetisch entartet sind, d.h. dass zu verschiedenen Quantenzahlen α_i gleiche Energieeigenwerte E_{α_i} gehören. Setzt man den Ansatz (10.24) in die N-Teilchen-Schrödinger-Gleichung (10.23) ein, dann erhalten wir für den Eigenwert der Gesamtenergie:

$$E = \sum_i E_{\alpha_i} \qquad (10.26)$$

Scheinbar zerfällt das quantenmechanische System von N wechselwirkungsfreien Teilchen wie in der klassischen Mechanik in ein System von N unabhängigen Einteilchenproblemen.

10.2.2
Austauschentartung

Tatsächlich ist aber die eben erwähnte Unabhängigkeit nur dann gegeben, wenn die Teilchen unterscheidbar sind, z.B. wenn man Partikelsysteme aus je einem Proton, Elektron, Neutron usw. betrachtet. Dieser Fall ist aber relativ selten. Viel häufiger findet man die Situation, dass das Vielteilchensystem aus mehreren identischen Partikeln besteht. Dann macht es für den Energieeigenwert E des Gesamtsystems keinen Unterschied, ob sich das k-te Teilchen im Zustand $\phi_\alpha(\xi_k)$ der Energie E_α und das l-te Teilchen in Zustand $\phi_\beta(\xi_l)$ der Energie E_β befindet, oder ob sich das k-te Teilchen im Zustand $\phi_\beta(\xi_k)$ der Energie E_β und das l-te Teilchen in Zustand $\phi_\alpha(\xi_l)$ der Energie E_α befindet. Daher ist als Lösung der Gesamtwellenfunktion nicht nur der Ansatz (10.24) zulässig, zulässig sind auch alle Multinome, die hieraus durch Permutation der Ortskoordinaten entstehen, also beispielsweise

$$\phi_{\alpha_1}(\xi_2)\phi_{\alpha_1}(\xi_1) \ldots \phi_{\alpha_N}(\xi_N) \qquad \ldots \qquad \phi_{\alpha_1}(\xi_N)\phi_{\alpha_1}(\xi_{N-1}) \ldots \phi_{\alpha_N}(\xi_1) \quad (10.27)$$

Da es für N Partikel insgesamt $N!$ Permutationen dieser Art gibt, kann der Grad dieser Austauschentartung maximal $N!$-fach werden. Es handelt sich hier um eine obere Grenze, da mehrere Teilchen in identischen Zuständen die

Austauschentartung entsprechend einfacher kombinatorischer Regeln reduzieren[5].

Wir kommen daher zu dem vorläufigen Resultat, dass zu einem Energieeigenwert E des Gesamtsystems auch Wellenfunktionen gehören, die beliebige Linearkombinationen der Multinome (10.27) sind. Durch diese Kombination entsteht eine sogenannte *Verschränkung* der Einzelzustände, die zu interessanten quantenmechanischen Phänomenen führt. Einige davon werden wir in Kapitel 11 diskutieren. Die Verschränkung führt dazu, dass identische wechselwirkungsfreie Teilchen im quantenmechanischen Sinne nicht mehr unabhängig sind. Wir werden aber sehen, dass die Austauschentartung selbst durch die im nächsten Abschnitt zu diskutierenden Symmetrieforderungen an die Zustandsfunktionen (10.27) wieder aufgehoben wird. Von allen möglichen Kombinationen der Einzelteilchenwellenfunktion wird sich jeweils nur eine als zulässig erweisen.

10.3
Identische quantenmechanische Teilchen

10.3.1
Wellenfunktionen identischer Teilchen

Wir erweitern unsere Betrachtungen jetzt auf ein System aus N identischen quantenmechanischen Teilchen, die untereinander in Wechselwirkung stehen. Da in der Quantenmechanik die Bahnen der Teilchen wegen der Unschärferelation nicht existieren, können die Teilchen auch nicht verfolgt werden. Man kann daher identische quantenmechanische Teilchen nicht mehr wie in der klassischen Mechanik definitiv unterscheiden, sondern nur feststellen, in welchem Zustand sich das Gesamtsystem befindet. So kann man beispielsweise angeben, wie viele – aber nicht welche – Teilchen sich in einem Zustand bestimmter Energie befinden. Aussagen über den Zustand eines einzelnen bestimmten Teilchens sind prinzipiell nicht mehr möglich. Diese Aussage ist unabhängig von der Art der Wechselwirkung und gilt auch im Fall der Wechselwirkungsfreiheit. Identische quantenmechanische Teilchen sind prinzipiell nicht unterscheidbar.

Im allgemeinen Fall wechselwirkender Partikel kann die Wellenfunktion nicht mehr als Überlagerung von Multinomen der Einteilchenzustände er-

---

5) Besteht der Gesamtzustand aus n_i Einzelzuständen zur Quantenzahl α_i, sodass $\sum_i n_i = N$, dann ist der Entartungsgrad
$$\frac{N!}{n_1! n_2! \dots} = \frac{N!}{\prod_i n_i!}$$
Befinden sich also alle Teilchen in unterschiedlichen Zuständen, dann ist der Entartungsgrad $N!$. Sind dagegen alle Teilchen im gleichen Zustand, dann tritt keine Austauschentartung auf.

zeugt werden. Trotzdem muss sich die Vertauschbarkeit der Partikel in der Wellenfunktion zeigen. Wir betrachten dazu die Wellenfunktion des Gesamtsystems $\psi(\xi_1, \ldots, \xi_N)$ und definieren den sogenannten Permutationsoperator $\hat{P}_{ij}$ für zwei beliebige Teilchen i und j entsprechend

$$\hat{P}_{ij}\psi(\xi_1, \ldots, \xi_i, \xi_j, \ldots, \xi_N) = \psi(\xi_1, \ldots, \xi_j, \xi_i, \ldots, \xi_N) \tag{10.28}$$

Die nochmalige Anwendung des Permutationsoperators auf diese Beziehung liefert

$$\hat{P}_{ij}\hat{P}_{ij}\psi(\xi_1, \ldots, \xi_i, \xi_j, \ldots, \xi_N) = \psi(\xi_1, \ldots, \xi_i, \xi_j, \ldots, \xi_N) \tag{10.29}$$

Damit erhalten wir

$$\hat{P}_{ij}^2 = \hat{1} \tag{10.30}$$

sodass 1 als einziger Eigenwert von $\hat{P}_{ij}^2$ in Frage kommt. Deshalb sind die Eigenwerte des Permutationsoperators selbst

$$P_{ij} = \pm 1 \tag{10.31}$$

Da sich der Hamilton-Operator eines Systems identischer Teilchen bei einer Permutation der Teilchen nicht ändert, also

$$[\hat{P}_{ij}, \hat{H}] = 0 \tag{10.32}$$

gilt, müssen die Eigenlösungen der Schrödinger-Gleichung auch Eigenzustände des Permutationsoperators sein. Es gibt damit entweder Eigenfunktionen beider Operatoren, die bei der Vertauschung zweier beliebiger Teilchen in sich selbst übergehen

$$\hat{P}_{ij}\psi(\xi_1, \ldots, \xi_i, \xi_j, \ldots, \xi_N) = \psi(\xi_1, \ldots, \xi_i, \xi_j, \ldots, \xi_N) \tag{10.33}$$

und solche, die ihr Vorzeichen wechseln

$$\hat{P}_{ij}\psi(\xi_1, \ldots, \xi_i, \xi_j, \ldots, \xi_N) = -\psi(\xi_1, \ldots, \xi_i, \xi_j, \ldots, \xi_N) \tag{10.34}$$

Diese Wellenfunktionen werden im ersten Fall als symmetrisch, im zweiten Fall als antisymmetrisch bezeichnet.

Die allgemeine Lösung der Schrödinger-Gleichung kann zunächst als eine Überlagerung von symmetrischen und antisymmetrischen Eigenzuständen dargestellt werden. Wegen (4.274) und (10.32) erhalten wir für die zeitliche Änderung des Erwartungswerts des Permutationsoperators $\hat{P}_{ij}$

$$\dot{P} = \frac{i}{\hbar}\langle\psi|\,[\hat{H}, \hat{P}_{ij}]\,|\psi\rangle = 0 \tag{10.35}$$

Der Erwartungswert des Permutationsoperators ändert sich nicht. Wenn wir also zu einer bestimmten Zeit einen rein symmetrischen oder rein antisymmetrischen Zustand vorliegen haben, so ändert sich diese Eigenschaft im Laufe der Zeit nicht mehr.

Es zeigt sich, dass symmetrische und antisymmetrische Zustände ganz bestimmte Teilchensorten beschreiben. Sogenannte *Bose-Teilchen* oder *Bosonen*[6] werden durch eine Zustandsfunktion beschrieben, die gegenüber der Vertauschung zweier beliebiger Teilchen symmetrisch ist, *Fermi-Teilchen* oder *Fermionen*[7] durch eine Zustandsfunktion, die bei derselben Operation antisymmetrisch ist.

Wir können Zustandsfunktionen der richtigen Symmetrie erhalten, indem wir einen Symmetrisierungs- bzw. Antisymmetrisierungsoperator auf eine beliebige N-Teilchen-Funktion anwenden:

$$\psi_{\text{symm}}(\xi_1, \xi_2, \ldots) = \frac{1}{\sqrt{N!}} \sum_P \hat{P}\psi(\xi_1, \xi_2, \ldots) \tag{10.36}$$

$$\psi_{\text{anti}}(\xi_1, \xi_2, \ldots) = \frac{1}{\sqrt{N!}} \sum_P (-1)^P \hat{P}\psi(\xi_1, \xi_2, \ldots) \tag{10.37}$$

$\hat{P}$ ist ein Permutationsoperator, der sich aus den Paarpermutationsoperatoren $\hat{P}_{ij}$ kombiniert. Die Summe läuft über alle $N!$ Permutationen von N Teilchen[8]. Dabei ist $(-1)^P = 1$, wenn die durch $\hat{P}$ erzeugte Permutation gerade ist, d. h. durch eine gerade Anzahl von Vertauschungen realisiert wird, und $(-1)^P = -1$, wenn die Permutation ungerade ist.

10.3.2
Wellenfunktionen für wechselwirkungsfreie Bosonen und Fermionen

Wir hatten im Abschnitt 10.2.2 festgestellt, dass die Wellenfunktion eines quantenmechanischen Vielteilchensystems für Partikel ohne Wechselwirkung durch die Überlagerung von Multinomen der Form (10.27) gebildet werden kann. Diese Darstellung steht nur dann nicht im Widerspruch zu den obigen Symmetrieforderungen, wenn im Fall von Bosonen alle $N!$ Multinome mit gleichen Gewichten additiv entsprechend

$$\psi_{\alpha_1, \alpha_2, \ldots, \alpha_N}(\xi_1, \ldots, \xi_N) = \frac{1}{\sqrt{N!}} \sum_n \phi_{\alpha_1}(\xi_{n_1}) \phi_{\alpha_2}(\xi_{n_2}) \ldots \tag{10.38}$$

---

6) Es handelt sich hier um Teilchen mit einem ganzzahligen Spin, z. B. Photonen, α-Teilchen oder ^{4}He-Atome.

7) Fermionen sind Teilchen mit einem halbzahligen Spin, z. B. Elektronen, Neutronen oder ^{3}He-Atome.

8) Befinden sich mehrere Teilchen im gleichen Zustand, dann ist $N!$ durch den Entartungsgrad $N!/\prod_i n_i!$ zu ersetzen, siehe auch Fußnote 4.

zusammengefasst werden. Dabei läuft die Summe über alle möglichen Permutationen der Teilchennummern $n = (n_1, \ldots, n_N)$. Diese Permutationen stellen die Realisierung des Permutationsoperators in (10.36) dar.

Für Fermi-Teilchen, also z. B. für Elektronen, deren Gesamtzustandsfunktion ja vollständig antisymmetrisch sein muss, lässt sich die entsprechend (10.37) antisymmetrisierte Wellenfunktion in Form einer Determinante schreiben, der sogenannten *Slater-Determinante*:

$$\psi_{\alpha_1, \alpha_2, \ldots, \alpha_N}(\xi_1, \ldots, \xi_N) = \frac{1}{\sqrt{N!}} \begin{vmatrix} \phi_{\alpha_1}(\xi_1) & \phi_{\alpha_2}(\xi_1) & \cdots & \phi_{\alpha_N}(\xi_1) \\ \phi_{\alpha_1}(\xi_2) & \phi_{\alpha_2}(\xi_2) & \cdots & \phi_{\alpha_N}(\xi_2) \\ \vdots & \vdots & \vdots & \vdots \\ \phi_{\alpha_1}(\xi_N) & \phi_{\alpha_2}(\xi_N) & \cdots & \phi_{\alpha_N}(\xi_N) \end{vmatrix} \tag{10.39}$$

10.3.3
Pauli-Prinzip

Die Antisymmetrie der Zustandsfunktionen für Fermionen wurde bereits 1925 von W. Pauli in dem sogenannten Pauli'schen Ausschließungsprinzip empirisch formuliert. Dieses Prinzip bezog sich ursprünglich auf die quantenmechanischen Zustände von Elektronensystemen. Es besagt, dass sich in einem solchen System nie zwei Elektronen im gleichen Zustand befinden können. Da hier der Begriff des Zustands mit den einzelnen Elektronen verbunden wird, gilt die Aussage des Pauli-Prinzips eigentlich nur für wechselwirkungsfreie Partikel. Setzt man nämlich in der Slater-Determinante zwei Zustände (z. B. α_1 und α_2) gleich, dann entstehen zwei identische Zeilen, und die Determinante verschwindet.

Für den Fall wechselwirkender Partikel ist der (10.39) zugrunde liegende Produktzustand kein Eigenzustand der Schrödinger-Gleichung und das Pauli-Prinzip durch die in (10.37) enthaltene allgemeinere Antisymmetrieforderung an die Wellenfunktion des Gesamtsystems zu ersetzen.

10.4
*Die Struktur des Hilbert-Raums für ein System aus *N* Teilchen

10.4.1
*Einleitung

Wir wollen als Beispiel ein wechselwirkungsfreies Zweiteilchensystem betrachten. In der Ortsdarstellung beschreibt man den Zustand dieses Systems durch die Wellenfunktion

$$\psi_{\alpha_1, \alpha_2}(\xi_1, \xi_2) = \frac{1}{\sqrt{2}} \left[\phi_{\alpha_1}(\xi_1) \phi_{\alpha_2}(\xi_2) \pm \phi_{\alpha_1}(\xi_2) \phi_{\alpha_2}(\xi_1) \right] \tag{10.40}$$

Dabei hängt das Vorzeichen des zweiten Summanden davon ab, ob wir ein bo-sonisches oder fermionisches System haben. Wir wollen diese spezielle Dar-stellung jetzt in den allgemeinen Hilbert-Raum $\mathcal{H}$ mit formalen Zuständen und Operatoren überführen.

10.4.2
*Hilbert-Raum für ein *N*-Teilchensystem

Wir werden zunächst zwei quantenmechanisch unabhängige Teilsysteme be-trachten. Die Zustände beider Systeme können wir in den Hilbert-Räumen $\mathcal{H}_1$ und $\mathcal{H}_2$ darstellen. Fassen wir beide Teilsysteme zu einem Gesamtsystem zu-sammen, dann müssen wir auch die beiden Hilbert-Räume der Teilsysteme zu einem Hilbert-Raum $\mathcal{H}$ vereinigen. Wir symbolisieren diese Zusammen-fassung in der Form

$$\mathcal{H} = \mathcal{H}_1 \otimes \mathcal{H}_2 \tag{10.41}$$

(10.41) wird als Tensorprodukt oder direktes Produkt der Räume $\mathcal{H}_1$ und $\mathcal{H}_2$ bezeichnet. Haben die beiden Teilräume eine endliche Dimension d_1 bzw. d_2, dann ist die Dimension des Gesamtraums $d = d_1 d_2$.

Die Bedeutung des Tensorprodukts liegt in der besonderen Art der Vereini-gung der beiden Teilräume. Im Prinzip wird damit gewährleistet, dass jedes Element des einen Teilraums mit einem beliebigen Element des anderen Teil-raums zu einem gemeinsamen Element des Produktraums verbunden werden kann. So kann man die Gesamtwellenfunktion $\psi(\xi_1, \xi_2) = \phi(\xi_1)\phi'(\xi_2)$ zweier Teilchenzustände von Einzelpartikeln als die Ortsdarstellung des Tensorpro-dukts

$$|\psi\rangle = |\phi\rangle \otimes |\phi'\rangle \tag{10.42}$$

mit $|\phi\rangle \in \mathcal{H}_1$, $|\phi'\rangle \in \mathcal{H}_2$ und $|\psi\rangle \in \mathcal{H} = \mathcal{H}_1 \otimes \mathcal{H}_2$ verstehen. Ist $\{|e_m\rangle\}$ eine Basis von $\mathcal{H}_1$ und $\{|f_n\rangle\}$ eine Basis von $\mathcal{H}_2$, dann können wir die Elemente einer Basis des Produktraums $\mathcal{H}$ als Tensorprodukt

$$|g_{mn}\rangle = |e_m\rangle \otimes |f_n\rangle \tag{10.43}$$

der Basiselemente der beiden Teilräume schreiben. Jedes Element $|\psi\rangle$ des Raums $\mathcal{H}$ lässt sich dann in dieser Produktbasis darstellen:

$$|\psi\rangle = \sum_{m,n} c_{mn} |g_{mn}\rangle = \sum_{m,n} c_{mn} |e_m\rangle \otimes |f_n\rangle \tag{10.44}$$

Entwickelt man die Zustände $|\phi\rangle \in \mathcal{H}_1$ und $|\phi'\rangle \in \mathcal{H}_2$ nach den jeweiligen Basiselementen

$$|\phi\rangle = \sum_m c_m |e_m\rangle \qquad \text{und} \qquad |\phi'\rangle = \sum_n c'_n |f_n\rangle \tag{10.45}$$

dann gilt für den Produktzustand (10.42)

$$|\phi\rangle \otimes |\phi'\rangle = \sum_{m,n} c_m c_n' \, |e_m\rangle \otimes |f_n\rangle = \sum_{m,n} c_m c_n' \, |g_{mn}\rangle \qquad (10.46)$$

Man kann auf diese Weise jedem Paar aus Elementen der beiden Teilräume $\mathcal{H}_1$ und $\mathcal{H}_2$ ein Element des Produktraums $\mathcal{H}$ zuordnen. Die Umkehrung gilt aber nicht. Ein beliebiges Element $|\psi\rangle \in \mathcal{H}$ lässt sich nur dann als ein Produkt aus zwei Zuständen $|\phi\rangle \otimes |\phi'\rangle$ darstellen, wenn die Entwicklungskoeffizienten c_{mn} in (10.44) entsprechend

$$c_{mn} = c_m c_n' \qquad (10.47)$$

zerlegt werden können. Ist eine Zerlegung von $|\psi\rangle \in \mathcal{H}$ in ein Tensorprodukt $|\phi\rangle \otimes |\phi'\rangle$ möglich, dann nennt man den Zustand $|\psi\rangle$ separabel oder sagt auch, dass $|\psi\rangle$ in das Produkt $|\phi\rangle \otimes |\phi'\rangle$ faktorisiert.

Wir können das Tensorprodukt auch auf mehrere Hilbert-Räume $\mathcal{H}_i$ erweitern, von denen jeder ein gewisses quantenmechanisches Teilsystem beschreibt:

$$\mathcal{H} = \mathcal{H}_1 \otimes \mathcal{H}_2 \otimes \cdots \otimes \mathcal{H}_N \qquad (10.48)$$

Die Elemente $|\phi_i\rangle \in \mathcal{H}_i$ aus den einzelnen Teilräumen werden dann entsprechend[9]

$$|\psi\rangle = |\phi_1\rangle \otimes |\phi_2\rangle \otimes \cdots \otimes |\phi_N\rangle \qquad (10.49)$$

zu einem Element des Hilbert-Raums $\mathcal{H}$ vereinigt. Das Skalarprodukt zweier faktorisierender Elemente vom Typ (10.49) ist offenbar definiert als

$$\langle \psi \, | \psi' \rangle = \prod_{m=1}^{N} \langle \phi_m \, | \phi_m' \rangle \qquad (10.50)$$

In eindeutigen Situationen kann das Tensorprodukt von Elementen verschiedener Teilräume auch als

$$|\phi\rangle \otimes |\phi'\rangle \equiv |\phi\rangle \, |\phi'\rangle \equiv |\phi, \phi'\rangle \qquad (10.51)$$

geschrieben werden.

10.4.3
*Operatoren in Produkt-Räumen

Wir betrachten zwei Operatoren $\hat{A}_1$ und $\hat{A}_2$, von denen der erste nur in $\mathcal{H}_1$, der zweite in $\mathcal{H}_2$ wirkt. Das Tensorprodukt dieser beiden Operatoren

$$\hat{A} = \hat{A}_1 \otimes \hat{A}_2 \qquad (10.52)$$

9) Wir weisen darauf hin, dass in den Tensorprodukten die durch (10.48) festgelegte Reihenfolge für die Zustände und Operatoren bindend ist.

ist dann ein Operator, der im Hilbert-Raum $\mathcal{H} = \mathcal{H}_1 \otimes \mathcal{H}_2$ agiert. Wenden wir $\hat{A}$ auf einen separablen Zustand $|\psi\rangle$ (siehe (10.42)) an, dann gilt

$$\hat{A}|\psi\rangle = (\hat{A}_1 \otimes \hat{A}_2)(|\phi\rangle \otimes |\phi'\rangle) = (\hat{A}_1|\phi\rangle) \otimes (\hat{A}_2|\phi'\rangle) \tag{10.53}$$

Da jedes Element des Produktraums $\mathcal{H}$ entsprechend (10.46) durch eine faktorisierte Basis ausgedrückt werden kann, ist die Wirkung auf jedes Element von $\mathcal{H}$ definiert durch

$$\hat{A}|\psi\rangle = \sum_{m,n} C_{mn}(\hat{A}_1|e_m\rangle) \otimes (\hat{A}_2|f_n\rangle) \tag{10.54}$$

Operatoren, die auch im Produktraum $\mathcal{H} = \mathcal{H}_1 \otimes \mathcal{H}_2$ nur auf die Teilzustände aus $\mathcal{H}_1$ bzw. aus $\mathcal{H}_2$ wirken, lassen sich auch als

$$\hat{A} = \hat{A}_1 \otimes \hat{1}_2 \qquad \text{bzw.} \qquad \hat{A} = \hat{1}_1 \otimes \hat{A}_2 \tag{10.55}$$

darstellen. Dabei sind die Operatoren $\hat{1}_1$ bzw. $\hat{1}_2$ die Identitätsoperatoren in den Teilräumen $\mathcal{H}_1$ und $\mathcal{H}_2$ sind.

10.4.4
*Identische Teilchen

Bei der Beschreibung identischer Teilchen wird der Hilbert-Raum $\mathcal{H}$ des Gesamtsystems als Tensorprodukt aus den Teilräumen $\mathcal{H}_i$ der einzelnen Teilchen gebildet. Allerdings benötigt man nicht den gesamten Produktraum, sondern nur den Unterraum der vollständig symmetrischen bzw. antisymmetrischen Zustandsfunktionen, je nachdem ob die Teilchen Bosonen oder Fermionen sind.

10.5
*Näherungsverfahren für Teilchensysteme mit Wechselwirkung

10.5.1
*Störungstheorie: Helium-Atom

Als ein typisches Beispiel für die Behandlung eines Vielteilchenproblems mit störungstheoretischen Methoden wollen wir das Heliumatom behandeln. Es besteht aus einem Atomkern der Kernladungszahl $2\,|e|$, der von zwei Elektronen umgeben ist. Wir wollen hier neben den von der Behandlung des Wasserstoffatoms bekannten Einteilchenwechselwirkungen nur die elektrostatische Coulomb-Wechselwirkung zwischen den Elektronen zulassen. Die Spineigenschaften spielen für die Coulomb-Wechselwirkung keine Rolle und können daher vorerst außer Acht gelassen werden. Für die nachfolgende Diskussion ist es zweckmäßig, den Hamilton-Operator des Heliumproblems in der Form

$$\hat{H} = \hat{H}_1 + \hat{H}_2 + \hat{H}' \tag{10.56}$$

aufzuschreiben. In der Ortsdarstellung lauten die beiden Einteilchenoperatoren

$$\hat{H}_1 = -\frac{\hbar^2}{2m}\Delta_1 + V(|x_1|) \qquad \text{und} \qquad \hat{H}_2 = -\frac{\hbar^2}{2m}\Delta_2 + V(|x_2|) \qquad (10.57)$$

und der durch die Coulomb-Wechselwirkung gegebene Störoperator ist

$$\hat{H}' = \frac{e^2}{|x_1 - x_2|} \qquad (10.58)$$

Die als Ausgangspunkt einer Störungstheorie benötigten ungestörten Zustände bekommen wir aus den Einteilchen-Eigenwertproblemen

$$\hat{H}_1 \phi_\alpha(x_1) = E_\alpha \phi_\alpha(x_1) \qquad \text{und} \qquad \hat{H}_2 \phi_\beta(x_2) = E_\beta \phi_\beta(x_2) \qquad (10.59)$$

Offenbar sind die Eigenfunktionen und Eigenwerte beider Einteilchenoperatoren Lösungen des Wasserstoffproblems. Die Indizes α und β symbolisieren hierbei jeweils den Satz der drei Quantenzahlen (n, l, m). Der Einfachheit halber verzichten wir darauf, die Entartung der Wasserstoffzustände zu behandeln. Prinzipiell würde es aber, abgesehen vom mathematischen Aufwand, keine Schwierigkeiten machen, die Entartung der angeregten Zustände des Wasserstoffatoms mit $l > 0$ zu berücksichtigen. Das ungestörte Problem des Gesamtsystems

$$\left(\hat{H}_1 + \hat{H}_2\right)\psi(x_1, x_2) = E\psi(x_1, x_2) \qquad (10.60)$$

führt nach unseren Überlegungen in Abschnitt 10.2.1 auf den ungestörten Eigenwertwert $E^{(0)} = E_\alpha + E_\beta$. Dabei ist die Gesamtwellenfunktion gegeben durch

$$\psi(x_1, x_2) = B_1 \psi_1(x_1, x_2) + B_2 \psi_2(x_1, x_2) \qquad (10.61)$$

mit den entarteten Zuständen

$$\psi_1(x_1, x_2) = \phi_\alpha(x_1)\phi_\beta(x_2) \qquad \text{und} \qquad \psi_2(x_1, x_2) = \phi_\alpha(x_2)\phi_\beta(x_1) \qquad (10.62)$$

Die Darstellung (10.61) berücksichtigt die Austauschentartung, da sowohl $\psi_1(x_1, x_2)$ als auch $\psi_2(x_1, x_2)$ Zustände zum gleichen Energieeigenwert sind. Für $\alpha \neq \beta$ sind $\psi_1(x_1, x_2)$ und $\psi_2(x_1, x_2)$ orthogonale Zustände.

Die Symmetrieeigenschaften bei Teilchenvertauschung sind noch nicht berücksichtigt. Die Koeffizienten B_1 und B_2 in (10.61) müssen wir daher über eine Störungstheorie mit Entartung bestimmen. Wir erwarten natürlich, dass die Störung (10.58) diese Entartung aufhebt. Dazu müssen wir die Matrixelemente von H' bestimmen. Wir erhalten

$$H'_{11} = e^2 \int d^3x d^3x' \frac{|\phi_\alpha(x)|^2 |\phi_\beta(x')|^2}{|x - x'|} = H'_{22} \qquad (10.63)$$

und

$$H'_{12} = e^2 \int d^3x d^3x' \frac{\phi_\alpha^*(x)\phi_\beta(x)\phi_\alpha(x')\phi_\beta^*(x')}{|x-x'|} = H'_{21} \qquad (10.64)$$

Die beiden Diagonalelemente $H'_{11} = H'_{22} = C$ heißen auch Coulomb-Integrale. Man kann sie in Anlehnung an die Elektrodynamik als Wechselwirkungsenergie zweier elektrischer Ladungsdichten $e|\phi_\alpha(x)|^2$ und $e|\phi_\beta(x)|^2$ interpretieren. Die Nichtdiagonalelemente[10] $H'_{12} = H'_{21} = A$ werden dagegen als Austauschintegral bezeichnet. Für diese Größe gibt es kein klassisches Analogon. Aus quantenmechanischer Sicht beschreibt A die Ununterscheidbarkeit der beiden Elektronen.

Mit der Kenntnis der Matrixelemente können wir die beiden Gleichungen

$$\left(H'_{11} - E^{(1)}\right) B_1 + H'_{12} B_2 = 0 \quad \text{und} \quad H'_{21} B_1 + \left(H'_{22} - E^{(1)}\right) B_2 = 0 \quad (10.65)$$

zur Bestimmung der noch freien Koeffizienten B_1 und B_2 und der Korrektur erster Ordnung der Energieeigenwerte $E^{(1)}$ aufstellen. Die zugehörige Säkulargleichung lautet dann

$$\begin{vmatrix} C - E^{(1)} & A \\ A & C - E^{(1)} \end{vmatrix} = \left(C - E^{(1)}\right)^2 - |A|^2 = 0 \qquad (10.66)$$

Daraus erhalten wir die beiden Lösungen

$$E^{(1)} = C \pm A \qquad (10.67)$$

Für die Korrektur $E^{(1)} = C + A$ erhalten wir $B_1 = B_2$ und daraus dann die normierte Gesamtwellenfunktion

$$\psi_{\text{symm}}(x_1, x_2) = \frac{1}{\sqrt{2}} \left[\phi_\alpha(x_1)\phi_\beta(x_2) + \phi_\alpha(x_2)\phi_\beta(x_1)\right] \qquad (10.68)$$

Für $E^{(1)} = C - A$ folgt sofort $B_1 = -B_2$ und deshalb

$$\psi_{\text{anti}}(x_1, x_2) = \frac{1}{\sqrt{2}} \left[\phi_\alpha(x_1)\phi_\beta(x_2) - \phi_\alpha(x_2)\phi_\beta(x_1)\right] \qquad (10.69)$$

Eine Besonderheit tritt auf, wenn die beiden Einteilchen-Zustände übereinstimmen ($\alpha = \beta$). Dann gibt es natürlich keine Austauschentartung mehr. Die Korrektur der Energieeigenwerte ist in der ersten Ordnung der Störungstheorie gerade $E^{(1)} = C$. Die zugehörige Wellenfunktion des Zweiteilchensystems ist

$$\psi_{\text{symm}}(x_1, x_2) = \phi_\alpha(x_1)\phi_\alpha(x_2) \qquad (10.70)$$

10) Man kann sich durch komplexe Konjugation und anschließendes Vertauschen von x und x' leicht davon überzeugen, dass A eine reelle Größe ist.

Wie erwartet wird durch die Wechselwirkung die für $\alpha \neq \beta$ vorliegende Austauschentartung aufgehoben.

Wir haben als Resultat der Störungsrechnung einen in den Ortsanteilen der Wellenfunktion symmetrischen Zustand (10.68) und einen antisymmetrischen Zustand (10.69) erhalten. Unter Verwendung des Tensorprodukts können wir die Zustandsfunktionen (10.68) bzw. (10.69) auch in die darstellungsfreie Form

$$|\psi_{\text{symm}}\rangle = \frac{1}{\sqrt{2}}(|\phi_\alpha\rangle \otimes |\phi_\beta\rangle + |\phi_\beta\rangle \otimes |\phi_\alpha\rangle) \tag{10.71}$$

bzw.

$$|\psi_{\text{anti}}\rangle = \frac{1}{\sqrt{2}}(|\phi_\alpha\rangle \otimes |\phi_\beta\rangle - |\phi_\beta\rangle \otimes |\phi_\alpha\rangle) \tag{10.72}$$

bringen. Da die Elektronen aber Fermionen sind, muss die vollständige Wellenfunktion insgesamt antisymmetrisch sein. Allerdings haben wir bisher den Spin der Elektronen gar nicht berücksichtigt. Aus den Spinanteilen können wir die drei symmetrischen Spinanteile

$$\left|\chi_{\text{symm}}^{(1)}\right\rangle = |\chi_+\rangle \otimes |\chi_+\rangle \quad \text{und} \quad \left|\chi_{\text{symm}}^{(2)}\right\rangle = |\chi_-\rangle \otimes |\chi_-\rangle \tag{10.73}$$

sowie

$$\left|\chi_{\text{symm}}^{(3)}\right\rangle = \frac{1}{\sqrt{2}}(|\chi_+\rangle \otimes |\chi_-\rangle + |\chi_-\rangle \otimes |\chi_+\rangle) \tag{10.74}$$

und den antisymmetrischen Spinanteil

$$|\chi_{\text{anti}}\rangle = \frac{1}{\sqrt{2}}(|\chi_+\rangle \otimes |\chi_-\rangle - |\chi_-\rangle \otimes |\chi_+\rangle) \tag{10.75}$$

bilden. Kombinieren wir die symmetrischen Spinanteile mit dem antisymmetrischen spinfreien Anteil (10.72), dann erhalten wir die drei vollständig antisymmetrische Ortho-Helium-Zustände, die den Forderungen an ein fermionisches System genügen. Befinden sich die beiden Elektronen im Zustand gleicher Quantenzahlen $\alpha = (n, l, m)$, dann verschwindet $|\psi_{\text{anti}}\rangle$, d. h. der Ortho-Helium-Zustand kann nur entstehen, wenn sich die beiden Einelektronenzustände unterscheiden. Aus dem antisymmetrischen Spinanteil und dem symmetrischen spinfreien Zustandsanteil (10.71) erhalten wir den Para-Helium-Zustand. Stimmen die beiden Einelektronenzustände in den Quantenzahlen $\alpha = (n, l, m)$ überein, dann müssen wir anstelle (10.71) den symmetrischen Anteil (10.70) verwenden. Der vollständig antisymmetrische Gesamtzustand ist in diesem Fall

$$\begin{aligned}|\psi\rangle &= (|\phi_\alpha\rangle \otimes |\phi_\alpha\rangle)\,|\chi_{\text{anti}}\rangle \\ &= \frac{1}{\sqrt{2}}(|\phi_\alpha, \chi_+\rangle \otimes |\phi_\alpha, \chi_-\rangle - |\phi_\alpha, \chi_-\rangle \otimes |\phi_\alpha, \chi_+\rangle)\end{aligned} \tag{10.76}$$

Damit können sich insbesondere beide Elektronen des Heliumatoms im 1s-Zustand befinden[11]. Sie haben dann aber entgegengesetzte Spinorientierungen. Noch mehr Elektronen lassen sich in diesem Zustand nicht unterbringen. Deshalb besitzen auch alle höheren Atome nur eine mit 2 Elektronen besetzte K-Schale, die der Hauptquantenzahl $n = 1$ entspricht.

10.5.2
*Hartree-Verfahren

Wir betrachten jetzt ein Atom mit der Kernladungszahl N und N Elektronen. Nach dem von D.R. Hartree Ende der 1920er-Jahre entwickelten Verfahren berücksichtigen wir im Hamilton-Operator den kinetischen Beitrag der Elektronen, deren potentielle Energie im Feld des Kerns und die Wechselwirkungsenergie der Teilchen untereinander. In der Ortsdarstellung lautet dieser Operator:

$$\hat{H} = \sum_{j=1}^{N} \left(-\frac{\hbar^2}{2m}\Delta_j - \frac{Ne^2}{|\boldsymbol{x}_j|} \right) + \frac{1}{2}\sum_{j\neq i}\frac{e^2}{|\boldsymbol{x}_i - \boldsymbol{x}_j|} \qquad (10.77)$$

Die zeitunabhängige Schrödinger-Gleichung dieses Problems lautet:

$$\hat{H}\psi(\boldsymbol{x}_1,\ldots,\boldsymbol{x}_N) = E\psi(\boldsymbol{x}_1,\ldots,\boldsymbol{x}_N) \qquad (10.78)$$

Wegen der Coulomb-Wechselwirkung zwischen den Elektronen kann dieses Eigenwertproblem nicht mehr mit einem Produktansatz exakt gelöst werden. Auch der beim Heliumatom verwendete störungstheoretische Ansatz wird mit wachsender Elektronenanzahl zunehmend ungenauer. Wir werden aber für die Wellenfunktion trotzdem einen Produktansatz verwenden

$$\psi(\boldsymbol{x}_1,\boldsymbol{x}_2,\ldots,\boldsymbol{x}_N) = \phi_1(\boldsymbol{x}_1)\phi_2(\boldsymbol{x}_2)\ldots\phi_N(\boldsymbol{x}_N) \qquad (10.79)$$

und die Einteilchenwellenfunktionen mithilfe des Ritz'schen Variationsverfahrens so bestimmen, dass unter Berücksichtigung der Normierung

$$\int d^3x|\phi_j(\boldsymbol{x})|^2 = \langle\phi_j\,|\phi_j\rangle = 1 \qquad (10.80)$$

die Gesamtenergie des Atoms minimal wird. Dazu bilden wir zunächst den Erwartungswert der Energie im Zustand (10.79)

$$\langle\psi|H|\psi\rangle = \langle\phi_1\ldots\phi_N|\sum_{j=1}^{N}\left(-\frac{\hbar^2}{2m}\Delta_j - \frac{Ne^2}{|\boldsymbol{x}_j|} \right) + \frac{1}{2}\sum_{j\neq i}\frac{e^2}{|\boldsymbol{x}_{ij}|}|\phi_1\ldots\phi_N\rangle \quad (10.81)$$

mit $\boldsymbol{x}_{ij} = \boldsymbol{x}_i - \boldsymbol{x}_j$. Unter Beachtung von (10.80) erhalten wir dann

$$\langle\psi|H|\psi\rangle = \sum_{j=1}^{N}\langle\phi_j| -\frac{\hbar^2}{2m}\Delta_j - \frac{Ne^2}{|\boldsymbol{x}_j|}|\phi_j\rangle + \frac{1}{2}\sum_{i\neq j}\langle\phi_i\phi_j|\frac{e^2}{|\boldsymbol{x}_{ij}|}|\phi_i\phi_j\rangle \qquad (10.82)$$

---

11) der allerdings gegenüber dem Wasserstoffatom eine etwas höhere
   Energie $E = E^{(0)} + C + \ldots$ besitzt.

Wir bilden jetzt die Variation dieses Funktionals bezüglich der noch unbekannten Wellenfunktionen ϕ_i. Unter Berücksichtigung der Normierung (10.80) als Nebenbedingungen müssen dann die Variationen[12]

$$\delta \left\{ \langle \psi | H | \psi \rangle - \sum_{j=1}^{N} \lambda_j \left[\langle \phi_j | \phi_j \rangle - 1 \right] \right\} = 0 \tag{10.83}$$

nach den N Funktionen $\phi_k(\boldsymbol{x}_k)$ verschwinden. Die λ_j sind dabei die Lagrange'schen Multiplikatoren. Bei den nachfolgenden Rechnungen wollen wir die formalen Skalarprodukte stets in der Ortsdarstellung formuliert verstehen. Die Variation nach der k-ten Wellenfunktion liefert dann

$$\langle \delta \phi_k | -\frac{\hbar^2}{2m} \Delta_k - \frac{Ne^2}{|\boldsymbol{x}_k|} |\phi_k\rangle + \langle \phi_k | -\frac{\hbar^2}{2m} \Delta_k - \frac{Ne^2}{|\boldsymbol{x}_k|} |\delta \phi_k\rangle +$$

$$+\frac{1}{2} \sum_{j \neq k} \langle \delta \phi_k \phi_j | \frac{e^2}{|\boldsymbol{x}_k|} |\phi_k \phi_j\rangle + \frac{1}{2} \sum_{j \neq k} \langle \phi_k \phi_j | \frac{e^2}{|\boldsymbol{x}_k|} |\delta \phi_k \phi_j\rangle +$$

$$+\frac{1}{2} \sum_{i \neq k} \langle \phi_i \delta \phi_k | \frac{e^2}{|\boldsymbol{x}_{ik}|} |\phi_i \phi_k\rangle + \frac{1}{2} \sum_{i \neq k} \langle \phi_i \phi_k | \frac{e^2}{|\boldsymbol{x}_{ik}|} |\phi_i \delta \phi_k\rangle -$$

$$-\lambda_k \langle \delta \phi_k | \phi_l \rangle - \lambda_k \langle \phi_k | \delta \phi_k \rangle = 0 \tag{10.84}$$

Alle Summen in (10.84) sind Einfachsummen, in denen der Wert k des Summationsindex ausgeschlossen ist. Ersetzt man in der dritten Zeile von (10.84) den Summationsindex i durch j, dann folgt

$$\langle \delta \phi_k | \left(-\frac{\hbar^2}{2m} \Delta_k - \frac{Ne^2}{|\boldsymbol{x}_k|} + \sum_{j \neq k} \int \phi_j^* \phi_j \frac{e^2}{|\boldsymbol{x}_{kj}|} d^3 x_j - \lambda_k \right) |\phi_k\rangle +$$

$$+\langle \phi_k | \left(-\frac{\hbar^2}{2m} \Delta_k - \frac{Ne^2}{|\boldsymbol{x}_k|} + \sum_{j \neq k} \int \phi_j^* \phi_j \frac{e^2}{|\boldsymbol{x}_{kj}|} d^3 x_j - \lambda_k \right) |\delta \phi_k\rangle = 0 \tag{10.85}$$

Dabei haben wir teilweise davon Gebrauch gemacht, dass wir in der Ortsdarstellung arbeiten. Die Variationen der bra- und ket-Vektoren entsprechen in dieser Darstellung den Variationen $\delta \phi_k^*$ und $\delta \phi_k$. Sie sind deshalb voneinander unabhängig. Damit also alle Variationen verschwinden, müssen die folgenden N Gleichungen

$$\left\{ -\frac{\hbar^2}{2m} \Delta_k - \frac{Ne^2}{|\boldsymbol{x}_k|} + \sum_{j \neq k} \int \phi_j^* \phi_j \frac{e^2}{|\boldsymbol{x}_{jk}|} d^3 x_j \right\} \phi_k = \lambda_k \phi_k \tag{10.86}$$

($k = 1 \ldots N$) erfüllt sein[13]. Wir haben damit also einen Satz von Integrodifferentialgleichungen vorliegen. Jede dieser Gleichungen hat die Form einer

---

12) siehe auch Band I, Kapitel 6
13) Hinzu kommen noch einmal N Gleichungen, die zu (10.86) konjugiert komplex sind.

Schrödinger-Gleichung

$$\hat{H}_k \phi_k = \lambda_k \phi_k \tag{10.87}$$

Die hier auftretenden Hamilton-Operatoren $\hat{H}_k$ setzen sich zusammen aus dem ursprünglichen Hamilton-Operator für das k-te Teilchen und aus einem effektiven Potentialbeitrag, der die übrigen $(N-1)$ Teilchen erfasst. Aus mathematischer Sicht beschreibt jede der N Gleichungen (10.87) ein „Einteilchenproblem". Die ursprünglich vorhandene Coulomb-Wechselwirkung mit den anderen Elektronen ist in (10.86) durch einen Beitrag ersetzt, der als Erwartungswert der Coulomb-Wechselwirkung zwischen dem jeweils betrachteten k-ten Elektron an der Position x_k und den restlichen Elektronen des Atoms interpretiert werden kann. Um diesen Beitrag zu bestimmen, benötigt man die Kenntnis der Einzelwellenfunktionen der restlichen Elektronen, die durch die anderen Gleichungen des Systems (10.86) bestimmt sind.

Zur Lösung des Gleichungssystems geht man folgendermaßen vor: Zunächst macht man für die Wellenfunktionen ϕ_j einen geeigneten Ansatz. Daraus bestimmt man die effektiven Potentialterme. Sind diese berechnet, dann kann man die N Einteilchenprobleme (10.86) gewöhnlich mit numerischen Verfahren lösen. Man erhält als Resultat N neue Wellenfunktionen $\phi_k^{(1)}$ (mit $k = 1 \ldots N$), die gegenüber dem ursprünglichen Ansatz als erste Näherung für die Lösung des Problems verstanden werden können. Mit diesen Wellenfunktionen berechnet man erneut die effektiven Potentialterme und erhält anschließend durch die erneute Lösung der Eigenwertgleichungen eine hoffentlich verbesserte zweite Näherung $\phi_k^{(2)}$ für die gesuchten Wellenfunktionen. Konvergiert das Verfahren bei einer sukzessiven Fortsetzung dieser Prozedur, dann erhält man schließlich eine selbstkonsistente Lösung des Systems der effektiven Schrödinger-Gleichungen (10.86).

Diese als Hartree-Verfahren bezeichnete Methode ist allerdings in einige Punkte kritikwürdig. Insbesondere bedeutet der multiplikative Ansatz (10.79), dass die Elektronen von vornherein als unabhängig voneinander angenommen werden. Es wird also bei dem Variationsverfahren nur nach der Wellenfunktion gesucht, die bei Wahrung dieser Unabhängigkeit dem quantenmechanischen Grundzustand des Gesamtsystems[14] am nächsten kommt. Des Weiteren sind die verschiedenen Einteilchenzustände nicht notwendig zueinander orthogonal, weil die Wellenfunktionen in verschiedenen Potentialen bestimmt werden. Und schließlich verletzt der Ansatz das Pauli-Prinzip, weil in diesem Verfahren nicht verboten wird, dass mehrere Elektronen sich in gleichen Zuständen befinden.

---

14) der ja dem globalen Minimum des Erwartungswerts von $\hat{H}$ entspricht, siehe Abschnitt 7.6.1.

10.5.3
*Hartree-Fock-Verfahren

Verwendet man statt der Produktwellenfunktion des Hartree-Verfahrens die richtig symmetrisierte Wellenfunktion, also bei Elektronen eine Slater-Determinante von Einzelzuständen, dann wird das Pauli-Prinzip in das Verfahren einbezogen und damit die Ununterscheidbarkeit der Elektronen berücksichtigt. Man kann diese Wellenfunktion wieder dem Variationsverfahren unterziehen und erhält eine Bestimmungsgleichung für die in der Slater-Determinante auftretenden Funktionen. Auf die Details dieser als Hartree-Fock-Verfahren bezeichneten Methode wollen wir hier nicht näher eingehen. Dazu verweisen wir auf die Fachliteratur.

10.6
Bändermodell des Festkörpers

10.6.1
Reduktion des Vielteilchenproblems auf ein Einteilchenproblem

Ein Festkörper ist ein an sich sehr kompliziertes Vielteilchensystem. In jedem cm^3 befinden sich ungefähr 10^{23} Atomkerne und eine noch größere Zahl von Elektronen. Um Aussagen über die elektronischen Eigenschaften eines Festkörpers machen zu können, geht man davon aus, dass die Atomkerne zusammen mit den inneren Elektronen die sogenannten Atomrümpfe bilden. Diese befinden sich an festen Plätzen und bauen ein Kristallgitter mit einem periodischen Potential auf. In diesem Potential bewegen sich die restlichen Elektronen. Da die Elektronen auch noch untereinander in Wechselwirkung stehen, haben wir ein sehr komplexes Vielteilchenproblem vorliegen, das allgemein nicht zu lösen ist. Der Hamilton-Operator selbst kann natürlich angegeben werden:

$$\hat{H} = \sum_i \left(\frac{p_i^2}{2m} + V(x_i) \right) + \frac{1}{2} \sum_{i \neq j} \frac{e^2}{|x_i - x_j|} \tag{10.88}$$

Die zugehörige Schrödinger-Gleichung lautet deshalb

$$H\psi(x_1, \dots, x_N) = E\psi(x_1, \dots, x_N) \tag{10.89}$$

Wir gehen jetzt genauso vor wie beim Hartree-Verfahren. Es ist dabei nur das Kernpotential durch das Potential des Kristallgitters zu ersetzen. Die Bestimmungsgleichung (10.86) für die optimalen Einteilchen-Wellenfunktionen hat damit die Gestalt

$$\left\{ -\frac{\hbar^2}{2m} \Delta_k + V(x_k) + \sum_{j \neq k} \int \phi_j^* \phi_j \frac{e^2}{|x_j - x_k|} d^3 x_j \right\} \phi_k = \lambda_k \phi_k \tag{10.90}$$

Dabei ist $V(x_k)$ das gitterperiodische Potential, welches die Atomrümpfe aufbauen. Im Integralterm läuft die Summe über alle Teilchen j mit Ausnahme des herausgegriffenen Teilchens k. Dieser Beitrag stellt ein effektives Potential dar, das von der Wechselwirkung des herausgegriffenen k-ten Elektrons mit allen anderen Elektronen stammt. Da sich die Elektronen in dem periodischen Potential der Atomrümpfe bewegen, wird ihre Verteilung und deshalb auch das effektive Potential gitterperiodisch sein.

Wir können also die Hartree-Gleichung weiter reduzieren, indem wir die beiden gitterperiodischen Potentialterme zu einem effektiven Potential $U(x)$ zusammenfassen. In diesem nach wie vor periodischen Potential bewegt sich dann das betrachtete Elektron. Da die effektiven Potentiale zu zwei verschiedenen Elektronen sich in nur in zwei Summanden unterscheiden, andererseits die Zahl der Summanden sehr groß ist, sind die effektiven Potentiale für die einzelnen Elektronen praktisch identisch. Als Folge bewegt sich jedes Elektron in dem gleichen gitterperiodischen Potential $U(x)$. Damit zerfällt im Rahmen des Hartree-Verfahrens und der zusätzlichen Annahme bzgl. der Elektron–Elektron-Wechselwirkung die Schrödinger-Gleichung des Elektronensystems des Festkörpers in N identische Schrödinger-Gleichungen für die einzelnen Elektronen

$$\left\{-\frac{\hbar^2}{2m}\Delta + U(x)\right\}\phi(x) = E\phi(x) \tag{10.91}$$

mit einem periodischen Potential $U(x)$. Wir wollen jetzt die Eigenlösungen dieser zeitunabhängigen Schrödinger-Gleichung bestimmen. Zuvor können wir uns ein qualitatives Bild von dem zu erwartenden Resultat durch folgende Überlegungen machen. Bei der Behandlung des Wasserstoffmolekülions in Abschnitt 7.5 haben wir gesehen, dass die beiden entarteten Energieniveaus aus der weit entfernten Wasserstoffionen in zwei getrennte Niveaus aufspalten, wenn die Wasserstoffionen einander angenähert werden, d. h. wenn das Elektron nicht mehr nur von dem Potential eines Ions beeinflusst wird, sondern auch das Potential des zweiten Ions spürt. Würden wir anfänglich von drei unendlich weit entfernten Ionen ausgehen, dann würde das dreifach entartete Energieniveau bei Annäherung der drei Ionen in drei Energieniveaus verschiedener Energie aufspalten. Wenn wir schließlich $N \approx 10^{23}$ Ionen vorliegen haben, werden wir erwarten, dass wir N dicht benachbarte Energieniveaus erhalten, die einen Bereich von Energieeigenwerten, ein sogenanntes Energieband bilden. Im folgenden werden wir diese qualitative Argumentation quantitativ durch ein eindimensionales Modell untermauern.

10.6.2
Bloch'sches Theorem

Wir wollen jetzt für einen eindimensionalen Festkörper das Eigenwertspektrum bestimmen. In diesem Fall ist die Gitterperiodizität einfach durch

$$U(x + a) = U(x) \tag{10.92}$$

bestimmt. Für die folgenden Überlegungen ist es zweckmäßig, den Translationsoperator $\hat{T}$ zu definieren, der die Ortsvariable um eine Gitterperiode a verschiebt. Bei Anwendung auf die Wellenfunktion erhalten wir

$$\hat{T}\phi(x) = \phi(x + a) \tag{10.93}$$

Weil das Potential $U(x)$ wegen (10.92) mit a gitterperiodisch ist, kommutiert der Translationsoperator mit dem Hamilton-Operator

$$\hat{T}\hat{H} = \hat{T}\left\{-\frac{\hbar^2}{2m}\Delta + U(x)\right\} = \left\{-\frac{\hbar^2}{2m}\Delta + U(x+a)\right\}\hat{T}$$

$$= \left\{-\frac{\hbar^2}{2m}\Delta + U(x)\right\}\hat{T} = \hat{H}\hat{T} \tag{10.94}$$

also

$$[\hat{T}, \hat{H}] = 0 \tag{10.95}$$

Deshalb müssen die Eigenfunktionen $\phi(x)$ von $\hat{H}$ auch gleichzeitig Eigenfunktionen von $\hat{T}$ sein. Dann müssen aber die gesuchten Wellenfunktionen die Eigenschaft

$$\hat{T}\phi(x) = \phi(x + a) = \lambda\phi(x) \tag{10.96}$$

haben. Die N-fache Anwendung des Translationsoperators auf die Eigenfunktionen von $\hat{H}$ führt so auf

$$\hat{T}^N\phi(x) = \lambda^N\phi(x) = \phi(x + Na) \tag{10.97}$$

Bei einem unendlich ausgedehnten Kristall muss $|\lambda| = 1$ sein, sonst wäre die Wellenfunktion nicht mehr normierbar. Wir können daher

$$\lambda = e^{i\alpha} \tag{10.98}$$

schreiben und erhalten deshalb aus (10.96):

$$\phi(x + a) = e^{i\alpha}\phi(x) \tag{10.99}$$

Diese Funktionalgleichung ist erfüllt für

$$\phi(x) = \exp\left(\frac{i\alpha}{a}x\right)u(x) \tag{10.100}$$

Dabei ist $u(x)$ eine gitterperiodische Funktion mit $u(x) = u(x + a)$ ist. Zur Überprüfung dieser Aussage setzen wir (10.100) in (10.99) ein und erhalten

$$\exp\left(\frac{i\alpha}{a}(x + a)\right) u(x + a) = e^{i\alpha} \exp\left(\frac{i\alpha}{a}x\right) u(x) \tag{10.101}$$

Der Vergleich beider Seiten ergibt unmittelbar $u(x + a) = u(x)$. Setzen wir noch $k = \alpha/a$, dann lautet die Eigenwertgleichung des Translationsoperators:

$$\hat{T}\phi(x) = e^{ika}\phi(x) \tag{10.102}$$

Die Eigenfunktionen sind von der Gestalt

$$\phi(x) = e^{ikx}u(x) \tag{10.103}$$

Dieses Beziehung heißt das *Bloch'sche Theorem*. Es besagt, dass die Lösungen der Schrödinger-Gleichung in einem gitterperiodischen Potential aus ebenen Wellen bestehen, die gitterperiodisch moduliert sind. In der Mathematik ist dieses Theorem auch unter dem Namen Floquet'sches Theorem bekannt.

10.6.3
Eigenfunktionen in einem gitterperiodischen Potential

Um die Eigenfunktionen des Hamilton-Operators in einem gitterperiodischen Potential zu untersuchen, geht man von einer der folgenden Standardmethoden aus:

- Man betrachtet das periodische Potential als Störung. Die ungestörte Bewegung ist dann die eines freien Elektrons.

- Man betrachtet die Elektronen als fest gebunden an den Rümpfen. Die Wechselwirkung mit Nachbarrümpfen wird als Störung betrachtet.

- Man berechnet die Energieniveaus in einfachen periodischen Potentialen.

Wir wollen hier nur den letzten Weg an einem Beispiel näher betrachten. Für eine detaillierte Darstellung dieser festkörpertheoretischen Konzepte verweisen wir auf die vielfältige Spezialliteratur. Außerdem werden wir hier das generelle Vorgehen bei der Lösung quantenmechanischer Eigenwertprobleme in periodischen Potentialen anhand eines sehr einfachen Modells demonstrieren, nämlich einer periodischen Anordnung von δ-Potentialen. Das gitterperiodische Potential

$$U(x) = \frac{\hbar^2}{2m}\beta \sum_{n=-\infty}^{\infty} \delta(x - na) \tag{10.104}$$

– auch als Dirac-Kamm-Potential bezeichnet – ist schematisch in Abb. 10.1 dargestellt. Nach dem Bloch'schen Theorem suchen wir Wellenfunktionen

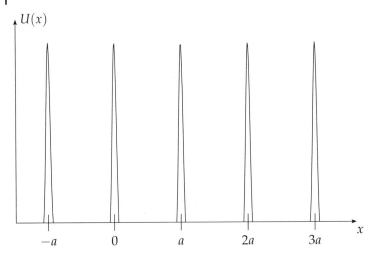

Abb. 10.1 Dirac-Kamm-Potential

von der Form

$$\phi_k(x) = e^{ikx} u_k(x) \qquad \text{mit} \qquad u_k(x+a) = u_k(x) \tag{10.105}$$

als Lösungen der Schrödinger-Gleichung

$$\left(-\frac{\hbar^2}{2m}\Delta + U(x)\right)\phi(x) = E\phi(x) \tag{10.106}$$

Bei dem Ansatz (10.105) haben wir bereits berücksichtigt, dass die gitterperiodische Funktion $u_k(x)$ von der Wellenzahl k abhängig sein wird. Zwischen den δ-Spitzen bewegt sich das Elektron frei, aber an den Singularitäten des Potentials müssen wir die Anschlussbedingungen berücksichtigen. Wir bekommen deshalb für die Wellenfunktion im Intervall I ($0 < x < a$)

$$\phi_{\mathrm{I}}(x) = e^{ikx} u_k(x) = A\cos\kappa x + B\sin\kappa x \tag{10.107}$$

mit

$$\kappa = \sqrt{\frac{2mE}{\hbar^2}} \tag{10.108}$$

und im Intervall II ($a < x < 2a$)

$$\phi_{\mathrm{II}}(x) = e^{ikx} u_k(x) = e^{ika} e^{ik(x-a)} u_k(x-a) = e^{ika}\phi_{\mathrm{I}}(x-a) \tag{10.109}$$

Bei der ersten Gleichheit wurde das Bloch'sche Theorem verwendet, bei der zweiten wurde dieser Ausdruck umgeschrieben, und bei der dritten Gleichheit wurde verwendet, dass $\exp(ik(x-a))u_k(x-a)$ gerade die Bloch-Funktion im Intervall I darstellt.

Die Anschlussbedingungen bei $x = a$ lauten[15]

$$\phi_{II}(a) = \phi_I(a) \qquad \text{und} \qquad \phi'_{II}(a) - \phi'_I(a) = \beta \, \phi_{II}(a) \tag{10.110}$$

Drückt man ϕ_{II} unter Verwendung von (10.109) durch ϕ_I aus, dann erhalten wir für die Anschlussbedingungen

$$e^{ika}\phi_I(0) = \phi_I(a) \qquad \text{und} \qquad e^{ika}\phi'_I(0) - \phi'_I(a) = \beta \, e^{ika}\phi_I(0) \tag{10.111}$$

Wenn wir hier die Lösung (10.107) für ϕ_I einsetzen, so folgt:

$$e^{ika} A = A \cos \kappa a + B \sin \kappa a \tag{10.112}$$

und

$$e^{ika}\kappa B + [A\kappa \sin \kappa a - B\kappa \cos \kappa a] = \beta \, e^{ika} A \tag{10.113}$$

und damit

$$\left(e^{ika} - \cos \kappa a \right) A - (\sin \kappa a) \, B = 0 \tag{10.114}$$

sowie

$$\left(\sin \kappa a - \frac{\beta}{\kappa} e^{ika} \right) A + \left(e^{ika} - \cos \kappa a \right) B = 0 \tag{10.115}$$

Dies ist ein homogenes Gleichungssystem für die Koeffizienten A und B. Eine nichttriviale Lösung entsteht nur, wenn die Koeffizientendeterminante verschwindet. Diese Forderung führt auf

$$\left(e^{ika} - \cos \kappa a \right)^2 + \sin \kappa a \left(\sin \kappa a - \frac{\beta}{\kappa} e^{ika} \right) = 0 \tag{10.116}$$

Hieraus erhalten wir

$$1 + e^{2ika} - 2e^{ika} \cos \kappa a - \frac{\beta}{\kappa} \sin \kappa a \, e^{ika} = 0 \tag{10.117}$$

und weiter

$$\cos ka = \cos \kappa a + \frac{\beta a}{2} \frac{\sin \kappa a}{\kappa a} \tag{10.118}$$

Die grafische Lösung dieser Gleichung ist in Abb. 10.2 dargestellt mit $\kappa a = x$. Erlaubte Werte von κa, d. h. wegen (10.108) erlaubte Energiewerte, bedingen, dass die aus (10.118) folgenden Lösungen für ka reell sind. Dazu darf der Betrag der rechten Seite dieser Gleichung den Wert 1 nicht überschreiten. Aus Abb. 10.2 geht hervor, dass es Bereiche gibt, in denen die rechte Seite von (10.118) diese Forderung verletzt. Die erlaubten κa-Werte bilden zusammenhängende Gebiete, die auch als Bänder bezeichnet werden. Da andererseits jedem Wert κ ein bestimmter Energiewert entspricht, finden wir im Spektrum des Hamilton-Operators die sogenannten Energiebänder, in denen das Spektrum der Energieeigenwerte kontinuierlich ist. Die Bänder werden durch

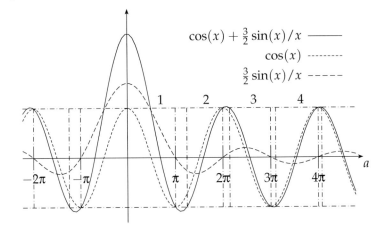

Abb. 10.2 Grafische Bestimmung der Energiebänder: Setzt man $\kappa a = x$ dann entsprechen die verbotenen Energiebereiche den Intervallen mit $|\cos x + \beta a \sin x / 2x| > 1$. Der erste verbotene Bereich beginnt bei $x = 0$ und geht bis die durchgezogene Linie zum ersten Mal den Wert 1 erreicht. Danach folgt das erste Band (1). Die weiteren Bänder (2),(3) und (4) werden durch schmale verbotene Zonen getrennt, die zur besseren Übersicht durch strich-punktierte senkrechte Linien hervorgehoben wurden. In der grafischen Darstellung wurde $\beta a = 3$ gewählt

verbotene Energiebereiche getrennt, in denen kein einziger Energieeigenwert liegt.

Lassen wir die Energie beginnend bei $E = 0$ monoton wachsen, dann nimmt auch κa monoton zu. Zunächst liegt ein verbotener Bereich vor. Bei einem bestimmten Wert κ_1^+, der mit der ersten positiven Nullstelle x_1^+ von

$$\cos x + \frac{\beta a}{2} \frac{\sin x}{x} - 1 = 0 \tag{10.119}$$

über $\kappa_1^+ = x_1^+ / a$ verbunden ist, wird zum ersten Mal ein zulässiger Wert k erreicht. An dieser Stelle ist $\cos ka = 1$ und wir setzen hier $k = 0$. Mit weiterem Anwachsen von κ entstehen weitere zulässige Lösungen, wobei $\cos ka$ immer kleiner wird und schließlich den Wert -1 erreicht. Hier hat k dann den Wert $k = \pm\pi/a$. Der zugehörige Energiewert wird durch $\kappa_1^- = x_1^- / a$ bestimmt, dabei ist x_1^- die erste Nullstelle von

$$\cos x + \frac{\beta a}{2} \frac{\sin x}{x} + 1 = 0 \tag{10.120}$$

Wächst κ weiter an, dann gelangt man in den zweiten verbotenen Bereich, der bei $\kappa_2^- = x_2^- / a$ wieder verlassen wird; x_2^- ist dabei die zweite Nullstelle

15) siehe Abschnitt 3.5.3.2

von (10.120). Jetzt wird das zweite Energieband erreicht. Da an dessen unterer Grenze $\cos ka = -1$ gilt, setzen wir hier $k = \pm\pi/a$. Mit weiter wachsendem κ nimmt $\cos ka$ wieder zu. Es besteht hier die Konvention, k wieder rückläufig zu gestalten, d.h. im zweiten Band läuft k wieder nach 0. Dieser Wert wird bei $\kappa_2^+ = x_2^+/a$ erreicht, wobei x_2^+ die zweite Nullstelle von (10.119) ist. Diese Prozedur lässt sich jetzt beliebig fortsetzen. In Energiebändern mit einer ungeraden Nummer läuft dann k von $k = 0$ an der unteren Bandgrenze zu $k = \pm\pi/a$ an der oberen Grenze, in geraden Bändern zeigt k ein umgekehrtes Verhalten.

Wir wollen nun das Verhalten an der untersten Bandgrenze noch genauer untersuchen. Dazu setzen wir in der rechten Seite von (10.118):

$$\kappa a = \kappa_1^+ a + a\Delta\kappa = x_1^+ + a\Delta\kappa \qquad (10.121)$$

und entwickeln die linke Seite um $k = 0$, die rechte Seite um x_1^+ nach $\Delta\kappa$. Mit

$$F(x) = \cos x + \frac{\beta a}{2}\frac{\sin x}{x} \qquad (10.122)$$

ist dann

$$1 - \frac{(ka)^2}{2} \approx F(x_1^+) + F'(x_1^+)a\Delta\kappa = 1 - C(\kappa - \kappa_1^+) \qquad (10.123)$$

Dabei haben wir wegen $F'(x_1^+) < 0$ die positive Konstante $C = a|F'(x_1^+)|$ eingeführt. Ist E_0 die Energie an der untersten Bandkante, dann folgt mit (10.108) in der Umgebung dieser Kante:

$$E - E_0 = \frac{\hbar^2}{2m}\left(\kappa^2 - (\kappa_1^+)^2\right) \approx 2\kappa_1^+\frac{\hbar^2}{2m}(\kappa - \kappa_1^+) \qquad (10.124)$$

und deshalb mit (10.123)

$$E = E_0 + 2\kappa_1^+\frac{\hbar^2}{2m}\frac{k^2a^2}{2C} \qquad (10.125)$$

Mit der de Broglie'schen Beziehung zwischen Impuls und Wellenzahl (2.87) können wir dann schreiben:

$$E = E_0 + 2\kappa_1^+\frac{p^2a^2}{4mC} = E_0 + \frac{p^2}{2m^*} \qquad (10.126)$$

Hier haben wir die effektive Masse

$$m^* = \frac{mC}{\kappa_1^+a^2} \qquad (10.127)$$

eingeführt. Offenbar haben wir jetzt für das Kristallelektron[16] und das freie Elektron ähnliche physikalische Verhältnisse. Lediglich die Masse m des freien Elektrons ist durch die effektive Masse m^* zu ersetzen. Diese Veränderung

16) an der unteren Bandgrenze

wird sowohl von der Wechselwirkung mit den Atomrümpfen des Kristallgitters als auch von der Wechselwirkung mit den restlichen Elektronen des Festkörpers verursacht. Aber trotz dieser Wechselwirkungen verhält sich das Kristallelektron näherungsweise frei. Man spricht deshalb auch von einem Elektronengas.

Die bisherigen Überlegungen gelten für einen unendlich ausgedehnten eindimensionalen Kristall. Bei einem endlichen Kristall der Länge $L = Na$ würde man am linken und rechten Rand einen Potentialanstieg nach ∞ erwarten und deshalb $\phi(0) = \phi(L) = 0$ verlangen. Stattdessen verwendet man häufig periodische (Born-von Kármán'sche) Randbedingungen, d. h. man fordert $\phi(x) = \phi(x + L)$. Aus physikalischer Sicht werden solche mathematisch relativ einfach behandelbaren Randbedingungen dadurch motiviert, dass die Mehrzahl der Festkörpereigenschaften Volumeneffekte sind, die nur unwesentlich von den Randbedingungen abhängen. Bei der Verwendung periodischer Randbedingungen erhalten wir dann wegen der Gitterperiodizität von $u_k(x)$

$$\mathrm{e}^{\mathrm{i}kx}u_k(x) = \mathrm{e}^{\mathrm{i}k(x+L)}u_k(x + L) = \mathrm{e}^{\mathrm{i}k(x+L)}u_k(x) \tag{10.128}$$

und deshalb

$$\mathrm{e}^{\mathrm{i}kL} = \mathrm{e}^{\mathrm{i}kNa} = 1 \quad \text{also} \quad k = n\frac{2\pi}{Na} \tag{10.129}$$

Die Wellenzahl k nimmt also nur noch diskrete Werte an, die in jedem Band die sogenannte Brillouin-Zone $-N/2 + 1 \leq n \leq N/2$ durchlaufen und wegen des großen Wertes von N sehr dicht ($\Delta k = 2\pi/Na$) liegen.

Als wichtiges Ergebnis haben wir gesehen, dass für Elektronen in einem periodischen Potential die Energieeigenwerte in Energiebändern angeordnet sind, die durch verbotene Zonen getrennt sind. Dieses Bänderschema erlaubt eine grundsätzliche Klassifizierung des Leitfähigkeitsverhaltens von periodischen Festkörpern. Materialien, bei denen die verschiedenen Energiebänder bis zu einem obersten (Valenzband) voll besetzt sind und das nächste darüberliegende Band völlig leer (Leitungsband) ist, werden als Isolatoren bezeichnet, falls der Energieabstand zwischen oberer Kante des Valenzbands und unterer Kante des Leitungsbands so groß ist, dass keine Elektronen thermisch vom Valenz- ins Leitungsband angeregt werden können. Als Halbleiter bezeichnet man Materialien, bei denen die Energielücke klein genug ist, um Elektronen thermisch vom Valenz- ins Leitungsband anregen zu können. Bei Metallen schließlich ist das Valenzband voll und das Leitungsband teilweise mit Elektronen besetzt.

Aufgaben

10.1 Zeigen Sie, dass für jeden Permutationsoperator $\hat{P}_{ij}$, der die Teilchen i und j miteinander vertauscht, die Eigenschaft

$$f\left(\hat{P}_{ij}\right) = \frac{f(1) + f(-1)}{2}\hat{1} + \frac{f(1) - f(-1)}{2}\hat{P}_{ij}$$

gilt. f bezeichnet dabei eine beliebige Funktion. Zeigen Sie außerdem, dass im Gegensatz dazu für einen Projektionsoperator $\hat{P}$ die Relation

$$f(\hat{P}) = f(0)(1 - \hat{P}) + f(1)\hat{P}$$

zutrifft.

10.2 Zeigen Sie, dass die quantenmechanische Beschreibung des aus Atomkern und Elektron bestehenden Atoms als ein quantenmechanischen Gesamtsystems auf eine Wellenfunktion vom Typ

$$\psi = \exp\left\{\frac{iPX}{\hbar}\right\}\phi(x, t)$$

führt. Hierbei ist X der Ortsvektor des Schwerpunkts und x der Vektor des Relativabstands. Weiterhin soll gezeigt werden, dass die für $\phi(x)$ gültige Schrödinger-Gleichung

$$i\hbar\frac{\partial}{\partial t}\phi(x, t) = \left[-\frac{\hbar^2}{2\mu}\Delta_x + V(x)\right]\phi(x, t)$$

lautet. Darin ist μ die reduzierte Masse des Gesamtsystems, $V(x)$ ist das Potential.

10.3 Zeigen Sie, dass sich in der Drehimpulsbilanz (10.12) alle Beiträge der Paarwechselwirkung gegenseitig aufheben.
Hinweis: Benutzen Sie die Ortsdarstellung des Drehimpulsoperators und beachten Sie, dass die Paarwechselwirkung nur radialsymmetrische Potentialbeiträge enthält.

10.4 Zeigen Sie, dass die Energie eines beliebigen zweiatomigen Moleküls bei niedrigen Energien gegeben ist durch

$$E = E_e + \frac{\hbar^2}{2\Theta_e}J(J + 1) + \hbar\omega_e\left(n + \frac{1}{2}\right)$$

Dabei ist E_e die Energie des Elektronensystems in einem gegebenen Zustand, Θ_e das Trägheitsmoment und ω_e die Schwingungsfrequenz für diesen Elektronenzustand.

10.5 Zeigen Sie, dass die Translationsoperatoren $\hat{T}(a)$ eines Kristalls eine Abel'sche Gruppe bilden, d. h. es gilt $[\hat{T}(a), \hat{T}(b)] = 0$. Der Gruppenparameter a ist dabei ein beliebiger Vektor des dreidimensionalen Gitterraums des Kristalls.

(●) **Maple-Aufgaben**

10.I Bestimmen Sie die Grundzustandsenergie des Wasserstoffmoleküls H_2 als Funktion des Abstands der beiden Atomkerne unter Verwendung der Heitler-London-Methode. Suchen Sie insbesondere eine geeignete Abschätzung für die Austauschenergie, die eine analytische Behandlung dieses mathematischen Ausdrucks erlaubt.

10.II Bestimmen Sie einen Ausdruck für die durch die Coulomb-Kräfte zwischen den Kernen und Elektronen zweier Wasserstoffatome entstehende, anziehende van der Waals-Wechselwirkung. Dabei sollen nur im Vergleich zum effektiven Atomradius a_0 (Bohr'scher Atomradius) große Abstände R zwischen den Kernen berücksichtigt werden.

10.III Gegeben sei ein System von drei quantenmechanischen Teilchen gleicher Masse, die über das harmonische Potential

$$V = \frac{1}{2}m\omega^2 \left[(x_1 - x_2)^2 + (x_1 - x_3)^2 + (x_2 - x_3)^2\right]$$

gekoppelt sind. Zerlegen Sie die Schrödinger-Gleichung unter Verwendung der Jacobi'schen Koordinaten in drei unabhängige Einteilchenprobleme.

10.IV Bestimmen Sie bis zur zweiten Ordnung der Störungstheorie das Energiespektrum eines quantenmechanischen Teilchens in einem eindimensionalen periodischen Potential

$$V = \lambda \cos\left(2\pi\frac{x}{a}\right)$$

Stellen Sie die Wellenfunktion und die Energie als Funktion des Wellenvektors k grafisch dar.

10.V Die nichtlineare Schrödinger-Gleichung ist ein Modell mit Solitonen-Lösungen, das in vielen Gebieten der Physik (insbesondere der Optik und der Festkörperphysik) Anwendung findet. Im Prinzip entsteht die hier enthaltene Nichtlinearität, ähnlich wie bei der Hartree-Fock-Näherung, durch Elimination von Wechselwirkungen mit anderen quantenmechanischen Partikeln. Vereinfacht lässt sich die eindimensionale nichtlineare Schrödinger-Gleichung in der Form

$$i\hbar \frac{\partial}{\partial t}\psi(x,t) = -\frac{\hbar^2}{2m}\nabla^2\psi(x,t) - \gamma\,|\psi(x,t)|^2\,\psi(x,t)$$

darstellen. Die Größe $|\psi(x,t)|^2$ kann in den meisten Fällen als lokale Partikeldichte verstanden werden. Finden Sie eine forminvariante Lösung dieser Gleichung.

11
*Konzeptionelle Probleme der Quantenmechanik

11.1
*Determinismus und Wahrscheinlichkeit

11.1.1
*Unschärfe und Messergebnis

Die Quantenmechanik ist eine Theorie zur Beschreibung einer indeterministi-
schen Realität. Darunter wollen wir verstehen, dass der Ausgang einer Messung an einem vollständig definierten qumntenmechanischen System nicht
von vornherein feststehen muss. Im Rahmen der Quantenmechanik lassen
sich lediglich Aussagen über die Wahrscheinlichkeit machen, dass ein bestimmtes Messresultat eintritt. Dieser Indeterminismus steht im Gegensatz
zu den deterministischen klassischen Theorien, insbesondere der Mechanik
und der klassischen Feldtheorie. Für den Determinismus klassischer Theori-
en spielen zwei Begriffe eine entscheidende Rolle, nämlich dynamische Bewegungsgleichungen und der Zustand des Systems. Kennt man sowohl diese Gleichungen als auch den Anfangszustand eines Systems, dann kann jeder spätere und frühere Zustand eindeutig berechnet werden[1]. Im Prinzip
gilt die gleiche Forderung auch für die Quantenmechanik: Aus der Kennt-
nis des Anfangszustands $|\psi\rangle$ zu einer bestimmten Zeit lässt sich mithilfe der
Schrödinger-Gleichung der Zustand des quantenmechanischen Systems zu jedem späteren Zeitpunkt bestimmen. Der eigentliche Unterschied liegt in dem
Begriff des Zustands. In der klassischen Theorie ist jeder Zustand eines Systems eindeutig mit dem Ausgang beliebiger Messungen an diesem System
verbunden. Im Rahmen einer klassischen Theorie kann man deshalb aus einer
Anzahl von Messungen den Zustand des Systems vollständig rekonstruieren,
und andererseits können aus der Kenntnis des Zustands die zu erwartenden
Messergebnisse exakt vorhergesagt werden. Damit verbindet eine klassische

---

1) Bezüglich der Verhältnisse bei chaotischen Systemen vgl. Band I,
Abschnitt 7.11 der Lehrbuchreihe.

Theoretische Physik III: Quantenmechanik 1. Peter Reineker, Michael Schulz, Beatrix M. Schulz
Copyright © 2007 WILEY-VCH Verlag GmbH & Co. KGaA, Weinheim
ISBN: 978-3-527-40639-5

Theorie historische und zukünftige Messungen an einem System in eindeutiger Weise.

In der Quantenmechanik ist die Situation dagegen völlig anders. Die Kenntnis eines Zustands garantiert nicht mehr den Ausgang einer Messung. Dazu kann man aus klassischer Sicht verschiedene Argumente anbringen. So kann man behaupten, das die Präparation eines mikroskopischen Ausgangszustands eine sehr genaue Vermessung des Systems bedingt. Jede Messung ist aber als komplexe Wechselwirkung mit einem makroskopischen System, der Messapparatur, zu verstehen, sodass der Zustand nach der Messung durch diese selbst verfälscht wird. Dann ist das Resultat einer zukünftigen Messung ebenfalls unscharf. Diese Argumentation entspricht dem Konzept der klassischen Statistik, wonach Zufälligkeiten in der Bewegung eines Systems ausschließlich von der Ungenauigkeit herrühren, mit der ein Zustand präpariert wurde. Im Prinzip wird jeder Prozess als deterministisch angesehen, aber die innere Dynamik führt dazu, dass selbst kleinste Abweichungen zwischen zwei nahezu identisch präparierten Systemen zu einem erheblichen Unterschied in der Messung zu einem späteren Zeitpunkt führen können[2].

Eine andere Argumentationslinie zur Interpretation des Indeterminismus der Quantenmechanik basiert darauf, dass der Zustand eines Systems nicht nur durch die Angabe der Werte messbarer Observabler, sondern auch durch nicht konkret messbare, also verborgene Parameter bestimmt ist. Dann würde jede noch so präzise Präparation eines quantenmechanischen Systems von vornherein keine perfekte Beschreibung des Zustands liefern. Zu einem späteren Zeitpunkt wäre dann der Zustand des Systems nicht mehr deterministisch vorhersagbar. Auch hier gibt es Ähnlichkeiten zur klassischen Mechanik. Kann man z. B. von einem Massenpunktsystem nur einen Teil der Koordinaten und Impulse messen, dann ist direkt nach der Messung der Zustand des beobachtbaren Teiles dieses Systems vollständig bestimmt, die verborgenen Freiheitsgrade sind dagegen offen. Zu einem späteren Zeitpunkt wird sich aber aufgrund der Wechselwirkung zwischen allen Freiheitsgraden in dem beobachtbaren Subsystem ein Zustand einstellen, der auch von den unbekannten verborgenen Freiheitsgraden bestimmt ist. Damit ist der Ausgang einer zukünftigen Messung wegen der Unkenntnis über die verborgenen Parameter mehr oder weniger zufällig und nicht mehr eindeutig an die Messungen des Ausgangszustands gebunden.

Diese Argumentation läuft letztendlich darauf hinaus, die Quantenmechanik als eine zwar richtige, dem Wesen nach aber unvollständige Theorie zu charakterisieren. Natürlich wäre in diesem Fall zu klären, was man unter einer vollständigen Theorie verstehen will. Rein formal erfüllt die Quantenmechanik alle Kriterien einer vernünftigen Theorie. Die mathematische Formulierung ist widerspruchsfrei, es existiert eine eindeutige Zuordnungsvorschrift

---

2) siehe Band I, Abschnitt 7.8 und Band V dieser Lehrbuchreihe

zu den physikalischen Observablen, die Resultate sind widerspruchsfrei zu den Experimenten, und es gibt keine bisher bekannten Einschränkungen. Deshalb ließ man sich bei der Kritik an der Quantenmechanik vor allem von dem Einstein'schen Konzept der physikalischen Realität leiten. Danach sollte sich eine vollständige Theorie nur auf solche Größen beziehen, deren Wert prinzipiell zu jedem Zeitpunkt mit Sicherheit vorhersagbar ist. Diesen Elementen der physikalischen Realität kommt nach Einsteins Vorstellung die primäre Rolle jeder Theorie zu. Getragen von dieser Idee, dass alle Naturphänomene sich auf Elemente der physikalischen Realität zurückführen lassen müssen, wurden verschiedene Überlegungen und Experimente unternommen, um die Unvollständigkeit der Quantenmechanik nachzuweisen und durch eine andere Theorie zu ersetzen.

Wir wollen uns in diesem Kapitel hauptsächlich mit der Kopenhagener Deutung der Quantenmechanik befassen und zeigen, dass die aufgeführten deterministischen Gegenargumente nicht nur diesem probabilistischen Konzept, sondern auch der experimentellen Situation widersprechen.

11.1.2
*Das Doppelspaltexperiment

Das Doppelspaltexperiment ist ein fundamentales Experiment, an dem sich alle wesentlichen Grundzüge der Quantenmechanik deutlich machen lassen. Mit modernen experimentellen Methoden lässt sich der Durchgang von Partikeln (Elektronen, Neutronen, Atome, aber auch komplexe Moleküle wie z. B. Fullerene) durch Doppelspalte mit einer sehr hohen Genauigkeit durchführen. Bei diesem Experiment treffen Partikel aus einer Quelle mit fast einheitlicher Geschwindigkeit auf einen Schirm mit zwei schmalen, parallel ausgerichteten Spalten. Ein geeignet präparierter Bildschirm (z. B. eine fotografische Platte oder eine Anordnung von Detektoren) erlaubt es, das Auftreten der Partikel auf dem Bildschirm, also die Partikelintensität an jeder Stelle hinter dem Spaltschirm zu bestimmen. Damit die Partikel sich nicht gegenseitig beeinflussen, kann man die Intensität der Quelle soweit drosseln, dass die Partikel praktisch einzeln den Weg von der Quelle zum Bildschirm durchlaufen.

Ist einer der beiden Spalte geschlossen, dann finden wir nach einiger Zeit, dass die auf dem Bildschirm zurückbleibenden Spuren[3] der durch den verbleibenden Spalt hindurchgetretenen Partikel eine breite Verteilung bilden. Das Maximum dieser Verteilung befindet sich an der Stelle, die der klassischen Ausbreitungsrichtung eines geradlinig fliegenden Teilchens entspricht. Sind jedoch beide Spalte geöffnet, so entsteht auf dem Bildschirm ein Interferenzmuster.

---

3) z. B. Schwärzungen auf der Fotoplatte durch die bei einem Treffer ausgelösten lokalen chemischen Reaktionen

Gewöhnlich wertet man das Doppelspaltexperiment als einen Beweis für die Wellennatur mikroskopischer Teilchen. Das Interferenzmuster lässt sich im Rahmen der Quantenmechanik einfach erklären: Treffen die Partikel auf den Schirm mit dem Doppelspalt, dann liegen hinter dem Schirm zwei Teilzustände $|\psi_1\rangle$ und $|\psi_2\rangle$ entsprechend den beiden Öffnungen vor. Der Gesamtzustand ist dann die Superposition

$$|\psi\rangle = \frac{1}{\sqrt{2}} \left(|\psi_1\rangle + |\psi_2\rangle \right) \tag{11.1}$$

Die Wahrscheinlichkeit, ein Partikel am Ort x des Schirms zu finden, ist dann mit der üblichen Schreibweise für die Ortsdarstellung $\psi_{1,2}(x) = \langle x | \psi_{1,2} \rangle$

$$|\langle x | \psi \rangle|^2 = \frac{1}{2} \left[|\psi_1(x)|^2 + |\psi_2(x)|^2 + \psi_1^*(x)\psi_2(x) + \psi_2^*(x)\psi_1(x) \right] \tag{11.2}$$

Die ersten beiden Terme entsprechen den Wahrscheinlichkeiten, dass das Teilchen entweder durch den ersten oder den zweiten Spalt gelangt ist und erzeugen jede für sich die Verteilung, die man bei jeweils einem geschlossenen Spalt beobachtet. Die anderen Beiträge sind Interferenzterme, die das charakteristische Beugungsmuster erzeugen.

Da die Intensität der Quelle beliebig reduziert und somit eine Wechselwirkung der Partikel ausgeschlossen werden kann, ist das Interferenzmuster kein Vielteilcheneffekt. Die Interferenz wird deshalb als ein Beweis des Wellencharakters für jedes einzelne Teilchen gewertet. Ist die Gesamtzahl der Partikel, die auf den Bildschirm treffen, nicht sehr hoch, dann zeigt das Interferenzmuster noch eine Feinstruktur, die von den einzelnen Treffern der Teilchen auf dem Schirm stammt. Offenbar erweist sich jedes Teilchen bei einem direkten Nachweis immer nur als ganzes Objekt. Letztendlich war deshalb das in Abschnitt 2.3.2.1 erwähnte Konzept, Teilchen als Materie oder Ladungswellenpakete aufzufassen, nicht aufrecht zu erhalten.

Um diesen Welle-Teilchen-Dualismus besser zu verstehen, sollte man versuchen, den Spalt zu bestimmen, durch den das Teilchen bei einem Einzelereignis tritt. Dazu könnte man beispielsweise den Raum hinter dem Schirm beleuchten, sodass sich jedes Teilchen beim Durchgang durch diese Region durch einen schwachen Lichtblitz bemerkbar macht. Sind die Partikel geladen, dann könnte man auch eine Drahtschleife um jeweils einen Spalt legen und den beim Durchgang induzierten Stromstoß messen. Der Nachteil dieser Modifikationen besteht darin, dass sie die Bewegung des Partikels beeinflussen. Führt man das Experiment trotzdem aus, dann verschwindet die Interferenz und es entsteht eine Verteilung, wie man sie beim Durchgang klassischer Partikel erwarten würde. Wir können dafür jetzt aber genau registrieren, dass jedes Teilchen stets nur durch einen der beiden Spalte fliegt.

Durch die an sich geringfügige Modifikation des Experiments haben wir also so stark in das physikalische System eingegriffen, dass die Resultate völlig anders ausfallen. Schwächt man die Intensität der Beleuchtung ab, dann können wir ab einer gewissen Schwelle nicht mehr jedes Teilchen beim Durchgang registrieren. Dafür entsteht auf dem Bildschirm wieder ein Muster, das sich mit weiter sinkender Intensität der Beleuchtung immer mehr dem Interferenzmuster annähert. Wenn man auch noch die Treffer auf dem Bildschirm so markiert, dass man zwischen registrierten und unregistrierten Partikeln unterscheiden kann, dann findet man, dass die unregistrierten Teilchen das Interferenzmuster erzeugen und die beobachteten Partikel zu der oben erwähnten klassischen Verteilung beitragen.

Man könnte alternativ auch die Wellenlänge der Beobachtungsbeleuchtung erhöhen. Auch dadurch wird der Energieübertrag auf das Teilchen reduziert. Mit wachsender Wellenlänge wird aber auch die Ortsauflösung geringer, sodass der Lichtblitz immer breiter wird und ab einer bestimmten Wellenlänge nicht mehr entschieden werden kann, welchen Spalt ein Teilchen passiert hat. Auch in diesem Fall wird das Interferenzmuster mit wachsender Wellenlänge wieder deutlicher.

Das Doppelspaltexperiment spielt auch eine wichtige Rolle, wenn man den Kollaps der Wellenfunktion beim Messprozess interpretieren will, also bei der Beschaffung von Informationen über das System. Wir werden darauf in Abschnitt 11.5 zurückkommen. Ohne Information darüber, durch welchen Spalt das Teilchen tritt, ist die Wellenfunktion hinter dem Spaltschirm eine Superposition von zwei Zuständen (11.1). Diese kann durch die logische Operation AND symbolisiert werden. Wenn der Durchgang aber einem Spalt zugeordnet werden kann, liegt eine OR-Situation vor: Das Teilchen befindet sich nach der Messung entweder im Zustand $|\psi_1\rangle$ oder im Zustand $|\psi_2\rangle$. Durch die Beschaffung der zusätzlichen Information ist die Wellenfunktion kollabiert.

11.1.3
*Stern-Gerlach-Versuche

Wir wollen die Diskussion der AND-OR-Problematik noch etwas vertiefen. Dazu werden wir den in Abschnitt 9.1.1 beschriebenen Stern-Gerlach-Versuch etwas modifizieren. Eine solche Apparatur spaltet einen Elektronenstrahl in einem inhomogenen Magnetfeld in zwei Richtungen auf. Diese Ablenkung wurde mit dem Spin des Elektrons in Verbindung gebracht. Ist die Intensität des Elektronenstrahls wieder hinreichend schwach, dann treten diese Teilchen einzeln durch die Versuchsanlage. Prinzipiell kann man die Elektronen in den beiden Teilstrahlen wieder mit einer Induktionsschleife oder durch Wechselwirkung mit Photonen identifizieren und so feststellen, welche Spinorientierung das jeweilige Elektron hatte. Wir wollen den Stern-Gerlach-Versuch jetzt nutzen, um einige interessante Konsequenzen zu diskutieren, die sich durch das Zusammenschalten mehrerer, eventuell verschieden orientierter Versuchsanlagen ergeben.

Wir benutzen die erste Anlage, die wir in z-Richtung orientieren, um den Zustand der Elektronen zu präparieren. Nach dem Passieren der Anlage befinden sich im ersten Teilstrahl nur noch Elektronen im Zustand $|s_z = 1/2\rangle$, im zweiten Strahl dagegen Elektronen im Zustand $|s_z = -1/2\rangle$. Eine nochmalige Aufspaltung der Teilstrahlen in einer nachgeschalteten zweiten Anlage der gleichen Orientierung findet nicht mehr statt. Jeder Teilstrahl ist so präpariert, dass er nur noch einen der beiden Eigenzustände des $\hat{S}_z$-Operators repräsentiert.

Läuft einer der beiden so präparierte Elektronenstrahlen, z. B. der $|s_z = 1/2\rangle$-Strahl, durch eine in x-Richtung orientierte Anlage, dann tritt wegen der Inkommensurabilität der Spinkomponenten in verschiedenen Richtungen eine Aufspaltung in die Zustände $|s_x = 1/2\rangle$ und $|s_x = -1/2\rangle$ im Mengenverhältnis 1 : 1 auf. Nach dieser Messung ist die ursprüngliche Spinorientierung in z-Richtung zerstört. Lässt man nämlich jeden der beiden in x-Richtung aufgespalteten Strahlen erneut durch eine in z-Richtung orientierten Stern-Gerlach-Apparatur laufen, dann spaltet jeder der beiden Strahlen im Verhältnis 1 : 1 in die Zustände $|s_z = 1/2\rangle$ und $|s_z = -1/2\rangle$ auf, obwohl wir vor dem Einsatz der x-orientierten Apparatur den Elektronenstrahl ausgewählt hatten, der nur Elektronen im Zustand $|s_z = 1/2\rangle$ enthielt.

Führt man nach der Aufspaltung in x-Richtung beide Teilstrahlen durch entsprechende Magneten wieder zusammen und testet erst dann die Spinorientierung in z-Richtung, dann findet man überraschenderweise bei jeder Messung wieder den Ausgangszustand $|s_z = 1/2\rangle$, als hätte die zeitweilige Aufspaltung in x-Richtung gar nicht stattgefunden. Dabei setzt man aber voraus, dass während der Aufspaltung in x-Richtung nicht registriert wird, welcher der beiden Teilstrahlen durchlaufen wird. Nimmt man eine solche Beobachtung vor, etwa durch eine Induktionsschleife oder durch Bestrahlung mit Photonen, dann spaltet der Strahl nach der Zusammenführung wieder in die beiden Zustände $|s_z = 1/2\rangle$ und $|s_z = -1/2\rangle$ auf. Auch in diesem Szenario spiegelt sich die AND-OR Problematik wieder. Ohne Messung an den beiden Teilstrahlen der mittleren Apparatur wird die Wellenfunktion nach der Vereinigung der beiden Teilstrahlen vollständig wiederhergestellt. Offenbar durchläuft das Elektron beide Teilstrahlen gleichzeitig. Wird dagegen gemessen, welchen Zwischenzustand das Elektron annimmt, dann bricht die Wellenfunktion zusammen, man spricht von einem Kollaps der Wellenfunktion. Das Elektron befindet sich jetzt zum Zeitpunkt der nachfolgenden Aufspaltung in z-Richtung entweder im Zustand $|s_x = 1/2\rangle$ oder $|s_x = -1/2\rangle$.

Stern-Gerlach-Versuche haben gegenüber dem Doppelspaltexperiment einen entscheidenden Vorteil: Man könnte beim Doppelspaltexperiment immer den Einwand bringen, dass das Elektron als Folge der Registrierung des jeweiligen Durchtrittsspalts unkontrolliert von seiner ursprünglichen Bahn abgelenkt und deshalb das Interferenzbild zerstört wird. Bei der Messung an den Teilstrahlen des Stern-Gerlach-Versuchs wird zwar ebenfalls der Impuls der Elektronen verändert, die Spin-Komponente wird bei dieser Messung aber überhaupt nicht beeinflusst. Deshalb ist der Zustand $|s_x = 1/2\rangle$ auch nach der Messung unverändert $|s_x = 1/2\rangle$. Würden wir die dritte Anlage in x-Richtung orientieren und die beiden Teilstrahlen erneut detektieren, dann würde die in der zweiten Apparatur registrierte Spinorientierung in x-Richtung mit Sicherheit bestätigt. Mit anderen Worten: Wird in der zweiten Anlage der Zustand $|s_x = 1/2\rangle$ beobachtet, dann wird auch in der dritten, gleichorientierten Anlage genau dieser Zustand erfasst. Der Indeterminismus der Quantenmechanik ist also nicht die Folge davon, dass die Messobjekte bei der Messung gestört würden.

Stern-Gerlach-Apparate erlauben übrigens auch eine Art wechselwirkungsfreie Messung, mit der wir uns noch näher in Kapitel 11.6.3 befassen werden. Wird zunächst ein $|s_z = 1/2\rangle$ Zustand präpariert, dann in der beschriebenen Weise in x-Richtung gespalten und wieder zusammengeführt und anschließend wieder in z-Richtung zerlegt und vermessen, dann registriert man nur den Zustand $|s_z = 1/2\rangle$. Schieben wir jetzt in der mittleren Apparatur in einen der beiden x-Strahlen ein Hindernis, dann kann sich das Elektron nur entlang des anderen Teilstrahls ausbreiten. An der dritten Anlage liegt jetzt, je nach Lage des Hindernisses, ein wohldefinierter Eigenzustand $|s_x\rangle$ des $\hat{S}_x$-Operators vor. Der Ausgang der Aufspaltung in z-Richtung ist jetzt wieder offen und liefert im Verhältnis $1 : 1$ die Messwerte $s_z = \pm 1/2$. Obwohl jedes in der dritten Stern-Gerlach-Anlage ankommende Elektron das Hindernis nie berührt hat und im klassischen Sinne auch keine Wechselwirkung mit dem Hindernis hatte, führt das Auftreten einer einzigen Registrierung des Zustands $|s_z = -1/2\rangle$ notwendigerweise zu der Aussage, dass in der zweiten Anlage ein Hindernis ist.

11.1.4
*Renninger's Argument

Wir hatten aus den vorangegangenen Experimenten bereits erfahren, dass der Indeterminismus der Quantenmechanik nicht durch mikroskopische Störungen während der Messungen erfolgt. Dazu entwickelte M. Renninger um 1960 das folgende Gedankenexperiment [31]: Um eine Photonenquelle sind zwei sphärische Szintillationsschirme mit den Radien $R_1 < R_2$ konzentrisch angeordnet. Der innere Schirm deckt dabei nur einen gewissen Raumwinkel Ω ab, der äußere ist geschlossen und schirmt deshalb den vollen Raumwinkel $\Omega + \Omega' = 4\pi$ ab. Die Quelle sendet in genügend großem zeitlichen Abstand Photonen in alle Richtungen ab. Deshalb ist der Zustand $|\psi\rangle$ eines Photons zunächst radialsymmetrisch. Die Geometrie der Anlage erlaubt es, das Eintreffen des Photons am inneren Schirm zu berechnen. Wird dort aber kein Treffer registriert, so hat man die sichere Information, dass das Photon sich in dem nicht abgeschirmten Raumwinkel Ω' bewegt. Dieser Zustand entspricht aber einer anderen Wellenfunktion $|\psi'\rangle$. Ohne das Messobjekt (Photon) zu beeinflussen, hat die *nicht* erfolgte Registrierung des Photons die Reduktion der Wellenfunktion $|\psi\rangle \rightarrow |\psi'\rangle$ zur Folge.

Deshalb kam Renninger zu dem Schluss, das oft herangezogene Argument, die quantenmechanische Unschärfe sei eine unvermeidliche Konsequenz der Wechselwirkung des Messgeräts mit dem Messobjekt, könne nicht richtig sein. Das bedeutet aber nicht, dass die bei einer Messung aus der Rückwirkung auf das Messobjekt entstehende Unbestimmtheit die Unschärferelation verletzen darf. Vielmehr ist quantenmechanisch bedingte Unschärfe eine untere Grenze bei der Abschätzung der Messfehler.

11.2
*Der Kollaps der Wellenfunktion

11.2.1
*de Broglie's Paradoxon

In den vorangegangenen Abschnitten haben wir bereits herausgestellt, dass die Reduktion bzw. der Kollaps der Wellenfunktion ein zentrales Problem der Quantenmechanik darstellt. Wir haben diesen Kollaps in Abschnitt 4.11 als fünftes Axiom der Quantenmechanik aufgeführt. Es gab aber eine Reihe von Versuchen, dieses zentrale Problem jedes quantenmechanischen Messprozesses aus der Quantenmechanik selbst zu erklären. Um das eigentliche Problem besser zu verstehen, wollen wir zunächst unser Verständnis über diesen Reduktionsprozess vertiefen.

Ein bekanntes Gedankenexperiment, das die ganze Tragweite des Problems darlegt, stammt von de Broglie[4], siehe Abb. 11.1. Dazu stellt man sich zwei mit ideal reflektierenden Wänden ausgestattete Kästchen vor. Außerdem besitzen beide Kästchen je eine bewegliche Wand (Schieber) und einen verschließbaren Spalt, sodass, wenn man beide Kästchen mit zueinander gewandten, geöffneten Wänden nebeneinander stellt und die Spalte öffnet, der Aufbau eines Doppelspaltexperiments entsteht.

Wir schließen zunächst die Spalte und bringen in das vereinigte Volumen ein Elektron. Dieses hat den Zustand $|\psi\rangle$. Dann werden, ohne das Elektron zu beeinflussen, die Schieber geschlossen. Ein Kästchen wird nach Paris (P), das andere nach Tokio (T) transportiert. Da wir keine Information darüber haben,

---

4) siehe [7], [38]

in welchem Kästchen sich das Elektron befindet, ist die neue Wellenfunktion[5]

$$|\psi\rangle = \frac{1}{\sqrt{2}} \left(|\psi_{\text{Tokio}}\rangle + |\psi_{\text{Paris}}\rangle \right) \tag{11.3}$$

Wir können nun aber nicht sagen, das Elektron befinde sich entweder in P oder in T. Aus quantenmechanischer Sicht befindet sich das Elektron im AND-Zustand, d. h. es befindet sich an beiden Orten gleichzeitig. Weisen wir nun das Elektron nach, dann wird aus der AND-Verbindung eine OR-Relation. Entweder in T oder in P fällt das Experiment positiv aus. Jede nachfolgende Messung wird das Elektron am gleichen Ort bestätigen, wo es bei der ersten Messung angetroffen wurde. Mit der Messung in T wird aber auch das Ergebnis in P zur Sicherheit, unabhängig davon, ob dort eine Messung ausgeführt wird. Befindet sich das Elektron nicht in T, dann wird es sicher in P gefunden und umgekehrt. Es kann weder der Fall eintreten, dass in beiden Kästchen gar kein Elektron, noch dass in beiden Kästchen je ein Elektron nachgewiesen wird. Erst recht wird es keine halben Elektronen geben.

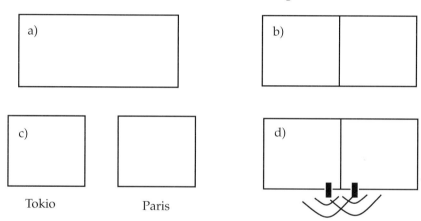

Tokio   Paris

Abb. 11.1 de Broglie's Paradoxon: a) ein Elektron wird in ein Kästchen gebracht, b) das Kästchen wird geteilt c) und die Teile an verschiedene Orte gebracht. Ohne Messung ist unklar, in welchem Kästchen sich des Elektron befindet, quantenmechanisch ist das Gesamtsystem in einem superponierten Zustand. d) Vereinigt man die Kästchen ohne vorherige Messung wieder und öffnet jeweils einen kleinen Spalt, dann entsteht das typische Interferenzbild des Doppelspaltexperiments

Man könnte jetzt natürlich behaupten, dass das Elektron sich bereits seit der Präparation nur in einem der beiden Kästchen befunden haben könnte. Nur weil wir zwischenzeitlich keinen Nachweis angestellt haben, besitzen wir auch keine Information über die Zuordnung. Tatsächlich wird die Situation jedoch nicht durch die Unwissenheit über einen bereits durch die Präparation

---

[5] Wegen der räumlichen Trennung beider Schachteln ist automatisch $\langle\psi_{\text{Tokio}}|\psi_{\text{Paris}}\rangle = 0$. Zum Beweis dieser Aussage schreibt man die Orthogonalitätsrelation am besten in der Ortsdarstellung auf.

entschiedenen Zustand bestimmt[6], der dann nur noch in T bzw. P bestätigt werden muss. Vielmehr ist die *kohärente* Wellenfunktion (11.3) bis zur Messung in den Bestimmungsorten präsent. Zum Beweis könnten wir beispielsweise auf den Nachweis in T und P verzichten und statt dessen die beiden Kästchen ungeöffnet wieder zusammenbringen. Wir öffnen dann gleichzeitig beide Spalte und registrieren das austretende Elektron auf einem Schirm. Wiederholen wir dieses Experiment mehrmals, dann wird, falls das Experiment tatsächlich störungsfrei realisierbar ist, auf dem Schirm wieder das Interferenzmuster des Doppelspaltexperiments entstehen. Dafür sind aber beide Teile der Wellenfunktion notwendig, d. h. zum Zeitpunkt der Spaltöffnung liegt immer noch (11.3) vor. Hätten wir dagegen eines der beiden Kästchen geöffnet und damit das Elektron entweder direkt oder indirekt durch Ausschluss lokalisiert, dann würde auf dem Schirm das Bild einer klassischen Überlagerung ohne Interferenz entstehen.

Wir können also sagen, dass in dem Moment, an dem man das Elektron nachweist(z. B. in T), der andere Teil der Wellenfunktion (hier also in P) verschwindet. Der Zustand des Gesamtsystems ist jetzt durch eine neue, auf das Kästchen in T lokalisierte Wellenfunktion reduziert. Diese *instantane* Änderung der Wellenfunktion bezeichnet man als ihren *Kollaps*. Der Kollaps findet auch statt, wenn das Elektron in T *nicht* nachgewiesen wird. Dann reduziert sich der Zustand des Gesamtsystems augenblicklich zu einer in P lokalisierten Wellenfunktion.

Besonders interessant wird die Situation, wenn die Messungen in Tokio und Paris (oder an Orten noch weiterer Entfernung) synchron durchgeführt würden. In allen Fällen, wo wir in T das Elektron vorfinden, muss die Wellenfunktion instantan in P kollabieren, unabhängig von der durch die Lichtgeschwindigkeit begrenzen Informationsausbreitung. Es handelt sich hier aber nicht um eine Verletzung der speziellen Relativitätstheorie[7], da sich auf diese Weise keine echte Signalübertragung realisieren lässt[8]. Wir werden auf diese Problematik noch einmal bei der Diskussion der Elemente der physikalischen Realität zurückkommen.

Wir wollen aber noch bemerken, dass das Phänomen des instantanen Kollapses einer Wellenfunktion, nicht – wie oft angenommen – eine Folge der nichtrelativistischen Schrödinger-Gleichung ist. Die Situation bleibt unverändert, auch wenn man als Evolutionsgleichung die relativistisch invariante Dirac-Gleichung[9] zugrunde legt. Der instantane Kollaps der Wellen-

---

6) Diese Situation wird in der statistischen Physik untersucht, siehe
Band V dieser Lehrbuchreihe.

7) siehe Band II, Kapitel 3

8) Der instantane Kollaps der Wellenfunktion erlaubt keine Übertragung von Signalen, da wir vor dem Öffnen des Kästchens beispielsweise in T keine Information über den Ausgang der Messung in T und damit auch in P haben.

9) siehe Band IV dieser Lehrbuchreihe

funktion wird überhaupt nicht durch die dynamischen Zusammenhänge der Quantenmechanik berührt. Man könnte aufgrund dieser paradox erscheinenden Situation die Vermutung äußern, dass der Kollaps der Wellenfunktion ausschließlich mit der Änderung der subjektiven Information über den jeweiligen Zustand zusammenhängt.

11.2.2
*Schrödinger's Katze

Dieses paradoxe Resultat wird noch besser illustriert durch ein äußerst populäres Gedankenexperiment von Schrödinger. Dabei wird eine Katze in einen Kasten gesperrt, in dem sich außerdem eine „Höllenmaschine" befindet, die einmal ausgelöst, die Katze unweigerlich tötet. Der Zündmechanismus ist quantenmechanischen Ursprungs: zerfällt ein Atomkern in einer winzigen Menge radioaktiven Materials, dann wird ein Geigerzähler angesprochen, der den eigentlichen makroskopischen Mechanismus auslöst. Bis zum Öffnen des Kastens haben wir aber keinerlei Information über den Zustand des jetzt makroskopischen Systems. Bei einer subjektiven Betrachtung könnte man hier zu der absurden Schlussfolgerung gelangen, dass erst das Öffnen des Kastens, also unsere Beobachtung, zum Kollaps der Wellenfunktion führt. Erst der Prozess der bewussten Wahrnehmung tötet die Katze oder lässt sie am Leben. Bis zu diesem Moment aber wäre das Gesamtsystem im Zustand

$$|\text{Katze}, \text{Kern}\rangle = c_1 \, |\text{tot, zerfallen}\rangle + c_2 \, |\text{lebendig, nichtzerfallen}\rangle \qquad (11.4)$$

Natürlich würde man gefühlsmäßig sagen, dass eine getötete Katze bereits eine gewisse Zeit tot ist und nicht bis zur Öffnung in einer seltsamen Superposition aus tot und lebend verharrt. Ähnlich wie beim de Broglie-Paradoxon bleibt die Frage, wann genau und wie eigentlich der Kollaps der Wellenfunktion erfolgt.

11.2.3
*Wigner's Freund

Wie absurd es wäre, die Reduktion der Wellenfunktion mit der bewussten Wahrnehmung der Messung zu verknüpfen, zeigt ein Gedankenexperiment, das als „Wigner's Freund"[10] bekannt wurde. Dazu wird angenommen, dass zwei befreundete Physiker A und B einen aus zwei Zuständen $|\psi_1\rangle$ und $|\psi_2\rangle$ überlagerten Systemzustand $\alpha_1 \, |\psi_1\rangle + \alpha_2 \, |\psi_2\rangle$ präparieren. A nimmt in Abwesenheit von B eine Messung an dem System vor und kennt jetzt dessen Zustand. Für A ist die Wellenfunktion kollabiert. Für B, der keine Information von dem Ausgang der Messung hat, ist dagegen noch die ursprüngliche

---

10) E. Wigner, 1962

Superposition relevant, die Wellenfunktion also noch nicht kollabiert. Mehr noch, aus der Sicht von B befindet sich A (im Sinne des von Wigner formulierten Paradoxons) in dem superponierten Bewusstseinszustand, sowohl $|\psi_1\rangle$ als auch $|\psi_2\rangle$ gemessen zu haben, solange B noch nicht A über das Ergebnis des Experiments befragt hat.

11.2.4
*Subjektive Theorien

Wie bereits erwähnt, können die oben beschriebenen Gedankenexperimente zu der Interpretation führen, dass die Wellenfunktion dann kollabiert, wenn dem jeweiligen Beobachter die Information über den Zustand eines Systems bewusst wird. Eine derartige Theorie wurde zumindest zeitweise von Wigner vertreten. Obwohl diese Interpretation der Reduktion der Wellenfunktion nicht im Widerspruch zu den Resultaten der Quantenmechanik steht, enthält sie doch Aspekte, die einer allgemeinen Anerkennung zuwider laufen: Zunächst wird dem Bewusstsein eine besondere Rolle im Messprozess zugewiesen, im Gegensatz zum Credo der Physik, die Welt in objektiven Begriffen unabhängig von der Anwesenheit eines bewussten Beobachters zu beschreiben. Bezieht man zum zweiten das Bewusstsein in die physikalische Welt ein, gelangt man zu dem Paradoxon von Wigner's Freund. Schließt man aber das Bewusstsein als Objekt physikalischer Forschung aus, dann verliert – weil sich nach einer solchen subjektiven Theorie das physikalische Wissen erst im Bewusstsein manifestiert – die gesamte Physik ihre objektive Bedeutung. Trotz dieser Kritikpunkte liefern die subjektiven Theorien eine geschlossene Erklärung für die Reduktion der Wellenfunktion. Deshalb werden solche Interpretationen von einigen Physikern und Philosophen als beste momentan verfügbare Theorien favorisiert.

11.2.5
*Feynman's Summation der Möglichkeiten

Nach der Interpretation von Feynman kann man das de Broglie-Paradoxon auch als Summe der beiden Möglichkeiten auffassen: (i) Transport eines Kästchens mit Elektron nach P und eines ohne Elektron nach T _und_ (ii) Transport eines Kästchens ohne Elektron nach P sowie eines mit Elektron nach T. Mit der Öffnung von wenigstens einem der beiden Kästchen wird eine der in der Summe vereinigten Möglichkeiten zur Realität. Werden die beiden Kästchen ungeöffnet wieder zusammengefügt und dem Doppelspaltexperiment unterworfen, dann werden auch beide Möglichkeiten wieder kombiniert und tragen zu dem Interferenzmuster bei. Wird dagegen ein Kästchen geöffnet und damit das Elektron lokalisiert, dann bedeutet das nicht, dass erst in diesem Augenblick die Wellenfunktion kollabiert. Vielmehr wird eine der beiden bis dahin nur als Möglichkeiten existierenden Historien zur Realität, die andere wird gelöscht. Nach dieser Interpretation können wir uns auf den Standpunkt stellen, dass sich das Elektron schon seit der Präparation in dem betreffenden Kästchen befand. Als Kritikpunkt bleibt jedoch, dass die Feynman'sche Hypothese das Nebeneinander von Historien postuliert, die erst durch eine in der Zukunft liegende Aktion in Realität und Fiktion geschieden werden.

11.2.6
*Konzept der klassischen Messung von Landau und Lifschitz

In ihrem Konzept der klassischen Messung vertreten L.D. Landau und E.M. Lifschitz[11] die Hypothese, dass die von einem Beobachter benutzten Messgeräte zur Feststellung des quantenmechanischen Zustands eines Systems ein Teil der makroskopischen, klassisch beschreibbaren Welt sind. Der klassische Charakter dieser Instrumente kommt darin zum Ausdruck, dass man zu jeder Zeit mit Sicherheit sagen kann, dass sie sich in einem definierten Zustand befinden. Der Kollaps des quantenmechanischen Zustands bei einer Beobachtung entsteht als Folge des klassischen Charakters des Geräts und der zweifachen Rolle der klassischen Mechanik als Grenzfall und gleichzeitig als Grundlage der Quantenmechanik. Die Reduktion der Wellenfunktion findet statt, sobald bei irgendeiner Beobachtung des quantenmechanischen Systems dieses mit dem Messgerät in Wechselwirkung tritt. Das Konzept der klassischen Messung macht allerdings keine Aussage, nach welchem Mechanismus sich das klassische Verhalten der Messinstrumente aus dem quantenmechanischen Formalismus ableiten lassen könnte.

11.2.7
*Kopenhagener Interpretation

Die maßgeblich auf den an der Universität Kopenhagen tätigen N. Bohr zurückgehende „Kopenhagener Deutung" der Quantenmechanik ist die momentan von den meisten Naturwissenschaftlern anerkannte Theorie über die Fundamente der Quantenmechanik und das Verständnis von Beobachtungen an quantenmechanischen Systemen. Innerhalb dieses Konzepts wird der Kollaps der Wellenfunktion als ein wichtiges Element zur Interpretation von Beobachtungen an mikroskopischen Systemen betrachtet. Es wird aber kein Versuch unternommen, innerhalb der Quantenmechanik nach einer Erklärung für den Kollaps zu suchen. Dieser liegt nach Auffassung vor allem der älteren Vertreter (Bohr, Pauli, von Neumann) der Kopenhagener Interpretation auch außerhalb des Formalismus der Quantenmechanik. Deshalb wird der Kollaps der Wellenfunktion auch in der axiomatischen Formulierung dieser Theorie als ein eigenständiges Axiom aufgeführt. Erst mit Überlegungen,

---

11) siehe [27]

die den fundamentalen Charakter der Quantenmechanik herausstellen sollten und deshalb eine Lösung von der als klassisch verstandenen Umgebung
eines Quantensystems anstrebten, wurde auch versucht, ein tieferes Verständnis des Messprozesses zu gewinnen. Wir werden darauf in Abschnitt 11.5 zurückkommen.

11.2.8
*Ensembletheorien

Die Ensemble-Interpretation der Quantenmechanik geht vermutlich auf Einstein zurück. Seiner Meinung nach bezieht sich die Wellenfunktion gar nicht
auf ein einzelnes System, sondern auf eine Vielzahl ursprünglicher, gleichar-
tig präparierter Quantensysteme. In diesem Ensemble sind alle quantenmechanischen Realisierungen quasi als Alternativen bereits vorhanden, sodass
die Wellenfunktion rein statistische Aussagen über messbare Größen liefert.
In dieser Theorie ist der quantenmechanische Zustand jedes Systems bereits
festgelegt, nur die fehlende Information des Beobachters verhindert die Festlegung des Zustands vor einer Messung. Damit vertritt diese Theorie in ihrem Inneren eine deterministische Anschauung, deren statistischer Charakter
durch fehlende Informationen – ähnlich wie in der statistischen Mechanik[12] –
entsteht. Insbesondere nimmt die Schrödinger-Gleichung der Quantenmechanik aus der Sicht Einsteins eine ähnliche Rolle ein, wie sie in der statistischen
Physik z. B. den Fokker-Planck-Gleichungen zukommt. Der Kollaps der Wellenfunktion spielt in dieser Theorie überhaupt keine Rolle mehr, weil die Superposition quantenmechanischer Zustände nicht in einem System, sondern
nur im Ensemble erfolgt. Mithin ist jede Beobachtung nur eine spezielle Realisierung, die wir nur aufgrund fehlender Informationen vor einer Messung
nicht besser vorhersagen können[13].

11.2.9
*Many-World-Theorien

In diesen Theorien, deren Grundzüge erstmals 1957 von H. Everett publiziert
wurden, wird postuliert, dass das Universum nicht in einem von vielen quantenmechanisch möglichen Zuständen als Ergebnis einer Messung endet, sondern dass alle Möglichkeiten tatsächlich realisiert werden. Um nicht in Widerspruch zur Realität zu gelangen, muss man aber zusätzlich noch fordern,
dass bei jeder Messung das Universum in eine Vielzahl verschiedener, nicht
miteinander wechselwirkender Welten aufspaltet, deren weitere Entwicklung

---

12) siehe Band V dieser Lehrbuchreihe
13) Die Ensembletheorie wurde im letzten Jahrhundert vor allem von
   sowjetischen Physikern aufgegriffen, um eine mit dem dialektischen
   Materialismus konforme Interpretation der Quantenmechanik vertreten zu können.

völlig voneinander getrennt verläuft. In jeder dieser Welten wird eine von den möglichen Ausgängen eines Experiments zur Realität. Damit erscheint das Ergebnis einer quantenmechanischen Messung nur deshalb zufällig, weil wir es aus einem der vielen neu entstandenen Universen bewerten. Tatsächlich wird man aber in jeder der neu entstandenen Welten zu einer anderen – aber immer mit der Quantenmechanik übereinstimmenden – Aussage über den Ausgang der durchgeführten Messung kommen. Der Kollaps der Wellenfunktion findet in dieser Theorie nicht statt, es kommt lediglich zu einer Trennung der Universen, womit von allen Möglichkeiten vor der Messung in jedem Universum eine Realität bleibt. Einige Physiker sind überzeugt, dass Many-World-Theorien die einzige Möglichkeit bieten, den Kollaps der Wellenfunktion im Rahmen der Quantenmechanik konsistent zu erklären. Allerdings wird dieses Konzept von den meisten Naturwissenschaftlern als absurd und unüberprüfbar abgelehnt, da die Existenz der anderen Universen wegen der fehlenden Wechselwirkung niemals erkennbar ist.

11.3
*Die Elemente der physikalischen Realität

11.3.1
*Das Problem der vollständigen Theorie

Dieses Problem ist mit den Namen von A. Einstein, N. Rosen und B. Podolski[14] verbunden und umfasst die Beschreibung einer Klasse von Gedankenexperimenten, die inzwischen auch experimentell realisierbar sind. Das ursprüngliche Ziel des sogenannten EPR-Experiments[15] war es, die Unvollständigkeit der Quantenmechanik als physikalische Theorie zu beweisen. Dem Gedankenexperiment liegt ein Zweiteilchensystem zugrunde, bei dem durch Manipulationen an einem Teilchen Ort und Impuls des anderen Teilchens in Erfahrung gebracht werden können, obwohl die Partikel nicht mehr in Wechselwirkung stehen.

Für das Verständnis der Argumentationen im EPR-Experiment ist der Begriff der physikalischen Realität von zentraler Bedeutung. Im Sinne der deterministischen, klassischen Theorien verlangt man von jedem Element der physikalischen Realität, dass ihm eine physikalische Größe entspricht, die man – ohne das jeweils untersuchte System zu stören – mit absoluter Sicherheit bestimmen kann. Eine physikalische Theorie gilt dann als vollständig, wenn in ihr jedem Element der physikalischen Realität eine entsprechende Größe zugeordnet ist. Die eigentliche Konzeption des EPR-Experiments basiert auf einer aus den Gesetzen der Quantenmechanik gefolgerten logischen Kette, die

---

14) siehe [12]
15) benannt nach Einstein, Podolski und Rosen

letztendlich zu einem Widerspruch führen soll. Ist der Impuls oder der Ort eines Teilchens bekannt, dann kann die jeweils zweite Größe nicht mehr genau bestimmt werden und ist damit nach der obigen Definition keine physikalische Realität. Um mit dem EPR-Gedankenexperiment die Unvollständigkeit der Quantenmechanik zu beweisen, bedient man sich der Methode des logischen Ausschlusses: Entweder kommt den beiden Observablen Ort und Impuls gleichzeitig physikalische Realität zu, dann ist aber die Quantenmechanik als Theorie unvollständig. Oder es ist tatsächlich nur eine der beiden Größen ein Element der physikalischen Realität; dann darf aber die andere Größe nicht mit Sicherheit vorhersagbar sein. Das EPR-Paradoxon will jetzt zeigen, dass mit einer geschickten experimentellen Anordnung die Möglichkeit der sicheren Vorhersage beider Größen besteht und damit, als Konsequenz der zuvor aufgestellten Ausschlussforderung, die Quantentheorie als solche unvollständig sein muss.

11.3.2
*Das EPR-Modell

Die Darstellung folgt hier ziemlich genau dem Originalartikel von Einstein, Rosen und Podolski [12]. Die Autoren gehen etwas freizügig mit nicht-normierbaren Wellenfunktionen um, sodass die mathematische Strenge nicht ganz gewahrt bleibt. Die eigentlichen Argumente sind aber durch diese kleine Schwäche nicht gefährdet. Betrachtet wird ein Zweiteilchensystem, dessen Zustand in der Ortsdarstellung durch

$$\psi(x_1, x_2) = \delta(x_2 - x_1 - x_0) \exp\left\{\frac{i}{\hbar} p_0 \frac{x_1 + x_2}{2}\right\} \tag{11.5}$$

gegeben ist. Die Koordinaten der beiden Teilchen werden durch die Operatoren $\hat{x}_1$ und $\hat{x}_2$ beschrieben, die Impulsoperatoren seien $\hat{p}_1$ und $\hat{p}_2$. Der hieraus gebildete Impulsoperator des Schwerpunkts, $\hat{p}_S = \hat{p}_1 + \hat{p}_2$ und der Operator der Relativkoordinate $\hat{x}_R = \hat{x}_2 - \hat{x}_1$ kommutieren wegen

$$[\hat{p}_S, \hat{x}_R] = [\hat{p}_1 + \hat{p}_2, \hat{x}_2 - \hat{x}_1] = [\hat{p}_2, \hat{x}_2] - [\hat{p}_1, \hat{x}_1] = \frac{\hbar}{i} - \frac{\hbar}{i} = 0 \tag{11.6}$$

Diese Größen sind also gleichzeitig beliebig genau messbar. Damit kann man umgekehrt prinzipiell ein Zweiteilchensystem mit vorgegebenem Schwerpunktimpuls und Relativabstand präparieren. Die Präparation des Gesamtsystems ist dergestalt möglich, dass sich beide Teilchen in einem beliebig großen (makroskopischen) Abstand befinden, sodass sie als absolut wechselwirkungsfrei betrachtet werden können. (11.5) legt nahe, dass p_0 der Wert des Schwerpunktimpulses und x_0 der Wert der Relativkoordinate ist. Wir setzen für die weitere Diskussion $p_0 = 0$. Bis hier sind, abgesehen von den erwähnten Problemen mit der Normierbarkeit der Wellenfunktion, die physikalischen

Aussagen in Übereinstimmung mit der Quantenmechanik. Beide Teilchen stehen nicht miteinander in Wechselwirkung. Nehmen wir jetzt an einem der Teilchen eine Manipulation vor, dann sollte nach den Voraussetzungen des EPR-Experiments das zweite Teilchen dadurch nicht gestört werden, andernfalls müsste die Störung ja in irgendeiner Form als ein Teil der physikalischen Realität auftreten und damit beobachtbar sein. Man kann z. B. am ersten Teilchen den Impuls messen. Die Messung liefere den Wert p. Dann wird sich das erste Teilchen nach der Messung im Eigenzustand des Impulsoperators

$$u_p(x) = \frac{1}{\sqrt{2\pi\hbar}} \exp\left\{\frac{\mathrm{i}}{\hbar} p x_1\right\} \tag{11.7}$$

befinden. Vor der Messung muss deshalb der Zustand des Gesamtsystems eine Linearkombination aller Eigenzustände des Impulsoperators $\hat{p}_1$ gewesen sein. Damit ist die Gesamtwellenfunktion des Zweiteilchensystems

$$\psi(x_1, x_2) = \frac{1}{\sqrt{2\pi\hbar}} \int\limits_{-\infty}^{\infty} \exp\left\{\frac{\mathrm{i}}{\hbar} p x_1\right\} v_p(x_2) dp \tag{11.8}$$

Daraus ergibt sich mit (11.5) und $p_0 = 0$ unmittelbar nach der Messung die Wellenfunktion

$$v_p(x_2) = \frac{1}{\sqrt{2\pi\hbar}} \exp\left\{-\frac{\mathrm{i}}{\hbar} p(x_2 - x_0)\right\} \tag{11.9}$$

für das zweite Teilchen. Nach der Messung des Impulses am ersten Teilchen mit dem Wert p hat also das zweite Teilchen mit absoluter Sicherheit den Impuls $-p$. Ein unabhängiger Experimentator würde genau dieses Resultat bei einer Messung an dem zweiten Partikel finden. Würden wir andererseits am ersten Teilchen die Ortskoordinate mit dem Wert x messen, dann würde sich das Teilchen nach der Messung im Eigenzustand

$$u_x(x_1) = \delta(x_1 - x) \tag{11.10}$$

befinden. Hieraus erhalten wir wegen

$$\psi(x_1, x_2) = \int\limits_{-\infty}^{\infty} \delta(x_1 - x)\,\delta(x - x_2 + x_0)\,dx \tag{11.11}$$

die Wellenfunktion des zweiten Teilchens nach der Messung:

$$v_x(x_2) = \delta(x - x_2 + x_0) \tag{11.12}$$

Damit liefert die Messung der Koordinate x des ersten Teilchens für das zweite Teilchen mit absoluter Sicherheit den Wert $x + x_0$. Da das zweite Teilchen in keinerlei Wechselwirkung zum ersten steht, wird es auch nicht durch die Messungen am ersten Teilchen gestört. Damit sind im Kontext des EPR-Experiments sowohl Ort als auch Impuls des zweiten Partikels mit Sicherheit vorhersagbare Größen, also Elemente der physikalischen Realität. Andererseits sind die Operatoren $\hat{x}_2$ und $\hat{p}_2$ nicht miteinander vertauschbar. Deshalb sollte eigentlich nur einem der beiden zugehörigen Observablen physikalische Realität zukommen. Aus diesem Widerspruch wird dann geschlossen, dass die Quantenmechanik als Theorie unvollständig sein muss.

11.3.3
*Das Modell von Bohm und Aharanov

Das 1951 von D.J. Bohm entwickelte und von Y. Aharonov kommentierte Modell wird in der Literatur gewöhnlich mit dem EPR-Experiment in Verbindung gebracht. Tatsächlich ist dieses Modell wesentlich klarer als das originale Gedankenexperiment, und es kann mittlerweile – in etwas modifizierter Form – experimentell an Photonensystemen überprüft werden. Bei dieser Version des EPR-Paradoxons wird ein System von zwei Spin-1/2-Teilchen untersucht, die sich in einem Zustand mit dem Gesamtdrehimpuls 0 befinden. Wir beschränken uns hier ausschließlich auf die Spinfreiheitsgrade. Der räumliche Abstand zwischen den beiden Partikeln kann wieder beliebig groß sein. Deshalb werden die beiden Teilchen durch einen Zustand in einem 2×2-dimensionalen Hilbert-Raum beschrieben. Der Operator der Spinkomponente in n-Richtung ist[16] $\hat{S}_n = \hbar n \hat{\sigma}/2$. Die zugehörigen Eigenwerte $S_n = \pm\hbar/2$ sind unabhängig von der Richtung n, und die Eigenzustände $|\chi_\pm\rangle$ ergeben sich aus der Eigenwertgleichung

$$n\hat{\sigma}\,|\chi_+\rangle = |\chi_+\rangle \qquad \text{und} \qquad n\hat{\sigma}\,|\chi_-\rangle = -\,|\chi_-\rangle \qquad (11.13)$$

Dabei ist $\hat{\sigma} = \{\hat{\sigma}_x, \hat{\sigma}_y, \hat{\sigma}_z\}$ der Vektor der Pauli-Matrizen. Der Zustand des aus zwei Partikeln bestehenden Systems sei die verschränkte Superposition[17]

$$|\Phi\rangle = \frac{1}{\sqrt{2}}\left(\left|\chi_+^1\right\rangle \otimes \left|\chi_-^2\right\rangle - \left|\chi_-^1\right\rangle \otimes \left|\chi_+^2\right\rangle\right) \qquad (11.14)$$

Man überzeugt sich leicht, dass der Gesamtspin des Systems 0 ist. Wir wollen jetzt die Spinkomponente am ersten Teilchen in Richtung n bestimmen. Messen wir am ersten Teilchen den Spineigenwert $S_n^{(1)} = \hbar/2$, dann reduziert sich die Wellenfunktion nach der Messung auf:

$$|\Phi\rangle = \left|\chi_+^1\right\rangle \otimes \left|\chi_-^2\right\rangle \qquad (11.15)$$

und der Eigenwert des Spins in Richtung n des zweiten Partikels ist sicher $S_n^{(2)} = -\hbar/2$. Messen wir umgekehrt $S_n^{(1)} = -\hbar/2$, dann ist mit Sicherheit

---

16) vgl. Aufgabe 11.II
17) Das heißt, der Zustand kann nicht mehr in ein tensorielles Produkt
der Form $|\chi_1\rangle \otimes |\chi_2\rangle$ überführt werden.

$S_n^{(2)} = \hbar/2$. Wählen wir eine andere Richtung, z. B. m, dann wird die Situation die gleiche bleiben. Auch jetzt messen wir den Eigenwert $S_m^{(1)} = \pm \hbar/2$ für das erste Teilchen und können daraus schließen, dass das zweite Teilchen sicher den Spin $S_m^{(2)} = \mp \hbar/2$ haben muss. Deshalb könnte man im Sinne des EPR-Paradoxon schließen, dass das zweite Teilchen sogar in allen Spinrichtungen bereits sicher festgelegte Eigenwerte haben muss, da ja die Messung am ersten Teilchen wegen der fehlenden Wechselwirkung das zweite nicht beeinflussen sollte. Damit sind alle Spinkomponenten des zweiten Teilchens Elemente der physikalischen Realität. Da andererseits aber die Operatoren $S_n^{(2)}$ und $S_m^{(2)}$ nicht kommutieren, haben wir wieder die gleiche Situation wie beim EPR-Gedankenexperiment. Auch hieraus könnte der voreilige Schluss gezogen werden, dass die Quantenmechanik eine unvollständige Theorie ist.

11.3.4
*Das EPR-Paradoxon in der Kopenhagener Deutung

In der Kopenhagener Interpretation sind das EPR-Paradoxon und das de Broglie-Paradoxon verwandt. Nach der Messung am ersten Teilchen – oder allgemeiner Teilsystem – ist der Zustand des zweiten Teilsystems eindeutig festgelegt. Das ist an sich nichts Ungewöhnliches, da man ähnlich wie beim de Broglie-Gedankenexperiment schlussfolgern kann, dass dieser Zustand bereits bei der gemeinsamen Präparation des Gesamtsystems festgelegt sein könnte. Die Schwierigkeit besteht in der Möglichkeit, sich bei der Untersuchung für zwei oder noch mehr verschiedene Messungen von inkommensurablen Observablen entscheiden zu können. In jedem Fall ist das Ergebnis der Messung am ersten Teilsystem für das zweite Teilsystem bindend. Wäre also bereits bei der Präparation des Systems festgelegt, welche Werte die an sich unverträglichen Observablen der beiden Teilsysteme besitzen, dann wäre zwar zu erklären, warum jede Messung an einem Teilsystem die eindeutige Reaktion des zweiten Teilsystems bedingt, aber die Unschärferelation würde ihren Sinn komplett verlieren. Wäre die Interpretation des EPR-Paradoxon in dem Sinne entschieden, dass alle gemessenen Größen zu Elementen der physikalischen Realität gehören, dann würde die Quantenmechanik in der Tat mikroskopische Phänomene nur unvollständig beschreiben.

Aus der Sicht der Kopenhagener Interpretation ist die Quantenmechanik eine vollständige Theorie. Es ist ein wichtiger Bestandteil dieser Deutung, dass das Resultat einer Messung erst bei der Messung entschieden wird. Lediglich die Möglichkeiten der Messungen sind bereits im Zustand des Gesamtsystems vor der Messung enthalten. Wird aber an einem Teilsystem eine Messung der Observablen mit dem Operator $\hat{A}$ unternommen und der Eigenwert a erhalten, dann kollabiert die Wellenfunktion des Gesamtsystems auf den Anteil, der im Hilbert-Raum parallel zu dem korrespondierenden Eigenvektor $|a\rangle$ ist.

Damit ist sofort nach der Messung, aber eben erst dann, der Zustand des anderen Teilsystems eindeutig festgelegt.

Nach der Kopenhagener Deutung sind deshalb die beiden Teilsysteme im EPR-Paradoxon zwar wechselwirkungsfrei, d. h. ein Beobachter kann allein durch Messungen an einem Teilsystem nicht auf die Existenz des zweiten Teilsystems schließen, aber die Teilsysteme sind aufgrund ihrer Präparation, die bei den EPR-Experimenten immer zu einer Verschränkung der Zustände führen muss, nicht unabhängig. Unabhängigkeit würde erst dann vorliegen, wenn die Wellenfunktion bereits als Folge der Präparation faktorisiert.

Natürlich gibt die Unterscheidung zwischen wechselwirkungsfreien und unabhängigen Systemen keine Auskunft darüber, wie die physikalische Einflussnahme der Messung an einem Teilsystem auf das andere Teilsystem erfolgt. Da sich der Zustand des Gesamtsystems bei einer Messung im Rahmen der Quantenmechanik instantan ändert, muss tatsächlich „etwas" zwischen den Teilsystemen übermittelt werden. Die Quantenmechanik gibt über das „etwas" allerdings keine Auskunft. Wir können nur feststellen, was nicht transportiert wird. Wegen der Wechselwirkungsfreiheit können wir ausschließen, dass Energie zwischen den Teilsystemen transportiert wird. Ebensowenig kann Information übertragen werden. Ein Informationstransfer erfordert, dass eine bestimmte, vorher festgelegte Zeichenfolge von einem Teilsystem auf das andere übertragen und am Zielpunkt wieder entziffert werden kann. Weil ein Experimentator an seinem Teilsystem die Ergebnisse der Messungen nicht manipulieren kann, ja nicht einmal erkennen kann, ob am anderen Teilsystem bereits gemessen wurde, ist es ihm auch nicht möglich, die Resultate des Experimentators am zweiten Teilsystem zu beeinflussen und so eine Nachricht zu übermitteln. Da aber nur die Ausbreitungsgeschwindigkeit von Materie-, Energie- und Informationstransport durch die Lichtgeschwindigkeit begrenzt wird[18], verletzt der instantane Kollaps der Wellenfunktion nicht die Gesetze der Relativitätstheorie.

11.4
*Verborgene Variablen

11.4.1
*Dispersion

Ein quantenmechanischer Zustand $|\psi\rangle$ ist bezüglich der Messung einer Observablen A streuungs- bzw. dispersionsfrei, wenn die Varianz

$$\Delta A = \langle\psi|\left(\hat{A} - \overline{A}\right)^2|\psi\rangle = \langle\psi|\hat{A}^2|\psi\rangle - \left(\langle\psi|\hat{A}|\psi\rangle\right)^2 \qquad (11.16)$$

18) siehe Band II, Kapitel 3

verschwindet[19]. In diesem Fall ist $|\psi\rangle$ ein Eigenzustand des Operators $\hat{A}$. In einem dispersionsfreien Zustand ist der Messwert einer Observablen somit immer derselbe, und dieser Messwert stimmt damit auch mit dem Erwartungswert der Observablen in diesem Zustand überein. In der Quantenmechanik sind die meisten Zustände nicht dispersionsfrei. Selbst wenn sie bezüglich der Messung einer Observablen keine Streuung aufweisen, können sie sich als dispersiv bezüglich der Messung einer anderen Variable erweisen.

Im Rahmen der Vollständigkeitsdiskussion der Quantenmechanik wurde oft versucht, die statistischen Eigenschaften quantenmechanischer Erwartungswerte dadurch zu deuten, dass die Wellenfunktion zusätzlich noch von einem Satz verborgener Variablen $\lambda = \{\lambda_1, \lambda_{2,...}\}$ bestimmt ist. Die Wellenfunktion $|\psi(\lambda)\rangle$ stellt dann einen dispersionsfreien Zustand dar. Die Bezeichnung „verborgene Parameter" stammt daher, dass man experimentell keinen Einfluss auf diese Parameter hat. Deshalb erhält man trotz identischer Präparationstechniken bei einer Versuchsserie unterschiedliche Zustände $|\psi(\lambda)\rangle$. Könnte man den Satz der verborgenen Parameter in die Präparation einbeziehen, dann wäre jeder einzelne Zustand dispersionsfrei, und der Erwartungswert $\langle\psi(\lambda)| \hat{A} |\psi(\lambda)\rangle$ würde mit dem Messwert $a(\lambda)$ übereinstimmen. Da man aber bei der Präparation eines quantenmechanischen Zustands keinen Einfluss auf die verborgenen Parameter nehmen kann, liegen diese zufällig verteilt vor. Mit der zugehörigen Verteilungsfunktion $\omega(\lambda)$ könnte man dann den experimentell zugänglichen Erwartungswert

$$\overline{A} = \int d\lambda \omega(\lambda) a(\lambda) = \int d\lambda \omega(\lambda) \langle\psi(\lambda)| \hat{A} |\psi(\lambda)\rangle \qquad (11.17)$$

bestimmen. Die Theorie verborgener Parameter war vor allem deshalb von Interesse, weil sie eine Möglichkeit bietet, die von Einstein geforderten Elemente der physikalischen Realität in einer erweiterten quantenmechanischen Theorie zu implementieren. Die ersten Hinweise darauf, dass eine Quantenmechanik mit verborgenen Parametern auf einen Widerspruch zur experimentellen Situation führen, gab 1932 J. von Neumann. Sein sehr abstrakter mathematische Beweis wurde später von J.M. Jauch, C. Piron und A.M. Gleason [20] erweitert und ist unter der Bezeichnung „No-go-Theorem" in die Literatur eingegangen. J.S. Bell fand dann 1964 bei der Untersuchung von verallgemeinerten Korrelationsexperimenten, dass die experimentellen Ergebnisse nur dann mit der Existenz verborgener Variabler vereinbar sind, wenn diese Variablen nichtlokal in die Theorie eingehen. Jede lokale Theorie mit verborgenen Parametern liefert dagegen einen experimentell überprüfbaren Widerspruch, der

---

19) siehe Abschnitt 4.6

20) siehe J. von Neumann, *Mathematische Grundlagen der Quantenmechanik* (Springer, Berlin, 1932) und J.M. Jauch, C. Piron, *Can Hidden Variables be excluded in Quantum Mechanics* Helv. Phys. Acta 36 (1963) 827.

in den Bell'schen Ungleichungen quantitativ formuliert ist. Inzwischen gibt es auch eine ganze Reihe aussagekräftiger Experimente, die aufgrund dieser Ungleichungen die Existenz einer lokalen Theorie mit verborgenen Variablen und damit der Einstein'schen Elemente der physikalischen Realität in der Quantenmechanik definitiv verneinen.

11.4.2
*Die Bell'schen Ungleichungen

11.4.2.1 *Quantenmechanische Situation
Wir betrachten ein quantenmechanisches System ähnlich dem in Abschnitt 11.3.3 diskutierten Zweiteilchensystem von Bohm und Aharonov. Der Gesamtspin des Systems sei 0. Wir messen an einem Teilchen den Spin in Richtung n. Wir können diese Richtung ohne Weiteres als z-Richtung eines Koordinatensystems nutzen. Ergab die Messung am ersten Teilchen den Eigenwert $S_z^{(1)} = \hbar/2$, dann muss der Spinanteil der Wellenfunktion des zweiten Teilchens

$$\chi_2 = \begin{pmatrix} 0 \\ 1 \end{pmatrix} \tag{11.18}$$

sein. Am zweiten Teilchen messen wir aber nicht den Spin in Richtung n, sondern in Richtung m. Wir können das Koordinatensystem so orientieren, das m in der x-z-Ebene des Koordinatensystems liegt. Wenn ϕ der Winkel zwischen n und m ist, dann lautet die Matrizendarstellung des Spinoperators in m-Richtung:

$$\hat{S}_\phi^{(2)} = \hat{S}_z^{(2)} \cos\phi + \hat{S}_x^{(2)} \sin\phi = \frac{\hbar}{2} \begin{pmatrix} \cos\phi & \sin\phi \\ \sin\phi & -\cos\phi \end{pmatrix} \tag{11.19}$$

$\hat{S}_\phi^{(2)}$ besitzt die Eigenzustände

$$\chi_+ = \begin{pmatrix} \cos\phi/2 \\ \sin\phi/2 \end{pmatrix} \quad \text{und} \quad \chi_- = \begin{pmatrix} -\sin\phi/2 \\ \cos\phi/2 \end{pmatrix} \tag{11.20}$$

Die zugehörigen Eigenwerte sind natürlich wieder $\hbar/2$ und $-\hbar/2$. Wir entwickeln jetzt die Wellenfunktion (11.18) nach diesen Eigenfunktionen und erhalten

$$|\chi_2\rangle = \sin\frac{\phi}{2} |\chi_+\rangle + \cos\frac{\phi}{2} |\chi_-\rangle \tag{11.21}$$

Damit ist die Wahrscheinlichkeit, am zweiten Teilchen in m-Richtung den Wert $\hbar/2$ bzw. $-\hbar/2$ zu messen, gerade[21] $w_+^{(2)} = \sin^2\phi/2$ bzw. $w_-^{(2)} =$

---

21) Eigentlich handelt es sich bei $w_\pm^{(2)}$ um bedingte Wahrscheinlichkeiten, die eine Messung des Spins $\pm\hbar/2$ am Teilchen 2 in Richtung m unter der Bedingung beschreiben, dass am ersten Teilchen der Spin $\hbar/2$ in Richtung n gemessen wurde.

$\cos^2 \phi/2$. Da die Wahrscheinlichkeit, bei einer Messung am ersten Teilchen den Spin $\hbar/2$ zu erhalten, gerade $w_+^{(1)} = 1/2$ ist, lautet die gemeinsame Wahrscheinlichkeit, in den beiden Messungen die Spinrichtungen $(++)$ bzw. $(+-)$ zu finden:

$$w_{++} = \frac{1}{2}\sin^2\frac{\phi}{2} \quad \text{und} \quad w_{+-} = \frac{1}{2}\cos^2\frac{\phi}{2} \tag{11.22}$$

Analog finden wir für die Kombinationen $(-+)$ und $(--)$:

$$w_{-+} = \frac{1}{2}\cos^2\frac{\phi}{2} \quad \text{und} \quad w_{--} = \frac{1}{2}\sin^2\frac{\phi}{2} \tag{11.23}$$

Bilden wir also das Skalarprodukt der Operatoren $\hat{S}_n^{(1)}$ und $\hat{S}_m^{(2)}$, dann ist der Erwartungswert dieses Produkts bezüglich des Gesamtzustands (11.14) des Zweiteilchensystems

$$\langle\Phi|\,\hat{S}_n^{(1)}\hat{S}_m^{(2)}\,|\Phi\rangle = \left(\frac{\hbar}{2}\right)\left(\frac{\hbar}{2}\right)w_{++} + \left(\frac{\hbar}{2}\right)\left(-\frac{\hbar}{2}\right)w_{+-}$$
$$+ \left(-\frac{\hbar}{2}\right)\left(\frac{\hbar}{2}\right)w_{-+} + \left(-\frac{\hbar}{2}\right)\left(-\frac{\hbar}{2}\right)w_{--} \tag{11.24}$$

und damit

$$\langle\Phi|\,\hat{S}_n^{(1)}\hat{S}_m^{(2)}\,|\Phi\rangle = \frac{\hbar^2}{4}\left(\sin^2\frac{\phi}{2} - \cos^2\frac{\phi}{2}\right) = -\frac{\hbar^2}{4}\cos\phi \tag{11.25}$$

Wenn wir dass Ergebnis wieder auf die Richtungen n und m umschreiben, dann erhalten wir für den Erwartungswert des Produkts der Messergebnisse in n- und m-Richtung

$$E(n,m) = \langle\Phi|\,\hat{S}_n^{(1)}\hat{S}_m^{(2)}\,|\Phi\rangle = -\frac{\hbar^2}{4}\,nm \tag{11.26}$$

Speziell für $n \parallel m$ erhalten wir dann

$$E(n,n) = \langle\Phi|\,\hat{S}_n^{(1)}\hat{S}_n^{(2)}\,|\Phi\rangle = -\frac{\hbar^2}{4} \tag{11.27}$$

in Übereinstimmung mit den Überlegungen zum Bohm-Aharanov-Modell.

11.4.2.2 *Verborgene Variablen

Wir nehmen nun an, es gäbe dispersionsfreie Zustände. Dann ist der Gesamtzustand $|\Phi(\lambda)\rangle$ nur bis auf die Kenntnis des Satzes der verborgenen Parameter bestimmt. Zu jedem λ gehört aber nach Voraussetzung ein wohldefinierter Messwert $S_n^{(1)}$ für das erste und ebenso ein wohldefinierter Messwert $S_m^{(2)}$ für das zweite Teilchen des Gesamtsystems

$$\langle\Phi(\lambda)|\,\hat{S}_n^{(1)}\hat{S}_m^{(2)}\,|\Phi(\lambda)\rangle = S_n^{(1)}(\lambda)S_m^{(2)}(\lambda) \tag{11.28}$$

Mit der Verteilung $\omega(\lambda)$ der verborgenen Parameter erhalten wir dann den Erwartungswert des Produkts der Spinmessungen in die Richtungen n und m

$$E(\boldsymbol{n}, \boldsymbol{m}) = \int d\lambda \omega(\lambda) S_n^{(1)}(\lambda) S_m^{(2)}(\lambda) \tag{11.29}$$

Da $S_n^{(i)}(\lambda)$ $(i = 1, 2)$ der Spinmesswert am i-ten Teilchen in Richtung n ist, folgt aus den Einzelexperimenten sofort, dass

$$S_n^{(i)}(\lambda) = \pm\frac{\hbar}{2} \quad \text{also} \quad \left[S_n^{(i)}(\lambda)\right]^2 = \frac{\hbar^2}{4} \tag{11.30}$$

sein muss. Es bleibt aber offen, welches Vorzeichen zu welchem λ gehört. Außerdem wissen wir, dass wegen der zu Beginn des vorangegangenen Abschnitts besprochenen Präparation des Zweiteilchen-Systems in Übereinstimmung mit dem Experiment für die Gesamtmessung in einer Richtung die strenge Antikorrelation gelten muss

$$S_n^{(1)}(\lambda) + S_n^{(2)}(\lambda) = 0 \tag{11.31}$$

11.4.2.3 *Die Bell'sche Ungleichung
Wir bilden nun die Differenz der beiden Erwartungswerte $E(\boldsymbol{n}, \boldsymbol{m})$ und $E(\boldsymbol{n}, \boldsymbol{p})$ und erhalten wegen (11.31)

$$E(\boldsymbol{n}, \boldsymbol{m}) - E(\boldsymbol{n}, \boldsymbol{p}) = \int d\lambda \omega(\lambda) \left[S_n^{(1)}(\lambda) S_m^{(2)}(\lambda) - S_n^{(1)}(\lambda) S_p^{(2)}(\lambda)\right]$$
$$= \int d\lambda \omega(\lambda) \left[S_n^{(1)}(\lambda) S_p^{(1)}(\lambda) - S_n^{(1)}(\lambda) S_m^{(1)}(\lambda)\right] \tag{11.32}$$

und mit (11.30)

$$E(\boldsymbol{n}, \boldsymbol{m}) - E(\boldsymbol{n}, \boldsymbol{p}) = \int d\lambda \omega(\lambda) S_n^{(1)}(\lambda) S_m^{(1)}(\lambda) \left[\frac{4}{\hbar^2} S_m^{(1)}(\lambda) S_p^{(1)}(\lambda) - 1\right] \tag{11.33}$$

Wir können nun auf beiden Seiten den Absolutbetrag bilden und gelangen unter erneuter Verwendung von (11.30) zu der Abschätzung

$$|E(\boldsymbol{n}, \boldsymbol{m}) - E(\boldsymbol{n}, \boldsymbol{p})| \leq \frac{4}{\hbar^2} \int d\lambda \omega(\lambda) \left|S_n^{(1)}(\lambda)\right| \left|S_m^{(1)}(\lambda)\right| \left|S_m^{(1)}(\lambda) S_p^{(1)}(\lambda) - \frac{\hbar^2}{4}\right|$$
$$= \int d\lambda \omega(\lambda) \left(\frac{\hbar^2}{4} - S_m^{(1)}(\lambda) S_p^{(1)}(\lambda)\right) \tag{11.34}$$

Im letzten Schritt wurde ausgenutzt, dass wegen (11.30) der Klammerausdruck niemals negativ werden kann. Aus der letzten Gleichung erhalten wir dann unter Beachtung der Antikorrelation (11.31):

$$|E(\boldsymbol{n}, \boldsymbol{m}) - E(\boldsymbol{n}, \boldsymbol{p})| \leq \int d\lambda \omega(\lambda) \left(\frac{\hbar^2}{4} + S_m^{(1)}(\lambda) S_p^{(2)}(\lambda)\right) \tag{11.35}$$

und bekommen daraus mit (11.29) schließlich die Bell'sche Ungleichung

$$|E(\boldsymbol{n},\boldsymbol{m}) - E(\boldsymbol{n},\boldsymbol{p})| \leq \frac{\hbar^2}{4} + E(\boldsymbol{m},\boldsymbol{p}) \qquad (11.36)$$

Dabei haben wir berücksichtigt, dass die Verteilungsfunktion $\omega(\lambda)$ natürlich auf 1 normiert ist, also

$$\int d\lambda\,\omega(\lambda) = 1 \qquad (11.37)$$

11.4.2.4 *Verletzung der Bell'schen Ungleichung

Falls es verborgene Parameter gibt, dann muss die Bell'sche Ungleichung für alle experimentell ermittelten Erwartungswerte $E(\boldsymbol{n},\boldsymbol{m})$ gelten. Sind jedoch die mithilfe der Quantenmechanik bestimmten Werte korrekt, dann sollte es zu Verletzungen der Ungleichung kommen. Für viele Orientierungen der Richtungen $\boldsymbol{n}$, $\boldsymbol{m}$ und $\boldsymbol{p}$ erfüllen natürlich auch die quantenmechanischen Resultate die Bell'sche Ungleichung. Legt man aber beispielsweise alle drei Richtungen in eine Ebene und wählt zwischen $\boldsymbol{n}$ und $\boldsymbol{m}$ sowie $\boldsymbol{m}$ und $\boldsymbol{p}$ je einen Winkel von $\pi/3$ sodass der Winkel zwischen $\boldsymbol{n}$ und $\boldsymbol{p}$ den Wert $2\pi/3$ hat, dann ist mit (11.26):

$$E(\boldsymbol{n},\boldsymbol{m}) = -\frac{\hbar^2}{8} \qquad E(\boldsymbol{m},\boldsymbol{p}) = -\frac{\hbar^2}{8} \qquad \text{und} \qquad E(\boldsymbol{n},\boldsymbol{p}) = \frac{\hbar^2}{8} \qquad (11.38)$$

Setzen wir diese Ergebnisse in (11.36) ein, dann erhalten wir wegen

$$\left| -\frac{\hbar^2}{8} - \frac{\hbar^2}{8} \right| \leq \frac{\hbar^2}{4} - \frac{\hbar^2}{8} = \frac{\hbar^2}{8} \qquad (11.39)$$

einen offensichtlichen Widerspruch. Die inzwischen realisierten experimentellen Untersuchungen bestätigen, dass es genau solche von der Quantenmechanik vorhergesagten Verletzungen der Bell'schen Ungleichungen gibt. Damit steht eine Theorie mit verborgenen Parametern im direkten Widerpruch zur Realität.

Allerdings müssen wir diese Aussage etwas einschränken. Wir haben bei der Konstruktion der Erwartungswerte im Rahmen der Theorie verborgener Parameter vorausgesetzt, dass die Messung an einem Teilchen das Ergebnis der Messung an dem anderen Teilchen nicht beeinflusst, da dieses ja durch die Vorgabe von λ bereits feststeht. Man spricht deshalb auch von einer lokalen Theorie. Es ist aber auch möglich, eine Theorie mit verborgenen Parametern zu formulieren, die vollständig mit den Aussagen der Quantenmechanik übereinstimmt. In diesem Fall müssen aber die verborgenen Parameter des einen Teilchens von den Messungen am anderen Teilchen abhängen. Das erfordert eine instantane Ausbreitung der Ergebnisse des Messvorgangs an dem ersten Teilchen auf das zweite Teilchen und damit eine nichtlokale Wechselwirkung der Partikel, die man sich ähnlich zum Fernwirkungsprinzip der Newton'schen Mechanik vorstellen kann[22].

11.4.3
*Das GHZ-Experiment

D. Greenberger, M. Horne und A. Zeilinger konstruierten 1989 ein Experiment, das den Widerspruch zwischen der Quantenmechanik einerseits und der Annahme verborgener Parameter andererseits anhand des Ausgangs von Einzelexperimenten entscheiden kann. Damit entfällt die in den Bell'schen Ungleichungen implizierte empirische Bestimmung der Erwartungswerte, die bei einer endlichen Versuchsreihe immer mit Ungenauigkeiten verbunden sind.

Wir betrachten hierzu ein System von drei Spin-1/2-Teilchen. Der Hilbert-Raum des Systems ist dann durch $\mathcal{H} = \mathcal{H}_1 \otimes \mathcal{H}_2 \otimes \mathcal{H}_3$ gegeben. In $\mathcal{H}$ lauten die Spinoperatoren für die einzelnen Teilchen

$$\hat{S}_\alpha^{(1)} = \frac{\hbar}{2}\hat{\sigma}_\alpha \otimes \hat{1} \otimes \hat{1} \qquad \hat{S}_\alpha^{(2)} = \frac{\hbar}{2}\hat{1} \otimes \hat{\sigma}_\alpha \otimes \hat{1} \qquad \hat{S}_\alpha^{(3)} = \frac{\hbar}{2}\hat{1} \otimes \hat{1} \otimes \hat{\sigma}_\alpha \quad (11.40)$$

Der obere Index bezieht sich dabei auf das Teilchen, der untere auf die Spinkomponente. Die $\hat{\sigma}_\alpha$ sind dabei die Pauli'schen Spinoperatoren. Da die Spinoperatoren verschiedener Teilchen in verschiedenen Teil-Hilberträumen wirken, folgt sofort, dass die Spinoperatoren zu verschiedenen Teilchen kommutieren. Für die weitere Diskussion benötigen wir die Regeln

$$\hat{S}_\alpha^{(i)}\hat{S}_\alpha^{(i)} = \frac{\hbar^2}{4}\hat{1} \qquad (11.41)$$

(über α wird nicht summiert) und

$$\hat{S}_\alpha^{(i)}\hat{S}_\beta^{(i)} + \hat{S}_\beta^{(i)}\hat{S}_\alpha^{(i)} = 0 \qquad \text{für} \qquad \alpha \neq \beta \qquad (11.42)$$

mit $i = 1, 2, 3$ und $\alpha, \beta = x, y, z$. Wir beschreiben die Zustände der einzelnen Teilchen durch die Eigenzustände von σ_z (also $|\chi_+\rangle$ und $|\chi_-\rangle$) mit

$$\hat{\sigma}_z |\chi_\pm\rangle = \pm |\chi_\pm\rangle \qquad (11.43)$$

Für diese Eigenzustände gelten die mithilfe der Pauli-Operatoren leicht überprüfbaren Regeln:

$$\hat{\sigma}_x |\chi_\pm\rangle = |\chi_\mp\rangle \qquad \text{und} \qquad \hat{\sigma}_y |\chi_\pm\rangle = \pm i |\chi_\mp\rangle \qquad (11.44)$$

Der Zustand des Gesamtsystems hat die allgemeine Darstellung

$$|\Phi\rangle = \sum_{I,J,K} c_{IJK} |\chi_I\rangle \otimes |\chi_J\rangle \otimes |\chi_K\rangle \qquad (11.45)$$

---

[22]) siehe hierzu auch die Diskussion in Band II, Abschnitt 3.2

mit $I, J, K = \pm$, wobei die Präparation die einzelnen Entwicklungskoeffizienten c_{IJK} festlegt. Man kann jetzt leicht zeigen, dass die drei Operatoren

$$\hat{B}_1 = \hat{S}_x^{(1)} \hat{S}_y^{(2)} \hat{S}_y^{(3)} \qquad \hat{B}_2 = \hat{S}_y^{(1)} \hat{S}_x^{(2)} \hat{S}_y^{(3)} \qquad \text{und} \qquad \hat{B}_3 = \hat{S}_y^{(1)} \hat{S}_y^{(2)} \hat{S}_x^{(3)} \quad (11.46)$$

kommutieren. Es ist beispielsweise

$$\begin{aligned}
\left[\hat{B}_1, \hat{B}_2\right] &= \left[\hat{S}_x^{(1)} \hat{S}_y^{(2)} \hat{S}_y^{(3)}, \hat{S}_y^{(1)} \hat{S}_x^{(2)} \hat{S}_y^{(3)}\right] = \frac{\hbar^2}{4} \left[\hat{S}_x^{(1)} \hat{S}_y^{(2)}, \hat{S}_y^{(1)} \hat{S}_x^{(2)}\right] \\
&= \frac{\hbar^2}{4} \hat{S}_x^{(1)} \left[\hat{S}_y^{(2)}, \hat{S}_y^{(1)} \hat{S}_x^{(2)}\right] + \frac{\hbar^2}{4} \left[\hat{S}_x^{(1)}, \hat{S}_y^{(1)} \hat{S}_x^{(2)}\right] \hat{S}_y^{(2)} \\
&= \frac{\hbar^2}{4} \hat{S}_x^{(1)} \hat{S}_y^{(1)} \left[\hat{S}_y^{(2)}, \hat{S}_x^{(2)}\right] + \frac{\hbar^2}{4} \left[\hat{S}_x^{(1)}, \hat{S}_y^{(1)}\right] \hat{S}_x^{(2)} \hat{S}_y^{(2)} \\
&= -\frac{\hbar^2}{2} \hat{S}_x^{(1)} \hat{S}_y^{(1)} \hat{S}_x^{(2)} \hat{S}_y^{(2)} + \frac{\hbar^2}{2} \hat{S}_x^{(1)} \hat{S}_y^{(1)} \hat{S}_x^{(2)} \hat{S}_y^{(2)} = 0 \qquad (11.47)
\end{aligned}$$

Man kann sogar zeigen, dass die Operatoren $\hat{B}_1$, $\hat{B}_2$ und $\hat{B}_3$ einen vollständigen Satz von kommutierenden Observablen bilden. Damit ist jeder Eigenzustand des Gesamtsystems durch die Angabe der Eigenwerte dieser drei Operatoren bestimmt. Da wegen (11.46)

$$\hat{B}_1^2 = \hat{B}_2^2 = \hat{B}_3^2 = \frac{\hbar^6}{64} \hat{1} \qquad (11.48)$$

gilt und die Operatoren hermitesch sind, kommen als Eigenwerte der drei Operatoren $\hat{B}_1$, $\hat{B}_2$ und $\hat{B}_3$ nur $\pm \hbar^3/8$ in Frage.

Man kann die Bestimmung der Messwerte für jeweils einen dieser drei Operatoren, z. B. $\hat{B}_1$, auch direkt durch Einzelmessungen der Spinobservablen an den einzelnen Teilchen bestimmen. Dazu misst man an einem Teilchen die x-Richtung des Spins, an den anderen beiden die y-Richtung des Spins und bildet das entsprechende Produkt. Man kann auf diese Weise aber nicht die anderen beiden Messwerte der drei Operatoren bestimmen, weil dazu gleichzeitig an den einzelnen Teilchen die x- und y-Komponente des Spins zu messen wäre.

Wir nehmen jetzt an, dass wir einen Dreiteilchenzustand der Form

$$|\Phi\rangle = \frac{1}{\sqrt{2}} \left[|\chi_+\rangle \otimes |\chi_+\rangle \otimes |\chi_+\rangle - |\chi_-\rangle \otimes |\chi_-\rangle \otimes |\chi_-\rangle\right] \qquad (11.49)$$

präpariert haben. Dieser Zustand ist ein Eigenzustand der drei Operatoren $\hat{B}_1$, $\hat{B}_2$ und $\hat{B}_3$, für den alle drei Observablen den gleichen Eigenwert $\hbar^3/8$ haben. So erhalten wir beispielsweise mit den Regeln (11.44)

$$\hat{B}_2 |\Phi\rangle = \hat{S}_y^{(1)} \hat{S}_x^{(2)} \hat{S}_y^{(3)} \frac{1}{\sqrt{2}} \left[|\chi_+\rangle \otimes |\chi_+\rangle \otimes |\chi_+\rangle - |\chi_-\rangle \otimes |\chi_-\rangle \otimes |\chi_-\rangle \right]$$

$$= \hat{S}_y^{(1)} \hat{S}_x^{(2)} \frac{i\hbar}{2\sqrt{2}} \left[|\chi_+\rangle \otimes |\chi_+\rangle \otimes |\chi_-\rangle + |\chi_-\rangle \otimes |\chi_-\rangle \otimes |\chi_+\rangle \right]$$

$$= \hat{S}_y^{(1)} \frac{i\hbar^2}{4\sqrt{2}} \left[|\chi_+\rangle \otimes |\chi_-\rangle \otimes |\chi_-\rangle + |\chi_-\rangle \otimes |\chi_+\rangle \otimes |\chi_+\rangle \right]$$

$$= -\frac{\hbar^3}{8\sqrt{2}} \left[|\chi_-\rangle \otimes |\chi_-\rangle \otimes |\chi_-\rangle - |\chi_+\rangle \otimes |\chi_+\rangle \otimes |\chi_+\rangle \right]$$

$$= \frac{\hbar^3}{8} |\Phi\rangle \tag{11.50}$$

Benutzen wir die oben beschriebene Berechnung der Messwerte eines der Operatoren $\hat{B}_1$, $\hat{B}_2$ und $\hat{B}_3$ aus der Messung von jeweils einer Spinkomponente der drei Partikel, dann erhalten wir für diesen Zustand – unabhängig davon, an welchem Teilchen wir die x-Komponente messen – für das Produkt aus zwei y-Komponenten und einer x-Komponente immer den Wert $\hbar^3/8$. Abb. 11.2 skizziert eine mögliche experimentelle Anordnung zur Messung der Spinobservablen. In der Quelle werden die drei Teilchen mit dem Gesamtzustand $|\Phi\rangle$ präpariert. Anschließend bewegen sich die drei Partikel auseinander und werden unabhängig voneinander von drei Detektoren registriert. Jeder Detektor bestimmt jeweils den Spin des eingetroffenen Partikels wahlweise in x- oder y-Richtung. Das Produkt der drei Messergebnisse muss nach den Gesetzen der Quantenmechanik immer $\hbar^3/8$ sein.

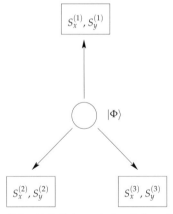

Abb. 11.2 Schematischer Aufbau des GHZ-Experiments: In der Quelle wird der Dreiteilchenzustand $|\Phi\rangle$ präpariert. Danach verlassen die drei Partikel die Quelle und erreichen die drei Detektoren. In jedem Messgerät wird von je einem Partikel eine in der x-y-Ebene liegende Spinkomponente bestimmt

Wir wollen uns nun überlegen, wie das Resultat unter der Annahme aussehen müsste, dass es verborgene Variablen gäbe. In diesem Fall wären nach der Präparation des Gesamtzustands die Messwerte der Spinkomponenten $s_\alpha^{(1)}$, $s_\alpha^{(2)}$ und $s_\alpha^{(3)}$ bereits fixiert. Die Präparation hat nun zu garantieren, dass alle drei Observablen B_1, B_2 und B_3 den Wert $\hbar^3/8$ haben, da ja noch nicht feststeht, welche der Spinkomponenten wir an den drei Detektoren messen werden. Deshalb darf die Quelle nur Zustände präparieren, die den Forderungen

$$s_x^{(1)} s_y^{(2)} s_y^{(3)} = s_y^{(1)} s_x^{(2)} s_y^{(3)} = s_y^{(1)} s_y^{(2)} s_x^{(3)} = \frac{\hbar^3}{8} \qquad (11.51)$$

genügen. Die hierfür zulässigen Wertekombinationen sind in der Tabelle 11.1 aufgeführt. Es gibt insgesamt 8 Vorzeichenkombinationen der Spinkomponenten, die (11.51) erfüllen. Hat man also ein Präparationsverfahren gefunden, das ausschließlich Dreipartikelsysteme mit den in der Tabelle aufgeführten Werten der Spinkomponenten generiert, dann haben wir auch unter der Voraussetzung, dass es die von Einstein geforderten Elemente der physikalischen Realität gibt, die weiter oben beschriebene quantenmechanische Situation reproduziert.

Tab. 11.1 Zulässige Vorzeichenkombinationen der Spinkomponenten für den Fall einer Theorie verborgener Parameter

$s_x^{(1)}$	$s_y^{(1)}$	$s_x^{(2)}$	$s_y^{(2)}$	$s_x^{(3)}$	$s_y^{(3)}$
+	+	+	+	+	+
−	−	−	−	+	+
−	−	+	+	−	−
+	+	−	−	−	−
+	−	−	+	−	+
−	+	+	−	−	+
−	+	−	+	+	−
+	−	+	−	+	−

Nachdem also das Präparationsverfahren ausreichend überprüft wurde, kann man nun die Messvorschrift ändern und an allen drei Detektoren nur die x-Komponente des Spins messen. Nach der Tabelle muss für alle vom Präparationsverfahren erzeugten Spinkonfigurationen stets

$$s_x^{(1)} s_x^{(2)} s_x^{(3)} = \frac{\hbar^3}{8} \qquad (11.52)$$

gelten. Gibt es also verborgene Parameter, dann muss bei dem vorliegenden Versuchsaufbau und korrekt präpariertem Ausgangszustand (11.52) erfüllt sein.

Wir wollen berechnen, welches Resultat die Quantenmechanik für die Messung der drei x-Komponenten des Spins vorhersagt. Der nur aus den Spinkomponenten der x-Richtung aufgebaute Operator $\hat{G} = \hat{S}_x^{(1)} \hat{S}_x^{(2)} \hat{S}_x^{(3)}$ kommutiert mit allen drei Operatoren $\hat{B}_1$, $\hat{B}_2$ und $\hat{B}_3$. Als Beispiel untersuchen wir

$$
\begin{aligned}
[\hat{G}, \hat{B}_3] &= \left[\hat{S}_x^{(1)} \hat{S}_x^{(2)} \hat{S}_x^{(3)}, \hat{S}_y^{(1)} \hat{S}_y^{(2)} \hat{S}_x^{(3)} \right] = \frac{\hbar^2}{4} \left[\hat{S}_x^{(1)} \hat{S}_x^{(2)}, \hat{S}_y^{(1)} \hat{S}_y^{(2)} \right] \\
&= \frac{\hbar^2}{4} \left[\hat{S}_x^{(1)}, \hat{S}_y^{(1)} \right] \hat{S}_x^{(2)} \hat{S}_y^{(2)} + \frac{\hbar^2}{4} \hat{S}_y^{(1)} \hat{S}_x^{(1)} \left[\hat{S}_x^{(2)}, \hat{S}_y^{(2)} \right] \\
&= \frac{\hbar^2}{2} \hat{S}_x^{(1)} \hat{S}_x^{(2)} \hat{S}_y^{(1)} \hat{S}_y^{(2)} + \frac{\hbar^2}{2} \hat{S}_y^{(1)} \hat{S}_x^{(1)} \hat{S}_x^{(2)} \hat{S}_y^{(2)} \\
&= \frac{\hbar^2}{2} \hat{S}_x^{(1)} \hat{S}_x^{(2)} \hat{S}_y^{(1)} \hat{S}_y^{(2)} - \frac{\hbar^2}{2} \hat{S}_x^{(1)} \hat{S}_x^{(2)} \hat{S}_y^{(1)} \hat{S}_y^{(2)} = 0
\end{aligned} \tag{11.53}
$$

Damit ist der quantenmechanische Zustand $|\Phi\rangle$ auch ein Eigenzustand von $\hat{G}$. Unter Beachtung von (11.41) und (11.42) erhalten wir

$$
\begin{aligned}
\hat{B}_1 \hat{B}_2 \hat{B}_3 &= \hat{S}_x^{(1)} \hat{S}_y^{(2)} \hat{S}_y^{(3)} \hat{S}_y^{(1)} \hat{S}_x^{(2)} \hat{S}_y^{(3)} \hat{S}_y^{(1)} \hat{S}_y^{(2)} \hat{S}_x^{(3)} \\
&= \frac{\hbar^4}{16} \hat{S}_x^{(1)} \hat{S}_y^{(2)} \hat{S}_x^{(2)} \hat{S}_y^{(2)} \hat{S}_x^{(3)} \\
&= -\frac{\hbar^4}{16} \hat{S}_x^{(1)} \hat{S}_x^{(2)} \hat{S}_y^{(2)} \hat{S}_y^{(2)} \hat{S}_x^{(3)} \\
&= -\frac{\hbar^6}{64} \hat{S}_x^{(1)} \hat{S}_x^{(2)} \hat{S}_x^{(3)}
\end{aligned} \tag{11.54}
$$

und damit

$$
\hat{G} = -\frac{64}{\hbar^6} \hat{B}_1 \hat{B}_2 \hat{B}_3 \tag{11.55}
$$

Da der Zustand (11.49) für die Operatoren $\hat{B}_1$, $\hat{B}_2$ und $\hat{B}_3$ der Eigenzustand zum Eigenwert $\hbar^3/8$ ist, muss $|\Phi\rangle$ die Gleichung

$$
\hat{G} |\Phi\rangle = -\frac{64}{\hbar^6} \hat{B}_1 \hat{B}_2 \hat{B}_3 |\Phi\rangle = -\frac{8}{\hbar^3} \hat{B}_1 \hat{B}_2 |\Phi\rangle = -\hat{B}_1 |\Phi\rangle = -\frac{\hbar^3}{8} |\Phi\rangle \tag{11.56}
$$

erfüllen, d. h. $|\Phi\rangle$ ist auch der Eigenzustand von G zum Eigenwert $-\hbar^3/8$. Deshalb muss auch die Einzelmessung der Spinkomponenten in x-Richtung immer auf

$$
s_x^{(1)} s_x^{(2)} s_x^{(3)} = -\frac{\hbar^3}{8} \tag{11.57}
$$

führen. Beim GHZ-Experiment handelt es sich im Gegensatz zum ursprünglichen Bell'schen Experiment nicht mehr um den Vergleich statistischer Mittelwerte, die eine ganze Versuchsreihe erfordern. Eine einzige Messung bestätigt, ob die Quantenmechanik in der Kopenhagener Interpretation verstanden werden kann oder ob es vielleicht doch verborgene Parameter gibt. Das Hauptproblem bei der experimentellen Umsetzung dieses Gedankenexperiments ist die technische Frage der Präparation des Drei-Partikel-Zustands

$|\Phi\rangle$. Ist dieses Problem gelöst, dann findet man eine eindeutige Entscheidung über die Natur der Quantenmechanik.

11.5
*Der Messprozess

11.5.1
*Reiner und gemischter Zustand

Die Diskussion der Reduktion des Zustands bei einer Messung führte uns bereits auf die AND-OR Problematik. Wir wollen diesen Übergang jetzt in einer etwas allgemeineren Form beschreiben. Nach einer entsprechenden Präparation, aber noch vor der Messung liegt ein System im Zustand $|\psi\rangle$ vor. Bestimmen wir bei der Messung dann den Wert der dem Operator $\hat{A}$ zugeordneten Observablen, dann werden wir als mögliche Realisierungen die Eigenwerte a_n messen, und das System befindet sich unmittelbar nach der Messung im Zustand $|n\rangle$. Diese Eigenschaften konnten wir direkt aus den der Kopenhagener Deutung der Quantenmechanik entsprechenden Axiomen[23] entnehmen. Da die Zustände $|n\rangle$ ein vollständiges System bilden, können wir den Zustand $|\psi\rangle$ nach diesen Zuständen entwickeln

$$|\psi\rangle = \sum_n c_n |n\rangle = c_1 |1\rangle + c_2 |2\rangle + \dots \tag{11.58}$$

Die Summation in dieser Darstellung der Wellenfunktion entspricht in unserer Vorstellung der AND-Operation. Wir können bei Kenntnis des Zustands $|\psi\rangle$ den bei einer Vielzahl von Messungen aus den Messergebnissen gebildeten Erwartungswert des Operators $\hat{A}$ bereits vor der ersten Messung bestimmen

$$\overline{A} = \langle\psi|\hat{A}|\psi\rangle = \sum_n a_n |c_n|^2 = \sum_n a_n \langle n|\psi\rangle \langle\psi|n\rangle$$
$$= \sum_n a_n \langle n|\hat{\varrho}|n\rangle = \sum_n \langle n|\hat{\varrho}\hat{A}|n\rangle \tag{11.59}$$

Dabei haben wir im vorletzten Schritt die Definition des Dichteoperators (4.357)

$$\rho = |\psi\rangle \langle\psi| \tag{11.60}$$

zum Zustand $|\psi\rangle$ verwendet. Die Summe über die Erwartungswerte bezüglich der Eigenzustände entspricht der Bildung der Spur des Operators $\hat{\varrho}\hat{A}$, dessen Diagonalmatrixelemente ja gerade die Summanden im rechten Ausdruck von (11.59) sind. Deshalb schreibt man auch

$$\overline{A} = \sum_n \langle n|\hat{\varrho}\hat{A}|n\rangle = \mathrm{Sp}\,\hat{\varrho}\hat{A} \tag{11.61}$$

---

23) siehe Abschnitt 4.11

Tatsächlich ist die Kenntnis des Dichteoperators $\hat{\varrho}$ völlig äquivalent zur Kenntnis des Zustands $|\psi\rangle$. Mit (4.356) folgt insbesondere

$$\operatorname{Sp}\hat{\varrho} = \sum_n \langle n|\hat{\varrho}|n\rangle = 1 \tag{11.62}$$

und wegen der aus (4.357) folgenden Idempotenz $\hat{\varrho}^2 = \hat{\varrho}$ gilt außerdem

$$\operatorname{Sp}\hat{\varrho}^2 = 1 \tag{11.63}$$

Wir können natürlich auch nach der Messung an einem System mit jeweils neu präpariertem Zustand $|\psi\rangle$ aus der Häufigkeitsverteilung der einzelnen Messergebnisse einer ganzen Versuchsserie den Mittelwert bestimmen. Deshalb bilden wir jetzt den Mittelwert aus den Wahrscheinlichkeiten w_n, mit denen bei jeder einzelnen Messung innerhalb der Versuchsreihe die für die Observable A erlaubten Messwerte a_n auftreten:

$$\overline{A} = \sum_n w_n a_n \tag{11.64}$$

Wir können diesen Mittelwert aber auch durch die unmittelbar nach der Messung möglichen Zustände $|n\rangle$ des untersuchten Systems darstellen:

$$\overline{A} = \operatorname{Sp}\hat{\theta}\hat{A} \tag{11.65}$$

wobei wir den neuen Dichteoperator

$$\hat{\theta} = \sum_m |m\rangle\, w_m \,\langle m| \tag{11.66}$$

eingeführt haben. Setzen wir (11.66) in (11.65) ein, dann erhalten wir in der Tat:

$$\operatorname{Sp}\hat{\theta}\hat{A} = \sum_n \langle n| \left(\sum_m |m\rangle\, w_m\, \langle m| \right) \hat{A}\, |n\rangle = \sum_{n,m} \delta_{nm} w_m\, \langle m|\, \hat{A}\, |n\rangle$$
$$= \sum_n w_n\, \langle n|\, \hat{A}\, |n\rangle = \sum_n w_n a_n \tag{11.67}$$

Auch für den Operator θ gilt die Normierung

$$\operatorname{Sp}\hat{\theta} = \sum_n \langle n|\hat{\theta}|n\rangle = \sum_n w_n = 1 \tag{11.68}$$

aber die Idempotenz ist nicht mehr erfüllt. Wir finden nämlich

$$\hat{\theta}^2 = \sum_{m,n} |m\rangle\, w_m\, \langle m|n\rangle\, w_n\, \langle n| = \sum_{m,n} |m\rangle\, w_m \delta_{nm} w_n\, \langle n|$$
$$= \sum_m |m\rangle\, w_m^2\, \langle m| \tag{11.69}$$

und deshalb:

$$\mathrm{Sp}\,\hat{\theta}^2 = \sum_m w_m^2 \leq 1 \qquad (11.70)$$

wobei die letzte Relation wegen $w_m^2 \leq w_m$ gilt. Es soll an dieser Stelle nochmals bemerkt werden, dass die Spurbildung unabhängig von der benutzten Basis ist (vgl. Abschnitt 4.10.1). Die Verwendung der Eigenfunktionen des Operators $\hat{A}$ erweist sich für die Berechnung der Spur als zweckmäßig, ist aber keinesfalls zwingend.

Wir wollen jetzt das Problem des Messprozesses auf der Grundlage der Dichteoperatoren formulieren. Zunächst stellen wir fest, dass die mit (11.61) und (11.65) gebildeten Erwartungswerte wie erwartet identisch sind, da die Wahrscheinlichkeiten w_n, den Messwert a_n zu messen und damit unmittelbar nach der Messung im Zustand $|n\rangle$ zu sein, über $w_n = |c_n|^2$ durch die Entwicklungskoeffizienten c_n des Zustands ψ vor der Messung bestimmt sind. In beiden Fällen finden wir das bekannte Resultat

$$\overline{A} = \sum_n |c_n|^2 a_n \qquad (11.71)$$

Trotz dieser Übereinstimmung besteht ein erheblicher physikalischer Unterschied zwischen (11.61) und (11.64). Der Operator $\hat{\varrho}$ ist auf den Zustand *vor* der Messung bezogen und enthält deshalb noch alle Möglichkeiten einer potentiellen Realisierung. Er steht deshalb auch für die bereits mehrfach erwähnte AND-Situation vor der Messung. Der Operator $\hat{\theta}$ ist dagegen nur sinnvoll im Zusammenhang mit einer Versuchsserie an einem *Ensemble* gleichartiger Systeme. Waren diese Systeme vor dem Messprozess identisch präpariert, so wird nach der Messung jedes dieser Systeme in einem Zustand $|n\rangle$ gefunden, aber stets unter Ausschluss aller anderen möglichen Zustände. Erst in einem Ensemble ist es wieder sinnvoll, diese Zustände entsprechend ihrem statistischen Gewicht w_n zu vereinen. Deshalb spiegelt der Operator $\hat{\theta}$ die OR-Situation *nach* der Messung wieder.

Wir wollen in Zukunft beide Dichteoperatoren im Sinne der Ensemble-Interpretation verstehen. Ein Ensemble besteht aus einer unendlich großen Anzahl identischer Systeme. Jedes dieser Systeme kann sich in einem bestimmten quantenmechanischen Zustand befinden. Haben alle Systeme des Ensembles den gleichen Zustand $|\psi\rangle$, dann befindet sich das Ensemble im *reinen Zustand* $\hat{\varrho} = |\psi\rangle\langle\psi|$. Da alle Systeme identisch präpariert sind, ist ein einziges System eines reinen Ensemblezustands bereits repräsentativ für das gesamte Ensemble. Tatsächlich ist jeder Erwartungswert $\overline{A} = \mathrm{Sp}\,\hat{\varrho}\hat{A}$ des Ensemblezustands $\hat{\varrho}$ wegen (11.59) identisch mit dem Erwartungswert $\langle\psi|\hat{A}|\psi\rangle$ eines beliebigen Systems des im reinen Zustand befindlichen Ensembles.

Der Dichteoperator $\hat{\theta}$ stellt einen *gemischten Zustand* des Ensembles dar. Für ein Ensemble in einem gemischten Zustand sind die einzelnen Systemzustände nicht mehr repräsentativ. Jedes System befindet sich in einem Zustand $|n\rangle$, der zufällig aus der Menge der zulässigen Zustände nach einer Messung entnommen wurde. Ein gemischter Zustand hat also nur Sinn in Bezug auf das Ensemble, nicht aber auf dessen Einzelsysteme[24].

Interpretiert man den Messprozess in der Ensembledarstellung, dann liegt vor der Messung das Ensemble in einem reinen Zustand vor, da nach Voraussetzung jedes System vor der Messung so präpariert wurde, dass es im Zustand $|\psi\rangle$ vorlag. Nach der Messung befindet sich das Ensemble in einem gemischten Zustand. Eine Theorie des Messprozesses muss nun klären, wie man vom reinen Zustand vor der Messung zum gemischten Zustand nach der Messung gelangt.

Beachtet man (11.58), dann ist der reine Zustand vor der Messung durch

$$\hat{\varrho} = |\psi\rangle\langle\psi| = \sum_{n,m} c_n c_m^* |m\rangle\langle n| \tag{11.72}$$

gegeben; dagegen erhalten wir mit $w_n = |c_n|^2$ aus (11.66) für den gemischten Zustand unmittelbar nach der Messung

$$\hat{\theta} = \sum_n c_n c_n^* |n\rangle\langle n| \tag{11.73}$$

Mathematisch muss eine Theorie des Messprozesses also erklären können, warum die Nicht-Diagonalterme in der Darstellung der Dichteoperatoren bei der Messung der Observablen $\hat{A}$ verschwinden.

11.5.2
*Zeitevolution des Dichteoperators

Die auf der Basis der Kopenhagener Deutung der Quantenmechanik in Abschnitt 4.11 formulierten Axiome bieten zwei Möglichkeiten, nach denen sich ein quantenmechanisches System verändern kann. Die eigentliche Evolutionsgleichung (Schrödinger-Gleichung) definiert die kontinuierliche Zeitentwicklung des Zustands eines sich selbst überlassenen quantenmechanischen Systems, während durch einen Messprozess ein sprungartiger Kollaps des Zustands auf einen zufällig ausgewählten Eigenzustand der gemessenen Observablen erfolgt. Im zweiten Fall wird immer eine Wechselwirkung mit einem anderen System vorausgesetzt, dem Messinstrument. Die Theorie des Mess-

---

24) Dichteoperatoren für gemischte Gesamtheiten haben ihren Ursprung in einem Defizit an Information über das jeweilige System. Auf dieser Idee basiert das Konzept der statistischen Physik. Es ist zwar klar, dass sich jedes System in einem reinen Zustand befindet, allerdings kennt man diesen Zustand von Beginn an nur ungenügend. Will man Mittelwerte über das Ensemble unter Berücksichtigung dieser Unkenntnis bilden, dann kommt man wieder auf die hier eingeführten Dichteoperatoren zurück. Wir werden uns in Band V dieser Lehrbuchreihe damit eingehend befassen.

prozesses will jetzt die Frage beantworten, ob überhaupt und wenn ja, inwiefern sich das Verhalten eines quantenmechanischen Systems während der Messung aus den Evolutionsgleichungen ableiten lässt, wenn man das quantenmechanische System um das makroskopische Messinstrument und eventuell auch Teile seiner Umgebung erweitert und die Evolution des Gesamtsystems analysiert.

Wir nehmen an, dass $|\Phi\rangle$ der Zustand des aus Messobjekt und Messinstrument zusammengesetzten Systems ist. Die Zeitabhängigkeit des Zustands wird durch den Zeitentwicklungsoperator $\hat{U}(t, t_0)$ beschrieben

$$|\Phi(t)\rangle = \hat{U}(t, t_0) |\Phi(t_0)\rangle \tag{11.74}$$

der selbst wieder aus der Schrödinger-Gleichung bestimmt werden kann[25]. Sind die zur Zeit t_0 gebildeten Anfangszustände des Messobjekts und des Messinstruments sauber präpariert, dann beschreibt der Dichteoperator des Systems $\hat{\varrho}(t_0)$ einen reinen Zustand. Mit der Zeitentwicklung der Wellenfunktion ändert sich auch der Dichteoperator. Zur Zeit t ist er gegeben durch

$$\hat{\varrho}(t) = |\Phi(t)\rangle \langle\Phi(t)| = \hat{U}(t, t_0) |\Phi(t_0)\rangle \langle\Phi(t_0)| \hat{U}^{\dagger}(t, t_0) \tag{11.75}$$

bzw.

$$\hat{\varrho}(t) = \hat{U}(t, t_0)\hat{\varrho}(t_0)\hat{U}^{\dagger}(t, t_0) \tag{11.76}$$

Demnach muss der durch den Dichteoperator $\hat{\varrho}(t)$ beschriebene Zustand zu jedem Zeitpunkt ein reiner Zustand sein. Weil der Zeitentwicklungsoperator unitär ist, finden wir

$$\begin{aligned}\hat{\varrho}^2(t) &= \hat{U}(t, t_0)\hat{\varrho}(t_0)\hat{U}^{\dagger}(t, t_0)\hat{U}(t, t_0)\hat{\varrho}(t_0)U^{\dagger}(t, t_0) \\ &= \hat{U}(t, t_0)\hat{\varrho}^2(t_0)\hat{U}^{\dagger}(t, t_0)\end{aligned} \tag{11.77}$$

Da wegen der vorausgesetzten Reinheit des Anfangszustands $\hat{\varrho}^2(t_0) = \hat{\varrho}(t_0)$ gilt, erhalten wir dann sofort:

$$\hat{\varrho}^2(t) = \hat{U}(t, t_0)\hat{\varrho}(t_0)\hat{U}^{\dagger}(t, t_0) = \hat{\varrho}(t) \tag{11.78}$$

Ein reiner Zustand bleibt also immer rein, egal wieviel Freiheitsgrade wir in das System einbeziehen. Der erwartete Übergang in ein Gemisch kann somit nicht allein aus der Kenntnis der Evolutionsgleichungen abgeleitet werden.

11.5.3
*Der Messprozess

Um dennoch ein brauchbares Konzept zur Beschreibung des Messprozesses zu erhalten, müssen wir drei wesentliche Probleme lösen. In diesem Abschnitt

25) siehe Abschnitt 4.7

wollen wir der Frage nachgehen, wie man die Einstellung[26] eines Messgeräts auf den Quantenzustand eines Messobjekts theoretisch beschreiben kann. Anschließend wollen wir uns der Frage zuwenden, wie aus dem reinen Zustand vor der Messung der gemischte Zustand nach der Messung erklärt werden kann. Und schließlich wollen wir überlegen, wie im gemischten Zustand der Übergang vom AND zum OR zustande gekommen sein könnte.

11.5.3.1 *Gemeinsamer Zustand von Messobjekt und Messsystem

Wir wollen uns zuerst überlegen, wie der erste Schritt einer Messung ablaufen muss, wenn sich das Messobjekt in einem Eigenzustand $|\sigma_n\rangle$ der zu messenden Observablen befindet. Das Messsystem befinde sich zur Anfangszeit im Zustand $|\phi_0\rangle$. Dabei sollen die Zustände $|\phi_k\rangle$ eine makroskopische Observable mit dem Operator $\hat{Z}$ beschreiben, der die Zeigerstellung des Messinstruments entsprechend $\hat{Z}|\phi_k\rangle = z_k|\phi_k\rangle$ charakterisiert. Dabei entspricht der Eigenwert z_0 zum Zustand $|\phi_0\rangle$ der Grundstellung der Zeigerposition. Der Zustand $|\sigma_n\rangle$ gehört zum Hilbert-Raum des Messobjekts $\mathcal{H}_1$, der durch die Basis der Eigenvektoren $\{|\sigma_k\rangle\}$ aufgespannt wird. Die Zustände $|\phi_k\rangle$ bilden eine Basis für den Hilbert-Raum $\mathcal{H}_2$ des Messinstruments. Das Gesamtsystem wird auf den Hilbert-Raum $\mathcal{H} = \mathcal{H}_1 \otimes \mathcal{H}_2$ abgebildet. Eine geeignete Basis für diesen Raum ist das Tensor-Produkt

$$|\sigma_i, \phi_k\rangle = |\sigma_i\rangle \otimes |\phi_k\rangle \tag{11.79}$$

Zu Beginn der Messung ist damit das Gesamtsystem im separablen Zustand $|\sigma_n, \phi_0\rangle = |\sigma_n\rangle \otimes |\phi_0\rangle$. Da sich das System in einem Eigenzustand der zu messenden Observable befindet, sollte dieser nicht nur am Ende der Messung wieder vorliegen, sondern auch in allen Zwischenphasen des Messprozesses präsent sein. Deshalb können wir annehmen, dass in der Einstellphase der Messung aus dem Anfangszustand $|\sigma_n, \phi_0\rangle$ der intermediäre Zustand $|\sigma_n, \phi_n\rangle$ entsteht, bei dem die Zeigerstellung mit dem Zustand des zu messenden Systems korreliert. Auch dieser Zustand ist separabel, d. h. wir haben $|\sigma_n, \phi_n\rangle = |\sigma_n\rangle \otimes |\phi_n\rangle$.

Ist das Messobjekt dagegen in einem beliebigen Anfangszustand

$$|\sigma\rangle = \sum_n c_n |\sigma_n\rangle \qquad \text{mit} \qquad c_n = \langle \sigma_n | \sigma \rangle \tag{11.80}$$

dann ist der Zustand des Gesamtsystems vor der Messung zwar ebenfalls separabel

$$|\Phi_0\rangle = |\sigma\rangle \otimes |\phi_0\rangle = \sum_n c_n |\sigma_n\rangle \otimes |\phi_0\rangle = \sum_n c_n |\sigma_n, \phi_0\rangle \tag{11.81}$$

---

26) Hiermit ist die Zeigerstellung des Messsystems gemeint.

aber nach Beendigung der Einstellphase befindet sich das Gesamtsystem in einem nicht-separablen Zustand

$$\left|\Phi'\right\rangle = \sum_n c_n \left|\sigma_n, \phi_n\right\rangle \tag{11.82}$$

Allgemein beschreibt die erste Phase des Messprozesses den Übergang vom separierbaren Anfangszustand $\left|\sigma_n, \phi_0\right\rangle$ in einen Zustand, in dem das Quantensystem und das Messgerät in korrelierten Zuständen sind. Sind in (11.82) wenigstens zwei Entwicklungskoeffizenten verschieden von null, dann spricht man auch davon, dass die Zustände von Messobjekt und Messinstrument verschränkt sind. Man kann den korrelierten Zustand natürlich wieder durch einen Dichteoperator

$$\varrho = \left|\Phi'\right\rangle\left\langle\Phi'\right| = \sum_{n,m} c_n c_m^* \left|\sigma_n, \phi_n\right\rangle\left\langle\sigma_m, \phi_m\right| \tag{11.83}$$

ausdrücken. Die beiden Zustände $\left|\Phi_0\right\rangle$ und $\left|\Phi'\right\rangle$ sind reine Zustände und sollten deshalb durch einen geeigneten Zeitentwicklungsoperator auseinander hervorgehen. Das Problem der Einstellung des Messgeräts ist damit mehr konstruktiver Art und besteht darin, einen geeigneten Hamilton-Operator zu finden, der den Übergang $\left|\Phi_0\right\rangle \rightarrow \left|\Phi'\right\rangle$ beschreibt. Wir wollen hier zwei relativ einfache, aber dennoch sehr lehrreiche Beispiele vorstellen.

11.5.3.2 *Der von Neumann'sche Übergangsoperator

Der von Neumann'sche Übergangsoperator ist kein praktisch relevanter Operator. Er dient vielmehr als Beweis, dass unitäre Operatoren existieren, die einen Übergang der Form $\left|\Phi_0\right\rangle \rightarrow \left|\Phi'\right\rangle$ realisieren können. Wir entwickeln dazu einen beliebigen Zustand von Messinstrument und Messobjekt als Element des Hilbert-Raums $\mathcal{H}$ in der Basis (11.79):

$$\left|\Phi\right\rangle = \sum_{i,k} c_{ik} \left|\sigma_i, \phi_k\right\rangle \tag{11.84}$$

Dann ist der Operator $\hat{W}$ mit

$$\hat{W}\left|\Phi\right\rangle = \sum_{i,k} c_{ik} \left|\sigma_i, \phi_{k+i}\right\rangle \tag{11.85}$$

ein unitärer Operator, da er umkehrbar eindeutig jedes Basiselement $\left|\sigma_i, \phi_k\right\rangle$ auf ein anderes Basiselement $\left|\sigma_i, \phi_{k+i}\right\rangle$ abbildet und damit eine Drehung im Hilbert-Raum beschreibt. Die Anwendung von $\hat{W}$ auf den Anfangszustand liefert schon das gewünschte Resultat

$$\hat{W}\left|\Phi_0\right\rangle = \hat{W}\sum_n c_n \left|\sigma_n, \phi_0\right\rangle = \sum_n c_n \left|\sigma_n, \phi_n\right\rangle = \left|\Phi'\right\rangle \tag{11.86}$$

Aus der Wirkung des unitären Operators $\hat{W}$ geht nicht hervor, wo das Quantensystem aufhört und das Messgerät beginnt. Diese Grenze ist in der abstrakten Darstellung des von Neumann'schen Operators beliebig variabel. Wir haben deshalb auch ein Indiz für die Unabhängigkeit des quantenmechanischen Formalismus von der Lage dieser Grenze und damit für die Objektivität des Messprozesses.

11.5.3.3 *Wigner'scher Messoperator

Wir betrachten einen ebenfalls abstrakten Hamilton-Operator der Form

$$\hat{H} = \frac{\varepsilon}{2} \sum_k \left(|\sigma_k, \phi_k\rangle \langle \sigma_k, \phi_0| + |\sigma_k, \phi_0\rangle \langle \sigma_k, \phi_k| \right) \tag{11.87}$$

Er soll die Dynamik des aus Messapparatur und Messobjekt zusammengesetzten Systems beschreiben. Wir betrachten einen Anfangszustand

$$|\Phi_0\rangle = \sum_{n \neq 0} c_n |\sigma_n, \phi_0\rangle \tag{11.88}$$

Dann ist jeder spätere Zustand des Gesamtsystems durch

$$|\Phi\rangle = \exp\left\{ -\frac{i\hat{H}t}{\hbar} \right\} |\Phi_0\rangle \tag{11.89}$$

bestimmt. Aus (11.87) und (11.88) kann man einige Regeln folgern. Insbesondere ist für $n \neq 0$:

$$\hat{H} |\sigma_n, \phi_0\rangle = \frac{\varepsilon}{2} \sum_k \left(|\sigma_k, \phi_k\rangle \langle \sigma_k, \phi_0|\sigma_n, \phi_0\rangle + |\sigma_k, \phi_0\rangle \langle \sigma_k, \phi_k|\sigma_n, \phi_0\rangle \right)$$

$$= \frac{\varepsilon}{2} |\sigma_n, \phi_n\rangle$$

$$\hat{H} |\sigma_n, \phi_n\rangle = \frac{\varepsilon}{2} \sum_k \left(|\sigma_k, \phi_k\rangle \langle \sigma_k, \phi_0|\sigma_n, \phi_n\rangle + |\sigma_k, \phi_0\rangle \langle \sigma_k, \phi_k|\sigma_n, \phi_n\rangle \right)$$

$$= \frac{\varepsilon}{2} |\sigma_n, \phi_0\rangle \tag{11.90}$$

Unter Beachtung dieser Regeln erhält man nach ein paar einfachen Umformungen

$$|\Phi\rangle = \sum_{n \neq 0} c_n \left(\cos\frac{\varepsilon t}{\hbar} |\sigma_n, \phi_0\rangle - i \sin\frac{\varepsilon t}{\hbar} |\sigma_n, \phi_n\rangle \right) \tag{11.91}$$

Lassen wir das Messinstrument und das Messobjekt über die Zeit $t = \hbar\pi/2\varepsilon$ miteinander in Wechselwirkung, dann hat sich auch hier ein Zustand (11.82) eingestellt, der genau den gewünschten Forderungen entspricht.

Allerdings haben die hier vorgestellten einfachen Operatoren eher akademischen Charakter. Ihre grundlegende Schwäche ist das Zeitverhalten. Beim ersten Beispiel, dem von Neumann'schen Übergangsoperator, wird implizit eine feste Messdauer vorausgesetzt; für den Wigner'schen Messoperator erhält man explizit einen periodisch zwischen dem Anfangs- und dem gewünschten Endzustand schwingenden Zustand. Eine solche Periodizität ist üblicherweise die Konsequenz davon, dass der Zeitentwicklungsoperator ein unitärer Operator ist. Er kann deshalb gar nicht den Übergang von (11.81) zu (11.82) beschreiben und anschließend, wie man es von einem vernünftigen Messgerät erwartet, in diesem Zustand verharren. Die Ursache dafür, dass praktisch alle Messgeräte ein solches vernünftiges Verhalten zeigen und nicht periodisch schwanken, ist darin zu suchen, dass der Initialzustand $|\phi_0\rangle$ des Messgeräts ein instabiler oder metastabiler Zustand ist[27]. Jede kleine Störung, etwa durch die Wechselwirkung mit dem untersuchten Quantensystem, treibt das Messinstrument in einen anderen, energetisch stabilen Zustand, um den dann zwar immer noch Oszillationen auftreten, aber mit einer wesentlich kleineren Amplitude, die auf der klassischen makroskopischen Skala des Beobachters gewöhnlich gar nicht mehr registriert werden.

11.5.4
*Übergang zum gemischten Zustand

In der zweiten Phase des Messprozesses muss der Übergang vom Dichteoperator des reinen Zustands (11.83), also

$$\hat{\varrho} = \sum_{n,m} c_n c_m^* \, |\sigma_n, \phi_n\rangle \, \langle\sigma_m, \phi_m| \tag{11.92}$$

---

[27] Im Prinzip kann die Bewegung des Messinstruments als eine Superposition einer Vielzahl anfänglich auf den Ausgangszustand orientierter Oszillationen verstanden werden, die nach der Störung durch das Messobjekt den Zeiger des Instruments im wesentlichen um den jeweiligen Messwert schwanken lassen. Ähnlich wie beim Poincaré'schen Wiederkehrtheorem (siehe Band V dieser Lehrbuchreihe) sollte sich nach einer „astronomisch" langen Zeit tatsächlich auch die anderen Zeigerstellungen und schließlich wieder der Ausgangszustand einstellen, sofiern das System aus Messobjekt und Messinstrument solange vollständig isoliert bleibt. Die Rückkehrzeit hängt von der Gesamtzahl der Freiheitsgrade ab und wächst mit deren Zunahme rapide an. Da für ein reales Messinstrument aber der Kontakt mit seiner Umgebung unvermeidbar ist, müssen eigentlich immer mehr Freiheitsgrade in die Messung einbezogen werden, sodass eine Rückkehr in den Ausgangszustand unmöglich wird. Damit ist der Messprozess im thermodynamischen Sinne irreversibel geworden und die Zeigerstellung des Messinstruments verharrt bis auf unwesentliche Fluktuationen in einer festen Position. Man spricht in diesem Zusammenhang auch von einer durch die Umgebung erzeugten *Dekohärenz*, die für das irreversible Verhalten des Messinstruments verantwortlich ist.

zum Dichteoperator des gemischten Zustands

$$\hat{\theta} = \sum_n c_n c_n^* \left| \sigma_n, \phi_n \right\rangle \left\langle \sigma_n, \phi_n \right| \tag{11.93}$$

erklärt werden. Aus physikalischer Sicht besteht das Problem darin, die Elimination der nicht-Diagonalterme in der Darstellung des Dichteoperators des reinen Zustands zu begründen. Wie wir bereits in Abschnitt 11.5.2 herausgefunden hatten, lässt sich dieser Schritt nicht aus der Dynamik des Gesamtsystems erklären. Die einfachste Erklärung wäre, dass die nicht-Diagonalterme in $\hat{\varrho}$ so klein sind, dass sie vernachlässigt werden können. Eine einfache Abschätzung zeigt aber, dass die Beiträge der nicht-Diagonalterme von der gleichen Größenordnung wie die Diagonalterme sind:

$$\sum_{n \neq m} \left| c_n c_m^* \right|^2 = \sum_{n,m} \left| c_n \right|^2 \left| c_m \right|^2 - \sum_n \left| c_n \right|^4 = 1 - \sum_n \left| c_n \right|^4 \sim 1 \tag{11.94}$$

Es ist aber gar nicht notwendig zu fordern, dass die Nichtdiagonalelemente verschwinden. Wichtig ist eigentlich nur, dass bei allen Beobachtungen am Gesamtsystem der reine Zustand nicht mehr vom gemischten Zustand unterscheidbar ist.

Die Matrixelemente des Dichteoperators können – abgesehen von wenigen Spezialfällen, in denen sie direkt durch andere, messbare Observable darstellbar sind – nicht unmittelbar beobachtet werden. Zugänglich sind aber die Erwartungswerte von Observablen. Diese Forderung führt zu der notwendigen Bedingung, dass der Erwartungswert jeder beliebigen physikalischen Observablen $\hat{A}$, die zur Beobachtung und Charakterisierung des Gesamtzustands geeignet ist, im reinen und gemischten Zustand gleich sein muss. Ein solcher Operator hat aber nicht mehr die Eigenfunktionen $\left| \sigma_i, \phi_k \right\rangle$ des Gesamtsystems. Deshalb ist der Erwartungswert dieser Observablen im reinen Zustand $\left| \Phi' \right\rangle$

$$\overline{A}_\varrho = \left\langle \Phi' \right| \hat{A} \left| \Phi' \right\rangle = \mathrm{Sp}\, \hat{\varrho} \hat{A} = \sum_{n,m} c_n c_m^* \left\langle \sigma_m, \phi_m \right| \hat{A} \left| \sigma_n, \phi_n \right\rangle \tag{11.95}$$

Für den gemischten Zustand finden wir aber mit derselben Prozedur

$$\overline{A}_\theta = \mathrm{Sp}\, \hat{\theta} \hat{A} = \sum_n c_n c_n^* \left\langle \sigma_n, \phi_n \right| \hat{A} \left| \sigma_n, \phi_n \right\rangle \tag{11.96}$$

Wenn also der reine und der gemischte Zustand ununterscheidbar sein sollen, dann müssen die Nichtdiagonalelemente jedes physikalischen Operators $\hat{A}$ bezüglich der Basiselemente $\left| \sigma_n, \phi_n \right\rangle$ des gesamten Systems aus Messgerät und Messobjekt verschwinden. Für die Diskussion genügt es, wenn wir uns auf Operatoren der Form $\hat{A} = \hat{A}^{(1)} \otimes \hat{A}^{(2)}$ beschränken; dabei wirkt $\hat{A}^{(1)}$ im Hilbert-Raum $\mathcal{H}_1$ auf die Zustände des Messobjekts, $\hat{A}^{(2)}$ dagegen im Hilbert-Raum $\mathcal{H}_2$ auf die Zustände des Messgeräts. Dann zerfallen die Matrixelemente von $\hat{A}$ entsprechend

$$\langle \sigma_m, \phi_m| \, \hat{A} \, |\sigma_n, \phi_n \rangle = \langle \sigma_m, \phi_m| \, \hat{A}^{(1)} \otimes \hat{A}^{(2)} \, |\sigma_n, \phi_n \rangle$$
$$\rightarrow \langle \sigma_m| \, \hat{A}^{(1)} \, |\sigma_n \rangle \, \langle \phi_m| \, \hat{A}^{(2)} \, |\phi_n \rangle \qquad (11.97)$$

Die Matrixelemente $\langle \sigma_m| \, \hat{A}^{(1)} \, |\sigma_n \rangle$ können als mikroskopischer Bestandteil gewertet werden. Diese werden sicher nicht für jeden Operator $\hat{A}^{(1)}$ diagonalisieren. Der Operator $\hat{A}^{(2)}$ repräsentiert dagegen den makroskopischen Bestandteil des Gesamtsystems. Wenn also reiner und gemischter Zustand nicht mehr unterschieden werden können, dann müssen wir

$$\langle \phi_m| \, \hat{A}^{(2)} \, |\phi_n \rangle = 0 \qquad \text{für} \qquad m \neq n \qquad (11.98)$$

fordern. Physikalisch bedeutet ein Matrixelement der Form $\langle \phi_m| \, \hat{A}^{(2)} \, |\phi_n \rangle$, dass unter Wirkung des Operators $\hat{A}^{(2)}$ der Zustand $|\phi_n \rangle$ in den Zustand $|\phi_m \rangle$ übergeht. Verschwinden die Nichtdiagonalelemente, dann ist eine Zustandsänderung des Messinstruments unter der Wirkung von $\hat{A}^{(2)}$ unmöglich, d. h. der Zustand des Messinstruments wurde während der Einstellphase irreversibel verändert. Da wir andererseits eine Objektivität der Messung verlangen, muss auch bei der Anwendung anderer Messoperatoren, die etwa verschiedenen Beobachtern oder Registriervorrichtungen entsprechen, stets die Diagonalität der Matrixelemente entsprechend (11.98) gefordert werden. Diese Eigenschaft wird nun aber durchaus nicht von allen Operatoren erfüllt. Selbstverständlich gibt es hermitesche Operatoren mit der Eigenschaft $\langle \phi_m| \, A^{(2)} \, |\phi_n \rangle \neq 0$. Es kommen deshalb als Beobachtungsobservable nur besondere Operatoren in Frage. Eine mögliche Argumentation[28] macht von der Ortsdarstellung von (11.98) Gebrauch

$$\langle \phi_m| \, \hat{A}^{(2)} \, |\phi_n \rangle = \int \int DX DX' \phi_n(\vec{X}) \left\langle \vec{X} \middle| \, \hat{A}^{(2)} \, \middle| \vec{X}' \right\rangle \phi_m(\vec{X}') \qquad (11.99)$$

Dabei bilden die Vektoren $\vec{X}$ und $\vec{X}'$ Elemente des hochdimensionalen Konfigurationsraums des gesamten Messinstruments, und die Integrationen mit den Volumenelementen DX und DX' erstrecken sich über den gesamten Konfigurationsraum. Die meisten praktisch relevanten Matrixelemente $\left\langle \vec{X} \middle| \, \hat{A} \, \middle| \vec{X}' \right\rangle$ lassen sich auf lokale Operatoren im Konfigurationsraum zurückführen (siehe (4.190) und (4.197)), oder sie besitzen Nichtlokalitäten, die nur auf mikroskopisch kleine Bereiche des Konfigurationsraums beschränkt sind. Gewöhnlich verbinden wir allein dadurch, dass wir in einem Ortsraum leben, einen vernünftigen Messoperator mit dieser Eigenschaft[29]. Damit können wir

---

28) siehe z. B. [21]
29) Es gibt aber auch Ausnahmen, etwa bei der Supraleitung und bei Supraflüssigkeiten, bei denen makroskopisch nichtlokale Operatoren eine wichtige Rolle spielen.

zunächst aus (11.99) einen Ausdruck der Form

$$\langle \phi_m | \hat{A}^{(2)} | \phi_n \rangle \approx \int DX \phi_m(\vec{X}) \hat{A}^{(2)}(\vec{X}) \phi_n(\vec{X}) \qquad (11.100)$$

mit dem lokalen Operator $\hat{A}^{(2)}(\vec{X})$ bilden. Natürlich muss auch dieses Matrixelement noch nicht verschwinden. Beachtet man aber weiterhin, dass ein sinnvoller Messoperator sich nur auf wenige Freiheitsgrade des Messinstruments bezieht, andererseits aber die Wellenfunktionen über ein makroskopisches Volumen des Konfigurationsraums ausgebreitet sind, dann weicht (11.100) nur in einem kleinen Subvolumen von der Orthogonalitätsrelation $\langle \phi_m | \phi_n \rangle$ ab. Bis auf irrelevante Korrekturen für alle zur Messung geeigneten Observablen $A^{(2)}$ werden also die Zustände $| \phi_n \rangle$ des Messinstruments wegen der makroskopischen Ausmaße der Apparatur und der makroskopischen Anzahl der beteiligten Freiheitsgrade klassisch unterscheidbar sein[30]. Mit dieser Unterscheidbarkeit der Zustände des Messinstruments ist aber die Ununterscheidbarkeit zwischen gemischten und reinen Zuständen des Messobjekts verbunden.

11.5.5
*AND und OR

Wir haben in den vorangegangenen Kapiteln gezeigt, dass der reine Zustand, der sich nach der Wechselwirkung zwischen Messobjekt und Messinstrument für das Gesamtsystem einstellt, in allen praktischen Fällen[31] durch einen gemischten Zustand mit einem entsprechenden Dichteoperator ersetzt werden kann. Aber es ist äußerst fragwürdig, die in dem Dichteoperator (11.93) auftretenden Wahrscheinlichkeiten $w_n = |c_n|^2$ als Wahrscheinlichkeiten im Sinne von Alternativen zu verstehen.

Für die Berechnung von Erwartungswerten darf man selbstverständlich den Dichteoperator des gemischten Zustands benutzen und damit zum Ensemblebild übergehen; für das konkrete, an sich bei einer Messung auch einmalige Experiment bleibt aber der reine Zustand erhalten. Ersetzen wir den Dichteoperator dieses Zustands durch den Dichteoperator des gemischten Zustands, so geschieht dies aufgrund einer sehr sinnvollen, für alle praktischen Fälle erfüllten Annahme (11.98), die aber nur im mathematischen Sinne die Äquivalenz zwischen reinem Zustand (11.92) und gemischtem Zustand (11.93) herstellt. Physikalisch liegt eigentlich immer noch die Superposition der einzelnen Zustände im reinen Zustand vor, d. h. die AND-Situation.

Genau genommen haben wir also den Übergang vom AND zum OR und damit den Kollaps der Wellenfunktion einer stillschweigenden Änderung der Interpretation der Summanden im Dichteoperator zu verdanken. Während in (11.92) ein reiner Zustand vorlag, in dem auch bei nur einem Experiment

---

30) d. h. die Nichtdiagonalelemente sind nicht mehr spürbar
31) J.S. Bell sprach hier von „FAPP": for all practical purposes.

alle möglichen Ausgänge seriell vereinigt waren, haben wir in (11.93) nicht nur in mathematisch erlaubter Weise irrelevante Terme weggelassen, sondern auch die Bedeutung der Summation verändert. Jetzt stehen die hier auftretenden Summanden für parallel existierende Alternativen, die im Sinne der OR-Situation zu verstehen sind. Diese für ein einzelnes Experiment notwendige Änderung der Interpretation von der Superposition zur Alternative[32] stellt nach wie vor ein fundamentales Problem der Quantenmechanik dar.

Nur wenige der Physiker, die sich momentan mit Grundlagenproblemen des Messprozesses befassen, glauben noch daran, dass sich der Übergang vom AND zum OR und damit der Kollaps der Wellenfunktion tatsächlich im Rahmen des quantenmechanischen Kalküls beschreiben lässt. Vielmehr wird dieser Übergang stillschweigend vorausgesetzt oder, wie auch in diesem Lehrbuch, direkt in Form eines Axioms postuliert. Wichtig ist, dass dieses Axiom nicht im Widerspruch zu der experimentellen Ergebnissen steht und sich zwanglos in das restliche Gebäude der Quantenmechanik einordnen lässt.

11.6
*Anwendungen der Theorie des Messprozesses

11.6.1
*Der Quanten-Zenon-Effekt

Die Paradoxien des Zenon von Elea (um 490–420 v. Chr.) sind charakteristisch für die Probleme der frühen europäischen Philosophie. Für uns sind sie hier nur insofern von Interesse, als sie den Namen für einen sehr interessanten Quanteneffekt gaben. Zenon will unter anderem beweisen, dass der Begriff der Bewegung aus der damaligen philosophischen Sicht widersprüchlich ist. Der „Pfeil des Zenon" ist ein typisches Beispiel für seine Denkweise: Nach Zenon kann ein fliegender Pfeil niemals sein Ziel erreichen. Denkt man sich nämlich die Zeit in einzelne Zeitpunkte zerlegt, so ruht der Pfeil zu jedem Zeitpunkt. Wenn er aber ruht, so kann er sich nicht bewegen, was folglich ein Widerspruch dazu ist, dass sich der Pfeil ja in Wirklichkeit bewegt.

Versteht man die Beobachtung eines Systems etwa in der Art des Zenon, dann lässt sich das an sich absurde Beispiel des Zenon tatsächlich in der Quantenmechanik finden. Es ist nämlich möglich, unter bestimmten Voraussetzungen ein quantenmechanisches System durch permanente Beobachtung zu verlangsamen und sogar nahezu zum Stillstand zu bringen.

Wir wollen den sogenannten Quanten-Zenon-Effekt an einem einfachen System mit nur zwei Zuständen diskutieren. Dazu betrachten wir ein Spin-

---

32) d. h. die eigentliche Reduktion der Wellenfunktion

1/2-Teilchen, dessen Hamilton-Operator durch

$$\hat{H} = \hbar\omega_0\hat{\sigma}_x \tag{11.101}$$

beschrieben wird. Wir wollen an diesem System die Spinkomponente in z-Richtung beobachten. Dazu nehmen wir an, dass zur Zeit $t = 0$ das Teilchen so präpariert war, dass es sich im Zustand

$$|\psi(0)\rangle = \begin{pmatrix} 1 \\ 0 \end{pmatrix} = |\chi_+\rangle \tag{11.102}$$

d. h. im Eigenzustand des Operators S_z mit dem Eigenwert $\hbar/2$ befand. Mit (11.101) und (4.237) ist die Zeitentwicklung des Zustands durch den unitären Zeitentwicklungsoperator

$$\hat{U}(t) = \exp\left\{-\frac{\mathrm{i}}{\hbar}\hat{H}t\right\} = \sum_{n=0}^{\infty}\frac{(-\mathrm{i})^n\omega_0^n t^n}{n!}\hat{\sigma}_x^n$$

$$= \sum_{n=0}^{\infty}\frac{\mathrm{i}^{2n}\omega_0^{2n}t^{2n}}{(2n)!}\left[\hat{\sigma}_x^2\right]^n - \sum_{n=0}^{\infty}\frac{\mathrm{i}^{2n+1}\omega_0^{2n+1}t^{2n+1}}{(2n+1)!}\left[\hat{\sigma}_x^2\right]^n\sigma_x \tag{11.103}$$

gegeben. Wegen $\sigma_x^2 = 1$ erhalten wir damit

$$\hat{U}(t) = \sum_{n=0}^{\infty}\frac{(-1)^n\omega_0^{2n}t^{2n}}{(2n)!}\hat{1} - \mathrm{i}\sum_{n=0}^{\infty}\frac{(-1)^n\omega_0^{2n+1}t^{2n+1}}{(2n+1)!}\hat{\sigma}_x$$

$$= \hat{1}\cos\omega_0 t - \mathrm{i}\hat{\sigma}_x\sin\omega_0 t \tag{11.104}$$

oder in der expliziten Matrizendarstellung:

$$\hat{U}(t) = \begin{pmatrix} \cos\omega_0 t & -\mathrm{i}\sin\omega_0 t \\ -\mathrm{i}\sin\omega_0 t & \cos\omega_0 t \end{pmatrix} \tag{11.105}$$

Damit ist dann der Zustand des Systems zu einem späteren Zeitpunkt gegeben durch

$$|\psi(t)\rangle = \hat{U}(t)|\psi(0)\rangle = \begin{pmatrix} \cos\omega_0 t \\ -\mathrm{i}\sin\omega_0 t \end{pmatrix} \tag{11.106}$$

Die Wahrscheinlichkeit, dass wir bei einer Messung der Spinkomponente S_z zur Zeit T den Wert $\hbar/2$ erhalten, ist dann

$$w_+(T) = |\langle\psi(0)|\psi(T)\rangle|^2 = \cos^2\omega_0 T \tag{11.107}$$

Wir werden nun am gleichen System mehrere, zeitlich im Abstand Δt aufeinanderfolgende Messungen unternehmen. Bei der ersten Messung nach der Präparation erhalten wir mit der Wahrscheinlichkeit $\cos^2\omega_0\Delta t$ den Eigenwert $\hbar/2$ und deshalb mit der Wahrscheinlichkeit $\sin^2\omega_0\Delta t$ den Eigenwert $-\hbar/2$.

Nehmen wir an, der erste Fall ist eingetreten. Dann ist nach der Messung die Wellenfunktion kollabiert, und das System befindet sich wieder im Ausgangszustand $|\chi_+\rangle$. Die Zeitevolution setzt sich von nun ab entsprechend (11.106) fort. Bestimmen wir nach einem weiteren Zeitintervall Δt erneut die z-Komponente des Spins, dann liegt nach der Messung wiederum mit der Wahrscheinlichkeit $\cos^2 \omega_0 \Delta t$ der Ausgangszustand vor. Die Wahrscheinlichkeit, sowohl bei der ersten als auch bei der zweiten Messung den Wert $\hbar/2$ zu finden und damit nach Beendigung der letzten Messung wieder im Ausgangszustand zu sein, ist dann $\cos^4 \omega_0 \Delta t$. Setzen wir die Messungen fort, dann finden wir die Wahrscheinlichkeit, nach N Messungen immer noch im Ausgangszustand zu sein:

$$w_N(\Delta t) = \cos^{2N} \omega_0 \Delta t \tag{11.108}$$

Wir setzen jetzt $T = N\Delta t$. Dann ist damit die Wahrscheinlichkeit, dass bei N Beobachtungen das Teilchen im Ausgangszustand verharrt

$$\widetilde{w}_+(T) = w_N\left(\frac{T}{N}\right) = \cos^{2N} \omega_0 \frac{T}{N} \tag{11.109}$$

Wir wollen jetzt den Fall untersuchen, dass die Beobachtung nahezu permanent wird, d. h. dass $\Delta t \to 0$. Dann ist $\omega_0 T/N \ll 1$ zu fordern, und wir erhalten

$$\widetilde{w}_+(T) = \left(\cos^2 \omega_0 \frac{T}{N}\right)^N = \left(1 - \sin^2 \omega_0 \frac{T}{N}\right)^N \approx \left(1 - \omega_0^2 \frac{T^2}{N^2}\right)^N \tag{11.110}$$

und damit

$$\widetilde{w}_+(T) \approx \exp\left\{N \ln\left(1 - \omega_0^2 \frac{T^2}{N^2}\right)\right\} \approx \exp\left\{-\omega_0^2 \frac{T^2}{N}\right\} \tag{11.111}$$

Wir wollen dieses Resultat mit der Wahrscheinlichkeit (11.107) vergleichen. Beobachten wir das System nur einmal zur Zeit $T_0 = \pi/2\omega_0$, dann finden wir das System mit Sicherheit nicht mehr im Ausgangszustand. Wir können deshalb T_0 als elementare Zeitskala des unbeobachteten Systems interpretieren. Das nahezu permanent observierte System befindet sich dagegen selbst zu weitaus größeren Zeiten mit der Wahrscheinlichkeit

$$\widetilde{w}_+(T) \approx \exp\left\{-\frac{1}{N}\left(\frac{\pi T}{2T_0}\right)^2\right\} \tag{11.112}$$

immer noch im Ausgangszustand. Wir können aus (11.112) die Halbwertszeit $T_{1/2}$ abschätzen, bei der das System mit einer Wahrscheinlichkeit von 50% den Ausgangszustand zum ersten Mal verlassen hat:

$$T_{1/2} = \frac{2T_0}{\pi}\sqrt{N \ln 2} \sim N^{1/2} T_0 \tag{11.113}$$

Hier liegt dann auch die Ursache für die Bezeichnung des Quanten-Zenon-Effekts. Je mehr Beobachtungen stattfinden, d. h. je kürzer die Beobachtungsintervalle werden, desto mehr stabilisiert sich das System im Ausgangszustand. Beim Quanten-Zenon-Effekt handelt es sich gewissermaßen um eine geschickte Kombination der Zeitevolution und des Kollapses quantenmechanischer Zustände.

Eine spezielle Version des Quanten-Zenon-Effekts wurde erstmalig 1980 von A. Peres experimentell unter Verwendung optischer Polarisationsfilter realisiert.

11.6.2
*Delayed-Choice-Experimente

Bei einem Delayed-Choice-Experiment lässt man ein Quantensystem mit einem anderen System wechselwirken, legt aber erst nach der Wechselwirkung fest, welche Größe man an diesem Quantensystem messen wird. Dieses 1981 von J.A. Wheeler vorgeschlagene Experiment wurde 1987 erstmals realisiert.

Die Grundidee des Delayed-Choice-Experiments folgt dem Doppelspaltexperiment. Im Unterschied dazu kann aber der Bildschirm hinter dem Doppelspalt wahlweise entfernt und durch zwei Teleskop-Detektoren ersetzt werden, sodass sich feststellen lässt, welchen Spalt das Teilchen passiert hat. Je nachdem, ob Bildschirm oder Teleskope eingeschaltet sind, registrieren wir, dass das Teilchen beide Spalte oder nur jeweils einen Spalt durchlaufen hat. Mit dem Bildschirm finden wir wieder das bekannte Interferenzmuster, aus dem wir den Schluss ziehen können, dass das Teilchen durch beide Spalte gelangt ist. Der Unterschied zu dem in Abschnitt 11.1.2 diskutierten Doppelspaltexperiment ist aber, dass der Experimentator erst dann die Entscheidung für die eine oder andere Messmethode trifft, wenn das Teilchen bereits den Doppelspalt durchlaufen hat. Es zeigt sich, dass die Verzögerung keinen Einfluss auf die Messergebnisse hat. Im Prinzip wird damit der bekannte Sachverhalt bestätigt. Der Messprozess und die damit verbundene Wahl der zu messenden Observablen entscheidet über die Realisierung der möglichen Messresultate eines Experiments. Da die Messung nach der Wechselwirkung erfolgt, können solche Experimente aber auch im Sinne von Feynmans Summation der Möglichkeiten interpretiert werden. Erst mit der Messung wird eine der möglichen Historien zur Realität.

Man könnte natürlich fragen, wie lange man die Entscheidung über die Messmethode verzögern und damit im Sinne Feynmans die Historie rückwärts festlegen kann. Bei den Laborexperimenten handelt es sich maximal nur um wenige Nanosekunden. Es wurden deshalb auch Szenarien vorgeschlagen, bei denen die Entscheidung über das Messverfahren erst Milliarden von Jahre nach der Wechselwirkung getroffen wird. So könnte man die Strahlung von Quasaren untersuchen, die unter der Wirkung einer aus Galaxien gebildeten Graviationslinse – als Ersatz für den Doppelspalt – gebündelt und von der Erde beobachtet wird. Man könnte dann erst bei Ankunft der Photonen auf der Erde entscheiden, ob man mit einem Schirm Interferenzmuster messen will und damit die verschiedenen Wege eines Photons durch die Graviationslinse erfasst, oder ob man mit Detektoren die Richtung der Photonen registriert.

11.6.3
*Wechselwirkungsfreie Messung

11.6.3.1 *Das Mach-Zehnder-Interferometer

Das Mach-Zehnder-Interferometer erlaubt es, ähnlich wie beim Doppelspalt-experiment Strahlen zu teilen, zu manipulieren und anschließend wieder zusammenzuführen. Als Partikel wählt man meistens Photonen, deren Dichte soweit gedrosselt wird, dass sie einzeln in die Apparatur eintreten. Im Gegensatz zum Doppelspaltexperiment lassen sich hier aber die Strahlen beliebig weit trennen, wodurch die Quanteneffekte weitaus stärker ins Gewicht fallen.

Ein Mach-Zehnder-Interferometers besteht aus zwei Strahlteilern[33], mehreren Spiegeln und zwei Detektoren (Abb.11.3). Dabei ist zu beachten, dass bei jedem Strahlteiler zwischen den beiden auslaufenden Teilstrahlen eine Phasenverschiebung von einem Viertel der Wellenlänge auftritt. Bei einem Mach-Zehnder-Interferometer trifft ein einfallender Lichtstrahl auf den ersten Strahlteiler und wird dabei teilweise durchgelassen, teilweise reflektiert. Die Teilstrahlen trennen sich unter einem Winkel von $\pi/2$, werden dann von zwei Spiegeln reflektiert und treffen in einem zweiten Strahlteiler wieder zu-

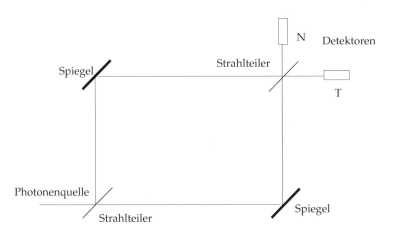

Abb. 11.3 Schematischer Aufbau des Mach-Zehnder-Interferometers

33) Es handelt sich dabei gewöhnlich um einen halbdurchlässigen Spiegel. Für die weitere Diskussion werden wir immer von einem solchen Bauelement ausgehen.

sammen. Hinter diesem Strahlteiler stehen zwei Detektoren (N und T), die alle ankommenden Photonen registrieren. Sind die optischen Weglängen für beide Strahlen gleich lang, dann spricht nur der Detektor T an. Die Gleichheit der optischen Weglängen entsteht, weil die bei T ankommenden Photonen je zweimal reflektiert[34] und einmal an einem Strahlteiler durchgelassen werden. Damit haben beide Strahlen die gleiche Phasenverschiebung. Am Detektor N hat einer der eintreffenden Teilstrahlen drei Reflexionen, der andere nur eine Reflexion erfahren. Der dadurch vorhandene Gangunterschied von einer halben Wellenlänge führt zur vollständigen Auslöschung.

Man erkennt die Äquivalenz zum Doppelspaltexperiment am besten, wenn man die Strahlintensität so weit drosselt, dass nur noch einzelne Photonen das Interferometer passieren. Jedes Photon durchläuft beide Wege, sodass am Detektor N nach wie vor die destruktive Interferenz stattfindet und deshalb nur der Detektor T anspricht. Gegenüber dem Doppelspaltexperiment hat das Mach- Zehnder-Interferometer aber einen entscheidenden Vorteil: In der Grundkonfiguration kommen die Photonen ausschließlich am Detektor T an, sodass die Auswertung wesentlich einfacher wird als die des Interferenzbilds beim Doppelspalt.

Dem Sperren eines Spalts im Doppelspaltexperiment entspricht das Einbringen eines Hindernisses in einen Teilstrahl. Jetzt wird das Teilchenbild relevant. Im Mittel wird jedes zweite Photon am Hindernis absorbiert, die anderen gelangen über den unversperrten Teilstrahl zum Strahlteiler und werden hier zur Hälfte auf die beiden Detektoren N und T verteilt. Damit reagiert jeder Detektor im Mittel auf ein Viertel der in das Interferometer eingestrahlten Photonen. Im Prinzip genügt ein am Detektor N nachgewiesenes Photon, um zu zeigen, dass ein Strahlengang versperrt ist.

11.6.3.2 * **Prinzip der wechselwirkungsfreien Messung**

Wir wollen nun das Mach-Zehnder-Interferometer für den Nachweise nutzen, dass in einem Strahlengang ein Hindernis ist. Dazu machen wir eine Versuchsreihe, bei der einzelne Photonen durch die Apparatur geschickt werden. Bei jedem Durchgang eines Photons kann einer der beiden Wege des Interferometers mit 50% Wahrscheinlichkeit gesperrt oder nicht gesperrt sein. Ist kein Hindernis vorhanden, spricht mit Sicherheit nur der Detektor T an. Ist ein Hindernis vorhanden, dann wird in der Hälfte der verbliebenen Fälle, also in 25% aller Versuche, das Photon vom Hindernis absorbiert. Dann reagiert kein Detektor, und wir wissen, dass ein Hindernis vorhanden ist. In den restlichen Fällen erreicht das Photon den zweiten Strahlteiler und wird jeweils zur Hälfte von den Detektoren T oder N registriert. Wir kommen deshalb zu folgendem Resultat. Bei 62, 5% aller Versuche spricht der Detektor T an. In die-

---

34) jeweils an einem halbdurchlässigen Spiegel und an einem Vollspiegel

sem Fall ist entweder kein Hindernis im Strahlengang, oder wir können keine Aussage machen. Zu 25% reagiert kein Detektor. Dann ist ein Hindernis im Strahlengang, aber es kam zu einer Wechselwirkung zwischen Hindernis und Photon. Zu 12, 5% aller Fälle reagiert aber Detektor N. Dann ist ein Hindernis im Strahlengang, aber es gab keine Wechselwirkung mit dem Hindernis. Wir haben damit für 1/8 aller Versuche ein Hindernis registriert, ohne dass es im klassisch-physikalischen Sinne zu einem Kontakt kam, denn das Photon selbst kam ja am Detektor an[35].

11.6.3.3 *Zerstörungsfreie Materialprüfung nach Elitzur-Vaidman

Wir modifizieren nun die Aufgabenstellung noch etwas. Dazu nehmen wir an, es gebe zwei Sorten von Testobjekten, von denen die eine Sorte lichtdurchlässig, die andere dagegen undurchlässig, aber extrem lichtempfindlich ist, sodass diese Objekte beim ersten Kontakt mit einem Photon unbrauchbar werden. Wir wollen nun überlegen, wie man ein Gemisch dieser beiden Sorten möglichst effektiv sortiert. Wir wissen bereits aus den vorangegangenen Überlegungen, dass bei dem eben diskutierten Verfahren die Hälfte der lichtempfindlichen Objekte unbrauchbar wird und als zerstört aussortiert werden muss (kein Detektor reagiert). Ein Viertel der empfindlichen Objekte wird als solche erkannt (Detektor N spricht an) und der Rest bleibt unerkannt zusammen mit den lichtdurchlässigen Objekten (Detektor T spricht an). Hat der Detektor T reagiert, wiederholt man das Experiment und lässt ein weiteres Photon in das Interferometer. Von dem noch nicht aufgeklärten Viertel der lichtempfindlichen Objekte werden wieder 50% zerstört und 25% erkannt; der Rest muss erneut untersucht werden. Deshalb wird man bei einer Fortsetzung der Prozedur maximal den Anteil

$$p = \frac{1}{4} + \frac{1}{16} + \frac{1}{64} + \cdots = \frac{1}{3} \qquad (11.114)$$

aller empfindlichen Objekte unzerstört aussortieren können.

Man kann diesen Anteil aber noch weiter erhöhen. Dazu modifiziert man die Strahlteiler so, dass sie mit unterschiedlichen Intensitäten durchlassen und reflektieren. Wir können für den Fall freier Strahlengänge den Zustand der einfallenden Welle $|\psi\rangle$ nach der Zerlegung als

$$|\psi\rangle = \cos\alpha \, |\psi_1\rangle + i \sin\alpha \, |\psi_2\rangle \qquad (11.115)$$

schreiben. Dabei ist α ein apparativer Parameter, der die Aufteilung durch den Strahlteiler beschreibt. Die orthogonalen Zustände $|\psi_1\rangle$ und $|\psi_2\rangle$ entsprechen den Zuständen der beiden Teilstrahlen. Deshalb ist $\cos^2\alpha$ die Wahrscheinlichkeit, dass ein Photon im ersten Teilstrahl beobachtet wird, während $\sin^2\alpha$ die

---

35) Aber es wurde von dem Detektor registriert, an dem es nie hätte ankommen dürfen, wenn beide Strahlengänge frei gewesen wären.

Wahrscheinlichkeit für den anderen Zweig ist. Der Phasenfaktor i berücksichtigt die Phasenverschiebung. Der bereits reflektierte Zustand wird am zweiten Spiegel nochmals reflektiert, d. h. wir finden den Übergang $|\psi_2\rangle \to i\,|\psi_2'\rangle$, und gelangt dann zum zweiten Strahlteiler. Der reflektierte Strahl trifft auf den zweiten Strahlteiler und wird nochmals zerlegt:

$$|\psi_2'\rangle = \cos\beta\,|\psi_T\rangle + i\sin\beta\,|\psi_N\rangle \tag{11.116}$$

Dabei sind $|\psi_T\rangle$ bzw. $|\psi_N\rangle$ die Wellenfunktionen des Photons am Detektor T bzw. N. Analog erhalten wir für den anderen Strahl $|\psi_1\rangle \to i\,|\psi_1'\rangle$ und

$$|\psi_1'\rangle = \cos\beta\,|\psi_N\rangle + i\sin\beta\,|\psi_T\rangle \tag{11.117}$$

Einsetzen in (11.115) ergibt somit

$$\begin{aligned}
|\psi\rangle &= \cos\alpha\,|\psi_1\rangle + i\sin\alpha\,|\psi_2\rangle \\
&= i\cos\alpha\,|\psi_1'\rangle - \sin\alpha\,|\psi_2'\rangle \\
&= i\cos\alpha\,(\cos\beta\,|\psi_N\rangle + i\sin\beta\,|\psi_T\rangle) - \sin\alpha\,(\cos\beta\,|\psi_T\rangle + i\sin\beta\,|\psi_N\rangle) \\
&= i\cos(\alpha+\beta)\,|\psi_N\rangle - \sin(\alpha+\beta)\,|\psi_T\rangle
\end{aligned} \tag{11.118}$$

Stellen wir die Strahlteiler so ein, dass $\alpha + \beta = \pi/2$ gilt, dann erhalten wir wieder die übliche Situation. Nur der Detektor T registriert die einfallenden Funktionen, der Detektor N spricht niemals an. Liegt dagegen ein Hindernis in einem Strahlengang, dann erreicht nur der zweite Teilstrahl die Detektoren, und wir erhalten

$$\begin{aligned}
|\psi\rangle &= \cos\alpha\,|\psi_1\rangle - \sin\alpha\,|\psi_2'\rangle \\
&= \cos\alpha\,|\psi_1\rangle - \sin\alpha\cos\beta\,|\psi_T\rangle - i\sin\alpha\sin\beta\,|\psi_N\rangle
\end{aligned} \tag{11.119}$$

Berücksichtigt man wieder $\alpha + \beta = \pi/2$, dann bekommen wir

$$|\psi\rangle = \cos\alpha\,|\psi_1\rangle - \sin^2\alpha\,|\psi_T\rangle - i\sin\alpha\cos\alpha\,|\psi_N\rangle \tag{11.120}$$

Damit ist die Wahrscheinlichkeit, dass das Photon am Hindernis absorbiert wird, $\cos^2\alpha$; die Wahrscheinlichkeit, dass es Detektor T erreicht, $\sin^4\alpha$; und die Wahrscheinlichkeit, dass es von Detektor N registriert wird (und damit ohne Wechselwirkung ein Hindernis signalisiert), $\sin^2\alpha\cos^2\alpha$. Der Anteil $\sin^4\alpha$ erlaubt keine Entscheidung und muss deshalb erneut getestet werden. Deshalb ist der Anteil an lichtempfindlichen Objekten, die letztendlich als wechselwirkungsfrei identifiziert werden, gegeben durch

$$p = \sin^2\alpha\cos^2\alpha + \sin^6\alpha\cos^2\alpha + \cdots = \sin^2\alpha\cos^2\alpha \sum_{n=0}^{\infty} \sin^{4n}\alpha \tag{11.121}$$

und damit

$$p = \frac{\sin^2\alpha\cos^2\alpha}{1 - \sin^4\alpha} = \frac{\sin^2\alpha}{1 + \sin^2\alpha} \tag{11.122}$$

Für $\alpha \to \pi/2$ erreicht man eine Erfolgsquote von 50%. Tatsächlich kann man diese Rate sogar fast bis 100% steigern. Dazu kann man z. B. den Quanten-Zenon-Effekt mit dem Mach-Zehnder-Interferometer koppeln. Wir verweisen hierfür aber auf die Spezialliteratur[36].

11.6.4
*Quantencomputer

Seit Mitte der 80er Jahre des vergangenen Jahrhunderts hat sich die Quanten-informationsverarbeitung zu einem eigenständigen interdisziplinären Gebiet entwickelt. Das Gesamtgebiet dieser mathematisch-physikalischen Wissenschaft kann und soll hier natürlich nicht dargestellt werden[37]. Speichert man in einem normalen Computer einzelne Bits, dann benutzt man dafür physikalische Systeme, die zwischen zwei stabilen Zustände schalten können. Prinzipiell können diese Aufgabe auch Quantensysteme übernehmen, beispielsweise polarisierte Photonen oder Spin-1/2-Teilchen. Es kommen dazu aber auch Atome in Frage, die sich im Grundzustand oder in einem angeregten Zustand befinden können. Ganz allgemein können wir diesen Systemen zwei Basiszustände, nämlich $|\chi_+\rangle$ und $|\chi_-\rangle$, zuordnen, mit denen man zunächst alle klassischen logischen Operationen durchführen kann. Benutzen wir die für die Spinalgebra übliche Darstellung in einem zweidimensionalen Hilbert-Raum, dann kann man beispielsweise die Negationsoperation $|\chi_+\rangle \to |\chi_-\rangle$ bzw. $|\chi_-\rangle \to |\chi_+\rangle$ wegen

$$\hat{\sigma}_x |\chi_+\rangle = |\chi_-\rangle \tag{11.123}$$

und

$$\hat{\sigma}_x |\chi_-\rangle = |\chi_+\rangle \tag{11.124}$$

durch Anwendung des Operators $\hat{\sigma}_x$ erreichen. Da es sich bei den vorliegenden Systemen um Quantensysteme handelt, kommen an dieser Stelle auch ganz andere Möglichkeiten in Frage. Der Zustand eines solchen Elementarsystems muss ja nicht mehr wie beim klassischer Computer nur aus zwei, sich gegenseitig ausschließenden Zuständen bestehen, sondern kann sich in einer beliebigen Superposition der beiden Basiszustände befinden:

$$|\psi\rangle = c_- |\chi_-\rangle + c_+ |\chi_+\rangle \tag{11.125}$$

Dabei können c_+ und c_- beliebige komplexe Zahlen mit der einschränkenden Bedingung $|c_+|^2 + |c_-|^2 = 1$ sein. Im Prinzip kann nun jeder aus dem Identitätsoperator $\hat{1}$ und den Pauli-Operatoren $\hat{\sigma}_x$, $\hat{\sigma}_y$ und $\hat{\sigma}_z$ aufgebaute Operator auf den Zustand $|\psi\rangle$ wirken. Selbst wenn zu Beginn ein Basiszustand vorlag,

---

36) siehe z. B. die Originalarbeit von A.C. Elitzur und L. Vaidman [13]
37) Hierzu gibt es inzwischen eine umfangreiche Literatur, siehe z. B. [32, 5] oder A. Steane, *Quantum Computing* in Rep. Prog. Phys., **61** (1998) 117–173.

entsteht durch die Operation in den meisten Fällen eine Superposition von Basiszuständen.

Man bezeichnet den aus zwei Basiszuständen aufgebauten Zustand $|\psi\rangle$ im Rahmen der Quanteninformationsverarbeitung auch als *Q-bit*. Eine Folge von N Q-bits entspricht dann einem Vektor im Hilbert-Raum $\mathcal{H}_2^N = \mathcal{H}_2 \otimes \mathcal{H}_2 \otimes \ldots$. Deshalb hat ein allgemeiner Zustand jetzt die Form

$$|\psi\rangle = \sum_{\alpha_1,\alpha_2,\ldots} c_{\alpha_1,\alpha_2,\ldots,\alpha_N} |\alpha_1\rangle \otimes |\alpha_2\rangle \otimes \cdots \otimes |\alpha_N\rangle \tag{11.126}$$

Beispielsweise für $N = 16$ entspricht der klassischen Folge aus 16 Bits eine natürliche Zahl zwischen 0 und 65535. In einem einzelnen Quantenzustand können wir aber jetzt eine Superposition aus sämtlichen Zahlen zwischen 0 und 65535 speichern. Damit besteht aber auch die Möglichkeit, an allen diesen Zahlen gleichzeitig durch Anwendung eines geeigneten Operators eine entsprechend übersetzte mathematische Operation vorzunehmen.

Man bezeichnet dieses Verfahren, bei dem die gleiche Operation an einer ganzen Reihe von Zahlen gleichzeitig ausgeführt wird, auch als *massive Parallelisierung*. In dieser Möglichkeit und der für Quantensysteme wesentlichen schnelleren Schaltzeit liegt eine Hoffnung für die Gestaltung zukünftiger Computergenerationen.

11.6.5
*Quanten-Teleportation

Ein weiteres interessantes Anwendungsgebiet öffnet sich aus der Tatsache, dass man – ausgehend von einem gegebenen *unbekannten* Quantenzustand am Ort A – den identischen Quantenzustand an einem anderen Ort B erzeugen kann. Allerdings geht bei dieser Operation das Original verloren. Um dieses Phänomen zu verstehen, brauchen wir die sogenannten Bell-Zustände. Dazu betrachten wir den 2×2-dimensionalen Hilbert-Raum $\mathcal{H} = \mathcal{H}_2 \otimes \mathcal{H}_2$. Hier können wir aus den vier separablen Basisvektoren

$$|\chi_+\rangle \otimes |\chi_+\rangle \qquad |\chi_-\rangle \otimes |\chi_+\rangle \qquad |\chi_+\rangle \otimes |\chi_-\rangle \qquad |\chi_-\rangle \otimes |\chi_-\rangle \tag{11.127}$$

eine neue Basis bilden. Wir verwenden dazu die sogenannten vollständig antikorrelierten Bell-Zustände

$$|\Phi_1\rangle = \frac{1}{\sqrt{2}} \left(|\chi_+\rangle \otimes |\chi_-\rangle - |\chi_-\rangle \otimes |\chi_+\rangle \right) \tag{11.128}$$

und

$$|\Phi_2\rangle = \frac{1}{\sqrt{2}} \left(|\chi_+\rangle \otimes |\chi_-\rangle + |\chi_-\rangle \otimes |\chi_+\rangle \right) \tag{11.129}$$

sowie die vollständig korrelierten Bell-Zustände

$$|\Phi_3\rangle = \frac{1}{\sqrt{2}} \left(|\chi_+\rangle \otimes |\chi_+\rangle - |\chi_-\rangle \otimes |\chi_-\rangle \right) \tag{11.130}$$

und

$$|\Phi_4\rangle = \frac{1}{\sqrt{2}}\left(|\chi_+\rangle \otimes |\chi_+\rangle + |\chi_-\rangle \otimes |\chi_-\rangle\right) \tag{11.131}$$

Man kann sich leicht davon überzeugen, dass diese neue Basis wieder orthonormiert ist. Aus diesen Zuständen lässt sich der Bell-Operator (in der Spektraldarstellung)

$$\hat{B} = \sum_{n=1}^{4} b_n |\Phi_n\rangle \langle \Phi_n| \tag{11.132}$$

bilden. Bei einer Messung der dem Bell-Operator entsprechenden Observablen findet man also nur die Messwerte b_n. Man weiß damit sofort, in welchen der vier Bell-Zustände der untersuchte Zustand nach der Messung kollabiert ist. Man bezeichnet ein solches Verfahren auch als Bell-Messung. Allerdings ist die praktische Umsetzung dieser Messung nicht trivial.

Natürlich können wir die separablen Basiszustände (11.127) durch die Bell-Zustände ausdrücken. Wir bekommen

$$|\chi_+\rangle \otimes |\chi_+\rangle = \frac{|\Phi_3\rangle + |\Phi_4\rangle}{\sqrt{2}} \qquad |\chi_-\rangle \otimes |\chi_-\rangle = \frac{|\Phi_4\rangle - |\Phi_3\rangle}{\sqrt{2}} \tag{11.133}$$

und

$$|\chi_+\rangle \otimes |\chi_-\rangle = \frac{|\Phi_1\rangle + |\Phi_2\rangle}{\sqrt{2}} \qquad |\chi_-\rangle \otimes |\chi_+\rangle = \frac{|\Phi_2\rangle - |\Phi_1\rangle}{\sqrt{2}} \tag{11.134}$$

Nach diesen Vorbetrachtungen wollen wir die Quanten-Teleportation an einem einfachen Beispiel erläutern. Angenommen, wir haben einen unbekannten Zustand eines Spin$-1/2$-Teilchens

$$\left|\psi^A\right\rangle = c_+ \left|\chi^A_+\right\rangle + c_- \left|\chi^A_-\right\rangle \tag{11.135}$$

Dieses Teilchen befinde sich an einer bestimmten Stelle A des Raums. An einer anderen Stelle B befinde sich ein zweites Teilchen, auf das wir diesen Zustand übertragen möchten. Dazu präparieren wir am Ort B aus diesem Teilchen und einem dritten Partikel M einen verschränkten Zustand, der beispielsweise dem Bell-Zustand $|\Phi_4\rangle$ entspricht

$$\left|\psi^{M,B}\right\rangle = \frac{1}{\sqrt{2}}\left[\left|\chi^M_+\right\rangle \otimes \left|\chi^B_+\right\rangle + \left|\chi^M_-\right\rangle \otimes \left|\chi^B_-\right\rangle\right] \tag{11.136}$$

Aus quantenmechanischer Sicht bilden dann die drei Teilchen A, B und M einen partiell separablen Gesamtzustand

$$\begin{aligned}
|\Phi\rangle &= \left|\psi^A\right\rangle \otimes \left|\psi^{M,B}\right\rangle \\
&= \frac{c_+ \left|\chi^A_+\right\rangle + c_- \left|\chi^A_-\right\rangle}{\sqrt{2}} \otimes \left[\left|\chi^M_+\right\rangle \otimes \left|\chi^B_+\right\rangle + \left|\chi^M_-\right\rangle \otimes \left|\chi^B_-\right\rangle\right]
\end{aligned} \tag{11.137}$$

oder

$$|\Phi\rangle = \frac{c_+}{\sqrt{2}}\left|\chi_+^A\right\rangle \otimes \left|\chi_+^M\right\rangle \otimes \left|\chi_+^B\right\rangle + \frac{c_+}{\sqrt{2}}\left|\chi_+^A\right\rangle \otimes \left|\chi_-^M\right\rangle \otimes \left|\chi_-^B\right\rangle$$

$$+ \frac{c_-}{\sqrt{2}}\left|\chi_-^A\right\rangle \otimes \left|\chi_+^M\right\rangle \otimes \left|\chi_+^B\right\rangle + \frac{c_-}{\sqrt{2}}\left|\chi_-^A\right\rangle \otimes \left|\chi_-^M\right\rangle \otimes \left|\chi_-^B\right\rangle \qquad (11.138)$$

Ohne Veränderung des Gesamtzustands kann jetzt das Teilchen M von B nach A gebracht werden. Im Prinzip kann diese Prozedur bereits lange geschehen sein, bevor der unbekannte Zustand am Teilchen A erzeugt wird. Wir können den Zustand $|\Phi\rangle$ in eine andere Darstellung bringen, indem wir jetzt die Teilzustände der Teilchen A und M unter Verwendung von (11.133) und (11.134) nach Bell-Zuständen entwickeln. Nach einigen Umformungen erhalten wir

$$|\Phi\rangle = \frac{1}{2}\left|\Phi_1^{A,M}\right\rangle \otimes \left(c_+ \left|\chi_-^B\right\rangle - c_- \left|\chi_+^B\right\rangle\right)$$

$$+ \frac{1}{2}\left|\Phi_2^{A,M}\right\rangle \otimes \left(c_+ \left|\chi_-^B\right\rangle + c_- \left|\chi_+^B\right\rangle\right)$$

$$+ \frac{1}{2}\left|\Phi_3^{A,M}\right\rangle \otimes \left(c_+ \left|\chi_+^B\right\rangle - c_- \left|\chi_-^B\right\rangle\right)$$

$$+ \frac{1}{2}\left|\Phi_4^{A,M}\right\rangle \otimes \left(c_+ \left|\chi_+^B\right\rangle + c_- \left|\chi_-^B\right\rangle\right) \qquad (11.139)$$

Dieser Zustand entspricht immer noch dem ursprünglichen Gesamtzustand, da wir nur eine Basistransformation vorgenommen haben. Jetzt wird am Ort A eine Bell-Messung an der dem Bell-Operator (11.132) entsprechenden Observablen mit dem Teilchenpaar (A,M) durchgeführt. Damit kollabiert die Gesamtwellenfunktion auf einen der vier in (11.139) überlagerten Zustände. Insbesondere wissen wir, dass sich nach der Bell-Messung das am Ort B verbliebene Teilchen wegen des Kollapses der gemeinsamen Wellenfunktion je nach Messwert b in einem der folgenden Zustände befinden muss:

$$b_1 \rightarrow |\psi_1'\rangle = \frac{1}{\sqrt{2}}\left(c_+ \left|\chi_-^B\right\rangle - c_- \left|\chi_+^B\right\rangle\right)$$

$$b_2 \rightarrow |\psi_2'\rangle = \frac{1}{\sqrt{2}}\left(c_+ \left|\chi_-^B\right\rangle + c_- \left|\chi_+^B\right\rangle\right)$$

$$b_3 \rightarrow |\psi_3'\rangle = \frac{1}{\sqrt{2}}\left(c_+ \left|\chi_+^B\right\rangle - c_- \left|\chi_-^B\right\rangle\right)$$

$$b_4 \rightarrow |\psi_4'\rangle = \frac{1}{\sqrt{2}}\left(c_+ \left|\chi_+^B\right\rangle + c_- \left|\chi_-^B\right\rangle\right) \qquad (11.140)$$

Natürlich müssen wir hierbei in Kauf nehmen, dass der Kollaps der Wellenfunktion den Zustand des Teilchens am Ort A zerstört. Der Messwert b wird jetzt über einen klassischen Informationskanal an den Ort B übermittelt. Damit weiß ein Beobachter in B, welchen der vier möglichen Zustände (11.140) das in B befindliche Teilchen haben muss. Je nach mitgeteiltem Messwert wird am Ort B jetzt noch eine der folgenden Operationen ausgeführt

$$b_1 \rightarrow -\hat{\sigma}_z\hat{\sigma}_x \left|\psi'_1\right\rangle \quad b_2 \rightarrow \hat{\sigma}_x \left|\psi'_1\right\rangle \quad b_3 \rightarrow -\hat{\sigma}_z \left|\psi'_1\right\rangle \quad b_4 \rightarrow \hat{1} \left|\psi'_1\right\rangle \quad (11.141)$$

Damit hat das Teilchen B jetzt genau den ursprünglichen Zustand des Teilchens A:

$$\left|\psi_\text{B}\right\rangle = \frac{1}{\sqrt{2}}(c_+ \left|\chi_+^\text{B}\right\rangle + c_- \left|\chi_-^\text{B}\right\rangle) \quad (11.142)$$

Bei der Quanten-Teleportation wird tatsächlich Information übertragen, allerdings nicht instantan: Sowohl beim Transport des Partikels M von B nach A als auch bei der Rückübertragung der Information über den Bell-Zustand von A nach B wird die Lichtgeschwindigkeit nicht überschritten. Der ursprünglich bei A vorhandene Zustand $\left|\psi_\text{A}\right\rangle$ geht bei diesem Prozess verloren, d. h. es kann keine Vervielfachung des ursprünglichen Zustandes („no cloning") auftreten.

11.6.6
*Quantenkryptographie

Ein sicheres Verfahren der klassischen Nachrichtenübermittlung besteht darin, dass zwischen dem Sender S und dem Empfänger E einer binären Nachricht eine Zufallsfolge aus 0 und 1 als Schlüssel verwendet wird. Der Trick dabei ist es, zunächst die Nachricht N mit der Zufallsfolge Z unter Verwendung der XOR-Operation[38] zu verschlüsseln. Als Resultat entsteht dann ein Code C, der an den Empfänger versandt wird. Besitzt der Empfänger die gleiche Zufallsreihe als Schlüssel, dann kann er ebenfalls mit der XOR-Operation daraus wieder die Nachricht entschlüsseln, siehe Tabelle 11.2. Wichtig dabei ist, die Zufallsreihe nicht mehrmals zu verwenden, weil dann die Gefahr der

Tab. 11.2 Codierung (obere Hälfte) und Decodierung (untere Hälfte) einer Nachricht N. Mithilfe der Zufallsfolge Z verschlüsselt der Sender die Nachricht unter Verwendung der XOR-Operation und erhält den Code C. Dieser wird übermittelt. Der Empfänger decodiert diesen Code mithilfe der gleichen Zufallsreihe Z unter Verwendung der XOR-Operation. Die daraus entstehende Nachricht N kann wieder gelesen werden.

N	1	0	0	1	1	1	0	0	1	1	0	0	1	1	0	1	0	1	1
Z	1	0	1	0	1	1	0	0	0	1	0	1	1	1	0	1	0	1	0
C	0	0	1	1	0	0	0	0	1	0	0	1	0	0	0	0	0	0	1
C	0	0	1	1	0	0	0	0	1	0	0	1	0	0	0	0	0	0	1
Z	1	0	1	0	1	1	0	0	0	1	0	1	1	1	0	1	0	1	0
N	1	0	0	1	1	1	0	0	1	1	0	0	1	1	0	1	0	1	1

38) Bei der XOR-Operation (exclusive OR) wird dem Paar (0,1) bzw. (1,0) der Wert 1 und den Paaren (0,0) bzw. (1,1) der Wert 0 zugeordnet.

Entschlüsselung besteht. Da andererseits immer mehr geheimzuhaltende Daten übermittelt werden müssen, ist die Beschaffung und sichere Verteilung einmaliger Zufallscodes ein immer größeres Problem. Um Missbrauch zu verhindern, ist es notwendig, dass sich Sender und Empfänger zuvor die Zufallsreihen übermitteln, nach denen die Nachrichten einmalig verschlüsselt werden sollen.

Die Sicherheit dieses Verfahrens wird aber davon bestimmt, ob eine dritte Person diese übermittelte Zufallsreihe einsehen kann. Eine Möglichkeit, die Sicherheit des Verfahrens zu garantieren, basiert auf dem Prinzip einer quantenmechanischen Verschlüsselung. Hier geht es nicht darum, den unbefugten Zugriff auf den Schlüssel zu verhindern, sondern um die Information, ob jemand den Zufallscode gelesen hat. Ist das der Fall, wird man die eigentliche Nachricht gar nicht mehr versenden, sondern einen neuen Zufallscode austauschen.

Eine Möglichkeit besteht darin, dass der Empfänger E der Nachricht eine große Zahl verschränkter Zustände erzeugt, beispielsweise vom Typ

$$|\Phi\rangle = \frac{1}{\sqrt{2}} \left(|\chi_+\rangle \otimes |\chi_-\rangle - |\chi_-\rangle \otimes |\chi_+\rangle \right) \tag{11.143}$$

Jeweils eines der im verschränkten Zustand befindlichen Teilchen[39] des so erzeugten Paars wird an den potentiellen Sender S der Nachricht übermittelt. S nimmt an diesen Partikeln nach einem Zufallsverfahren Spinmessungen in x- oder y-Richtungen vor und erhält damit eine Zufallsreihe von binären Messwerten. Durch die Messungen kollabiert natürlich jeder der Zweiteilchenzustände, allerdings hat E noch keine Möglichkeit, das zu erkennen. Deshalb teilt S über einen herkömmlichen Informationskanal E mit, an welchen Teilchen er welche Messung unternommen hat. Daraufhin wird E die gleichen Messungen vornehmen und erhält ein vollständig antikorreliertes Abbild der Zufallsreihe von S. Damit haben beide einen Zufallsschlüssel, mit dem sie die eigentliche Nachricht verschlüsseln und entschlüsseln können.

Es bleibt die Frage nach der Sicherheit des Verfahrens. Dazu nehmen wir an, dass die von E an S übermittelten Partikel von einer dritten Person erst abgefangen, dann vermessen und schließlich an S weitergeleitet wurden. Der Zustand dieser Partikel ist aber nicht mehr mit den bei E verbliebenen verschränkt. Folglich wird S eine andere Zufallsreihe produzieren als E. Würde S damit die Nachricht verschlüsseln, könnten weder E noch der Abhörer die Nachricht lesen. Es besteht aber die Gefahr, dass die dritte Person ebenfalls verschränkte Zustände an S sendet und auch den herkömmlichen Informationskanal kennt, über den S die Reihenfolge der Messverfahren mitteilt. Dann wäre die von S codierte Nachricht von der dritten Person lesbar. Um das zu vermeiden, sendet S einen zufällig ausgewählten Teil der Messergebnisse

---

39) am besten eigen sich hierzu Photonen

ebenfalls über den durchaus abhörbaren klassischen Kanal zurück an E. Die Ergebnisse müssen mit den Resultaten von E vollständig antikorreliert sein. Ist das nicht der Fall, dann besteht die Möglichkeit, dass die versendeten Teilchen abgefangen wurden und der Schlüssel nicht mehr geheim ist. Sind die Daten aber antikorreliert, dann ist bei einer hinreichenden Größe der Testdatenserie mit an Sicherheit grenzender Wahrscheinlichkeit der Schlüssel nicht abgehört, und S kann die Nachricht jetzt sicher an E senden.

Aufgaben

11.1 Zeigen Sie, dass der Dichte-Operator

$$\hat{\theta} = p_1 \left| \psi_1 \right\rangle \left\langle \psi_1 \right| + p_2 \left| \psi_2 \right\rangle \left\langle \psi_2 \right|$$

wobei die $\left| \psi_i \right\rangle$ normierte Zustände sind und $p_1 + p_2 = 1$ gilt, nur dann einen reinen Zustand repräsentiert, wenn die beiden Zustände $\left| \psi_1 \right\rangle$ und $\left| \psi_2 \right\rangle$ im Hilbert-Raum parallel sind.

11.2 Zeigen Sie, dass die Dichtematrizen

$$\hat{\theta} = \frac{\hat{1}}{\text{Sp}\,\hat{1}} \qquad \hat{\theta} = \frac{\exp(-\beta\hat{H})}{\text{Sp}\,\exp(-\beta\hat{H})} \qquad \text{und} \qquad \hat{\theta} = \frac{\delta(\hat{H} - E\hat{1})}{\text{Sp}\,\delta(\hat{H} - E\hat{1})}$$

gewöhnlich keine reinen Zustände darstellen. Unter welchen Bedingungen werden diese Zustände trotzdem rein?

11.3 Ein Maß für die fehlende Information eines Systems ist die Informationsentropie. Sie ist für ein quantenmechanisches System definiert durch

$$S = -\text{Sp}\,\hat{\theta}\ln\hat{\theta}$$

Das Prinzip der minimalen Information besagt, dass man bei einer vorurteilsfreien Schätzung des Dichteoperators (und damit des Zustands) eines Systems die unter Berücksichtigung der sicheren Information maximale Entropie erhält. Zeigen Sie mit einem geeigneten Variationsverfahren, dass gilt:
a) $\hat{\theta} = \hat{1}/\text{Sp}\,\hat{1}$ falls die einzige bekannte Information $\text{Sp}\,\theta = 1$ (Normierung) ist.
b) $\hat{\theta} = Z^{-1}\exp(-\beta\hat{H})$ mit $Z = \text{Sp}\,\exp(-\beta\hat{H})$, falls neben $\text{Sp}\,\theta = 1$ auch noch $\text{Sp}\,\hat{H}\hat{\theta} = E$ (fester Erwartungswert der Energie) gefordert wird.

11.4 Beweisen Sie, dass Projektionsoperatoren stets zeitunabhängig sind, also $\dot{\hat{P}} = 0$ gilt. Verwenden Sie diese Eigenschaft, um zu zeigen, dass für die Dynamik des Dichteoperators

$$\dot{\hat{\theta}} = \frac{i}{\hbar}\left[\hat{\theta}, \hat{H}\right]$$

gilt (von Neumann-Gleichung).

11.5 Beweisen Sie, dass die vier Bell-Zustände (11.128 bis 11.131) orthonormiert sind!

⊙ **Maple-Aufgaben**

11.I Ein Elektron fällt auf einen Doppelspalt. Die beiden Spalte haben die Breite a und den Abstand $2b$. Beschreiben Sie die hinter dem Doppelspalt entstehende Interferenz in Form einer Animation unter Verwendung Gauß'scher Wellenpakete.

11.II Bestimmen Sie unter der Annahme, dass die Spinmessungen alle in einer Ebene erfolgen, den Bereich, in dem eine Abweichung der quantenmechanischen Messungen von der Bell'schen Ungleichung auftritt.

11.III Stellen Sie die Dichtematrix für ein Spin-1/2-Teilchen durch die Erwartungswerte des Spins in die x-, y- und z-Richtung dar. Unter welchen Bedingungen liegt ein reiner Zustand vor?

11.IV Ein Strahl von Teilchen mit dem Drehimpuls $l = 1$ zerfällt im inhomogenen Magnetfeld einer Stern-Gerlach-Apparatur in drei Teilstrahlen. Durchlaufen diese Strahlen eine weitere, zur ersten senkrecht orientierte Stern-Gerlach-Apparatur, dann werden die drei Teilstrahlen erneut aufgespalten. Bestimmen Sie die Intensitäten der einzelnen Teilstrahlen.

11.V In einem eindimensionalen Raum befinden sich zwei Elektronen mit den Impulsen p und p' und den Spinzuständen s und s'. Wie gross ist die Wahrscheinlichkeitsdichte, ein Elektron am Ort x, das zweite am Ort x' zu finden?

Literaturverzeichnis

1 M. ABRAMOWITZ, I. STEGUN: *Handbook of Mathematical Functions* (Dover Publications, New York 1970)

2 M. ALONSO, H. VALK: *Quantum Mechanics. Principles and Applications* (Addison-Wesley, Reading, Mass. 1977)

3 J.-L. BASDEVANT, J. DALIBARD: *Quantum Mechanics* (Springer, Berlin, Heidelberg 2002)

4 R. BECKER, F. SAUTER: *Theorie der Elektrizität, Bd. 2* (Teubner, Stuttgart 1970)

5 C.H. BENNETT: *Quantum Information and Computation* in: Physics Today, Oktober 1995

6 D.I. BLOCHINZEW: *Grundlagen der Quantenmechanik* (Harri Deutsch, Zürich, Frankfurt 1972)

7 L. DE BROGLIE: *An Introduction to the Study of Wave Mechanics* (E.P. Dutton, New York 1930)

8 A.Z. CAPRI: *Nonrelativistic Quantum Mechanics* (Benjamin/Cummings, Menlo Park, Cal. 1985)

9 A.S. DAVYDOV: *Quantenmechanik* (VEB Verlag der Wissenschaften, Berlin 1987)

10 J. DRESZER: *Mathematik-Handbuch für Technik und Naturwssenschaft* (Harri Deutsch, Zürich 1975)

11 A. EINSTEIN: *Über einen die Erzeugung und Verwandlung des Lichtes betreffenden heuristischen Gesichtspunkt*, Annalen der Physik **17** (1905) 132

12 A. EINSTEIN, N. ROSEN, B. PODOLSKY: *Can Quantum-Mechanical Description of Physical Reality Be Considered Complete?*, Phys. Rev. **47** (1935) 777

13 A.C. ELITZUR, L. VAIDMAN: *Quantum-mechanical interaction free measurements*, Found. Phys. **23** (1993) 987

14 R.P. FEYNMAN, A.R. HIBBS: *Quantum Mechanics and Path Integrals* (McGraw-Hill, New York 1965)

15 E. FICK: *Einführung in die Grundlagen der Quantentheorie* (Akademische Verlagsgesellschaft, Frankfurt 1979)

16 S. FLÜGGE: *Lehrbuch der Theoretischen Physik, Bd. IV* (Springer, Berlin, Göttingen, Heidelberg 1964)

17 S. FLÜGGE: *Rechenmethoden der Quantentheorie*, Heidelberger Taschenbücher, Bd. 6 (Springer, Heidelberg, New York 1965)

18 C.W. GARDINER: *Handbook of Stochastic Methods* (Springer, Heidelberg 1985)

19 S. GASIOROWITZ: *Quantum Mechanics* (W.A. Benjamin, New York, Amsterdam 1989)

20 B.W. GNEDENKO: *Lehrbuch der Wahrscheinlichkeitsrechnung* (Akademie-Verlag, Berlin 1971)

21 K. GOTTFRIED: *Quantum Mechanics* (Addison-Wesley, Redwood City, Cal. 1989)

22 I.S. GRADSHTEYN, I.M. RYSHIK: *Table of Integrals, Series and Products* (Academic Press, New York 1980)

23 G. GRAWERT: *Quantenmechanik* (Aula-Verlag, Wiesbaden 1985)

24 H. HAKEN, H.C. WOLF: *Atom- und Quantenphysik* (Springer, Berlin 1987)

25 J.D. JACKSON: *Classical Elektrodynamics* (J. Wiley & Sons, New York 1999)

26 E. KAMKE: *Differentialgleichungen, Lösungsmethoden und Lösungen, 2. Partielle Differentialgleichungen erster Ordnung für eine gesuchte Funktion* (Teubner, Stuttgart 1979)

27 L.D. LANDAU, E.M. LIFSCHITZ: *Lehrbuch der Theoretischen Physik, Bd. 3: Quantenmechanik* (Akademie-Verlag, Berlin 1984)

Theoretische Physik III: Quantenmechanik 1. Peter Reineker, Michael Schulz, Beatrix M. Schulz
Copyright © 2007 WILEY-VCH Verlag GmbH & Co. KGaA, Weinheim
ISBN: 978-3-527-40639-5

28 R.L. LIBOFF: *Introductory Quantum Mechanics* (Addison Wesley, Reading, Mass. 1980)

29 A. MESSIAH: *Quantenmechanik, Bd. 1, 2* (de Gruyter, Berlin 1985)

30 W. NOLTING: *Grundkurs: Theoretische Physik, Bd. 5: Quantenmechanik, Teil 1: Grundlagen, Teil 2: Methoden und Anwendungen* (Zimmermann-Neufang, Ulmen 1996)

31 M. RENNINGER: *Messung ohne Störung des Messobjekts*, Z. Physik **158** (1960) 417

32 H. RÖMER: *Optics* (Wiley-VCH, Weinheim 2004)

33 H. ROLLNIK: *Quantentheorie 1, Grundlagen, Wellenmechanik, Axiomatik; Quantentheorie 2, Quantisierung und Symmetrien physikalischer Systeme, Relativistische Quantentheorie* (Springer, Berlin, Heidelberg 2003)

34 M.E. ROSE: *Elementary Theory of Angular Momentum* (J. Wiley & Sons, New York 1957)

35 L.I. SCHIFF: *Quantum Mechanics* (McGraw-Hill, New York 1968)

36 M. SCHUBERT, G. WEBER: *Quantentheorie I, II* (VEB Verlag der Wissenschaften, Berlin 1980)

37 M. Schulz: *Control Theory in Physics and other Fields of Science* (Springer, Heidelberg 2006)

38 F. SELLERI: *Die Debatte um die Quantentheorie* (Vieweg, Braunschweig 1984)

39 R. SHANKAR: *Principles of Quantum Mechanics* (Plenum Press, New York 1987)

40 W.I. SMIRNOW: *Lehrgang der höheren Mathematik III.2* (Harri Deutsch, Frankfurt, 1995)

41 E.H. WICHMANN: *Berkeley Physik Kurs, Bd. 4: Quantenphysik* (Vieweg, Braunschweig 1985)

Sachverzeichnis

Theoretische Physik III: Quantenmechanik 1. Peter Reineker, Michael Schulz, Beatrix M. Schulz
Copyright © 2007 WILEY-VCH Verlag GmbH & Co. KGaA, Weinheim
ISBN: 978-3-527-40639-5